高等院校计算机应用系列教材

Mastercam 2022 实例教程（微课版）

薛山　编著

清華大学出版社
北　京

内容简介

本书全面系统地介绍Mastercam 2022的使用方法，重点介绍Mastercam的CAD与CAM两大基本模块的各种功能。全书共分9章，主要包括Mastercam 2022基础知识、二维造型设计、三维曲面设计、三维实体设计、数控加工基础、二维加工、三维加工、多轴加工以及Mastercam综合实例等内容。为帮助读者学习，本书安排了大量的应用实例。此外，本书还配有综合实例和习题，可帮助读者巩固所学知识并提高应用能力。

本书内容丰富，结构清晰，语言简练，图文并茂，教学视频与图文相结合，具有很强的实用性和可操作性，是一本适合高等院校及各类社会培训机构的优秀教材。

本书配套的电子课件、实例源文件和习题答案可以到http://www.tupwk.com.cn/downpage网站下载，也可以扫描前言中的“配套资源”二维码获取。扫描前言中的“看视频”二维码可以直接观看教学视频。

图书在版编目(CIP)数据

Mastercam 2022实例教程：微课版 / 薛山编著. —北京：清华大学出版社，2024.6
高等院校计算机应用系列教材
ISBN 978-7-302-66415-4

Ⅰ.①M… Ⅱ.①薛… Ⅲ.①计算机辅助设计—应用软件—高等学校—教材 Ⅳ.① TP391.73

中国国家版本馆CIP数据核字(2024)第111442号

责任编辑：胡辰浩
封面设计：高娟妮
版式设计：芃博文化
责任校对：孔祥亮
责任印制：宋 林

出版发行：清华大学出版社
网 址：https://www.tup.com.cn，https://www.wqxuetang.com
地 址：北京清华大学学研大厦A座 **邮 编：**100084
社 总 机：010-83470000 **邮 购：**010-62786544
投稿与读者服务：010-62776969，c-service@tup.tsinghua.edu.cn
质 量 反 馈：010-62772015，zhiliang@tup.tsinghua.edu.cn
印 装 者：三河市龙大印装有限公司
经 销：全国新华书店
开 本：185mm×260mm **印 张：**21.25 **字 数：**504千字
版 次：2024年7月第1版 **印 次：**2024年7月第1次印刷
定 价：79.00元

产品编号：099618-01

前　言

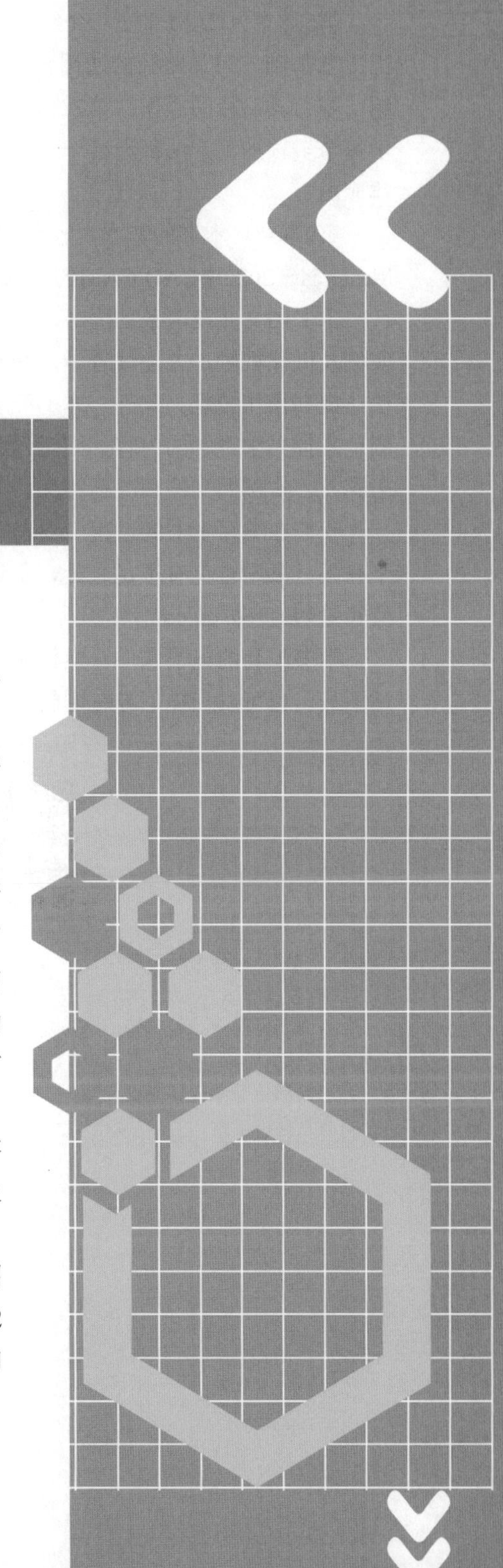

Mastercam是由美国CNC Software Inc.公司开发的基于PC平台的CAD/CAM一体化软件。Mastercam自问世以来，一直以其独有的特点在专业领域享有很高的声誉，它已培育了大量专业人员，拥有一批忠实的用户。

Mastercam 2022继承了Mastercam的一贯风格和绝大多数的传统设置，并在Mastercam前期版本的基础上辅以最新的功能，使用户的操作更加合理、便捷、高效。为了使广大学生和工程技术人员能够尽快地掌握该软件，作者集结多方力量，在多年应用经验的基础上编写了此书，以帮助读者快速、全面地掌握Mastercam 2022的功能及其使用方法，并达到融会贯通、灵活应用的效果。

本书从教学实际需求出发，合理安排知识结构，从零开始、由浅入深、循序渐进地讲解Mastercam 2022的功能及其使用方法。全书共分为9章，主要内容如下。

第1章为Mastercam 2022基础知识。本章主要介绍Mastercam 2022的发展历史、特点，以及Mastercam 2022的人机交互界面、工作环境、文件管理等软件基本概念和操作。

第2~4章为CAD部分，介绍Mastercam提供的零件设计功能。其中，第2章主要介绍Mastercam二维设计中的各种基本图形的绘制方法，二维图形的编辑操作，以及二维图形的标注方法；第3章主要介绍曲面的创建和编辑功能等三维曲面设计的相关内容；第4章主要介绍实体的创建和编辑功能。

第5~8章为CAM部分，介绍Mastercam提供的数控编程功能。其中，第5章介绍数控铣削加工工艺基础，刀具路径的通用设置与刀具路径的编辑功能，以及素材模型的创建等；第6章介绍二维刀具路径的操作；第7章介绍三维刀具路径的操作；第8章介绍多轴加工的常用方法，对于每个多轴加工方法都通过一个详细的应用实例进行讲解，帮助读者学习和掌握功能操作和具体应用。

第9章结合本书的基本内容介绍3个综合应用实例，通过详细的操作步骤帮助读者综合运用Mastercam 2022中CAD/CAM的各项功能。

本书图文并茂，条理清晰，通俗易懂，内容丰富，在讲解每个知识点的同时都配有相应的实例及微课视频，方便读者学习和实践；对较难理解和掌握的内容给出相关提示，让读者能够快速提高操作技能。此外，本书配有大量综合实例和练习，使读者在不断的实际操作中更加牢固地掌握书中讲解的内容。同时，为了方便老师教学，我们在网上免费提供了与本书对应的电子课件、实例源文件和习题答案。

我们在编写本书的过程中参考了相关文献，在此向这些文献的作者深表感谢。由于编者水平有限，书中难免有不足之处，恳请专家和广大读者批评指正。我们的电话是010-62796045，信箱是992116@qq.com。

本书配套的电子课件、实例源文件和习题答案可以到http://www.tupwk.com.cn/downpage网站下载，也可以扫描下方左侧的二维码获取。扫描下方右侧的二维码可以直接观看教学视频。

扫描下载

配套资源

扫一扫

看视频

编　者

2024年2月

目　　录

第1章

Mastercam 2022基础知识

Mastercam作为一款专业的CAD/CAM一体化软件，自问世以来，一直以其独有的特点在专业领域享有很高的声誉。目前它已培育了大量专业人员，拥有了一批忠实的用户。本章将介绍Mastercam 2022的安装和运行过程，以及工作界面各部分的功能和系统的常用设置。

本章的学习目标：

- 了解软件模块的主要功能和特点
- 掌握文件操作的各种功能
- 了解软件的安装和运行过程
- 掌握系统的常用设置
- 掌握工作界面各部分的功能
- 熟练掌握软件的一些基本操作

1.1 Mastercam 2022简介

1.1.1 Mastercam 2022的基本情况

Mastercam是由美国CNC Software Inc.公司开发的基于PC平台的CAD/CAM一体化软件，是最经济、最有效的全方位的软件系统之一。自Mastercam 5.0版本后，Mastercam的操作平台转变成了Windows操作系统风格。作为标准的Windows应用程序，Mastercam的操作符合广大用户的使用习惯。

在不断的改进中，Mastercam的功能逐步得到加强和完善，在业界赢得了越来越多的用户，并被广泛应用于机械、汽车和航空等领域，特别是在模具制造业中应用最广。随着应用的不断深入，很多高校和培训机构都开设了不同形式的Mastercam课程。

目前Mastercam的最新版本为Mastercam 2022。本书将以Mastercam 2022为基础，向读者介绍该软件的主要功能和使用方法。Mastercam 2022在以前Mastercam版本的基础上继承了Mastercam的一贯风格和绝大多数的传统设置，并辅以新的功能。

利用Mastercam系统进行设计工作的主要程序一般分为3个基本步骤：CAD——产品模型设计；CAM——计算机辅助制造生产；后处理阶段——最终生成加工文件。

1.1.2 Mastercam 2022的主要功能模块

Mastercam作为CAD和CAM的集成开发系统，集平面制图、三维设计、曲面设计、数控编程、刀具处理等多项强大功能于一体。其主要包括以下功能模块。

1. Design——CAD 设计模块

CAD设计模块Design主要包括二维和三维几何设计功能。它提供了方便、直观的设计零件外形所需的理想环境，其造型功能十分强大，可方便地设计出复杂的曲线和曲面零件，并可设计出复杂的二维、三维空间曲线，还能生成方程曲线。采用NURBS数学模型，可生成各种复杂曲面；同时，对曲线、曲面进行编辑修改也很方便。

Mastercam还能方便地接受其他各种CAD软件生成的图形文件。

2. Mill、Lathe、Wire 和 Router——CAM 模块

CAM模块主要包括Mill、Lathe、Wire和Router四大部分，分别对应铣削、车削、线切割和刨削加工。本书将主要对使用最多的Mill模块进行介绍。

CAM模块主要用于对造型对象编制刀具路线，通过后处理来生成NC程序。Mastercam系统中的刀具路线与被加工零件的模型是一体的，即当修改零件的几何参数后，Mastercam能迅速而准确地自动更新刀具路径。因此，用户只需要在实际加工之前选取相应的加工方法进行简单修改即可，从而大大提高了数控程序设计的效率。

Mastercam中，可以自行设置所需的后置处理参数，最终能够生成完整的符合ISO(国际标准化组织)标准的G代码程序。为了方便直观地观察加工过程，判断刀具路线和加工结果的正误，Mastercam还提供了强大的模拟刀具路径和真实加工的功能。

Mastercam具有很强的曲面粗加工以及灵活的曲面精加工功能。在曲面的粗、精加工中，Mastercam提供了8种先进的粗加工方式和11种先进的精加工方式，极大地提高了加工效率。

Mastercam的多轴加工功能为零件的加工提供了更大的灵活性。应用多轴加工功能可以方便快捷地编制出高质量的多轴加工程序。

CAM模块还提供了刀具库和材料库管理功能。同时，它还具有很多辅助功能，如模拟加工、计算加工时间等，为提高加工效率和精度提供了帮助。

配合相应的通信接口，Mastercam还具有和机床进行直接通信的功能。它可以将编制好的程序直接传送到数控系统中。

总之，Mastercam性能优越、功能强大且稳定、易学易用，是一款具有实际应用和教学价值的CAD/CAM集成软件，值得从事机械制造行业的相关人员和在校生学习和掌握。

❖ **提示：**

Mastercam中，不同模块生成不同类型的文件，主要有：“.mcam”——设计模块文件、“.NCI”——CAM模块的刀具路径文件和“.NC”——后处理产生的NC代码文件。

1.2 Mastercam 2022的安装与运行

1.2.1 软件的安装

用户可以从Mastercam的主页(www.mastercam.com)获得Mastercam 2022的安装文件mastercam2022-web.exe。这款软件的配置要求：Windows 10及以上操作系统，内存8GB以上，最好独立显卡在1GB以上，显示器分辨率为1920×1080像素，硬盘空间最少20GB。其主要安装步骤如下。

01 双击mastercam2022-web.exe文件，待软件自动解压完成后，选择简体中文版进行安装。

02 进入安装向导，单击配置，按提示依次输入用户名、操作权限和安装路径后，需要对软件运行的解密方式以及系统尺寸单位进行设置。为了保护自身的知识产权不受侵犯，Mastercam 2022使用了加密措施，这些信息可以从软件提供商处获得。用户可以根据需要，选择HASP或NetHASP的解密方式，也可以根据需要或习惯选择Inch(英制)和Metric(公制)单位。

03 单击“下一步”按钮，进入Mastercam 2022的安装界面，如图1-1所示，系统将自动完成软件的安装。

图 1-1 Mastercam 2022 的安装界面

❖ 提示：

www.mastercam.com还提供了更多的关于Mastercam 2022的辅助功能安装文件，从而可以丰富软件的功能，以满足不同用户的需要。

1.2.2 软件的运行

完成软件的安装后，用户需要配合专门的加密狗进行解密，方可正常使用Mastercam 2022。用户可以通过以下3种方式运行Mastercam 2022。

01 双击桌面上的Mastercam 2022的快捷方式图标。

02 双击安装目录下的程序运行文件mastercam.exe。

03 打开“开始”|“所有程序”| Mastercam 2022菜单，选择其中的Mastercam 2022命令，启动界面如图1-2所示。

图 1-2 Mastercam 2022 开始运行

运行软件后，进入系统默认的主界面，此时可以开始使用Mastercam 2022。

1.3 Mastercam 2022的工作界面

Mastercam 2022有着良好的人机交互界面，符合Windows规范的软件工作环境，而且允许用户根据需要来定制符合自身习惯的工作环境。Mastercam 2022的工作界面如图1-3所示，主要由标题栏、快速访问工具栏、功能区、图素选择工具栏、操作管理器、状态栏、图形窗口和图形对象等多部分组成。

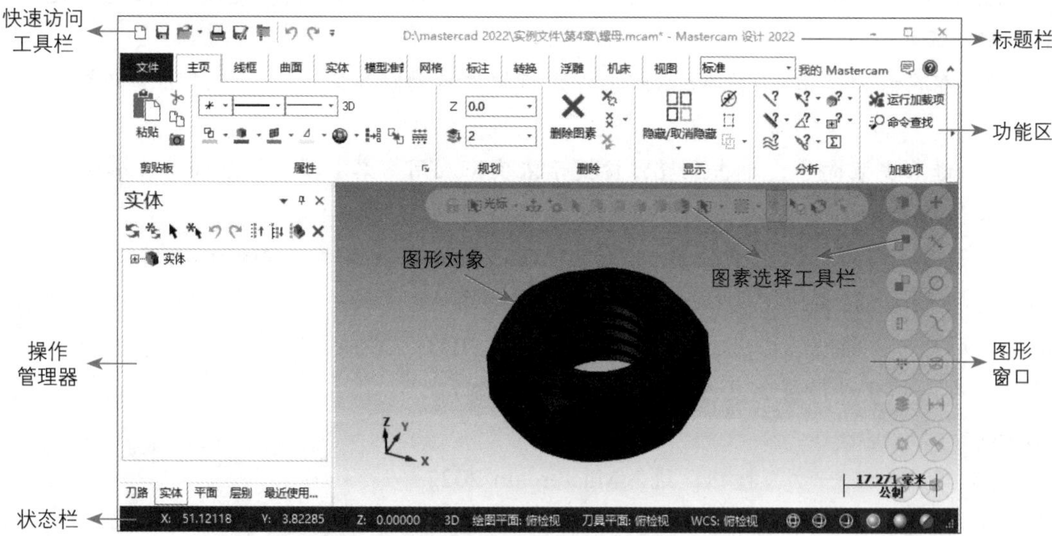

图 1-3 Mastercam 2022 的工作界面

1.3.1　标题栏

标题栏主要用于显示当前打开文件的路径及文件名称，如图1-4所示。在标题栏的右侧部位，提供了实用的“最小化”按钮 - 、“最大化”按钮□ 、“还原”按钮 和“关闭”按钮×。单击最左侧的空白处，系统将会弹出Mastercam的控制菜单，该菜单也可用于控制Mastercam 2022的关闭、移动、最大化、最小化和还原。

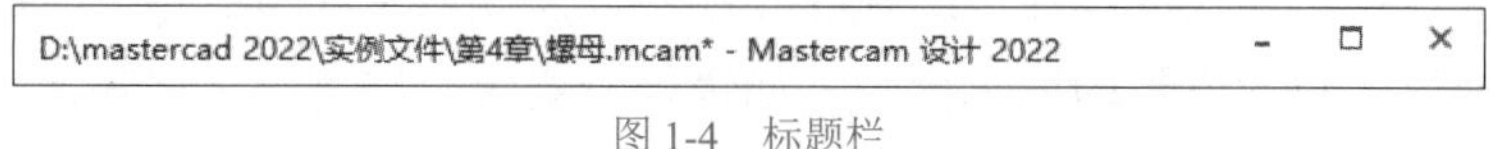

图 1-4　标题栏

1.3.2　快速访问工具栏

快速访问工具栏提供了对常用按钮的快速访问，比如用于新建文件、保存文件、打开文件、打印文件、另存文件、压缩文件、取消、恢复等的按钮，如图1-5所示。此外，用户还可以通过自定义快速访问工具栏来使它包含其他常用按钮。

图 1-5　快速访问工具栏

默认情况下，快速访问工具栏位于界面顶部。如果用户希望快速访问工具栏显示在功能区下方，可以在快速访问工具栏中单击“自定义快速访问工具栏”按钮▾，接着在弹出的下拉菜单中选择“在功能区下方显示”命令，如图1-6所示。

图 1-6　下拉菜单

1.3.3　功能区

功能区是横跨界面顶部的上下文相关菜单，其中包含着Mastercam中使用的大多数命令。功能区通过选项卡与组来将命令安排成逻辑任务。

功能区包含组织成一组选项卡的命令按钮。每个选项卡由若干组(选项面板)构成，每组(选项面板)由相关按钮组成。如果单击位于有些组右下角的按钮，则会弹出一个包含与该组相关的更多选项的对话框。

用户可以在功能区的最右侧区域单击“最小化功能区”按钮来最小化功能区，以获得更大的屏幕空间。另外，允许用户通过添加、移除或移动按钮来自定义功能区。功能区如图1-7所示。

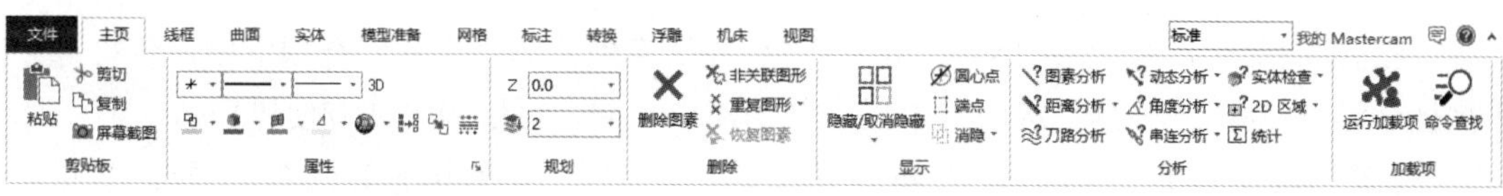

图 1-7　功能区

下面简单介绍主要选项卡的功能。

- “文件”：包含文件的打开、新建、保存、打印、导入导出、路径设置和退出等命令。

- “主页”：包含取消、重做、复制、剪切、粘贴、删除命令，以及一些常用的图形编辑命令，如修剪、打断、NURBS曲线的修改与转换等。
- “线框”：包含用于绘制各种图素的命令，如点、直线、圆弧和多边形等。
- “曲面”：包含曲面的创建以及曲面的延伸、旋转、举升和曲面熔接等命令。
- “实体”：包含实体造型以及实体的延伸、旋转、举升和布尔运算等命令。
- “标注”：包含尺寸标注、纵标注、注释以及修剪标注等命令。
- “转换”：包含图形的编辑命令，如镜像、旋转、比例、平移等命令。
- “机床”：用于选择机床，并进入相应的CAM模块。
- “视图”：包含设置用户界面以及与图形显示相关的命令，如视点的选择、图像的放大与缩小、视图的选择以及坐标系的设置等。

1.3.4 图素选择工具栏

图素选择工具栏位于图形窗口的顶部和右侧，图素选择工具栏包含与图素选择有关的常用工具(位于图形窗口顶部)与图素选择过滤器(位于图形窗口右侧)。用户可以自定义图素选择工具栏中显示的工具与过滤器。图素选择工具栏如图1-8所示。

用户可以通过右击图形窗口，然后在打开的右键工具栏与菜单中选择相关选项来更改图素的属性或显示状态，如图1-9所示。

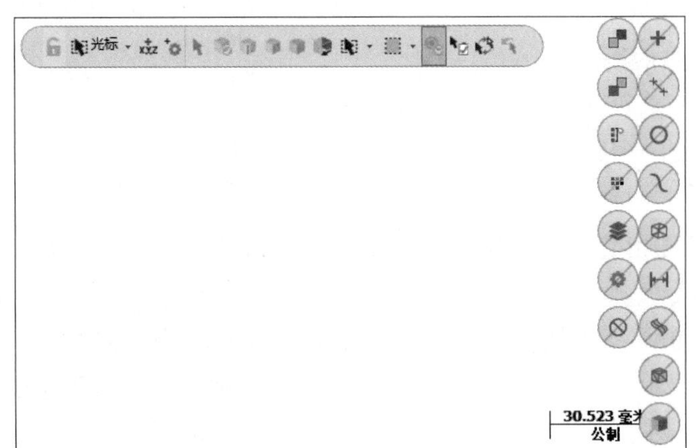

图 1-8　图素选择工具栏

图 1-9　右键工具栏与菜单

1.3.5 快速工具栏

当选中图形时，系统会自动在功能区添加并切换到新的“工具”选项卡中。依据选中的图形类型不同，“工具”选项卡中提供的功能也不同，可以极大地方便操作。

例如，选中线框、曲面、实体等弹出的“工具”选项卡中的内容和功能不同。图1-10、图1-11、图1-12分别为线框、曲面、实体的快速工具栏。

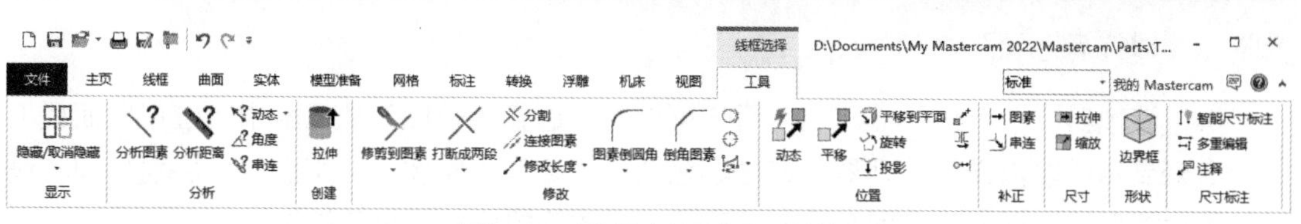

图 1-10　“线框选择”快速工具栏

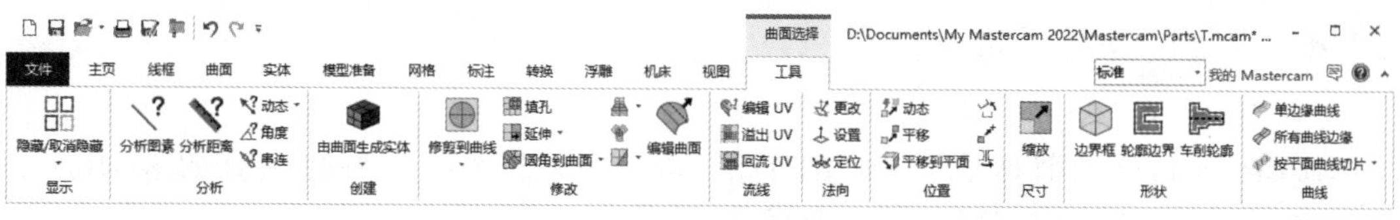

图 1-11　“曲面选择”快速工具栏

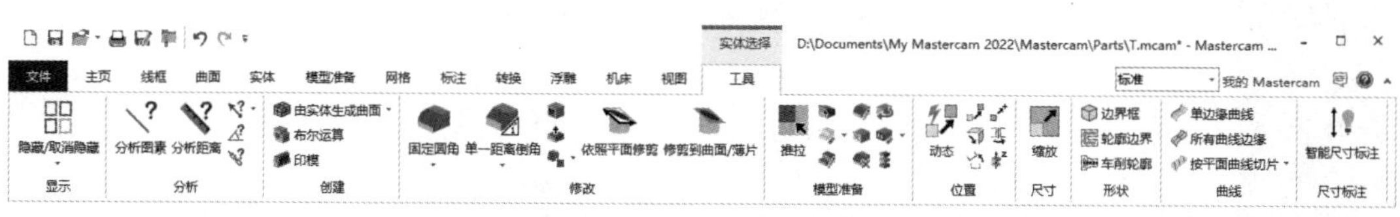

图 1-12　“实体选择”快速工具栏

快速工具栏位于功能区。Mastercam允许用户根据需要来定制符合个人使用习惯的工具栏。如果将鼠标指向某一按钮并停顿一段时间，系统将显示该按钮的简单说明。当用户取消图形选择后，该工具栏将自动取消。

在Mastercam中，单击❷按钮将显示相应的帮助文档。

1.3.6　图形窗口和图形对象

图形窗口是用户进行绘图的区域，相当于传统意义上的绘图纸。图形窗口中的图形，即为当前显示的图形对象。

图形窗口的左下角显示并说明了当前的坐标系，如图1-13所示，在实际运用中，坐标系的显示会根据用户的选择或操作而发生变化。图形窗口右下角则是当前图形的显示尺寸。

图 1-13　坐标系显示及说明

1.3.7　状态栏

状态栏从左至右依次包括截面视图状态、选择的图素数、坐标显示、2D/3D选择、绘图平面选择、刀具平面选择、图形显示方式选择等，如图1-14所示。单击每一项都会弹出相应的菜单，以便进行相应的操作。

截面视图: 关闭　选择的图素: 1　X: 18.36860　Y: 1.76308　Z: 0.00000　3D　绘图平面: 前视图　刀具平面: 前视图　WCS: 俯视图

图 1-14　状态栏

1.3.8 操作管理器

操作管理器位于工作界面左侧。用户可以通过选择“视图”选项卡中“管理”面板上的命令来显示或取消操作管理器。该区域包括“刀路”“实体”“平面”“层别”和“最近使用功能”等选项卡，分别对应刀具路径、实体等的各种信息和操作。

1.4 文件管理

Mastercam的文件管理是通过如图1-15所示的“文件”选项卡中的命令和如图1-16所示的快速访问工具栏中相应的按钮来实现的。

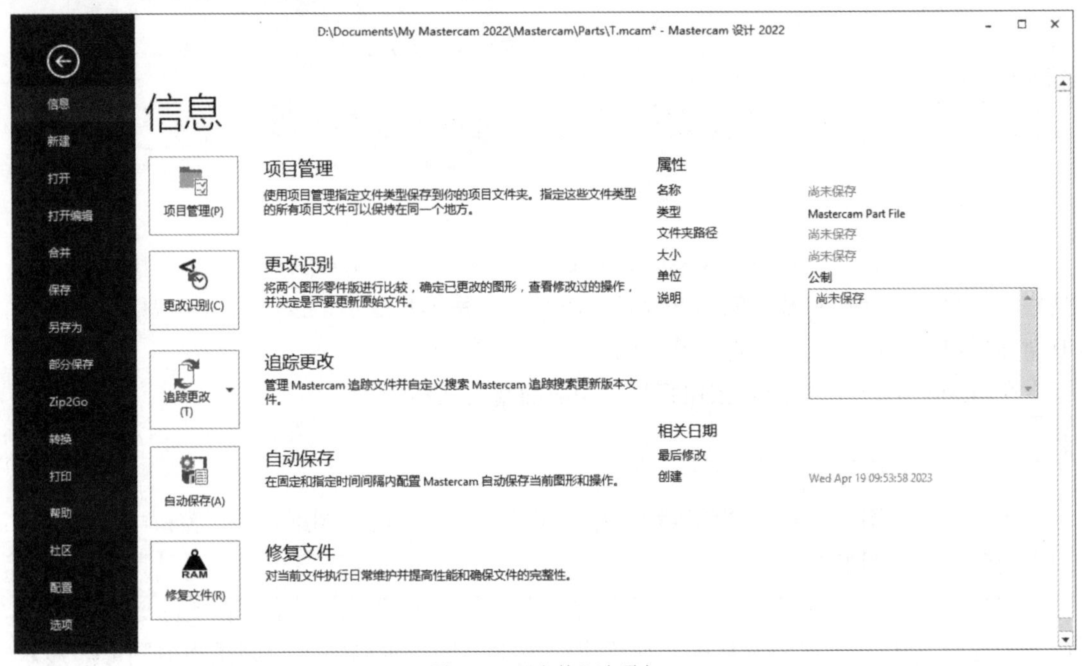

图 1-15 “文件”选项卡

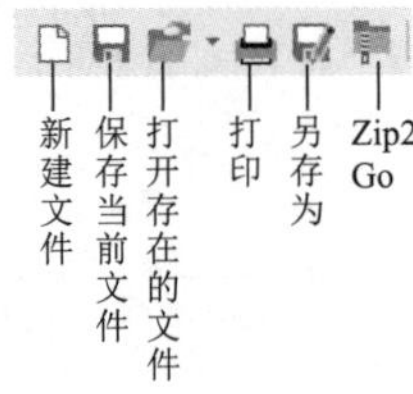

图 1-16 快速访问工具栏

文件管理功能除了提供文件的建立、打开、保存和打印等常规功能，还提供了文件合并、格式转换等功能，以及项目管理、文件对比和文件追踪功能，以便于用户管理和掌握设计工作。下面对各项功能进行介绍。

1.4.1 文件合并

文件合并指在一个已打开文件的基础上，打开另一个文件，将其中的图形插入当前图形中，将两个文件中的图形对象进行合并，并一起显示在图形窗口中。文件合并通过“合并模型”对话框进行操作。

在“合并模型”对话框中，可以把一个图形从一个单独文件中导入当前的Mastercam零件文件中，这个功能也支持合并两个甚至更多的Mastercam零件文件。

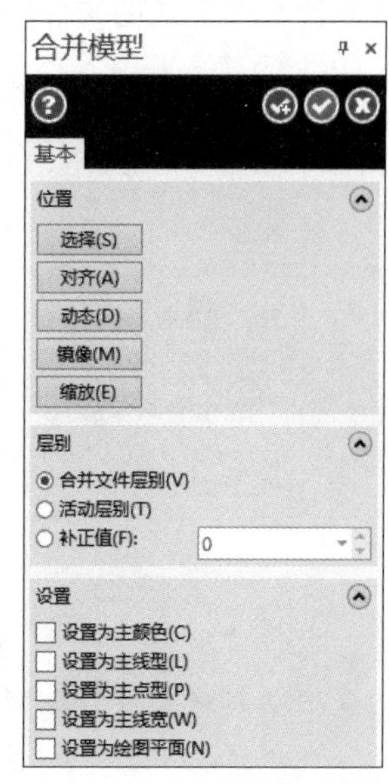

图 1-17 “合并模型”对话框

【例1-1】合并文件。

01 单击快速访问工具栏中的“打开”按钮，打开实例文件“文件合并1. mcam”。

02 选择“文件”|“合并”命令，在打开的文件选择对话框中选择文件“文件合并2.mcam”，系统将在操作管理器中显示“合并模型”对话框，如图1-17所示。直接单击按钮确定即可。系统将自动完成两个图形的叠加。

03 在绘图区域选择叠加上的“文件合并2.mcam”图形，选择“工具”|“旋转”命令，在“旋转”选项卡中的“角度”旁输入120，系统将“文件合并2.mcam”中的图形对象旋转120° 进行复制。

04 按照步骤03的方法，将“文件合并2.mcam”图形对象旋转240° 后进行复制，最终得到需要的图形。整个过程如图1-18所示。

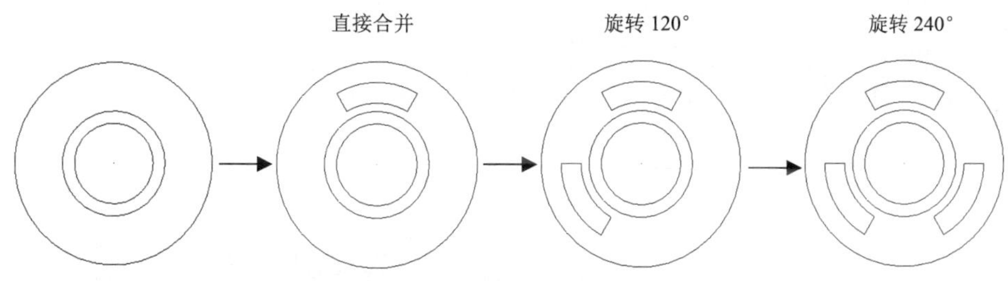

图 1-18 文件合并、复制过程

❖ 提示：

两个文件进行合并时，默认按照坐标系进行叠加，即保证两个文件的坐标系相互重合。因此，有时为了达到所需的合并效果，需要提前对图形对象进行某些操作，通过“合并模型”对话框中的“位置”选项，可指定插入图形的坐标原点在当前图形中的位置。

1.4.2 文件的转换及更新

目前的CAD/CAM软件种类繁多，每种软件的文件格式又各不相同，Mastercam可以识别一些应用较为广泛的CAD/CAM文件格式以及旧版本的Mastercam格式，并且能够方便地将.mcam文件与它们进行相互转换。

选择“文件”|“转换”|“导入文件夹”或“文件”|“转换”|“导出文件夹”命令，打开如图1-19所示的“导入文件夹”/“导出文件夹”对话框。“导入文件夹”对话框用于将指定文件夹下指定格式的文件转换成Mastercam零件文件。“导出文件夹”对话框用于将指定文件夹下的Mastercam格式文件转换成被选的支持CAD格式的文件。Mastercam可以将多种不同格式的文件相互转换。设置完成后，单击 ✔ 按钮完成转换操作。

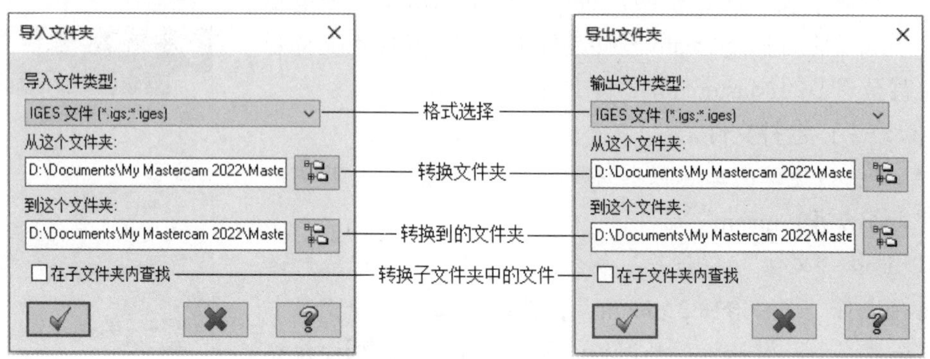

图 1-19 “导入文件夹”/“导出文件夹”对话框

选择“文件”|“转换”|“迁移向导”命令，可以将Mastercam先前的Mastercam文件转换更新到最新安装的Mastercam版本。

在“迁移向导”对话框中选择“基本”选项，打开如图1-20所示的“迁移向导”对话框(一)，利用该对话框可以将系统中所有的Mastercam 2021文件类型自动更新为Mastercam 2022格式。

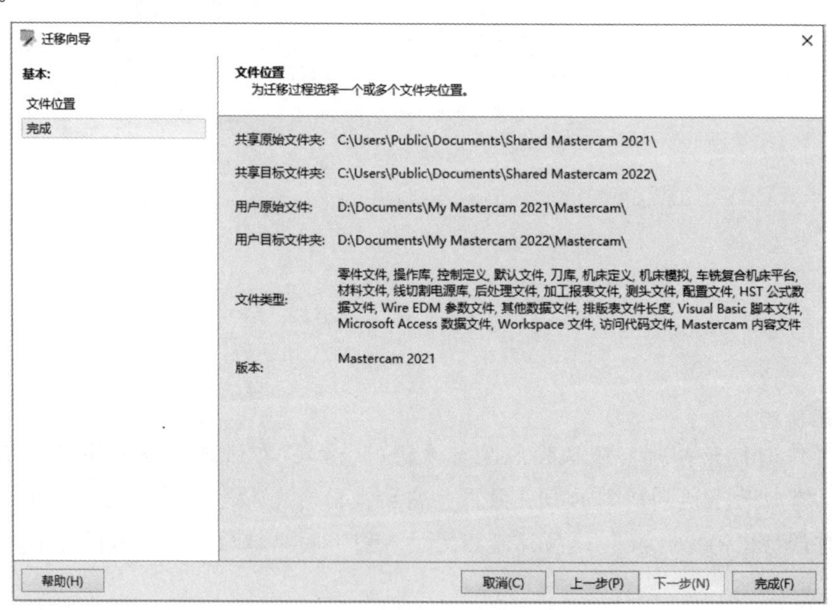

图 1-20 “迁移向导”对话框(一)

在“迁移向导”对话框中选择“高级”选项，打开如图1-21所示的“迁移向导”对话框(二)，利用该对话框可以在转换更新时控制文件位置、文件类型及版本迁移。

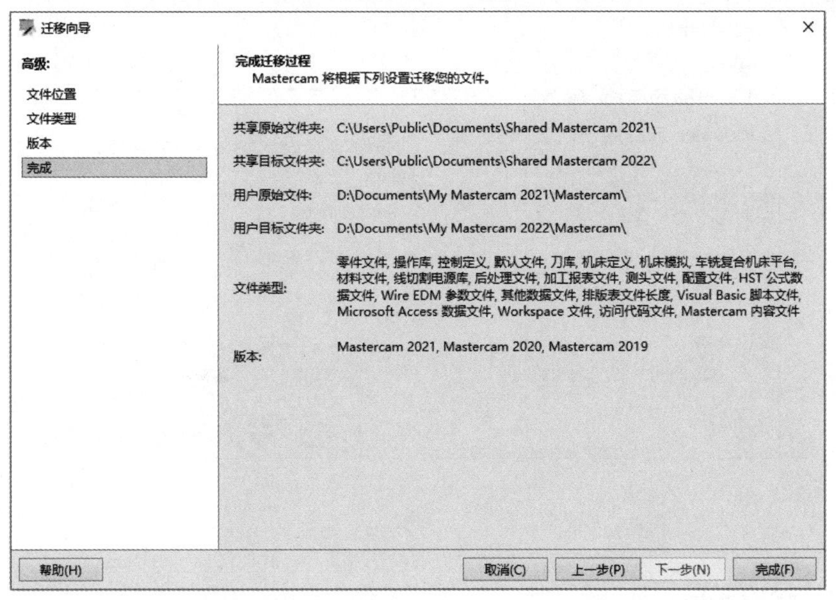

图 1-21　“迁移向导”对话框(二)

1.4.3　文件对比和文件追踪

文件对比功能用于比较当前设计与原有类似设计之间的区别。比较后，系统会自动列出二者之间的差别以及受到影响的操作。用户可以利用这一功能，很方便地在原有设计的基础上生成当前设计的刀具路径，以缩短设计时间。打开设计文件，利用“文件”|“信息”|“更改识别”命令，可以将两个图形零件进行比较。

文件追踪功能用于根据用户设置的条件，寻找相同设计的不同版本。系统提供了“检测当前文件”和“检测全部追踪文件”两种操作。同时可利用“追踪选项”命令对追踪文件进行管理。

打开设计文件，选择“文件”|“信息”|“追踪更改”|“检测当前文件”命令，打开如图1-22所示的“文件追踪操作”对话框。设置完成后，单击✔按钮，系统会自动显示查找结果。

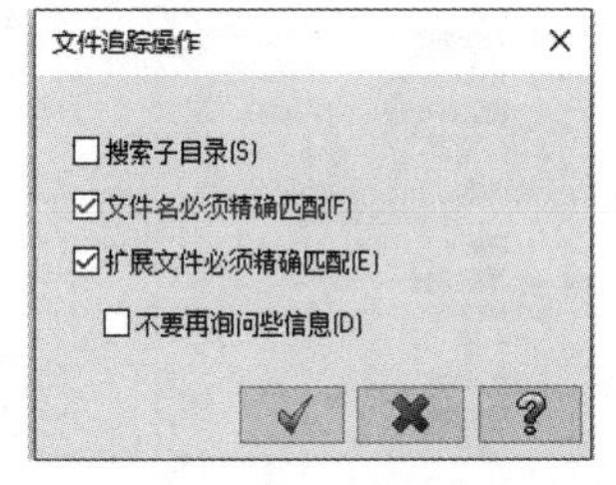

图 1-22　“文件追踪操作”对话框

1.4.4　项目管理

选择“文件”|“信息”|“项目管理”命令，打开如图1-23所示的“项目文件管理”对话框。通过选择保存项目的文件夹，项目中的.mcam文件将保存在该文件夹下，同时还可以设置该文件夹允许保存的其他文件类型。

❖ 提示:

在“项目文件管理”对话框中，不选择任何允许保存的文件类型，并且取消选中“将新机床群组添加到此零件文件时应用这些设置”复选框，将关闭项目管理功能。

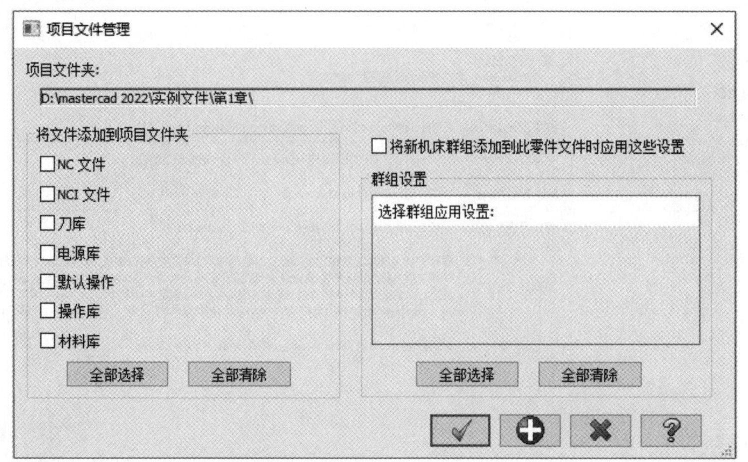

图 1-23 “项目文件管理”对话框

1.5 系统配置

系统配置功能的内容很多，通常情况下采用系统的默认设置，也可通过选择“文件”|“配置”命令，在打开的如图1-24所示的“系统配置”对话框中，通过选择左侧列表框中的23个选项来对系统环境的各种参数进行设置。本节主要介绍其中的7个选项，其他选项的设置将在后面相应的章节中进行介绍。

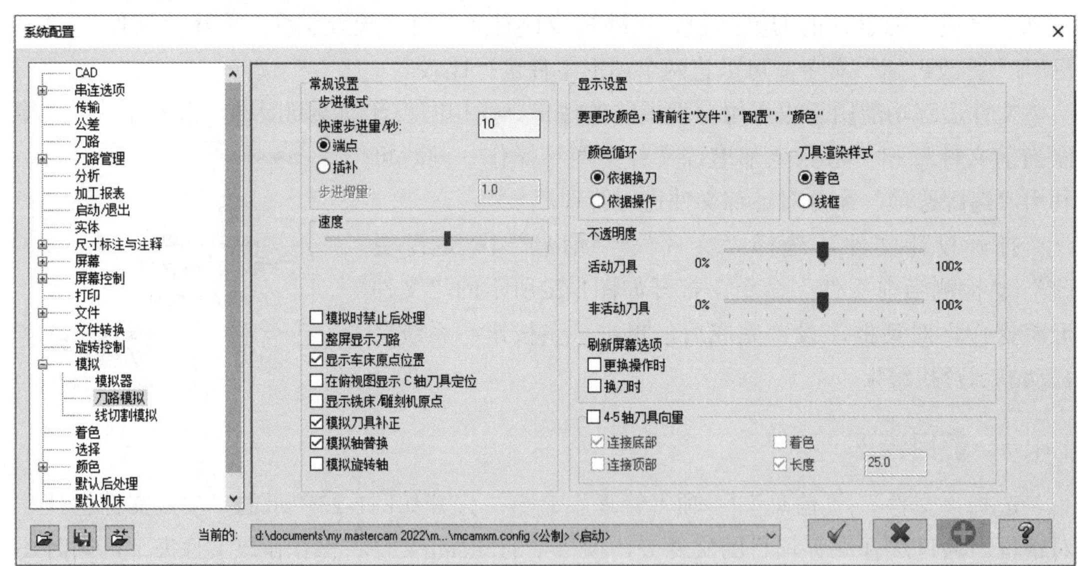

图 1-24 “系统配置”对话框

1.5.1 CAD设置

选择“系统配置”对话框左侧列表框中的“CAD”选项，可进行与绘图有关的设置，如图1-25所示。

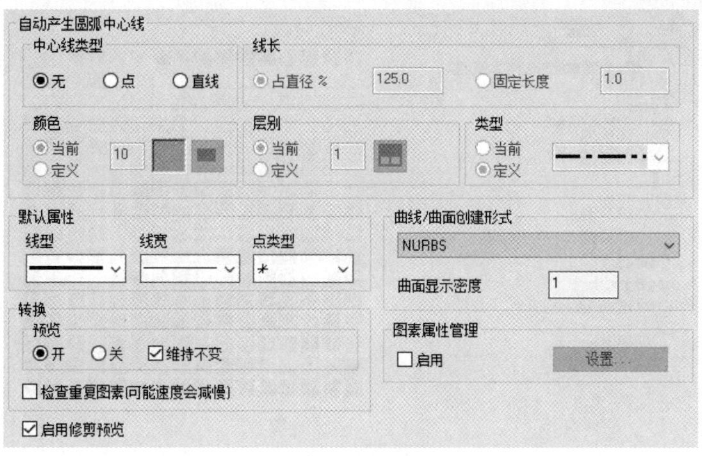

图 1-25　CAD 设置

其中各主要选项组的含义如下。

- “自动产生圆弧中心线”：自动绘制圆弧的中心线，可设置中心线的各种属性，如中心线的类型、线长、颜色和所属层别(图层)等。
- “默认属性”：图素的默认线型、线宽和点类型。
- “图素属性管理”：选中“启用”复选框后，启用该功能，单击“设置”按钮，打开如图1-26所示的“图素属性管理”对话框。在该对话框中，用户可以指定各种图素所在的层别(图层)、颜色、类型和宽度4个属性，这样在绘制时就不需要再另行设置和调整了。

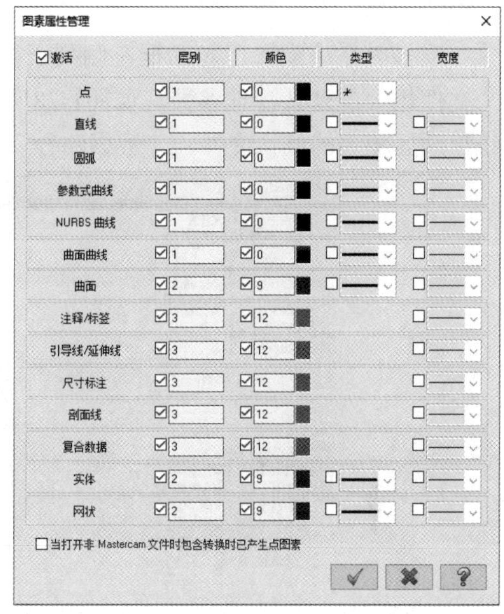

图 1-26　“图素属性管理”对话框

❖ 提示：

用户一般应在设计前按习惯或要求设置好“图素属性管理”对话框，这一良好的设计习惯，可使后续的图层管理和规划等工作变得简单明了。

1.5.2　颜色设置

选择“系统配置”对话框左侧列表框中的“颜色”选项，可进行与颜色相关的设置，如图1-27所示。

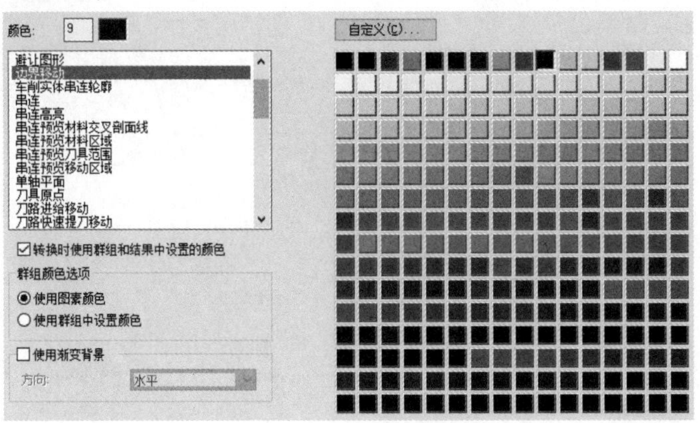

图 1-27　颜色设置

1.5.3　文件管理设置

选择“系统配置”对话框左侧列表框中的“文件”选项，即可设置Mastercam中各种与文件相关的默认管理参数，如图1-28所示。其中，在“文件用法”列表框中可以选择系统启动后相关的默认文件。“数据路径”列表框中存放了各种相关文件的默认路径。

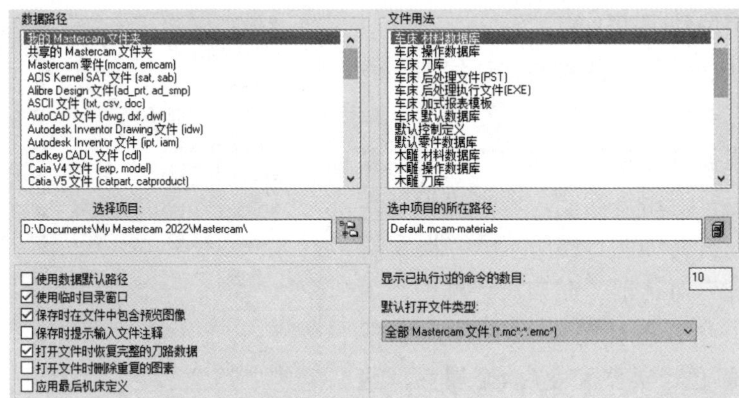

图 1-28　文件管理设置

在“系统配置”对话框左侧列表框中单击“文件”选项左侧的小加号，系统将展开文件管理设置功能的“自动保存/备份”子选项，该选项可用于设置自动存盘和备份功能，如图1-29所示。

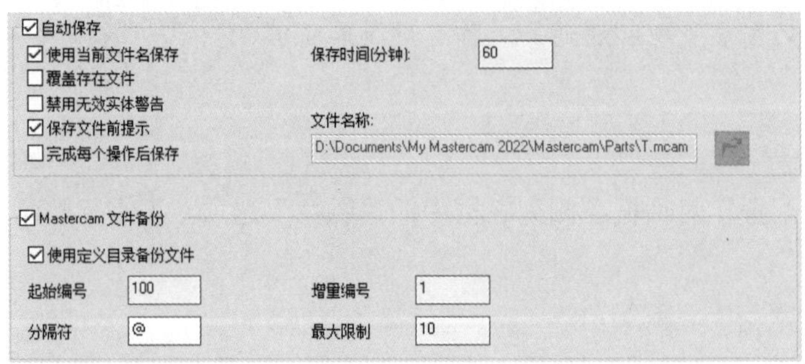

图 1-29　设置自动存盘和备份功能

启用文件备份功能后，如文件名为Test，设定备份版本起始编号为100，分隔符为@，增量编号为1，则备份的文件名称将依次设为Test@100、Test@101、Test@102等。

❖ 提示：

建议用户开启自动存盘功能，定期自动保存设计工作，以防止因为突发事件而造成的不必要损失。

1.5.4　打印设置

选择“系统配置”对话框左侧列表框中的“打印”选项，可进行打印设置，如图1-30所示。

其中主要包括以下两个主要选项组。

- “线宽”：线宽设置，可以使用图素线宽、统一线宽和按颜色区分线宽。
- “打印选项”：打印效果设置，可以选择彩色打印和打印文件名/日期等功能。

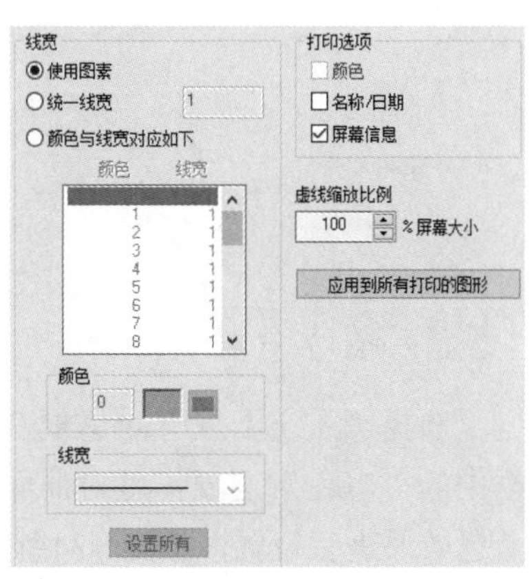

图 1-30　打印设置

1.5.5　屏幕显示设置

选择“系统配置”对话框左侧列表框中的“屏幕”选项，可以对软件界面中不同区域的屏幕显示进行设置，如图1-31所示。一般采用默认设置即可。

在“系统配置”对话框左侧列表框中单击“屏幕”选项左侧的小加号，系统还会在“屏幕”项下展开3个子选项：“网格”“视图单”和“视图”。“网格”选项可用于设置栅格，如图1-32所示。按照图1-32设置后，在“视图”选项卡的“网格”面板上单击“显示网格”按钮，可以在图形窗口中看到如图1-33所示的栅格设置效果。

❖ 提示：

栅格捕捉方式分为以下两种：“接近”，只有当鼠标指针移到靠近栅格点一定距离之内才进行捕捉；“始终提示”，鼠标指针只能在栅格点上移动。

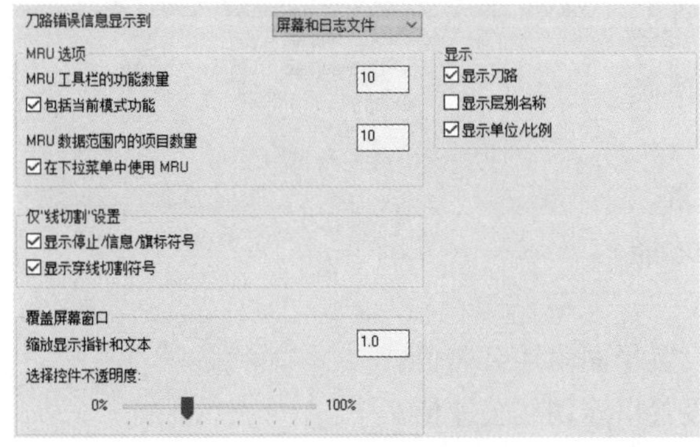

图 1-31　屏幕显示设置

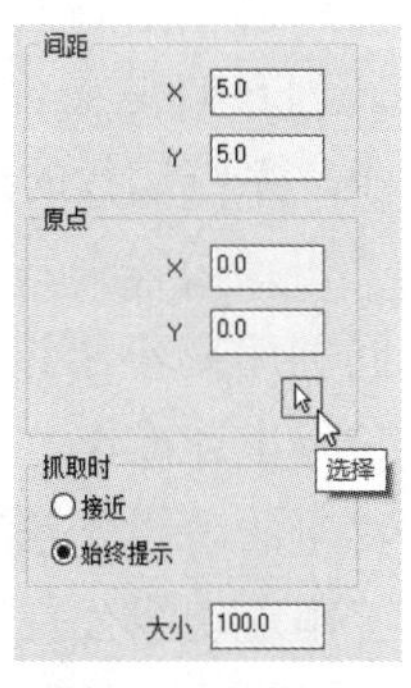

图 1-32　栅格设置

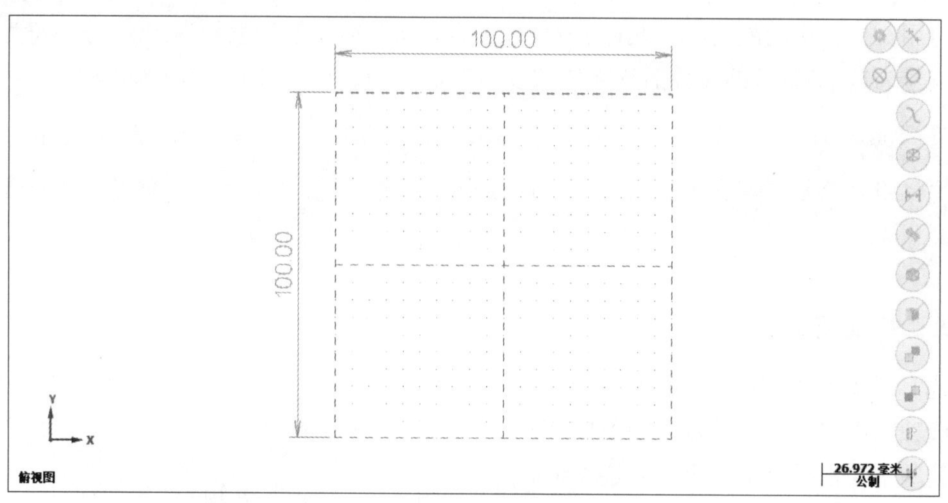

图 1-33 栅格设置效果

1.5.6 着色设置

选择“系统配置”对话框左侧列表框中的“着色”选项，可对曲面和实体着色效果进行设置，如图1-34所示。

其中“灯光模式”可设置环境灯光，一共有4种光源模式可供用户选择。

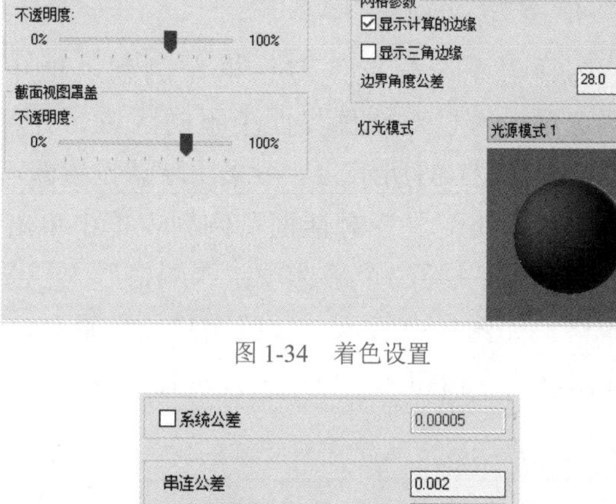

图 1-34 着色设置

1.5.7 公差设置

选择“系统配置”对话框左侧列表框中的“公差”选项，可进行公差设置，如图1-35所示。

系统公差	0.00005
串连公差	0.002
平面串连公差	0.02
串连切线公差	5.0
最短圆弧长	0.02
曲线最小步进距离	0.02
曲线最大步进距离	100.0
曲线弦差	0.02
曲面最大公差	0.02
刀路公差	0.002

图 1-35 公差设置

其中各选项的功能如下。

- “系统公差”：决定两个图素之间的最小距离。当图素之间的距离小于该数值时，系统会认为它们是重合的。公差值越小，系统运行的速度越慢。
- “串连公差”：当两个图素之间的距离小于该数值时，才能进行串连操作。
- “平面串连公差”：用于设置平面串连公差值。
- “串连切线公差”：用于设置串连切线公差值。
- “最短圆弧长”：能够创建的最小圆弧长。

- “曲线最小步进距离”：步长越小，曲线越光滑。该距离是曲线加工路径中系统在曲线上移动的最小步长。
- “曲线最大步进距离”：该距离是曲线加工路径中系统在曲线上移动的最大步长。
- “曲线弦差”：弦差越小，曲线越光滑。
- “曲面最大公差”：用于设置曲线创建曲面时的最大公差。
- “刀路公差”：用于设置刀具路径公差值。

1.6　基本概念和操作

用户在使用软件之前需要明确一些基本的概念和操作，它们是实现设计的基础。这些内容贯穿于全书，且使用频繁。本节将介绍图素、图素串连、图层管理、坐标系选择、图形对象观察和对象分析等常用的基本操作。

1.6.1　图素

图素指构成图形最基本的元素，如点、直线、圆弧、曲线和曲面等。

1. 图素属性

图素一般具有颜色、所属图层、线型和线宽4种属性，另外，点还有点型属性。图素属性有多种设置方法，可以通过功能区(如图1-7所示)、CAD设置(如图1-25所示)和“图素属性管理”对话框(如图1-26所示)进行设置。

功能区可以用来观察和修改任一图素；CAD设置用于设置系统默认的图素属性；“图形属性管理”对话框主要用在规划设计中，事先为各种不同的图素设置好相应的属性，方便设计。

另外，在功能区“主页”选项卡的“属性”面板中，单击右下角的按钮，也可打开“图素属性管理”对话框。

本书的所有实例均按图1-26的方式设置好图素属性，即将二维图形和曲线设置在1号图层，颜色为黑色；曲面和实体设置在2号图层，颜色为蓝色；尺寸标注等设置在3号图层，颜色为红色。

下面举例说明如何利用功能区修改图素属性。

【例1-2】图素属性的修改。

01 单击快速访问工具栏中的“打开”按钮，打开如图1-36左图所示的“图素属性.mcam”文件。其中各种图素均为默认的黑色细实线。

02 在功能区“主页”选项卡的“属性”面板中，单击“设置全部”按钮，出现“选择要改变属性的图素”，提示用户选择需要修改属性的图素。

03 利用鼠标选中构成正上方的扇形图案的4个图素，单击“结束选择”按钮。

04 系统打开如图1-37所示的“属性”对话框。在该对话框中只需选中需要修改的属性，并设置其值即可。修改方式如图1-37所示，将其改为点画线并加粗，颜色为红色。

05 确认后，图形对象如图1-36右图所示。

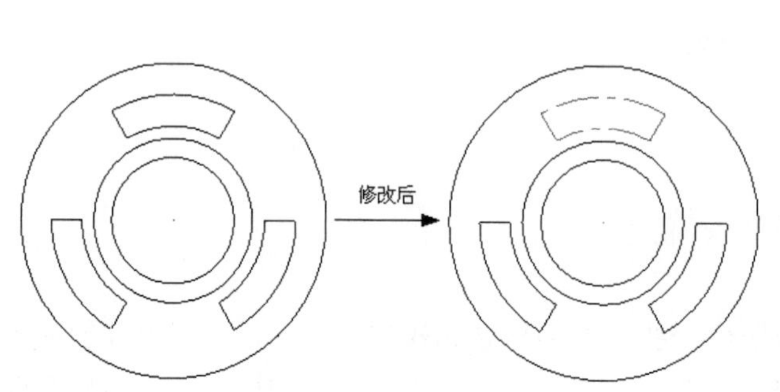

图 1-36　图素属性修改实例

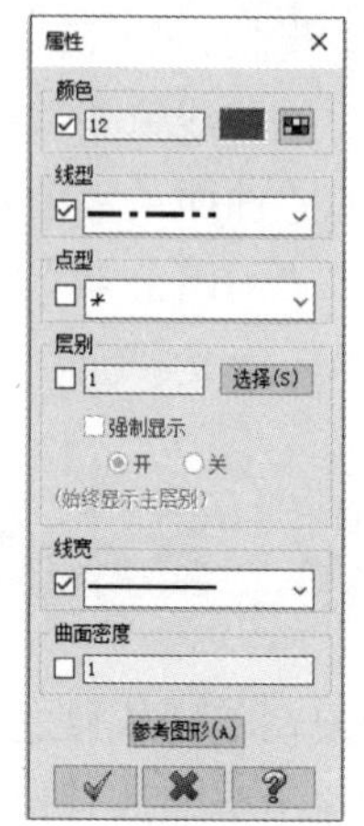

图 1-37　“属性”对话框

2. 选择图素

在对图素进行操作前，需要先选择对象。Mastercam提供了多种选择图素的方法，主要通过如图1-8所示的图素选择工具栏进行操作。被选中的图素颜色将会发生变化。

用户可以通过单击图素选择工具栏的“限定选择”或“单一限定选择”按钮，在打开的如图1-38所示的条件选择对话框中，设置图素的一些属性来筛选符合条件的图素。单击“全部”按钮，系统将会自动选出所有符合条件的图素；单击“单一”按钮，则由用户利用鼠标自行进行选择，但仅能选择符合设定条件的图素。

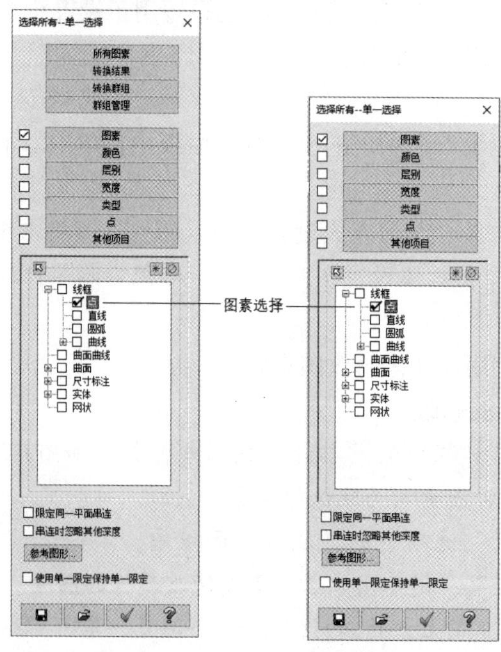

图 1-38　条件选择对话框

用户还可以利用鼠标进行选择，即利用鼠标在图形窗口中选择需要的图素，这也是最常用的选择方式。单击图素选择工具栏“范围内”后的下拉按钮，弹出如图1-39所示的下拉列表。单击选取方式中的下拉按钮，弹出如图1-40所示的下拉列表，用户可以在其中选择鼠标选取的方式。

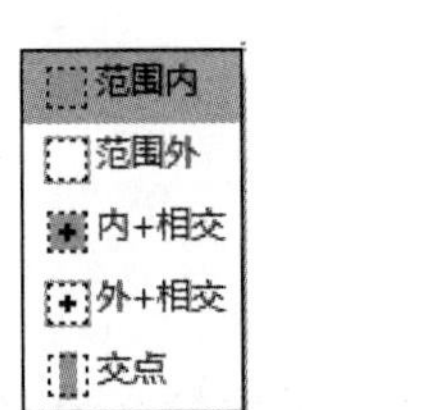

图 1-39 窗口选择列表

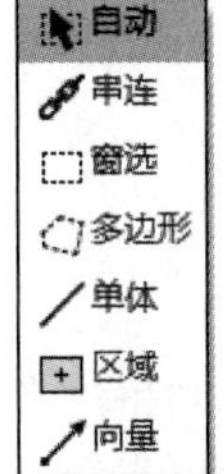

图 1-40 鼠标选取方式列表

Mastercam提供了多种鼠标选取方式，下面分别进行介绍。

1) “窗选”——窗口选择

利用鼠标拖动绘制出一个矩形选择框，并配合窗口选择列表中的5种方式进行图素选择。选择效果如图1-41所示。

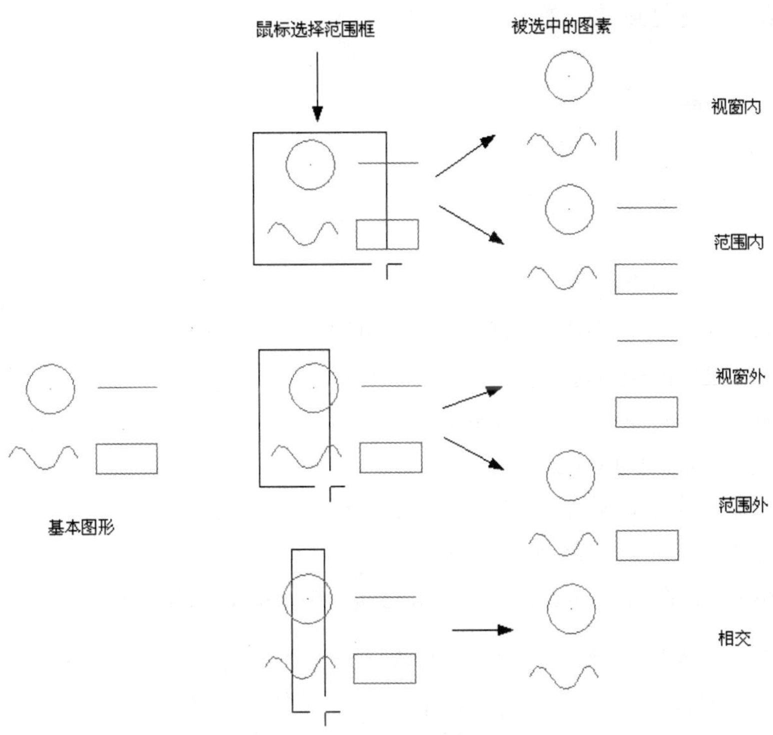

图 1-41 窗口选择效果示意图

2) “多边形”——多边形选择

利用鼠标绘制一个任意的多边形选择框，同样配合窗口选择列表中的5种方式进行图素选择，效果和窗口选择的效果相同。多边形选择框如图1-42所示，在图形窗口中用鼠标单击选择需要的点作为所需多边形的顶点，选择完成后，单击进行确定，系统会自动形成一个封闭的多边形对图素按要求进行选择。

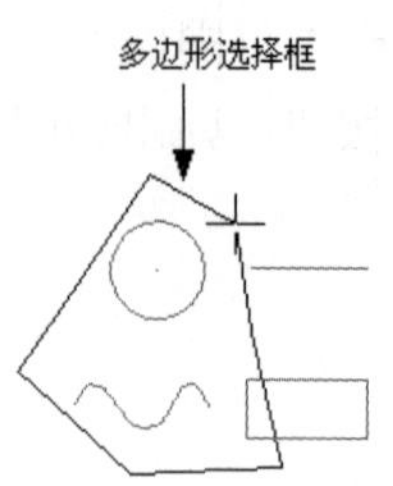

图 1-42　多边形选择框

3) “单体”——单一选择

利用鼠标直接单击需要选择的图素。此时窗口选择方式的设置将无效。

4) “串连”——串连选择

利用鼠标一次性选择一组连接在一起的图素，可以对其进行统一的操作。此时窗口选择方式的设置也将无效。

5) “区域”——区域选择

利用鼠标通过单击选择封闭区域内的点来选择图素，选择效果如图1-43所示。图中的“十”字代表鼠标选择点的位置。

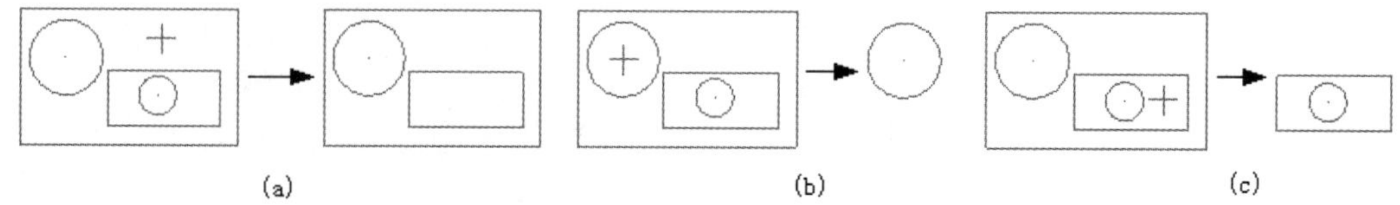

图 1-43　区域选择效果示意图

6) “向量”——相交选择

利用鼠标绘制直线，所有被直线穿过的图素均被选中，选择效果如图1-44所示。

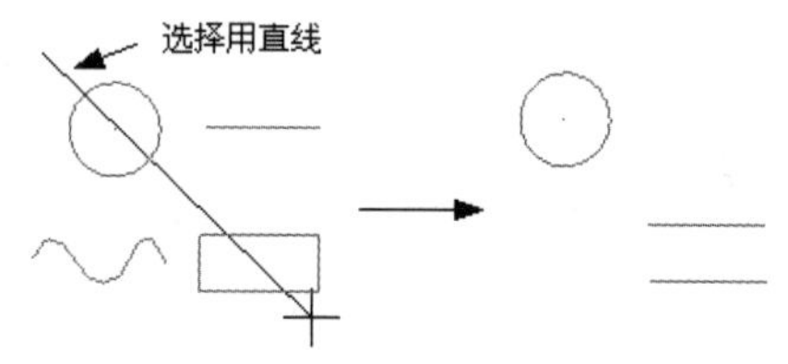

图 1-44　相交选择效果示意图

在图素选择工具栏中，Mastercam还提供了三维实体选择功能，如图1-45所示。

当用户选择的图素出现重合时，可以单击按钮来进行验证。此时，在选择图素时，系统会打开如图1-46所示的验证操作框，用户可以通过和按钮来循环查找选择需要的图素。

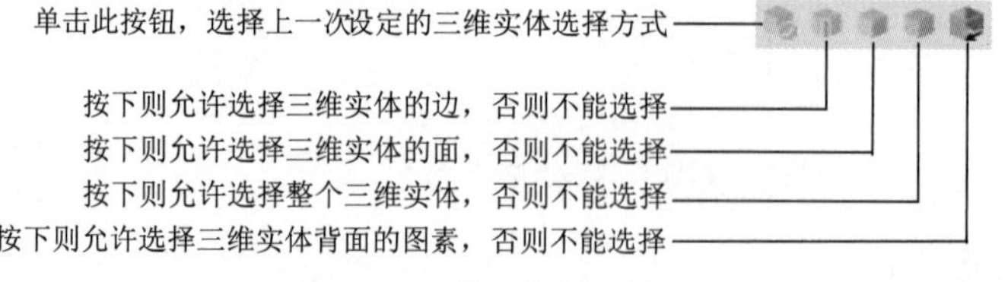

图 1-45　三维实体选择功能

图 1-46　验证操作框

1.6.2　图素串连

串连是一种图素连续选择的方法，在曲面和实体造型以及刀具路径的操作过程中都会用到。串连分为开放式和封闭式两种类型，起点和终点重合的称为封闭式串连。

串连中首先需要考虑的是串连的起点位置和串连的方向。串连的起点位于靠近鼠标选择点最近的端点，而串连方向则为从该端点指向另一个端点的方向。

在需要进行串连操作时，往往会打开“线框串连”对话框，如图1-47所示。其中的选项在后续的实际应用中将分别进行阐述。

Mastercam提供了一种串连选择方式——相似串连。利用该功能可以自动地将图素与用户选择的图素进行特征匹配，满足匹配条件的图素将被串连。在“线框串连”对话框中单击按钮，系统将打开如图1-48所示的“相似串连”对话框。用户可以利用该对话框指定匹配条件。

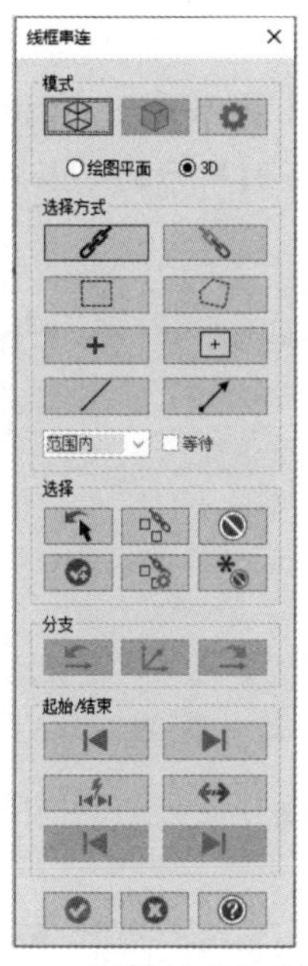

图 1-47　“线框串连”对话框

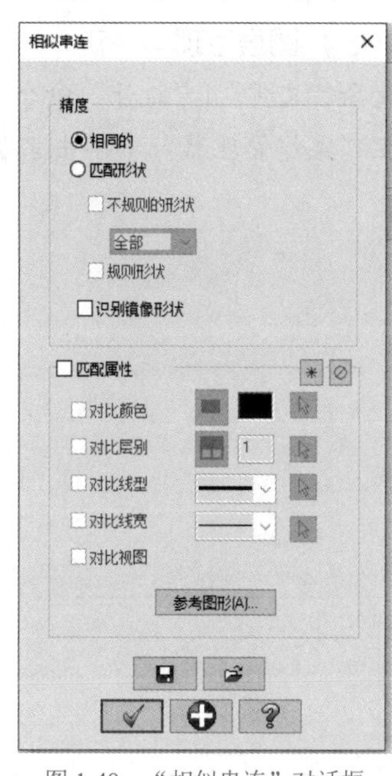

图 1-48　“相似串连”对话框

1.6.3　图层管理

图层管理功能能够帮助用户高效、快速地组织和管理设计过程中的各种工作，该功能在各种CAD/CAM软件中都得到了广泛的应用。

随着设计工作的不断深入，图纸中的各种图素越来越多，如轮廓线、尺寸线以及各种辅助线和文字相互交错，特别是大型的设计图纸中，这一现象更加严重，不便于用户设计和管理。因此，图层技术便产生了。用户可以将相同类型的图素绘制在同一张透明的图纸上，最后将包含不同图素的图纸叠加在一起，便形成了完整的设计图纸。当在其中一张图纸上绘制图素时，可以将其他无关的图纸隐藏，以方便操作。图层的原理示意图如图1-49所示。

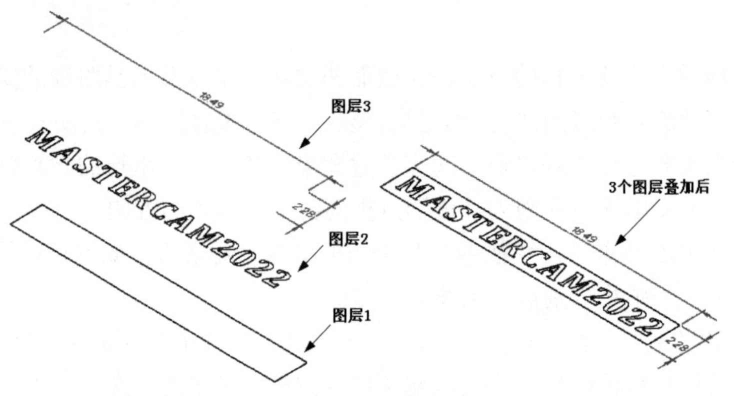

图 1-49　图层原理示意图

Mastercam的图层管理操作简单易学，下面以例1-3来进行说明。

【例1-3】图层管理。

01 选择“文件”|“打开”命令，打开如图1-50所示的“图层管理.mcam”文件。

02 在“操作管理器”中单击“层别”标签，打开如图1-51所示的“层别”选项卡。

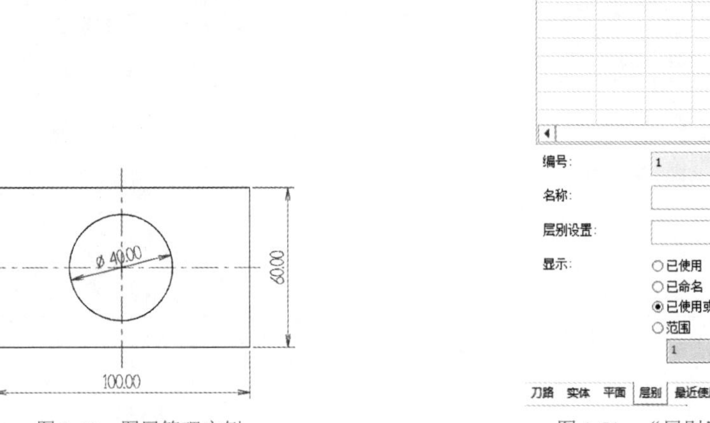

图 1-50　图层管理实例

图 1-51　“层别”选项卡

03 单击第2层和第3层的“高亮”处，取消 X ，图形对象将显示为如图1-52所示。第2层和第3层的图素均被隐藏。

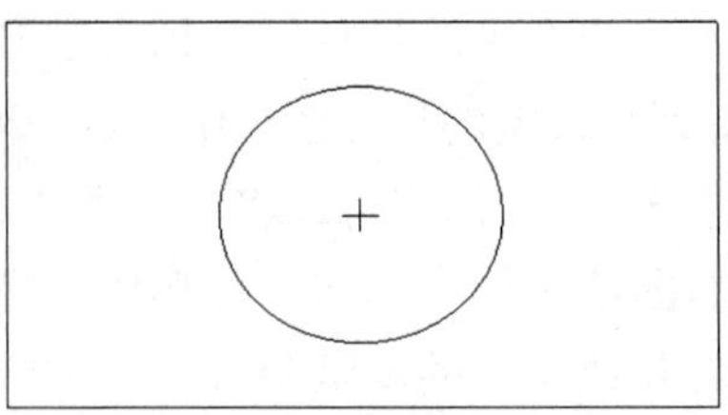

图 1-52　隐藏图层的图素

04 恢复显示第2层和第3层的图素。在"主页"选项卡的"规划"面板中，单击"更改层别"按钮，系统提示用户选择要改变层别的图形。选中所有的中心线，单击"结束选择"按钮，系统打开如图1-53所示的"更改层别"对话框；也可以先选中所有的中心线，然后在弹出的如图1-54所示的右键工具栏中单击"更改层别"按钮，打开"更改层别"对话框。

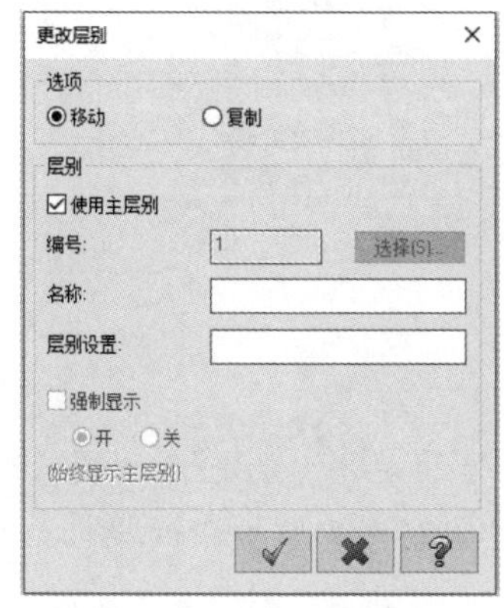

图 1-53　"更改层别"对话框

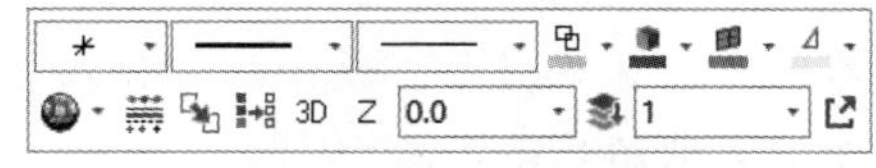

图 1-54　图形右键工具栏

05 如图1-55所示，将所有的中心线改为第1层后，图形并未发生变化。在"层别"选项卡中可以看出原有的第2层因为没有图形已经不存在了，并且第1层中图形的数量增加了两个。

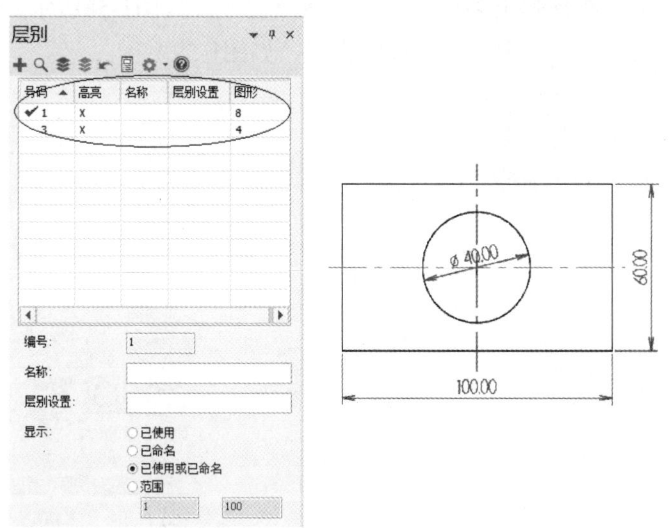

图 1-55　修改后只显示第 1 层

1.6.4　坐标系选择

描述一个物体在空间的位置，首先必须建立一套完整的参考坐标系，在Mastercam中，这样的参考坐标系被称为工作坐标系(WCS)。它是一个标准的笛卡儿空间坐标系。

建立工作坐标系后，用户即可方便地在功能区通过如图1-56所示的"视图"选项卡中的"屏幕视图"面板指定视图平面。在状态栏单击"绘图平面"，将弹出如图1-57所示的绘图平面下拉列表。

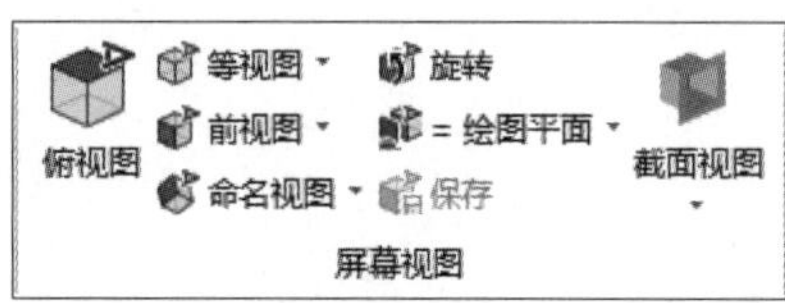

图 1-56　“屏幕视图”面板

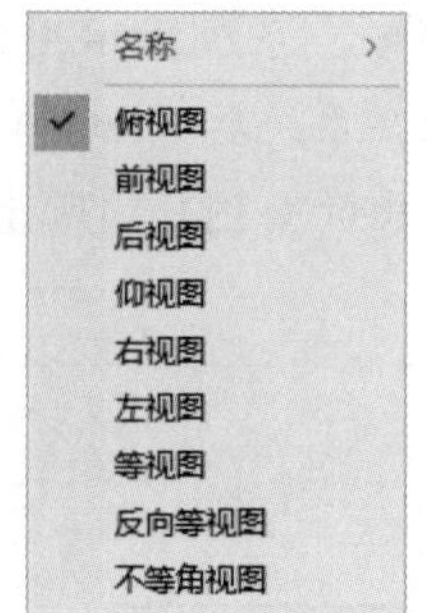

图 1-57　绘图平面下拉列表

❖ 提示：

视图平面是用户当前观察图形对象的平面，绘图平面是用户当前绘制图素所处的平面，有时二者并不重合，设计时需加以注意，时刻通过观察图形窗口中的坐标系显示和说明来了解当前的构图平面。

1.6.5　图形对象观察

在设计过程中，往往需要对当前图形对象中的某一部分进行放大或缩小等操作，可以通过在绘图区右击，选择弹出菜单中的相应命令实现，如图1-58所示，也可通过功能区“视图”选项卡“缩放”面板中的相应按钮实现，如图1-59所示。

图 1-58　右键菜单

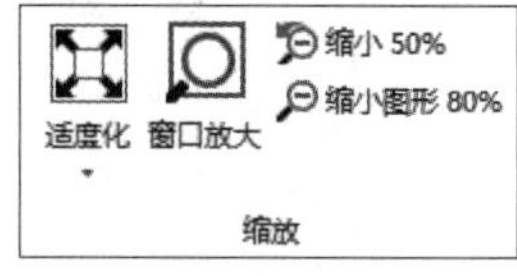

图 1-59　“缩放”面板

右键菜单和“缩放”面板中主要命令的作用如下。

- “适度化”：将所有图形对象满屏显示。
- “窗口放大”/“视窗放大”：利用鼠标通过绘制矩形观察窗口的两个端点，选择观察窗口，系统会将窗口内的图形对象满屏显示。
- “缩小50%”：将当前视图加入视图队列并保存；如果在视图队列中没有视图，则将图形对象显示缩小至当前的1/2。系统会把用户所使用的视图按先后进行存储，形成视图队列。

- “缩小80%”/“缩小图形80%”：将图形对象显示缩小至当前的80%。
- “动态旋转”：可利用鼠标在图形窗口中选择一个中心，通过拖动鼠标来使图形对象绕该点进行旋转，调整视图。

❖ 提示：

用户还可以利用鼠标和键盘来调整图形大小，实现对图形对象的观察。如使用两键加滚轮的鼠标，可以通过滚动滚轮来实现图形对象的放大和缩小，按住滚轮拖动鼠标可以实现图形对象的转动。利用键盘的方向键，可以上下左右移动图形窗口。

1.6.6　对象分析

分析功能主要用于对图素的各种相关信息进行分析，得出分析报告，以便帮助用户进行设计。在功能区“主页”选项卡中，选择如图1-60所示“分析”面板中的各个命令按钮，即可进行相应的对象分析。

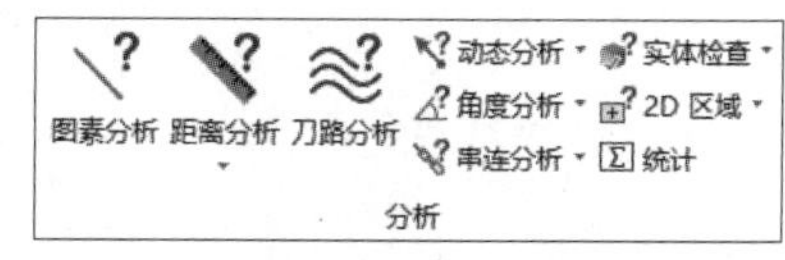

图 1-60　“分析”面板

1. 图素属性分析

选择“图素分析”命令，系统将提示用户选择需要进行分析的图素。用户选择并确定后，根据选择图形的不同，系统会自动对图素进行分析，然后提供属性报告。图1-61所示的是直线和圆弧的属性分析报告对话框。用户还可以利用对话框中的一些按钮来修改图素，各按钮的具体含义在后面相关章节中介绍。

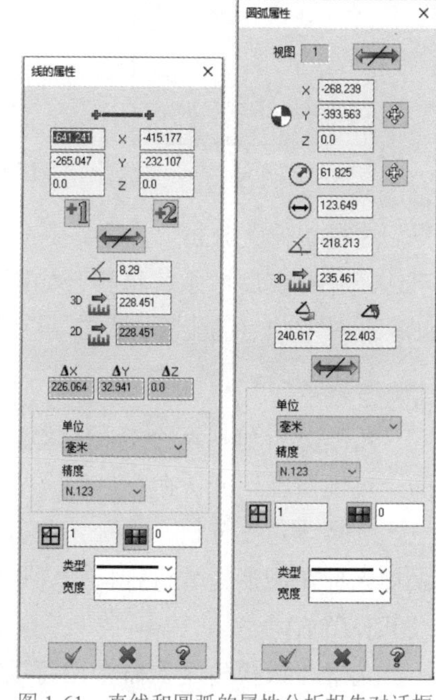

图 1-61　直线和圆弧的属性分析报告对话框

2. 距离分析

距离分析包括两个分析命令，分别为“距离分析”和“沿曲线分析距离”命令。

选择“距离分析”命令，系统将提示用户在图形窗口中选择两个点或曲线，用户选择并确定后，系统自动分析两点的坐标，以及两点或曲线之间的2D和3D距离，打开如图1-62所示的“距离分析”对话框。选择“沿曲线分析距离”命令，系统提示用户在图形窗口中选择线、圆弧、曲线或边缘，打开如图1-63所示的“沿曲线分析距离”对话框，可以沿所选曲线显示距离，还可显示起始、终止和扫描角度。

3. 刀路分析

选择“刀路分析”命令，系统将提示用户将鼠标移到刀路进行分析。用户用鼠标在图形窗口中的刀具路径上移动，系统则显示选择的刀路属性，如坐标、方向和操作编号。

4. 动态分析

动态分析下包括两个分析命令，分别为“动态分析”命令和“位置分析”命令。

选择“动态分析”命令，系统将提示用户选择需要分析的图素，用户选择并确定后，打开如图1-64所示的“动态分析”对话框，用户可以在图素上移动光标，“动态分析”对话框中的显示信息也将会随着光标所在点的不同而发生变化。

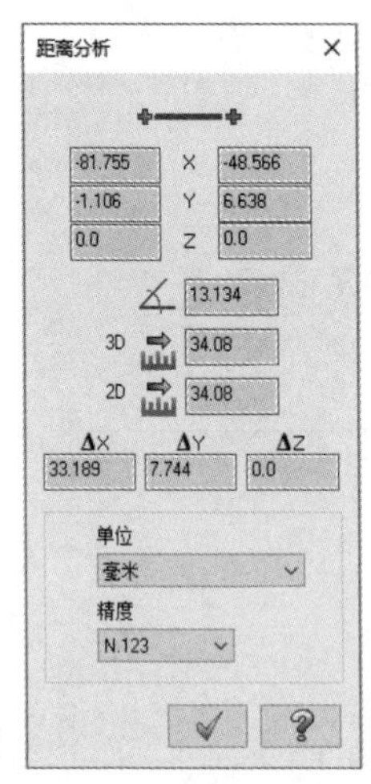

图 1-62 “距离分析”对话框

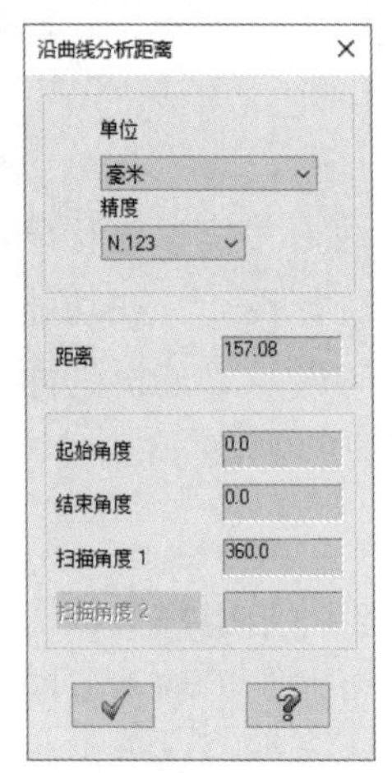

图 1-63 “沿曲线分析距离”对话框

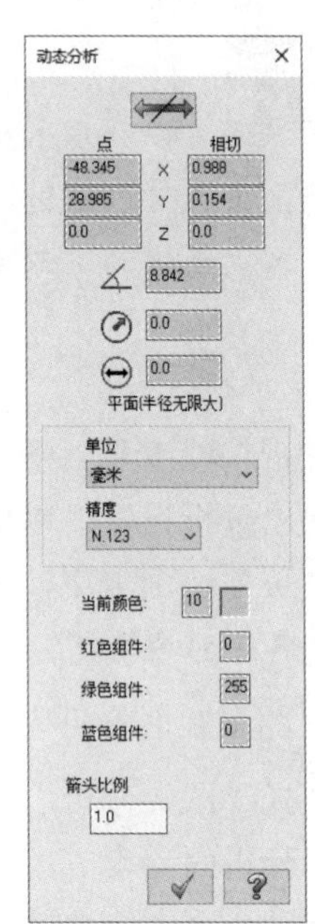

图 1-64 “动态分析”对话框

选择“位置分析”命令，系统将提示用户利用鼠标在图形窗口选择需要分析的点。用户选择并确定后，系统将打开如图1-65所示的“点分析”对话框，显示选择点的坐标值。此命令对未知点的坐标测量非常有效。

5. 角度分析

角度分析包括两个分析命令，包括两条线或三点间的“角度分析”命令和曲面/实体的“拔模角度”分析命令。

选择“角度分析”命令，打开如图1-66所示的“角度分析”对话框，同时，用户利用鼠标光标在图形区域进行操作，选择两条线段或三点后，系统即在对话框中显示夹角大小及其补角值。

选择“拔模角度”命令，可以对曲面和实体的拔模角度进行分析。

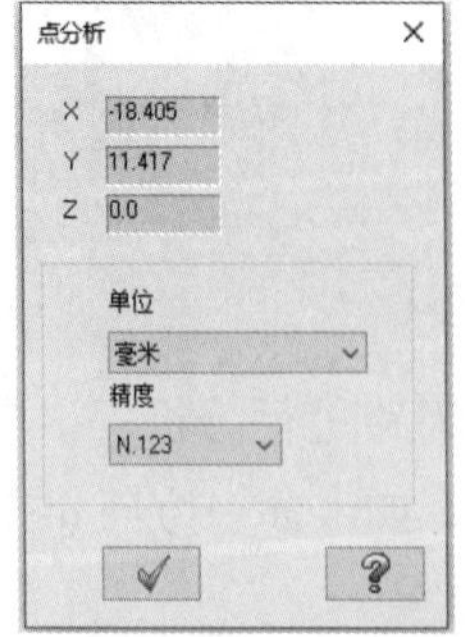

图 1-65 “点分析”对话框

图 1-66 “角度分析”对话框

6. 串连分析

串连分析包括两个分析命令，分别为“串连分析”命令和“外形分析”命令。

选择“串连分析”命令，系统将提示用户选择需要分析的串连图素。选择并确定后，系统将打开如图1-67所示的“串连分析”对话框。设置完成后，打开如图1-68所示的串连图素分析报告对话框。

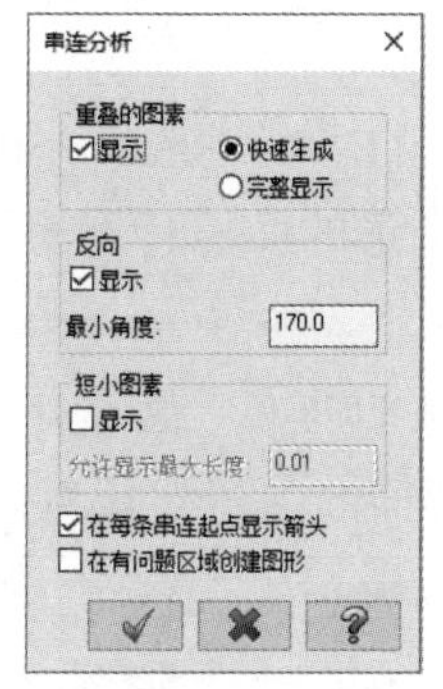

图 1-67　“串连分析”对话框

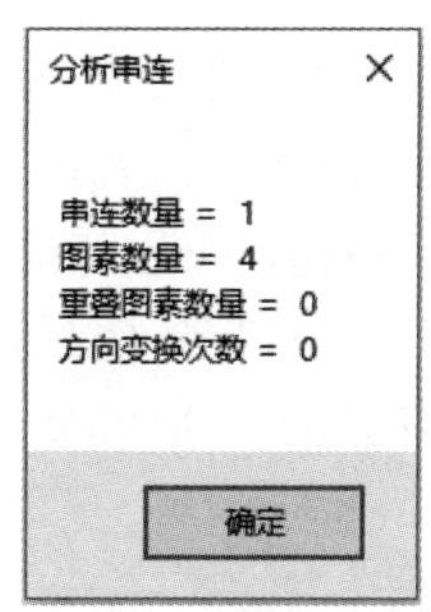

图 1-68　串连图素分析报告对话框

选择“外形分析”命令，系统将提示用户选择需要分析的串连图素。选择并确定后，系统打开如图1-69所示的“外形分析”对话框。设置完成后，系统显示如图1-70所示的外形分析报告。

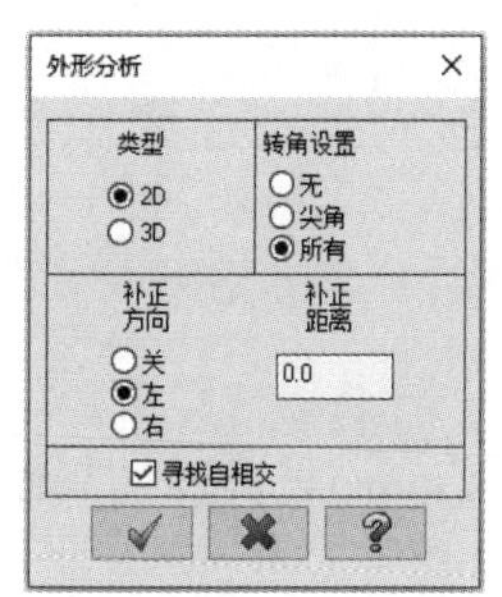

图 1-69　“外形分析”对话框

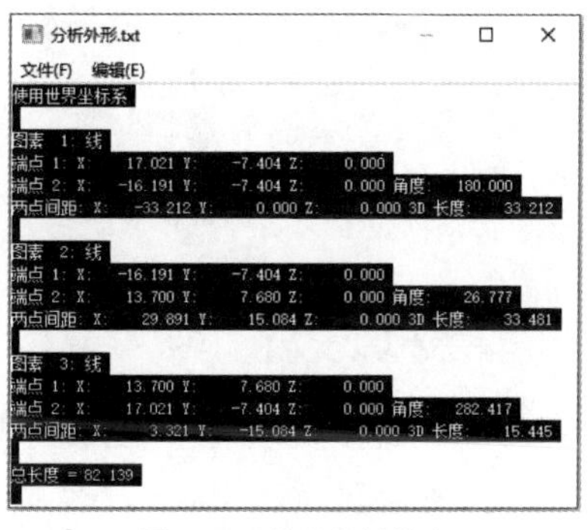

图 1-70　外形分析报告

7. 实体检查

实体检查包括5个分析命令，分别为“实体检查”命令、“检查网格”命令、“实体/网格属性”命令、“曲面检查”命令和“圆弧分析”命令。

选择“实体检查”“检查网格”或“曲面检查”命令，将打开实体、网格和曲面分析功能。该功能能够快速分析实体、网格和曲面，并给出实体、网格和曲面是否存在错误的提示。

选择“实体/网格属性”命令，系统将提示用户选择需要分析的实体主体或网格。选择并确定后，系统打开如图1-71所示的“实体/网格属性”对话框。其中，在

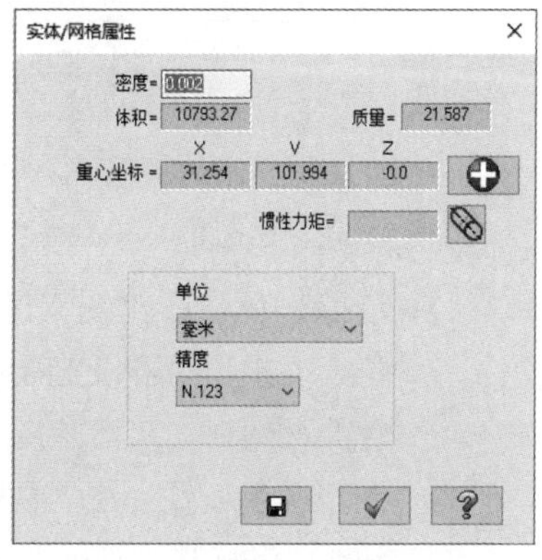

图 1-71　“实体 / 网格属性”对话框

“密度”文本框中可以输入实体的密度，系统将自动计算出实体质量，并在“质量”文本框中显示出来。

选择“圆弧分析”命令，可以对曲线、曲面或实体中的圆弧进行分析。

8. 面积分析

面积分析包括两个分析命令，即图1-60所示“分析”面板中的“2D区域”命令和“曲面面积”命令，分别针对二维图形面积和曲面面积。

选择“2D区域”命令，系统将提示用户选择需要分析的区域。选择并确定后，系统打开如图1-72所示的“分析2D平面面积”对话框，显示了图形的面积、周长及重心坐标等信息。单击按钮，可以将报告信息进行保存。

选择“曲面面积”命令，系统将提示用户选择需要分析的曲面。选择并确定后，系统打开如图1-73所示的“曲面面积分析”对话框，显示了全部曲面面积和弦差。

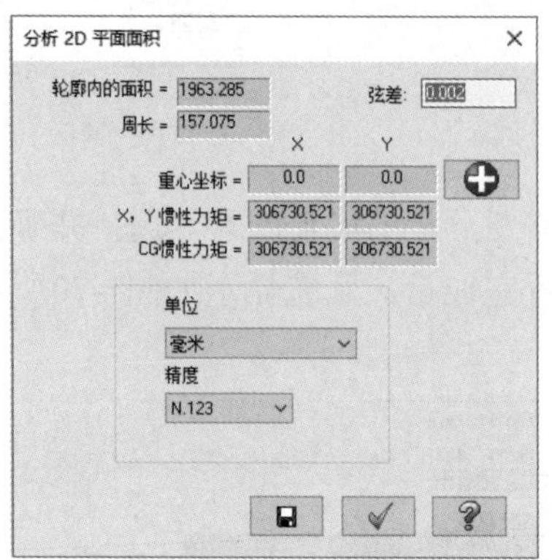

图 1-72 “分析 2D 平面面积”对话框

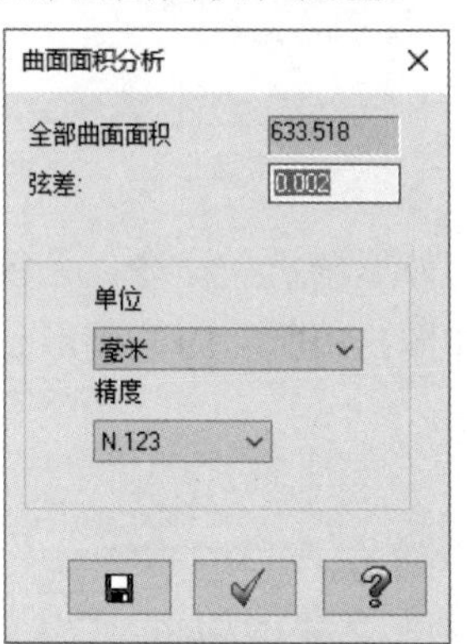

图 1-73 “曲面面积分析”对话框

1.6.7 屏幕环境设置

屏幕环境设置主要通过“主页”和“视图”选项卡下功能面板中的部分命令按钮来实现，如图1-74所示。

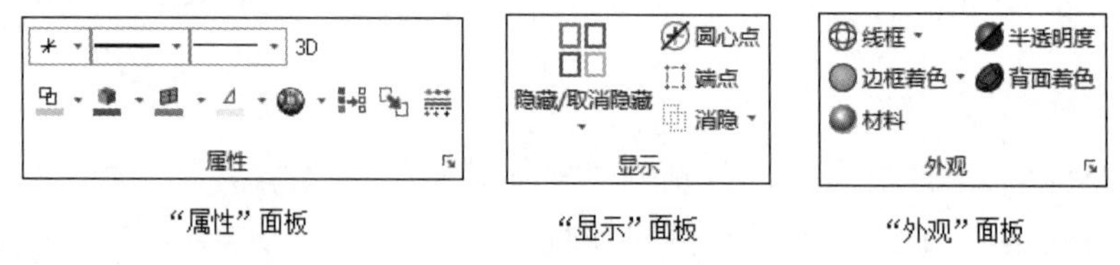

图 1-74 屏幕环境设置

1. 显示效果设置

- 清除颜色：在对图素进行某些操作后，系统会自动创建“组”和“结果”两个组群，并根据组群设置显示颜色。 在“主页”选项卡的“属性”面板上单击“清除颜色”按钮，可清除图素上的颜色，恢复其默认的颜色，并将其从组群中删除。
- 图形着色设置：在“视图”选项卡的“外观”面板上单击右下角的“着色选项”按钮，将打开“着色”对话框，在该对话框中可激活着色效果并进行参数设置。

2. 屏幕统计

在“主页”选项卡的“分析”面板上单击“统计”按钮Σ，系统能够自动分析并统计当前文件中显示图形的信息，包括所绘制的图形类型、刀具数量等，并将统计结果显示在如图1-75所示的“统计”对话框中。

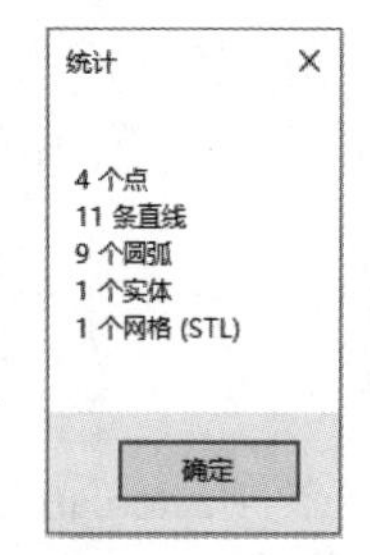

图 1-75 “统计”对话框

3. 图素的隐藏和恢复

图素隐藏指将部分图素从屏幕中暂时移除而不显示，这使得图形窗口更加简洁，便于用户操作。

通过在“主页”选项卡的“显示”面板上，单击“消隐”按钮和“隐藏/取消隐藏”按钮，均可以实现图素的隐藏。这两个操作的不同之处在于，前者将被选中的图素隐藏，后者将未被选中的图素隐藏。在执行“隐藏/取消隐藏”命令后，可单击“隐藏更多”按钮将屏幕上被选中的图素隐藏。

在“主页”选项卡的“显示”面板上，单击“隐藏/取消隐藏”按钮、“取消部分隐藏”按钮和“恢复消隐”按钮，将恢复显示暂时被隐藏的图素。

4. 网格设置

网格点又被称为栅格点，系统会自动捕捉这些网格点。网格是一种辅助绘图手段。

在“视图”选项卡的“网格”面板上单击“网格设置”按钮，打开如图1-76所示的“网格”对话框，在其中可以进行相关参数的设置。

5. 几何属性设定

在“主页”选项卡的“属性”面板上单击“设置全部”按钮，打开如图1-77所示的“属性”对话框。在该对话框中可以对颜色、线型和线宽等几何属性进行设置。

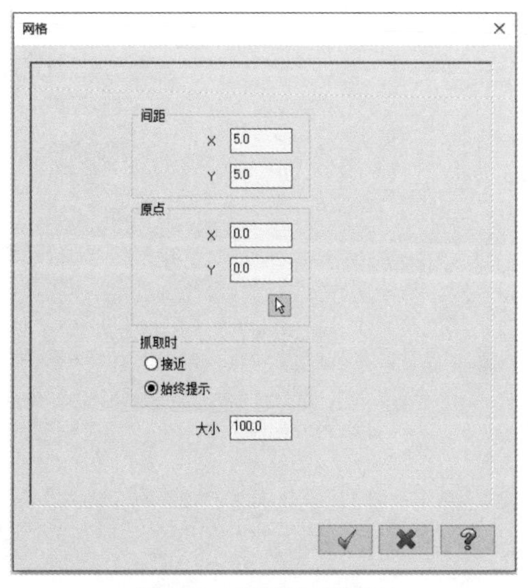

图 1-76 “网格”对话框

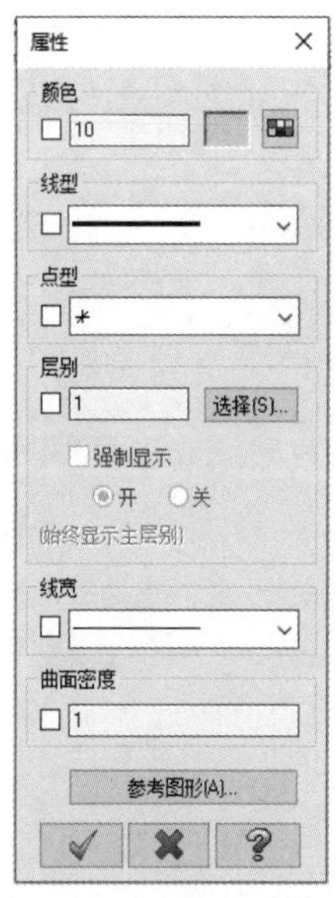

图 1-77 图形的几何属性设置对话框

6. 屏幕截图

在“主页”选项卡的“剪贴板”面板上单击“屏幕截图”按钮，系统将把当前图形窗口中用户选中部分的内容以位图的形式复制到系统剪贴板。

1.7 习题

1. Mastercam 2022的工作界面由哪些主要部分组成？
2. 视图平面和构图平面有何不同？
3. Mastercam 2022对“合并模型”对话框进行了哪些改进？
4. 解释系统公差和串连公差的含义，以及设置方法。

第2章

二维造型设计

二维图形的绘制是所有CAD软件的基本功能之一，本章将介绍Mastercam二维设计中的各种基本图形的绘制方法、二维图形的编辑操作，以及二维图形的标注方法。

本章的学习目标：

- 掌握点、直线、圆弧、曲线、倒角、矩形和椭圆的基本绘制方法
- 了解其他图形的基本绘制方法
- 掌握对象的删除功能
- 掌握对象编辑的各种功能
- 掌握对象变化的各种功能
- 掌握各种尺寸标注样式的设置方法
- 掌握尺寸标注的各种方法
- 掌握尺寸编辑的方法
- 掌握各种类型的图形标注方法

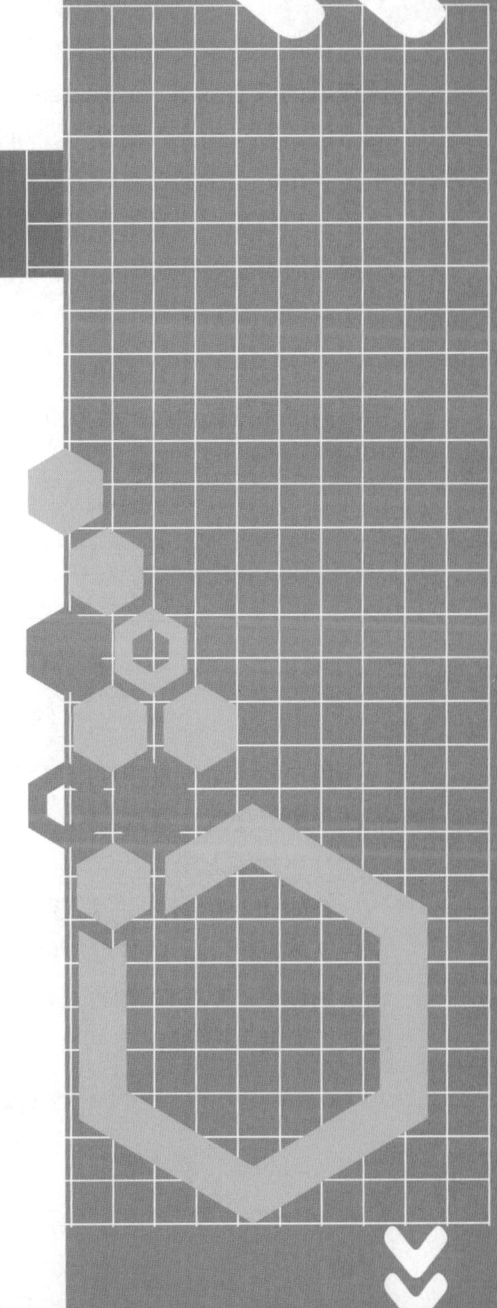

2.1 二维图形的绘制

二维图形的绘制功能主要通过如图2-1所示的“线框”选项卡中的命令按钮实现。

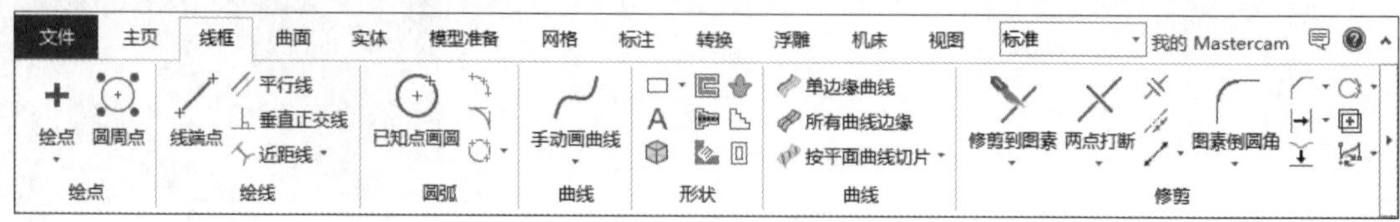

图 2-1 “线框”选项卡

2.1.1 点

点是最基本的图形元素。各种图形的定位基准往往是各种类型的点，如直线的端点、圆或弧的圆心点等。Mastercam为用户提供了6种基本点以及两种线切割刀具路径点的绘制方法。在“绘点”面板上，单击“绘点”下拉按钮 ，将弹出如图2-2所示的“绘点”下拉菜单，其中的命令代表了6种基本点的绘制方法。用户也可以在“绘点”面板上单击“绘点”按钮，系统在操作管理器中弹出如图2-3所示的“绘点”对话框，在其中可以选择点的类型进行绘制。

1. 任意位置点

在“绘点”下拉菜单中单击“绘点”按钮，此时弹出“绘点”对话框，如图2-3所示，同时系统提示用户绘置点的位置。

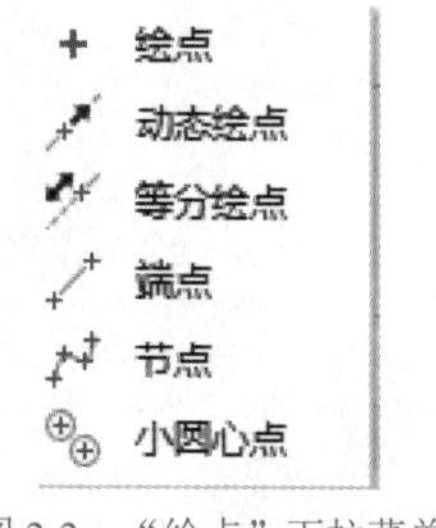

图 2-2 “绘点”下拉菜单

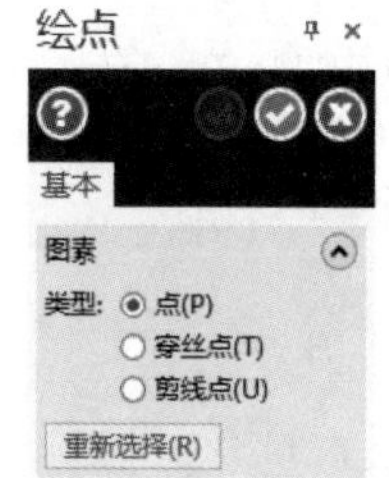

图 2-3 “绘点”对话框

用户除了可以直接利用鼠标在图形窗口中选取点，还可以通过坐标输入法和特殊点输入法来绘制任意位置点。

1) 坐标输入法

在如图2-4所示的图素选择工具栏中，单击“输入坐标点”按钮，系统将弹出一个空白文本框，此时用户可以通过按照如“10,10,10”或者“X10Y10Z10”的格式直接输入坐标值，以绘制坐标为(10,10,10)的点。按Enter键后单击“[确定]并创建新操作”按钮或“确定”按钮，即可按坐标输入法绘出点。

图 2-4 图素选择工具栏

2) 特殊点输入法

单击“光标”旁边的下拉按钮，系统将弹出如图2-5所示的特殊点下拉列表，用于实现一些特殊点的捕捉，如原点、圆心、端点、中心等。

在绘制完一个点后，如果用户单击“重新选择”按钮，可以对刚绘制的点进行重绘。

2. 动态点

动态绘制点指沿已有的图形，如直线、圆、圆弧或曲线，通过移动鼠标来动态生成点。

在“绘点”下拉菜单中单击“动态绘点”按钮，此时弹出“动态绘点”对话框，如图2-6所示，同时系统提示用户选择直线、圆弧、曲线、曲面或实体面。选择已有的图形，此时将会沿该图形出现一条带箭头的线，箭头方向表示正向，另一边端点为相对零点。该箭头线的末端代表绘制点所在的位置，如图2-7所示。在“动态绘点”对话框中，在沿(A):右侧的文本框中，可直接输入点沿图形相对于相对零点的距离。单击“确定”按钮，完成动态点的绘制。

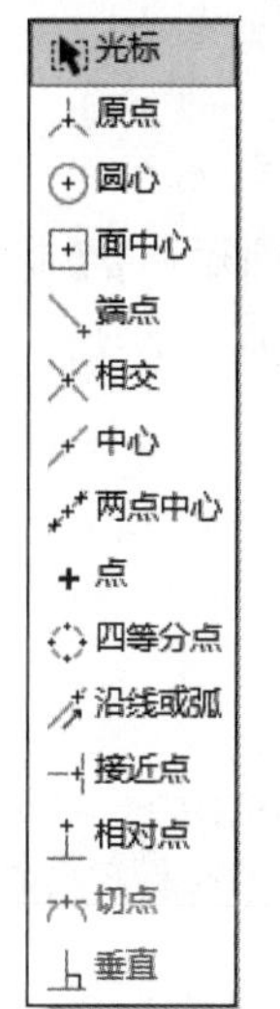

图 2-5　特殊点下拉列表

图 2-6　“动态绘点”对话框

图 2-7　动态点示意图

3. 曲线节点

在“绘点”下拉菜单中单击“节点”按钮，按照系统提示选择所需的曲线，系统会自动在曲线节点处生成点。节点绘制实例如图2-8所示。用户可以借助节点对曲线进行修改。

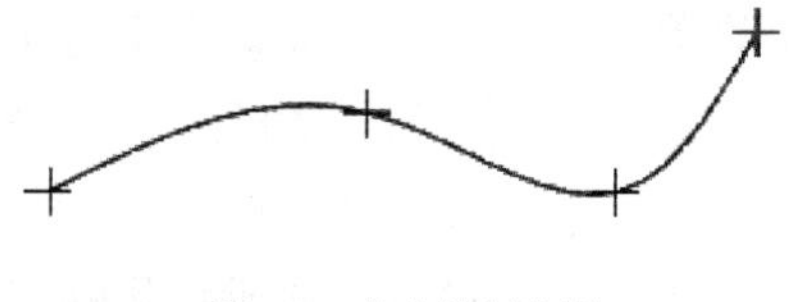

图 2-8　节点绘制实例

4. 等分点

等分点指在已有的图形上(如直线、圆弧和曲线等)，按指定距离或指定数量均分图形，在分段处绘制的点。

在“绘点”下拉菜单中单击“等分绘点”按钮，此时弹出“等分绘点”对话框，如图2-9所示，系统提示“沿一图形画点，请选择图素”。在“等分绘点”对话框中，如果选择“串连”方式，则系统提示“沿引导串连创建点：选择串连1 …”并弹出“线框串连”对话框。在“距离”下的文本框中输入点沿图形之间的距离，最后将生成一系列沿图形以此长度均布的点，此时在“点数”下的文本框中将显示生成点的数量。如图2-10所示，输入的距离为10(默认的系统尺寸单位为mm)。在“点数”下的文本框中输入需要生成的点的数量，系统将按点数均分图形，此时“距离”下的文本框中将显示相邻点之间的距离。如图2-11所示，输入的生成点数量为6。单击“确定”按钮，完成等分点的绘制。

图 2-9　“等分绘点”对话框

图 2-10　点距离为 10 的等分点

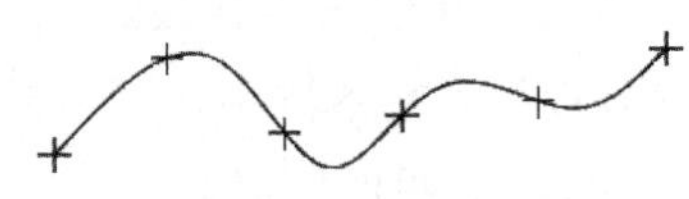

图 2-11　等分 6 点

5. 端点

在“绘点”下拉菜单中单击“端点”按钮，系统将在用户选择的图形两端绘制点。

圆和椭圆都有端点，但起点和终点重合；样条曲线的起点和终点重合时，将形成封闭的样条曲线。

6. 小圆心点

小圆心点指小于或等于指定半径的圆或圆弧的圆心点。

在“绘点”下拉菜单中单击“小圆心点”按钮，此时弹出“小圆心点”对话框，如图2-12所示。图素的选择方式默认为“手动”选择方式，系统提示用户选择需要绘制圆心的圆或弧，单击“确定”按钮，完成小圆心点的绘制。如果选中“全部显示”单选按钮，系统则自动为所有可见圆弧和圆绘制小圆心点。

图 2-12　“小圆心点”对话框

在“小圆心点”对话框中，“最大半径”下的文本框用于设置弧半径；在“设置”下选中“包括不完整的圆弧”复选框，可以绘制圆和弧的圆心，取消选中该复选框，仅能绘制圆的圆心；在“设置”下选中“删除圆弧”复选框，绘制完圆心后，系统会将对应的圆或弧删除掉。

将图2-13所示中的圆和弧都选中后，选择不同的操作会有不同的效果。

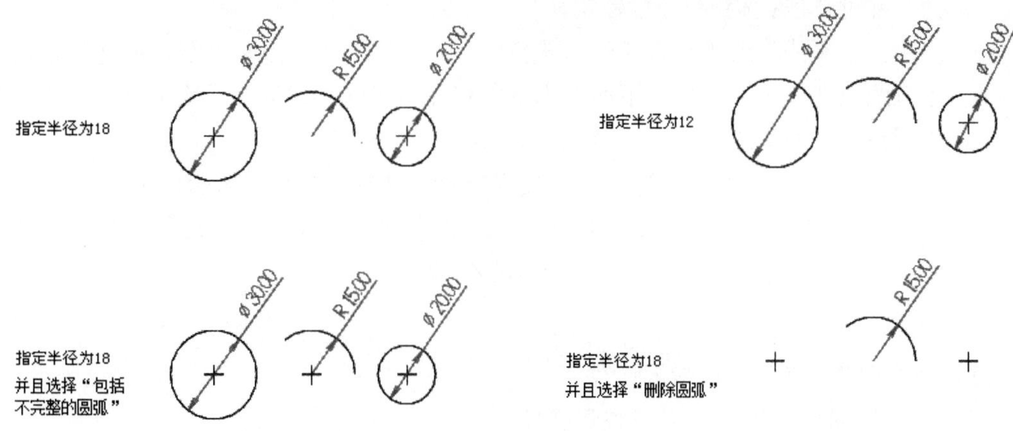

图 2-13　小圆心点绘制示意图

7. 线切割刀具路径功能点

在进行线切割刀具路径操作时单击“绘点”按钮✚，在弹出的“绘点”对话框中，选择绘点类型为“穿丝点”和“剪线点”，利用鼠标选择即可选择刀具路径起始点和刀具路径中断点。

2.1.2　直线

Mastercam为用户提供了多种绘制直线的方法。在“绘线”面板上，以及单击“近距线”旁的下拉按钮 ▾ 所弹出的下拉菜单上，其中的每一个命令按钮均代表一种直线的绘制方法，如图2-14所示。

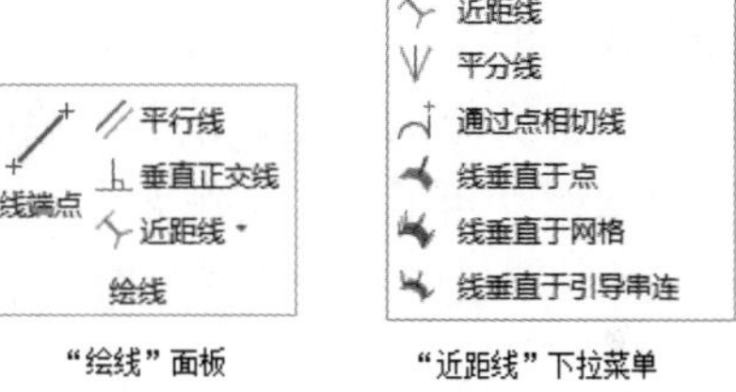

图 2-14　绘制直线的方法

1. 端点连线

端点连线通过确定线的两个端点来绘制直线，同时能够绘制连续线、垂直线、极坐标线、水平线和切线。

在“绘线”面板上单击“线端点”按钮⁄，此时弹出“线端点”对话框，如图2-15所示。系统将提示用户选择直线的两个端点来绘制直线。单击“确定”按钮✅，完成端点连线的绘制。

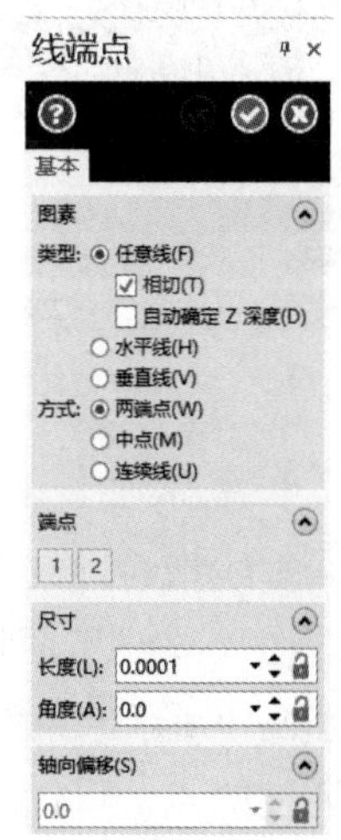

图 2-15　“线端点”对话框

用户可以通过选择“线端点”对话框中的各个选项来绘制不同的直线，其含义如下。

- 选中“连续线”单选按钮，可创建一组首尾相连的直线。
- 选中“中点”单选按钮，指定的第一个端点为绘制直线的中心点。
- 在“长度”右侧的文本框中可输入直线的长度，并可单击🔒按钮将直线的长度锁定。
- 在“角度”右侧的文本框中可输入直线与水平位置的夹

角，并可单击🔒按钮将角度锁定。

- 选中“水平线”或“垂直线”单选按钮，可绘制水平线或垂直线。创建水平线或垂直线后在“轴向偏移”下的文本框中将显示当前直线沿水平或垂直方向相对于坐标系原点的位置。
  - ✧ 选中“相切”复选框，可绘制与某一圆弧或样条曲线相切的直线。
  - ✧ 选中“自动确定Z深度”复选框，用于在3D模式下选中“连续线”单选按钮时，新端点将保留为第一个端点的Z深度。

2. 近距离线

近距离线指两个图形间的最近连线。

在“绘线”面板上单击“近距离线”按钮，即选择了使用近距离线的方式来绘制直线。系统提示“选择直线，圆弧，或样条曲线”，用户利用鼠标选择图形即可。近距离线实例如图2-16所示。

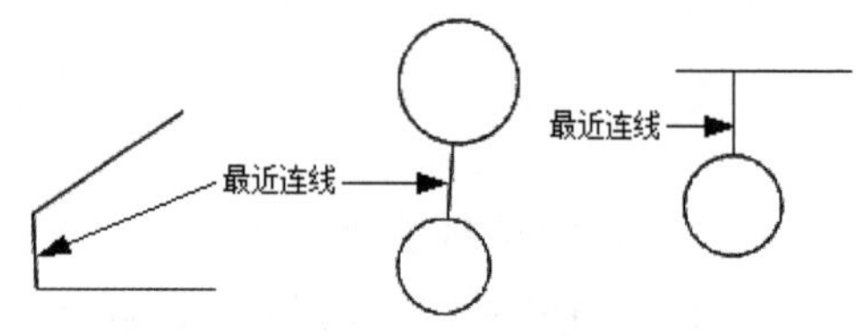

图 2-16　近距离线

3. 平分线

该命令用于绘制两条交线的角平分线。

在“近距线”下拉菜单中单击“平分线”按钮，此时弹出“平分线”对话框，如图2-17所示。系统将提示用户选择两条不平行的直线。选择直线后，系统将在用户选择的两条直线的交点处绘制角平分线。选中“单一”单选按钮，系统绘制出一条角平分线；选中“多个”单选按钮，系统会绘制出可能的4条角平分线，用户可以选择需要的角平分线予以保留。角平分线实例如图2-18所示。在“长度”下的文本框中可以输入需要的角平分线长度。单击“确定”按钮，完成角平分线的绘制。

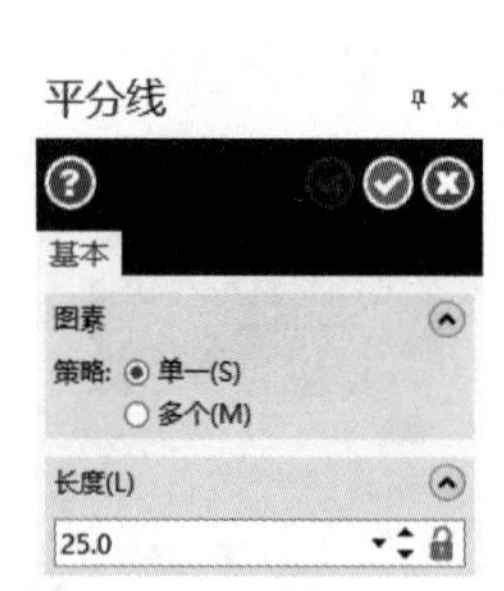

图 2-17　“平分线”对话框

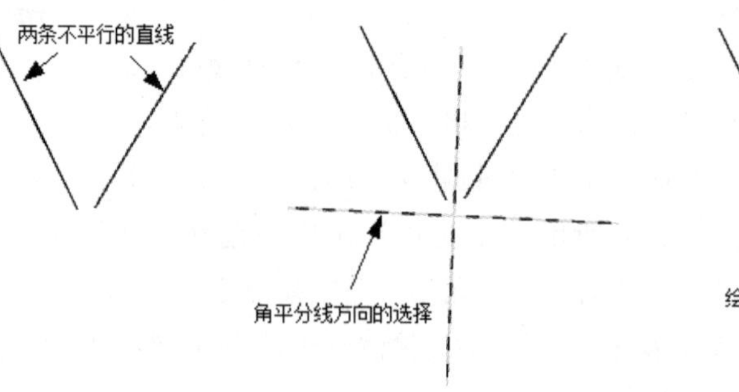

图 2-18　角平分线实例

4. 垂线

垂线指经过某图形上的一点，与图形在该点的切线相垂直的一条线。

在“绘线”面板上单击“垂直正交线”按钮，此时弹出“垂直正交线”对话框，如图2-19所示。系统提示用户选择线、圆弧、曲线或边缘。选择后，系统提示用户选择垂线通过的点，可以通过坐标指定或鼠标捕捉的方式来确定要选择的点。垂线实例如图2-20所示。

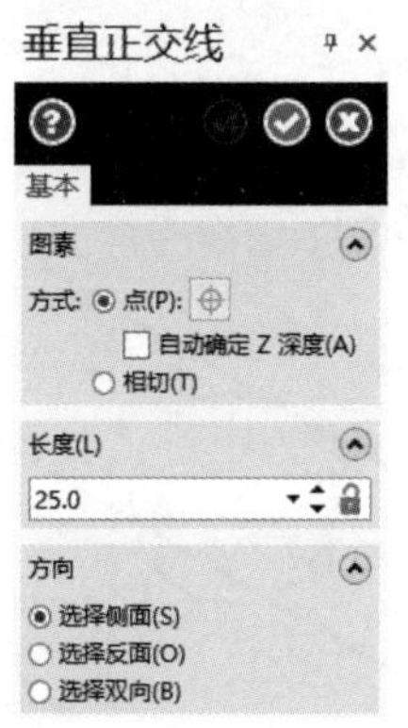

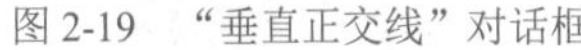
图 2-19　“垂直正交线”对话框

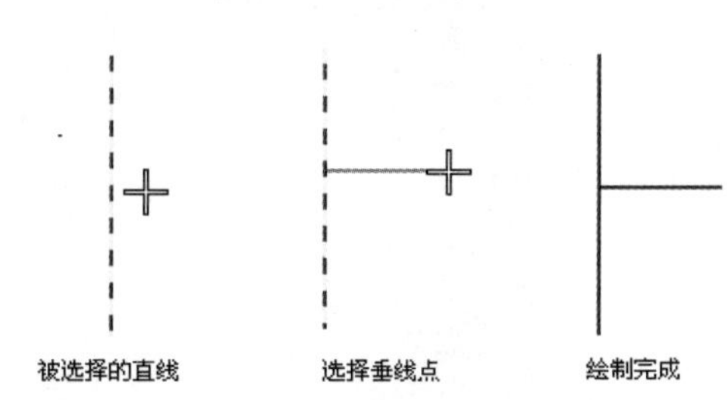

图 2-20　垂线实例

在“垂直正交线”对话框中，“自动确定Z深度”选项用于3D模式。在“长度”下的文本框中可输入所需的直线长度。选中“相切”单选按钮，系统将提示用户依次选择一个圆或圆弧和一条直线，系统将绘制出圆或圆弧的两条可能切线。这两条切线同时和直线垂直。用户选择其中的一条进行保留。垂线实例如图2-21所示。“方向”下的3个单选按钮，将改变垂线相对于图形的位置。单击“确定”按钮，完成垂线的绘制。

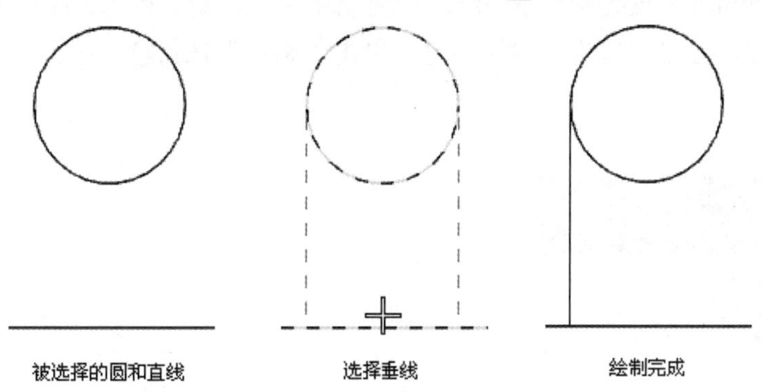

图 2-21　垂线实例

5. 平行线

平行线画法指在已有直线的基础上，绘制一条与之平行的直线。

在“绘线”面板上单击“平行线”按钮，此时弹出“平行线”对话框，如图2-22所示。系统将提示用户首先选择一条直线，然后再使用鼠标选择一个点，系统便会过此点绘制一条与被选中直线平行的直线，两条直线的长度相同。在“平行线”对话框中，在“补正距离”下的文本框中输入两条直线之间的距离，通过“方向”下的单选按钮来选择平行线与被选中直线的相对位置。选中“相切”单选按钮，系统将提示用户先选择一条直线，然后再选择一个圆或一条圆弧，系统将会绘制一条和圆或圆弧相切的平行线，实例如图2-23所示。单击“确定”按钮，完成平行线的绘制。

图 2-22　“平行线”对话框

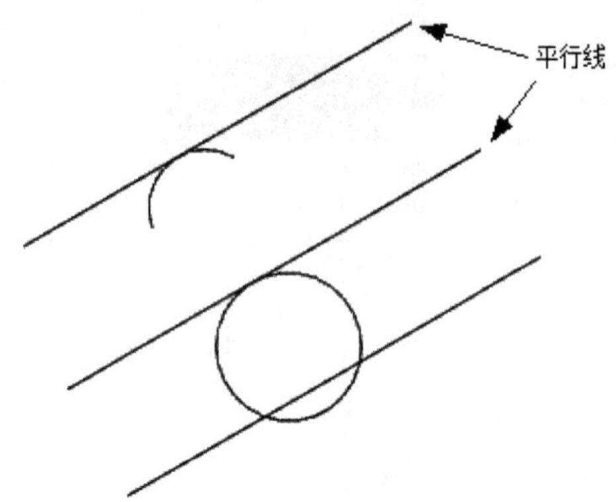

图 2-23　平行线实例

6. 切线

切线指在已有圆弧或曲线上，过指定点与其相切的直线。

在“近距线”下拉菜单中单击“通过点相切线”按钮，此时弹出“通过点相切”对话框，如图2-24所示。根据系统提示，利用鼠标选择图形中的曲线，然后选择曲线上的一点，系统会自动过此点绘制一条与被选中曲线相切的直线。在“长度”下的文本框中可输入直线的长度，也可通过拖动鼠标确定。单击“确定”按钮，完成切线的绘制，效果如图2-25所示。

图 2-24　“通过点相切”对话框

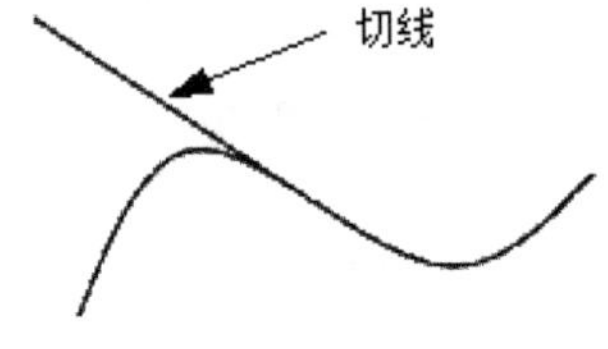

图 2-25　切线

2.1.3　圆和弧

Mastercam向用户提供了7种绘制圆和弧的方法。在“圆弧”面板上，以及单击“已知边界点画圆”旁的下拉按钮所弹出的下拉菜单中，其中的每一个命令按钮均代表一种圆或弧的绘制方法，如图2-26所示。

1. 三点画圆

三点画圆即通过指定不在同一条直线上的3个点来绘制一个圆。

在“圆弧”面板上单击“已知边界点画圆”按钮，此时弹出“已知边界点画圆”对话框，如图2-27所示。用户依次选择3个点，系统将自动绘制出一个圆。在“已知边界点画圆”对话框中，选择“两点”方式，将通过鼠标指定一条直径的两个端点来绘制圆；

选择“三点”方式，将通过指定圆上的3点来绘制圆；选择“两点相切”或“三点相切”方式，系统将提示用户选择两个以上的图形，然后在“半径”或“直径”右侧的文本框中输入需要的半径或直径(实例输入半径为20)，系统将会绘制出一个与选择图形相切的圆，如图2-28所示。单击“确定”按钮，完成相切圆的绘制。

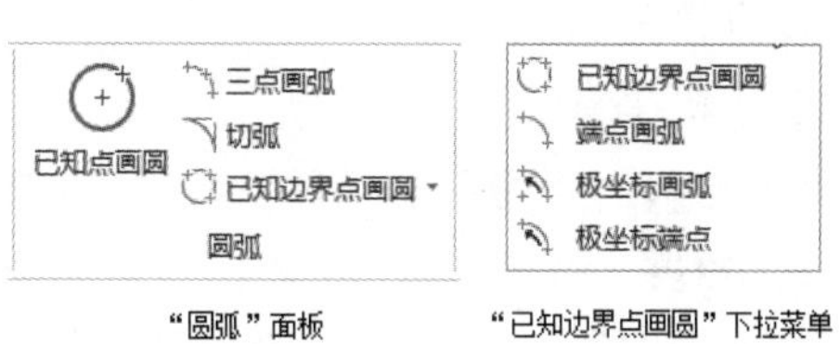

图 2-26　圆或弧的绘制方法

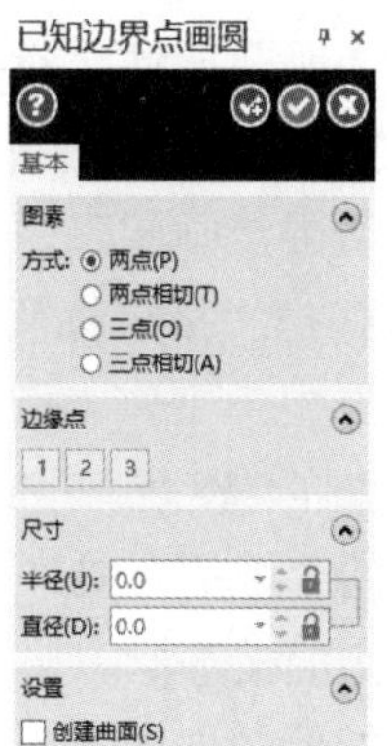

图 2-27　“已知边界点画圆”对话框

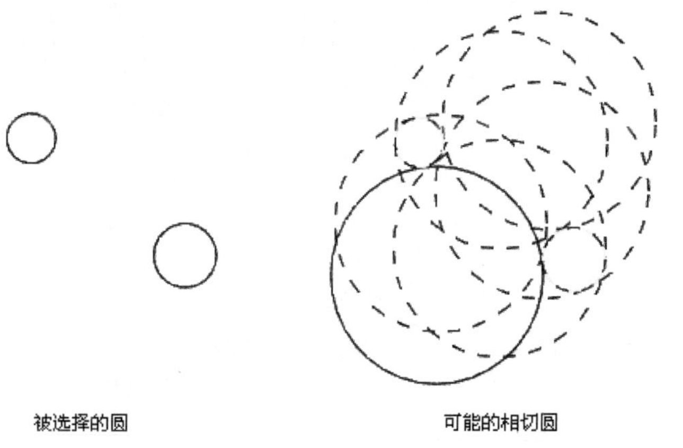

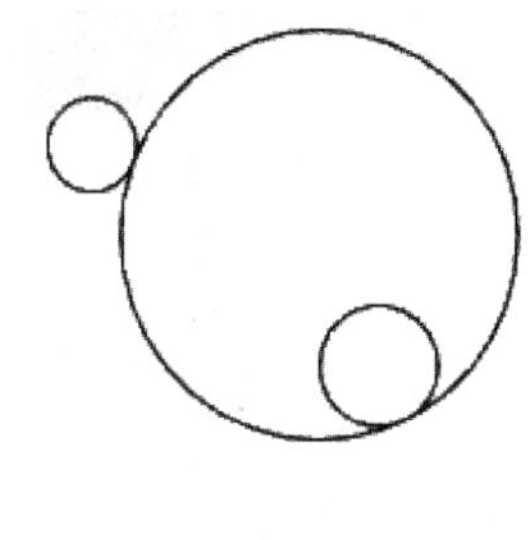

图 2-28　相切圆的绘制

❖ 提示:

在绘制完一个圆后，如果用户单击“已知边界点画圆”对话框中“边缘点”下的按钮，可以对刚绘制的点进行重绘。该功能在绘制各种图形时会经常使用。以三点法画圆为例，为重新获得一个圆，可分别单击“边缘点”下的1、2或3。它们分别表示二、三点不动，修改第一点；一、三点不动，修改第二点；一、二点不动，修改第三点。以此类推，该功能通过对选择点进行重新绘制而保持其他点不变来生成新的图形。

2. 圆心画圆

圆心画圆即通过指定圆心和圆上一点，或圆心和半径来绘制一个圆。

在“圆弧”面板上单击“已知点画圆”按钮，此时弹出“已知点画圆”对话框，如图2-29所示。系统提示用户在图形窗口中选择一个点作为圆心，然后选择圆上的一点绘制圆，或在“半径”或“直径”右侧的文本框中输入需要的半径或直径来绘制圆。选择“相切”方式，系统将提示用户首先选择一点作为圆心，然后选择一条已存在的直线或者圆弧，系统将自动绘制出一个与选取图形相切的圆。单击“确定”按钮，完成圆心画圆。

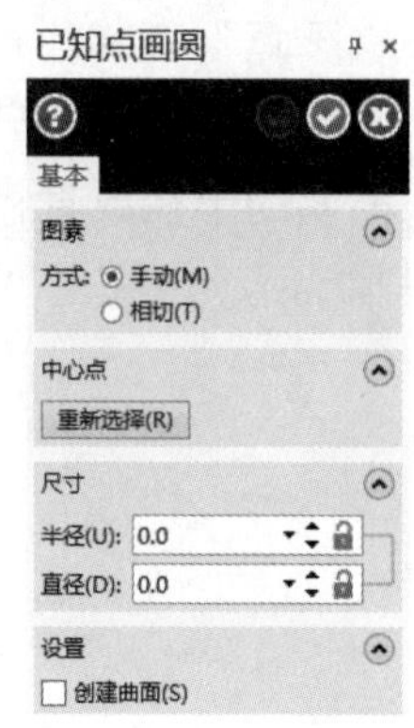

图 2-29　“已知点画圆”对话框

3. 极坐标圆心画弧

极坐标圆心画弧即通过指定圆心点、半径、起始角度和终止角度来绘制一段弧。

在“已知边界点画圆”下拉菜单中单击“极坐标画弧”按钮，此时弹出“极坐标画弧”对话框，如图2-30所示。系统提示用户选中一点作为圆弧的圆心，然后可以直接利用鼠标依次选取弧的起始点和终止点。用户也可以在“极坐标画弧”对话框的“半径”或“直径”右侧的文本框中输入需要的半径或直径，在“起始”或“结束”右侧的文本框中输入弧的起始角度和终止角度。选中“反转圆弧”单选按钮，系统将改变弧的绘制方向。极坐标绘制圆弧实例如图2-31所示，选择(0,0,0)原点为圆弧的圆心，半径为20，起始和终止角度分别为45°和150°，单击“确定”按钮，完成极坐标圆心画弧的操作。

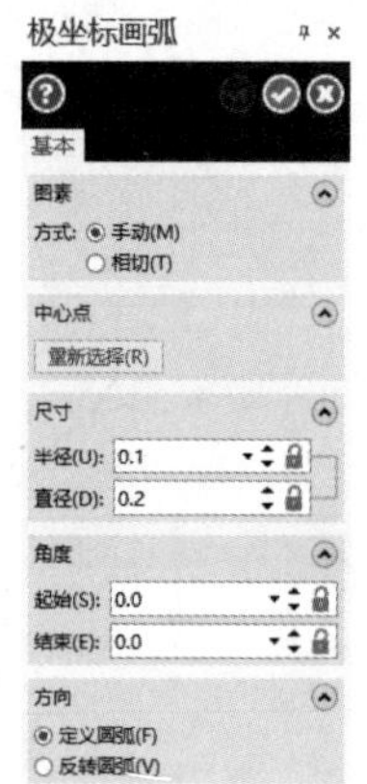

图 2-30　“极坐标画弧”对话框

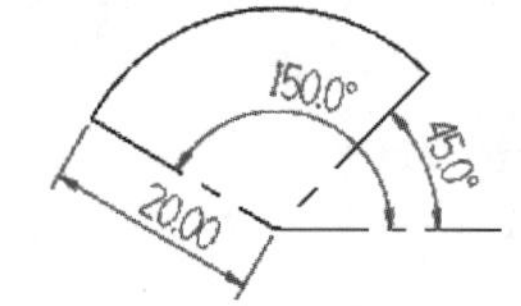

图 2-31　极坐标绘制圆弧实例

4. 极坐标端点画弧

极坐标端点画弧即通过指定弧的端点、半径、起始角度和终止角度来绘制一段弧。

在“已知边界点画圆”下拉菜单中单击“极坐标端点”按钮，此时弹出“极坐标端点”对话框，如图2-32所示。系统提示用户选中一点作为弧的起点或终点，选中“起始点”单选按钮选择起点，选中“端点”单选按钮选择终点。系统提示用户“输入半径，起始点和终点角度”，在“半径”或“直径”右侧的文本框中输入需要的半径或直径；在“起始”或“终止”右侧的文本框中输入弧的起始角度和终止角度。系统便按照指定的参数自动绘制出圆弧。单击“确

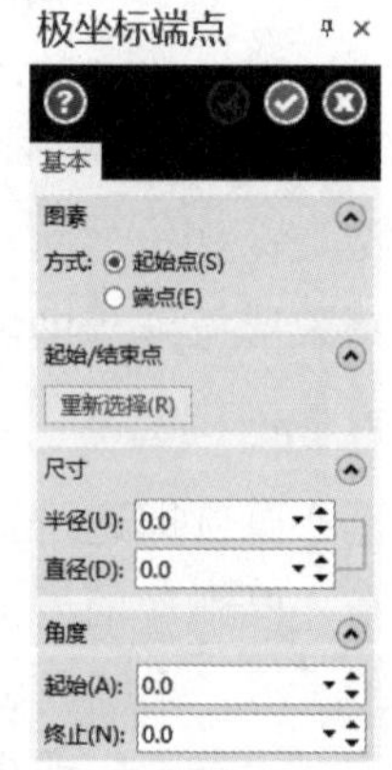

图 2-32　“极坐标端点”对话框

定”按钮☑，完成极坐标端点画弧的操作。

5. 端点画弧

端点画弧即通过指定弧的两个端点和弧的任意另一点来绘制一段弧。

在“已知边界点画圆”下拉菜单中单击“端点画弧”按钮，此时弹出“端点画弧”对话框，如图2-33所示。系统提示用户首先选择圆弧上的两个端点，然后选择弧上的另一点来绘制圆弧，实例如图2-34所示。单击“确定”按钮☑，完成端点画弧的操作。

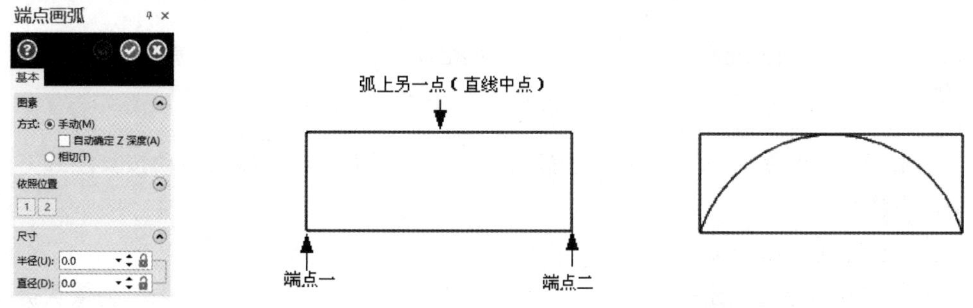

图 2-33　“端点画弧”对话框　　　图 2-34　端点画弧实例

6. 任三点画弧

任三点画弧即通过指定弧上的任意3点来绘制一段弧。

在“圆弧”面板上单击“三点画弧”按钮，此时弹出“三点画弧”对话框，如图2-35所示。系统提示用户利用鼠标指定弧上任意3点，将自动绘制出一段过指定3点的弧。单击“确定”按钮☑，完成任三点画弧的操作。

7. 相切画圆或弧

相切画圆或弧将绘制出与某一图形相切的圆或弧。

在“圆弧”面板上单击“切弧”按钮，此时弹出“切弧”对话框，如图2-36所示。用户根据需要在“半径”或“直径”右侧的文本框中输入需要的半径或直径。以下步骤将根据“方式”下拉列表中的选择而不同。

图 2-35　“三点画弧”对话框

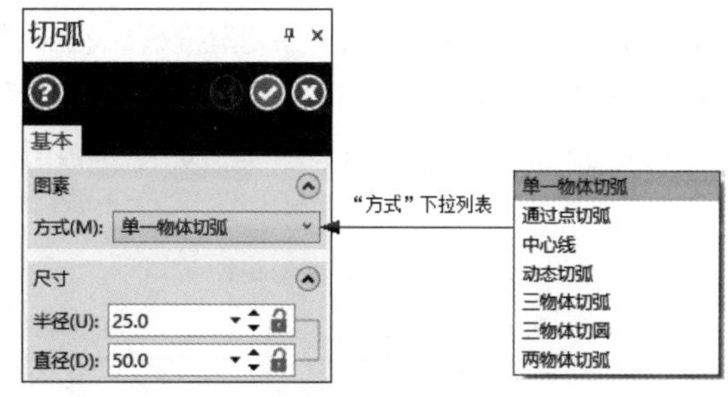

图 2-36　“切弧”对话框

○　单一物体切弧(切点法)

切点法是指通过指定切点绘制与所选图形相切的圆弧。系统会依次提醒用户选择图形以及图形上的切点。在用户选择需要保存的圆弧后，完成圆弧的绘制。切点法实例如图2-37所示。

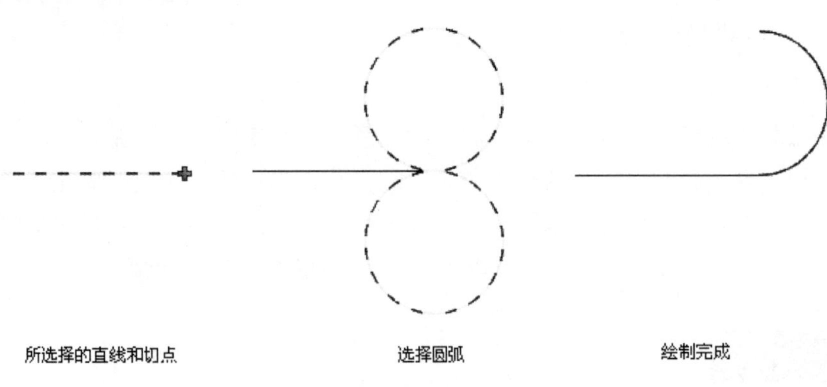

图 2-37　切点法实例

利用切点法绘制圆弧时，如果选择的切点不在图形上，系统会自动按其法线方向投影到图形上作为切点。

❍　通过点切弧(端点法)

端点法是指通过指定弧的一个端点绘制与所选图形相切的圆弧。系统会依次提醒用户选择图形以及圆弧的端点。在用户选择需要保存的圆弧后，完成圆弧的绘制。端点法实例如图2-38所示。

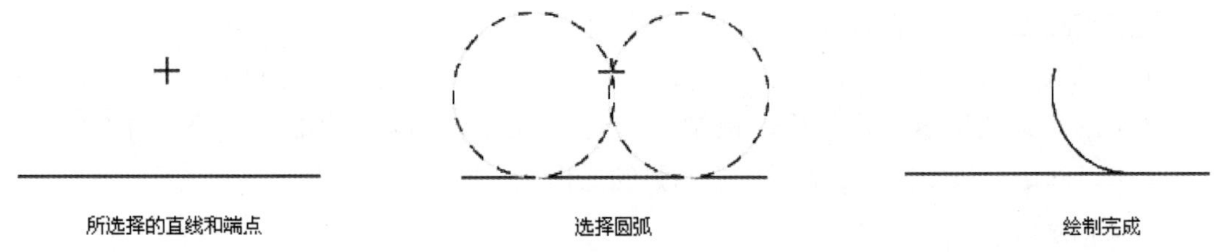

图 2-38　端点法实例

使用端点法绘制圆弧时，给定的半径值必须大于或等于点到图形法线距离的一半，否则系统将给出错误提示。

❍　中心线(圆心法)

圆心法是通过指定圆心在一条选定的直线上绘制出与直线相切的圆。系统首先提示用户选择相切的直线，然后提示选择圆心所在直线，系统根据用户指定的半径或直径大小，自动找到圆心绘制相切圆。圆心法实例如图2-39所示。

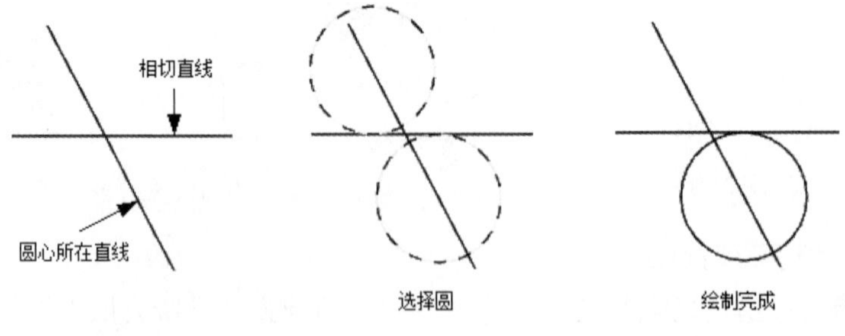

图 2-39　圆心法实例

○　动态切弧(动态法)

动态法是利用鼠标直接拖动进行圆弧的绘制。系统首先提示用户选择相切的图形，此时图形上会出现一个随鼠标移动的箭头，用户可在需要的切点位置进行确定，以确定切点。然后，用户可以通过移动鼠标动态地绘制圆弧，但圆弧与图形的切点始终保持不变。动态法实例如图2-40所示。

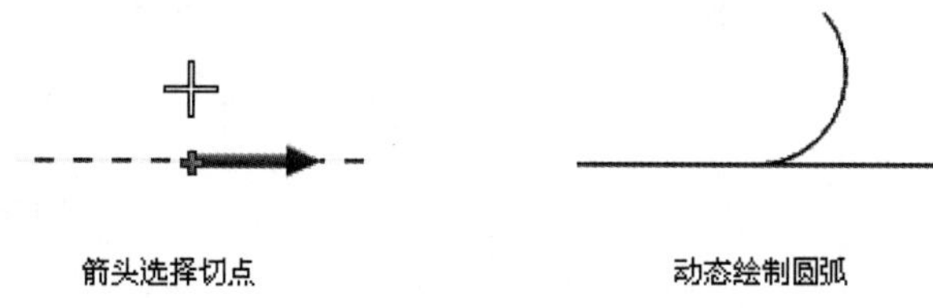

图 2-40　动态法实例

○　三物体切弧(三切画弧)、三物体切圆(三切画圆)和两物体切弧(两切画弧)

三切画弧和三切画圆是指绘制和3个选择的图形同时相切的弧或圆；两切画弧是指绘制一条指定半径并和两个选择的图形同时相切的弧。三切画弧、三切画圆和两切画弧实例如图2-41所示。

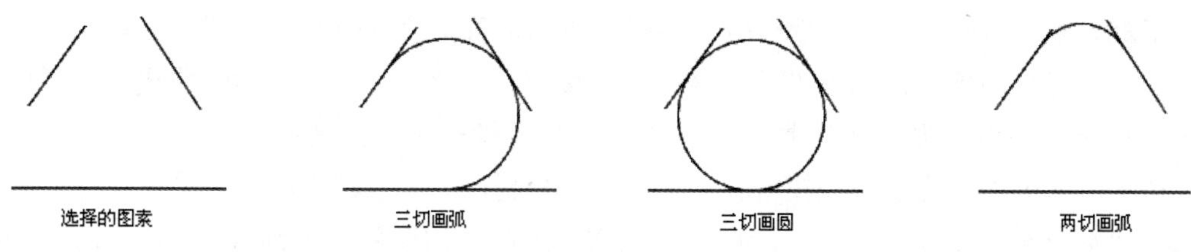

图 2-41　三切画弧、三切画圆和两切画弧实例

2.1.4　曲线

在Mastercam中，曲线是采用离散点的方式生成的。选择不同的绘制方法，对离散点的处理也不同。Mastercam采用了两种类型的曲线：参数式曲线和NURBS曲线。两种曲线的不同之处在于，参数式曲线将所有的离散点作为曲线的节点并通过这些点，而NURBS曲线则不一定。选择“文件”|“配置”命令，打开如图2-42所示的“系统配置”对话框，在左侧列表框中选择“CAD”选项，在对话框的右侧即可设置曲线的类型。

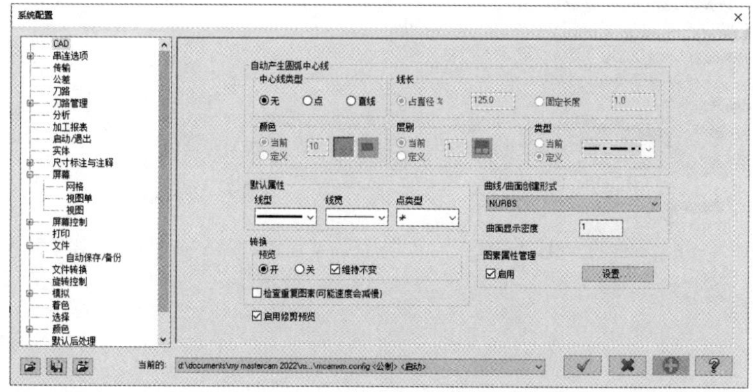

图 2-42　“系统配置”对话框

图2-43所示展示了这两种曲线类型的不同之处。通过同样的7个离散点(用“十”字线表示)绘制曲线，参数式曲线将这些点都作为曲线的节点(用圆圈表示)；而NURBS曲线是通过插值的方式逼近离散点。

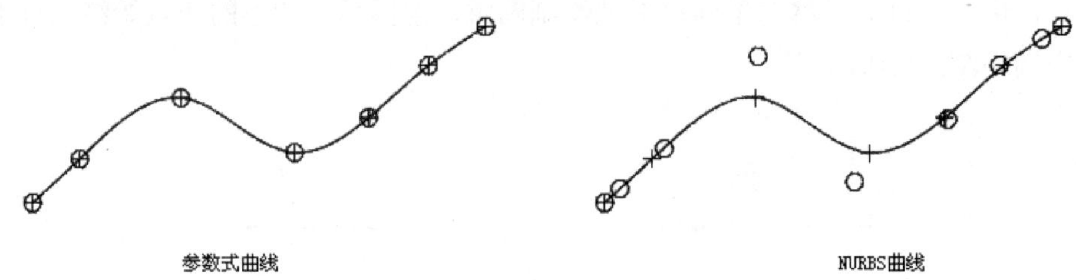

图 2-43　曲线类型对比

Mastercam提供了5种曲线的绘制方式。在“曲线”面板上，单击“手动画曲线”的下拉按钮，系统将弹出如图2-44所示的“手动画曲线”下拉菜单，其中每一个命令代表一种曲线绘制方法。

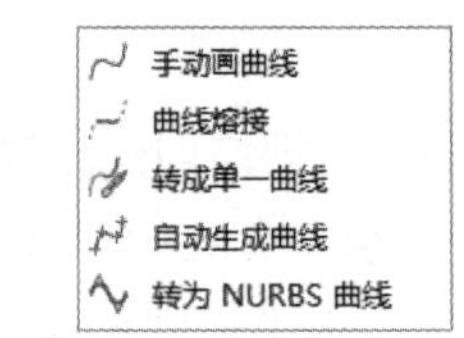

图 2-44　“手动画曲线”下拉菜单

1. 手动绘制

手动绘制指按照系统提示逐个输入曲线上点的位置来绘制曲线。

在“曲线”面板上，单击“手动画曲线”按钮，此时弹出“手动画曲线”对话框，如图2-45所示。系统提示选择曲线上面的点，利用鼠标在绘图区依次进行选择即可，如图2-46所示，单击“确定”按钮，完成曲线的绘制，如图2-47所示。如果在绘制曲线之前选中“编辑结束条件”复选框，在绘制完成后绘图区的图形如图2-48所示，此时可进行曲线端点处理，可对曲线的两个端点处的曲线切线方向进行设置。在“起始点”右侧的下拉列表中可对起点的切线方向进行设置，在“端点”右侧的下拉列表中可对终点的切线方向进行设置。

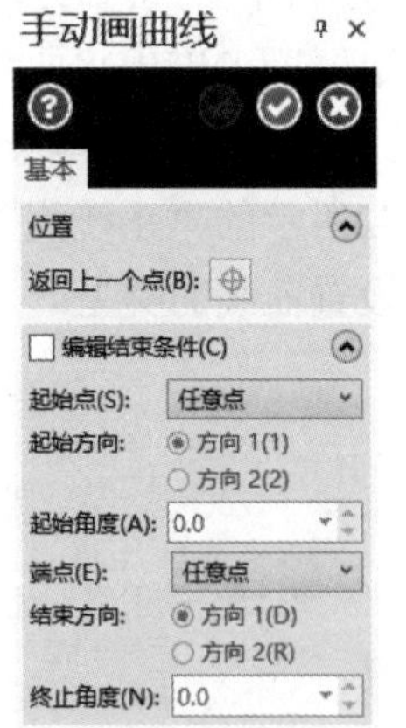

图 2-45　“手动画曲线”对话框

图 2-46　选择曲线经过的点

图 2-47　绘制完成后的效果

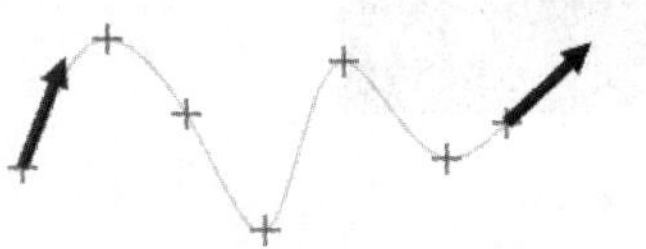

图 2-48　可对曲线端点进行处理

Mastercam提供了5种处理方式："任意点"，为默认方式，由系统自动按优化计算得到；"三点"，与最近三点组成的弧的切线方向相同；"到图素"，与选定图素指定点的切线方向相同；"到结束点"，与选定图素的端点的切线方向相同；"角度"，直接指定切线与X轴线的角度值。

2. 自动绘制

自动绘制与手动绘制的不同在于：自动绘制只需指定中间一点和两个端点，系统将会按之前生成的点来绘制曲线。

在"手动画曲线"下拉菜单中单击"自动生成曲线"按钮，系统将打开如图2-49所示的"自动生成曲线"对话框。根据系统提示，在图形窗口中依次选择曲线的起点、经过点和终点，如图2-50所示，单击"确定"按钮，完成曲线的绘制，效果如图2-51所示。

图 2-49　"自动生成曲线"对话框

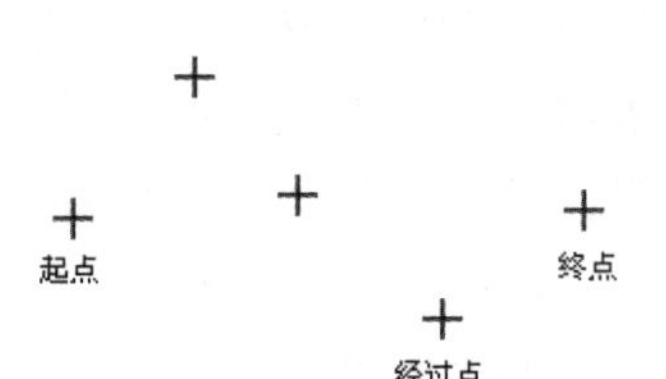

图 2-50　选择曲线经过的点

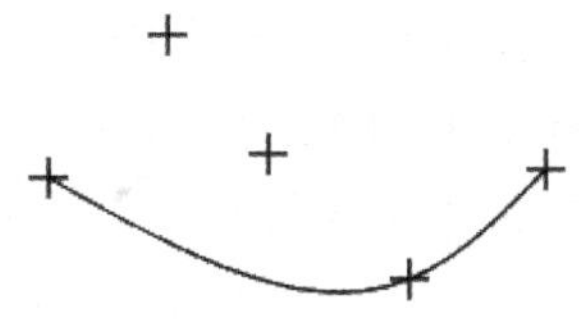

图 2-51　绘制完成后的效果

3. 转变绘制

转变绘制指将现有的图形，如一系列首尾相连的图形或单条直线、圆弧和曲线，转变为所设置的曲线类型。

在"手动画曲线"下拉菜单中单击"转成单一曲线"按钮，系统将打开"转成单一曲线"对话框，如图2-52所示。设定好串连图形的选择方式，根据系统提示，选择如图2-53所示的一组首尾相连的图形并进行确定。在"转成单一曲线"对话框中，在"公差"下的文本框中输入选定图形允许的偏离原来位置的最大值。在"原始曲线"下有4种用于处理选中图形的方式，分别为："删除曲线"，删除原有图形；"保留曲线"，保留原有图形；"消隐曲线"，隐藏原有图形；"移动到层别"，将原有图形移到指定图层。单击"确定"按钮，完成曲线的绘制。此时用户可在"绘点"下拉菜单中单击"节点"按钮，利用生成曲线节点的命令，对曲线进行观察，如图2-54所示。

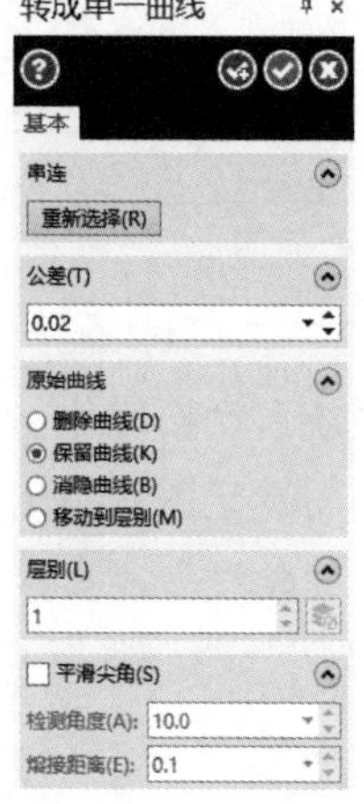

图 2-52　“转成单一曲线”对话框

图 2-53　一组首尾相连的图形

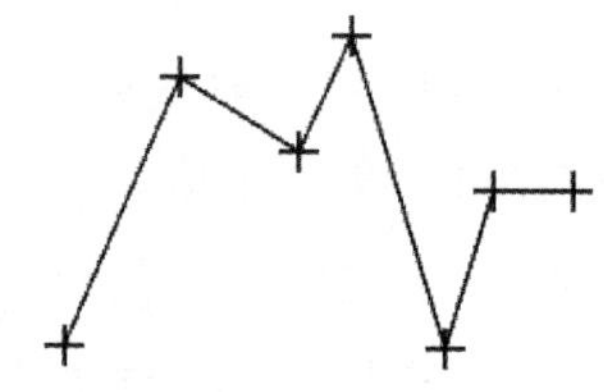

图 2-54　观察曲线节点

4. 曲线连接

曲线连接指将两种图形(直线、圆弧或曲线)通过用户指定的点光滑相切。

在“手动画曲线”下拉菜单中单击“曲线熔接”按钮，此时系统将打开“曲线熔接”对话框，如图2-55所示。

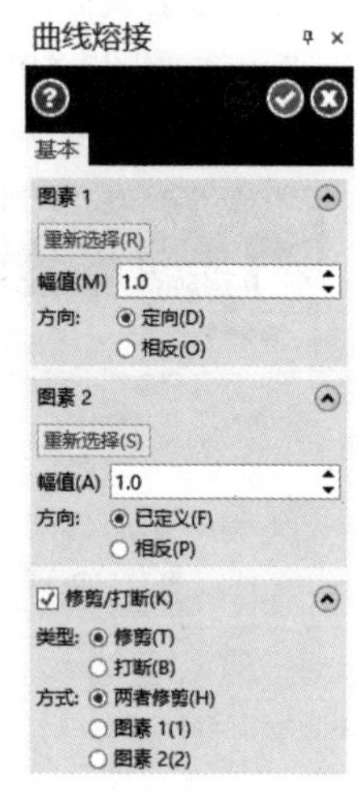

图 2-55　“曲线熔接”对话框

根据系统提示依次选择两条需要进行连接的曲线，并动态指定连接点的位置在两条曲线的最靠近的两个端点，如图2-56所示。选择第一个图形，并在“幅值”右侧的文本框中输入该图形拟合的曲率；选择第二个图形，并在“幅值”右侧的文本框中输入该图形拟合的曲率。该值越小，连接越平滑。选择“类型”为“修剪”，可以选择对选定图形的处理方式，方式有：“两者修剪”，两个都修剪；“图素1”，只修剪第一个；“图素2”，只修剪第二个。单击“确定”按钮，完成曲线的绘制，效果如图2-57所示。

图 2-56　选择的两条曲线

图 2-57　绘制完成的曲线

5. 转为 NURBS 曲线

转为NURBS曲线指用户将指定的直线、圆弧或参数式曲线转换为NURBS曲线。

在“手动画曲线”下拉菜单中单击“转为NURBS曲线”按钮，按照系统提示选择所需的直线、圆弧、曲线，系统会自动生成NURBS曲线。

2.1.5　倒角

在工程设计中，设计人员往往需要为图形之间的锐角处设计出一段倒角，以提高产品的使用强度和美观程度。倒角可以是倒圆角或倒斜角。

Mastercam提供了如下4种倒角的绘制方式。在“修剪”面板上单击“图素倒圆角”和“倒角”的下拉按钮▾，系统将会分别弹出如图2-58所示的下拉菜单，从中可以选择倒角的绘制方法。

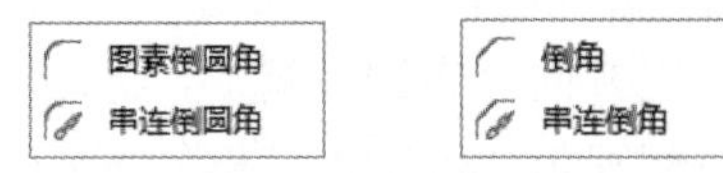

图 2-58　倒圆角和倒斜角绘制下拉菜单

1. 单个倒圆角

执行倒圆角命令，将在两个相邻的图形之间插入圆角，并根据用户的设置对原有图形进行相应的修剪。

在“修剪”面板上单击“图素倒圆角”按钮，此时系统将打开“图素倒圆角”对话框，如图2-59所示。

系统提示用户选择需要进行倒圆角的图形。在“图素倒圆角”对话框中，在“半径”下的文本框中可输入圆角的半径。在“图素”选项中可以选择倒圆角的方式：有“圆角”“内切”“全圆”“间隙”(外切)和“单切”5种倒圆角方式。在“设置”下选中“修剪图素”复选框，在绘制圆角时将按照圆弧对图形进行修剪，否则将保留交线。以上各种方式的效果如图2-60 所示。单击“确定”按钮，完成倒圆角的绘制。

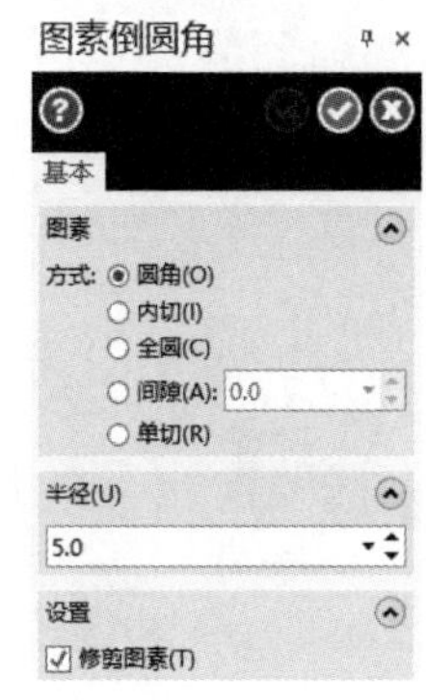

图 2-59　“图素倒圆角”对话框

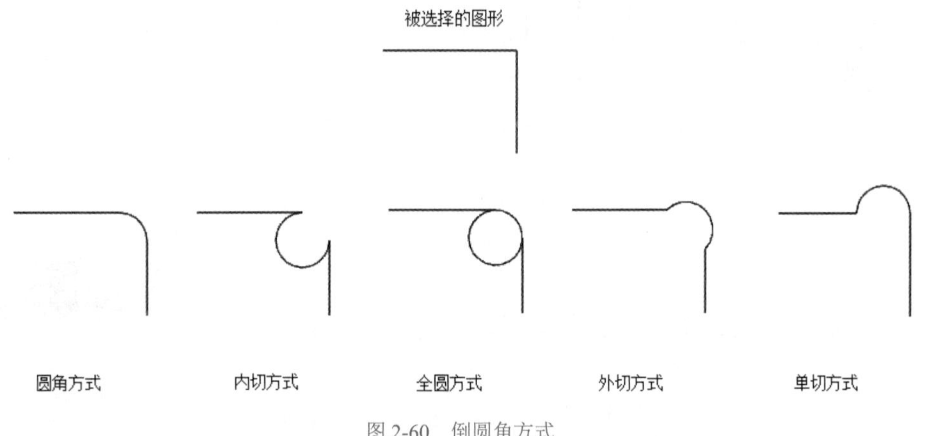

图 2-60　倒圆角方式

2. 串连倒圆角

Mastercam还提供了一种串连的方式进行倒圆角，该操作对于需要在一系列连接图形的拐角处倒圆角时非常有用。

在“图素倒圆角”下拉菜单中单击“串连倒圆角”按钮，此时系统将打开“串连倒圆角”对话框，如图2-61所示。

选择需要进行串连倒圆角的图形，并指定串连方向为逆时针方向，如图2-62所示。单击↔按钮可改变串连方向。“串连倒圆角”对话框与“图素倒圆角”对话框相似，只是增加了“圆角”选项组，包含“全部”“顺时针”和“逆时针”3个选项，分别表示串连倒圆角的条件，即所有拐角、逆时针拐角和顺时针拐角。所谓逆时针、顺时针是相对串连方向而言的。选中“全部”单选按钮，指定圆弧半径为5，单击“确定”按钮，完成倒圆角的绘制，效果如图2-63所示。当指定串连倒圆角条件为“逆时针”和“顺时针”时，图形的串连方向选择将对倒圆角产生很大的影响，如图2-64所示。

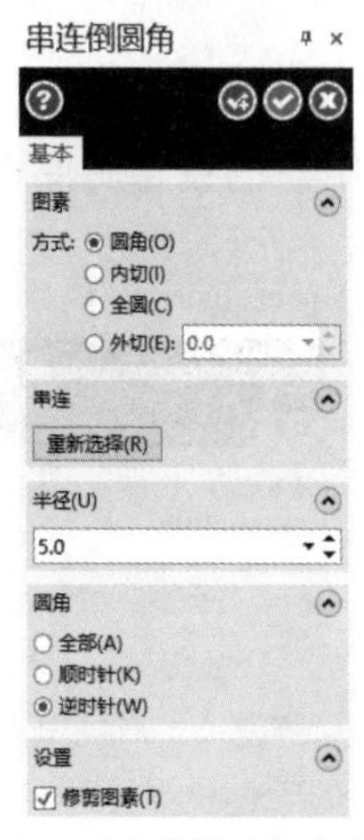

图 2-61 “串连倒圆角”对话框

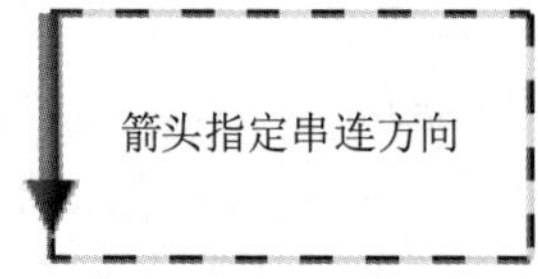

图 2-62 选择的图形和串连方向

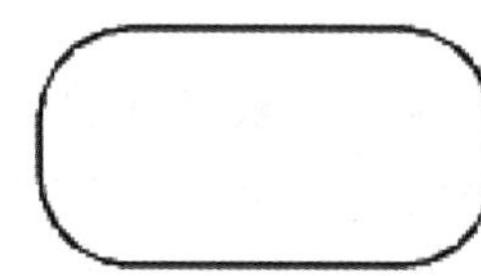

图 2-63 串连倒圆角绘制完成后的效果

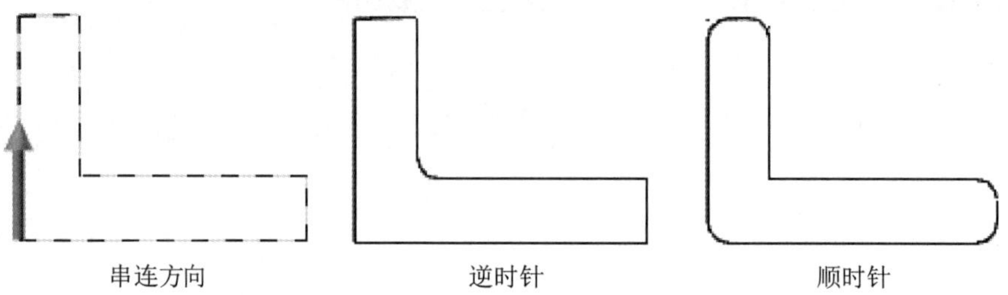

图 2-64 串连方向对倒圆角影响的实例

3. 单个倒斜角

除了倒圆角，Mastercam还提供了倒斜角的功能，在两条相交的边倒出一条直线。

在“修剪”面板上单击“倒角”按钮，此时系统将显示“倒角”对话框，如图2-65所示。

系统提示用户选择需要进行倒斜角的图形，选择后进行确定即可。在“倒角”对话框中，取消选中“修剪图素”复选框将保留交线。“图素”选项可以选择倒斜角的几何尺寸的设置方法，如图2-66所示。根据设置方式的不同，在“距离1”“距离2”“角度”“宽度”文本框中输入相应的尺寸即可。单击“确定”按钮，完成倒斜角的绘制。

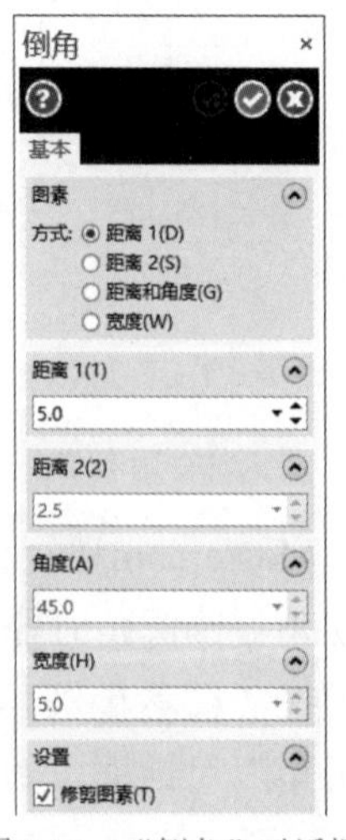

图 2-65 “倒角”对话框

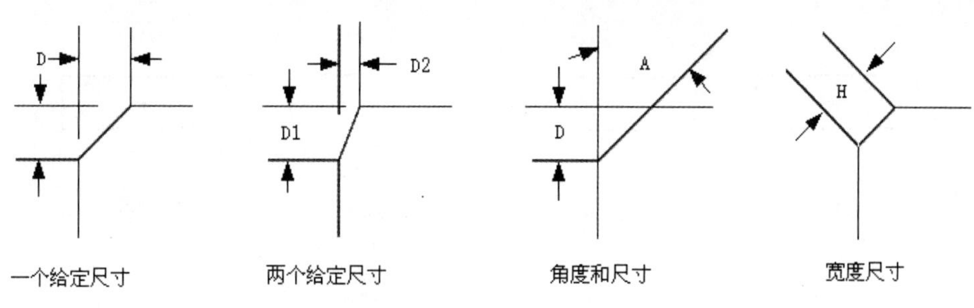

图 2-66　倒斜角尺寸设置方式

4. 串连倒斜角

在“倒角”下拉菜单中单击“串连倒角”按钮，此时系统将显示“串连倒角”对话框，如图2-67所示。此方法与单个倒斜角的方法相同，只是串连倒斜角的尺寸设置只有两种方式：“距离”和“宽度”。

2.1.6　椭圆和椭圆弧

绘制椭圆主要是通过指定长轴、短轴和中心点来进行的。

在“形状”面板上打开“矩形”下拉菜单，单击“椭圆”按钮，系统将打开如图2-68所示的“椭圆”对话框。在该对话框中可通过指定起始和结束角度绘制椭圆弧。选中“创建曲面”复选框，系统将绘制一个椭圆面。选中“创建中心点”复选框，系统将绘制椭圆的圆心点。根据系统提示，依次指定中心点位置、长轴长度和短轴长度。用户既可在文本框中输入需要的长度，也可以直接利用鼠标在图形窗口中指定。单击“确定”按钮，完成椭圆或椭圆弧的绘制。椭圆实例如图2-69所示。

图 2-67　“串连倒角”对话框

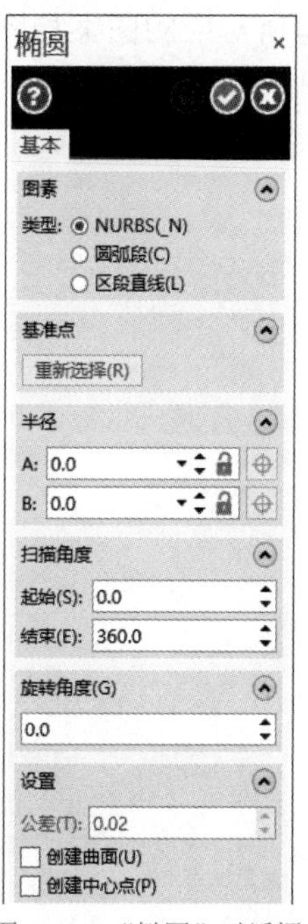

图 2-68　“椭圆”对话框

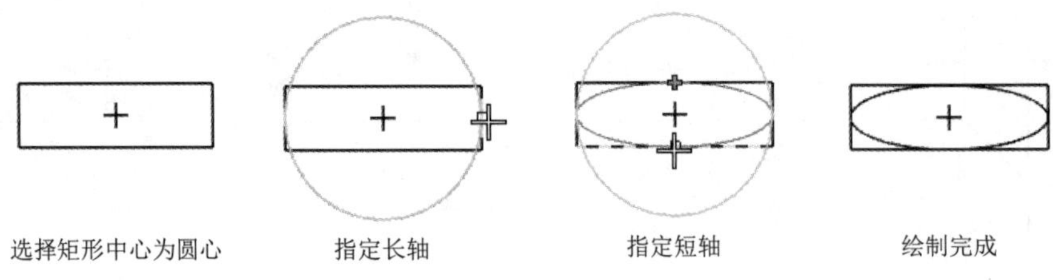

图 2-69　椭圆绘制实例

2.1.7　矩形

矩形是一种常用的图形，利用绘制矩形的命令可以快速绘制出矩形及矩形曲面。

在“形状”面板上单击“矩形”按钮▭，系统将打开“矩形”对话框，如图2-70所示。系统提示用户选择矩形的一个顶角点，利用鼠标选择后进行确定。用户可以在“矩形”对话框的“宽度”和“高度”右侧的文本框中输入矩形的长和宽，也可通过鼠标拖动指定矩形的另一个对角点。单击“确定”按钮，完成矩形的绘制。

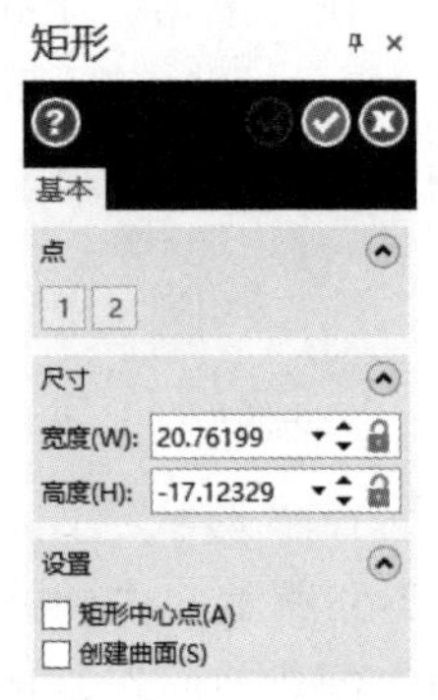

图 2-70　“矩形”对话框

系统默认的绘制方法是对角线法，即指定矩形对角线上的两点进行绘制。选中“矩形中心点”复选框，系统将采用中心法绘制矩形，即通过指定矩形中心来绘制。二者的区别如图2-71所示。选中“创建曲面”复选框，系统将绘制出矩形曲面。

Mastercam还提供了一种绘制变形矩形的方法。在“形状”面板上打开“矩形”下拉菜单，单击“圆角矩形”按钮▢，系统将打开如图2-72所示的“矩形形状”对话框。其中各矩形类型所对应的图案如图2-72右侧形状所示，用户可以通过选择“类型”选项组中的选项来绘制不同形状的矩形。

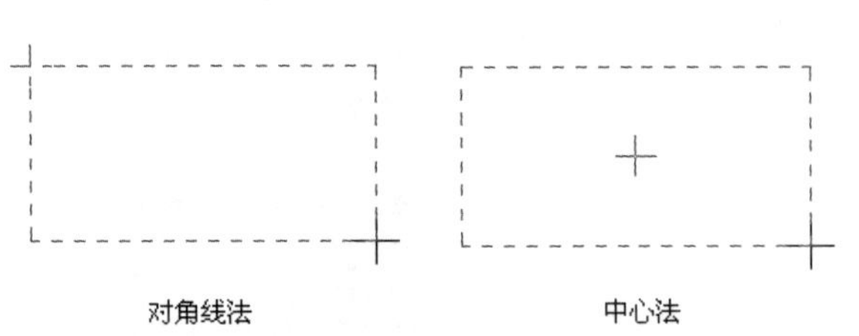

图 2-71　用对角线法和中心法绘制矩形

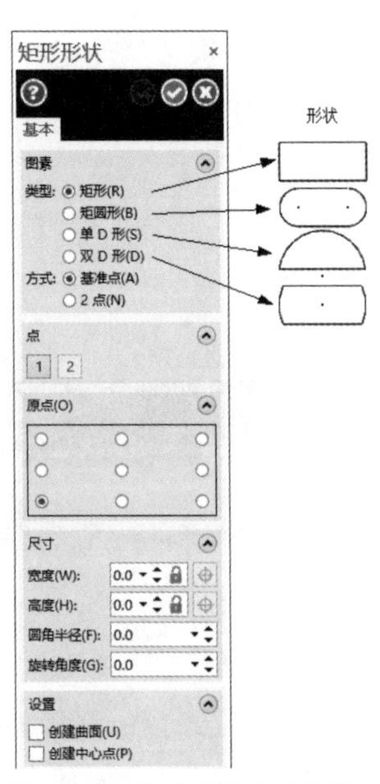

图 2-72　“矩形形状”对话框

2.1.8　多边形

多边形也是一种常用的图形，利用绘制多边形的命令可以快速绘制出各种样式的多边形。

在“形状”面板上打开“矩形”下拉菜单，单击“多边形”按钮⬠，系统将打开如图2-73所示的“多边形”对话框。系统提示用户选择多边形的中心，用户利用鼠标在图形窗口中选择即可。在图2-73所示的对话框中输入需要的参数，单击“确定”按钮，完成多边形的绘制。多边形实例如图2-74所示。

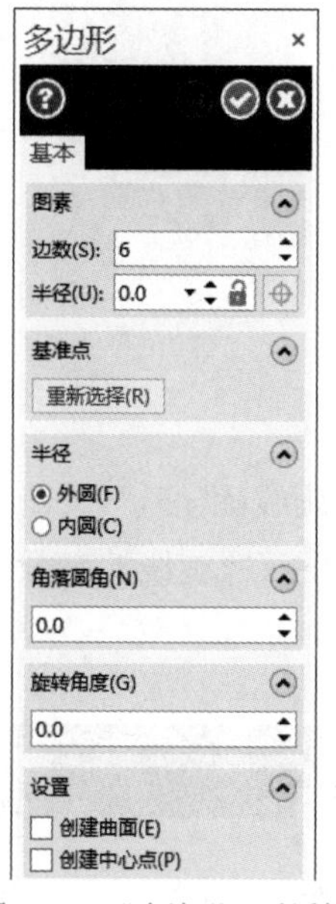

图 2-73　“多边形”对话框

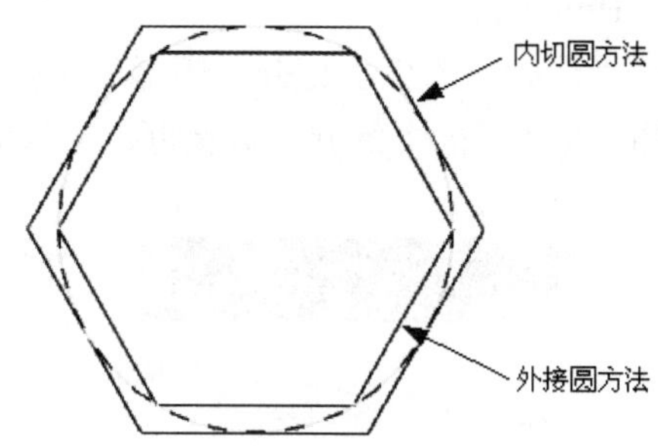

图 2-74　多边形实例

2.1.9　其他图形

1. 边界盒

边界盒是一个正好将被选中图形包含在其中的“盒子”，它可以是立方体也可以是圆柱体。这对于确定工件的加工边界，确定工件中心、工件尺寸和重量都十分重要。

边界盒实例如图2-75所示。在“形状”面板上单击“边界框”按钮，系统将打开如图2-76所示的“边界框”对话框，在其中可进行边界框的参数设置。

2. 文字

Mastercam将文字作为图形来处理，这与尺寸标注中的文字不同。在“形状”面板上单击“文字”按钮A，系统将打开如图2-77所示的“创建文字”对话框，该对话框用于指定文字的内容和格式。

3. 螺旋线

Mastercam提供了两种螺旋线的绘制方法，分别为Helix和Spiral螺旋线。通过绘制螺旋线可以很方便地设计出各种形状的弹簧。

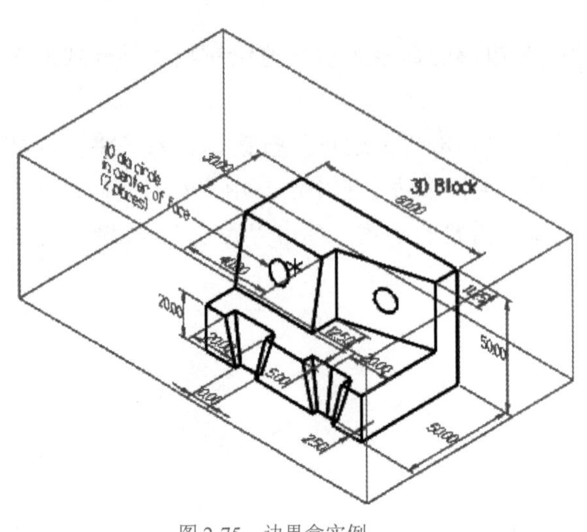

图 2-75　边界盒实例

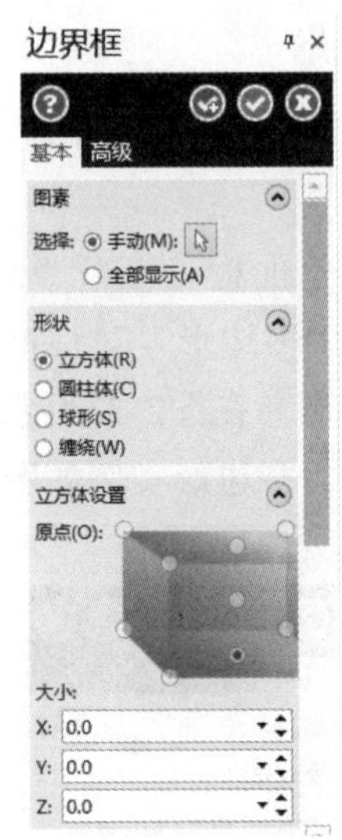

图 2-76　“边界框”对话框

1) Helix螺旋线

在“形状”面板上打开“矩形”下拉菜单，单击“螺旋线(锥度)”按钮，系统将打开如图2-78所示的“螺旋”对话框，在该对话框中可进行Helix螺旋线的参数设置。

图 2-77　“创建文字”对话框

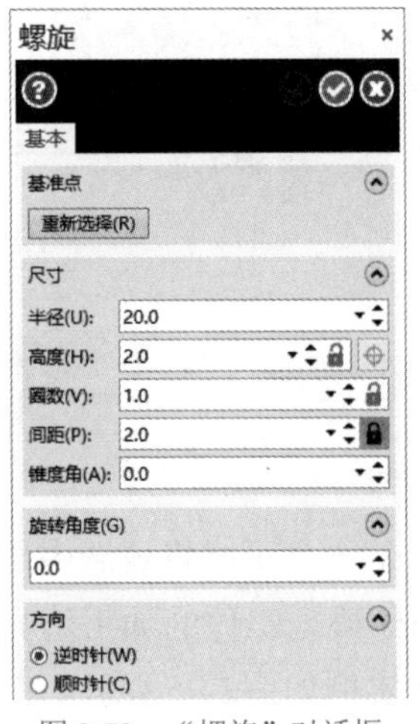

图 2-78　“螺旋”对话框

选中“顺时针”单选按钮，螺旋线将按顺时针即左旋方向走线；选中“逆时针”单选按钮，螺旋线将按逆时针即右旋方向走线。如果在“锥度角”文本框中输入0，螺旋线将为普通圆柱体螺旋线。

2) Spiral螺旋线

在“形状”面板上打开“矩形”下拉菜单，单击“平面螺旋”按钮，系统将打开如图2-79所示的“螺旋形”对话框，在其中可进行Spiral螺旋线的参数设置。

Spiral螺旋线和Helix螺旋线的主要区别在于：第一，Spiral螺旋线的各圈线是不等距的，而Helix螺旋线的各圈线是等距的，如果参数指定得当，都可以画出普通圆柱体螺旋

线；第二，Spiral螺旋线的每一圈单独为一个图形，而Helix螺旋线是整体为一个图形。

4. 边界轮廓

Mastercam还提供了一些特殊用途的图形，如接下来将要介绍的边界轮廓、车削轮廓、凹槽、门状图形和楼梯状图形。

Mastercam可以围绕曲面、实体或实体面建立2D边界曲线，即边界轮廓。

在“形状”面板上单击“边界轮廓”按钮，系统将打开如图2-80所示的“轮廓边界”对话框，并提示用户选择实体、实体面或曲面，选择并确定后可绘制出所选对象的边界轮廓。

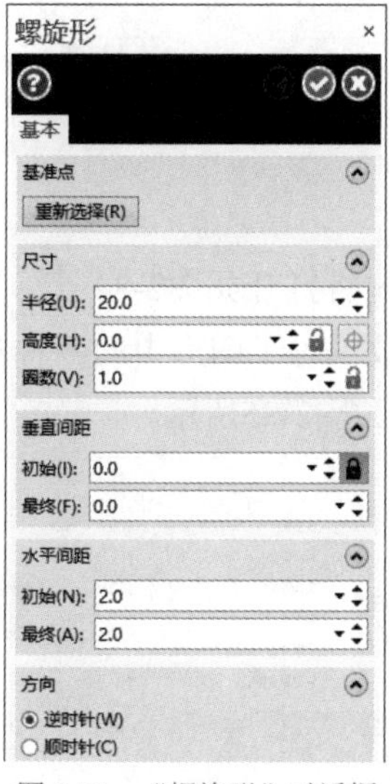

图 2-79 “螺旋形”对话框

图 2-80 “轮廓边界”对话框

5. 车削轮廓

Mastercam可以从活动的俯视图中，通过现有的实体或曲面，建立一个用于车削的2D轮廓。

在“形状”面板上单击“车削轮廓”按钮，系统将打开如图2-81所示的“车削轮廓”对话框，在其中可以设置和编制车削轮廓的各种参数。用户按照系统提示选择实体、实体面或曲面，即可绘制所需的车削轮廓。

6. 凹槽

凹槽(释放槽或退刀槽)是车削加工中经常需要用到的一种工艺设计。利用Mastercam提供的设计功能，可以很容易地完成这一设计。在“形状”面板上单击“凹槽”按钮，系统将打开如图2-82所示的“标准环切凹槽参数”对话框，在其中可设置凹槽的各种参数。

7. 门状图形

在“形状”面板上单击“门状图形”按钮，系统将打开如图2-83所示的“画门状图形”对话框，该对话框用于指定门状图形的参数。用户只需通过指定一些参数，就可以很方便地绘制出一个门状图形。

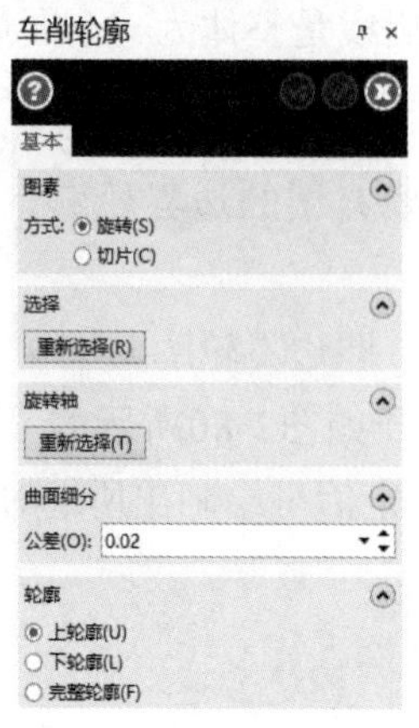

图 2-81 “车削轮廓”对话框

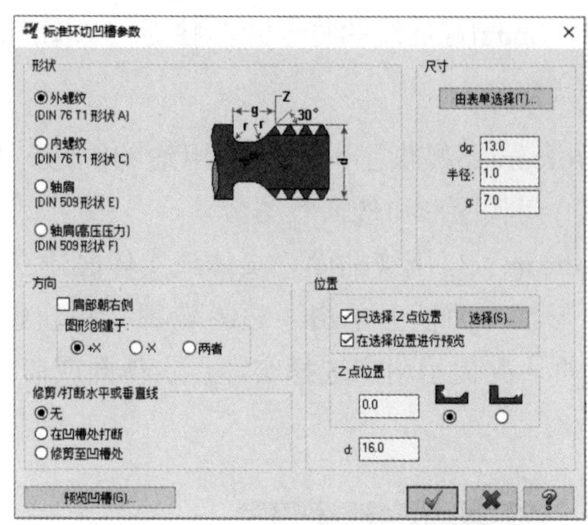

图 2-82 “标准环切凹槽参数”对话框

8. 楼梯状图形

在“形状”面板上单击“楼梯状图形”按钮，系统将打开如图2-84所示的“画楼梯状图形”对话框，在其中可以设置楼梯状图形的各种参数。对于图形中的各种尺寸参数的设置方法，可参考Mastercam提供的帮助文档中的说明，如图2-85所示。

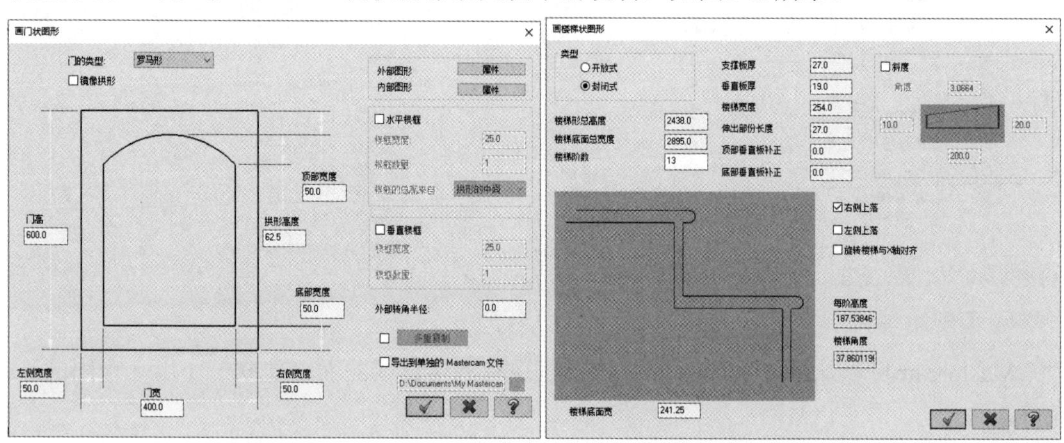

图 2-83 “画门状图形”对话框　　图 2-84 “画楼梯状图形”对话框

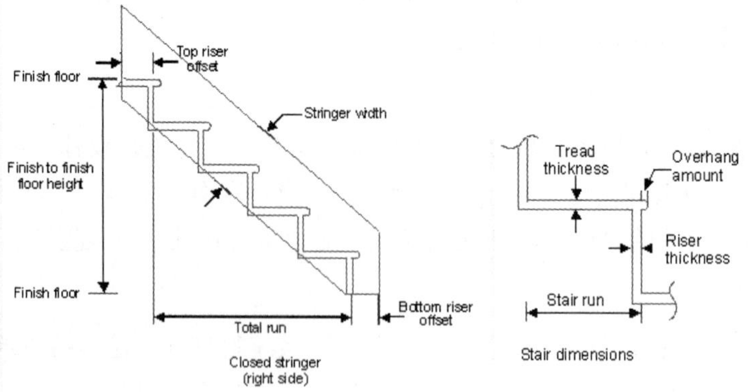

图 2-85 楼梯状图形的尺寸参数

2.2　二维图形的编辑

在设计过程中，仅仅绘制基本的二维图形是无法满足设计要求的，只有通过对图形进行各种编辑才能获得满意的图形。二维图形的编辑操作命令主要集中在如图2-86所示的“修剪”面板中。

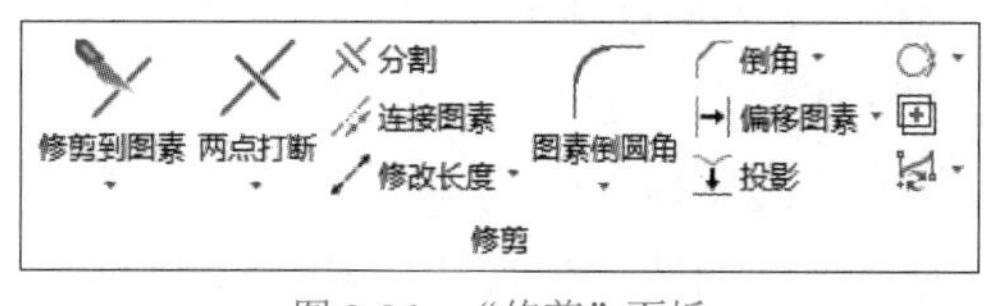

图 2-86　“修剪”面板

2.2.1　对象的删除

删除功能用于删除已经构建好的图形。该功能的所有命令集中在如图2-87所示的“主页”选项卡的“删除”面板中。其中各个主要命令按钮及其功能分别如下。

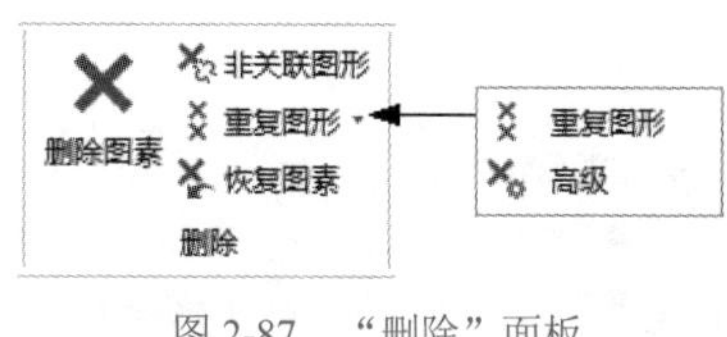

图 2-87　“删除”面板

- “删除图素”：删除选中的图形。

❖ 提示：

用户在选中图形后，按Delete键，也可将图形删除。

- “非关联图形”：删除不关联刀具路径、操作或实体的图形。
- “重复图形”：在设计过程中，有时需要绘制多个重复图形，Mastercam除了提供常规的删除功能，还提供了删除重复图形的功能，利用此功能，系统会自动将重复的图形删除。执行该功能后，系统将打开如图2-88所示的“删除重复图形”对话框1。
- “重复图形：高级”：选择该命令删除重复图形时，选定图形后，系统打开如图2-89所示的“删除重复图形”对话框2，在该对话框中允许用户指定删除图形的条件。

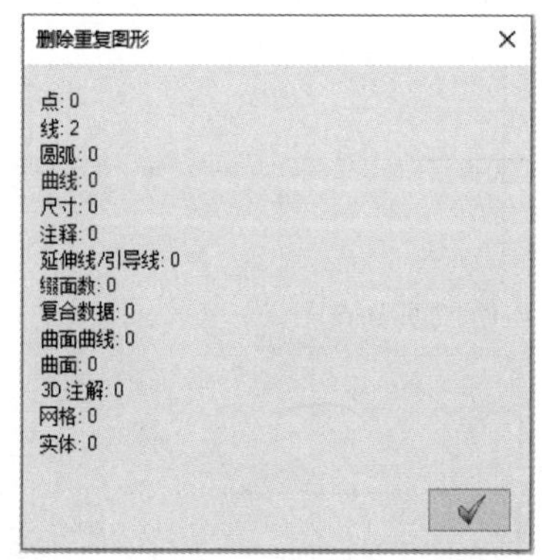

图 2-88　“删除重复图形”对话框 1

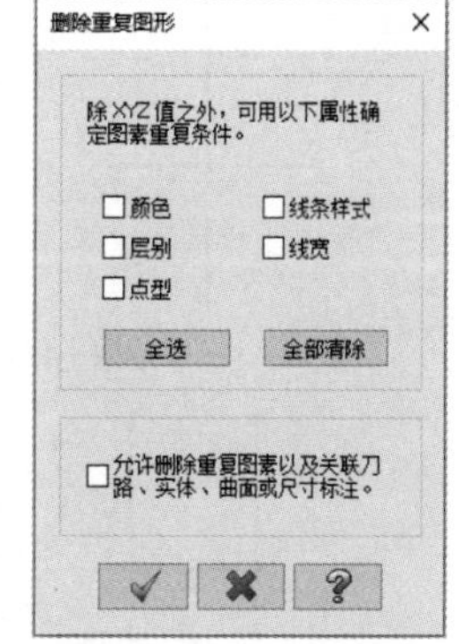

图 2-89　“删除重复图形”对话框 2

- “恢复图素”：用户可以删除图形，也可以很方便地对它们进行恢复，此命令可以按删除的顺序从后往前依次恢复被删除的图形。

2.2.2 对象的编辑

二维图形的编辑主要包括修剪、延伸、打断、连接和NURBS曲线转换等。

1. 修剪、延伸和打断

修剪、延伸和打断的各种命令主要集中在“修剪”面板的“修剪到图素”“打断成两段”及“封闭全圆”下拉菜单中，如图2-90所示。

1) “修剪到图素”与“修剪到点”命令

这两个命令用于对两个相交或非相交的几何图形在交点处进行各类操作。

在“修剪”面板上单击“修剪到图素”按钮或“修剪到点”按钮，系统分别弹出“修剪到图素”与“修剪到点”对话框，如图2-91所示。

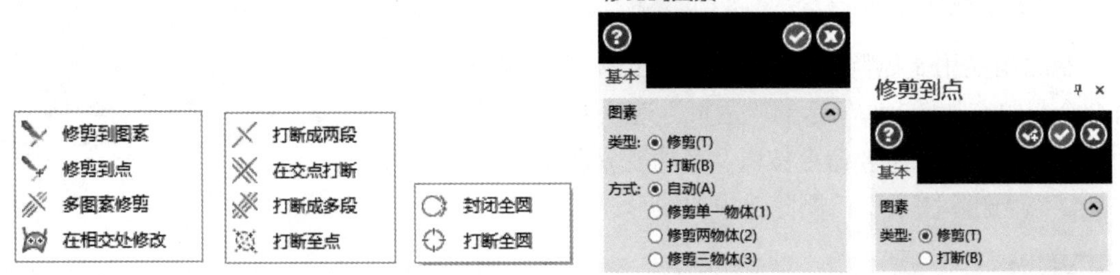

图 2-90 修剪、延伸和打断的命令　　图 2-91 “修剪到图素”与“修剪到点”对话框

在“修剪到图素”对话框中，提供了4种不同的处理方式，分别为：自动、修剪单一物体、修剪两物体、修剪三物体。修剪方式实例如图2-92所示，左边为修剪前的图形，右边为修剪后的图形。默认修剪方式为自动修剪方式。在图2-91所示对话框中选中“修剪”单选按钮，选中修剪功能；选中“打断”单选按钮，选择打断功能，该命令将图形在交点处打断，并保持两侧的图形。选择需要进行操作的方式后，系统提示用户依次选择需要进行操作的图形和目标图形。系统会按用户要求以目标图形为参考对象对图形进行操作。根据操作方式的不同，系统也会同时对两个图形进行操作。单击“确定”按钮完成操作。

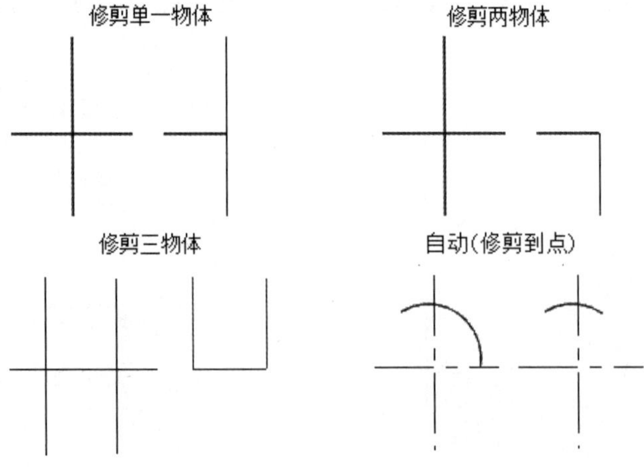

图 2-92 修剪方式

2)“多图素修剪”命令

使用该命令能够同时对多个图形沿统一边界进行修剪。

在“修剪到图素”下拉菜单中单击“多图素修剪”按钮，系统弹出“多物体修剪”对话框，如图2-93所示。同时，系统提示用户选择所有需要进行操作的图形和目标边界图形。

在“多物体修剪”对话框中可以在“方向”选项下选择不同的修剪方向。单击“确定”按钮完成操作。多图素修剪实例如图2-94所示。

图 2-93　“多物体修剪”对话框

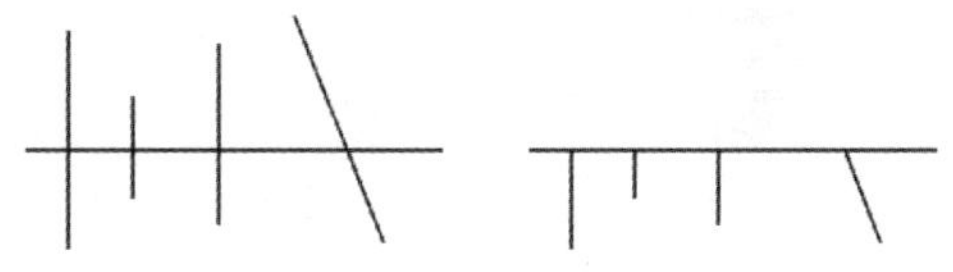

图 2-94　多图素修剪实例

3)“打断成两段”命令

使用该命令可以通过指定图形上的一点，将图形打断成两部分。

在“修剪”面板中单击“打断成两段”按钮，启动在指定点打断命令。系统提示用户选择需要进行操作的图形以及需要打断的点。单击“确定”按钮完成操作。

4)“在交点打断”命令

该命令用于将图形在相交处打断。

在“打断成两段”下拉菜单中单击“在交点打断”按钮，启动在相交处打断命令。系统提示用户选择需打断的相交图形，单击“确定”按钮完成操作。在相交处打断实例如图2-95所示。

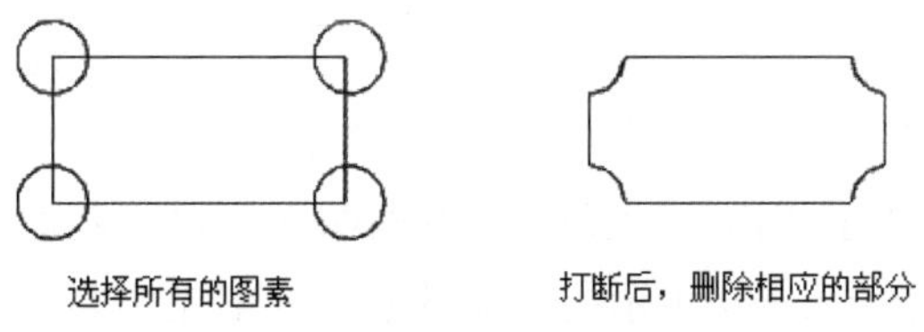

图 2-95　在相交处打断实例

5)“打断成多段”命令

使用该命令可以按照要求将图形均匀地打断成多个图形。

在“打断成两段”下拉菜单中单击“打断成多段”按钮，系统提示用户选择需要进行操作的图形，选择后，系统弹出“打断成若干断”对话框，如图2-96所示。在“打断成若干断”对话框中，在“数量”后的文本框中，可以指定图形被打断的数量；在“公差”后的文本框中，可以指定打断曲线的弦高公差；选中“精确距离”单选按钮后，可以按照在文本框中指定的精确长度打断图形，如果选取的图形不能平均分配，则按照最后剩余较短的段精确打断；选中“完整距离”单选按钮后，必须按完全相同的分段长度打断图形。

用户还可以指定图形打断后对原来图形的处理方式。选中“创建线”或“创建曲线”单选按钮，将设置打断后的图形为线段或曲线。设置完成后，选择需要进行打断的图形，单击“确定”按钮完成操作。均匀打断实例如图2-97所示。

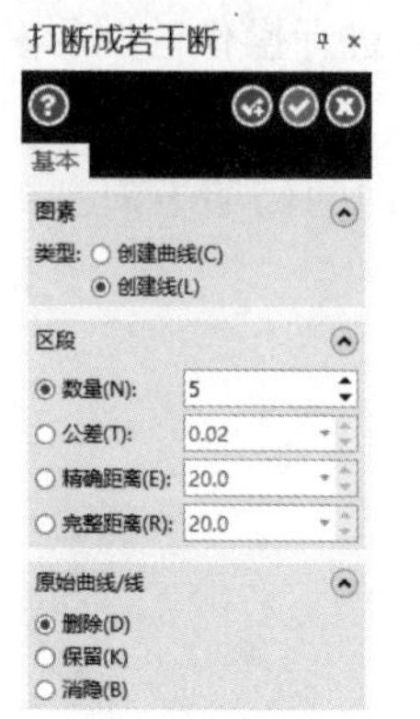

图 2-96　“打断成若干断”对话框

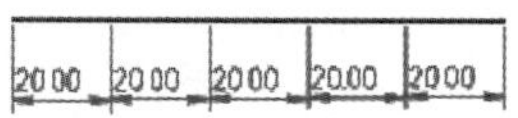

图 2-97　均匀打断实例

6) “分割”命令

使用该命令可以将直线、圆弧或样条曲线从两个交点或一个交点和端点进行分割、修剪；也可用来删除不相交的单个图形。

在“修剪”面板上单击“分割”按钮，系统打开如图2-98所示的“分割”对话框，并提示选择图形进行拆分或删除，选择后系统自动将选择的图形从交点处修剪或打断，或删除单个图形，实例如图2-99所示。

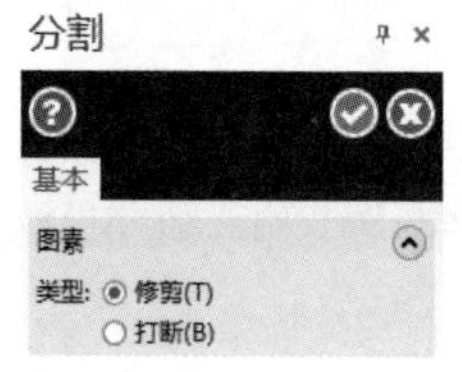

图 2-98　“分割”对话框

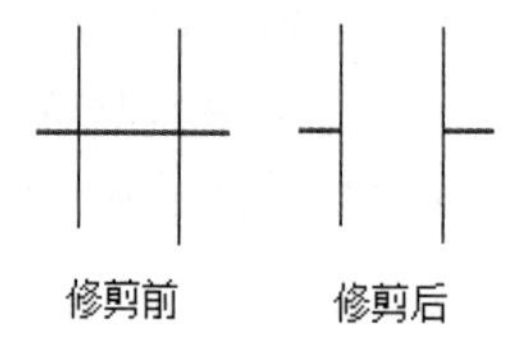

图 2-99　分割实例

7) “修改长度”命令

使用该命令可以按指定距离缩短或加长所选图素。在“修剪”面板上单击“修改长度”按钮，系统打开如图2-100所示的“修改长度”对话框，并提示选择要加长或缩短的图素，选择后用户输入所需的距离，确定后系统自动将选择的图素按指定距离缩短或加长。

8) “打断全圆”命令

使用该命令可以将圆打断成若干段弧。

在“封闭全圆”下拉菜单中单击“打断全圆”按钮，启动打断全圆命令。系统提示用户选择需要打断的圆，选择后确定。系统打开如图2-101所示的“所需圆弧数量。”对话框，在该对话框中用户可以输入需要打断的数目，输入后确定即可。系统自动将选择的圆打断，实例如图2-102所示。

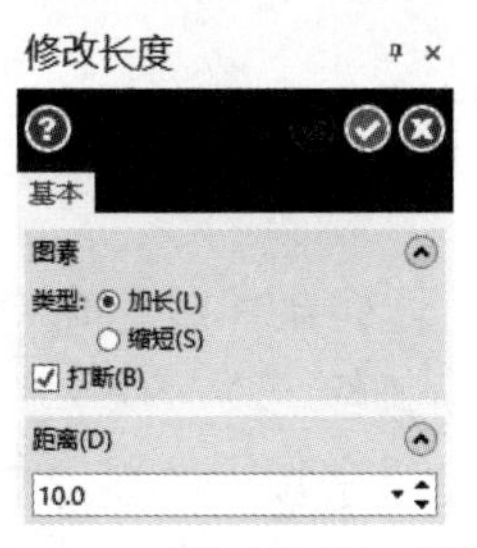

图 2-100　“修改长度”对话框

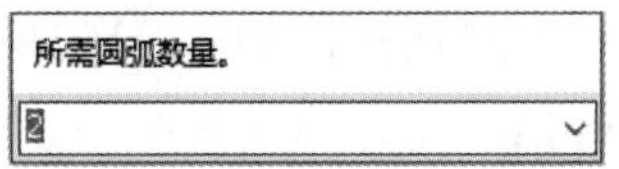

图 2-101　“所需圆弧数量”对话框

9) “封闭全圆”命令

使用该命令可以将一个圆弧恢复成圆。

在“修剪”面板上单击“封闭全圆”按钮，选择需要操作的弧，即可将一个圆弧恢复成圆，实例如图2-103所示。

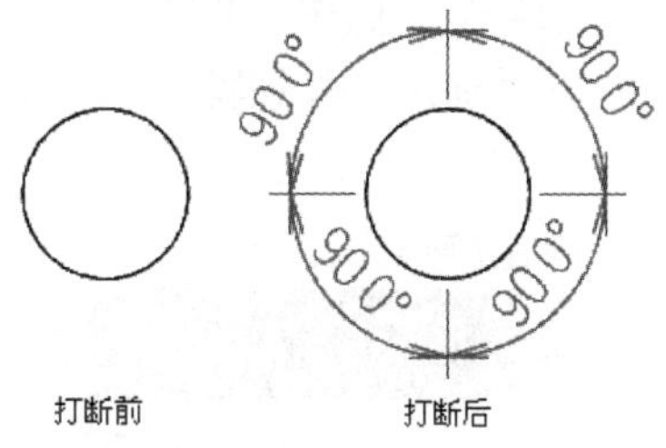

图 2-102　打断圆实例

图 2-103　恢复圆实例

2. 连接

该命令用于将打断的图形重新连接上，或者将一些符合相容性要求的图形连接起来。

在“修剪”面板上单击“连接图素”按钮，系统弹出“连接图素”对话框，如图2-104所示。系统将提示用户选择需要连接的图形，选择后确定即可，实例如图2-105所示。如果选择的图形不具有相容性，则不能连接。

图 2-104　“连接图素”对话框

图 2-105　连接实例

❖ 提示：

连接图形的相容性是指：直线必须共线，圆弧必须同心同径，曲线原来必须为同一曲线。

3. NURBS 曲线转换

各种图形都可以看成是一段特殊的曲线，如圆弧和直线。Mastercam允许在NURBS曲线和这些图形之间进行转换。

在“曲线”面板的“手动画曲线”下拉菜单中选择“转为NURBS曲线”命令，可以将圆弧或直线转换成曲线。

在“修剪”面板的“修复曲线”下拉菜单中选择“简化样条曲线”命令，弹出“简化样条曲线”对话框，如图2-106所示，可以将曲线简化为弧线。在“公差”下面的文本框中输入转换时允许的最大弦高误差，对原曲线的操作共3个选项：“删除”“保留”和“消隐”。

4. 曲线修改

使用该命令可以改变曲线和曲面的控制点，从而对曲线和曲面的外形进行调整。

在“修剪”面板上，单击“修复曲线”下拉菜单中的“编辑样条线”按钮，启动曲线修改命令。系统弹出如图2-107所示的“编辑样条线”对话框，提示用户选择需要进行操作的曲线，并自动提示出控制点(节点)供用户选择。选择并确定后，可直接利用鼠标拖动来改变控制点的位置。将控制点移到需要的位置，单击“确定”按钮完成操作。曲线修改实例如图2-108所示。

图 2-106 “简化样条曲线”对话框

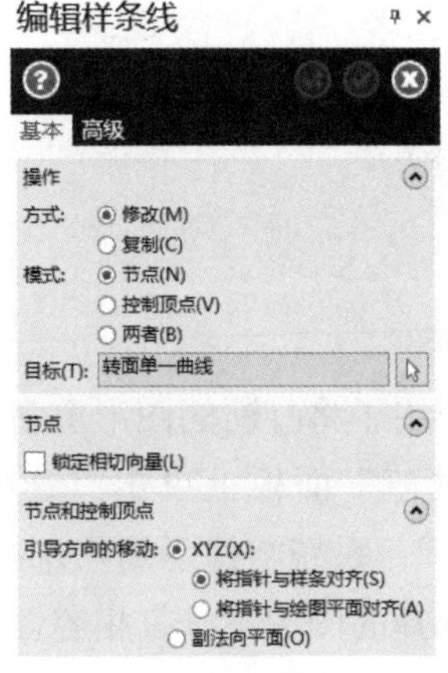

图 2-107 “编辑样条线”对话框

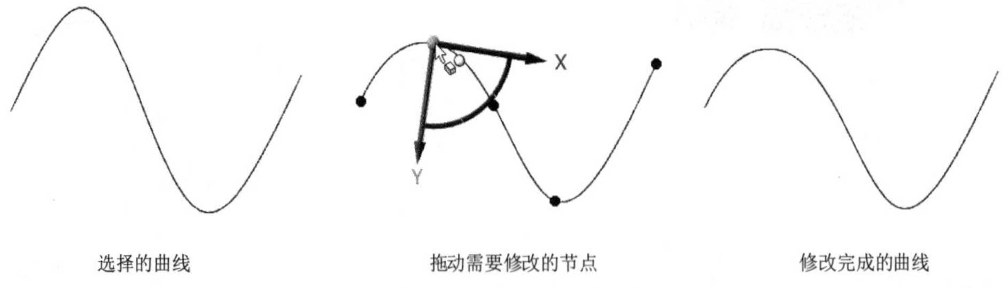

图 2-108 曲线修改实例

2.2.3 对象的变化

对象的变化功能主要包括图形的镜像、平移、缩放、偏置及旋转等功能。本节对象变化的各种命令也适用于三维图形。

1. 平移

平移就是将一个已经绘制好的图形移动到另一个指定的位置。

在“转换”选项卡的“位置”面板上，单击“平移”按钮，启动平移命令。系统提示用户选择需要移动的图形，选择并确定后，系统打开如图2-109所示的“平移”对话框，用户可以在其中设置移动参数。设置完成后，单击“确定”按钮完成操作。

“平移”对话框中有3种平移效果可供用户选择：复制、移动和连接。移动是将原有图形平移到新的位置，而不删除原有图形；复制是在新的位置上绘制相同的图形，并保留原有的图形；连接则是在复制之后，用直线将新图形和原有的图形连接起来。连接实例如图2-110所示。

图 2-109　“平移”对话框

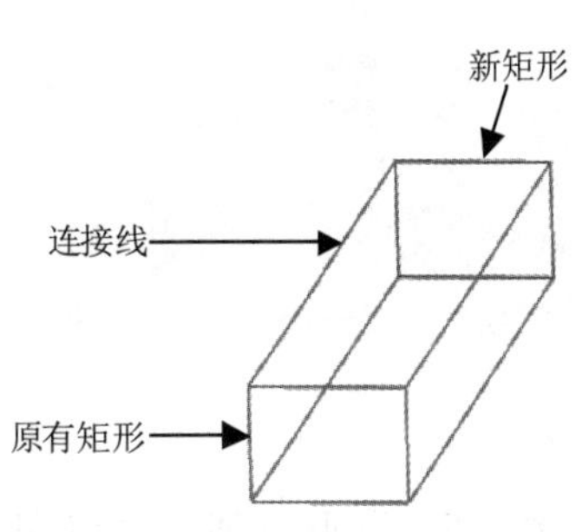

图 2-110　连接实例

在“编号”文本框中输入大于1的数字后，系统将激活“间距”和“总距离”两个单选按钮，此时可以一次性产生多个新的平移图形。输入相同的数据，指定X和Y方向的位置平移均为10，两个选项的不同实例效果如图2-111所示。

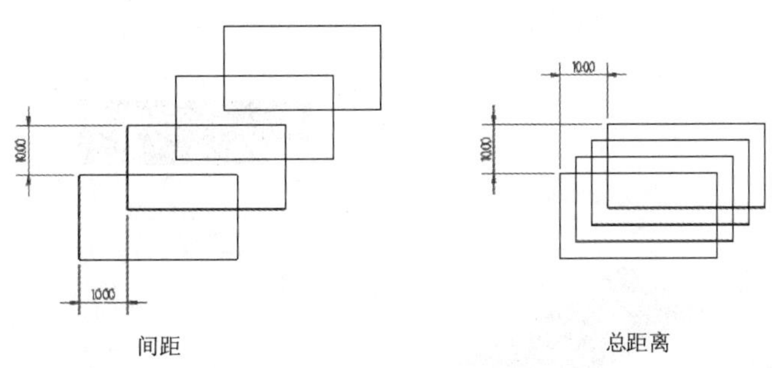

图 2-111　多图形平移实例

系统为用户提供了3种指定新位置的方法：位置增量、沿直线移动和极坐标式移动。用户根据实际情况选择一种方法即可。

2. 3D 平移

3D平移是指将图形在两个不同的平面进行平移。

在“转换”选项卡的“位置”面板上单击“转换到平面”按钮，启动3D平移命令，系统将提示用户选择需要进行操作的图形。选择并确定后，系统打开如图2-112所示的“转换到平面”对话框，在其中可设置3D平移参数。单击按钮，在打开的如图2-113所示的“选择平面”对话框中选择参考的源视图。确定后，系统提示用户选择该视图平面中的移动基准点，选择后确定。选择移动的目标视图和目标点。用户选择并确定后，系统将图形移动到新的视图，实例如图2-114所示。

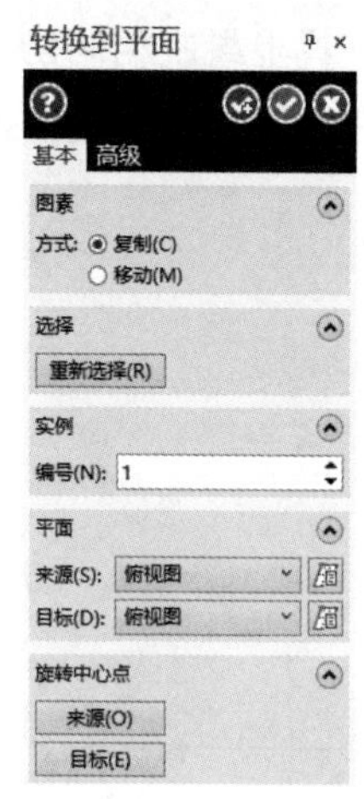

图 2-112 “转换到平面”对话框

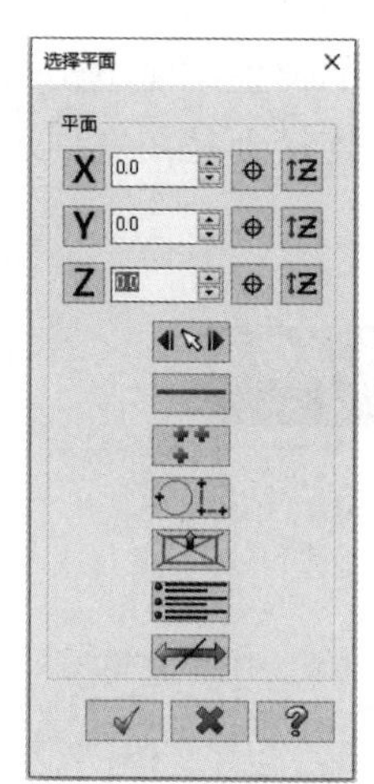

图 2-113 “选择平面”对话框

3. 镜像

镜像指将某一图形沿某一直线(镜像轴)在对称位置绘制新的相同图形。

在“转换”选项卡的“位置”面板上单击“镜像”按钮，启动镜像命令。系统将提示用户选择需要镜像的图形。选择并确定后，系统打开如图2-115所示的“镜像”对话框，在其中设置镜像参数。用户可以指定镜像的方式为X轴镜像、Y轴镜像、沿某角度线镜像、沿已有某直线镜像或沿选定两点连线镜像。确定镜像方式后，系统将图形沿选定轴镜像到新的位置，实例如图2-116所示。

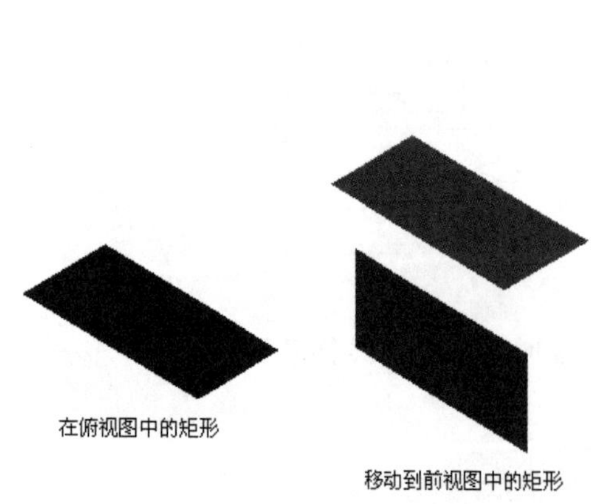

图 2-114 3D 平移实例

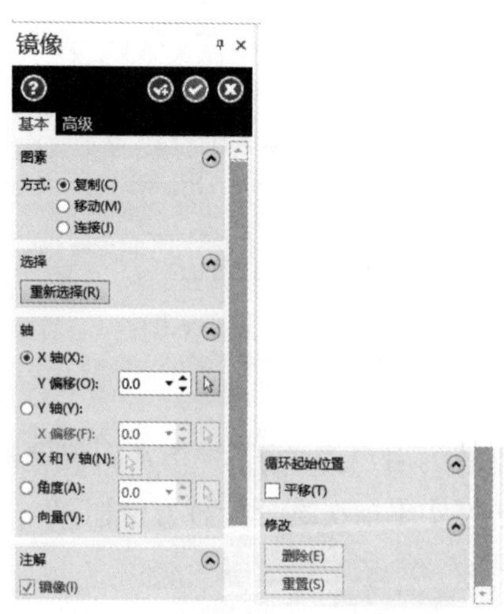

图 2-115 “镜像”对话框

4. 旋转

使用旋转命令可以将图形按指定角度进行旋转。

在“转换”选项卡的“位置”面板上单击“旋转”按钮，启动旋转命令。系统将提示用户选择需要旋转的图形，用户选择图形后，打开如图2-117所示的“旋转”对话框，在其中设置旋转参数。图形的旋转方式有两种：当选择“旋转”方式时，图形本身沿指定的圆心旋转；当选择“平移”方式时，图形整体沿指定的圆心平移旋转，实例如图2-118所示。当在“编号”文本框中输入的数字大于1时，系统将激活“两者之间的角度”和“总扫描角度”单选按钮，它们的含义与“平移”对话框中的“间距”和“总距离”类似。设置并确定后，系统将图形绕选定圆心旋转到新的位置。

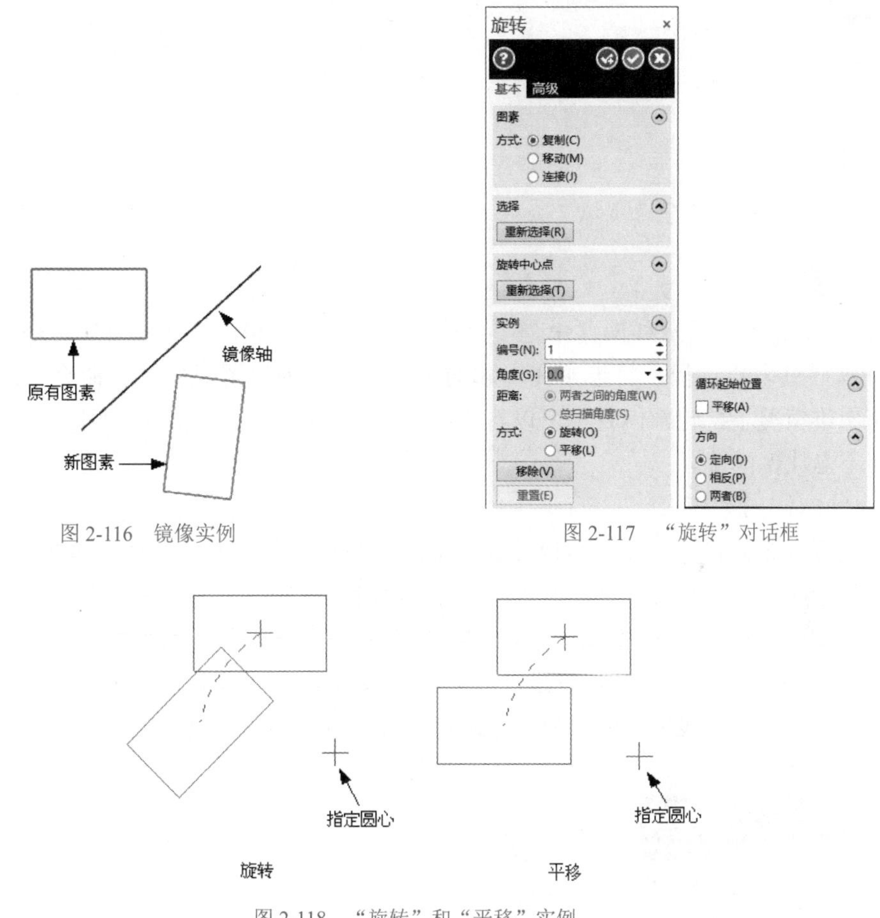

图 2-116　镜像实例

图 2-117　“旋转”对话框

图 2-118　“旋转”和“平移”实例

5. 缩放

缩放功能可以对已有图形按指定的比例进行放大或缩小。

在“转换”选项卡的“尺寸”面板上单击“比例”按钮，启动比例缩放命令。系统将提示用户选择需要缩放的图形。选择并确定后，打开如图2-119所示的“比例”对话框，在其中可设置缩放参数。选中“等比例”单选按钮，图形将在X轴、Y轴和Z轴三个方向上使用相同的缩放比例，也可以指定图形在三个方向采用不同的缩放比例。选中“按坐标轴”单选按钮，用户可分别设置X轴、Y轴和Z轴三个方向的缩放参数，如图2-120所示。确定后，系统将图形按要求进行缩放。图2-121所示为一个长方形在X轴和Y轴方向分别设置为不同的缩放比例(0.5和0.33)。

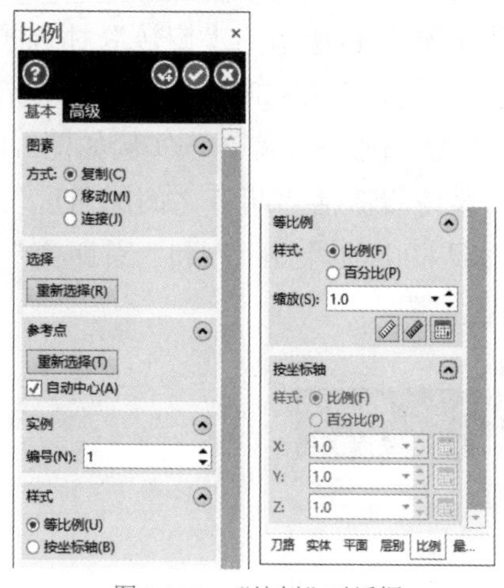

图 2-119 “比例”对话框

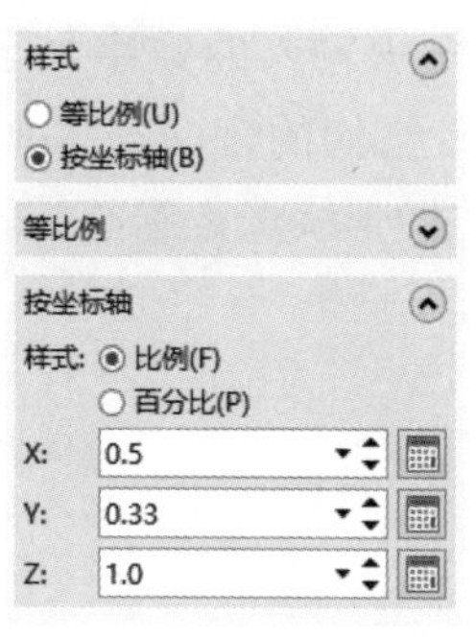

图 2-120 XYZ 不同比例缩放

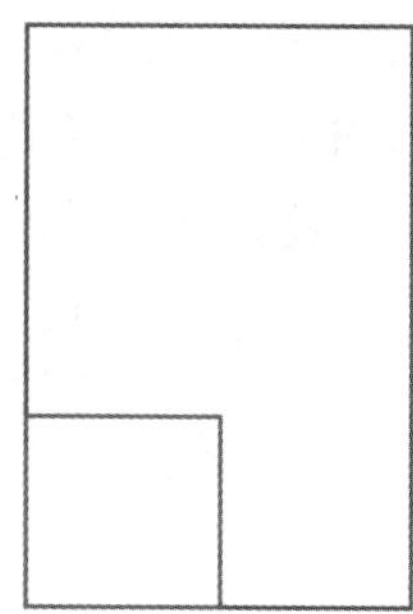

图 2-121 缩放实例

6. 偏置

Mastercam提供了两种偏置命令：“单体补正”命令和“串连补正”命令。“串连补正”可以通过串连选择，将连接在一起的多个图形作为偏置对象，该命令多用于轮廓偏置。在二维情况下，轮廓偏置也可以看成一种缩放命令，只是这时设置的参数是距离偏置值，而不是比例因子。

1) “单体补正”命令

要进行二维偏置，应在“转换”选项卡的“补正”面板上单击“单体补正”按钮。系统将提示用户选择需要偏置的图形，并打开如图2-122所示的“偏移图素”对话框，在其中设置偏置参数。偏置命令对于不同的图形有不同的效果，实例如图2-123所示，其中的尺寸表示偏置距离。如果对曲线进行偏置，系统只会把指定点简化为一段弧来进行偏置，而不会对整条曲线进行偏置处理。确定后，系统将图形按要求进行偏置。

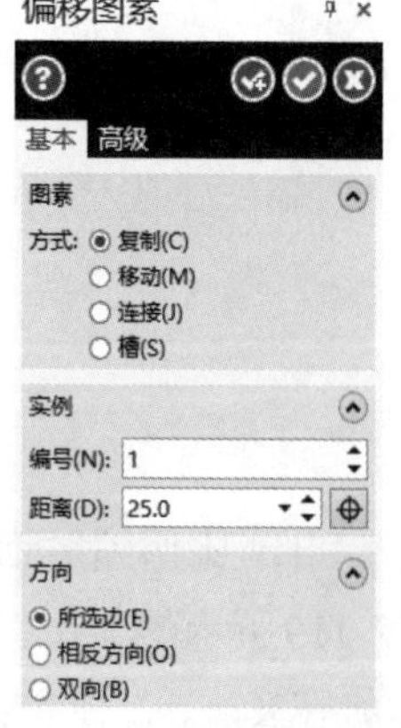

图 2-122 “偏移图素”对话框

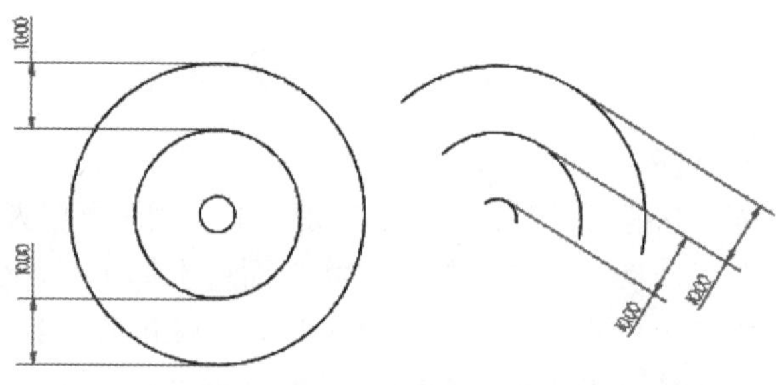

图 2-123 偏置实例

2) “串连补正”命令

要进行三维偏置，应在“转换”选项卡的“补正”面板上单击“串连补正”按钮，系统会提示用户选择需要偏置的图形。选择并确定后，打开如图2-124所示的“偏移串连”对话框，在其中设置偏置参数，与图2-122所示的“偏移图素”对话框比较，该对话框主要增加了一个用于设置深度(Z方向偏置)的文本框。当偏置对象也是三维图形时，选中“绝对”单选按钮，表示偏置到绝对的Z方向位置；选中“增量”单选按钮，表示偏置在Z方向的相对增量。确定后，系统将图形按要求进行偏置。

7. 投影

使用投影命令可以将选中的图形投影到指定的Z平面、任意选中的平面或任意选中的曲面。

在“转换”选项卡的“位置”面板上单击“投影”按钮，启动投影命令。系统将提示用户选择需要投影的图形，选择并确定后，打开如图2-125所示的“投影”对话框，在其中设置投影参数。确定后，系统将图形按要求进行投影。将一个在XZ平面的曲线投影到XY平面，最后得到一条直线，实例如图2-126所示。

图 2-124　“偏移串连”对话框

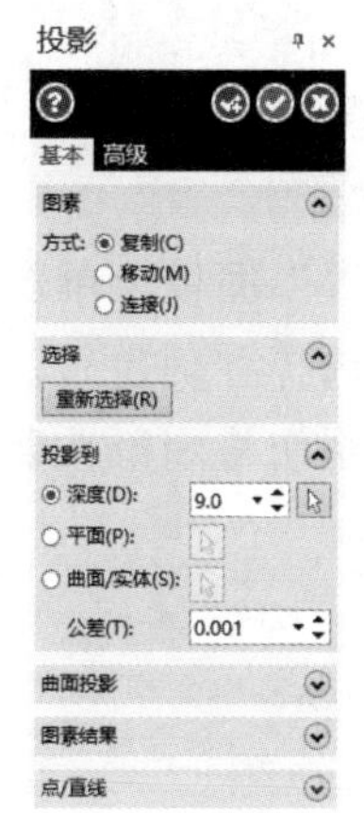

图 2-125　“投影”对话框

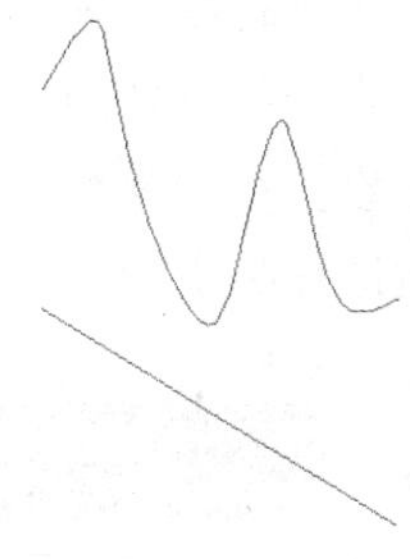

图 2-126　投影实例

❖ 提示：

如果投影面和图形所在面平行，则得到的投影不会产生变化，只产生平移的效果。

8. 阵列

用户在绘图时，经常会遇到很多相同图形以一定规律均匀分布的情况。如果逐个绘出这些图形，效率就比较低，这时可以使用阵列命令指定图形的分布规律，让系统自动完成绘制。阵列只能使图形以平移的方式均布，不能对它们进行旋转。

在“转换”选项卡的“布局”面板上单击“直角阵列”按钮，启动阵列命令。系统将提示用户选择需要阵列的图形，选择并确定后，打开如图2-127所示的“直角阵列”对话框，在其中可设置阵列参数。确定后，系统将图形按要求进行阵列。实例如图2-128所示，对一个圆进行阵列处理，两个方向分别为180°和45°，每个方向上的阵列数量均为3。

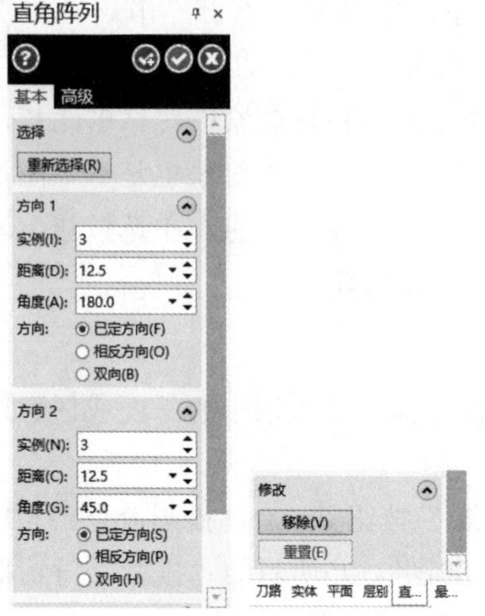

图 2-127 “直角阵列”对话框

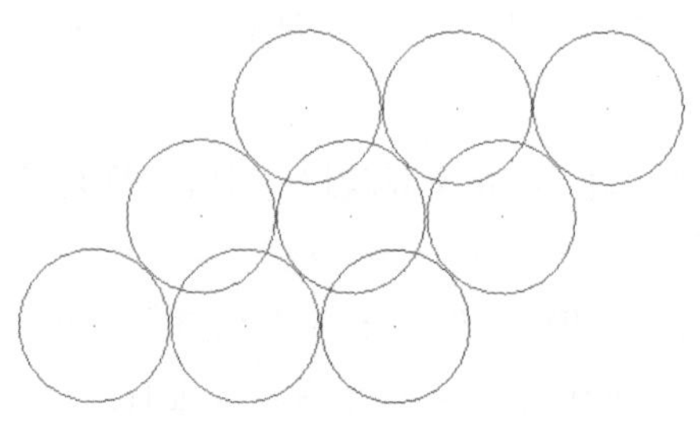

图 2-128 阵列实例

9. 缠绕

使用缠绕命令可以将一条直线、圆弧或曲线卷成圈，类似绕制弹簧。使用该命令也可将卷好的线重新恢复。

在“转换”选项卡的“位置”面板上单击“缠绕”按钮，启动缠绕命令。系统提示用户选择需要缠绕的图形，选择并确定后，打开如图2-129所示的“缠绕”对话框，在其中设置缠绕参数，确定后，系统将图形按要求进行缠绕。实例如图2-130所示，对一条直线进行缠绕。

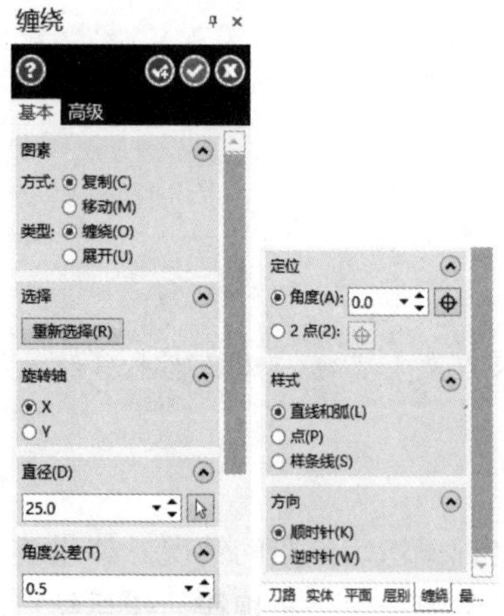

图 2-129 “缠绕”对话框

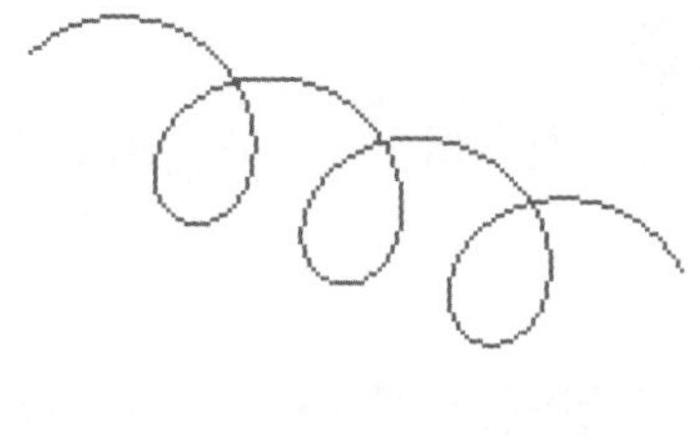

图 2-130 直线缠绕实例

❖ 提示：

使用缠绕命令可沿一个虚拟的圆柱空间将图素缠绕成弹簧的形状。该圆柱是由缠绕的直径和轴线决定的。

10. 拉伸

使用拉伸命令可以对图形进行拖曳，其效果如图2-131所示。

单击“转换”选项卡“尺寸”面板上的“拉伸”按钮，启动拉伸命令。系统提示用户利用“范围内+”和“窗选”方式选择相交的图形。选择部分图形并确定后，打开如图2-132所示的“拉伸”对话框，选择平移起点并进行其他参数设置，将实现对选中点的拖曳。其中的参数和“平移”对话框中的参数一致，效果相当于将图形的交点进行平移。确定后，系统将图形按要求进行拉伸。

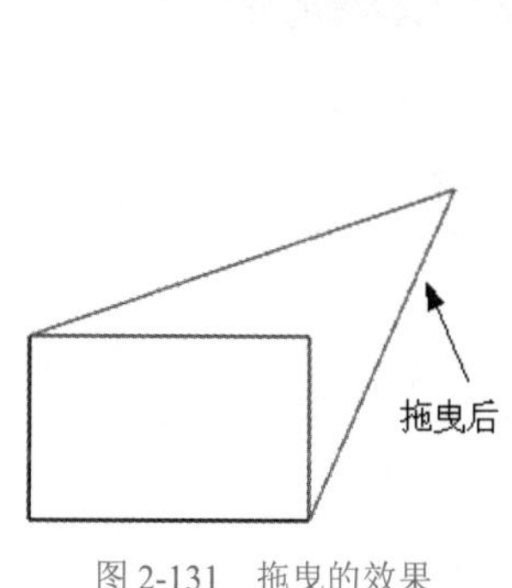

图 2-131 拖曳的效果

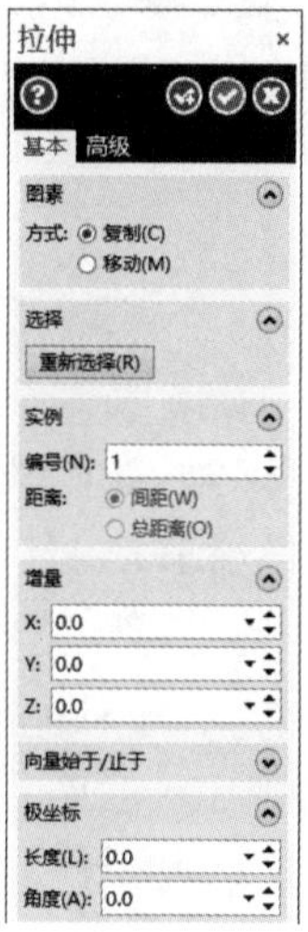

图 2-132 “拉伸”对话框

11. 转换适度化

转换适度化功能主要是将一个面沿一定向量转换到另外的一个面上。在“转换”选项卡的“布局”面板上单击“适度化”按钮。系统将提示用户选择需要转换的图形，选择并确定后，系统再提示用户定义适合的向量，然后打开如图2-133所示的“分布”对话框，在其中设置转换参数。确定后，系统将图形沿选定向量方向转到新的位置，实例如图2-134所示。

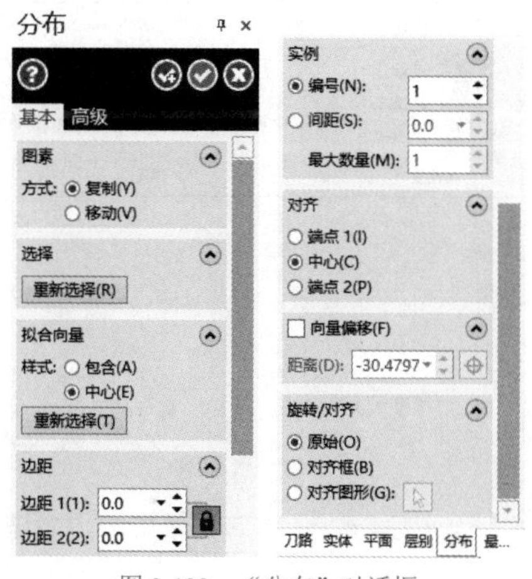

图 2-133 “分布”对话框

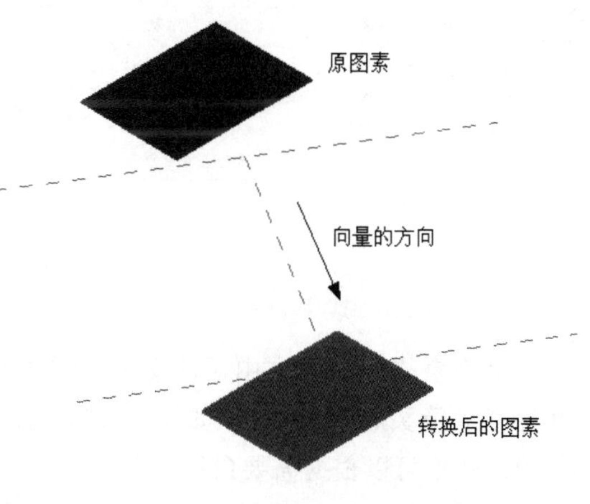

图 2-134 转换适度化实例

12. 图形排版

在“转换”选项卡的“布局”面板上单击“图形排版”按钮，启动图形排版命令。该命令用于将几何图形组织在一个图表内。启动该命令后，系统会打开如图2-135所示的图形排版对话框，该对话框可用于设置图表参数。

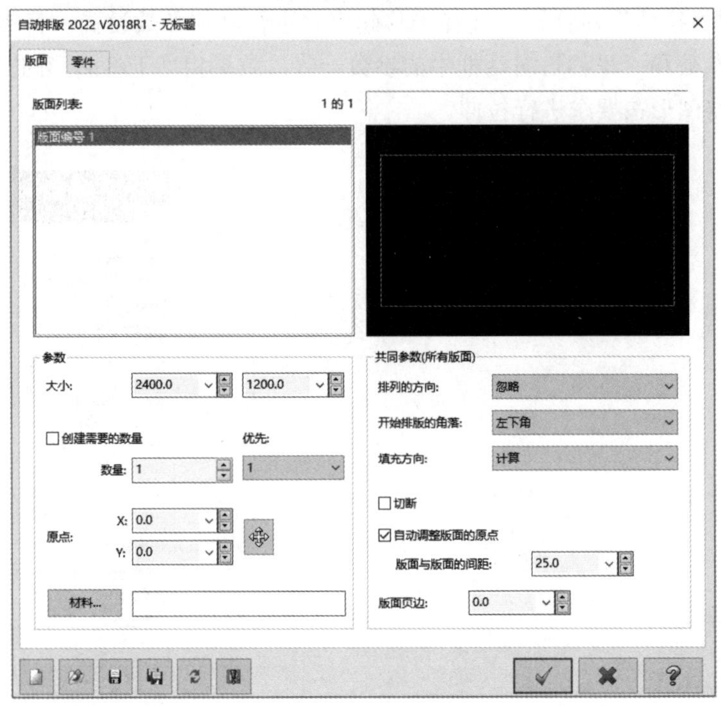

图 2-135 图形排版对话框

2.3 图形标注

尺寸标注是工程制图中必不可少的环节，本节将介绍Mastercam提供的强大的尺寸标注功能。尺寸标注功能是通过“标注”选项卡中的各种命令(如图2-136所示)实现的。

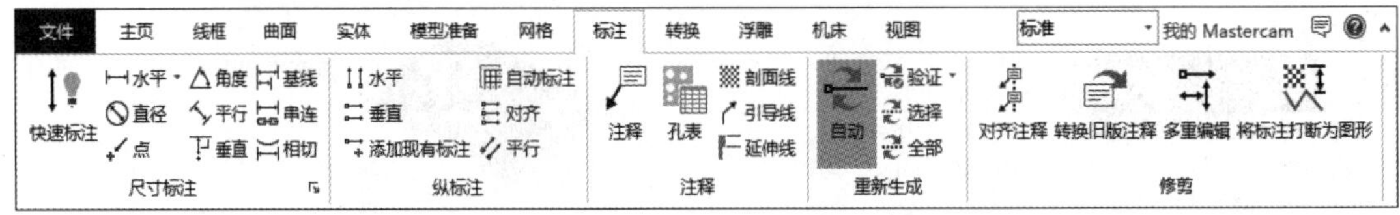

图 2-136 “标注”选项卡

2.3.1 尺寸标注的设置

一个完整的尺寸标注由尺寸文本、尺寸线、尺寸界线和箭头4部分组成，如图2-137所示。各部分的样式都可以根据需要自行设置。

图 2-137 尺寸标注的组成

单击“尺寸标注”面板右下角的“尺寸标注

设置”按钮，系统将打开如图2-138所示的“自定义选项”对话框，用户可在其中进行尺寸标注的参数设置。设置的参数均可在预览区进行预览。默认打开的是“尺寸属性”设置界面。

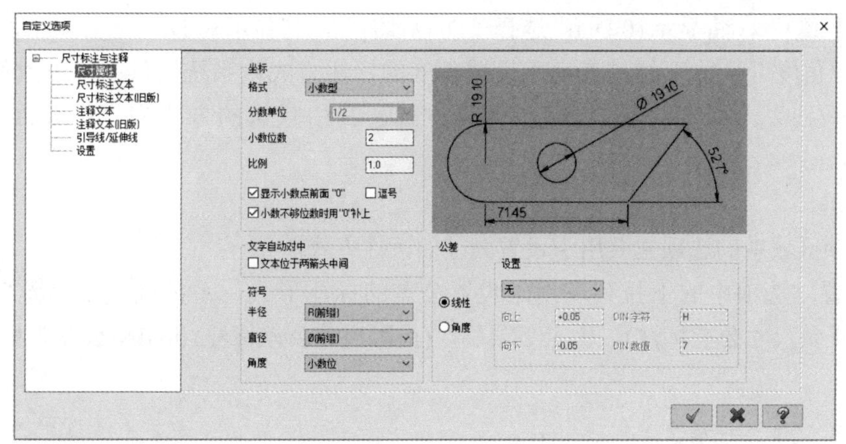

图 2-138　“自定义选项”对话框

1. 尺寸属性

尺寸属性设置在左侧列表框中对应“尺寸属性”选项。

1) 坐标

此选项区域中的选项用于设置尺寸标注的数字规范。

- “格式”：此下拉列表用于设置尺寸长度的表示方法，主要有“小数型”(十进制表示法)、“科学型”(科学记数法)、“工程单位”(工程表示法)、“分数单位”(分数表示法)和“建筑单位”(建筑表示法)各选项。
- “小数位数”：在该文本框中可以输入小数点后保留的位数。系统默认为小数点后两位。
- “比例”：在该文本框中可设置标注尺寸和实际绘图尺寸的比例。系统默认比例为1∶1。
- “显示小数点前面0”：选中此复选框，对于小于1的尺寸进行标注时显示小数点前面的零，如“0.23”；不选中此复选框，则显示“.23”，即小于1的尺寸标注时，小数点前不加0。

2) 文字自动对中

此选项区域中仅有一个“文本位于两箭头中间”复选框。选中该复选框后，尺寸文本放置在尺寸线的中间，否则可任意放置。

3) 符号

此选项区域中的选项主要用于设置圆和角度标注样式。

- “半径”：此下拉列表用于设置半径的标注方式，系统提供了“R[前缀]”“R .[后缀]”和“无”3种方式。如标注一个半径为10的尺寸时，选择“R[前缀]”，将显示R10；选择“R . [后缀]”，将显示10R；选择“无”，将显示10。

- “直径”：此下拉列表用于设置直径的标注方式，系统提供了“ϕ[前缀]”“D[前缀]”“直径[后缀]”和“D.[后缀]”4种方式。如标注一个直径为10的尺寸时，选择“ϕ[前缀]”，将显示ϕ10；选择“D[前缀]”，将显示D10；选择“直径[后缀]”，将显示10 Dia；选择“D. [后缀]”，将显示10 D。
- “角度”：此下拉列表用于设置角度的标注方式，系统提供了“小数位”“度/分/秒”“弧度”和“梯度”4种方式。其中默认的方式为“小数位”，显示如15°。

4) 公差

此选项区域中的选项主要用于设置公差的标注方式。

“设置”选项中的下拉列表用于设置公差的标注形式，系统提供了“无”(不带公差)、+/-(正负尺寸公差标注)、“上下限制”(极限尺寸公差标注)和DIN(公差带标注)4种标注形式。

2. 尺寸文本和注释文本

尺寸文本设置对应“自定义选项”对话框左侧列表框中的“尺寸标注文本”选项，如图2-139所示。用户可以对尺寸文字的大小、字形、文本对齐方式以及点的标注形式进行设置。通过预览区可以观察设置效果。

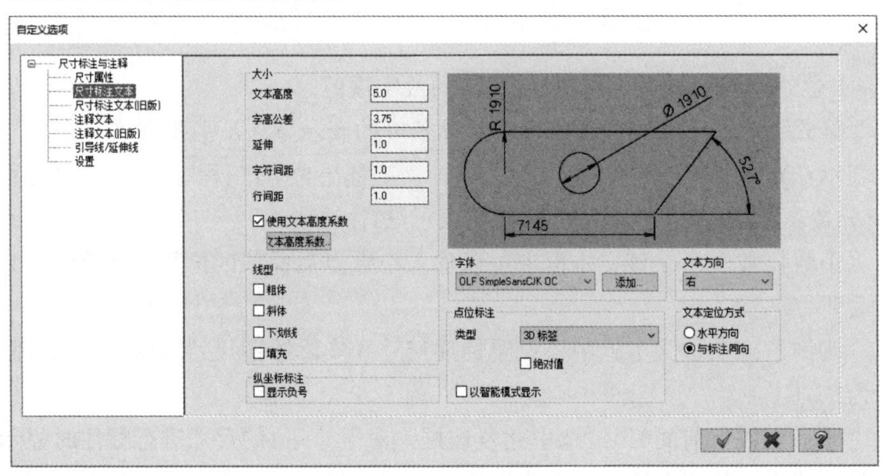

图 2-139　尺寸文本设置

注释文本设置对应“自定义选项”对话框左侧列表框中的“注释文本”选项，如图2-140所示。在此可以对注释文字的大小、字形和对齐方式等进行设置。可以通过预览区对设置效果进行观察。

如果使用旧版的尺寸标注方式，尺寸文本和注释文本的设置分别对应“自定义选项”对话框左侧列表框中的“尺寸标注文本(旧版)”选项和“注释文本(旧版)”选项。

3. 尺寸线、尺寸界线和箭头

尺寸线、尺寸界线和箭头设置对应“自定义选项”对话框中的“引导线/延伸线”选项，如图2-141所示。用户可以对它们相应的标注形式进行设置，同样可以通过预览区观察设置效果。

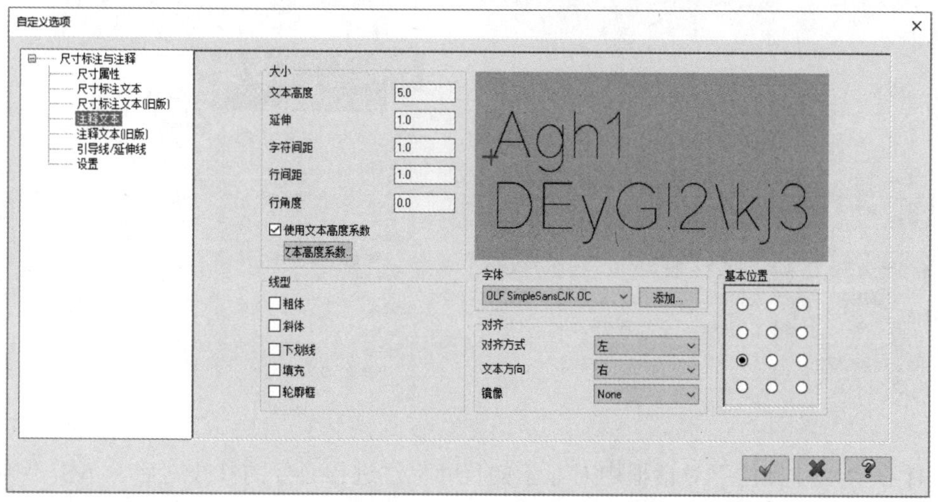

图 2-140　注释文本设置

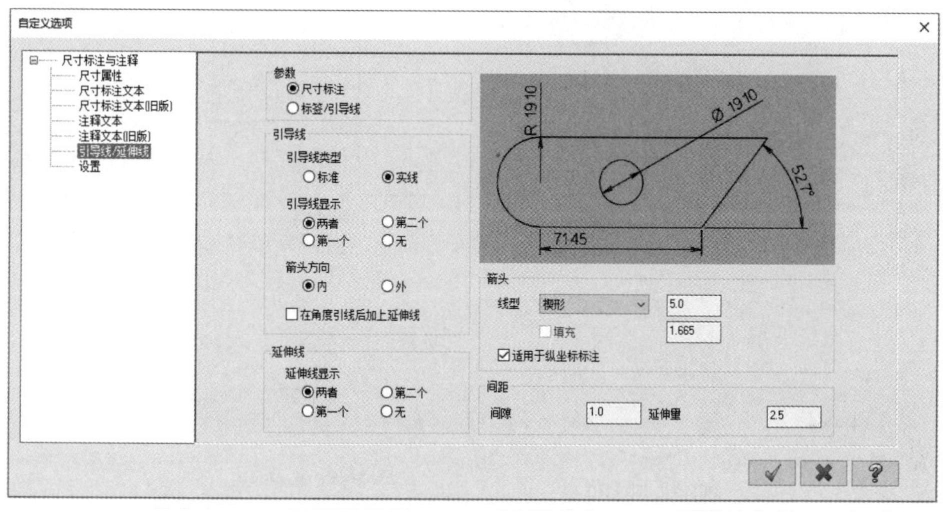

图 2-141　尺寸线、尺寸界线和箭头设置

在对尺寸标注属性进行设置时，除通过预览区观察显示效果外，还需要在实际的绘图区域进行标注后，通过观察来对参数设置进行检验，判断是否符合要求。

2.3.2　尺寸标注

在“尺寸标注”面板中，Mastercam向用户提供了多种尺寸标注的方法，如图2-142所示。

这些标注方法简单易懂，主要操作步骤类似，步骤大致如下。

(1) 在“尺寸标注”面板中，单击相应的标注命令按钮。

(2) 利用鼠标选择需要标注尺寸的两个端点。

(3) 选中后，图形窗口中将显示尺寸标注，可利用鼠标进行动态拖动，将尺寸标注置于所需的位置。同时，在使用每种方法进行标注时，“尺寸标注”对话框如图2-143所示，用于设置尺寸的各种参数。该对话框中的选项会根据标注方法的不同而不同。

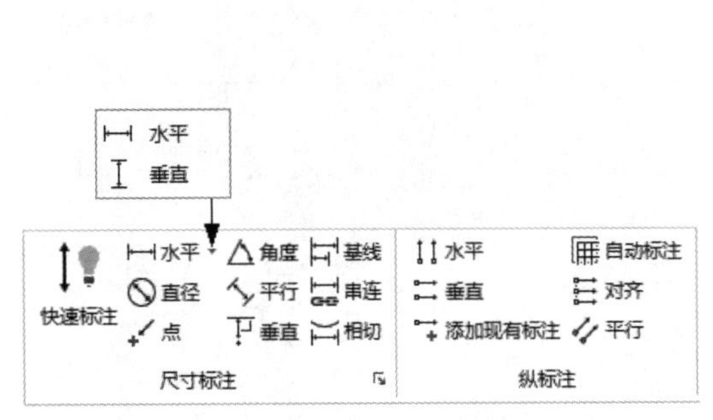

图 2-142　尺寸标注方法

图 2-143　“尺寸标注”对话框

(4) 在“尺寸标注”对话框中对显示的尺寸标注进行必要的修改之后，单击“确定”按钮，完成尺寸标注。部分实例如图2-144所示。

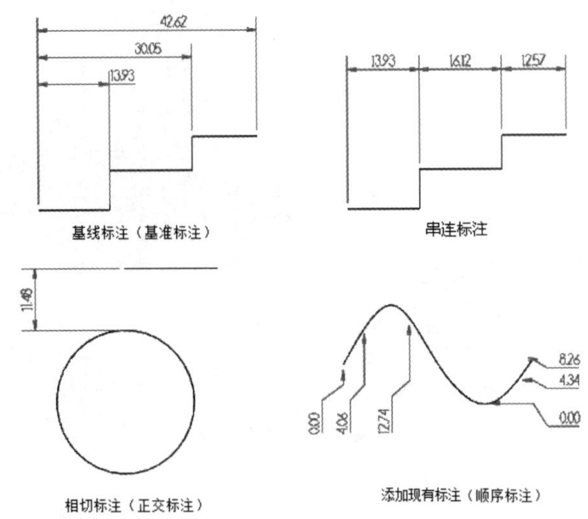

图 2-144　尺寸标注实例

下面仅对坐标标注进行简单说明。如果需要对一条没有特别形状的曲线进行标注，往往采用坐标标注的方法。首先在曲线上选择一个点作为零点，然后选择需要标注的点。尺寸文本表示在标注点相对零点的变化量，一般以水平和竖直方向来描述其变化。Mastercam提供了4种坐标标注方式，分别为：“水平标注”，标注各点相对于某一基准点的水平相对距离；“垂直标注”，标注各点相对于某一基准点的垂直相对距离；“平行标注”，标注各点相对于某一基准点的平行相对距离；“基准标注”，标注各点相对于某一基准点的直线距离。

Mastercam还提供了一种智能方式来进行标注。在“尺寸标注”面板中，单击“快速标注”按钮，启动快速标注命令。采用这种智能方式，系统会自动识别所标注的图形，选择合适的标注方式。

2.3.3　尺寸编辑

对于已经完成的标注，有时还需要进行编辑修改，如更改箭头样式和文本高度，或为尺寸添加公差等。

在“修剪”面板上单击“多重编辑”按钮，启动尺寸编辑命令，系统提示用户选择需要编辑的尺寸线。选择并确定后，系统打开如图2-145所示的“自定义选项”对话框，用户可在其中对尺寸的样式进行修改。

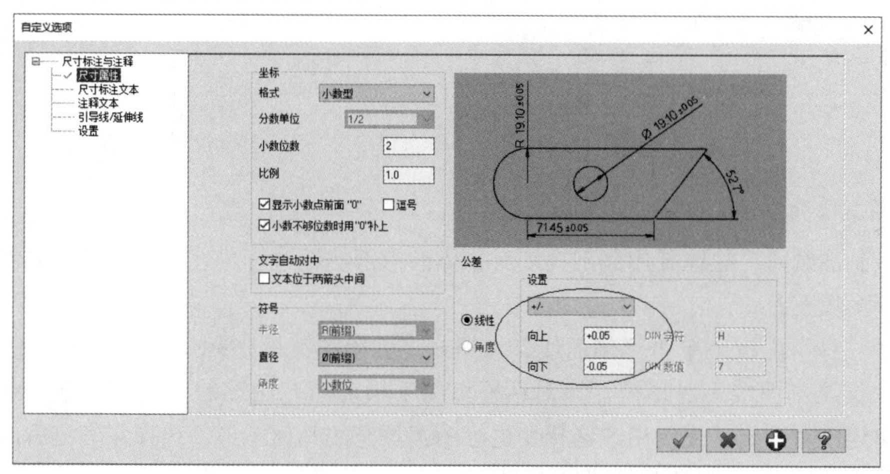

图 2-145　“自定义选项”对话框

实例如图2-146所示，为一个圆的直径标注，按照图2-145所示添加公差。设置完成后，单击“确定”按钮，完成编辑修改。

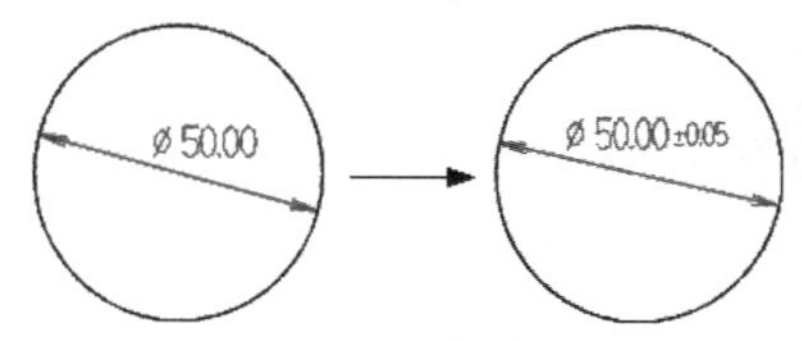

图 2-146　圆直径标注修改实例

2.3.4　其他类型图形的标注

1. 图形注释

在“注释”面板上单击“注释”按钮，打开如图2-147所示的“注释”对话框，在其中可对图形注释参数进行设置。完成参数设置后，在图形上指定注释位置点即可。

图 2-147　“注释”对话框

2. 引出线

引出线指一条在图形和相应注释文字之间的直线。在“注释”面板上单击“延伸线”按钮，即可进行引出线的绘制，实例如图2-148所示。

3. 引线

引线也是连接图形与相应注释文字的一种图形，它是带箭头的直线，而且可以是折线，如图2-149所示。在“注释”面板上单击“引导线”按钮↗，即可进行引线的绘制。

图 2-148　引出线实例　　图 2-149　引线实例

4. 图案填充

在绘制图纸时，往往要用到剖视图对物体的内部构造进行描述，因此经常要创建各种不同的图案填充。

在“注释”面板上单击“剖面线”按钮▩，启动图案填充命令。系统打开如图2-150所示的“交叉剖面线”对话框，该对话框可用于指定填充图案的样式。确定后系统打开“线框串连”对话框，提示用户选择要进行图案填充的几何图形。选择并确定后，系统自动完成图案填充的绘制。实例如图2-151所示。

Mastercam只能对首尾相接线条围成的封闭区域进行填充，交叉线围成的区域则无法进行填充。

图 2-150　“交叉剖面线”对话框

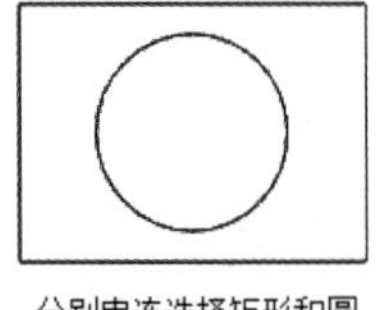

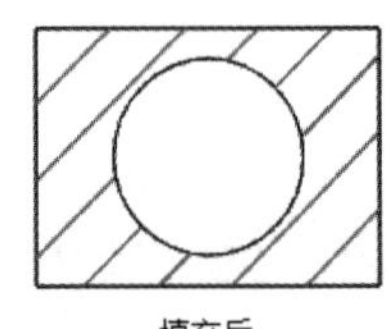

图 2-151　图案填充实例

5. 更新标注

在完成尺寸标注后，如果要对图形进行修改，往往需要对相应的尺寸标注进行更新。选择“重新生成”面板中相应的命令即可进行更新，如图2-152所示。

图 2-152　“重新生成”面板

2.4　二维造型设计实例

本节将综合利用本章前面介绍的关于二维图形绘制的各种命令，完成若干复杂零件的设计。

2.4.1　绘制二维轴类零件图

图2-153所示为一个使用AutoCAD绘制的二维轴类零件图。下面利用Mastercam完成该图的绘制。

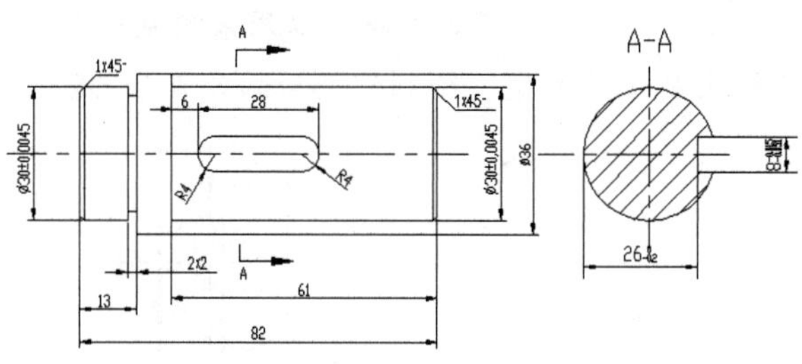

图 2-153　二维轴类零件图

1. 主视图外形

01 将轴主视图中的左端中点放置在原点，并利用图中尺寸计算出主视图中轴上半部分各尖点的位置，在图上画出。单击按钮，并在图素选择工具栏中单击按钮，然后在中直接输入各点的坐标值。完成后的结果如图2-154所示。

图 2-154　轴上各点

02 用直线将它们依次连接起来，就形成了轴的上半部分。将点删除后，效果如图2-155所示。在中，将线型更改为点画线，在图中绘制一条起点和终点坐标分别为(-2,0,0)和(84,0,0)的直线，如图2-156所示。

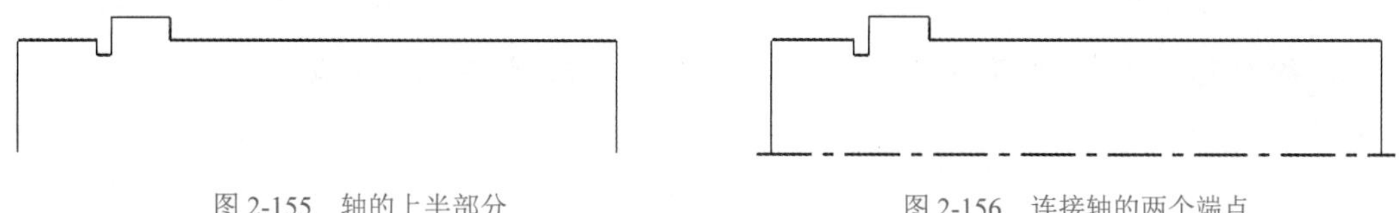

图 2-155　轴的上半部分　　　图 2-156　连接轴的两个端点

03 单击按钮，按系统提示选择图上所有的实线为镜像对象，在打开的“镜像”对话框中，选择以X轴为轴线。确定后，镜像结果如图2-157所示。

04 接下来对两端进行倒角。单击按钮，在打开的对话框中选择方式距离和角度(G)，并指定尺寸为1，角度为45°。倒角后的结果如图2-158所示。

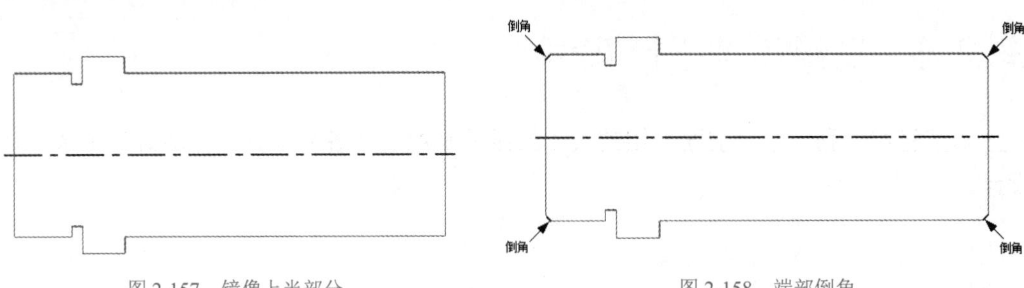

图 2-157　镜像上半部分　　图 2-158　端部倒角

05 将线型更改为实线，并将其余需要的直线连接好，如图2-159所示。

06 接着绘制键槽。请读者思考有哪些方法可以用来绘制一个如图2-160所示的满足要求的键槽呢？这里就不给出具体的方案。绘制完成后的效果如图2-160所示。

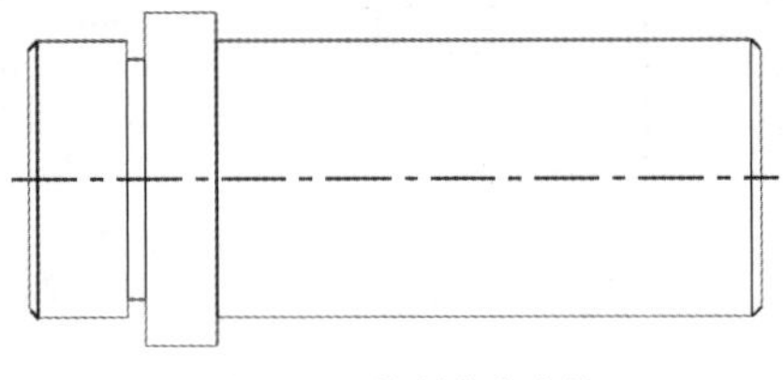

图 2-159　绘制其余直线

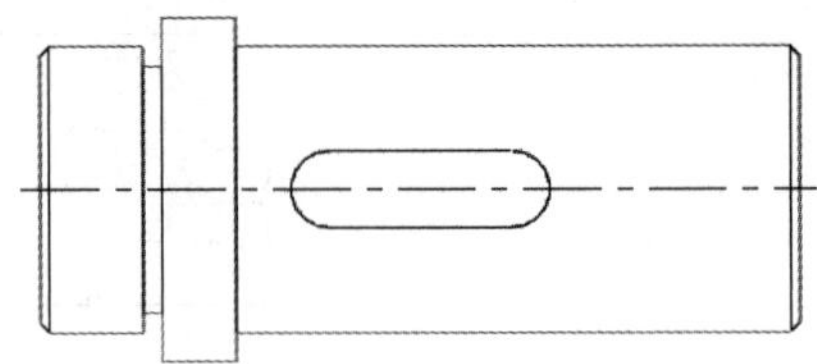

图 2-160　完成的轴主视图

2. 绘制剖视图

01 首先绘制一个半径为15的圆及其中线，如图2-161所示。接着按照图中尺寸完成如图2-162所示的绘制，画出槽的深度和宽度。

02 单击按钮对圆进行修剪，再单击按钮，选择“修剪到点”方式分别对另外两条线进行修剪，如图2-163所示。单击按钮，将“间距”设置为4，为剖视图添加剖面线，如图2-164所示。

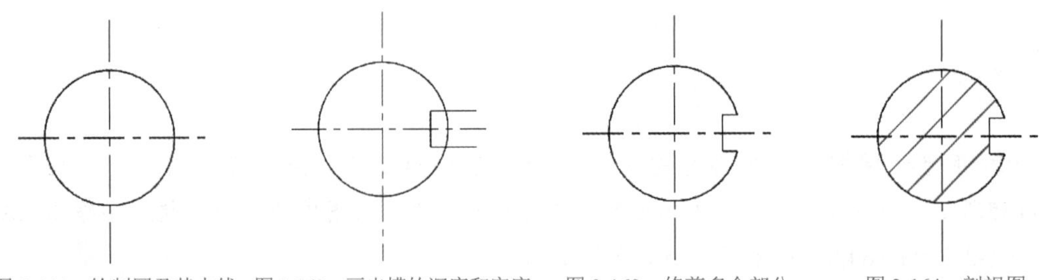

图 2-161　绘制圆及其中线　图 2-162　画出槽的深度和宽度　图 2-163　修剪多余部分　图 2-164　剖视图

03 绘制完成的整个图形如图2-165所示，标注操作请读者独立完成。

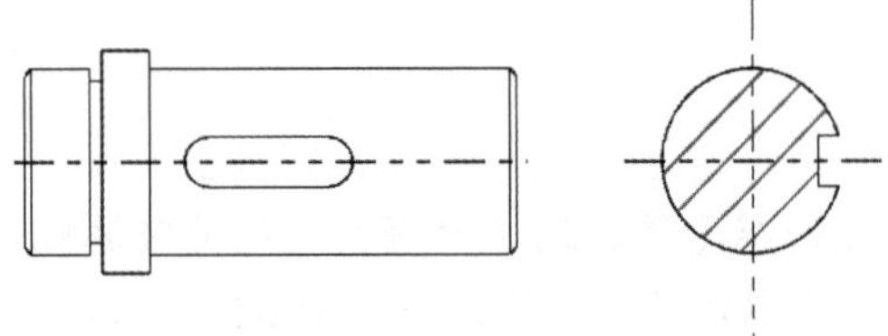

图 2-165　绘制完成的整个图形

2.4.2　绘制轴承座设计图

图2-166所示为一个使用AutoCAD绘制的轴承座设计图。下面使用Mastercam来完成这一工作。

该设计图由3个视图组成，分别为主视图、俯视图和左剖视图。绘制时，首先需要安排好3个视图的布局。

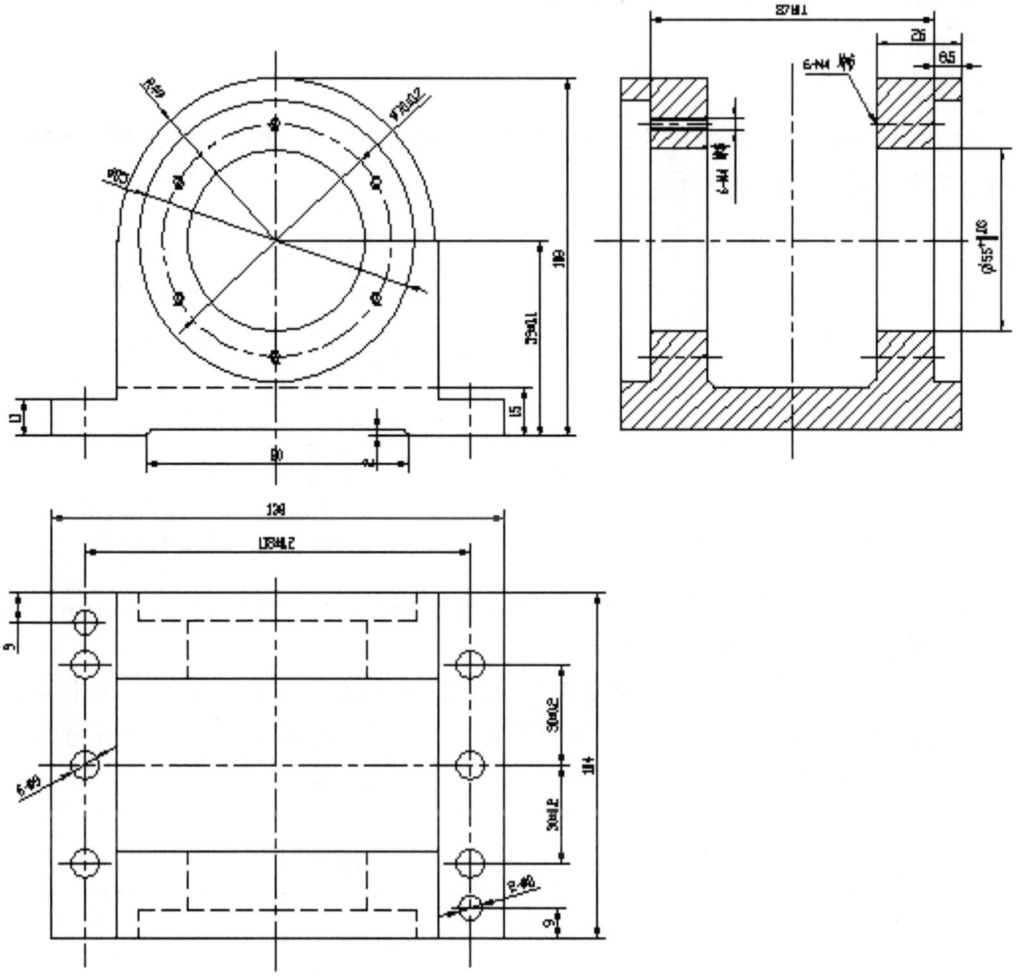

图 2-166　轴承座

1. 布局设计

01 为了绘制方便，这里将主视图的圆心确定在坐标系的原点。在中将线型改为点画线。

02 轴承座主视图上的最大半圆半径为49，而圆心到底部的距离为59，因此绘制一条从点(0,54)到(0,-64)的中线。

03 俯视图中有两条中线，因为轴承座宽度为104，在保证两个视图中间距离(暂定为15)的基础上，将两条中线的交点定在(0,-122)上。水平中线的起点和终点分别为(-74,-122)和(74,-122)，垂直中线的起点和终点分别为(0,-65)和(0,-179)。

04 左剖视图中有两条中线，一条是中心孔轴线，它和主视图中的中线同一高度。在保证两个视图中间距离(暂定为15)的基础上，将两条中线的交点定为(136,0)。中心孔轴线的起点和终点分别为(79,0)和(193,0)，垂直中线的起点和终点分别为(136,54)和(136,-64)。

05 单击╱按钮，在▭中分别输入上面各中线的起点和终点坐标值绘制中线，完成后的结果如图2-167所示。

这里的布局只是暂时性的，如果在绘制过程中发现不合理的地方，可使用平移等命令进行调整。

2. 绘制主视图

01 单击⊙按钮，选择原点为圆心，在“已知点画圆”对话框中输入直径值为70，绘制螺纹孔中心圆，如图2-168所示。

图 2-167　绘制完成的中心线　　图 2-168　绘制好的螺纹孔中心圆

02 在▭中，修改线型为实线。单击⊙按钮，同样选择原点为圆心，先后输入直径55和85，绘制轴承孔，如图2-169所示。

03 单击◝按钮，首先同样选择原点作为圆心，然后在“极坐标画弧”对话框中，输入半径值为49。依次输入圆弧的起始和终点角度，分别为0和180°，绘制轴承座顶部外形，效果如图2-170所示。

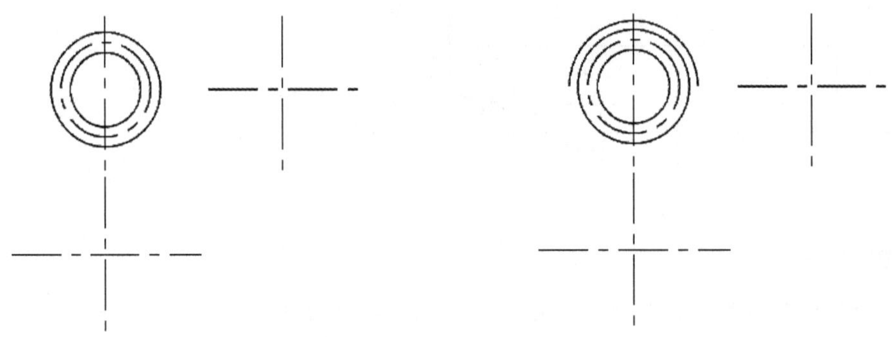

图 2-169　绘制好的轴承孔　　图 2-170　绘制好的轴承座顶部外形

04 接下来绘制整个外形。单击╱按钮后，在“线端点”对话框中选择“连续线”按钮，绘制多段线。选择顶部圆弧左端为多段线的起点。

05 在“线端点”对话框中选择“垂直线”按钮，在“长度”右侧的文本框中输入48，绘制一条长度为48的垂线。

06 在“线端点”对话框中选择“水平线”按钮，在“长度”右侧的文本框中输入20，绘制一条长度为20的水平线。

07 使用同样的方法依次绘制一条长度为11的垂线、一条长度为29的水平线、一条长度为2的垂线和一条长度为40的水平线。绘制时注意线的方向即可。绘制完成后，效果如图2-171所示。

08 一次性选中前面绘制好的所有直线，单击按钮，在打开的“镜像”对话框中选择◉ Y轴(Y):，确定后效果如图2-172所示。

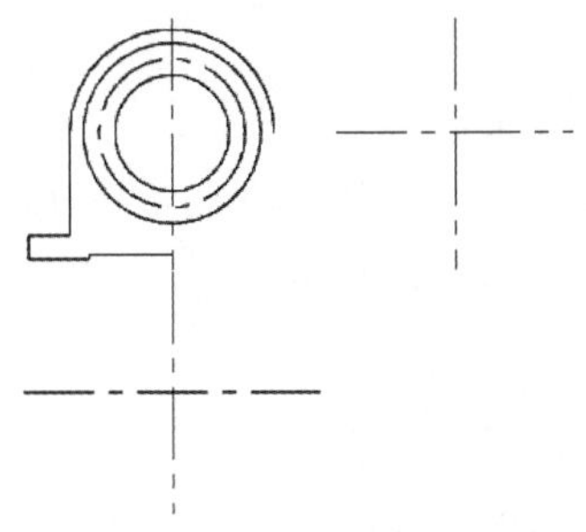
图 2-171 绘制好的一半轴承座主视图外形

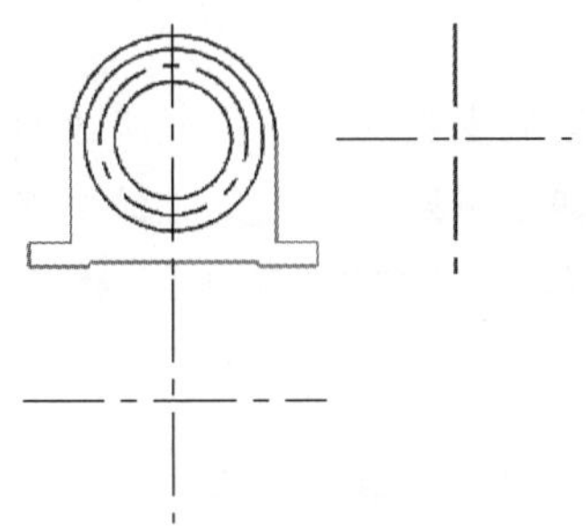
图 2-172 镜像后的主视图

09 最后绘制螺纹孔。单击按钮，以主视图中线与螺纹孔中心圆的上部交点为圆心，绘制一个半径为2、从0到270°的弧，作为螺纹孔的大径。单击按钮，在该位置绘制一个半径为1.8的圆作为螺纹孔小径，如图2-173所示。

10 选中刚刚绘制好的一个螺纹孔的两个图形，单击按钮，在打开的“旋转”对话框中，进行如图2-174所示的设置。确定后，生成均布的一组螺纹孔，如图2-175所示。

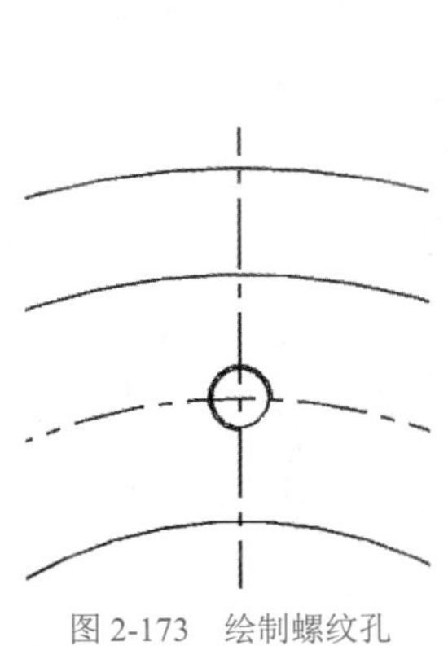
图 2-173 绘制螺纹孔

旋转
基本 高级
图素
方式: ◉ 复制(C) ○ 移动(M) ○ 连接(J)
选择
重新选择(R)
旋转中心点
重新选择(T)
实例
编号(N): 5
角度(G): 60.0
距离: ◉ 两者之间的角度(W) ○ 总扫描角度(S)
方式: ◉ 旋转(O) ○ 平移(L)
移除(V)
重置(E)

图 2-174 “旋转”对话框

主视图中还有一条虚线和两条点画线没有绘制，可以在其他视图完成后，根据投影关系来绘制，这样会相对容易一些。

3. 绘制俯视图

01 单击□按钮，在弹出的“矩形”对话框中选择“矩形中心点”，选择两条中线的交点为中心，在“宽度”和“高度”右侧的文本框中输入矩形的宽和高，分别为138和104。绘制完成后，结果如图2-176所示。

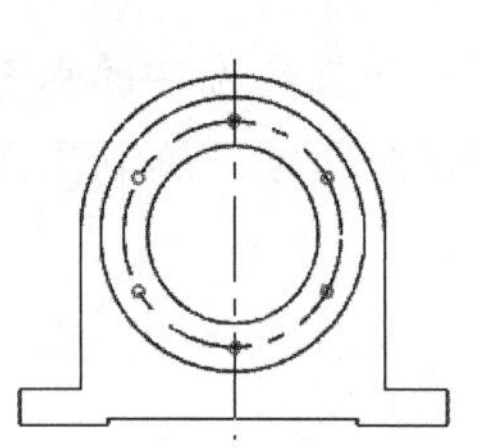
图 2-175　均布的螺纹孔

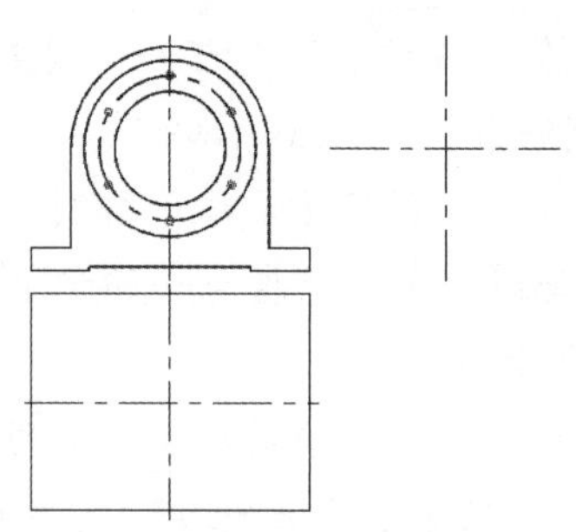
图 2-176　绘制好的俯视图外形

02 绘制主视图顶部外形两边的投影线，如图2-177所示。

03 单击按钮，首先选择要保留的线段部分，确定后再选择修剪的基准线(矩形的上部长边)，然后确定即可。依次对两条线进行修剪，结果如图2-178所示。

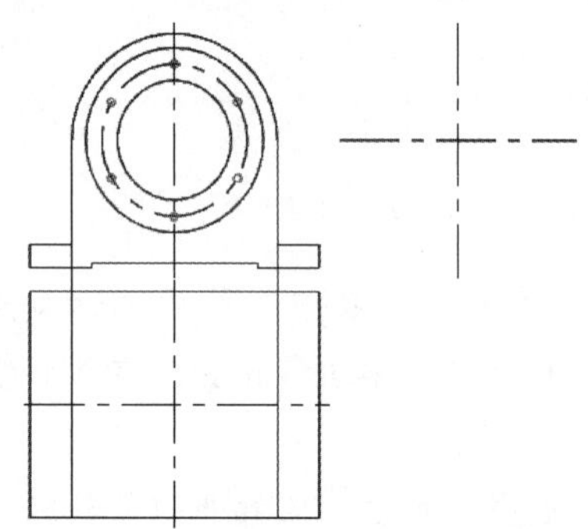
图 2-177　绘制好的顶部外形投影线

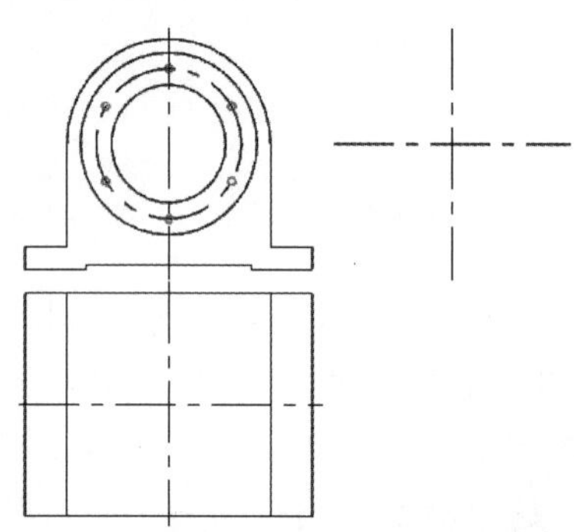
图 2-178　修剪后的投影线

04 根据设计要求，可以计算出轴承座中间的空隙部分的宽度为52，因此可以在水平中线上方距离为26处绘制一条直线，再进行修剪得到需要的图形。根据这一思路，本书将具体步骤用图形的方式给出，如图2-179所示，读者可以自己设计并加以实现。

05 接下来绘制轴承座上的固定孔。先选中垂直中线，单击按钮，在打开的“平移”对话框中进行设置将其水平移动59。确定后再利用同样的方法水平移动–59，即可得到两条固定孔的中心线，如图2-180所示。

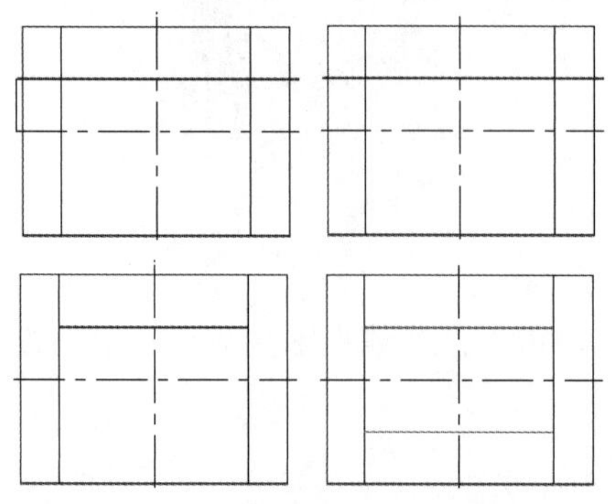
图 2-179　绘制轴承座空隙部分俯视效果

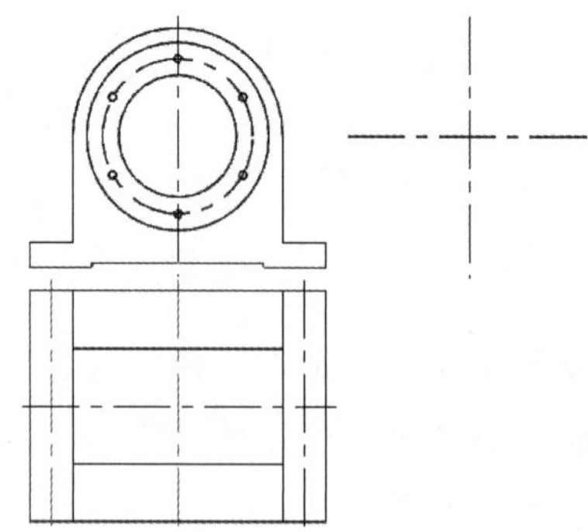
图 2-180　绘制固定孔中线

06 在两条固定孔中心线与水平中线的交点处，绘制两个直径为9的圆。然后分别进行平移(距离为30)和镜像，或者两次平移，即可得到满足设计要求的图形。整个过程如

图2-181所示。

07 绘制圆柱销孔时，首先在俯视图上部长边与左边的固定孔中心线相交处绘制一个直径为8的圆，然后向下平移(距离为9)，平移时选择“移动”方式将原有图形删掉。具体操作过程如图2-182所示。使用同样的方法，绘制另一个圆柱销孔，完成后的效果如图2-183所示。

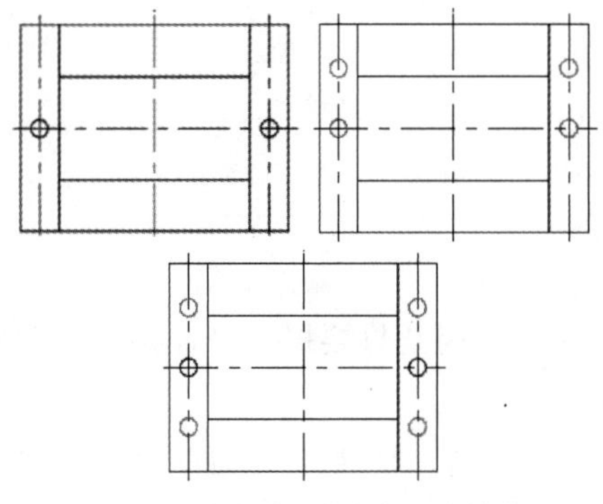

图 2-181　直径为 9 的安装孔绘制过程

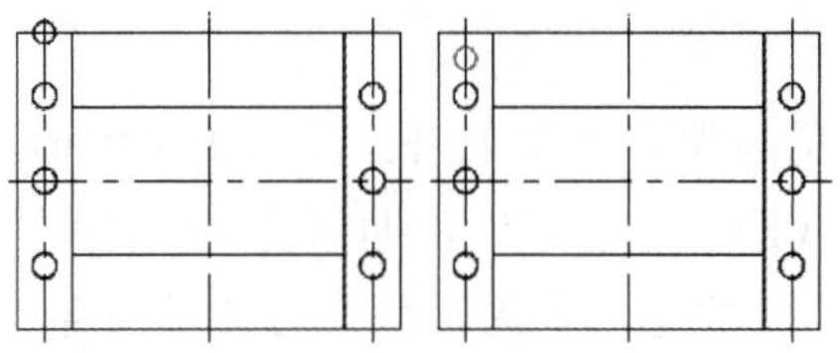

图 2-182　圆柱销孔的绘制方式

08 将线型改为点画线，为每个孔绘制水平中线。这一过程由读者自己完成。完成后的效果如图2-184所示。

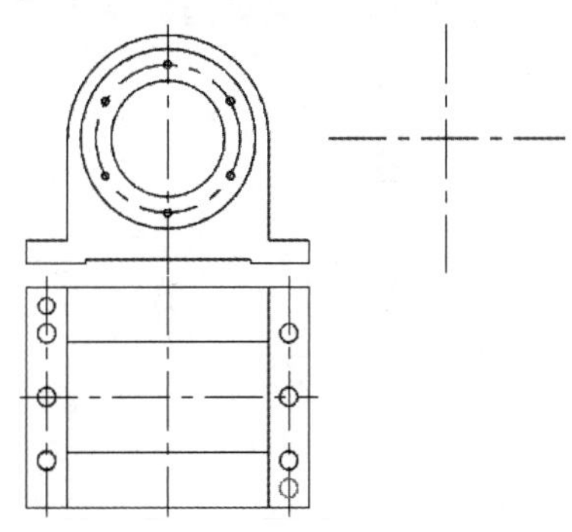

图 2-183　绘制圆柱销孔

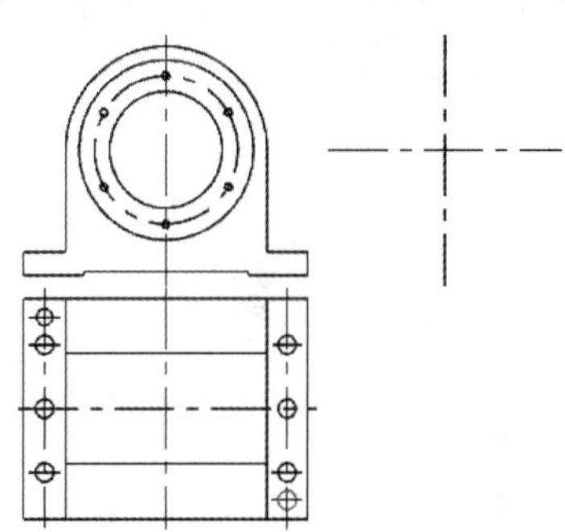

图 2-184　绘制固定孔水平中线

09 将线型改为虚线，将主视图中的轴承孔投影下来，单击 按钮，绘制投影线，如图2-185所示。

10 根据设计要求，将俯视图上部长边下移8.5，如图2-186所示。

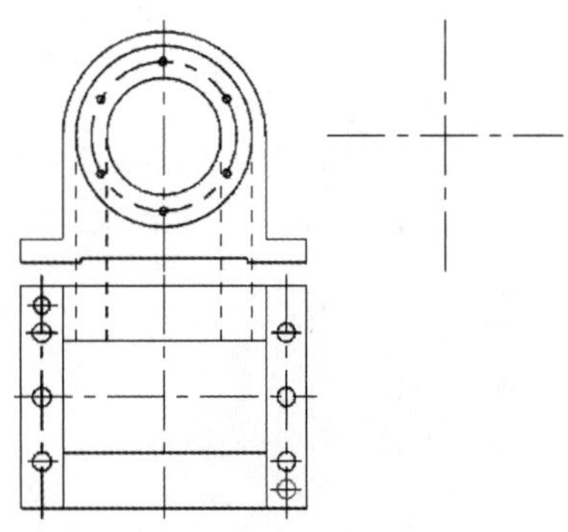

图 2-185　绘制轴承孔投影线

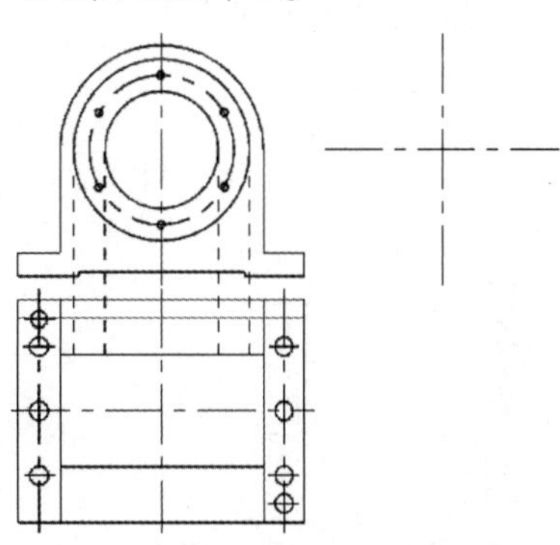

图 2-186　顶部长边下移

11 单击按钮，对以上各线进行修剪。修剪后，将下移线删掉，另外绘制一条虚线，如图2-187所示。再以水平中线为中心进行镜像即可得到完整的俯视图，如图2-188所示。

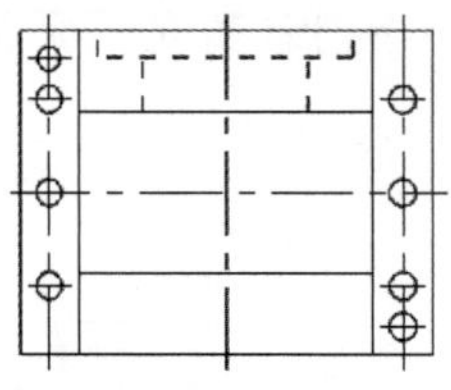
图 2-187　修剪后的虚线

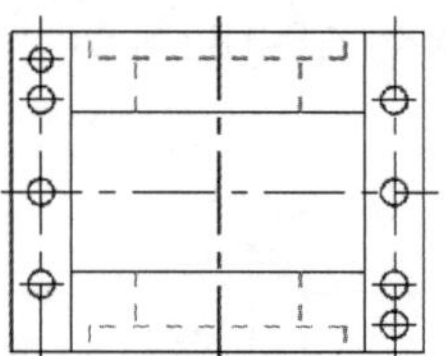
图 2-188　完整的俯视图

4. 绘制左剖视图

左剖视图是完全由直线构成的图形，并且左右对称，因此只要根据设计要求，明确每条直线的长度等数据，即可方便地绘制出满足要求的图形。

01 首先为了满足视图对应的关系，将线型改为实线后，单击按钮，以主视图为基准，绘制两条顶部和底部的标准线，如图2-189所示。

02 接下来绘制多段线。根据设计要求，以底部标准线端点为起点，绘制一条长度为52的水平线，然后绘制一条垂直线直接到上部标准线，再依次绘制一条长度为26的水平线、一条长度为93的垂直线和一条直接连到垂直中心线的水平线。完成后，将上下标准线删除，结果如图2-190所示。

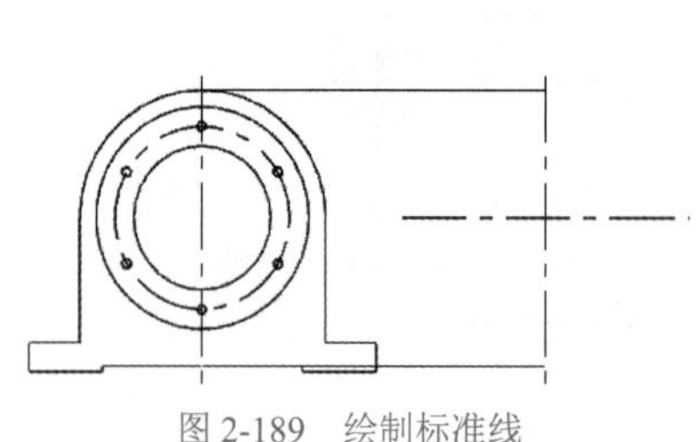
图 2-189　绘制标准线

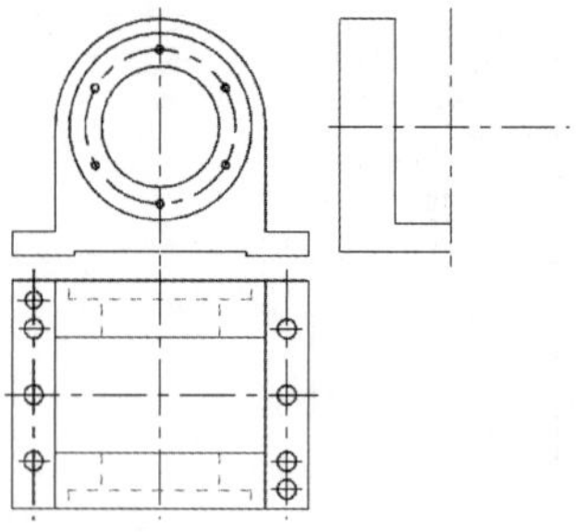

图 2-190　绘制完成的多段线

03 将主视图的轴承孔投影过来，结果如图2-191所示。

04 单击按钮，在大孔交线处绘制一条长度为8.5的水平线和一条垂直线，直到轴承孔中线处，如图2-192所示。

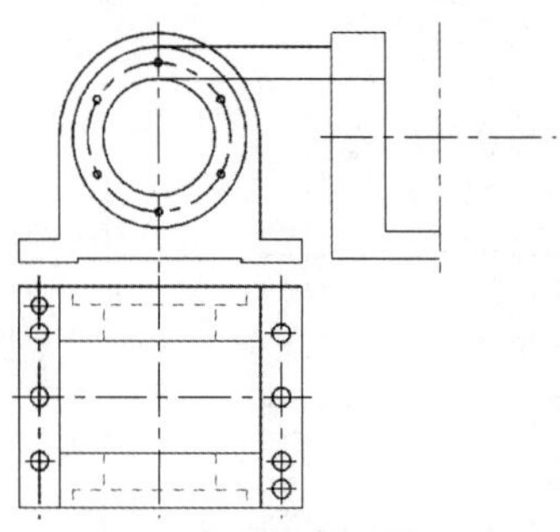
图 2-191　轴承孔投影

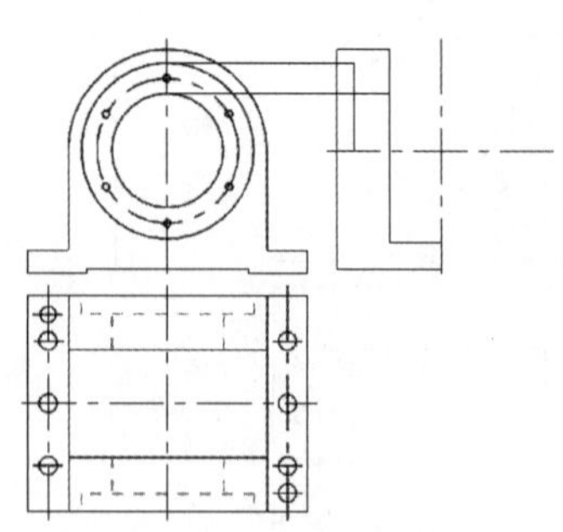
图 2-192　绘制轴承孔部分左剖视图

05 单击按钮，按设计要求进行修剪。修剪后的结果如图2-193所示。

06 选中刚才绘制的轴承孔部分，单击按钮，沿水平中线进行镜像，然后对所有已经绘制的直线沿垂直中线进行镜像，结果如图2-194所示。

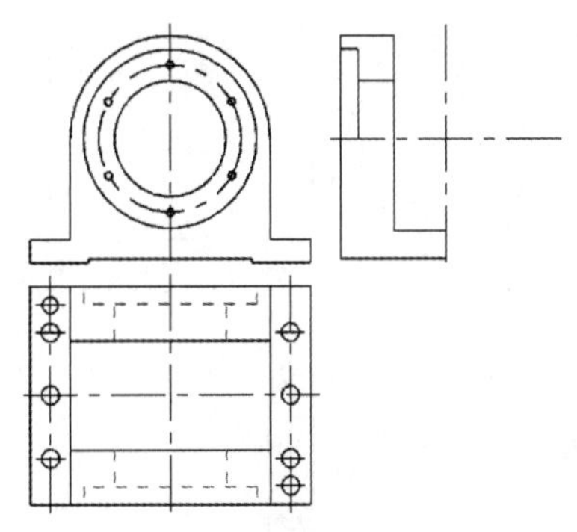

图 2-193 修剪后的轴承孔部分左剖视图

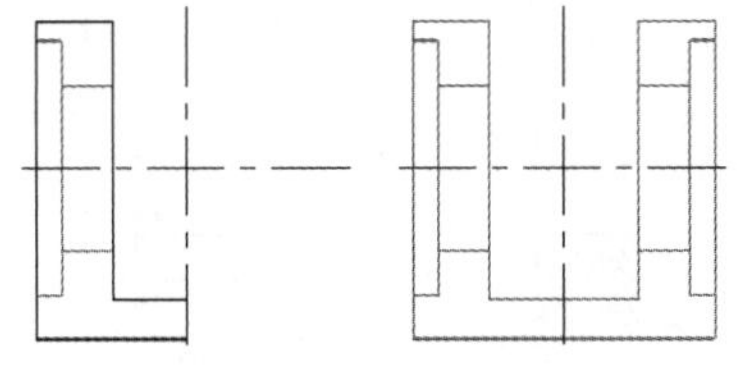

图 2-194 镜像左剖视图

07 接着绘制螺纹孔内径在左剖视图上的投影。根据对称关系，直接由主视图绘制直线投影即可，过程如图2-195所示。

08 由于Mastercam只能对首尾相连的封闭空间进行填充，此时需要将绘制剖面线的空间提取出来。因此，首先将部分直线删除，然后将需要的空间进行封闭。这也是此前仅仅绘制螺纹孔内径的原因。具体操作如图2-196所示。

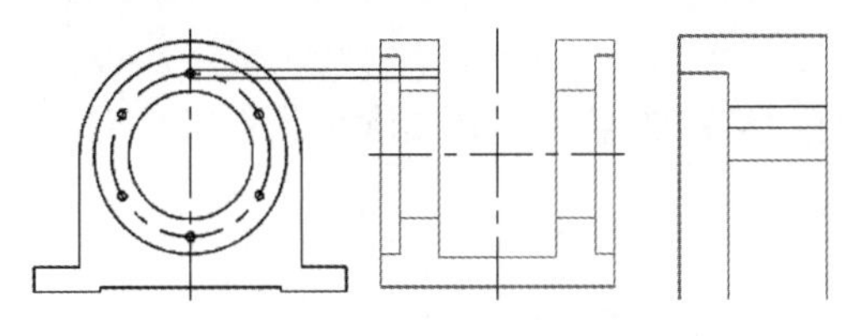

图 2-195 螺纹孔左剖视图

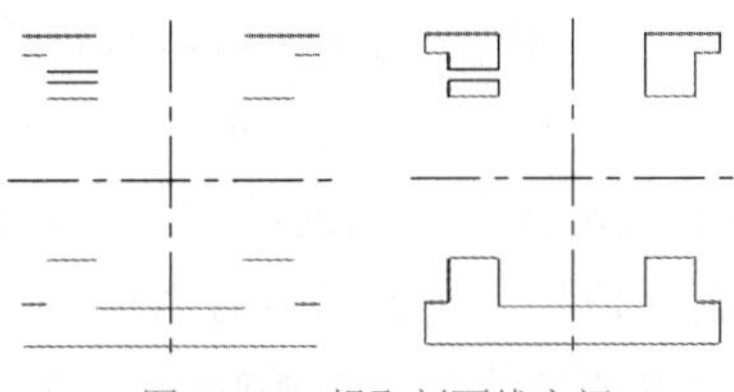

图 2-196 提取剖面线空间

09 单击按钮，打开“交叉剖面线”对话框，进行如图2-197所示的设置，指定剖面线间距为2。确定后，在弹出的“串连选择”对话框中单击按钮，依次选择4个区域，选择后确定即可，结果如图2-198所示。

图 2-197 剖面线的设定

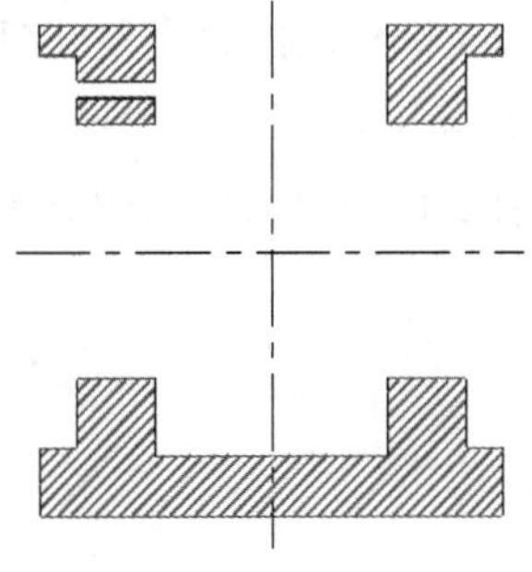

图 2-198 绘制好的剖面线

10 如果封闭区间不能满足要求，无法生成剖面线，系统会弹出提示，此时需要认真检查确认几个封闭空间是否完全封闭而没有交线和缺口。

11 下面将左剖视图的全部线补齐即可，如图2-199所示。

12 最后，根据投影关系分别参照俯视图和左剖视图，将主视图缺少的线补齐，完成绘制，结果如图2-200所示。

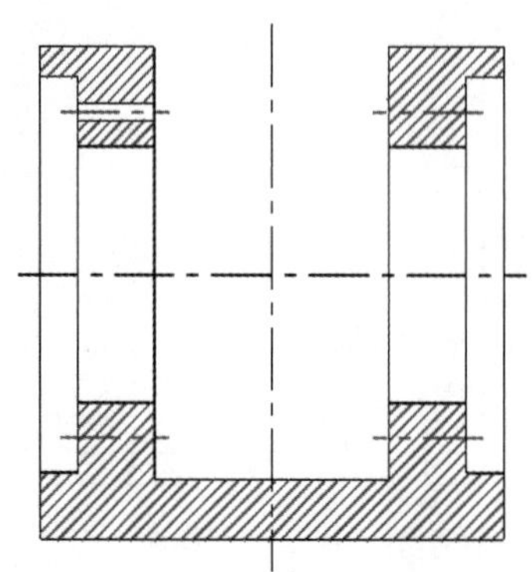

图 2-199　完成的左剖视图

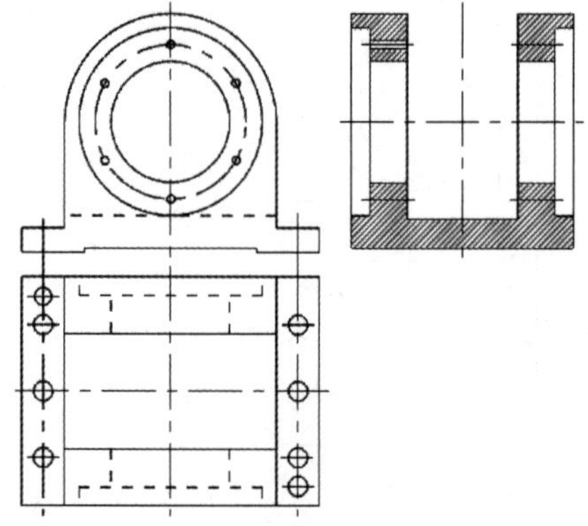

图 2-200　完成的三视图

2.5 习题

1. 指定点的位置有几种方式？
2. 如何绘制出一条水平或者垂直的直线？
3. 利用相切画圆或弧中的端点法绘制圆弧时，给定的半径值必须满足什么条件？
4. Mastercam所使用的两种曲线各自有何特点？
5. 倒圆角时串连方向会对圆角有何影响？
6. 对象被删除后，有哪些恢复的方法？
7. 设置和修改法线方向的命令有何异同？
8. 一般对图形进行操作时，对原有图形可做何种处理？
9. “单体补正”和“串连补正”命令有何异同？
10. 在标注时如何修改尺寸标注？
11. 解释坐标标注的含义及其4种标注方式。
12. 引线和引出线有何区别？
13. 如何进行图形注释和图案填充？

第3章

三维曲面设计

Mastercam具有强大的三维造型功能，主要包括曲面设计和三维实体设计两大部分，它们之间相互补充，使用户能够方便地设计出各种三维造型。本章主要介绍三维曲面设计的相关内容。

本章的学习目标：

- 掌握各种曲面的绘制方法
- 掌握曲面的各种编辑方法
- 掌握由曲面创建曲线的方法

3.1 曲面的创建

三维曲面设计功能一直是Mastercam的强项。Mastercam不仅提供了丰富的自由曲面创建功能，还内嵌了一些标准曲面，如球、圆柱等。曲面设计的所有命令均集中在功能区的“曲面”选项卡中，如图3-1所示。

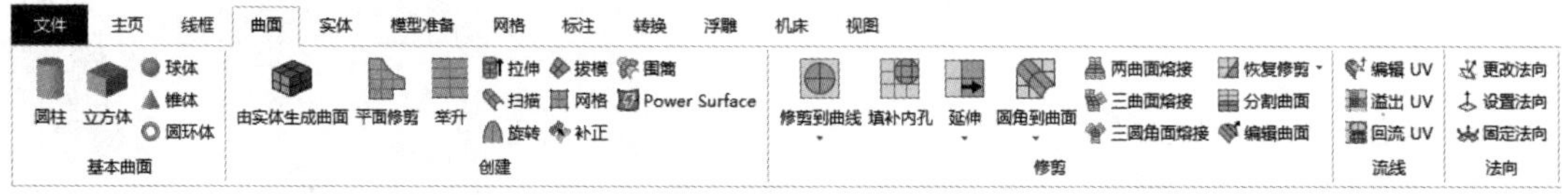

图 3-1 “曲面”选项卡

3.1.1 直纹/举升曲面

直纹曲面和举升曲面有着相同的特点，它们都是通过指定曲面的多个截面线框而生成的曲面。所不同的是，举升曲面中的各个截面线框是通过曲线连接的，而直纹曲面中的各个截面线框是通过直线连接的。

因此，绘制直纹/举升曲面的第一步是根据需要绘制截面线框。截面线框是二维图形，在绘制时，需要为它们指定不同的构图深度。

❖ 提示：

在进行三维造型时，构图深度是指构图平面在Z方向的位置。

在XY平面上绘制3个二维图形，如图3-2所示。在绘制时，利用▭文本框为它们指定不同的Z方向坐标。绘制完成后，在“视图”选项卡的“屏幕视图”面板中单击按钮进行观察，如图3-3所示。

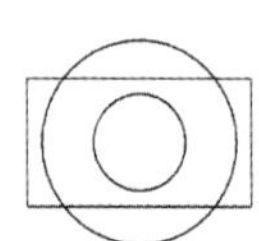

图 3-2 三图形俯视图

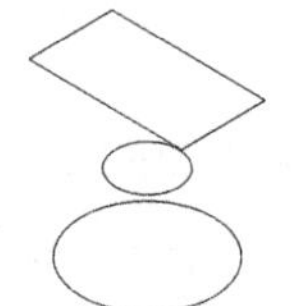

图 3-3 三图形等视图

在生成曲面之前，由于直纹/举升曲面是通过截面线框相连的方式而生成的，即将不同截面线框的起点连在一起，并按一定算法连接下去，直到最后终点相连。因此用户需要让系统了解每个线框的起点和终点，以及连接的方向。一般情况下的要求是同点、同向，否则曲面会出现“扭曲”的现象，系统将提示图形对应不一致。对于圆来说，起点是明确的，就是与X轴的右边交点，即角度为0处。矩形的起点往往需要用户指定，可以通过“打断”命令寻找一点作为起点。

操作步骤：

01 在“曲面”选项卡的“创建”面板上单击“举升”按钮，启动直纹/举升曲面创建命令。

02 系统打开“线框串连”对话框，同时提示用户选择截面线框，并通过单击 ↔ 按钮指定串连方向(注意串连的方向与起点必须相同)。

03 选择后确定。此时，打开的“直纹/举升曲面”对话框如图3-4所示。选中“直纹”单选按钮，将生成直纹曲面；选中“举升”单选按钮，将生成举升曲面。

04 设置完成后，单击“确定”按钮，完成直纹/举升曲面的创建。

在选择截面线框时，选择的顺序将影响所生成的曲面，因为系统是按选择的顺序依次连接而生成曲面的。如图3-5所示，第一张图为依次选择矩形、小圆和大圆后的效果；第二张图为依次选择小圆、大圆和矩形后的效果。

接下来对曲面进行着色处理，只需在状态栏中单击按钮即可。单击按钮，可以对曲面边框进行显示。如果当前的颜色不符合要求，可以在“主页”选项卡的“属性”面板中单击按钮进行曲面颜色设置。单击按钮将取消着色。着色效果如图3-6所示。

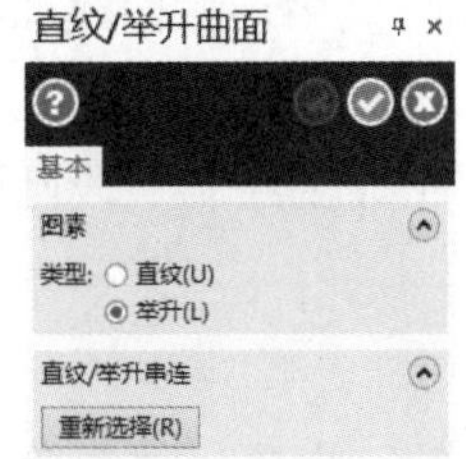

图 3-4　“直纹 / 举升曲面”对话框

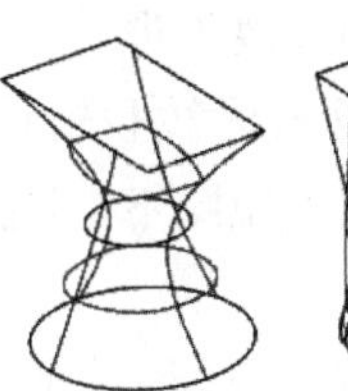

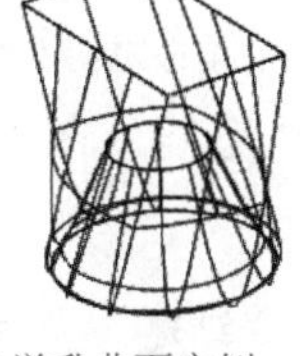

图 3-5　直纹 / 举升曲面实例

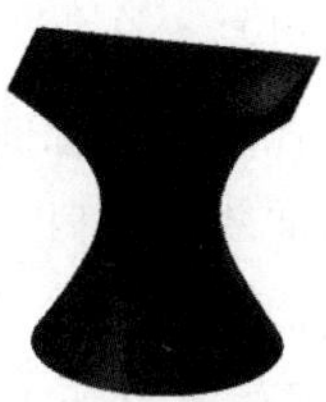

图 3-6　着色效果

3.1.2　旋转曲面

在多种曲面中，有一种可以认为是由母线绕轴线旋转而得到的旋转曲面，在创建这样的曲面时，需要在生成曲面之前分别绘制出母线和轴线。

在XY平面绘制出如图3-7所示的一条曲线和一条直线，分别作为曲面的母线和轴线。

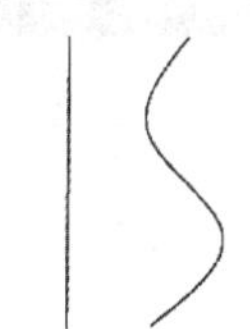

图 3-7　母线和轴线

操作步骤：

01 在“曲面”选项卡的“创建”面板上单击“旋转”按钮，启动旋转曲面创建命令。

02 系统打开“线框串连”对话框，并依次提示用户选择轮廓线和旋转轴。

03 选择后确定。此时打开“旋转曲面”对话框，如图3-8所示。

在该对话框中可重新指定旋转轴，指定旋转的起始和终止角度。如果指定生成的不是一个封闭的曲面，可以通过选择“方向”来改变旋转方向。

04 设置完成后，单击“确定”按钮，完成旋转曲面的创建。图3-7中的直线和曲线生成的封闭旋转曲面如图3-9所示。

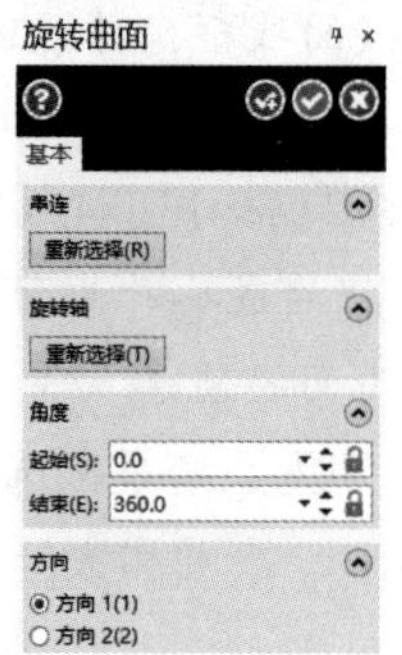

图 3-8 “旋转曲面”对话框

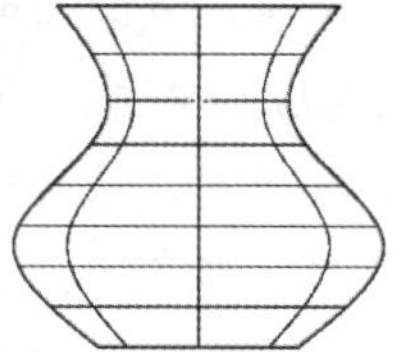

图 3-9 旋转曲面实例

3.1.3 扫掠曲面

扫掠曲面是指用一条截面线或线框沿轨迹线移动所生成的曲面。其中，截面线和线框都可以是多条线，系统会自动进行平滑的过渡处理。

在绘制扫掠曲面之前，应首先绘制好截面线和轨迹线。在XY平面上绘制一段圆弧作为截面线，绘制一条直线作为轨迹线，在等视图下如图3-10所示。

操作步骤：

01 在“曲面”选项卡的“创建”面板上单击“扫描”按钮，启动扫掠曲面创建命令。

02 系统将打开“线框串连”对话框，用户需要依次选择截面线和引导线(轨迹线)。

03 选择后确定。此时打开“扫描曲面”对话框，如图3-11所示。

04 设置完成后，单击“确定”按钮，得到的曲面形状如图3-12所示。

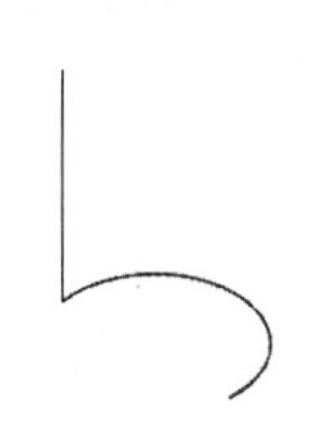

图 3-10 截面线和轨迹线

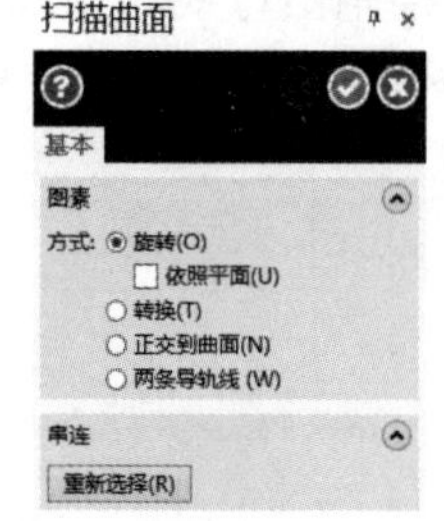

图 3-11 “扫描曲面”对话框

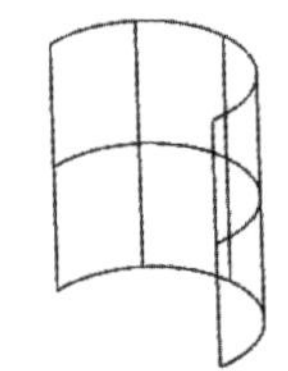

图 3-12 扫掠曲面实例

在“扫描曲面”对话框中选择“转换(平移)”方式，截面线将沿轨迹线平移生成曲面；选择“旋转”方式，截面线将沿轨迹线旋转生成曲面；还可选择“正交到曲面”方式和“两条导轨线”方式生成曲面。图3-13所示的是以矩形为截面线，图3-14所示的是“旋转”和“平移”两种扫掠方式的不同结果。

❖ 提示：

用户可以一次性选择多个截面线进行扫掠。

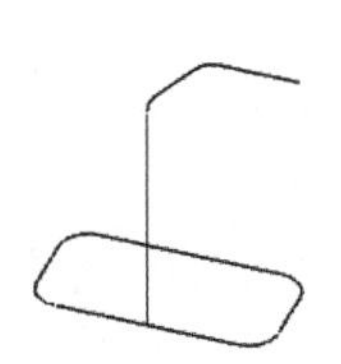

图 3-13　矩形截面线和一条轨迹线

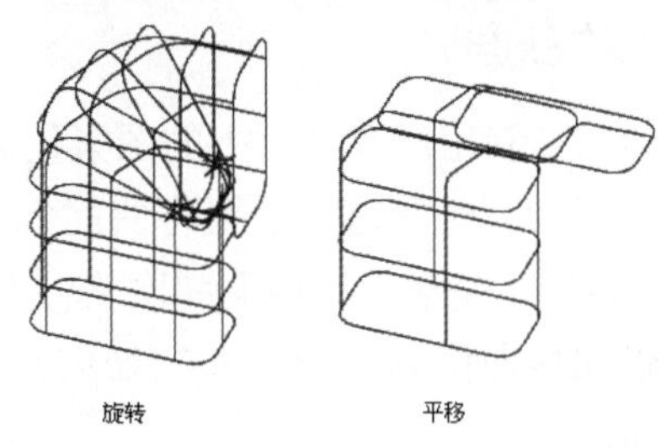

图 3-14　“旋转”和“平移”扫掠方式的比较

3.1.4　网格曲面

网格曲面指直接利用图素围成的封闭结构生成的曲面。在绘制此类曲面之前，需要有一组首尾相连的封闭的图素，图素的数量至少在3个以上，因为系统将把这些图素像扫掠曲面一样分成截面线和轨迹线。如图3-15所示，左边的图形即便封闭也无法生成网格曲面，需在其中增加一个图素，如图3-15中所示的直线。

操作步骤：

01 在“曲面”选项卡的“创建”面板上单击“网格”按钮，启动网格曲面创建命令。

02 系统将打开“线框串连”对话框，用户需要依次选择轨迹线和截面线。对于图3-15所示的图形，首先需要依次选择两条弧线，而不能先选择一条弧线后，接着选择直线，然后选择另一条弧线。如果不能创建曲面，系统将提示用户选择顺序错误。选择后，打开“平面修剪”对话框，如图3-16所示。

❖ 提示：

网格曲面要用一系列横向和纵向组成的网格状结构来创建曲面。

03 设置完成后，单击“确定”按钮，完成网格曲面的绘制。利用图3-15的图形生成的曲面如图3-17所示。

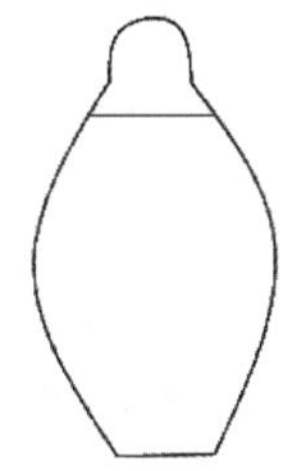

图 3-15　封闭结构实例

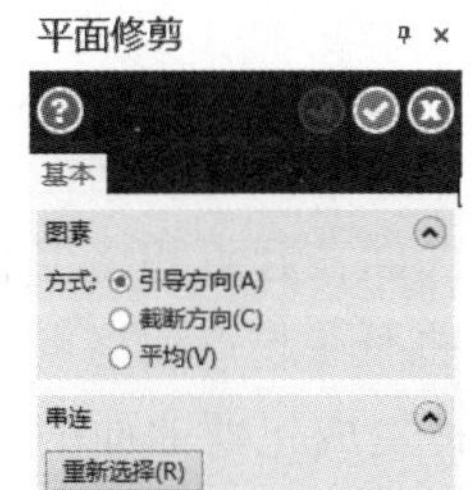

图 3-16　“平面修剪”对话框

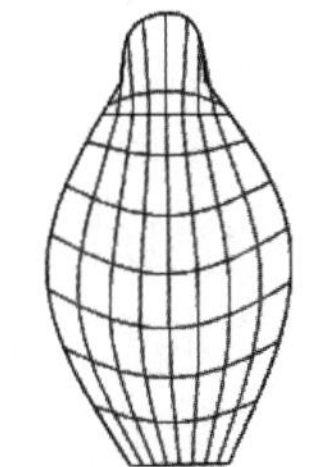

图 3-17　网格曲面实例

在“平面修剪”对话框中，可以选择曲面的Z向尺寸，Mastercam提供了3种方式：“引导方向”，和截面线Z向尺寸相同；“截断方向”，和轨迹线Z向尺寸相同；“平均”，前两者的平均值。

3.1.5 围栏曲面

围栏曲面是利用已有曲面上的图素绘制出来的一段曲面。因为它和已有曲面在交线处相互垂直，所以有时看起来像要将曲面包围在内，故称它为围篱(围栏)曲面，也称为包罗曲面。图3-18所示是在扫掠曲面和网格曲面基础上生成的围栏曲面。

下面以网格曲面为基础，介绍如何绘制围栏曲面。首先在XY平面上绘制如图3-19所示的网格曲面。

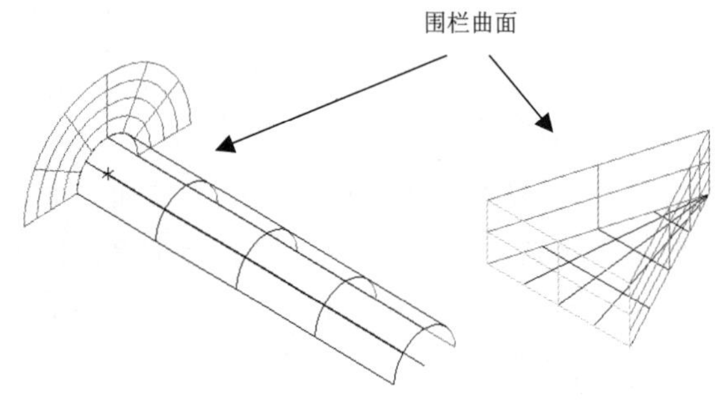

图 3-18 围栏曲面实例

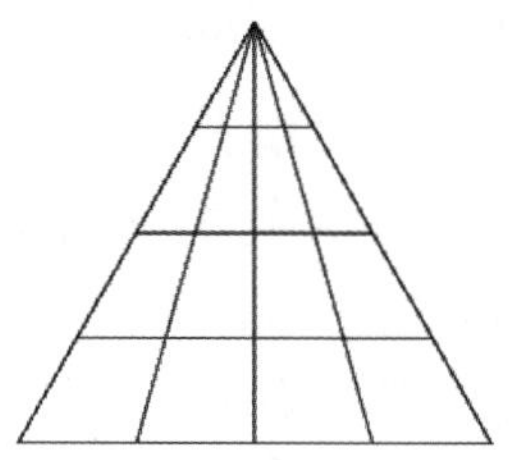

图 3-19 网格曲面

操作步骤：

01 在“曲面”选项卡的“创建”面板上单击“围篱”按钮，启动围栏曲面创建命令。

02 系统首先提示用户选择基础曲面。选择并确定后，打开“线框串连”对话框，选择曲面上的图素作为围栏面的交线。依次选择网格曲面的3条边。

03 选择后确定。打开“围篱曲面”对话框，如图3-20所示。根据需要，可利用“方向”选项选择交线的方向，以区分起点和终点。按顺时针方向指定起点和终点。

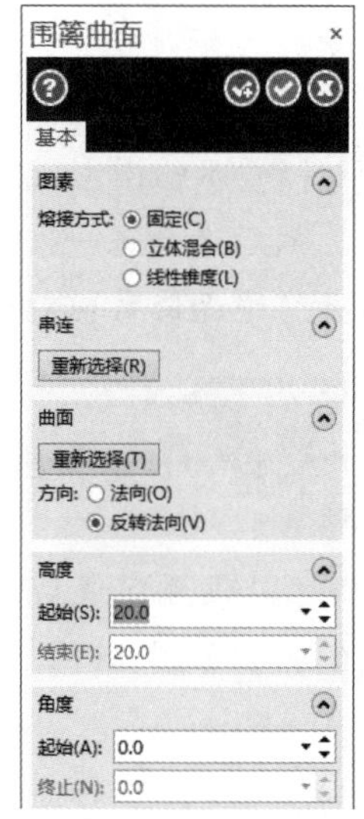

图 3-20 “围篱曲面”对话框

“围篱曲面”对话框中各个选项的功能如下。

- “串连”选项，选择交线。
- “曲面”选项，选择曲面。
- “方向”选项，可改变生成包罗曲面的方向。
- “高度”选项，可分别指定曲面在起点和终点的高度。
- “角度”选项，可分别指定曲面在起点和终点的角度值。
- “熔接方式”选项提供了3种生成包罗曲面的方法：“固定”，所有扫描线的高度和角度方向均一致，以起点数据为准；“立体混合”，根据一种立方体的混合方式生成；“线性锥度”，扫描线的高度和角度方向呈线性变化。图3-21所示的是利用这3种方式生成的不同曲面。

04 设置完成后，单击“确定”按钮，完成围栏曲面的绘制。

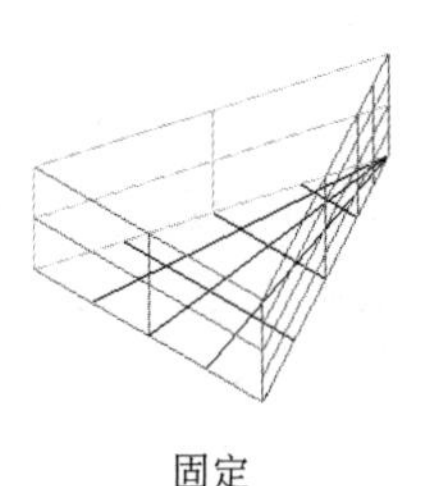

固定

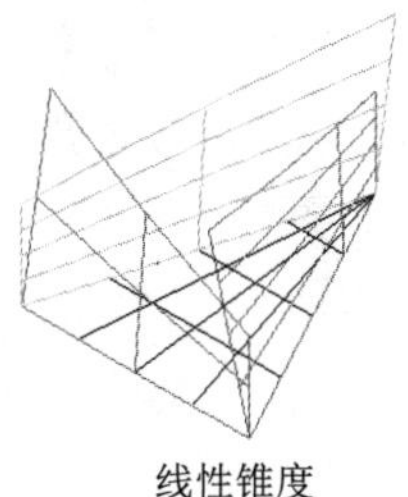

线性锥度

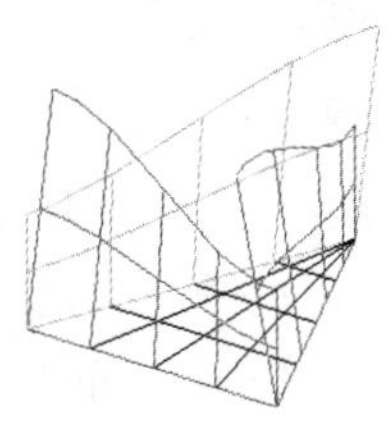

立体混合

参数均为：起点高度 10
终点高度 20
起点角度 0
终点角度 10

图 3-21　围栏曲面 3 种生成方式的实例

3.1.6　拔模曲面

拔模曲面指利用一条直线沿某轨迹运动所形成的曲面。从概念上看，拔模曲面与扫掠曲面有些相似，但二者有些不同，且分别适用于不同的场合。扫掠曲面的截面线可以是任意的图素，如圆、矩形等，而拔模曲面的扫描线不是一段已经绘制好的图素，而只能是一段不可见的直线。

在生成拔模曲面之前，首先需要绘制好牵引线，即轨迹线。下面以一个XY平面中的如图3-22所示的矩形为例。注意矩形需要倒圆角，否则在进行牵引时，可能无法得到连贯的曲面。

操作步骤：

01 在“曲面”选项卡的“创建”面板上单击“拔模”按钮，启动拔模曲面命令。

02 系统将打开一个对话框，提示用户选择直线、圆弧或样条曲线。

03 选择后确定。系统打开如图3-23所示的“曲面拔模”对话框，在其中设置拔模曲面的参数。设置长度为20，角度为10。

04 设置完成后，单击“确定”按钮，系统将生成如图3-24所示的拔模曲面。

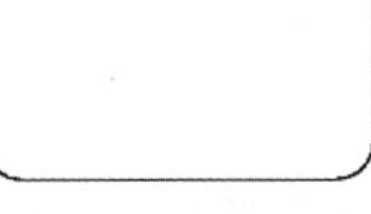

图 3-22　矩形牵引线

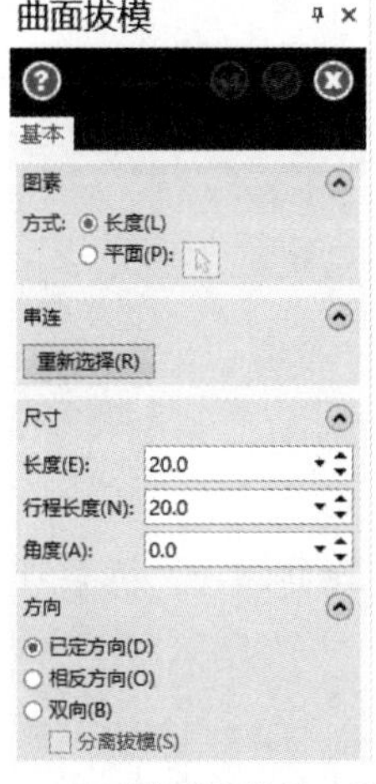

图 3-23　“曲面拔模”对话框

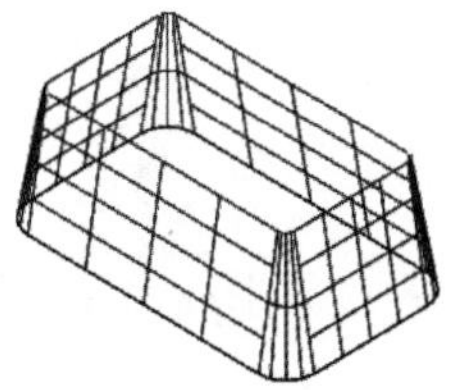

图 3-24　拔模曲面实例

3.1.7 拉伸曲面

拉伸曲面指利用一条基本封闭的线框沿与之垂直的轴线移动而生成的曲面。注意：可以进行拉伸的线框必须是封闭的，如果是未封闭的圆弧，系统会提示并自动帮助用户进行封闭处理。使用拉伸曲面命令，将生成多个曲面，组成封闭的图形。图3-25所示的是由XY平面内的一条圆弧生成的拉伸曲面，它一共生成了4个曲面，分别是两个顶面、一个圆弧面和一个平面。

在XY平面绘制好一段封闭线框，如图3-26所示。

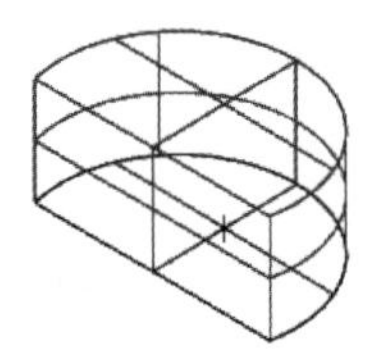

图 3-25　拉伸曲面实例

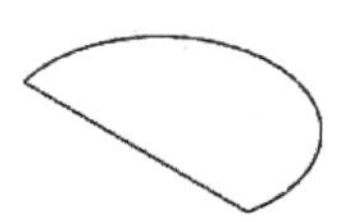

图 3-26　封闭线框

操作步骤：

01 在“曲面”选项卡的“创建”面板上单击“拉伸”按钮，启动拉伸曲面命令。

02 系统打开“线框串连”对话框，提示用户选择封闭的线框。

03 设置并确定后，系统打开如图3-27所示的“拉伸曲面”对话框，在其中设置拉伸参数。对于该对话框中各种参数的描述如图3-28所示。

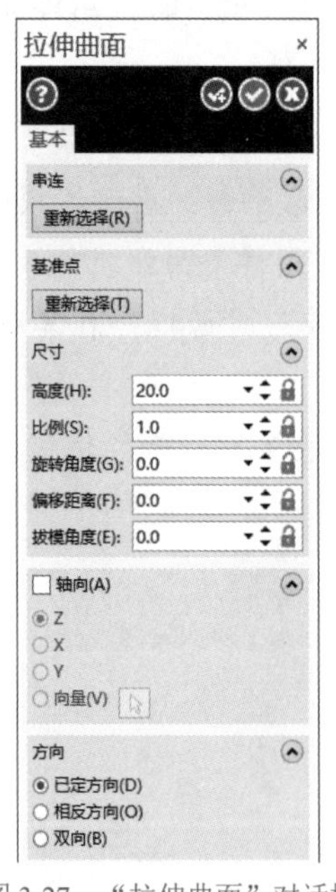

图 3-27　“拉伸曲面”对话框

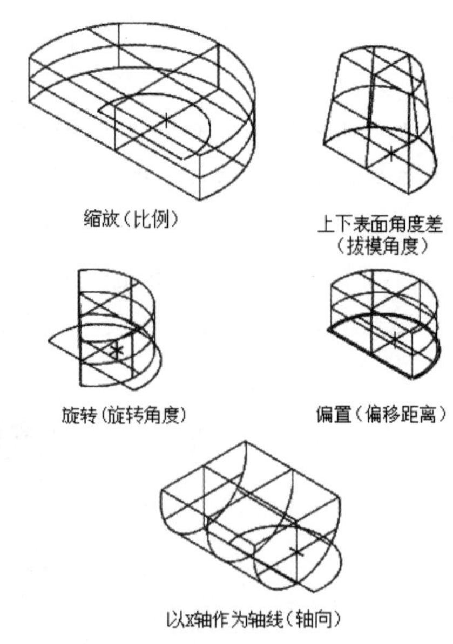

图 3-28　设置拉伸曲面参数后的效果

04 设置完成后，单击“确定”按钮，完成拉伸曲面的创建。

3.1.8 平坦边界曲面

平坦边界曲面指利用边界线围成的平坦曲面，适用于生成中间有“缺陷”的平面，如

图3-29所示。

要生成如图3-29所示的曲面，首先需要绘制好如图3-30所示的平面图形。

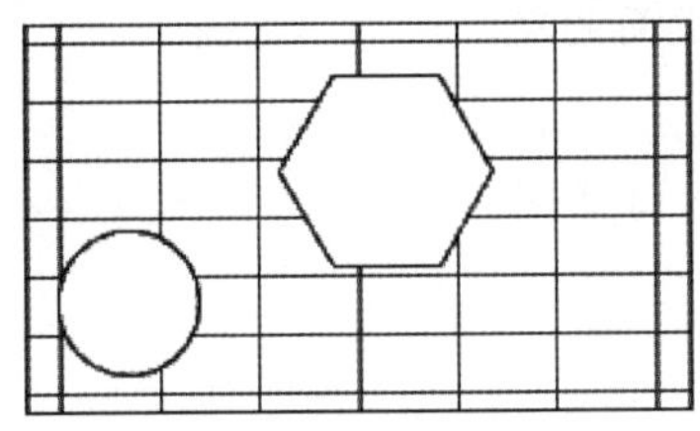
图 3-29　平坦边界曲面

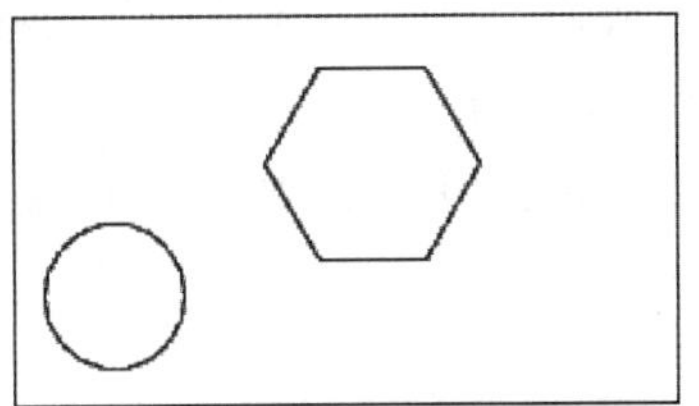
图 3-30　边界线框

操作步骤：

01 在“曲面”选项卡的“创建”面板上单击“平面修剪”按钮，启动平坦边界曲面创建命令。

02 系统打开“线框串连”对话框，选择平面的边界线。

03 选择后确定。此时打开“恢复到边界”对话框，如图3-31所示。

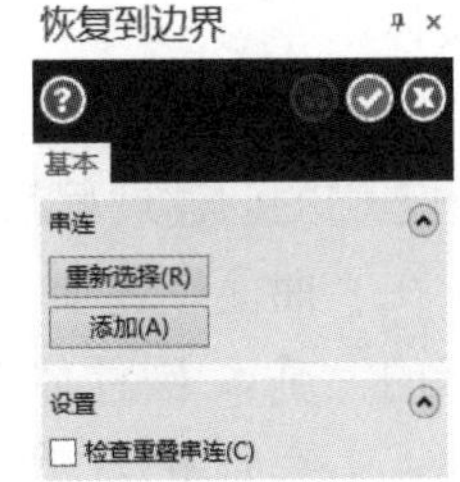

图 3-31　“恢复到边界”对话框

在该对话框中，单击 重新选取(R) 按钮，重新选择边界线框；单击 添加(A) 按钮，选择新增的边界；可设定检查有重叠的边界线。

04 本例直接确定即可得到如图3-29所示的曲面。

3.1.9　由实体生成曲面

Mastercam 可以通过提取实体表面来得到需要的曲面。通过实体造型的方式来获得曲面，也是广大工程技术人员常用的一种曲面造型方式。由于Mastercam的实体造型功能十分完善，有时使用这种方法反而更加简单。例如，当需要绘制一个正六面体的3个面时，首先通过实体造型生成所需的六面体，然后通过实体可以轻易获得曲面。首先创建一个六面体，如图3-32所示，创建的方式将在后面加以介绍。

操作步骤：

01 在“曲面”选项卡的“创建”面板上单击“由实体生成曲面”按钮，启动由实体生成曲面创建命令。

02 系统将提示用户选择所需的实体表面。这里可以依次捕捉每个表面，也可以一次捕捉所有的实体表面，区别如图3-33所示。捕捉后，系统即可自动生成所需的曲面。

图 3-32　六面体

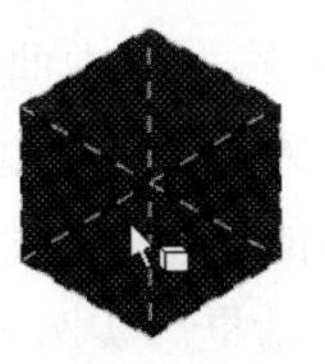
一次捕捉所有表面

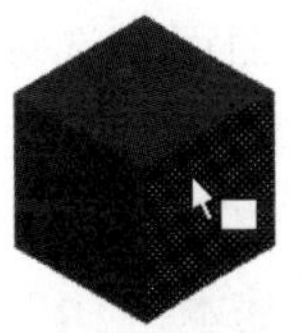
依次捕捉每个表面

图 3-33　捕捉方式

激活着色后，由曲面组成的“六面体”和六面体实体看上去似乎没有区别，但当取消着色后，六面体实体只有线框线，而由曲面组成的“六面体”的每个面上都有表示面的交线，如图3-34所示。

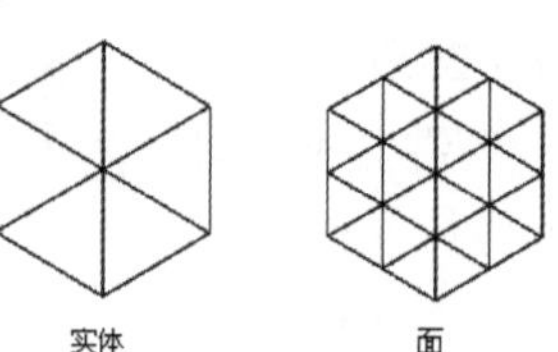

图 3-34　六面体实体和面的区别

03 设置完成后，单击“确定”按钮，完成曲面的创建。

3.1.10　创建基本曲面

Mastercam提供了直接生成一些常用曲面(如球面、圆柱面等)的命令。在生成这些曲面的同时，也可以选择生成相应的实体。

图 3-35　5 种基本曲面形状

Mastercam提供了5种基本的曲面形状，如图3-35所示。

它们的创建过程都很简单，下面逐一进行介绍。

在“曲面”选项卡的“基本曲面”面板上单击“圆柱”按钮，系统将打开如图3-36所示的“基本 圆柱体”对话框。在该对话框中可以将圆形母线更改为圆弧，并指定轴线方向。实例如图3-37所示。

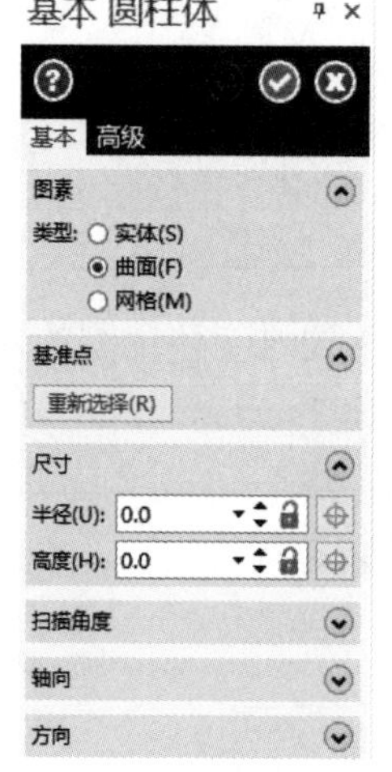

图 3-36　“基本 圆柱体”对话框

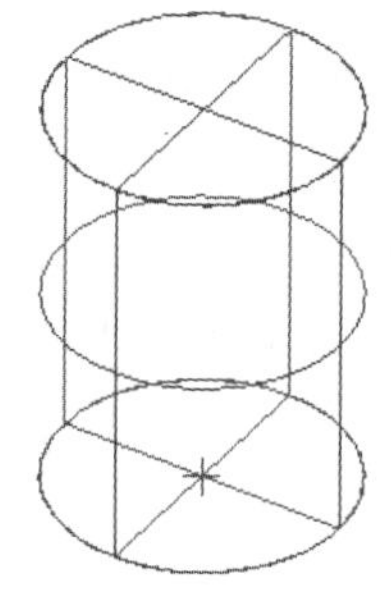
图 3-37　圆柱形曲面实例

在“曲面”选项卡的“基本曲面”面板上单击“锥体”按钮，系统将打开如图3-38所示的“基本 圆锥体”对话框。在该对话框中可以将圆形母线改为圆弧，并指定轴线方向。如果将顶部圆形的半径设置为0，将得到一个圆锥。实例如图3-39所示。

在“曲面”选项卡的“基本曲面”面板上单击“立方体”按钮，系统将打开如图3-40所示的“基本 立方体”对话框。实例如图3-41所示。

在“曲面”选项卡的“基本曲面”面板上单击“球体”按钮，系统将打开如图3-42所示的“基本 球体”对话框。实例如图3-43所示。

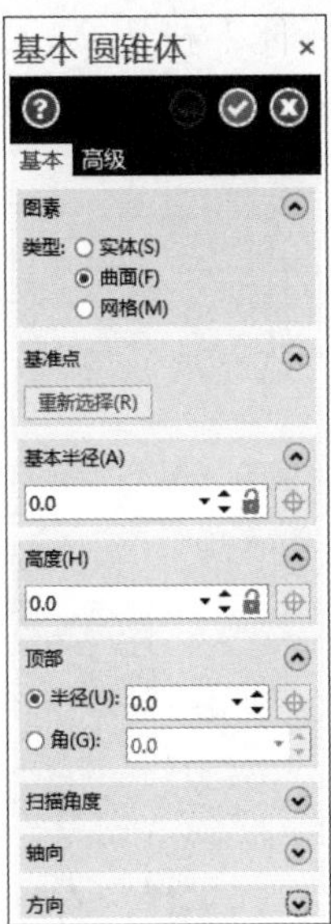

图 3-38　“基本 圆锥体”对话框

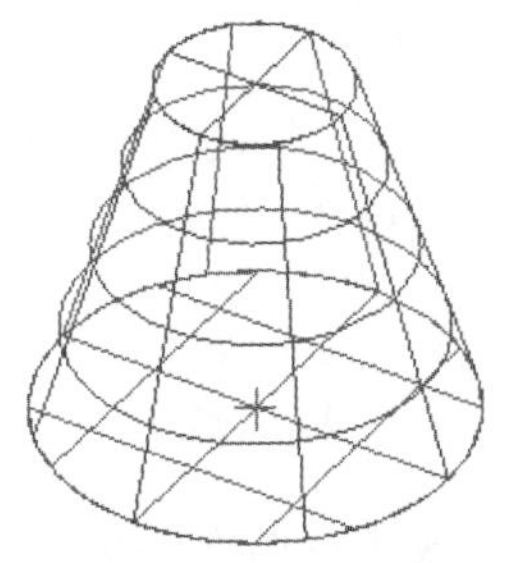

图 3-39　圆锥 / 圆台形曲面实例

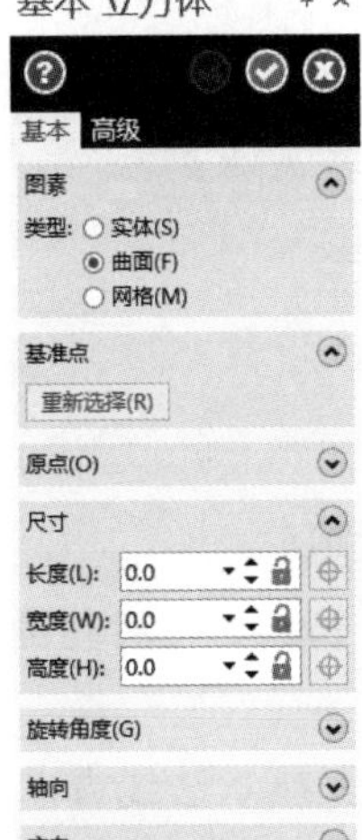

图 3-40　“基本 立方体”对话框

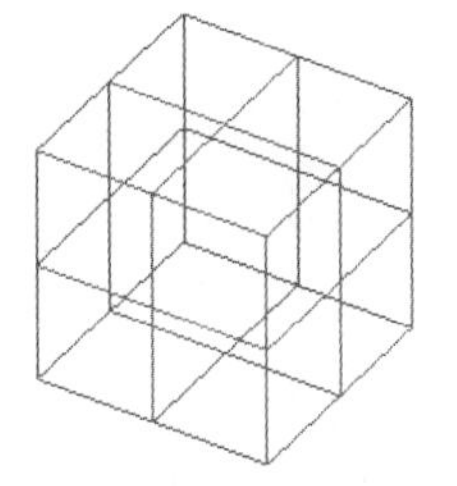

图 3-41　立方体形曲面实例

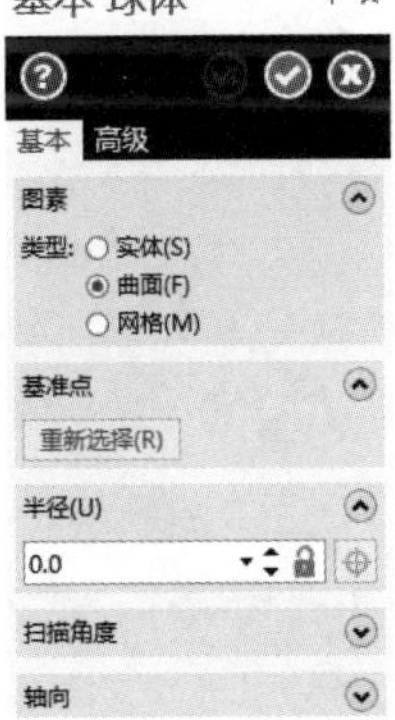

图 3-42　“基本 球体”对话框

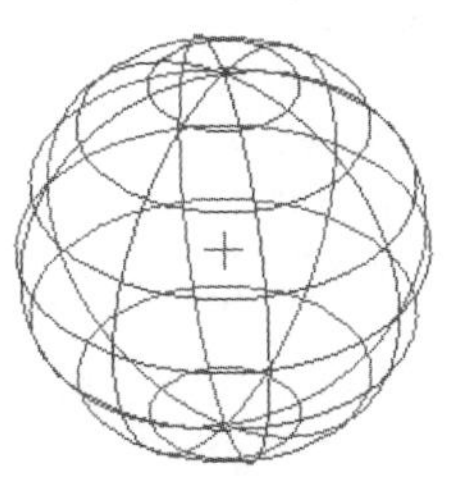

图 3-43　球形曲面实例

在“曲面”选项卡的“基本曲面”面板上单击“圆环体”按钮，系统将打开如图3-44所示的“基本 圆环体”对话框。实例如图3-45所示。

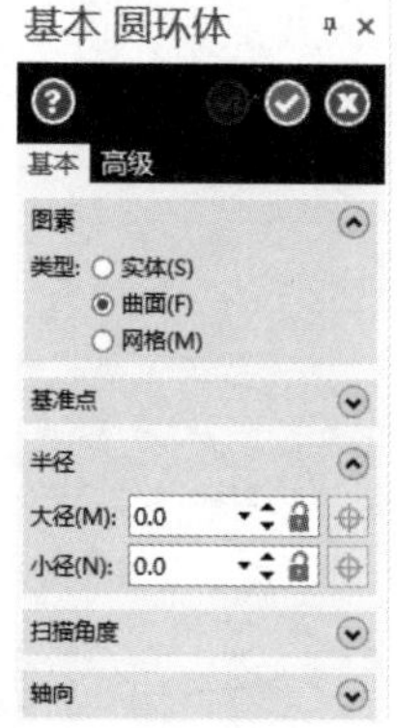

图 3-44　“基本 圆环体”对话框

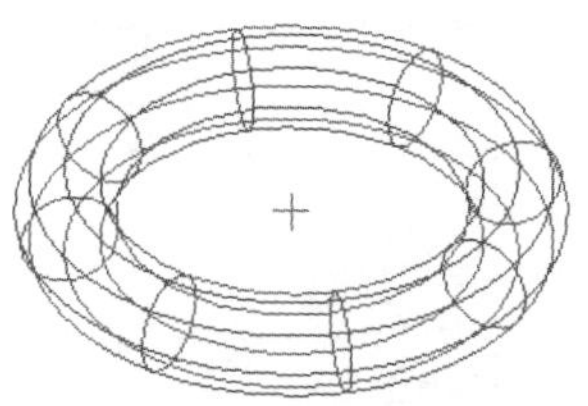

图 3-45　圆环形曲面实例

至此，完成所有曲面生成方法的介绍。曲面的生成方法灵活多样，有时相同的曲面可以用不同的方法来实现，读者需要在实践过程中不断练习，才能找到绘制所需曲面的最简单、最快捷的方法。

3.2　曲面的编辑

3.2.1　编辑曲面法向

1. 设置法线方向

该命令可用来设置曲面的法线方向，但不能改变曲面的图形。

在“曲面”选项卡的“法向”面板上单击“设置法向”按钮，启动设置法线方向命令。此时打开“设置法向”对话框，如图3-46所示。

系统提示用户选择需要进行操作的曲面。系统在曲面上显示法线方向，如图3-47所示。在“设置法向”对话框中选择“方向”选项，可对法线方向进行修改；选择“设置”选项，可显示或隐藏法线。单击“确定”按钮完成操作。

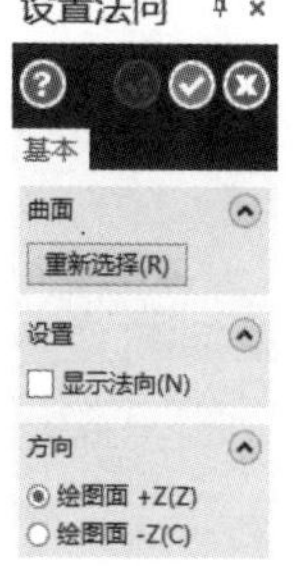

图 3-46　“设置法向”对话框

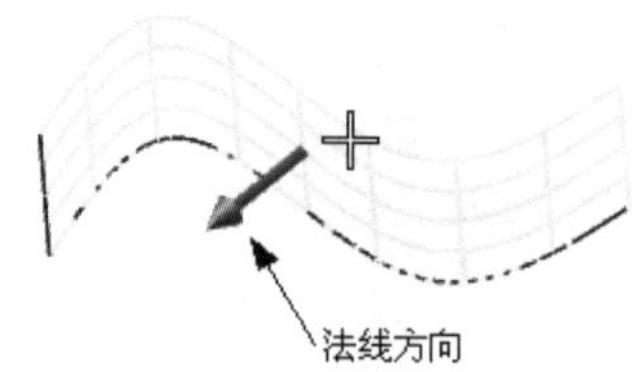

图 3-47　系统显示法线方向

2. 修改法线方向

修改法线方向命令和设置法线方向命令类似。不同点在于设置法线方向命令可以一次对多个曲面进行设置，而修改法线方向命令一次只能对一个曲面进行操作。但使用修改法线方向命令可以在曲面上动态拖动法线，方便观察。

在“曲面”选项卡的“法向”面板上单击“更改法向”按钮，可启动修改法线方向命令。

3.2.2 曲面偏置

曲面偏置指将曲面沿法线方向移动一段指定的距离。

操作步骤：

01 在“曲面”选项卡的“创建”面板上单击“补正”按钮，启动曲面偏置命令。

02 系统提示用户选择需要进行偏置处理的曲面，选择后确定。

03 此时打开“曲面补正”对话框，如图3-48所示。

当同时对多个曲面进行偏置时，单击“单一切换”按钮，系统将显示所生成的偏置曲面的法线，选择其中的一个曲面，通过单击该曲面来改变偏置方向。每次单击“循环/下一个”按钮时，将依次选择生成的曲面，同时激活按钮，单击该按钮可以改变偏置的方向。在“补正距离”下面的文本框中可以输入偏置距离。选中“复制”或“移动”单选按钮将保留或取消原曲面。在“电脑分析”选项中可以计算出图形的最大正、负向偏移值。

04 设置完成后，单击“确定”按钮，完成曲面偏置操作。实例如图3-49所示。

图 3-48 “曲面补正”对话框

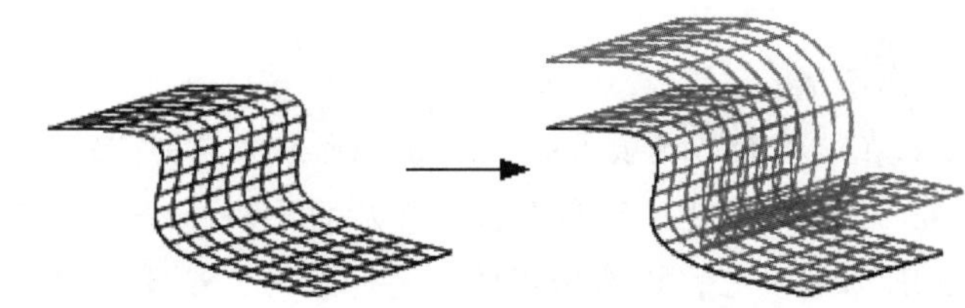
图 3-49 曲面偏置实例

3.2.3 曲面断裂

曲面断裂指在指定位置将原有的曲面断裂成两个曲面，类似于二维图形中的打断命令。

操作步骤：

01 在“曲面”选项卡的“修剪”面板上单击“分割曲面”按钮，启动曲面断裂命令。

02 系统将提示用户选择需要进行断裂处理的曲面，然后提示用户选择断裂点，选择后确定，即可将曲面打断。

03 此时打开“分割曲面”对话框，如图3-50所示。

选中U或V单选按钮可以选择断裂方向。选中“使用当前”单选按钮，新生成的曲面将符合系统设定的曲面图素的特性。选中“使用原始”单选按钮，新生成的曲面将与原有曲面保持相同的特性。

04 设置完成后，单击“确定”按钮，完成曲面断裂操作。实例如图3-51所示。

图 3-50 “分割曲面”对话框

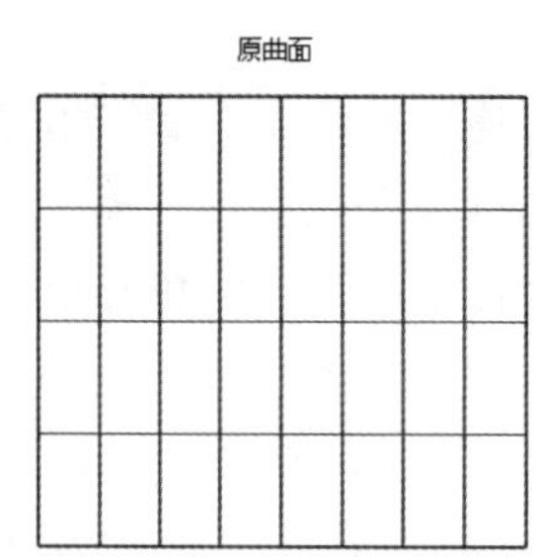

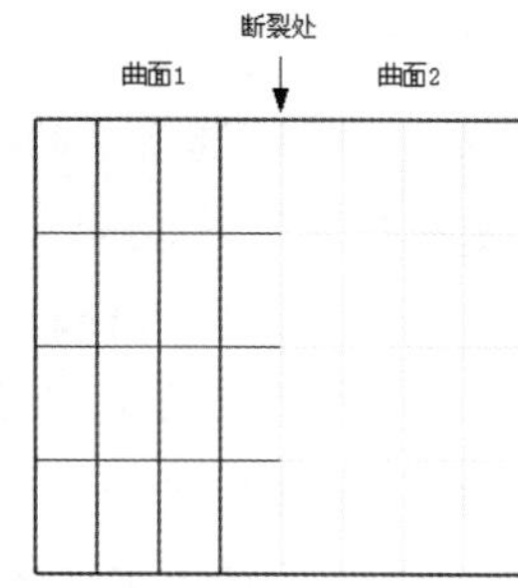

图 3-51 曲面断裂实例

3.2.4 曲面延伸

通过曲面延伸命令可以将曲面延长指定长度，或延长到指定曲面，如图3-52和图3-53所示。

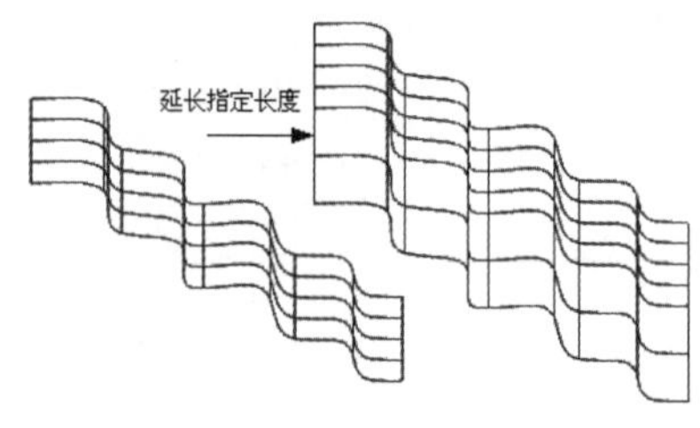

图 3-52 将曲面延长指定长度

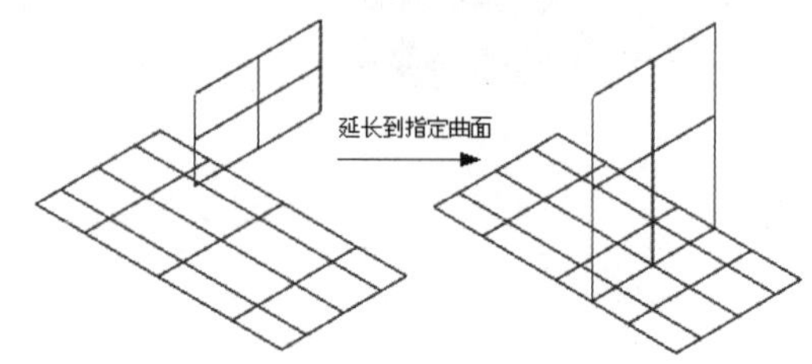

图 3-53 将曲面延长到指定曲面

操作步骤：

01 在“曲面”选项卡的“修剪”面板上单击“延伸”按钮。

02 选择需要延伸的曲面，选择后将出现一个带箭头的线，如图3-54所示，用户可以利用鼠标来移动它，以选择不同的延伸方向，选择后确定。

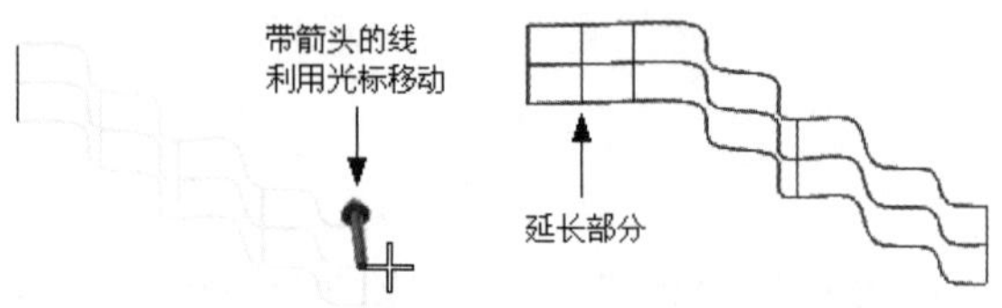

图 3-54 选择曲面和延伸方向

03 此时打开“曲面延伸”对话框，如图3-55所示。

“曲面延伸”对话框中的各选项功能如下。

- 选中“线性”单选按钮，生成的延伸面是线性延长的。
- 选中“到非线”单选按钮，生成的延伸面是按照原曲面的曲率变化的。
- 选中“到平面”单选按钮，表示要将曲面延伸到指定的曲面，此时系统会打开如图3-56所示的“选择平面”对话框，用于指定目标曲面。

图 3-55 “曲面延伸”对话框

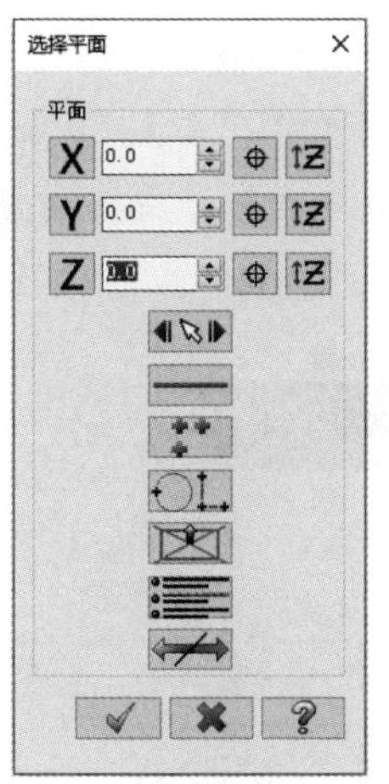

图 3-56 “选择平面”对话框

- 选中“依照距离”单选按钮，表示将曲面延长指定的长度，可在右侧的文本框中指定这一长度。
- 选中“保留原始曲面”复选框，可以设置在创建新曲面之后保留原有曲面。

04 设置完成后，单击“确定”按钮，完成曲面延伸操作。

3.2.5 曲面倒圆角

通过曲面倒圆角命令可以在两组曲面之间进行圆弧过渡，该命令一共包含3种操作，分别可以在曲面和曲面、曲面和曲线以及曲面和平面之间倒圆角。首先介绍最常用的曲面和曲面倒圆角。

1. 曲面和曲面倒圆角

在介绍具体操作之前，首先需要创建如图3-57所示的相交曲面。

这里使用创建扫掠曲面的方法创建该组曲面。首先，分别在XZ平面和YZ平面绘制好如图3-58所示的图素，然后使用生成扫掠曲面的方法，选择截面线和轨迹线，即可分别生成两个曲面。

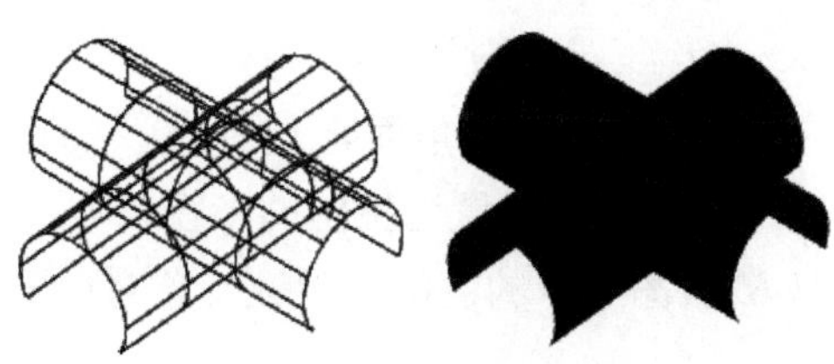

图 3-57 相交曲面

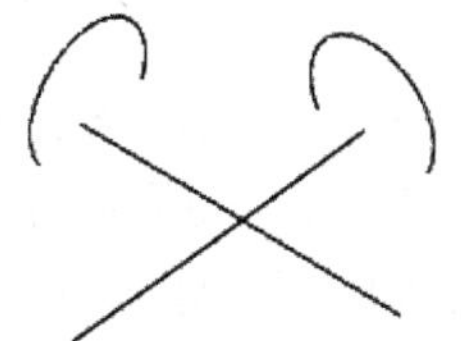

图 3-58 绘制的截面线和轨迹线

从图3-57中不难看出，两个曲面相交处并未做任何处理，低一些的曲面直接“穿过”另一个曲面。下面将进行倒圆角处理。

操作步骤：

01 在“曲面”选项卡的“修剪”面板上单击“圆角到曲面”按钮，启动曲面和曲面倒圆角命令。

02 系统将提示用户分别选择两个需要倒圆角的曲面，选择后确定。

03 系统打开如图3-59所示的“曲面圆角到曲面”对话框。

在该对话框中，单击 修改(I) 按钮，系统将在图中显示两个箭头，代表倒圆角所形成面的法线方向。单击箭头将改变箭头的方向，如图3-60所示。改变法线方向将会改变生成的倒圆角面，图3-60对应的倒圆角效果如图3-61所示。

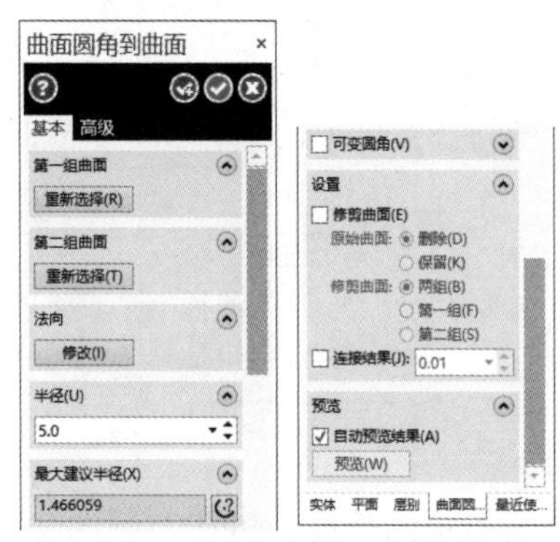

图 3-59 “曲面圆角到曲面”对话框

图 3-60 倒圆角法线方向的选择

单击“高级”选项卡中的“设置”按钮，打开如图3-62所示的“高级”选项卡和“设置”选项列表，用于设置倒圆角时的一些参数。

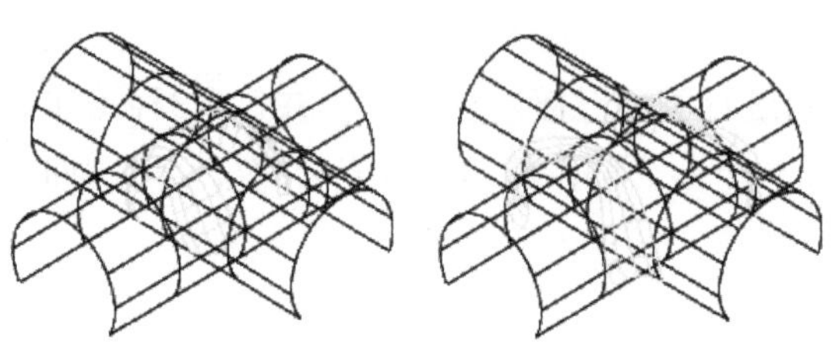

图 3-61 不同法线方向的倒圆角效果

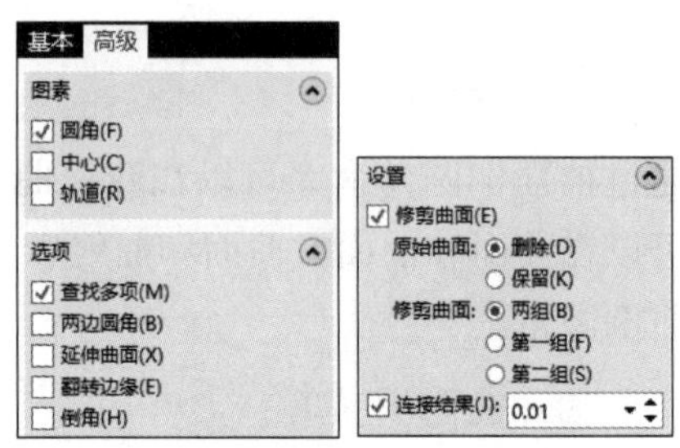

图 3-62 设置倒圆角时的参数

在“基本”选项卡的“半径”下面的文本框中，可以输入圆角的半径。默认情况下倒圆角面上任意一点的半径均为该值。用户也可以改变这个值，选中如图3-59所示对话框中的“可变圆角”复选框，该对话框将出现如图3-63所示的扩展部分，用于改变倒圆角半径。

单击“动态”按钮，系统将提示用户通过中心线选择倒圆角面，选择后，出现如图3-64所示的箭头线，使用鼠标选择标记点，并将标记点半径设置为指定的半径。

选中“修剪曲面”复选框，系统将按照如图3-62右图所示的倒圆角参数设置对曲面进行修剪。实例如图3-65所示，一个曲面被修剪掉。

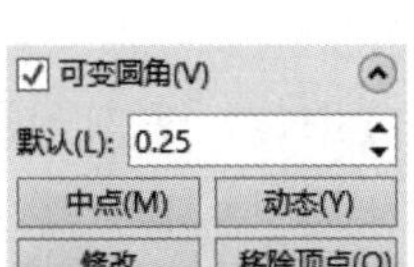

图 3-63　用于改变倒圆角半径的选项

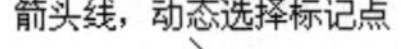

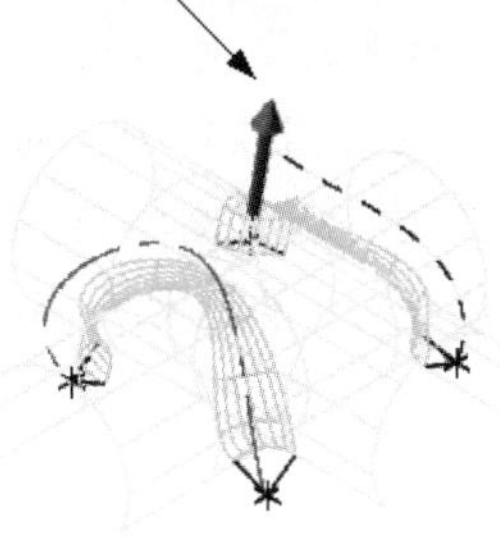

图 3-64　选择标记点

图 3-65　修剪曲面实例

04 设置完成后，单击“确定”按钮，完成曲面和曲面倒圆角操作。

2. 曲面和曲线倒圆角

实例如图3-66所示。

首先绘制如图3-67所示的曲面和曲线。

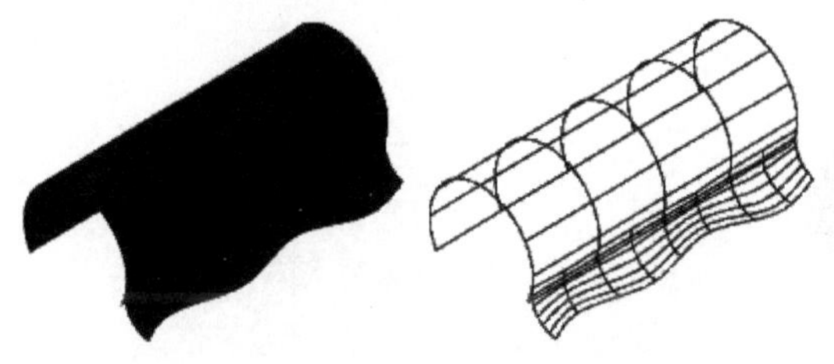

图 3-66　曲面和曲线倒圆角实例

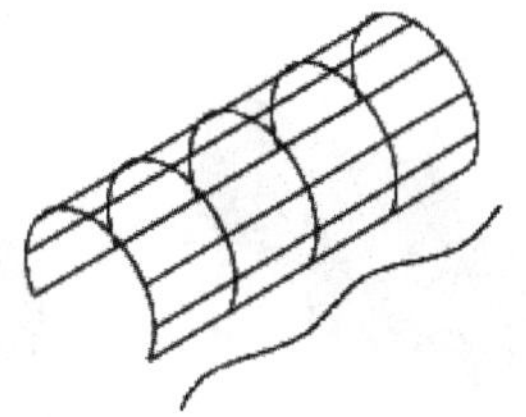

图 3-67　绘制的曲面和曲线

操作步骤：

01 在“曲面”选项卡的“修剪”面板上，单击“圆角到曲面”下拉菜单中的“圆角到曲线”按钮，启动曲面和曲线倒圆角命令。

02 系统将提示用户分别选择需要倒圆角的曲面和曲线，选择后确定。

03 系统打开“曲面圆角到曲线”对话框，该对话框与图3-59所示的“曲面圆角到曲面”对话框基本相同，其中的各个命令和参数的含义也是一致的，用户可参照前面介绍的方法进行操作。

04 设置完成后，单击“确定”按钮，完成曲面和曲线倒圆角操作，实例如图3-66所示。

3. 曲面和平面倒圆角

平面是曲面的一种特例，在它们之间倒圆角与在曲面和曲面之间倒圆角略有不同。实例如图3-68所示。

首先绘制如图3-68所示的曲面和平面。

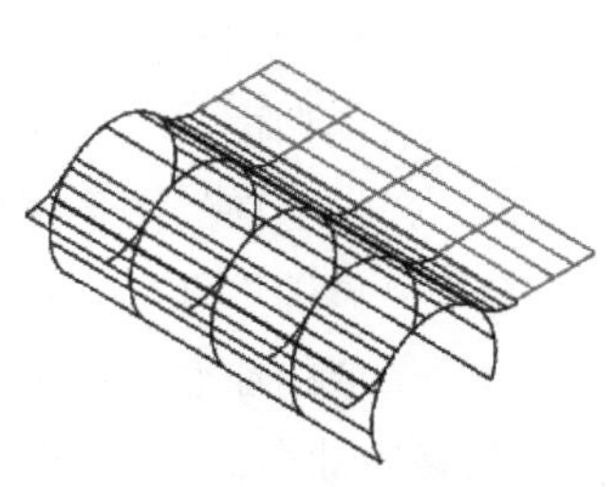

图 3-68　曲面和平面倒圆角实例

操作步骤：

01 在“曲面”选项卡的“修剪”面板上，单击“圆角到曲面”下拉菜单中的“圆角到平面”按钮，启动曲面和平面倒圆角命令。

02 系统首先提示用户分别选择需要倒圆角的曲面，选择后确定。

03 系统打开如图3-56所示的“选择平面”对话框，提示用户选择平面。选择后，打开“曲面圆角到平面”对话框，该对话框与图3-59所示的“曲面圆角到曲面”对话框基本相同，设置参数并确定后，即可在它们之间生成倒圆角。

04 设置完成后，单击“确定”按钮，完成曲面和平面倒圆角操作，实例如图3-68所示。

3.2.6 曲面修剪

曲面修剪命令是一个常用命令，利用它可以将已有曲面沿选定边界进行修剪。该边界可以是曲面、曲线或平面。

1. 修剪到曲面

首先介绍修剪到曲面命令。图3-69所示为两个相交曲面的修剪效果。

创建如图3-70所示的两个曲面，让半圆柱面从一个球面中穿过。球面半径大于半圆柱面半径。

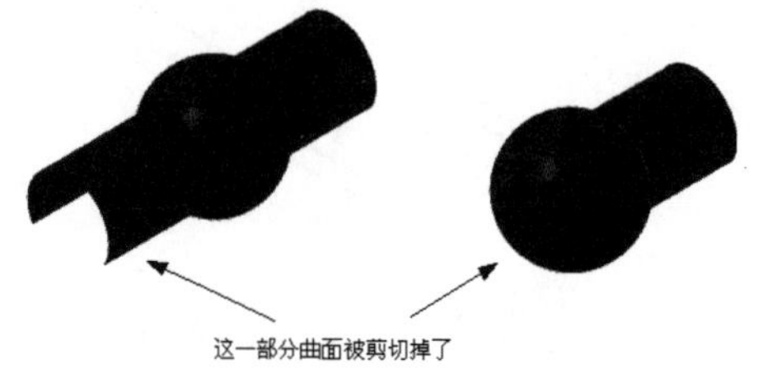

图 3-69 修剪到曲面效果

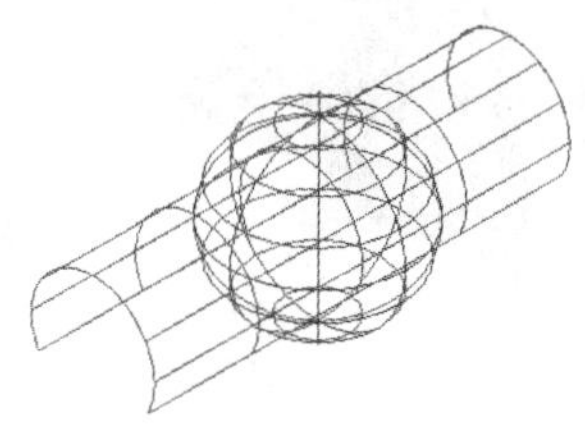
图 3-70 修剪前创建的曲面

操作步骤：

01 在“曲面”选项卡的“修剪”面板上，单击“修剪到曲线”下拉菜单中的“修剪到曲面”按钮，启动修剪到曲面命令。

02 系统提示用户依次选择需要进行修剪的两个曲面。曲面的选择没有顺序要求，但需要了解选择的先后顺序。在本例中首先选择的是球面。

03 确定后，打开“修剪到曲面”对话框，如图3-71所示。

该对话框中部分选项的功能分别如下。

- “设置”选项：“保留原始曲面”，将保留原曲面；“保留多个区域”，将原有的曲面删除，只保留剪切后的曲面；“使用当前属性”，新生成的修剪曲面将采用当前的图形属性，默认为采用原有曲面的属性。
- “修剪”选项：分别表示同时对两个曲面、对第一个选取的曲面和对第二个选取的曲面进行修剪。

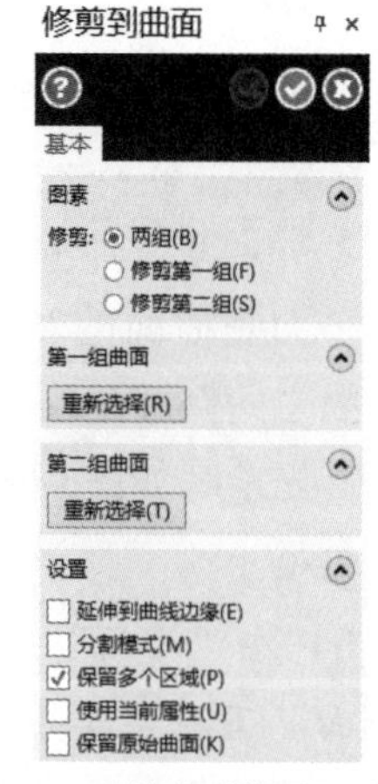

图 3-71 “修剪到曲面”对话框

在修剪曲面时，被修剪曲面剩余的部分必须要形成一个完整的“边界”，才能生成一个新的曲面。在本例中，由于半圆柱面的半径小于球面半径，因此半圆柱面是从球面中穿过的，这时系统无法相对于半圆柱面对球面进行修剪，因为它无法形成封闭的边界，如图3-72所示。如果依然要对球面进行剪切，系统将打开错误提示对话框，如图3-73所示。因此在本例中只能对第二选择曲面——半圆柱面进行修剪。

图 3-72　无法修剪球面示意图

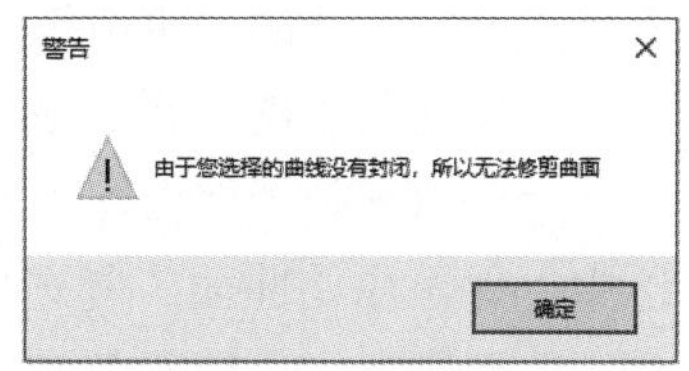

图 3-73　无法修剪时的错误提示

04 在该对话框中，选中“修剪第二组”单选按钮，然后单击半圆柱面，在该曲面上将会出现一个箭头线。移动鼠标指针，箭头线将会随着在曲面上移动。箭头线所在的位置是剪切后需要保留的一段曲面。如图3-74所示，取消着色后，可以看到半圆柱面被球面分成3段。

05 利用鼠标将箭头线移到需要保留的位置后单击“确定”按钮，系统将自动对曲面进行修剪，结果如图3-75所示。若保留第二段曲面，因其在球面内部，故只有在取消着色时才能看到。

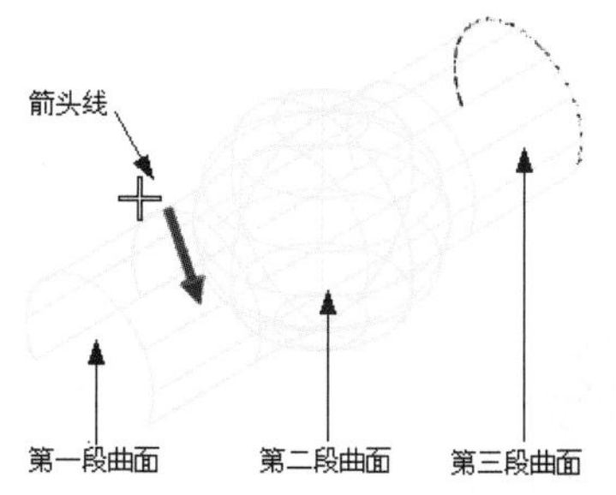

图 3-74　选择保留曲面

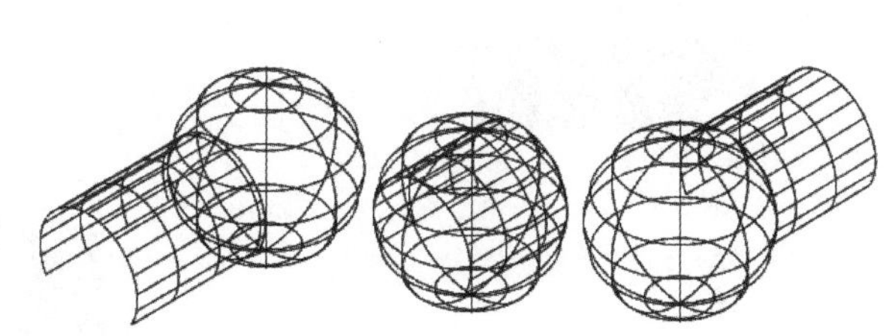
图 3-75　修剪结果

当半圆柱面变成一个完整的圆柱面时，即可对球面进行修剪，因为此时可以形成一个封闭边界，如图3-76所示。

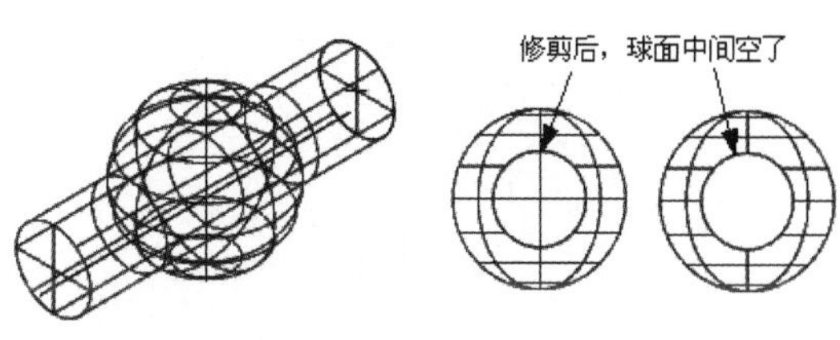

图 3-76　修剪球面

2. 修剪到曲线

下面介绍修剪到曲线命令。以如图3-77所示的图形为例进行介绍。在一个圆柱面的外部绘制一个圆，它们的位置关系如图3-77所示。

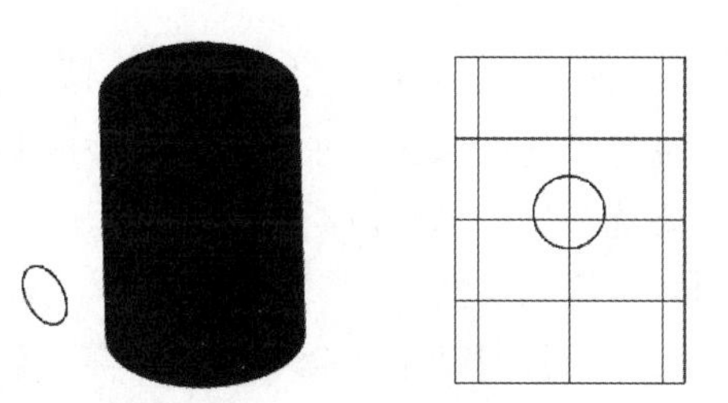
图 3-77　创建的圆柱面和圆

操作步骤：

01 在“曲面”选项卡的“修剪”面板上，单击“修剪到曲线”按钮⊕，系统启动修剪到曲线命令。

02 系统提示用户首先选择需要进行修剪的曲面。选择并确定后，打开“线框串连”选择框，进行曲线的选择。

03 选择曲面和曲线之后，打开“修剪到曲线”对话框，如图3-78所示。

该对话框中部分选项的功能分别如下。

- 单击“曲面”下的“重新选择”按钮，将重新进行曲面的选择。
- 单击“串连”下的“重新选择”按钮，将重新进行曲线的选择。修剪时，用户可以选择修剪后是否保留原曲面。
- 选中“保留原始曲面”复选框，将保留原曲面。选中“保留多个区域”复选框，将原曲面删除，只保留剪切后的曲面。
- 系统提供了两种选择保留曲面的方法，选中“绘图平面”单选按钮，系统将按照构图平面的法线方向将曲线投影到曲面上，这也是系统默认的方法；选中“法向”单选按钮，系统将按照修剪曲面的法线方向进行投影，在右侧的文本框中输入Mastercam寻找解决方案时的曲面之间允许的最大距离。

04 系统将提示用户选择曲面需要保留的部分，利用鼠标选中曲面后，在曲面上将出现一个箭头线。拖动鼠标，箭头线会随之移动，停留的地方即修剪后保留的地方，这一点同修剪到曲面相同。选择不同的保留面，图3-77的修剪结果将会出现如图3-79所示的不同情况。

05 选择后确定，即可完成修剪到曲线操作。

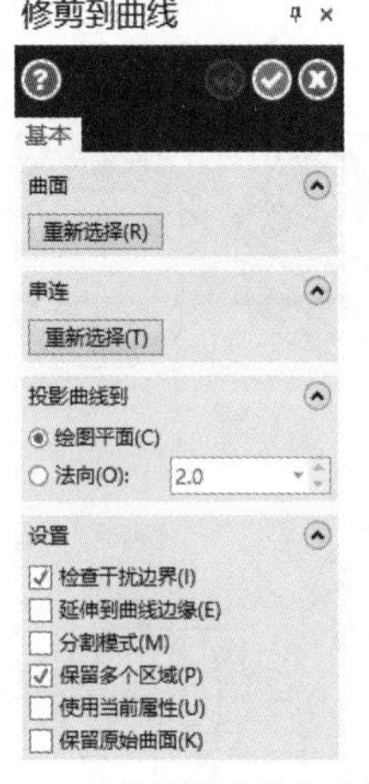

图 3-78 “修剪到曲线”对话框

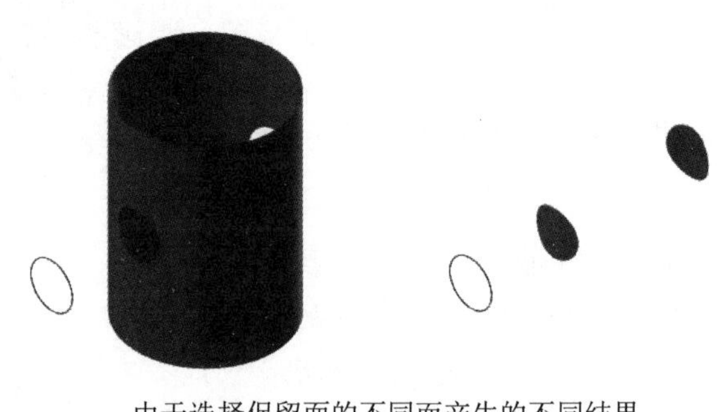

图 3-79 修剪到曲线的结果

3. 修剪到平面

最后是曲面修剪到平面命令。该平面可以是实际存在的，也可以是虚拟的。曲面被平面截成两段后，用户可以根据需要选择其中的一段。图3-80所示的是一个圆柱面被一个平面竖直修剪的例子。

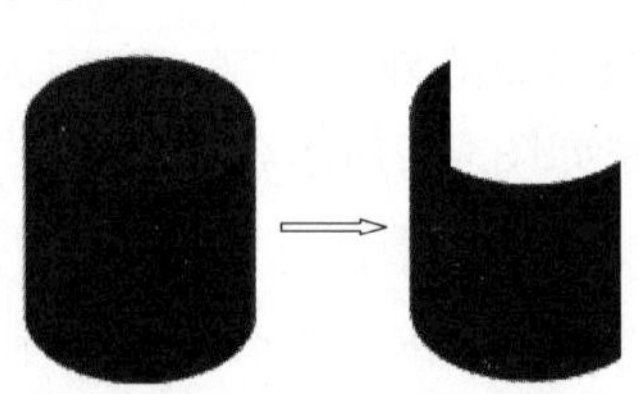

图 3-80 修剪到平面的实例

在介绍修剪到平面命令之前，需要创建一个如图3-80左图所示的圆柱面。

操作步骤：

01 在“曲面”选项卡的“修剪”面板上，单击“修剪到曲线”下拉菜单中的“修剪到平面”按钮，启动修剪到平面命令。

02 系统提示用户首先选择需要进行修剪的曲面。

03 选择并确定后，系统打开如图3-56所示的“选择平面”对话框，用户需要通过某种方式选择一个穿过圆柱面的平面，否则将无法进行修剪。用户还可通过单击按钮，选择保留平面哪一侧的曲面。

04 选择平面后，打开“修剪到平面”对话框，如图3-81所示。

该对话框中，各选项与前面介绍的修剪到曲面和曲线中的相应选项的含义基本相同。部分选项的功能分别如下。

- 单击“平面”下的“重新选择”按钮，可重新选择平面。
- 选中“删除未修剪的曲面”复选框，将被选择的一边曲面被保留，另一边的曲面将被删除。
- 选中“分割模式”复选框，两边的曲面都会被保留，曲面沿选定平面“断裂”成两截，如图3-82所示。

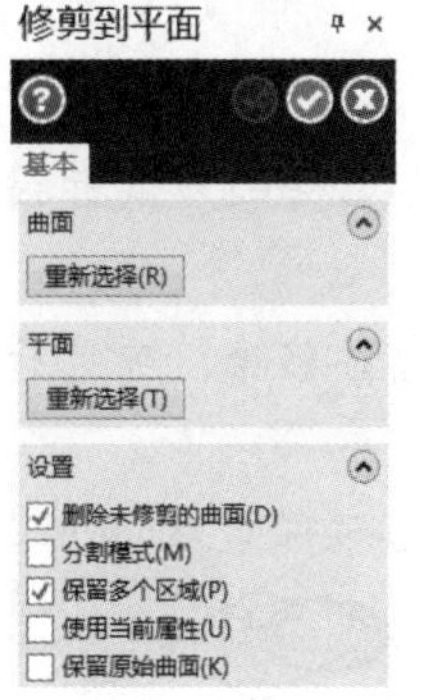

图 3-81　“修剪到平面”对话框

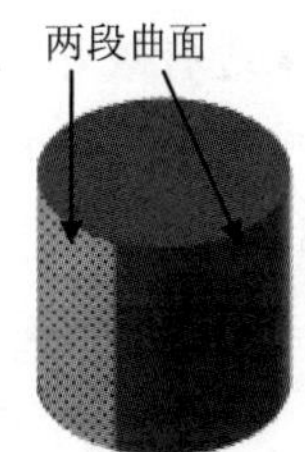

图 3-82　曲面被修剪成两部分

05 设置完成后，单击“确定”按钮即可完成修剪到平面操作。

3.2.7　曲面修剪后的处理

曲面在进行修剪后，Mastercam还提供了一些相应的命令来对这些曲面进行处理。

1. 恢复修剪曲面

操作步骤：

01 在对曲面进行修剪后，在“曲面”选项卡的“修剪”面板上，单击“恢复修剪”按钮，系统启动恢复修剪曲面命令。

02 系统将提示用户选择修剪过的曲面。

03 选择曲面并确定后，系统将曲面恢复到修剪前的状态，此时打开“恢复修剪”对话框，如图3-83所示。

04 设置后，单击“确定”按钮，完成恢复修剪曲面的操作。这里以图3-79修剪的结果为例，恢复后如图3-84所示。

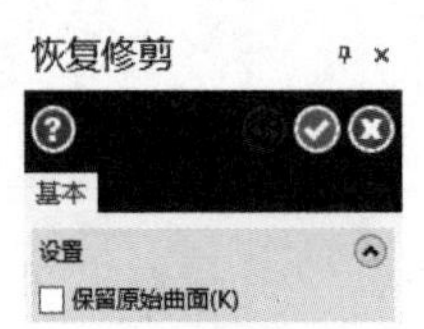

图 3-83 “恢复修剪”对话框

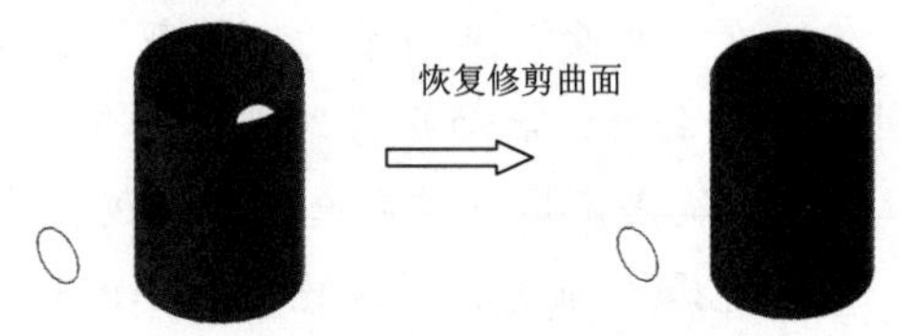

图 3-84 恢复修剪曲面实例

2. 移除边界

当曲面的边界被移除时，曲面将会沿着被移除的边界向外扩展，直到遇到新的边界。这里首先创建一个如图3-85所示的曲面，并在曲面中间修剪掉一部分，当然也可以利用前面介绍的平坦边界曲面的方法来创建该曲面。该曲面由矩形组成外边界，由圆组成内边界。

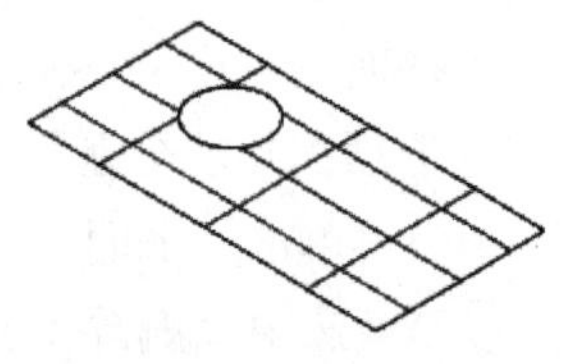

图 3-85 中间有孔的曲面

操作步骤：

01 在“曲面”选项卡的“修剪”面板上，单击“恢复修剪”下拉菜单中的“恢复到修剪边界”按钮，启动移除边界命令。

02 系统提示用户选择需要移除边界的曲面。

03 选择并确定之后，图形对象上将出现一个箭头线，它会随着鼠标指针的移动而移动，通过箭头线来进行边界的选择，如图3-86所示。

04 当选定内部圆时，曲面将覆盖该区域，并将这一边界移除，确定后，完成移除边界操作，如图3-87所示。

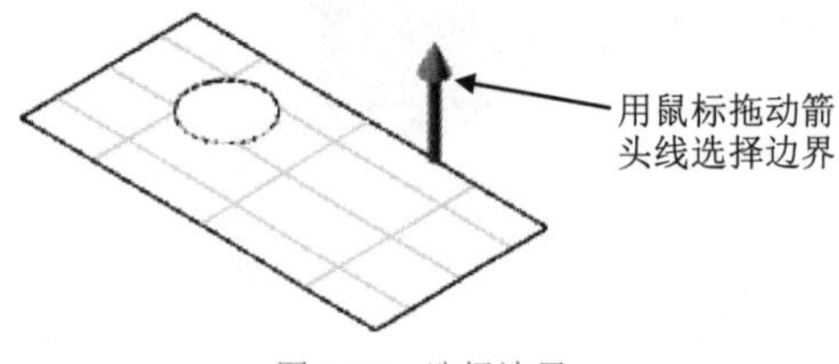

图 3-86 选择边界

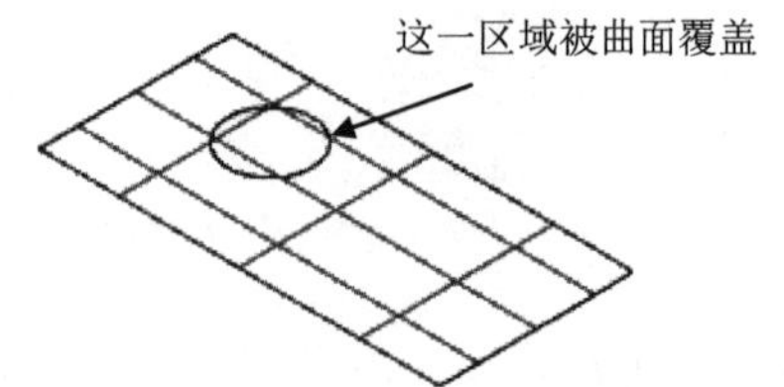

图 3-87 移除边界的曲面

如果一个曲面是通过修剪得到的，那么也可以通过该命令对其进行恢复。对图3-79中右边的图形进行恢复，如图3-88所示。可见，虽然图形已被修剪，可系统仍然“记住”了该图形的原有边界。

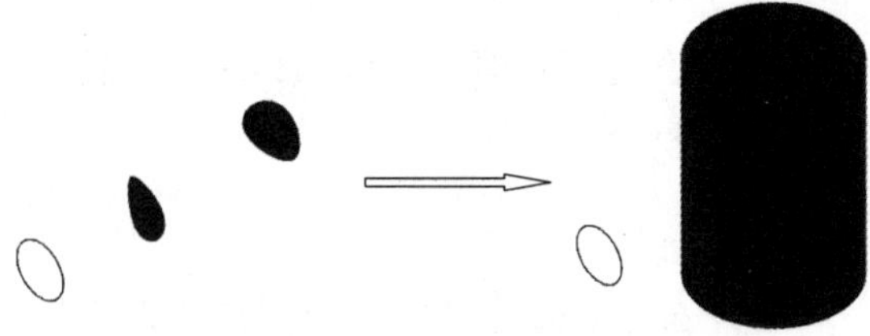

图 3-88 通过移除边界恢复被修剪曲面

3. 填充曲面上的孔

该命令执行的效果和移除边界的效果相同，只是执行后在孔处会生成一个新的曲面，而不是与周边曲面连成一体。该命令可通过在“曲面”选项卡的“修剪”面板上，单击“填补内孔”按钮来执行。

3.2.8　曲面熔接

曲面熔接指将两个或三个曲面通过一定的方式连接起来。曲面熔接和曲面倒圆角都是为了使曲面的连接更加平滑，但是曲面熔接命令更加灵活。Mastercam提供了3种熔接方式，分别为两面熔接、三面熔接和三圆角熔接。

1. 两面熔接

首先介绍两面熔接，实例如图3-89所示。

操作步骤：

01 在“曲面”选项卡的“修剪”面板上，单击“两曲面熔接”按钮，启动两面熔接命令。

02 系统打开如图3-90所示的“两曲面熔接”对话框，并提示用户依次选择两个需要熔接的面和熔接位置。每次选择完曲面后，系统会立即提示用户，通过一个箭头线选择熔接处的位置，如图3-91所示。由于可以将曲面看作“经线”和“纬线”相交构成，因此在每一点都有一条经线和纬线通过它。熔接方向的选择指的是选择以哪条线作为熔接交线。

03 用户选择完曲面和熔接处之后，可以通过如图3-92所示的示例来观察选择不同熔接交线的熔接效果。

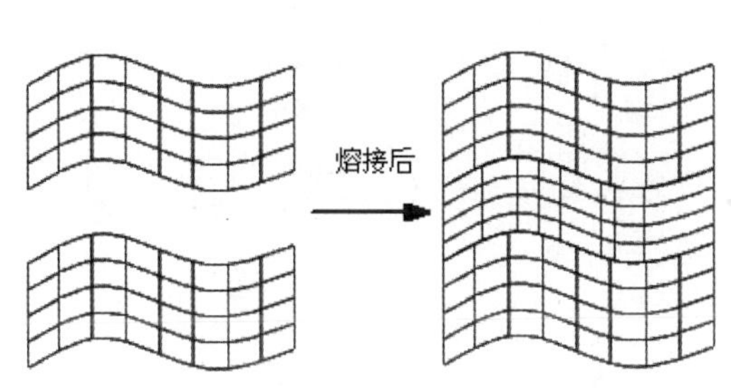

图 3-89　两面熔接实例

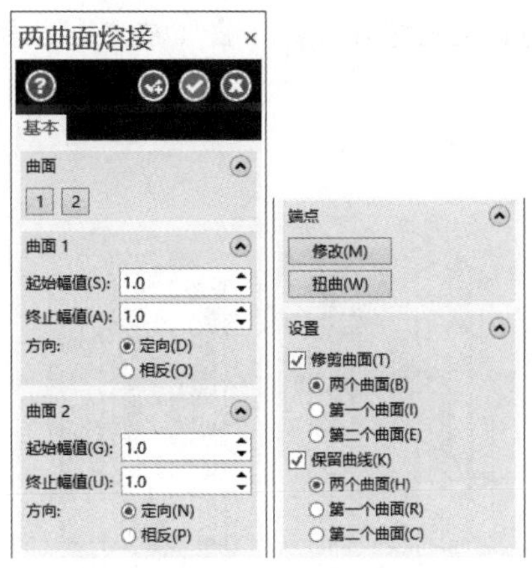

图 3-90　“两曲面熔接”对话框

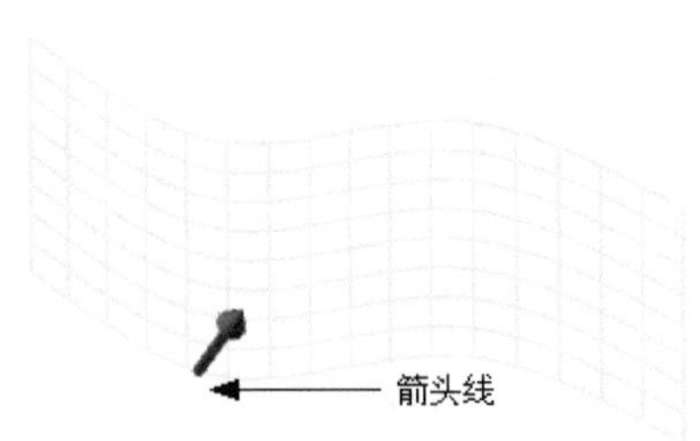

图 3-91　熔接处选择

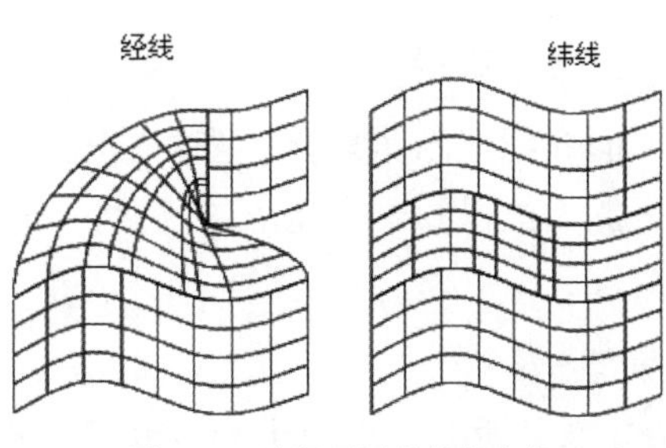

图 3-92　选择不同的熔接交线

在“两曲面熔接”对话框中的“端点”选项下单击扭曲(W)按钮，系统将进行交叉熔接，即将两条交线的首尾相连，如图3-93所示；单击修改(M)按钮，系统将重新选择一条交线的端点位置，如图3-94所示。

04 设置完成后，单击“确定”按钮，完成两面熔接操作。

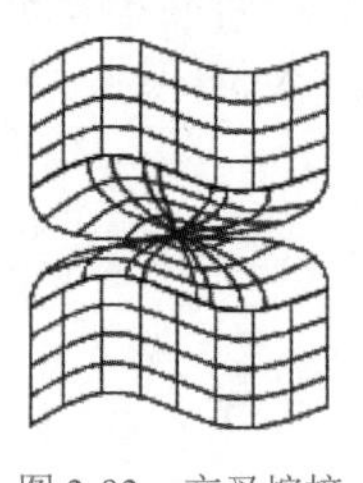

图 3-93 交叉熔接

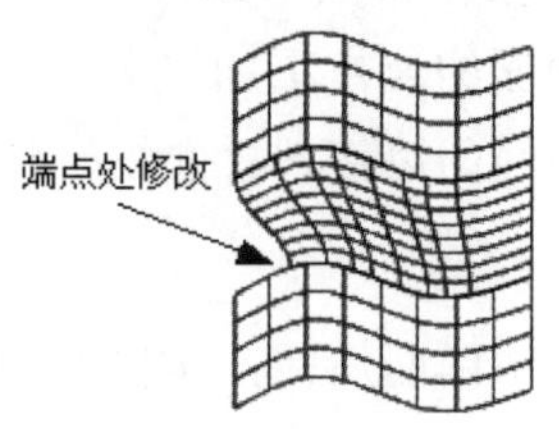

图 3-94 修改熔接处

2. 三面熔接

下面介绍三面熔接，实例如图3-95所示。

操作步骤：

01 在“曲面”选项卡的“修剪”面板上，单击“三曲面熔接”按钮，启动三面熔接命令。

02 系统打开如图3-96所示的“三曲面熔接”对话框，并提示用户依次选择3个需要熔接的曲面和熔接位置。三面熔接的操作方法和两面熔接基本相同。

03 设置完成后，单击“确定”按钮，完成三面熔接操作。

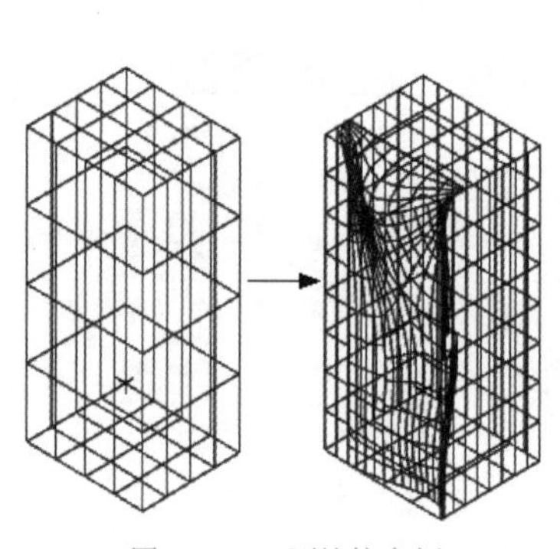

图 3-95 三面熔接实例

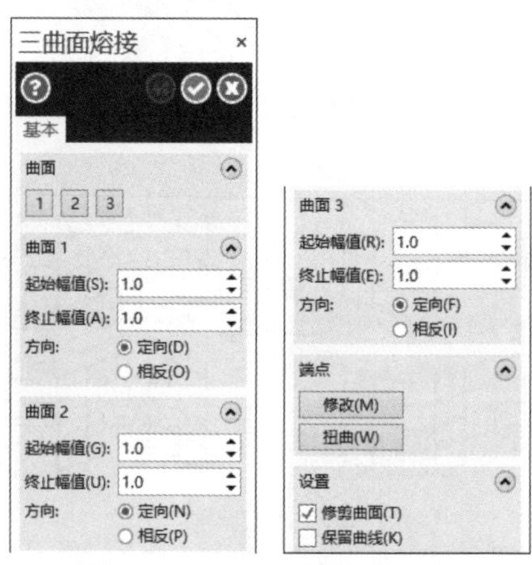

图 3-96 “三曲面熔接”对话框

3. 三圆角熔接

下面介绍三圆角熔接。当对3个相交的面分别进行两两倒圆角处理后，在它们的相交处，可能无法得到一个光滑的过渡，如图3-97所示。三圆角熔接命令就是用于处理此类问题的命令。

操作步骤：

01 在“曲面”选项卡的“修剪”面板上，单击“三圆角面熔接”按钮，启动三圆角熔接命令。

02 系统提示用户依次选择3个需要熔接的圆角面。

03 选择并确定后，系统打开如图3-98所示的“三圆角面熔接”对话框。

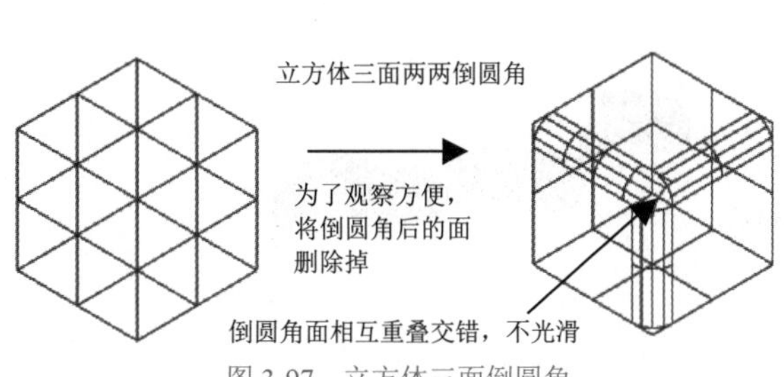

图 3-97 立方体三面倒圆角

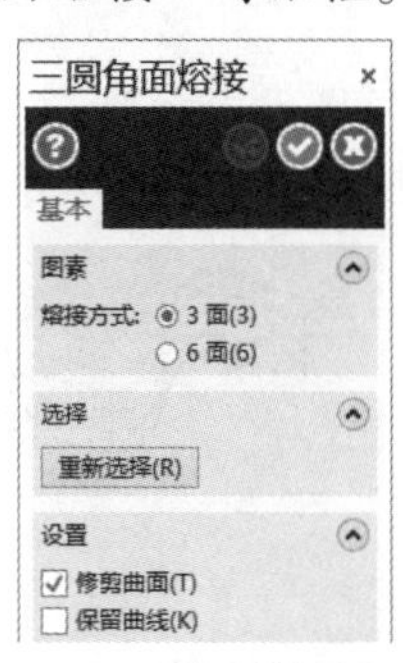

图 3-98 “三圆角面熔接”对话框

熔接时，可以选择熔接处以3面或6面方式进行处理，效果如图3-99所示。

04 设置完成后，单击“确定”按钮，完成三圆角熔接操作。熔接后进行着色，可以明显看到，三圆角面相交处变得光滑了，效果如图3-100所示。

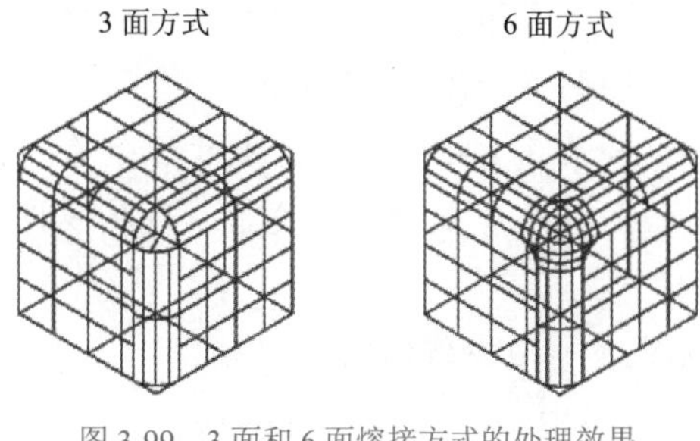

图 3-99 3 面和 6 面熔接方式的处理效果

图 3-100 着色效果

至此，已经介绍了所有有关曲面编辑的各种命令，结合前面创建曲面的各种方法，用户可以设计出满足要求的各种曲面形状。

3.3 曲面曲线的创建

在第2章已经介绍了平面曲线的创建，本节在曲面创建的基础上，将介绍如何从已有的曲面上提取所需要的曲线，这样的曲线是空间的三维曲线。

Mastercam提供了11种绘制曲面曲线的方法，所有的命令均集中在“线框”选项卡的“曲线”面板中，如图3-101所示。同样这些命令也可在“曲面选择”工具栏中找到。

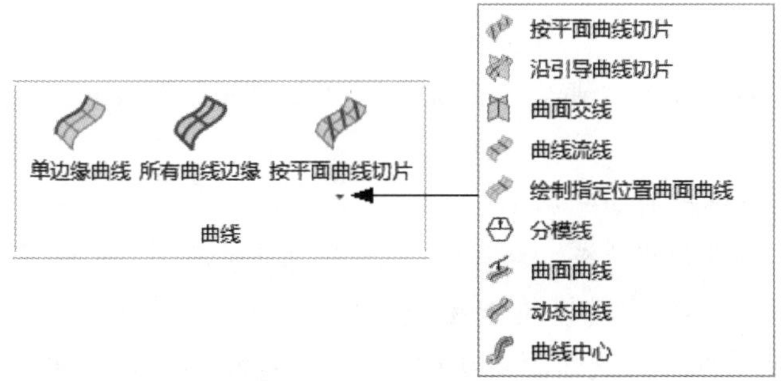

图 3-101 “曲线”面板

3.3.1 单一边界线

曲面都是有边界的，而且往往有很多个边界。单一边界线命令用于绘制曲面的一条边界线，创建的曲面如图3-102所示。

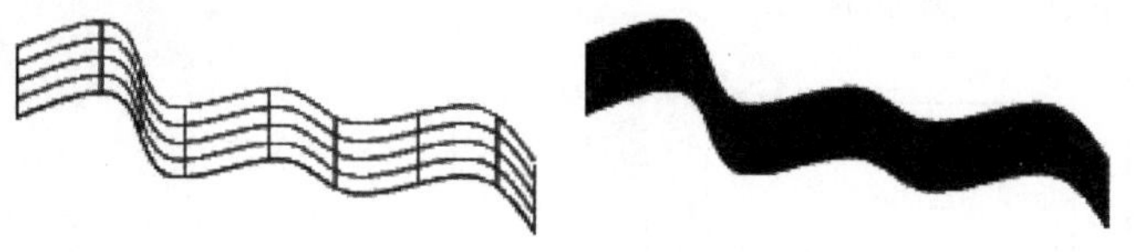

图 3-102 绘制好的曲面

操作步骤：

01 在“线框”选项卡的“曲线”面板上，单击“单边缘曲线”按钮，启动单一边界线绘制命令。

02 系统提示用户选择需要绘制边界的曲面。

03 确定后，工作区将会出现一个箭头线，用于选择需要绘制的边界。用户可以通过移动鼠标来拖动箭头线。这里选择上边界线进行绘制，如图3-103所示。

04 确定后，打开“单边缘曲线”对话框，如图3-104所示。在该对话框的“打断角度”文本框中可以输入转折角的大小。当边界线的转折角小于该角度时，边界线将在此被打断，系统默认值为30° 。

05 设置完成后，单击“确定”按钮，完成单一边界线的绘制操作。

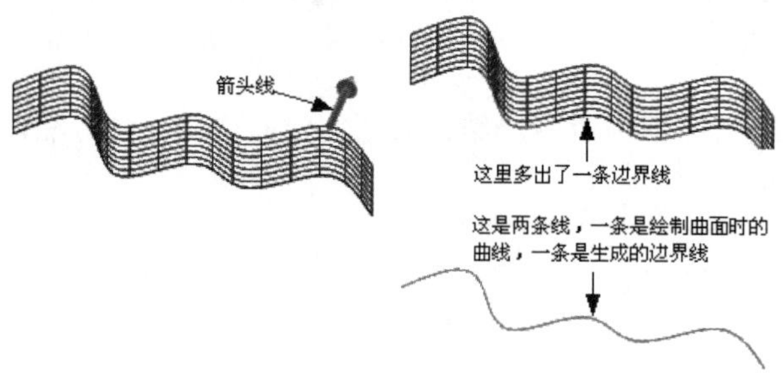

图 3-103 绘制单一边界线的实例

图 3-104 “单边缘曲线”对话框

3.3.2 所有边界线

利用该命令，可以一次性绘制出曲面的所有边界。下面以图3-102所示的曲面为例。

操作步骤：

01 在“线框”选项卡的“曲线”面板上，单击“所有曲线边缘”按钮，启动所有边界线绘制命令。

02 系统提示用户选择曲面并确定。

03 此时打开“所有曲线边缘”对话框，如图3-105所示，用于设置相关的参数。

在该对话框中，同样存在转折角(打断角度)设置一栏。同时，选中“忽略共享边缘”复选框，如果选定的曲面和其他曲面有共享边界，系统将不会绘制这些共享的边界曲线。

04 设置完成后，单击“确定”按钮，完成所有边界线的绘制操作。实例如图3-106所示。

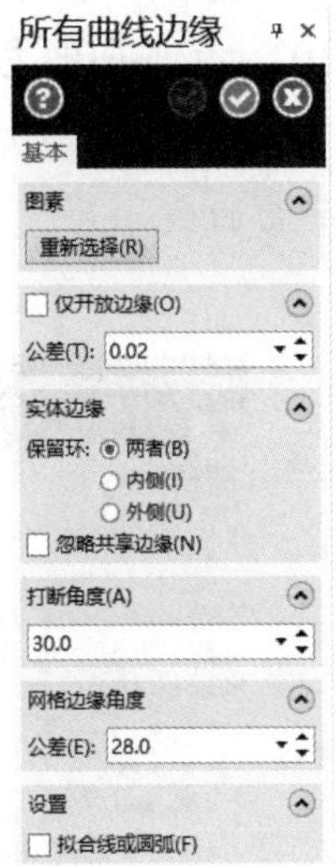

图 3-105　“所有曲线边缘”对话框

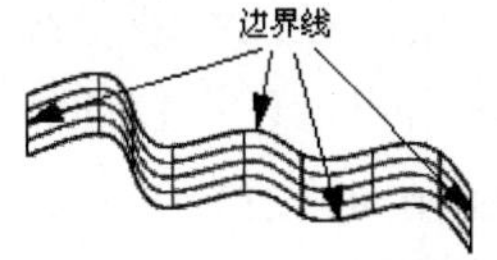

图 3-106　绘制所有边界线实例

3.3.3　常参数线

常参数线指曲面中该曲线上的所有点的坐标都具有相同的坐标值。这类似于地形图中的等高线。下面仍以图3-102所示的曲面为例。

操作步骤：

01 在“线框”选项卡的“曲线”面板上，单击“按平面曲线切片”下拉菜单中的“绘制指定位置曲面曲线”按钮，启动常参数线绘制命令。

02 系统提示用户选择曲面，选择并确认后，将会出现一个箭头线，用于提示用户利用鼠标选择绘制曲线的位置。

03 选择并确定后，打开“绘制指定位置曲面曲线”对话框，如图3-107所示，用于设置相关的参数。

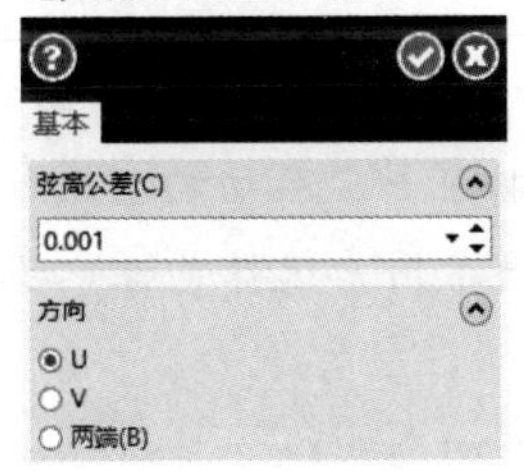

图 3-107　“绘制指定位置曲面曲线”对话框

在曲面的一个点上一般可以绘制出两条常参数线，它们分别具有不同的常参数，可以通过“方向”选项来进行选择。在“弦高公差”中，用户可以设置曲线的精度，数值越小精度越高，越能精确拟合到所选曲面。

04 设置完成后，单击“确定”按钮，完成常参数线的绘制操作。常参数线绘制的实例如图3-108所示。

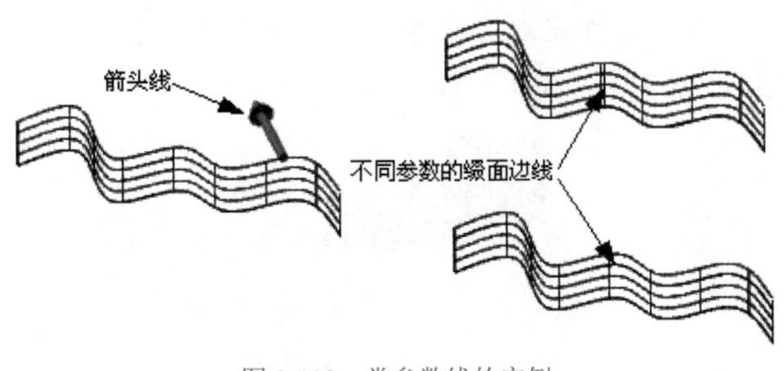

图 3-108　常参数线的实例

3.3.4 流线

在Mastercam中，可以将曲面看成一块布料，这块布料由“经线”和“纬线”交织而成，这样的“经线”和“纬线”统称为流线。下面仍以图3-102所示的曲面为例。

操作步骤：

01 在“线框”选项卡的“曲线”面板上，单击“按平面曲线切片”下拉菜单中的“曲线流线”按钮，启动流线绘制命令。

02 系统提示用户选择曲面。

03 选择并确定后，打开“曲线流线”对话框，如图3-109所示，用于设置相关的参数。

图 3-109 “曲线流线”对话框

在该对话框中，通过“方向”可选择绘制流线的方向，即选择绘制“经线”或“纬线”。同样，在“弦高公差”中，用户可以设置曲线的精度。在“曲线质量”中，Mastercam提供了4种方式：“弦高”，流线每变化指定的高度，将生成一条流线；“距离”，每隔一定距离创建一条流线；“数量”(次数)，直接指定流线的数量；“缀面边界”，在缀面边界上创建曲线，这是曲面创建方式的真实表示。

04 设置完成后，单击“确定”按钮，完成流线的绘制操作。实例如图3-110所示，一共绘制了5条流线。

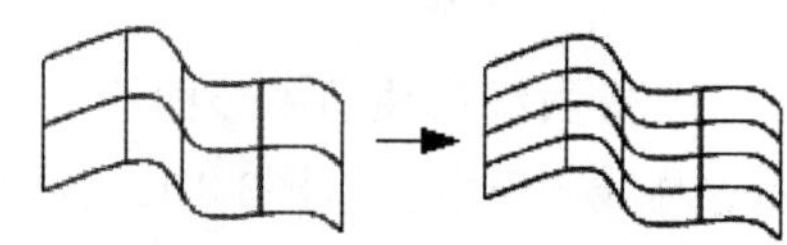
图 3-110 流线实例

3.3.5 动态线

动态线是最为灵活的一种方式，它允许在曲面上绘制出任意一条曲线。这里仍以图3-102所示的曲面为例。

操作步骤：

01 在“线框”选项卡的“曲线”面板上，单击“按平面曲线切片”下拉菜单中的“动态曲线”按钮，启动动态线命令。

02 系统提示用户选择曲面。选择并确定后，利用鼠标在曲面上动态地选择曲线要经过的点。

03 打开“动态曲线”对话框，如图3-111所示。该对话框中唯一的参数就是设置曲线的弦高误差。

04 设置完成后，单击“确定”按钮，完成动态线的绘制操作，生成一条位于曲面上的动态线，如图3-112所示。

图 3-111 “动态曲线”对话框

图 3-112 动态线实例

3.3.6　剖切线

剖切线指曲面与平面的交线。

操作步骤：

01 在“线框”选项卡的“曲线”面板上，单击“按平面曲线切片”按钮，启动剖切线命令。

02 此时系统提示“选择几何图形”，结束选择后打开“按平面曲线切片”对话框，如图3-113所示。

图 3-113　“按平面曲线切片”对话框

单击“平面”选项下的按钮可以选择平面，并在“平面”下面显示选定平面的名称。在“间距”下面的文本框中可以输入需要生成的剖切线沿曲面间的距离，即可生成一组剖切线。在“补正”下面的文本框中，可以对剖切线进行偏置处理。选中“连接曲线”复选框，系统将把生成的剖切线进行连接处理。选中“查找多个策略”复选框，系统将自动寻找可能的多种解决方案。

03 设置完成后，单击“确定”按钮，完成剖切线的绘制。生成的剖切线效果如图3-114所示。

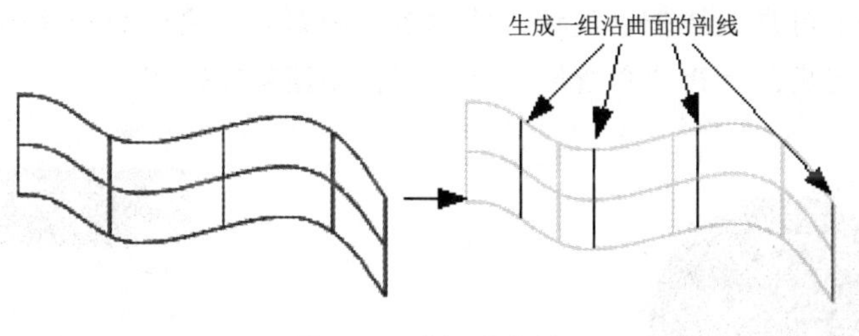

图 3-114　剖切线实例

3.3.7　投影线

要生成一个曲线在某曲面上的投影曲线，可以依次使用“投影”命令和“曲面曲线”命令。下面以图3-115所示的图形为例。

操作步骤：

01 选择曲面上方的曲线，在打开的“工具”选项卡的“位置”面板上，单击“投影”按钮，启动投影命令。

02 在弹出的“投影”对话框中选择投影到“曲面/实体”，系统提示用户选择实体面或曲面，选择曲面确定后即可将曲线投影到曲面上。

03 在“线框”选项卡的“曲线”面板上，单击“按平面曲线切片”下拉菜单中的“曲面曲线”按钮，启动将曲线转换为曲面曲线命令。

04 系统提示用户选择需要进行处理的曲线。

05 选择曲面上的投影曲线并确定后，系统将该曲线转换为曲面曲线，完成操作，实例如图3-116所示。如果选择的不是曲面上的曲线，则无法进行转换，系统将自动结束命令。

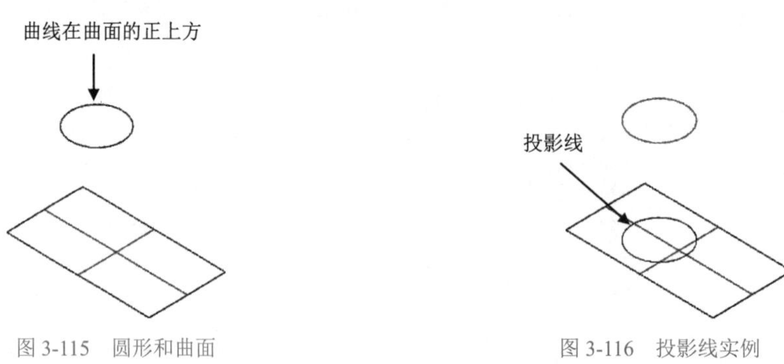

图 3-115　圆形和曲面　　图 3-116　投影线实例

3.3.8　分模线

在模具设计中，往往需要将形腔分成上下两部分来进行设计，分模线指上模和下模的交线。这里以图3-117所示的球面为例。

操作步骤：

01 在“线框”选项卡的“曲线”面板上，单击“按平面曲线切片”下拉菜单中的“分模线”按钮，启动分模线命令。

02 系统将提示用户选择分模线所在的构图平面以及所要进行处理的曲面。

03 选择并确定后，打开“分模线”对话框，如图3-118所示。

图 3-117　球面

图 3-118　“分模线”对话框

在“分横线”对话框的“曲线质量”选项中，可以设置分模线精度参数。在“角度”

文本框中，可以指定分模线所在角度，取值范围为–90°～90°。

04 设置完成后，单击“确定”按钮，完成分模线的绘制操作。分模线效果如图3-119所示。

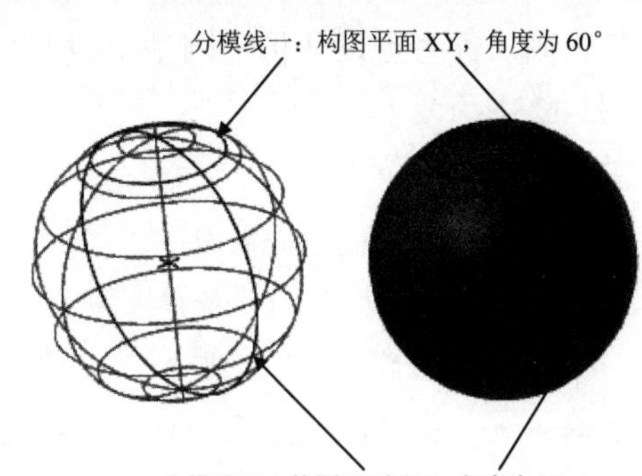

图 3-119　分模线实例

3.3.9　交线

交线命令用于创建两组相交曲面的交线。下面以图3-120所示的相交曲面为例。

操作步骤：

01 在“线框”选项卡的“曲线”面板上，单击“按平面曲线切片”下拉菜单中的“曲面交线”按钮，启动交线命令。

02 同时，系统将提示用户依次选择两个曲面。

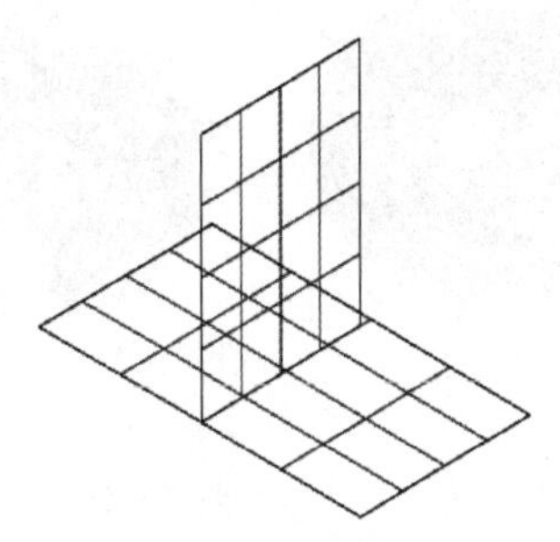
图 3-120　两个相交曲面

03 选择并确定后，打开的“曲面交线”对话框如图3-121所示。

在“曲面交线”对话框的“弦高公差”中，可设置交线的精度。在“补正”选项中，可以分别设置交线沿两组曲面的偏置量。

04 设置完成后，单击“确定”按钮，完成交线的绘制操作。实例如图3-122所示。

图 3-121　“曲面交线”对话框

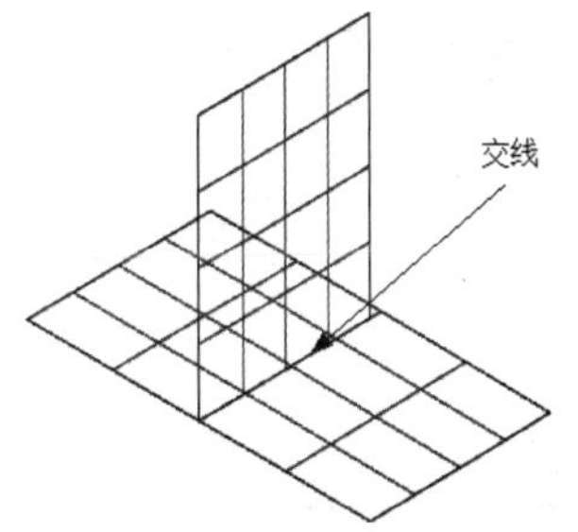

图 3-122　交线实例

❖ 提示：

前面介绍的生成曲面曲线的各种方法，也可以应用于实体。在以上命令中，选择曲面时，系统会自动帮助用户选择实体上的面，读者可尝试操作。

3.4　三维曲面设计实例

本节通过一个实例，利用扫描曲面和围栏曲面绘制一个叶轮，对本章的学习内容进行巩固。读者可以从指定网站下载并打开本实例对应的文件“叶轮.mcam”。实例效果如图3-123所示。

设计步骤：

01 启动Mastercam软件。

02 选择“文件”|“新建”命令，新建一个“叶轮. mcam”文件。

03 单击按钮，进入俯视图。单击按钮，选择原点 0, 0, 0 为圆心，在 直径(D): 100.0 中输入直径为100，单击按钮，选择点 0, 0, 50 为圆心，在 直径(D): 20.0 中输入直径为20，绘制叶轮的两个中心圆，如图3-124所示。

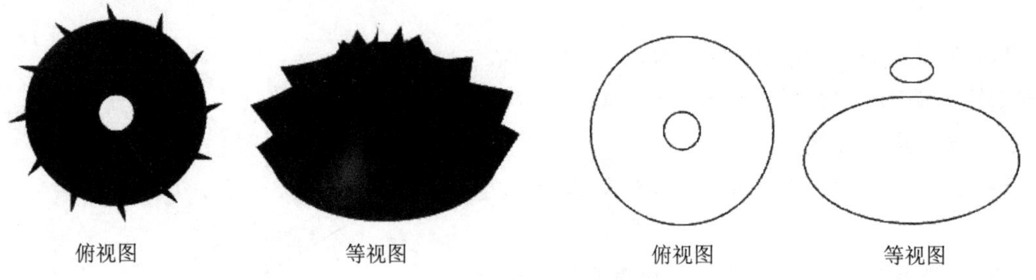

图 3-123　叶轮

图 3-124　绘制好的叶轮中心圆

04 单击按钮，进入前视图。单击按钮，用鼠标选择点(10,50,0)和(50,0,0)为端点画圆弧，然后在 半径(U): 80.0 中输入半径值为80，绘制扫描曲面的截面线，如图3-125所示。

05 单击按钮，进入等视图。在“曲面”选项卡中，单击“创建”面板上的“扫描”按钮，绘制扫描曲面。

06 系统弹出如图1-47所示的“线框串连”对话框，并提示用户选择截面线。利用鼠标选择截面线，如图3-126所示。

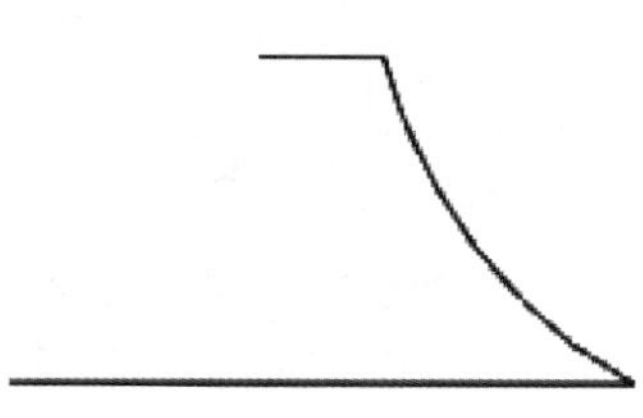

图 3-125　绘制扫描曲面的截面线

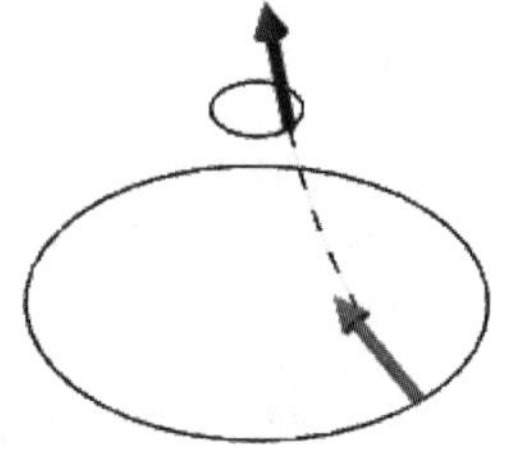

图 3-126　选择截面线

07 确定后，系统提示用户选择轨迹线，利用鼠标选择如图3-127所示的轨迹线。

08 确定后，系统自动生成如图3-128所示的扫描曲面。

图 3-127　选择轨迹线

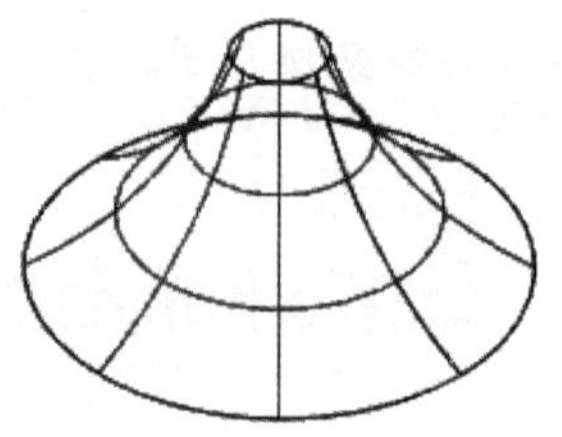

图 3-128　完成的扫描曲面

09 下面绘制叶轮的叶片。单击“创建”面板上的“围篱”按钮，绘制围篱曲面。

10 系统首先提示选择曲面，用鼠标选择上述扫描曲面后，系统弹出如图1-47所示的“线框串连”对话框，利用鼠标选择扫描曲面的截面线作为与围篱曲面的交线，如图3-129所示。

11 选择后确定。在出现的“围篱曲面”对话框中，利用“方向”选项选择交线的方向。选择熔接方式为“立体混合”，在“高度”文本框中分别输入曲面在起点和终点的高度为10、20，在“角度”文本框中分别输入曲面在起点和终点的角度值为15、-15。确定后，系统自动生成如图3-130所示的围篱曲面。

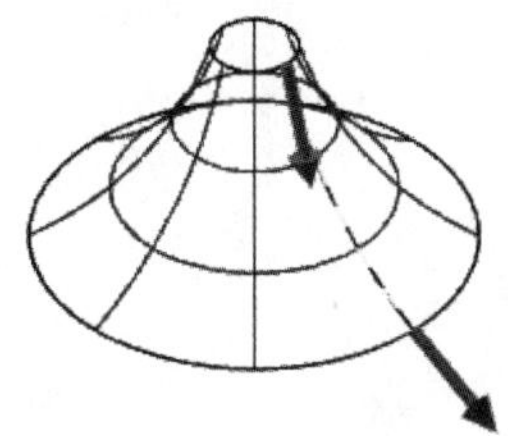

图 3-129　选择交线

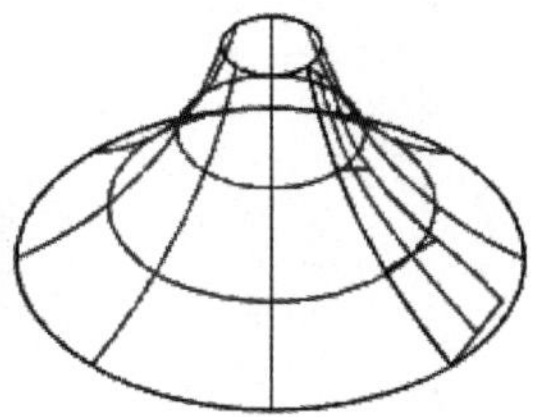

图 3-130　完成的围篱曲面

12 下面对绘制完成的叶片进行旋转复制。在“转换”选项卡中，单击“位置”面板上的“旋转”按钮。

13 系统提示用户“选择图形”，利用鼠标选择叶片曲面即可。

14 系统弹出“旋转”对话框，其中的参数设置如图3-131所示。

15 确定后，叶片旋转复制完成，绘制的叶轮效果如图3-132所示。

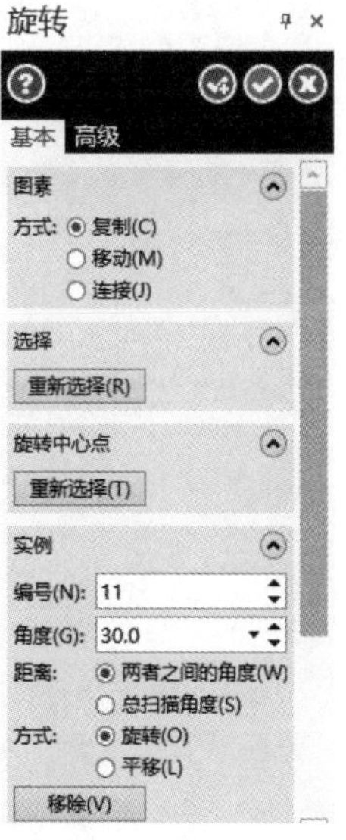

图 3-131　设置旋转参数

图 3-132　绘制完成的叶轮

3.5 习题

1. 创建曲面的方法有哪几种？
2. 扫掠曲面时，由“旋转”和“平移”方式生成的曲面有何不同？
3. 曲面和曲面倒圆角操作中，如何手动添加一些倒圆角的地方？
4. 曲面修剪后处理的操作方法有几种？
5. 如何从曲面中提取曲线？有哪些方法？

第4章

三维实体设计

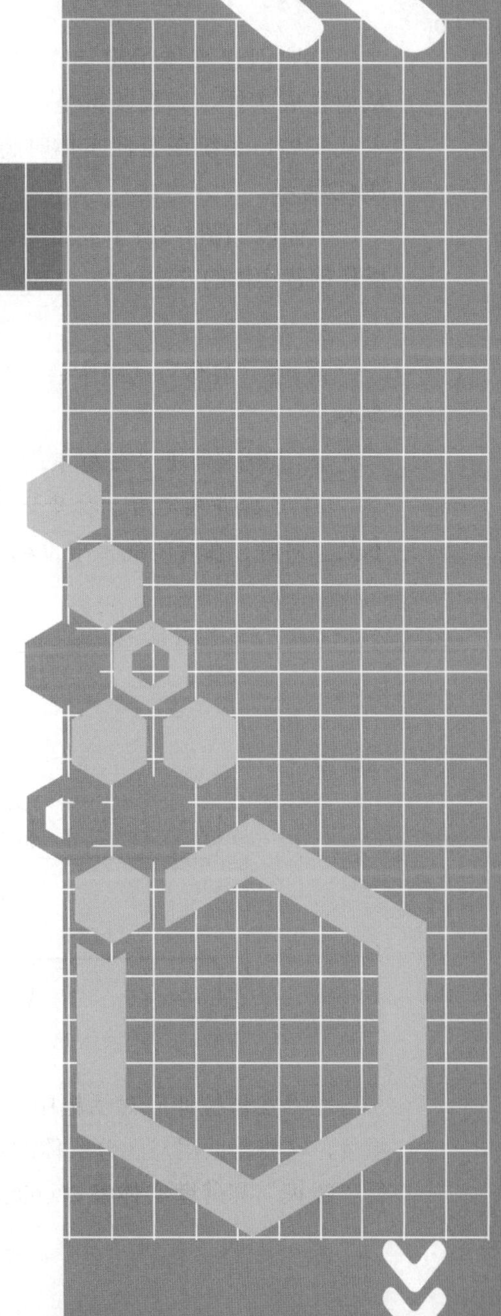

三维实体设计是目前大多数CAD软件都具有的一种基本功能，Mastercam的实体设计功能已经发展成一套成熟的造型技术，本章将详细介绍该技术。

本章的学习目标：

- 熟练掌握实体的各种创建方法
- 熟练掌握实体的各种编辑方法

4.1 实体的创建

三维实体设计的基本操作集中在“实体”选项卡中，如图4-1所示。

图 4-1 “实体”选项卡

4.1.1 拉伸创建实体

拉伸创建实体指将一个封闭的二维线框进行拉伸从而生成实体。如果线框是非封闭的，且创建的是非薄壁式实体，系统在拉伸实体时将会弹出错误提示框，如图4-2所示。

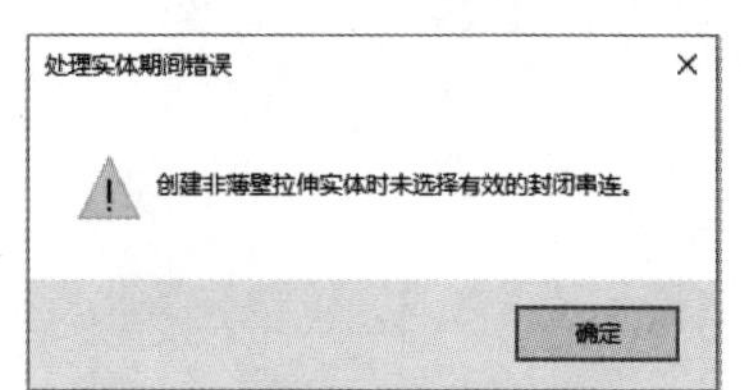

图 4-2 非封闭线框错误提示

下面以如图4-3所示的封闭线框为例，介绍通过拉伸操作创建实体的方法。

操作步骤：

01 在“实体”选项卡的“创建”面板上，单击“拉伸”按钮，启动拉伸创建实体命令。

02 系统将打开“线框串连”对话框，提示用户选择封闭线框。

03 选择并确定后，打开如图4-4所示的“实体拉伸”对话框，在其中设置实体的拉伸参数。同时，在封闭线框中出现一个箭头线，如图4-5所示，用于指示拉伸方向。

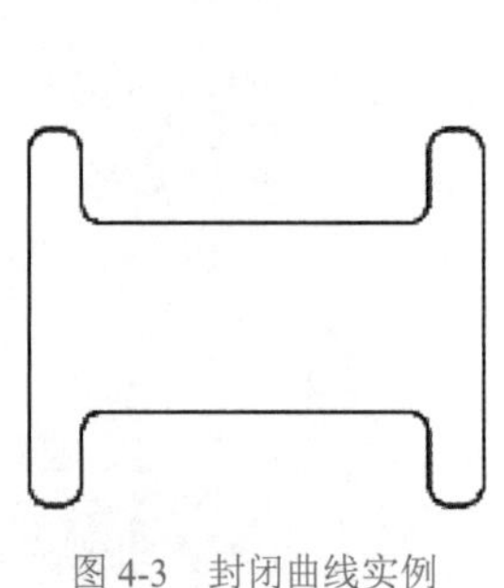

图 4-3 封闭曲线实例

图 4-4 “实体拉伸”对话框

在“实体拉伸”对话框中，用户可以输入当前操作名称。这在创建复杂实体时非常重要，它将帮助用户区分实体的各个部分。单击“高级”标签，在打开的选项卡中可以进行“拔模”和薄壁实体参数设置，如图4-6所示。用户可以指定实体的倾斜角度，即“拔模”，这在模具设计时是很有用的一项功能，因为在模具的设计过程中往往要设计出一定的拔模斜度。

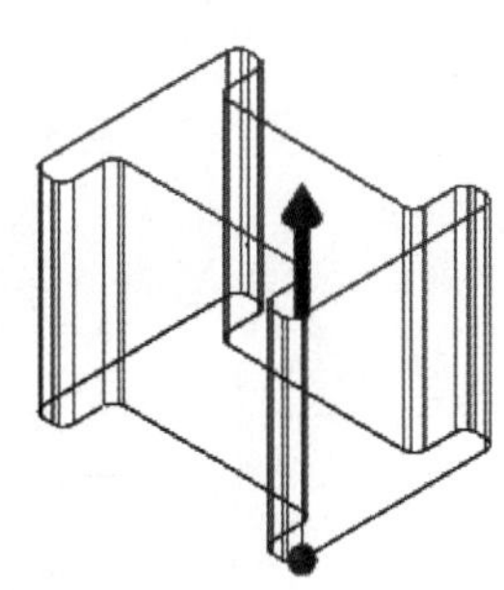

图 4-5　指示拉伸方向

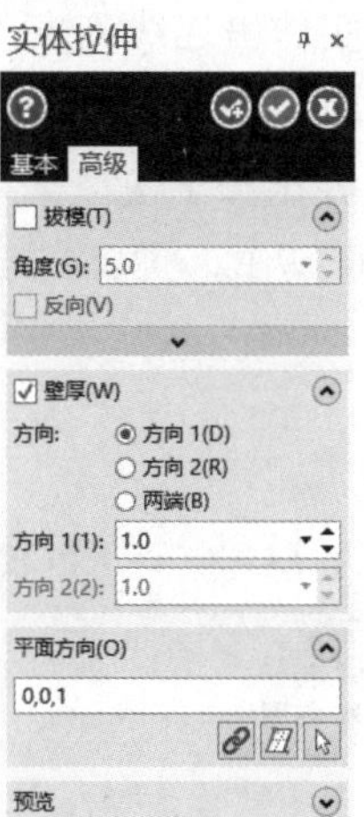

图 4-6　“拔模”和薄壁实体参数设置

04 设置完成后，单击“确定”按钮完成操作，拉伸实体的效果如图4-7所示。

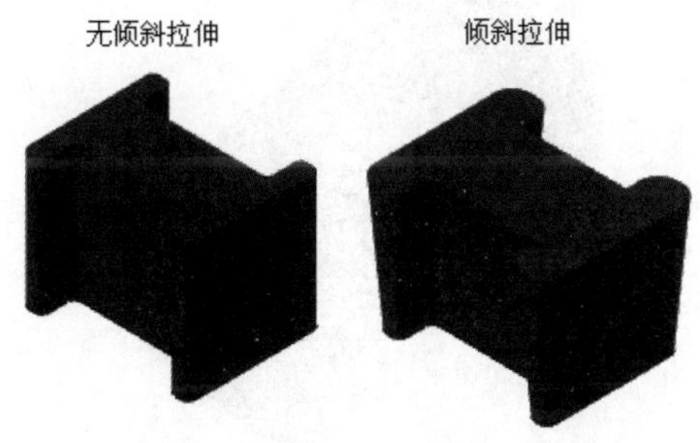

图 4-7　拉伸效果

05 如果选中“壁厚”复选框并进行薄壁设置，完成后生成的薄壁实体效果如图4-8所示。

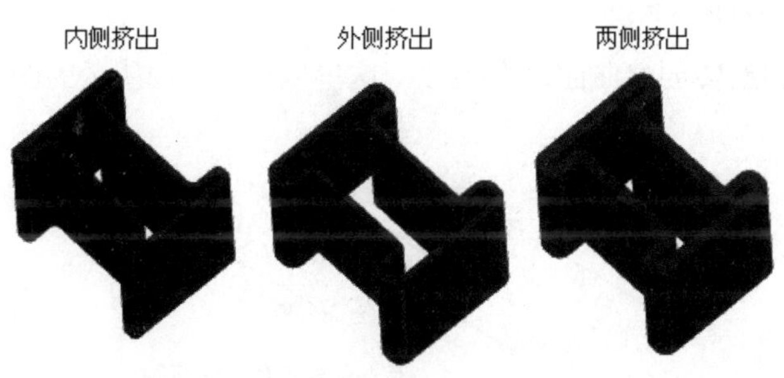

图 4-8　薄壁实体效果

生成实体后，在对象管理区的“实体”选项卡下，出现了如图4-9所示的一个实体对象。在实体的创建过程中，实体创建编辑的所有操作都会在这里留下记录，因此，在这里可以很方便地对实体进行各种管理和操作。

在树状图中的任何一个名称右侧右击，都会弹出一个快捷菜单，利用该菜单可以进行相关的操作。同时，选择“编辑参数”选项，可对操作的参数进行修改，如本例中就将打开如图4-4所示的“实体拉伸”对话框，用于重新指定操作参数。在选项卡中打开如图4-10所示的实体串连线列表，单击列表中的“串连”选项，同时将实体中的线框高亮显示，如图4-11所示。因为在本例中只有一条封闭线框，因此只有一条基本串连线。选中它后，右击，将弹出一个快捷菜单，用于添加串连线和重新选择串连等操作，也可使用工具按钮进行操作。

图 4-9　实体对象管理

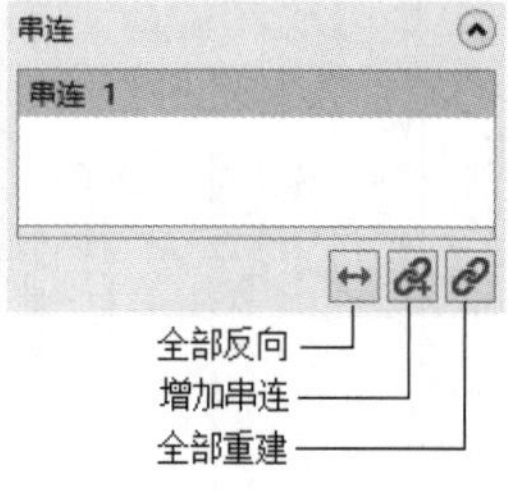

图 4-10　实体串连线列表

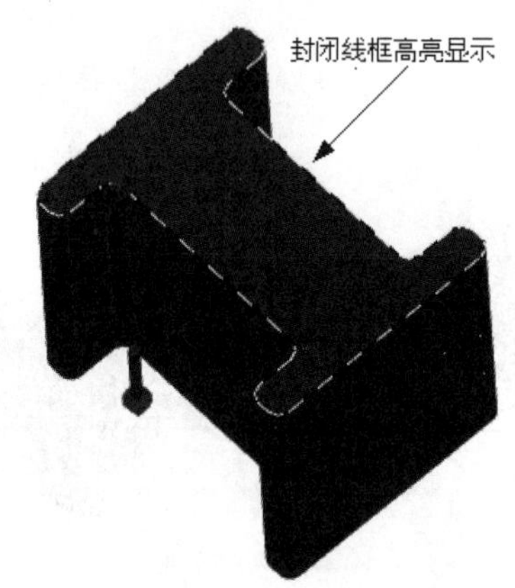

图 4-11　实体串连线高亮显示

4.1.2　旋转创建实体

旋转创建实体和旋转创建曲面命令类似。这里以如图4-12所示的图形为例进行介绍。

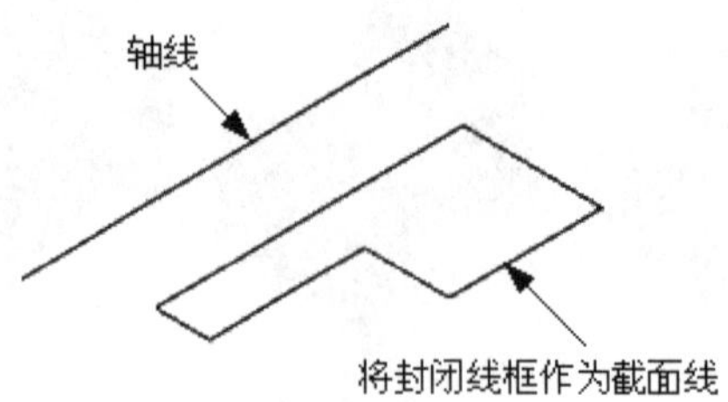

图 4-12　轴线和截面线

操作步骤：

01 在“实体”选项卡的“创建”面板上，单击“旋转”按钮，启动旋转创建实体命令。

02 系统打开“线框串连”对话框，用于提示用户选择封闭线框作为截面线。

03 确定后，系统将提示用户选择轴线。

04 选择轴线后，打开如图4-13所示的“旋转实体”对话框。该对话框中用于薄壁设置的“壁厚”选项与“实体拉伸”对话框中的相同。

05 完成设置后，单击“确定”按钮完成操作，生成的实体效果如图4-14所示。

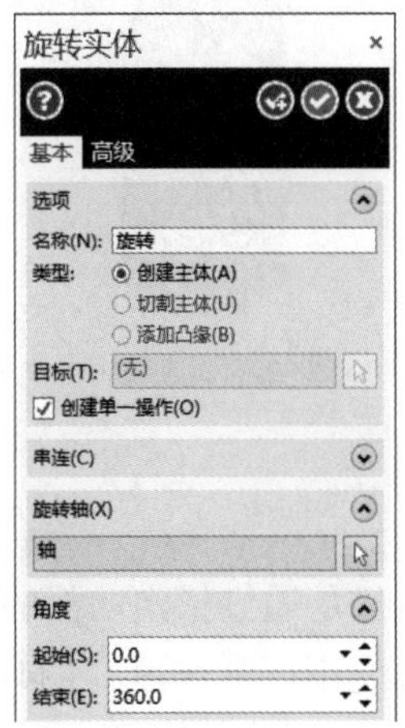

图 4-13　“旋转实体”对话框

图 4-14　旋转创建的实体效果

4.1.3　扫掠创建实体

扫掠创建实体和扫掠创建曲面的方法基本相同，就是用一封闭线框沿轨迹线移动生成实体。其中封闭线框可以不止一个，但是这些线框必须在同一个平面内才能同时进行扫掠处理。

这里以如图4-15所示的图形为基础，通过扫掠法来创建实体。直线与圆所在的平面相互垂直。

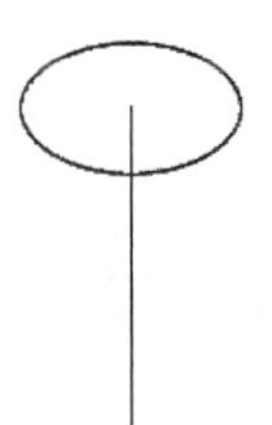

图 4-15　扫掠创建实体的基本图形

操作步骤：

01 在“实体”选项卡的“创建”面板上，单击“扫描”按钮，启动扫掠创建实体命令。

02 系统将打开“线框串连”对话框，用于提示用户分别选择封闭线框和轨迹线。

03 选择并确定后，系统打开如图4-16所示的“扫描”对话框，其中各选项的含义与前述含义相同。

04 完成设置后，单击“确定”按钮完成操作，扫掠创建的实体效果如图4-17所示。

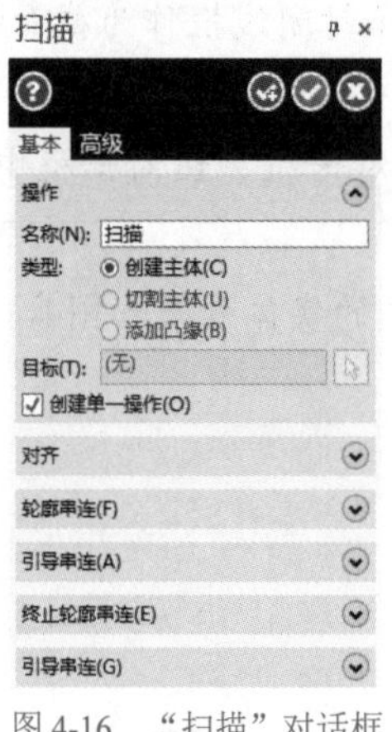

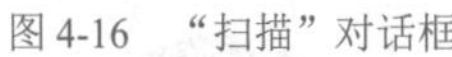

图 4-16 “扫描”对话框

图 4-17 扫掠创建的实体效果

4.1.4 举升创建实体

举升创建实体和举升创建曲面有着相同的特点，它们都是通过指定曲面的多个截面线框而生成的。在绘制这些二维截面线框时，需要为它们指定不同的高度，图4-18所示的是两个同心但高度不同的圆。

操作步骤：

01 在“实体”选项卡的“创建”面板上，单击“举升”按钮，启动举升创建实体命令。

02 系统打开“线框串连”对话框，用于提示用户选择截面线框。

03 选择并确定后，系统打开如图4-19所示的“举升”对话框，其中的各个选项的含义与前述含义基本相同。

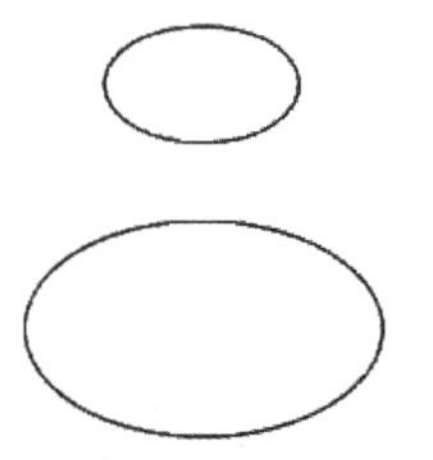

图 4-18 两个同心但高度不同的圆

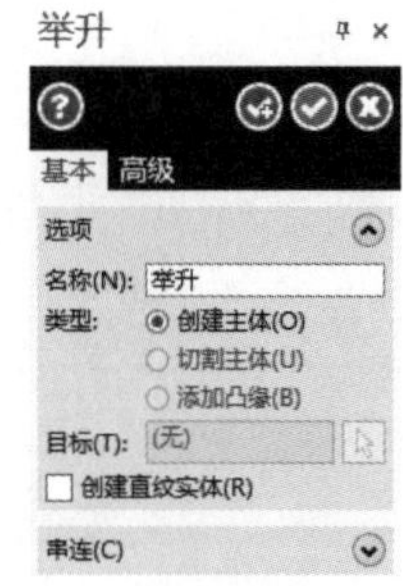

图 4-19 “举升”对话框

04 设置完成后，单击“确定”按钮完成操作，举升创建的实体效果如图4-20所示。

图 4-20 举升创建的实体效果

4.1.5　创建基本实体

创建基本实体的命令和创建基本曲面的命令相同。只需要在如图3-36、图3-38、图3-40、图3-42和图3-44所示的对话框中，选中“实体”单选按钮，即可创建出相应的基本实体。

4.1.6　由曲面生成实体

在创建曲面的部分介绍了如何由实体生成曲面的操作，同样也可以利用曲面来生成实体，但使用这种方法生成的实体没有厚度，它的形状依然和曲面一样，只是系统已经将其看作一个实体，可以通过后面介绍的实体编辑命令来为其增加厚度。

这里以如图4-21所示的曲面为例。

操作步骤：

01 在“实体”选项卡的“创建”面板上单击“由曲面生成实体”按钮，启动由曲面创建实体命令。

02 系统提示用户选择一个或多个曲面以生成实体，按Ctrl+A组合键可选择所有可见曲面。选择后，系统打开如图4-22所示的“由曲面生成实体”对话框，用于设置生成实体的一些参数。

03 在该对话框中，边界“公差”参数的设置将影响曲面和实体的逼近程度。如果需要创建实体的外围边界，可选中“在开放边界上创建曲线”复选框。

图 4-21　一个曲面

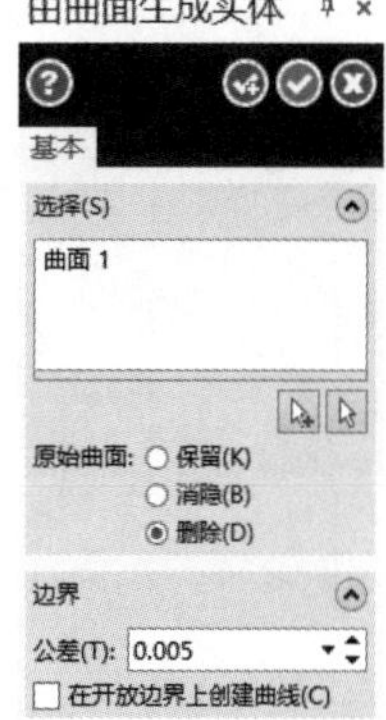

图 4-22　“由曲面生成实体”对话框

04 参数设置完成后，单击“确定”按钮完成操作。

以上就是Mastercam提供的所有创建实体的方法。

4.2　实体的编辑

4.2.1　实体倒圆角

实体倒圆角指在实体的边缘处倒出圆角，使得实体平滑过渡。

1. 固定半径倒圆角

首先利用基本实体创建功能生成如图4-23所示的正六面体。

操作步骤：

01 在“实体”选项卡的“修剪”面板上单击“固定半倒圆角”按钮，启动实体固定半径倒圆角命令。

02 系统弹出“实体选择”对话框，如图4-24左图所示，并提示用户选择需要倒圆角的地方。

在实体上选择某种特征时，系统提供了多种选择方式。在选择工具栏中，显示如图4-24右图所示的按钮。

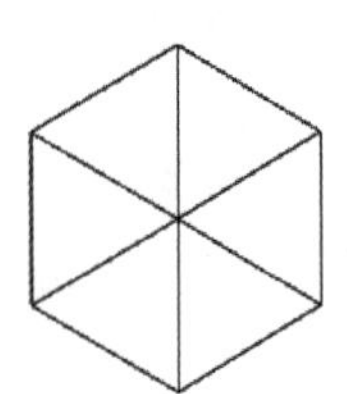

图 4-23 正六面体

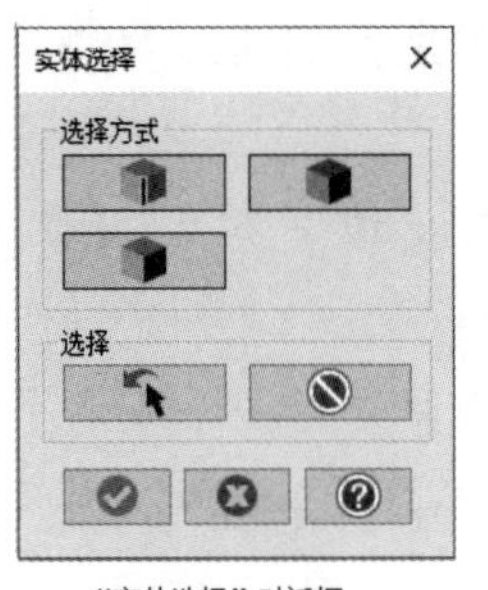

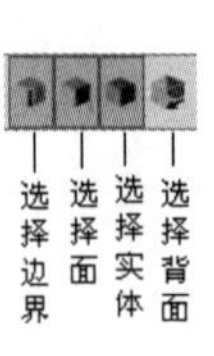

图 4-24 实体特征选择方式

利用鼠标选择特征时，将会出现不同的鼠标形状，以提示用户当前选择的特征，如图4-25所示。

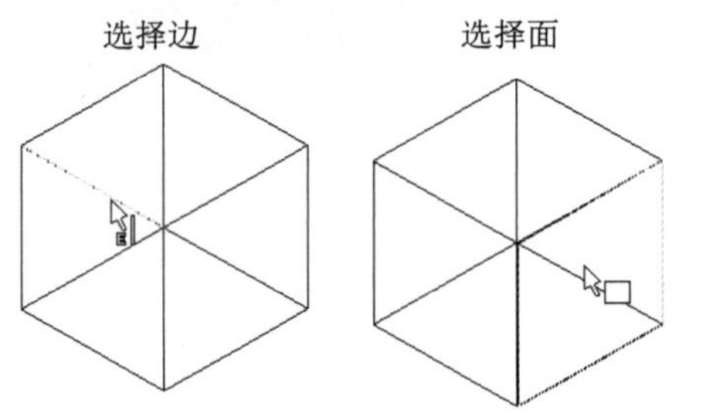

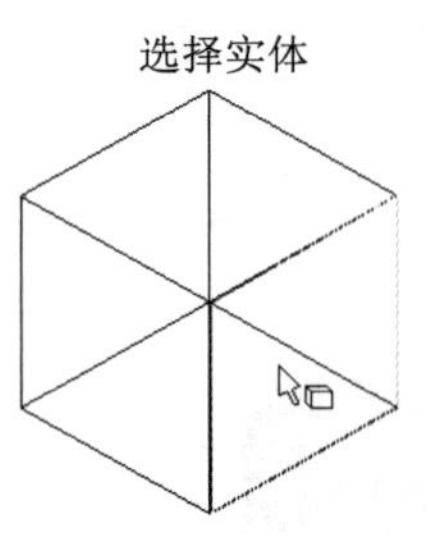

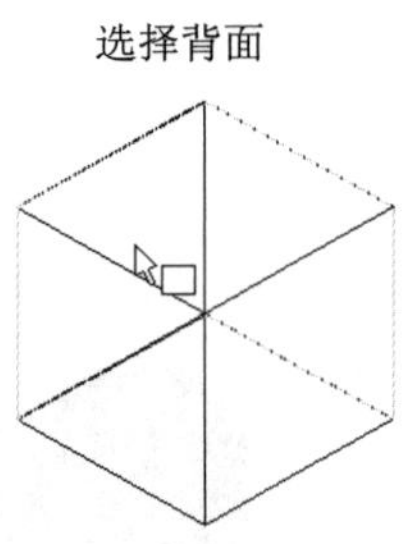

图 4-25 选择实体特征时的不同鼠标形状

如果选择面作为倒圆角特征，系统将会在所有选中曲面之间的交线处倒圆角；如果选择的是实体，系统将会把整个实体上的边倒圆角。

03 选择倒圆角特征完毕后，系统打开如图4-26所示的“固定圆角半径”对话框。

在倒圆角时，有时会出现3个倒圆角相交的现象。通过“角落斜接”复选框可以对这种情况进行处理，效果如图4-27所示。

选中“沿切线边界延伸”复选框，可以将倒圆角沿边界进行延伸。选中该复选框后，当对一个边倒圆角时，与该边相切的所有边都将倒出圆角。

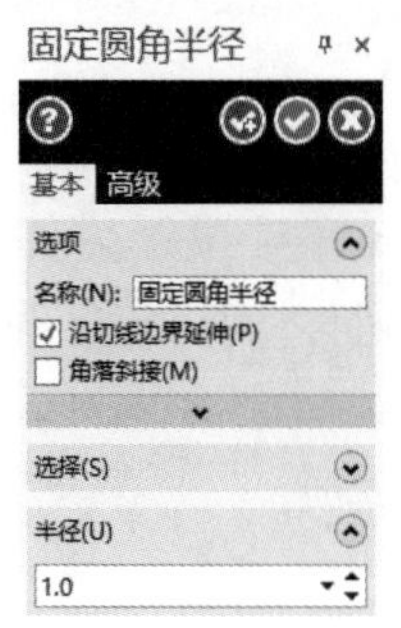

图 4-26　“固定圆角半径”对话框

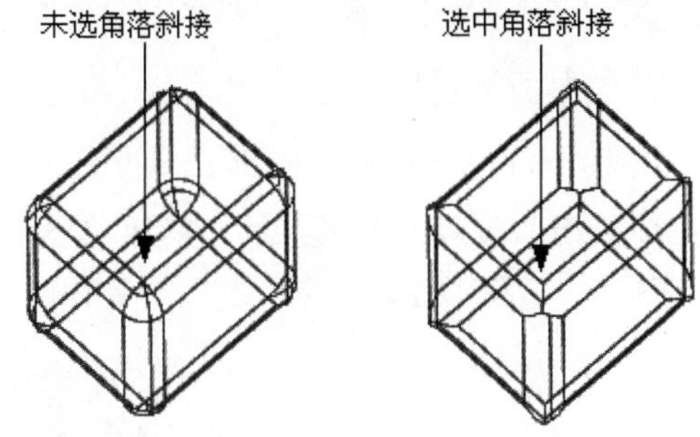

图 4-27　“角落斜接”对倒圆角的影响

(4) 设置完成后，单击“确定”按钮完成操作。

2. 变化半径倒圆角

下面依然使用图4-23所示的正六面体为例。

操作步骤：

01 在“实体”选项卡的“修剪”面板上单击“变化倒圆角”按钮，启动实体变化半径倒圆角命令。

02 系统提示用户选择需要倒圆角的地方。

03 选择倒圆角特征完毕后，系统打开如图4-28所示的“变化圆角半径”对话框。

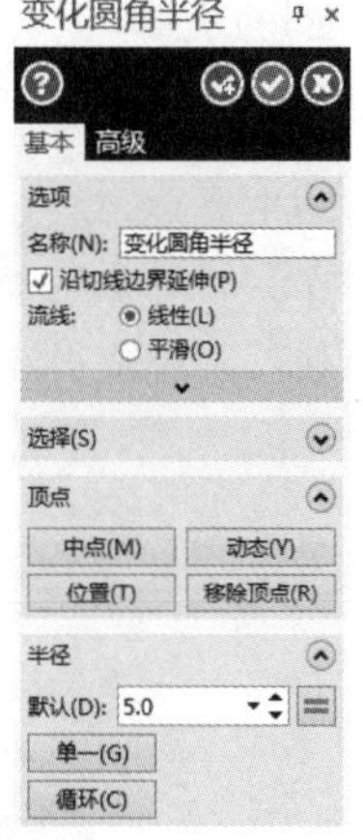

图 4-28　“变化圆角半径”对话框

同时系统会在实体上将特征点进行标记，如图4-29所示。通过为每个特征点指定不同的半径，可以让倒圆角按选定方式生成。选中“线性”单选按钮，生成的半径变化圆角如图4-30所示。

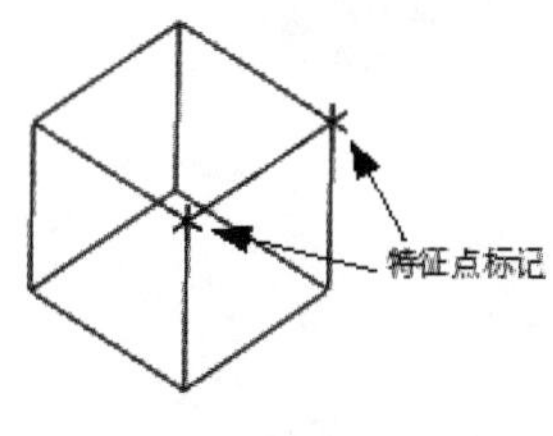

图 4-29　特征点

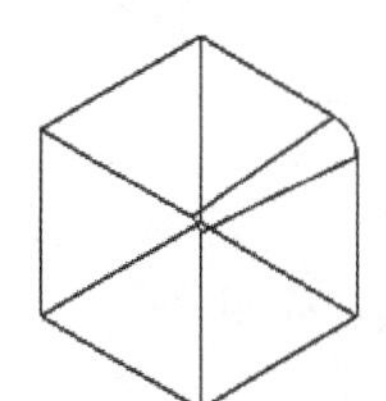

图 4-30　半径变化倒圆角

04 设置完成后，单击“确定”按钮完成操作。

3. 面对面倒圆角

以上介绍的是在两个相接面的边上倒圆角，Mastercam还提供了另外一种倒圆角方式，称之为面对面倒圆角。使用该命令可以在两个非相接的面之间进行倒圆角。首先绘制如图4-31所示的实体。

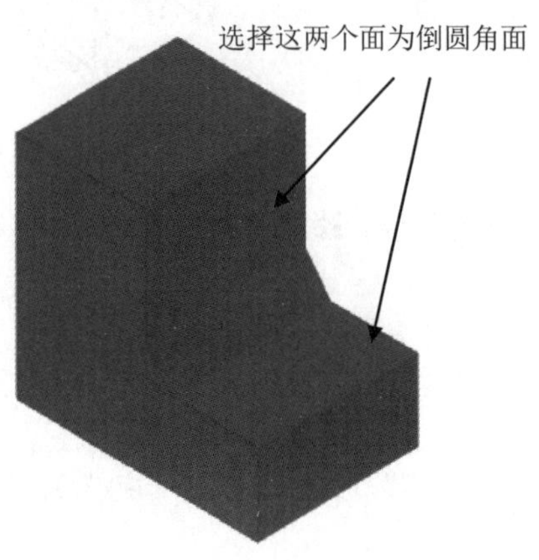

图 4-31 面对面倒圆角实体

操作步骤：

01 在“实体”选项卡的“修剪”面板上单击“面与面倒圆角”按钮，启动面对面倒圆角命令。

02 系统提示用户选择需要倒圆角的面。

03 选择并确定后，打开如图4-32所示的“面与面倒圆角”对话框。

04 设置完成后，单击“确定”按钮完成操作，倒圆角后的效果如图4-33所示。

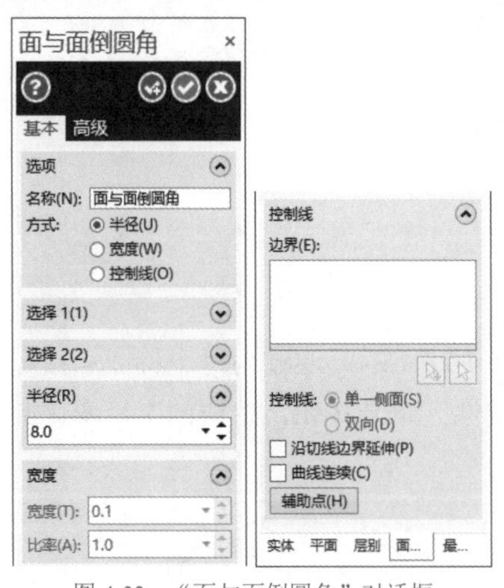

图 4-32 “面与面倒圆角”对话框

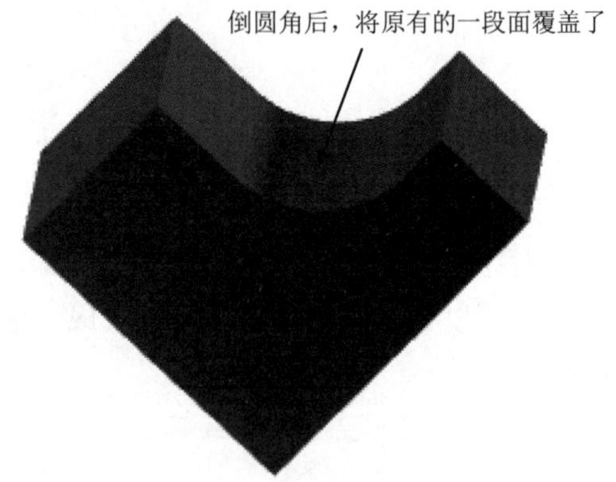

图 4-33 倒圆角效果

4.2.2 实体倒斜角

实体倒斜角命令用于对实体的边进行倒斜角处理，即在被选中的实体边上切除材料。

一般在设计零件的锐边时，都要进行这种倒斜角处理。Mastercam提供了3种倒斜角方式，分别为单一距离、两距离和距离/角度。这3种方式对应不同的斜角尺寸设置方式，可参见二维图形编辑中的倒角操作的尺寸设置。创建如图4-23所示的正六面体，以此为例介绍实体倒斜角操作。

- 单一距离方式：在“实体”选项卡的“修剪”面板上单击“单一距离倒角”按钮，系统弹出“实体选择”对话框并提示用户选择需要进行倒斜角处理的边，选择方法和倒斜面的相同。选择并确定后，系统打开如图4-34所示的“单一距离倒角”对话框，指定倒角的距离为5，单一距离方式倒斜角效果如图4-35所示。

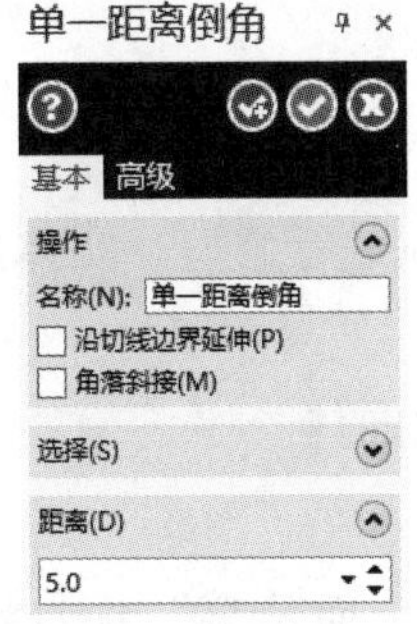

图 4-34　“单一距离倒角”对话框

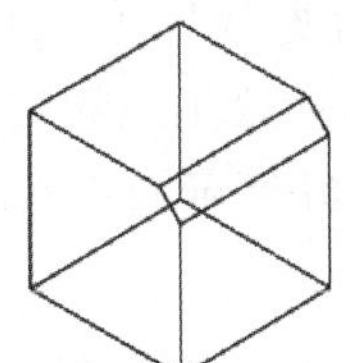

图 4-35　单一距离倒斜角实例

- 两距离方式：在“实体”选项卡的“修剪”面板上单击“不同距离倒角”按钮，系统将提示用户选择需要进行倒斜角处理的边。选择并确定后，打开如图4-36所示的“不同距离倒角”对话框。指定倒角的两个距离分别为8和2，不同距离方式倒斜角的效果如图4-37所示。

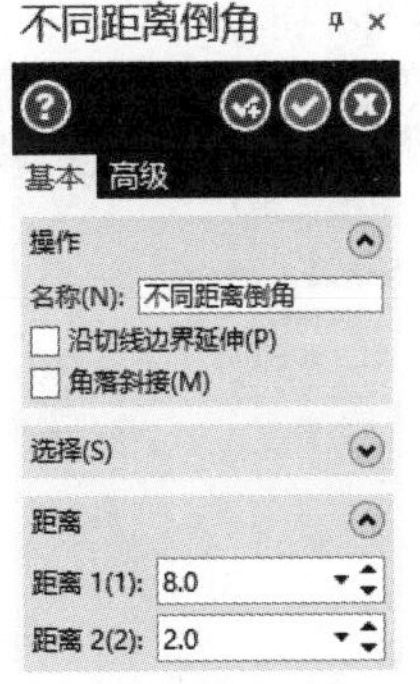

图 4-36　“不同距离倒角”对话框

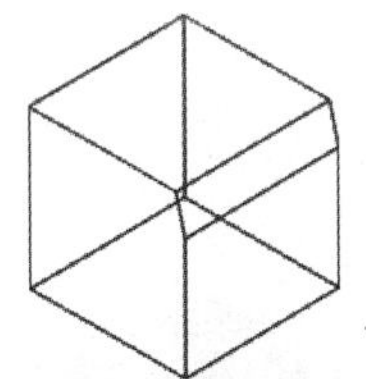

图 4-37　不同距离倒斜角实例

- 距离/角度：在“实体”选项卡的“修剪”面板上单击“距离与角度倒角”按钮，系统将提示用户选择需要进行倒斜角处理的边。选择并确定后，打开如图4-38所示的“距离与角度倒角”对话框。指定倒角的距离为8、角度为60°，距离/角度方式倒斜角的效果如图4-39所示。

距离与角度倒角
基本 高级
操作
名称(N): 距离与角度倒角
沿切线边界延伸(P)
角落斜接(M)
选择(S)
距离与角度
距离(D): 8.0
角度(A): 60.0

图 4-38 “距离与角度倒角”对话框

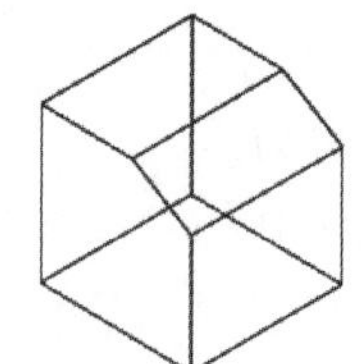

图 4-39 距离/角度倒斜角实例

4.2.3 实体修剪

实体修剪指使用平面、曲面或实体薄片来对已有的实体进行修剪。实体薄片类似于利用曲面创建实体命令生成的实体。

创建如图4-40所示的正六面体和曲面，曲面完全穿过六面体。

操作步骤：

01 在“实体”选项卡的“修剪”面板上单击“依照平面修剪”按钮，启动依照平面实体修剪命令；或单击“修剪到曲面/薄片”按钮，启动修剪实体到曲面或薄片命令。

02 系统首先提示用户选择需要进行修剪的实体。

03 选择并确定后，打开如图4-41所示的“依照平面修剪”对话框或如图4-42所示的“修剪到曲面/薄片”对话框。

图 4-40 六面体和曲面

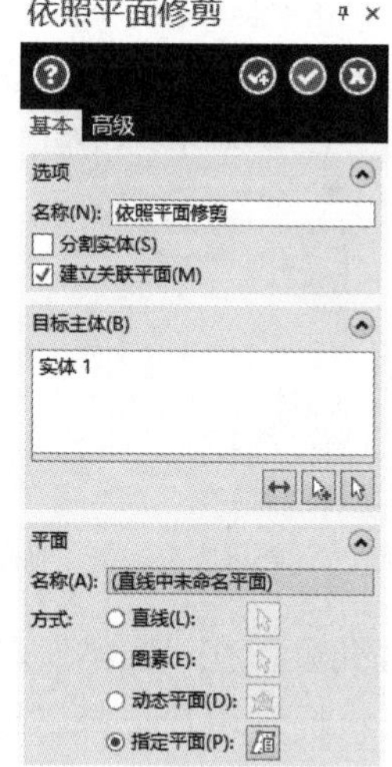

图 4-41 “依照平面修剪”对话框

选择不同的修剪至对象，系统均会提示用户选择需要的对象。在“依照平面修剪”对话框中，“平面”选项可利用下方的“方式”中的单选按钮进行选择。

04 设置完成后，单击“确定”按钮☑完成操作，本例的修剪效果如图4-43所示。

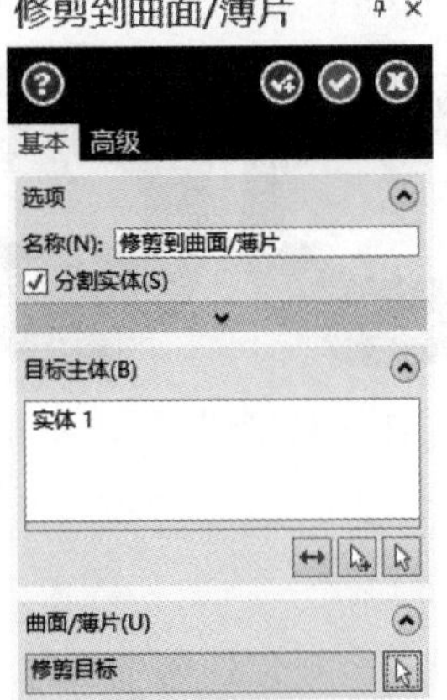

图 4-42 “修剪到曲面 / 薄片”对话框

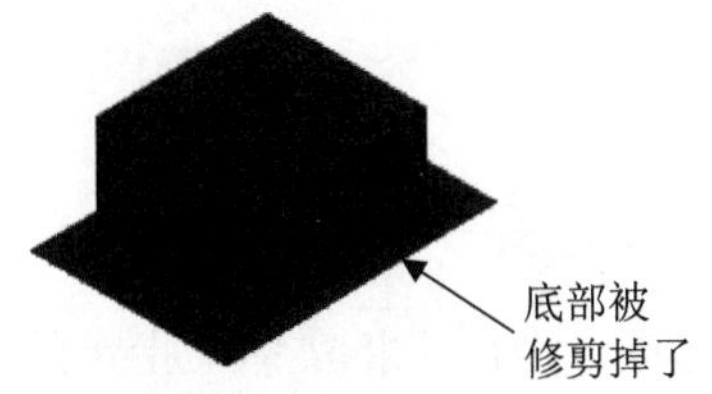

图 4-43 实体修剪效果

4.2.4 薄片加厚

使用薄片加厚命令能够增加薄片型实体的厚度，使其从视觉效果上更像是一个实体。首先创建如图4-44所示的圆柱形实体薄片(可由曲面生成实体薄片)。

操作步骤：

01 在“实体”选项卡的“修剪”面板上单击“薄片加厚”按钮，启动薄片加厚命令。

02 系统提示用户首先选择实体薄片。

03 选择并确定后，打开如图4-45所示的“加厚”对话框。

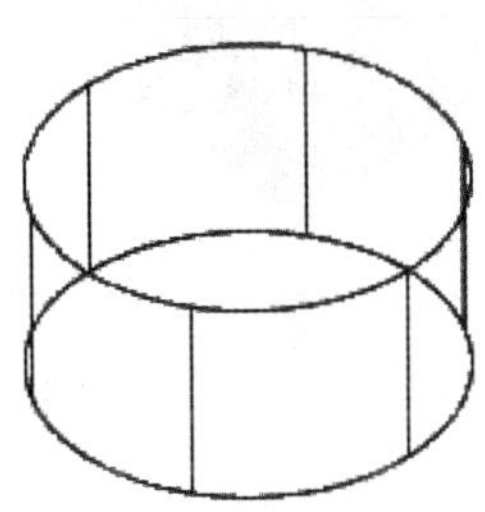

图 4-44 圆柱形实体薄片

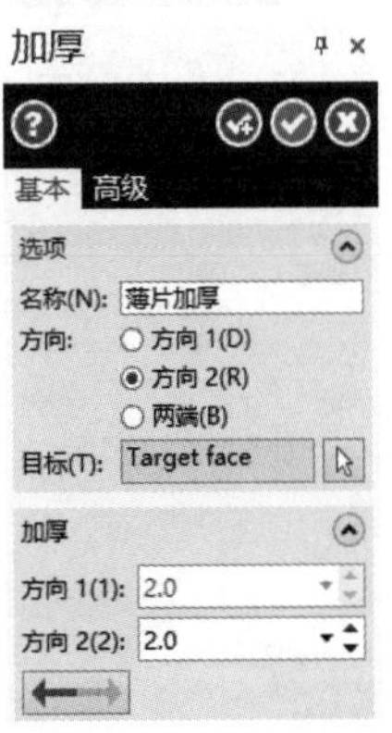

图 4-45 “加厚”对话框

如果选中“方向1”或“方向2”单选按钮，在图形对象上显示如图4-46所示的箭头线，用于指示加厚方向。单击⟵按钮可以改变加厚方向。

04 设置完成后，单击“确定”按钮☑完成操作。设置厚度值为2，加厚之后的效果如图4-47所示。

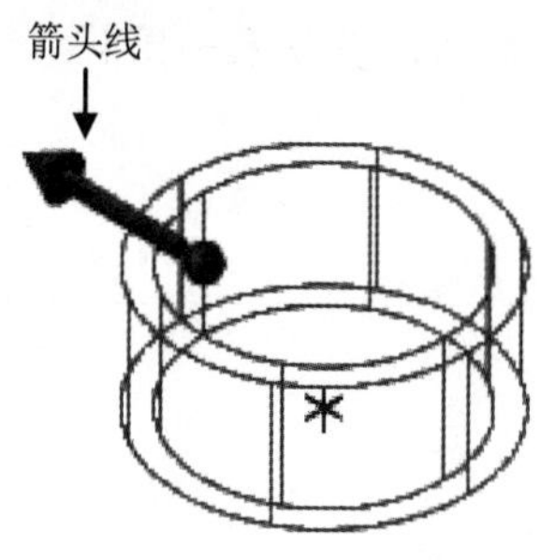

图 4-46　指示薄片加厚方向

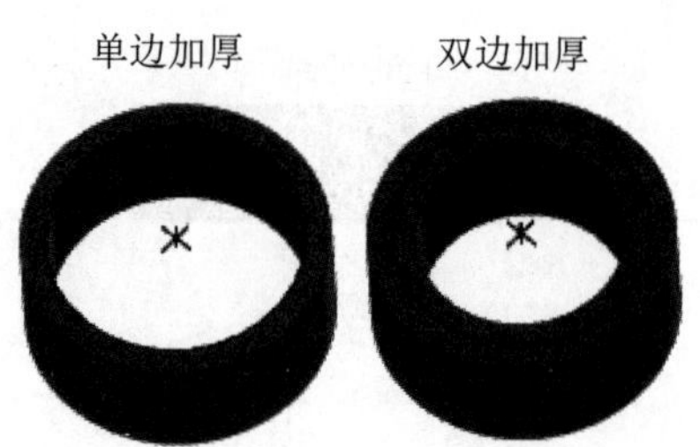

图 4-47　薄片加厚效果

4.2.5　移除面

移除面命令用于将实体上指定的表面移除，使其变成一个开口的薄壁实体。

下面以如图4-23所示的正六面体为例。

操作步骤：

01 在“模型准备”选项卡的“修剪”面板上单击“移除实体面”按钮，启动移除面命令。

02 系统将提示用户选择需要的面。

03 选择并确定后，打开如图4-48所示的“移除实体面”对话框。

04 设置完成后，单击“确定”按钮完成操作。移除某一个面后，实体转变成薄壁实体，如图4-49所示。

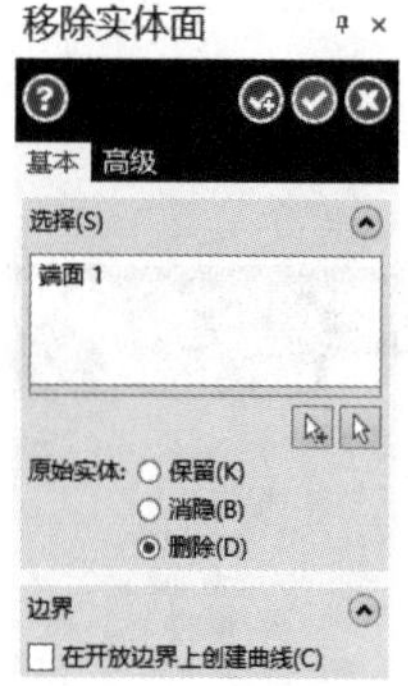

图 4-48　“移除实体面”对话框

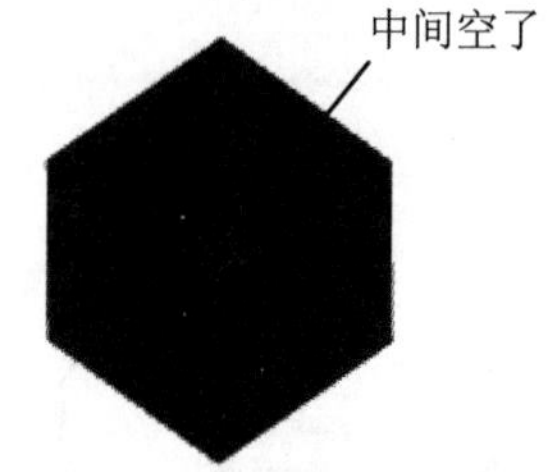

图 4-49　移除面后的薄壁实体

4.2.6　实体抽壳

实体抽壳指将实体内部掏空，使实体变成有一定壁厚的空心实体。

下面以如图4-23所示的正六面体为例。

操作步骤：

01 在“实体”选项卡的“修剪”面板上单击“抽壳”按钮，启动实体抽壳命令。

02 系统将提示用户选择需要进行抽壳处理的实体和实体表面。注意，在选择抽壳对象时，如果选择的是实体，系统会对实体的所有面进行抽壳；如果选择的是实体表面，系

统会将此表面删除，然后对实体进行抽壳处理。

03 选择并确定后，打开如图4-50所示的“抽壳”对话框。

04 在“抽壳”对话框中，选择“方向1”为内侧抽壳，选择“方向2”为外侧抽壳，选择“两端”为两侧抽壳。设置完成后，单击“确定”按钮完成操作。选择实体作为抽壳对象时，效果如图4-51所示；选择实体表面作为抽壳对象时，效果如图4-52所示。

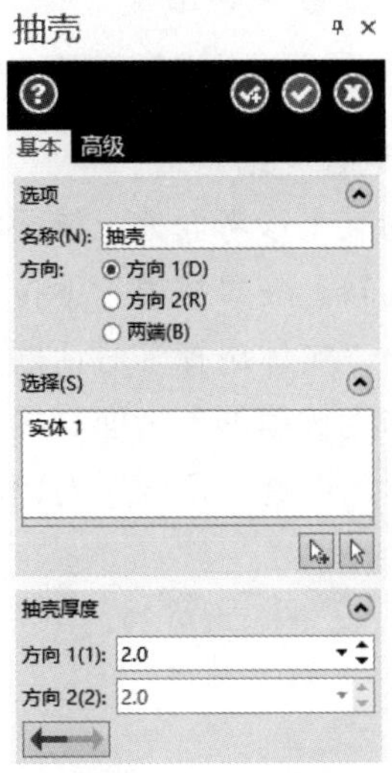

图 4-50　“抽壳”对话框

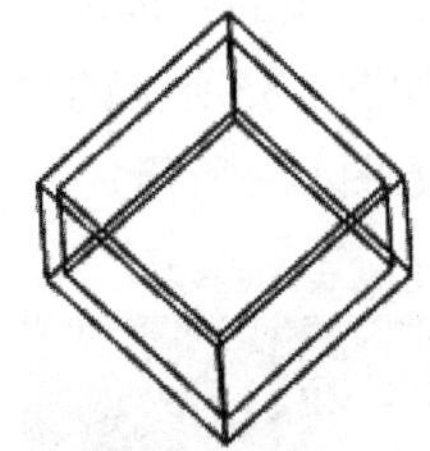

图 4-51　抽壳对象为实体的效果

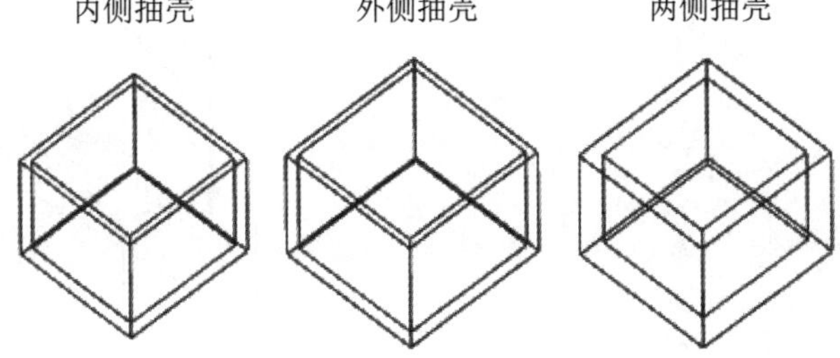

图 4-52　抽壳对象为实体表面的效果

4.2.7　牵引面

牵引面(即拔模)指将实体上的某个面旋转一定的角度，其他与它相交的面也会随之发生变化，继续保持与该面的相交关系。在进行模具设计时，这一命令可以用来生成拔模斜度。

以如图4-53所示的六面体为例进行牵引面命令的介绍。后面的操作都以顶面为需要进行牵引的面。

操作步骤：

01 在“实体”选项卡的“修剪”面板上单击“拔模”下拉按钮，弹出如图4-54所示的“拔模”下拉菜单。

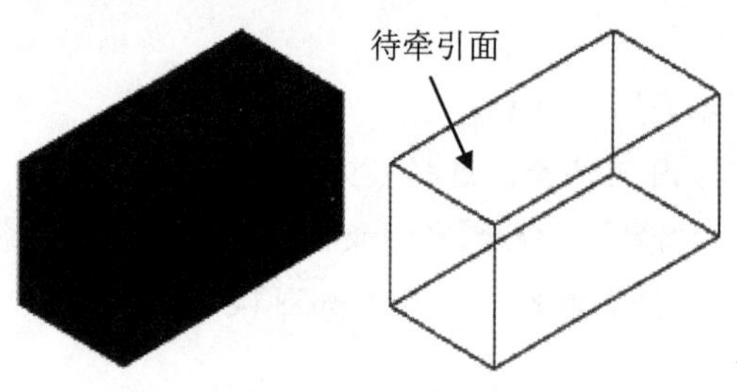

图 4-53　待牵引实体

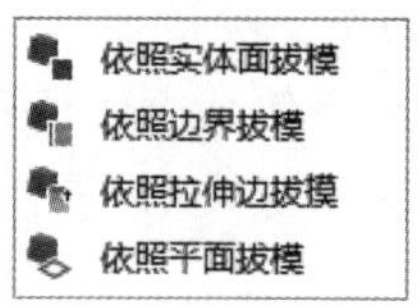

图 4-54　“拔模”下拉菜单

“拔模”下拉菜单中提供了4种拔模方式，下面逐一进行介绍。

- “牵引到实体面”指将待牵引面拉伸到实体上的某个参考面处，该面的大小不会发生变化，待牵引面将以它们的交线为轴进行旋转。在“拔模”下拉菜单中单击“依照实体面拔模”按钮，确定后，系统弹出“实体选择”对话框并提示用户选择要拔模的实体面，然后指定一个实体平面作为拔模的参考面。接下来系统将打开如图4-55所示的“依照实体面拔模”对话框，设置“角度”为15，牵引后的效果如图4-56所示。

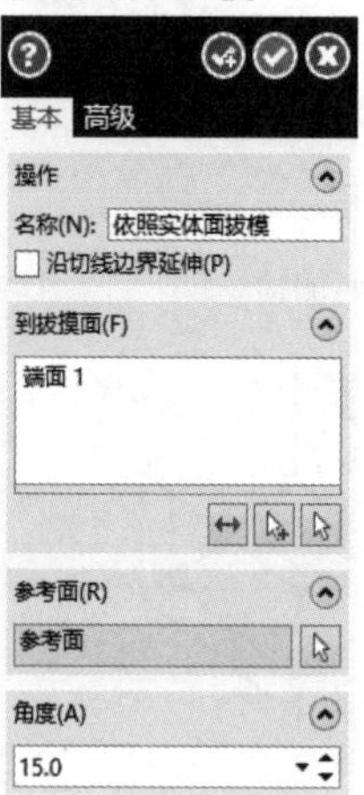

图 4-55　“依照实体面拔模”对话框

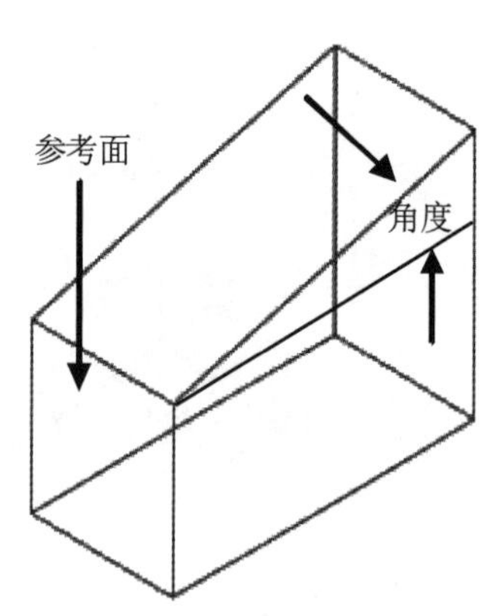

图 4-56　牵引到实体面效果

- “牵引到指定边界”指以选择的参考边作为轴线，牵引后该边不会发生变化。在“拔模”下拉菜单中单击“依照边界拔模”按钮，确定后，系统提示用户首先选择要拔模的实体面，然后选择参考边界作为旋转轴，最后选择一条边来指定牵引方向，接下来系统将打开如图4-57所示的“依照边界拔模”对话框。本例的选择方式如图4-58所示，选择不同的牵引方向，将得到不同的牵引效果，如图4-59所示。

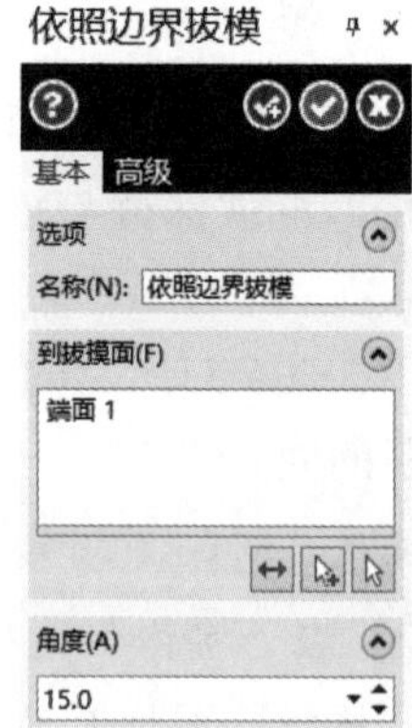

图 4-57　“依照边界拔模”对话框

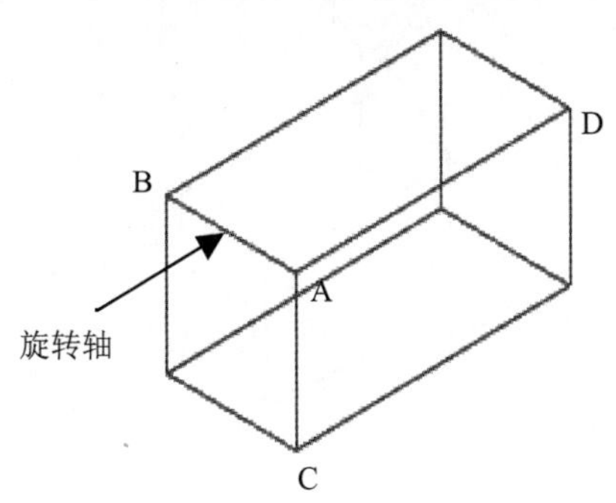

图 4-58 牵引到指定边界选择方式

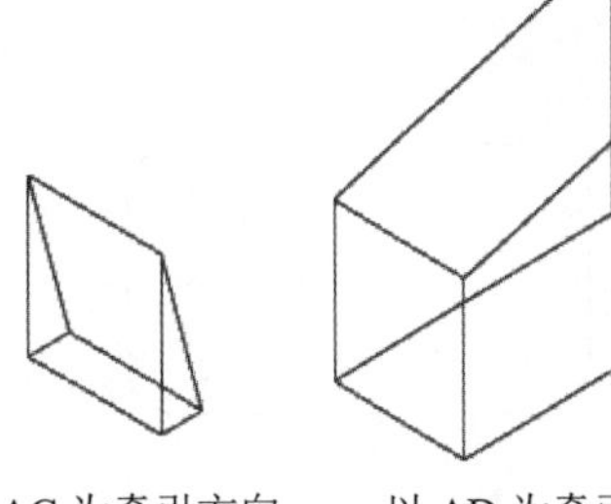

图 4-59 牵引到指定边界效果

- "牵引到指定平面"指将待牵引面拉伸到空间中某个平面处，待牵引面将以它们的交线为轴进行旋转。这个平面和这个交线都可以是虚拟的。

在实体前方放置一平面，如图4-60所示。在"拔模"下拉菜单中单击"依照平面拔模"按钮，系统提示用户选择要拔模的实体面，选定后，系统将会打开如图4-61所示的"依照平面拔模"对话框，同时提示用户为拔模操作选择平面，在该对话框中单击"平面"选项下的按钮，并在绘图区域中选定平面。

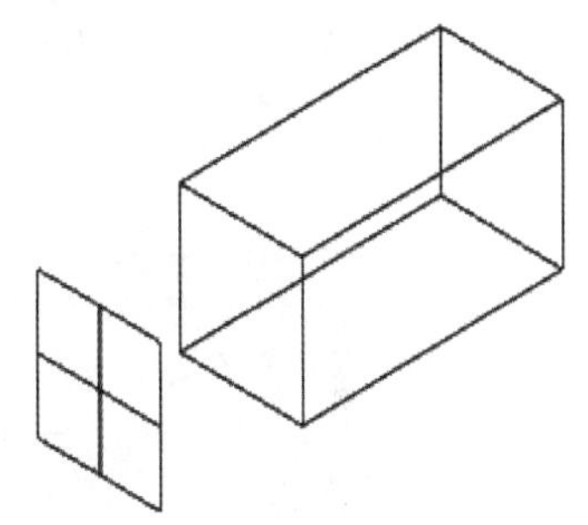

图 4-60 在实体前创建平面

在"依照平面拔模"对话框中，设置牵引"角度"为15，牵引后的效果如图4-62所示。

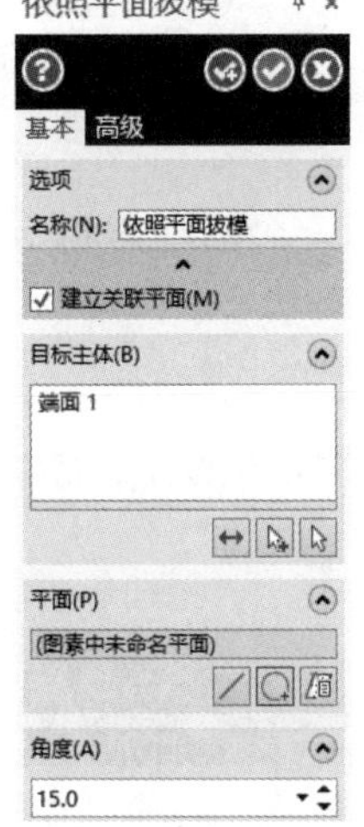

图 4-61 "依照平面拔模"对话框

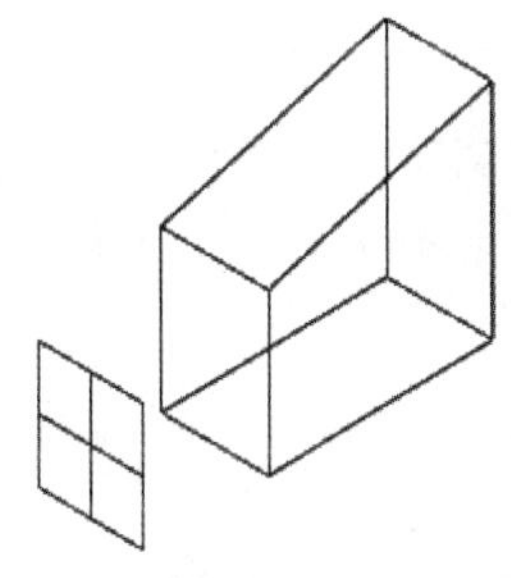

图 4-62 牵引到指定平面效果

- "牵引挤出"方式只能用在拉伸实体上。牵引挤出的旋转轴线是选中面所在的线框。利用如图4-63所示的基本线框，生成一个如图4-64所示的拉伸实体。在"拔模"下拉菜单中单击"依照拉伸边拔模"按钮，选定平面后，系统将会打开如图4-65所示的"依照拉伸拔模"对话框。牵引后的效果如图4-66所示。

02 设置完成后，单击"确定"按钮完成操作。

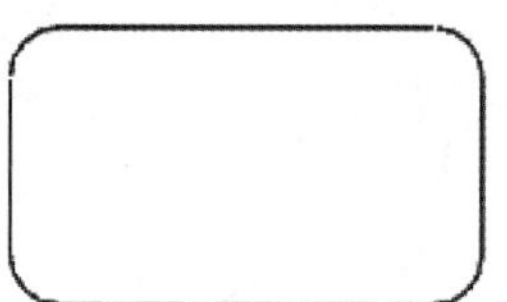

图 4-63 基本线框

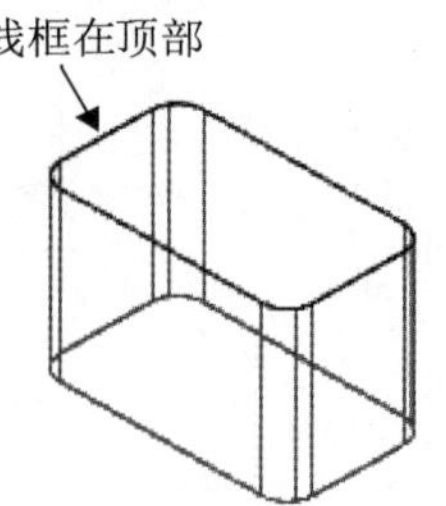

图 4-64 拉伸实体

图 4-65 “依照拉伸拔模”对话框

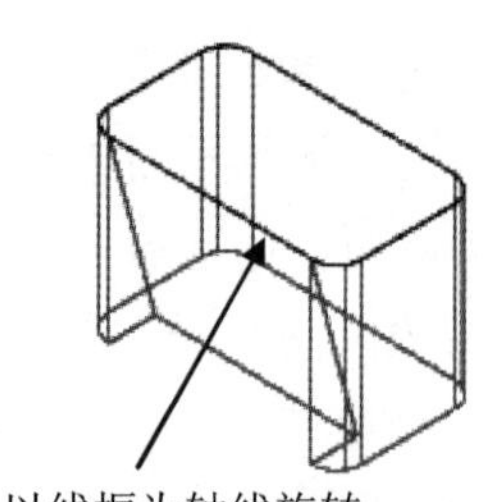

图 4-66 牵引拉伸效果

4.2.8 布尔运算

布尔运算是实体造型中的一种重要方法，利用它，可以迅速构建出复杂而规则的形体。布尔运算的主要方法有：求交、求差和求并。

在介绍布尔运算之前，首先创建如图4-67所示的实体，一个圆柱体和一个六面体，圆柱体从六面体中穿过。接下来的内容介绍将以该实体为例。

操作步骤：

01 在“实体”选项卡的“创建”面板上单击“布尔运算”按钮，启动布尔运算命令。

02 系统打开如图4-68所示的“布尔运算”对话框。

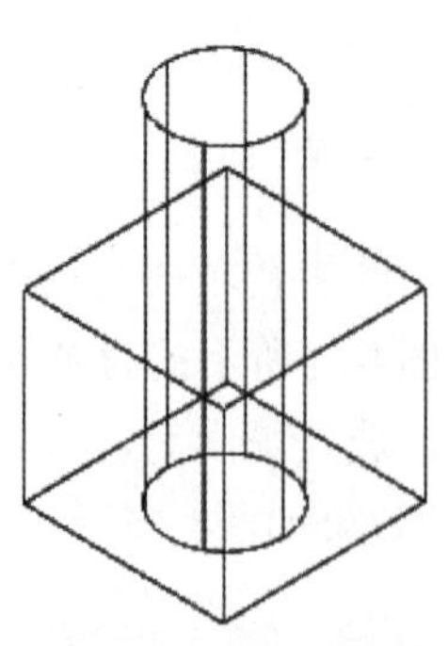

图 4-67 布尔运算基本图形

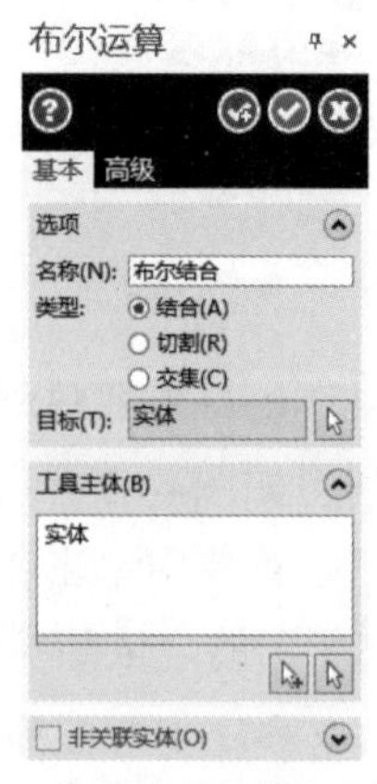

图 4-68 “布尔运算”对话框

“布尔运算”对话框中提供了3种布尔运算的类型，下面逐一进行介绍。

- 布尔求并运算是指将两个以上有接触的实体连接成一个无缝的实体。选中“结合”单选按钮，系统将提示用户选择需要求并的实体。选择并确定后，生成一个新的实体，如图4-69所示。

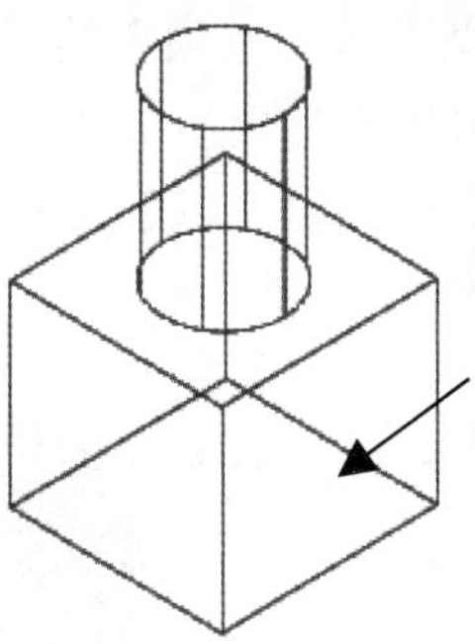

两者成为一个新的实体，所以穿过六面体的圆柱体部分消失了

图 4-69　布尔求并运算结果

- 布尔求差运算是对两个混叠的实体，从其中的一个实体中挖去另外一个实体的部分图形。选中“切割”单选按钮，系统提示用户选择需要求差的实体。选择并确定后，系统将生成一个新的实体，如图4-70所示。
- 布尔求交运算，利用它可以得到两个混叠的实体的混叠部分。选中“交集”单选按钮，系统提示用户选择需要求交的实体。选择并确定后，系统将生成一个新的实体，如图4-71所示。

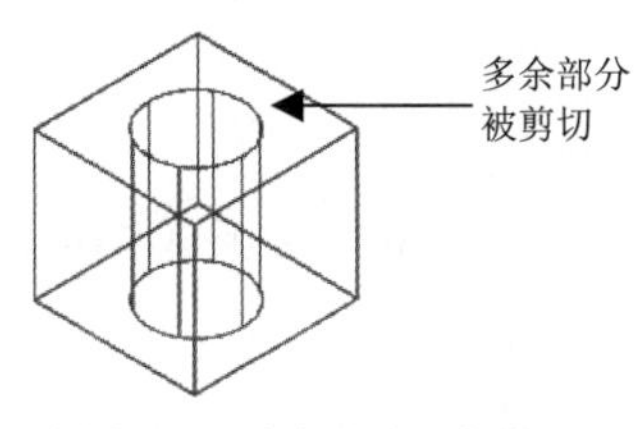

图 4-70　布尔求差运算结果

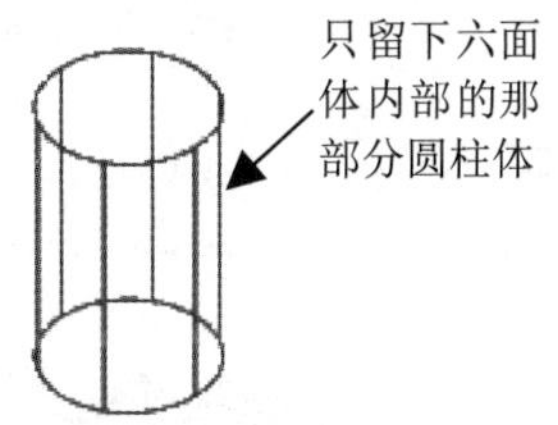

图 4-71　布尔求交运算结果

03 设置完成后，单击“确定”按钮完成操作。

4.2.9　特征辨识

特征辨识功能用于寻找主体实体中的孔、倒圆角等实体特征，并把它们独立出来成为一个新的“操作”。用户可以重新创建操作或删除该特征。重新创建时，系统会将该操作添加到实体对象管理区中；移除特征可以用于删除已检查到的实体特征。用户还可以设置需要寻找特征的条件，即其半径范围。

在“模型准备”选项卡的“修剪”面板上，单击“添加历史记录”按钮，系统将提示用户选择需要处理的实体。选择并确定后，系统打开如图4-72所示的“添加历史记录”对话框。

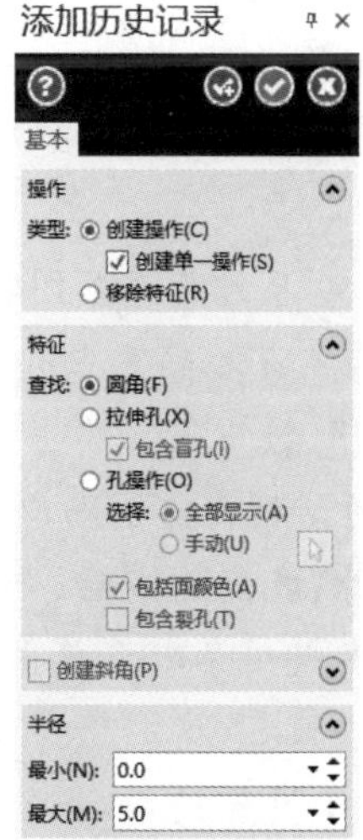

图 4-72　“添加历史记录”对话框

4.2.10　移除实体历史记录

移除实体所有历史操作功能，可以用于将实体的全部记录，包括创建和编辑实体的各项操作全部清空，但维持实体外观不变。

在“模型准备”选项卡的“修剪”面板上，单击“移除历史记录”按钮，系统将提示用户选择需要处理的实体。选择并确定后，即可将实体的各项操作全部清空，实体外观维持不变。操作前后对象管理区“实体”选项卡中的树状图项目发生变化，操作实例如图4-73所示。

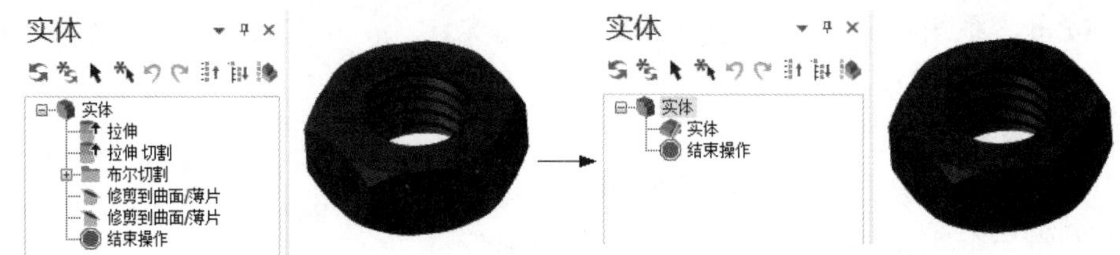

图 4-73　移除实体历史记录实例

以上介绍了创建和编辑实体的基本命令，如何利用这些命令设计出复杂的实体零件，需要用户在实践中不断地思考和练习。

4.3　创建多面视图

在Mastercam中，可以直接由已创建的实体来生成多面视图。

首先，选择“文件”|“打开”命令，打开文件三维实体.mcam，如图4-74所示。

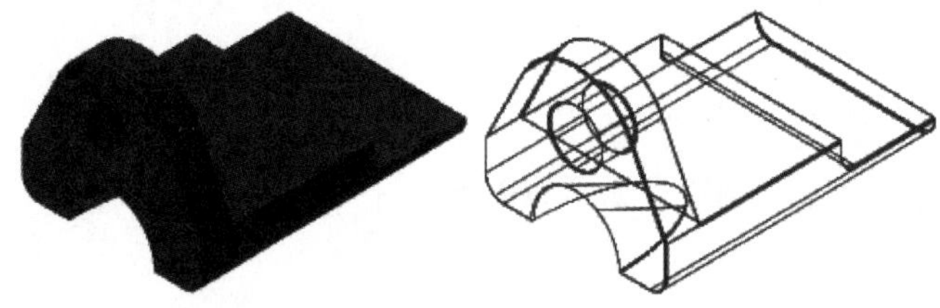

图 4-74　三维实体实例

操作步骤：

01 在“实体”选项卡的“工程图”面板上单击“工程图”按钮，启动创建多面视图命令。

02 系统打开如图4-75所示的“实体工程图纸”对话框。用户可以根据需要，在“布局方式”下拉列表中选择视图布局方式。

03 接下来，单击“层别”右侧的“选择”按钮，系统打开如图4-76所示的“选择层别”对话框，要求用户指定多面视图置于哪一个图层。

04 指定完成后，系统打开如图4-77所示的“实体工程图”对话框，用于设置更为详细的多视图参数。单击“更改视图”按钮，在打开的“选择平面”对话框中选择所需的视图。

05 设置完成后，单击“确定”按钮完成操作。

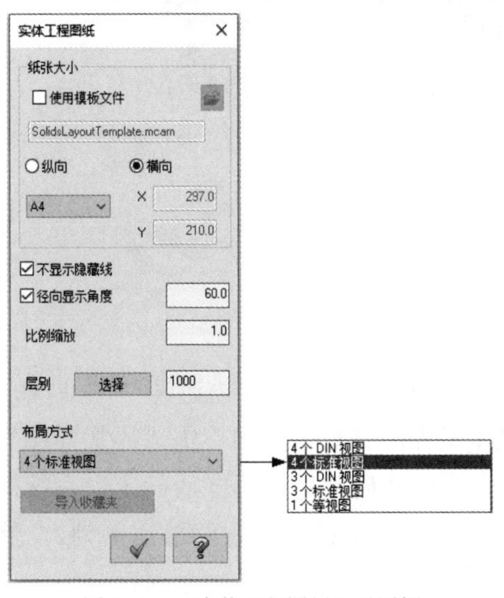

图 4-75　“实体工程图纸”对话框

图 4-76　“选择层别”对话框

在实际的工程设计中，一般情况下，仅通过3个视图是无法将零件的所有情况都表示清楚的，Mastercam提供了选项来生成剖面视图。在“实体工程图”对话框中单击“添加截面”按钮，系统将打开如图4-78所示的“截面类型”对话框。该对话框中的每种剖面方式都有图形加以演示，用户可以直观地了解选中的剖面方法。

选中某种方法并确定后，系统将提示用户直接在多视图上选择剖面线的位置，然后打开如图4-79所示的“参数”对话框，用于指定剖面视图的参数。本例中进行如图4-80所示的选择。同时，单击“全部显示”按钮将每个视图隐藏的虚线都显示出来。

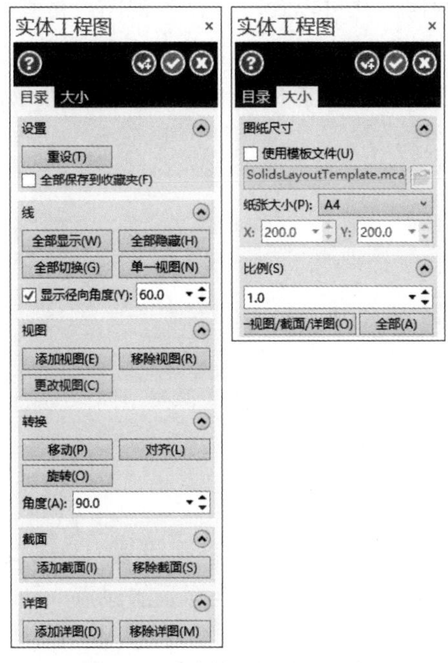

图 4-77　“实体工程图”对话框

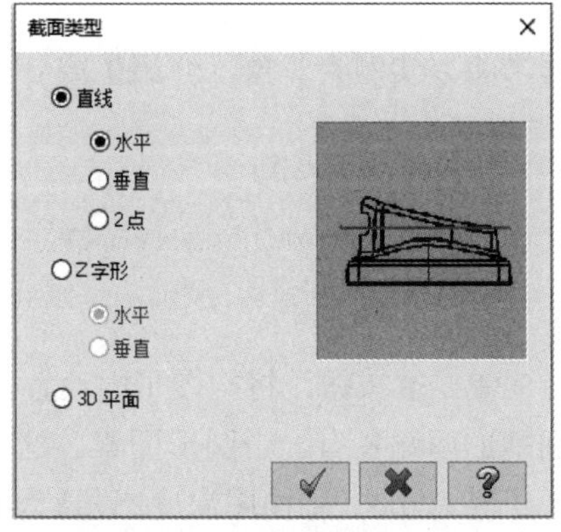

图 4-78　“截面类型”对话框

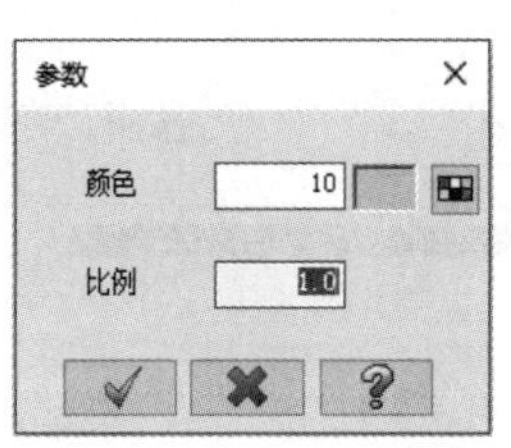

图 4-79 “参数”对话框

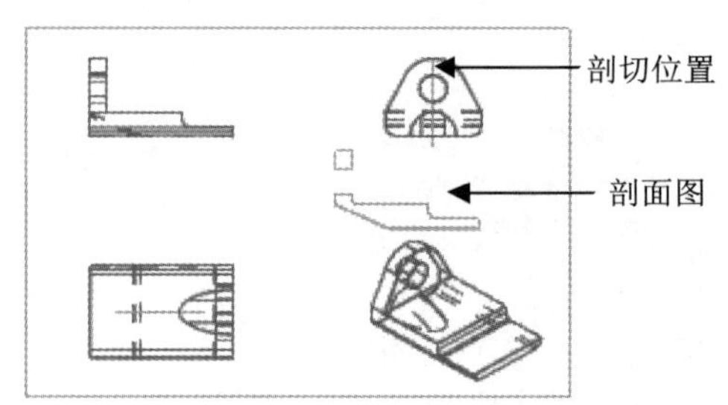

图 4-80 剖面视图生成效果

在一个很大的零件中，有时会存在局部很小无法在当前比例下描述清楚的情况，用户可以很方便地对视图的局部进行放大。在“实体工程图”对话框中单击“添加详图”按钮，系统打开如图4-81所示的“详图类型”对话框。选择局部框的形式后确定，系统提示用户选择放大区域，然后打开如图4-79所示的“参数”对话框，设置缩放比例为2，然后选择视图放置位置即可，实例效果如图4-82所示。

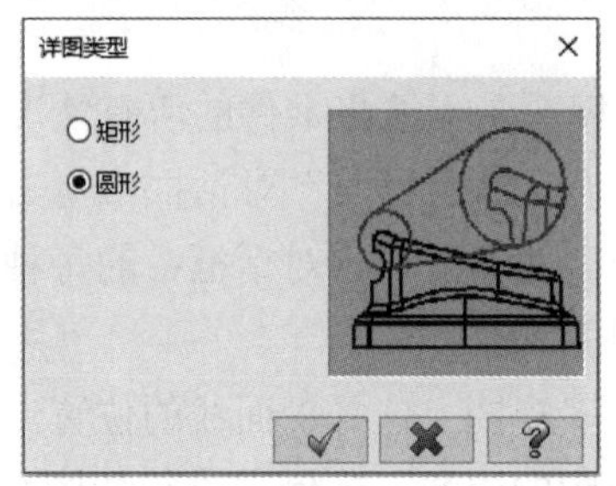

图 4-81 “详图类型”对话框

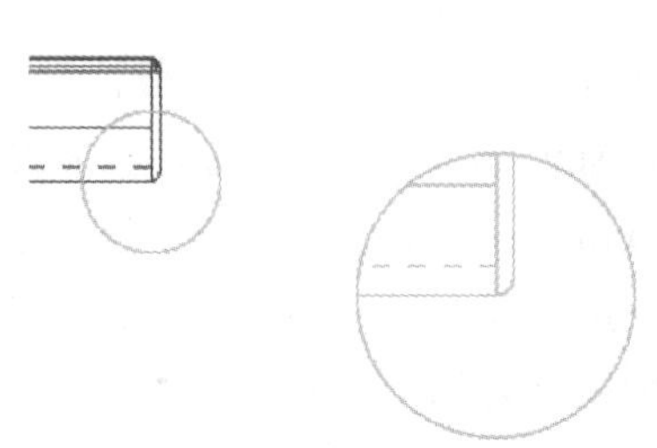
图 4-82 局部放大效果

接下来，用户只要通过平移、旋转和对齐等操作，就可以合理安排多视图，得到满意的效果。

在多视图中的每个图形都是矢量图形，即图中的各种图素和画出来的没有区别，用户可以很方便地在图中直接进行修改或标注尺寸等操作。

4.4 三维实体设计实例

本节将以实例为对象，介绍生成一个复杂实体的详细操作过程。

4.4.1 绘制曲柄实例

已完成的曲柄实例如图4-83所示。以下为绘制的全过程。

1. 绘制二维截形

首先单击按钮，将构图平面设置为右(侧)视图。在中，将线型设置为点画线。

曲柄的两端各有一个圆形图素。这里将其中较大圆的圆心置于坐标系的原点，两个圆的圆心距离为200。将构图深度Z设置为0。

单击按钮，绘制过坐标系原点的两条相互垂直的中心线，然后单击按钮，将垂直的中心线水平移动200。完成后的效果如图4-84所示。

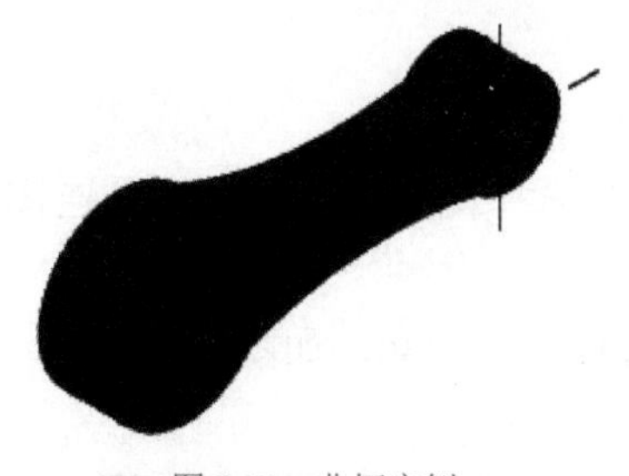

图 4-83　曲柄实例

图 4-84　绘制完成的中心线

将线型设置为实线。单击⊙按钮，利用鼠标选择圆心，在 半径(U): 0.0 中输入需要的半径。在左边的中心线交点处绘制半径分别为50和17.5的两个圆，然后在右边的中心线交点处绘制半径分别为30和18的两个圆。绘制完成后，效果如图4-85所示。

接下来绘制肋板圆弧。单击按钮，在“已知边界点画圆”对话框中选中“两点相切”单选按钮，并在 直径(D): 0.0 中输入直径为520，然后利用鼠标依次选择左右两个大圆。确定后，用户选择所需的一个圆即可。完成后的效果如图4-86所示。

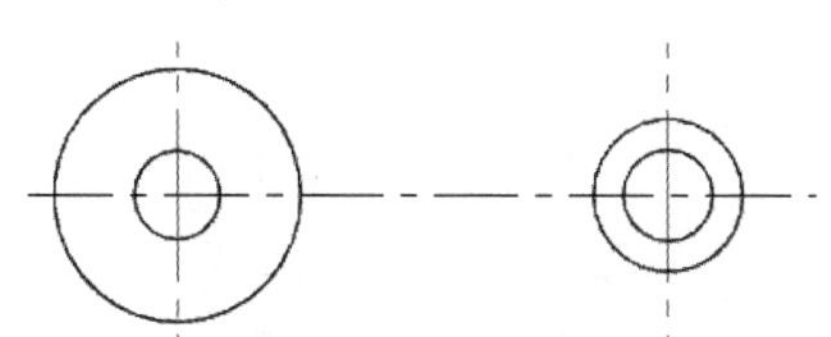

图 4-85　绘制完成的圆

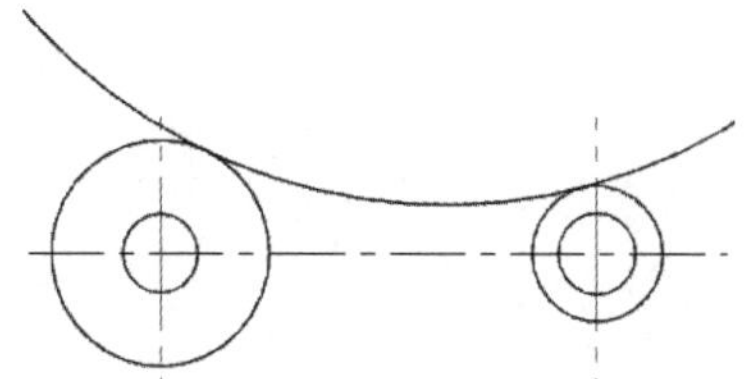

图 4-86　绘制共切外圆

单击按钮，对共切外圆进行剪切操作。利用鼠标依次选择需要保留的一段圆弧和大圆即可。完成后的效果如图4-87所示。

单击按钮，沿水平中心线对共切圆弧进行镜像，效果如图4-88所示。

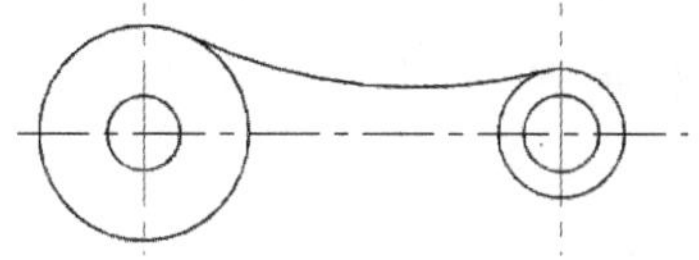

图 4-87　剪切共切外圆

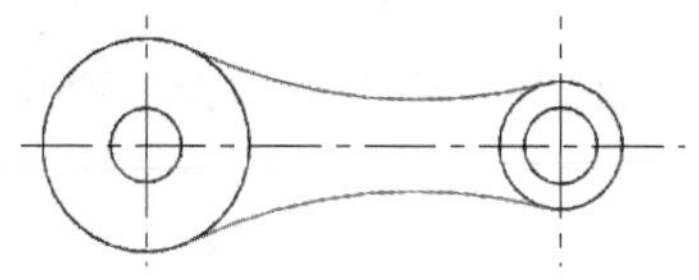

图 4-88　镜像共切圆弧

接下来绘制左边小圆孔中的键槽，键槽宽为10，深度距离为到中心线22.5，即槽底与水平中心线的距离为22.5。相对第3章的绘制方法，这里介绍另一种。

单击按钮，将垂直中心线往左右两边各偏置5，水平中心线往上部偏置22.5，并将线型设置为实线，如图4-89所示。

然后根据要求，依次进行修剪即可得到需要的图形。完成后的二维截形如图4-90所示。

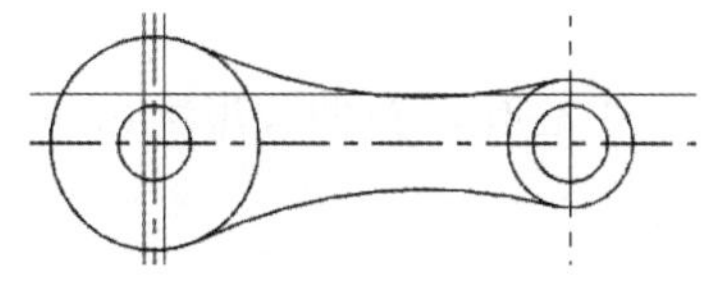

图 4-89　偏置中心线

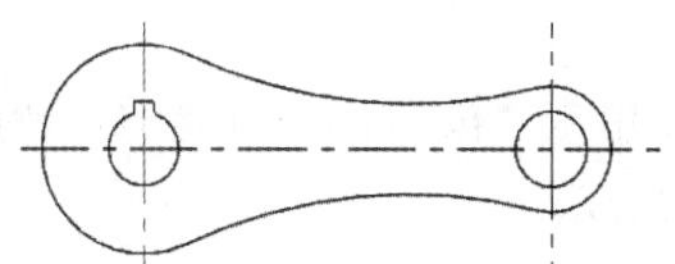

图 4-90　完成的二维截形效果

2. 绘制压肋板实体

单击按钮，将视角设置为等(轴测)视图。

单击按钮，打开“串连选择”对话框，依次选择图中的3个封闭串连图形，如图4-91所示。

确定后，在打开的“实体拉伸”对话框中设置拉伸长度为30，如图4-92所示。

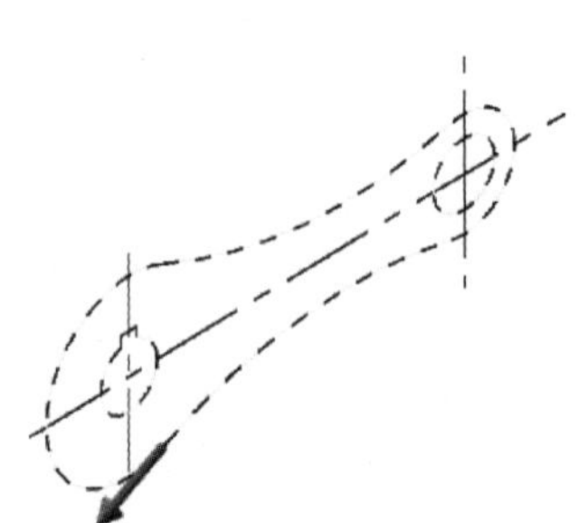

图 4-91　选择需要进行拉伸的封闭图素

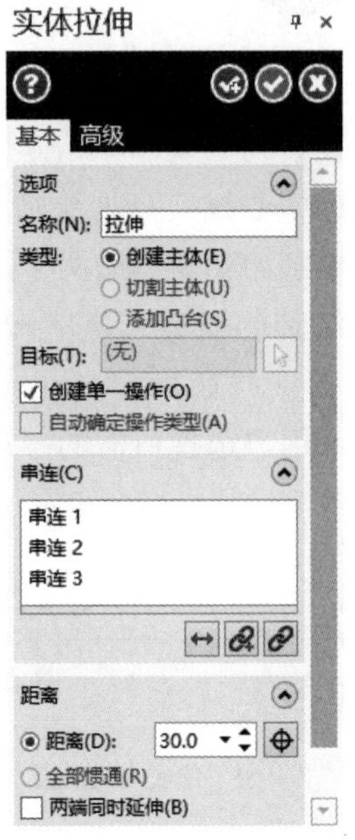

图 4-92　“实体拉伸”对话框

确定后，系统生成如图4-93所示的拉伸实体。

3. 绘制凸台实体

在进行实体操作之前，为了拉伸操作，曾将两个外圆进行了修剪。在这里，为了生成凸台，需要将其补上。补好后的效果如图4-94所示。

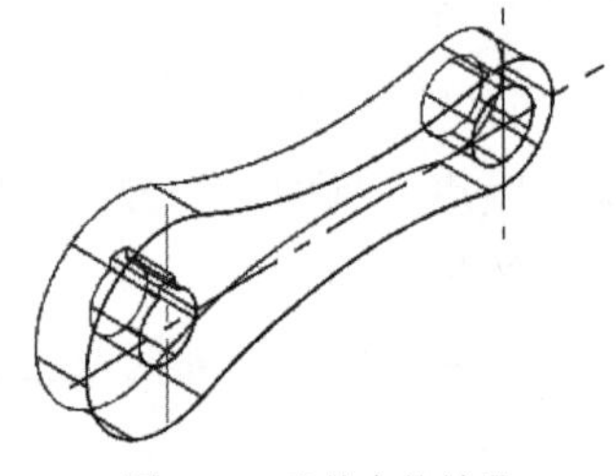

图 4-93　拉伸实体效果

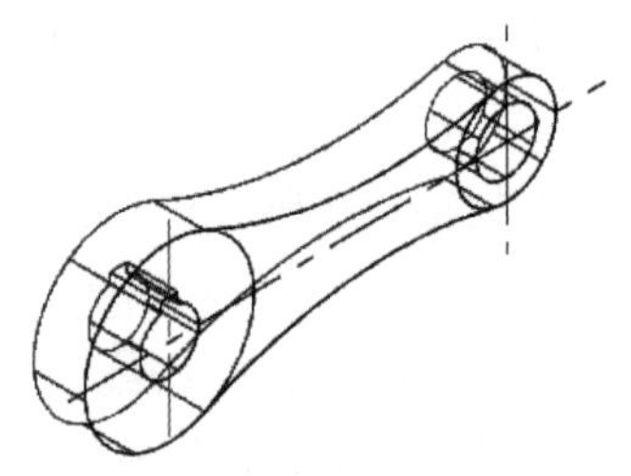

图 4-94　补大圆

选中补好的大圆以及两个中心孔图素，单击按钮，沿Z向复制移动-30，如图4-95所示。

接着单击按钮，串连选择一侧的两个大圆和两个中心孔，拉伸长度为6。拉伸效果如图4-96所示。

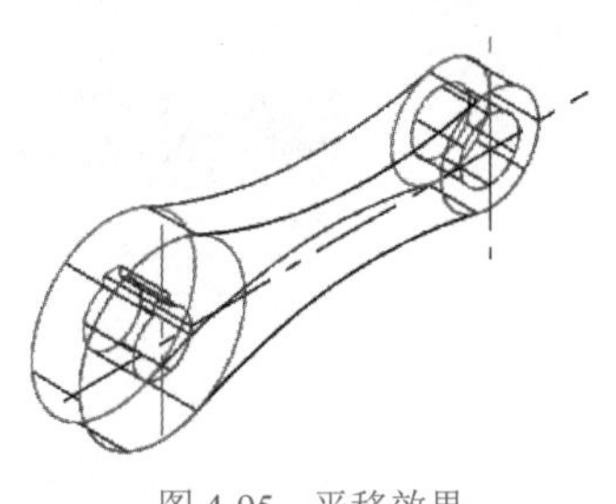

图 4-95　平移效果

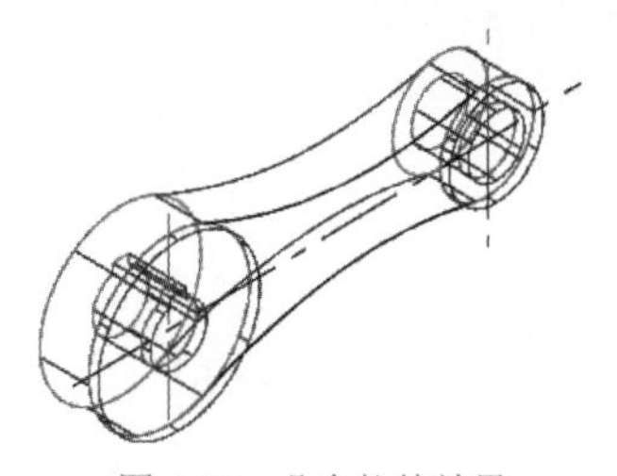

图 4-96　凸台拉伸效果

利用光标滚轮或动态观测器，将曲柄反转至另一侧并进行同样的操作。最终生成的曲柄实体效果如图4-97所示。

最后，单击按钮，对实体进行着色，并从不同的角度进行观察，效果如图4-98所示。

图 4-97　曲柄实体

图 4-98　着色后观察实体

4.4.2　绘制螺母实例

螺母实例如图4-99所示，以下是绘制的全过程。

1. 创建螺旋实体

01 在“线框”选项卡的“形状”面板上打开“矩形”下拉菜单，单击“螺旋线(锥度)”按钮，系统打开“螺旋”对话框，在其中将具体参数设置为：半径(U)为10、锥度角(A)为0、圈数(V)为5、间距(P)为3。确定后，在中输入螺旋线底部中心坐标为(0,0,0)。完成后的效果如图4-100所示。

02 单击按钮，将螺旋线沿X方向移动-10的距离，以便将螺旋线的起始点移到坐标系原点。

03 单击按钮，将构图平面设置为前视图。

04 在“线框”选项卡的“形状”面板上打开“矩形”下拉菜单，单击“多边形”按钮，在打开的“多边形”对话框中进行参数设置，如图4-101所示。绘制一个正三角形，外接圆半径为0.8，中心在原点。

05 确定后，效果如图4-102所示。

06 下面通过扫描生成螺旋实体。单击按钮，选择三角形为扫描线，螺旋线为扫描轨迹，确定后，系统打开如图4-103所示的“扫描”对话框。直接确定后，生成的螺旋实体如图4-104所示。

图 4-99　螺母实例

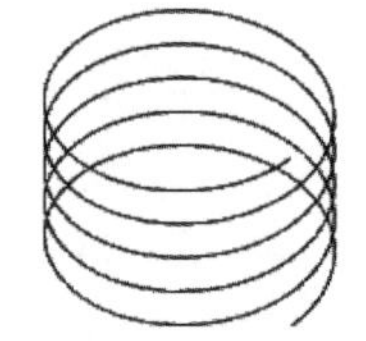

图 4-100　绘制完成的螺旋线

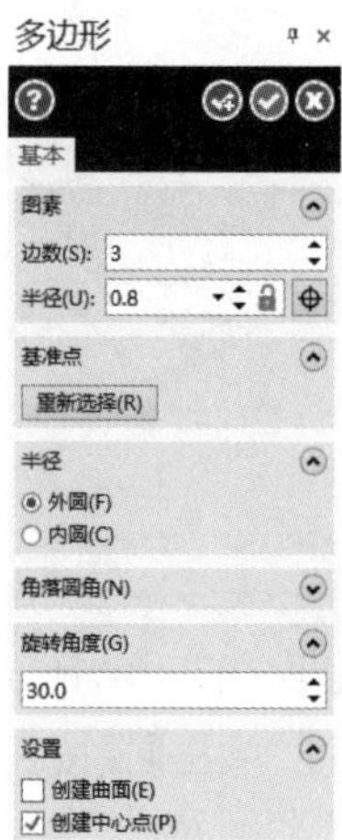

图 4-101　“多边形”对话框

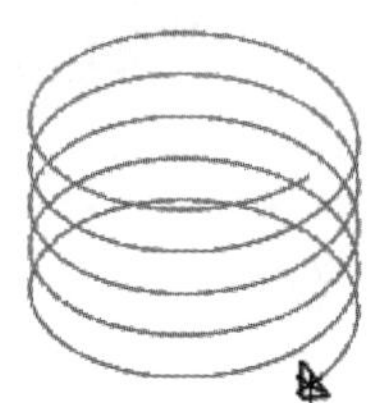

图 4-102　绘制完成的正三角形

图 4-103　“扫描”对话框

图 4-104　生成的螺旋实体

2. 绘制六面体

01 单击按钮，将构图平面设置为俯(主)视图。

02 在“线框”选项卡的“形状”面板上打开“矩形”下拉菜单，单击“多边形”按钮，在打开的“多边形”对话框中进行参数设置，如图4-105所示。绘制一个正六边形，外接圆半径为18，中心在(-10,0,0)。绘制完成后的效果如图4-106所示。

图 4-105　“多边形”对话框

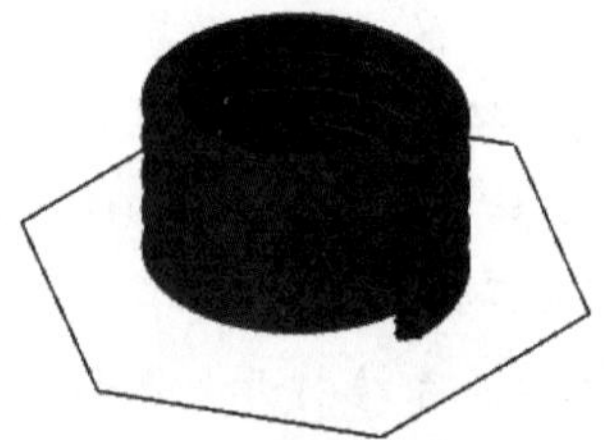

图 4-106　绘制的正六边形

03 单击按钮，串连选择正六边形为拉伸对象，将拉伸长度设置为15，确定后，生成如图4-107所示的图形。

3. 创建内螺纹

01 首先单击按钮，以(-10,0,0)为圆心，绘制一个半径为10的圆，如图4-108所示。

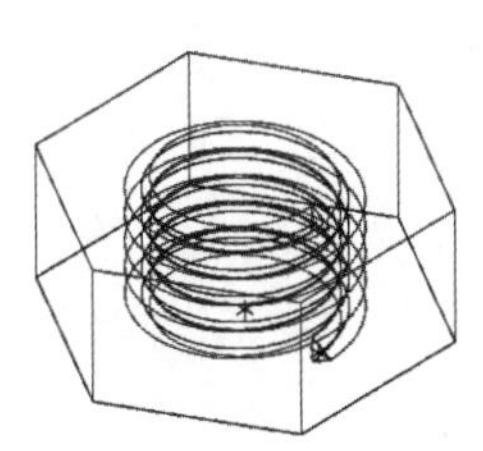

图 4-107　生成的正六面体

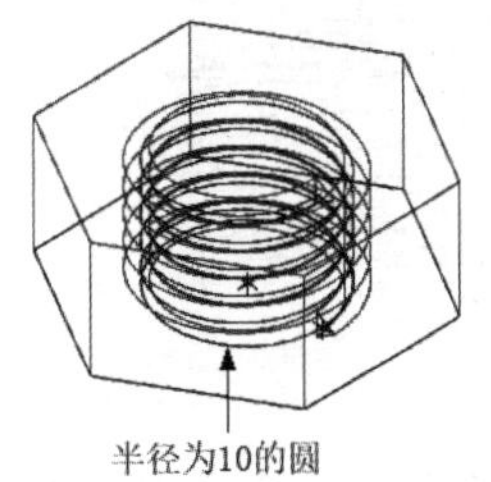

图 4-108　绘制半径为 10 的圆

02 单击按钮，选择上一步绘制的圆为拉伸对象，在打开的如图4-109所示的“实体拉伸”对话框中选中“切割主体”单选按钮。确定后，选择正六面体为对象进行修剪即可。完成后的效果如图4-110所示。

03 接下来利用布尔求差运算生成螺纹。单击按钮，在打开的“布尔运算”对话框中选中“切割”单选按钮，然后依次选择正六面体和螺旋体，确定后，生成螺纹，如图4-111所示。原本突出的螺旋体变成了内陷的螺纹。

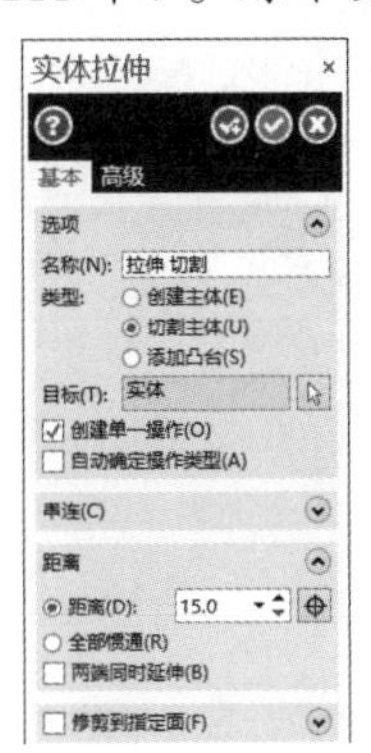

图 4-109　“实体拉伸”对话框

图 4-110　拉伸后的效果

图 4-111　生成的螺纹

4. 上下表面倒角

01 单击按钮和按钮，将构图平面和显示平面均更改为前视图。

02 单击按钮，绘制一条直线和一条中心线，如图4-112所示。

03 下面绘制旋转曲面。单击按钮，分别选择直线为旋转母线，中心线为轴线，生成的旋转曲面如图4-113所示。

04 然后用生成的曲面去修剪实体。单击按钮，按照系统提示依次选择实体和曲面，打开如图4-114所示的“修剪到曲面/薄片”对话框，可单击按钮选择合适的修剪方向。

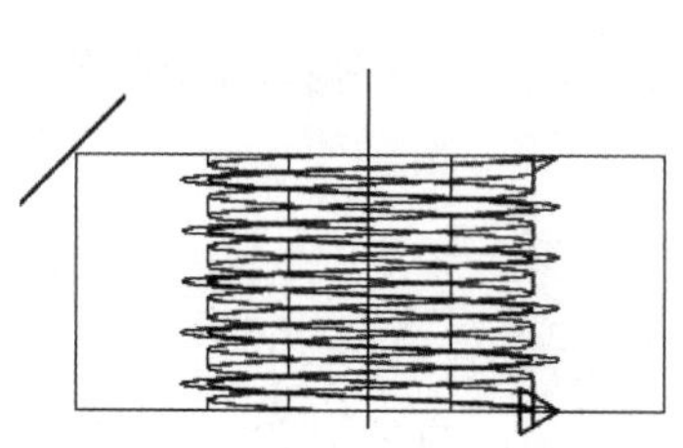

图 4-112　绘制的一条直线和一条中心线

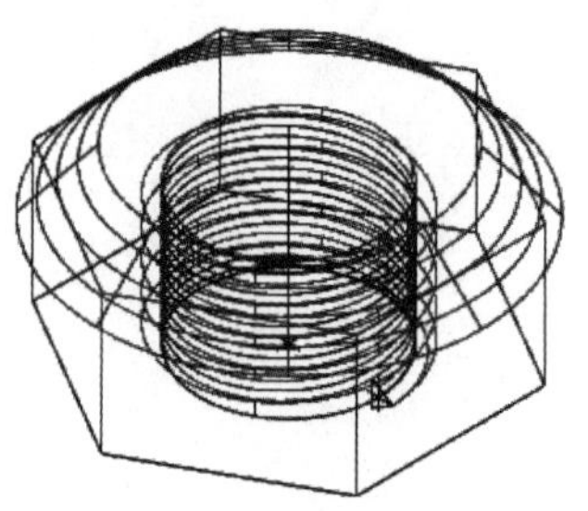

图 4-113　生成的旋转曲面

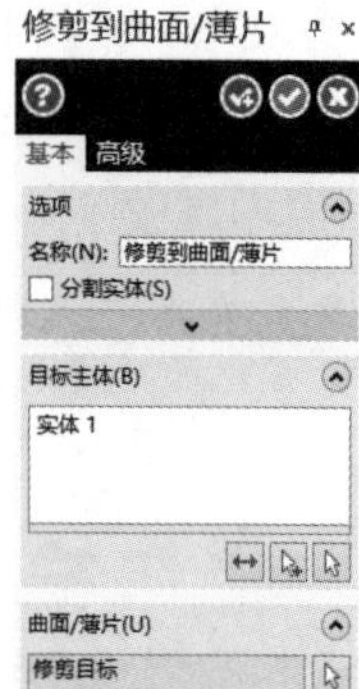

图 4-114　“修剪到曲面 / 薄片”对话框

05 确定后，将旋转曲面进行隐藏，效果如图4-115所示。

06 用同样的方法对底面进行操作即可。最后生成的螺母如图4-116所示。

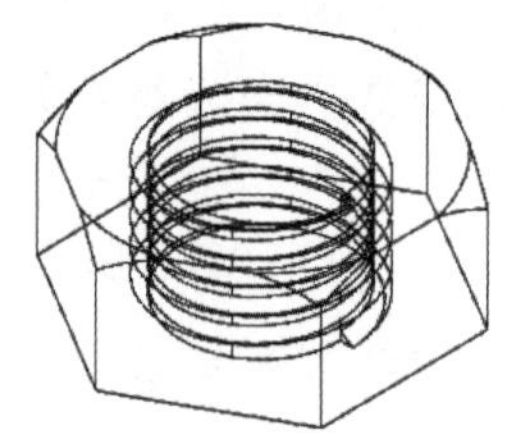

图 4-115　实体修剪后的螺母顶面效果

图 4-116　螺母

4.5　习题

1. 创建基本实体的方法有哪些？
2. 在倒圆角时，有时会出现3个倒圆角相交的现象，如何解决？
3. Mastercam提供了哪几种视图，分别如何生成和布局？
4. 在生成二维图纸时，如何生成剖面视图？

第5章

数控加工基础

目前CAM技术已经有了很大的发展，在一定程度上能够帮助技术人员进行刀具路径的规划和决策。但该功能十分有限，很多工艺参数的选择工作都必须在操作者的指引下才能完成。这就要求操作者必须拥有足够的专业知识和经验，否则设计出来的刀具路径往往可能在Mastercam中看起来是可以实现的，但在实际制作过程中无法进行加工。本章的内容将重点放在如何操作生成刀具路径上，对于具体的参数选择，需要用户在实际使用过程中不断结合实际经验才能逐步体会。

本章的学习目标：

- 了解数控编程的基本过程
- 了解数控编程中坐标系的含义及相关的术语
- 掌握刀具设置的方法
- 掌握材料设置的功能
- 掌握工作设置中的基本内容和方法
- 掌握操作管理的基本内容和方法
- 掌握刀具路径修剪与转换的方法

5.1 Mastercam数控加工基础

如果说CAD功能是制造业软件的基础，那么，对于Mastercam来说，强大的CAM功能是其能够在激烈的竞争中立于不败之地的关键。CAM主要是根据工件的几何外形，通过设置相关的切削参数来生成刀具路径。

刀具路径被保存为NCI(工艺数据文件)，它包含了一系列刀具运动轨迹及加工信息，如刀具、机床、进刀量、主轴转速及冷却液控制等。刀具路径经过后置处理器处理，即可转换为NC代码。

Mastercam包含了4个CAM模块：“铣床”“车床”“线切割”和“木雕”(雕刻)。在“机床”选项卡的“机床类型”面板中，用户可以通过选择不同的机床来进入对应的模块，如图5-1所示。本书将重点放在应用最多和最有特色的“铣床”模块。

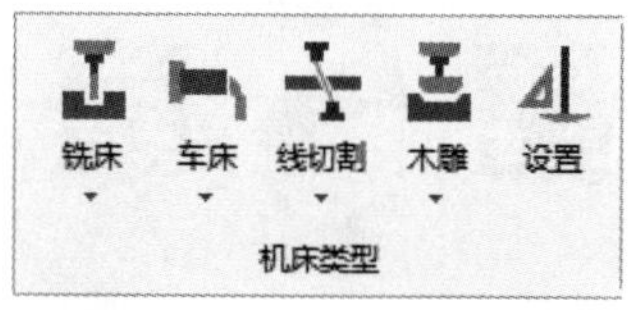

图 5-1 “机床类型”面板

选择“机床”|“机床类型”|“铣床”|“默认”命令后，铣床“刀路”选项卡将会被激活，如图5-2所示。如果是车床或者刨床，会出现不同的选项卡。用户还可以通过定制工具栏来使用更为方便的命令选择方式。

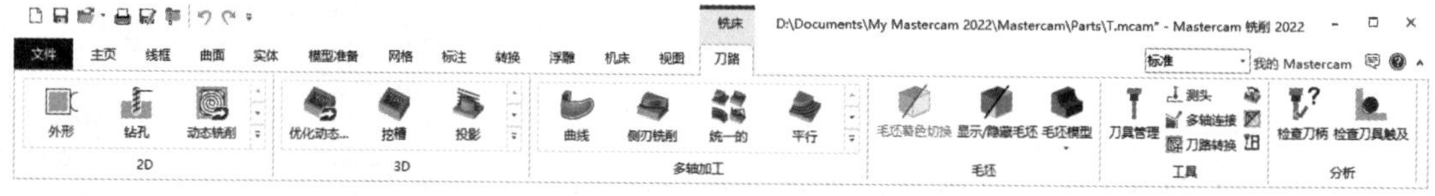

图 5-2 铣床“刀路”选项卡

Mastercam的CAM部分主要分为二维刀具路径设计和三维刀具路径设计两大类。二维刀具路径指在加工过程中，刀具或工件在高度方向上不再发生变化，即只在XY平面内移动；三维刀具路径指刀具或工件除了在XY平面内不断移动，在Z方向上也不断发生变化，即实现三轴的联动。

当今在模具加工领域发展较为迅速的一种加工方法为多轴加工。多轴加工即在原有的X、Y、Z三轴的基础上，增加了两个刀具旋转的A、B轴。多轴加工的加工对象多为复杂的三维零件，因此，本书将其置于三维刀具路径中加以介绍。

二维刀具路径包括外形铣削、挖槽加工、平面铣削和钻孔加工4大类，三维刀具路径则分为粗加工和精加工两大类。但不论是哪种刀具路径的生成方式，其中的刀具设置、材料设置、工作设置和操作管理的基本方法相同。因此，本书在介绍如何生成刀具路径之前，首先对这些内容进行统一介绍。

5.2 数控编程的基本过程

数控编程是从零件设计得到合格的数控加工程序的全过程，其最主要的任务是通过计算得到加工走刀中的刀位点，即获得刀具运动的路径。对于多轴加工，还要给出刀轴的矢量。

对于复杂的零件，其刀位点的计算使用人工方式很难进行。而CAD技术的发展为解决这一问题提供了有力工具。利用CAD技术生成的零件产品，包含了零件完整的表面信息，为利用计算机计算刀位点提供了基础。

利用CAD软件进行零件设计，然后通过CAM软件获取设计信息，并进行数控编程的基本过程如图5-3所示。数控编程中的关键技术包括零件几何建模技术、加工参数合理设置、刀具路径仿真和后处理技术。

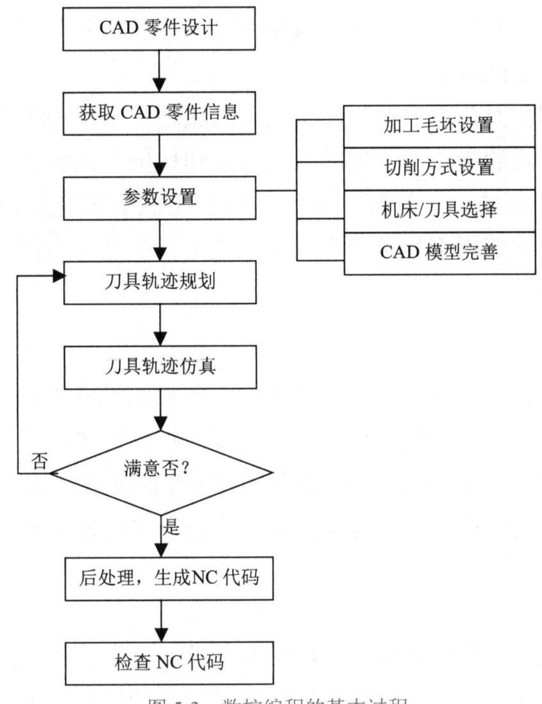

图 5-3　数控编程的基本过程

5.2.1　零件几何建模技术

CAD模型是数控编程的前提和基础，其首要环节是建立被加工零件的几何模型。复杂零件建模的主要技术以曲面建模技术为基础。Mastercam的CAM模块获得CAD模型的方法途径有以下3种：直接获得、直接造型和数据转换。

- 直接获得方式指直接利用已经造型好的Mastercam的CAD文件。这类文件的扩展名为.MCX。
- 直接造型指直接利用Mastercam软件的CAD功能，对于一些复杂程度不高的工作，在编程之前直接造型。
- 数据转换指将其他CAD软件生成的零件模型转换成Mastercam专用的文件格式。

5.2.2　加工参数合理设置

数控加工的效率和质量有赖于加工方案和加工参数的合理选择。合理的加工参数设置包括两方面的内容：加工工艺分析和规划、参数设置。

1. 加工工艺分析和规划

加工工艺分析和规划的主要内容包括加工对象的确定、加工区域规划、加工工艺路线规划、加工工艺和加工方式的确定。

加工对象的确定指通过对CAD模型进行分析，确定零件的哪些部分需要在哪种数控机床上进行加工。如数控铣床不适合用于尖角和细小的筋条等部位加工。选择加工对象时，还要考虑加工的经济性等问题。

加工区域规划是为了获得较高的加工效率和加工质量，将加工对象按其形状特征和精度等要求划分成数个加工区域。

加工工艺路线规划主要是指安排粗、精加工的流程和进行加工余量的分配。

加工工艺和加工方式的确定主要包括刀具选择和切削方式的选择等。

加工工艺分析和规划的合理选择决定了数控加工的效率和质量，其目标是在满足加工要求、机床正常运行的前提下尽可能提高加工效率。工艺分析的水平基本上决定了整个NC程序的质量。

2. 加工参数设置

在完成加工工艺分析和规划后，通过各种加工参数的设置来具体实现数控编程。加工参数设置的内容有很多，最主要的是切削方式设置、加工对象设置、刀具和机床参数设置和加工程序设置。前3种与加工工艺分析和规划的内容相对应。加工程序设置包括进/退刀设置、切削用量、切削间距和安全高度等参数。这是数控编程中最关键的内容。

5.2.3 刀具路径仿真

由于零件形状的复杂多变以及加工环境的复杂性，为了确保程序的安全，必须对生成的刀具路径进行检查。检查的主要内容包括加工过程中的过切或欠切、刀具与机床和工件的碰撞问题。CAM模块提供的刀具路径仿真功能可以很好地解决该问题。通过对加工过程的仿真，可以准确地观察到加工时刀具运动的整体情况，因此能在加工之前发现程序中的问题，并及时进行参数的修改。

5.2.4 后处理技术

后处理是数控编程技术的一个重要内容，它将通用前置处理生成的刀位数据转换成适合于具体机床数据的数控加工程序。后处理实际上是一个文本编辑处理过程，其技术内容包括机床运动学建模与求解、机床结构误差补偿和机床运动非线性误差校核修正等。

在后处理生成数控程序之后，还必须对该程序文件进行检查，尤其需要注意的是对程序头和程序尾部分的语句进行检查。

后处理完成后，生成的数控程序就可以运用于机床加工了。

5.2.5　数控加工程序编制的基本知识

1. 坐标系统

1) 机床坐标系与运动方向

为了确定机床的运动方向和移动距离，需要在机床上建立一个坐标系，该坐标系就是机床坐标系，也称标准坐标系。

数控机床上的坐标系采用右手直角笛卡儿坐标系。右手的大拇指、食指和中指保持相互垂直，拇指所指的方向为X轴的正方向，食指所指的方向为Y轴的正方向，中指所指的方向为Z轴的正方向。

通常把传递切削力的主轴定为Z轴。对于工件旋转的机床(如车床、磨床等)，工件转动的轴为Z轴；对于刀具旋转的机床(如镗床、铣床、钻床等)，刀具转动的轴为Z轴。Z轴的正方向为刀具远离工件的方向。

X轴一般平行于工件装夹面且与Z轴垂直。对于工件旋转的机床(如车床、磨床等)，X坐标的方向是在工件的径向上，且平行于横向滑座，刀具远离工件旋转中心的方向为X轴的正向；对于刀具旋转的机床(如铣床、镗床、钻床等)，若Z轴是垂直的，当从刀具主轴向立柱看时，X轴的正向指向右；若Z轴是水平的，当从主轴向工件看时，X轴的正向指向右。

当X轴与Z轴确定之后，Y轴垂直于X轴和Z轴，其方向可按右手定则确定。

2) 工件坐标系

工件坐标系指由编程人员根据零件图样及加工工艺，并以零件上某一固定点为原点所建立的坐标系，又称编程坐标系或工作坐标系。

3) 附加坐标系

为了编程和加工的方便，如果还有平行于X、Y、Z坐标轴的坐标，有时还需设置附加坐标系。可以采用的附加坐标系有：第二组U、V、W坐标，第三组P、Q、R坐标。

2. 几个重要术语

1) 机床原点

机床原点又称机械原点，是机床坐标系的原点。该点是机床上的一个固定点，其位置由机床设计和制造单位确定，通常不允许用户修改。机床原点是工件坐标系、机床参考点的基准点，也是制造和调整机床的基础。数控车床的机床原点一般设在卡盘后端面的中心。数控铣床的机床原点，各生产厂商设置得都不一致，有的设在机床工作台的中心，有的设在进给行程的终点。

2) 机床参考点

机床参考点是机床上的一个固定点，用于对机床工作台、滑板与刀具相对运动的测量系统进行标定和控制。其位置由机械挡块或行程开关来确定。

3) 工件原点

工件坐标系的原点称为工件原点或编程原点。工件原点在工件上的位置虽然可以任意选择，但一般应遵循以下原则。

(1) 工件原点应设置在工件图样的设计基准或工艺基准上，以利于编程。

(2) 工件原点应尽量设置在尺寸精度高、粗糙度值低的工件表面上。

(3) 工件原点最好设置在工件的对称中心上。

(4) 要便于测量和检验。

4) 绝对坐标与相对坐标

绝对坐标指所有点的坐标值都是相对于坐标原点进行计量的；相对坐标又称增量坐标，指运动终点的坐标值是以前一个点的坐标作为起点来进行计量的。

5) 对刀与对刀点

对刀点指通过对刀确定刀具与工件相对位置的基准点。对刀点可以设置在工件上，也可以设置在与工件的定位基准有一定关系的夹具的某一位置上。其选择原则如下。

(1) 所选的对刀点应使程序编制更简单。

(2) 对刀点应设置在容易找正、便于确定零件加工原点的位置。

(3) 对刀点应设置在加工过程中检验方便、可靠的位置。

(4) 对刀点的选择应有利于提高加工精度。

当对刀精度要求较高时，对刀点应尽量设置在零件的设计基准或工艺基准上，对于以孔定位的工件，一般取孔的中心作为对刀点。

6) 换刀点

换刀点指为加工中心、数控车床等采用多刀加工的机床而设置的，因为这些机床在加工过程中需要自动换刀，在编程时应当考虑选择合适的换刀位置。

5.3 刀具设置

5.3.1 刀具的选择

在设置每一种加工方法时，首先需要为此次加工选择一把合适的刀具。刀具的选择是机械加工中关键的一个环节，需要有丰富的经验才能做出合理的选择。有时，用户往往会在虚拟环境下选择一把普通的刀具来加工难切割的材料，或者为一把直径很小的刀设置很大的进给量，类似的错误往往在仿真中能够很顺利地通过而不被发现，但是一到实际加工中就会出现错误或者事故，因此需要特别注意刀具的选择及其各种参数的设置。

以外形铣削为例，在选择完加工位置后，系统打开如图5-4所示的外形铣削设置对话框。其他铣削方式的对话框与此类似。

在该对话框左侧的第一个列表框中选择“刀具”选项，系统在右边打开相应的参数设置界面，如图5-5所示。

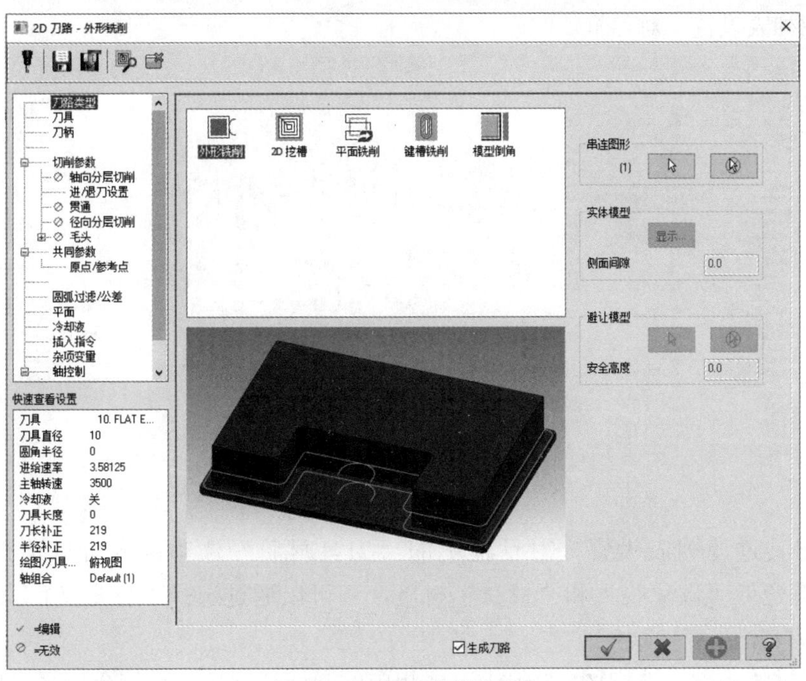

图 5-4　外形铣削设置对话框

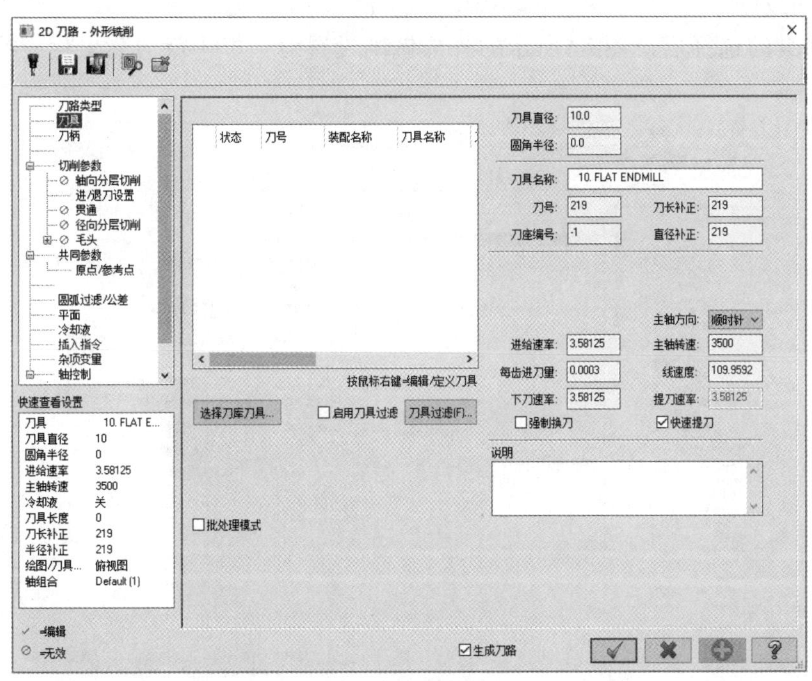

图 5-5　刀具的选择与设置

单击“选择刀库刀具”按钮，可以从刀具库中选择刀具，系统打开如图5-6所示的“选择刀具”对话框。

在众多的刀具中查找一把刀具，有时很烦琐，此时，用户可以单击图5-5或图5-6中的刀具过滤(F)按钮，进行刀具的条件过滤设置。单击“刀具过滤”按钮后，打开如图5-7所示的

“刀具过滤列表设置”对话框。

图 5-6　“选择刀具”对话框

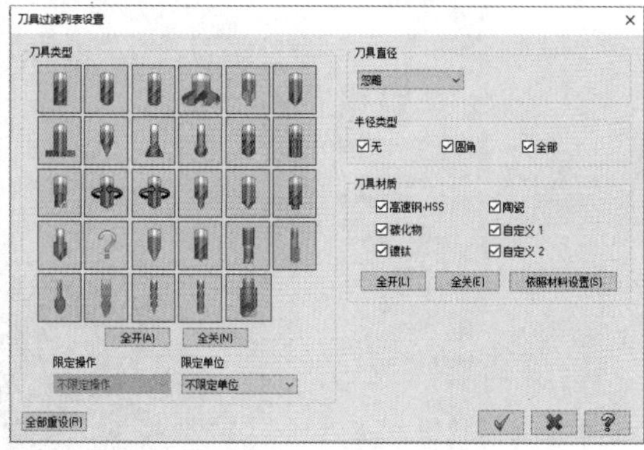

图 5-7　“刀具过滤列表设置”对话框

在“刀具过滤列表设置”对话框中的“刀具材质”选项区域可以选择“高速钢-HSS”“陶瓷”“碳化物”和“镀钛”材质，还可以通过选择“自定义1”和“自定义2”自定义刀具。

设置好过滤条件，选中图5-5或图5-6中相应的激活选项后，系统会按照用户的条件列出符合要求的刀具。

完成刀具的选择后，图5-5所示的外形铣削设置对话框中就会列出相应的刀具，如图5-8所示。

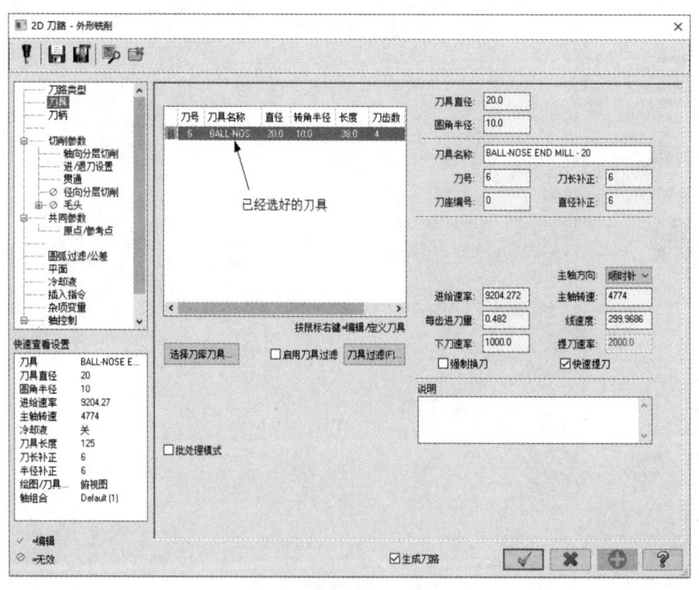

图 5-8　列出选中的刀具

以上介绍的是在选择加工方法后选择加工刀具，用户也可以直接为某一机床添加相应的刀具。在“刀路”选项卡的“工具”面板上单击“刀具管理”按钮，打开如图5-9所示的“刀具管理”对话框。当使用某台机床时，只需通过该对话框在其自身配备的刀具中选择合适的刀具即可。

图 5-9　“刀具管理”对话框

5.3.2　刀具参数的设置

在图5-5中的刀具列表中右击空白区域，选择弹出菜单中的“创建刀具”命令，系统将打开如图5-10所示的“定义刀具”对话框。其中包含3个选项卡，分别为“选择刀具类型”“定义刀具图形”和“完成属性”。

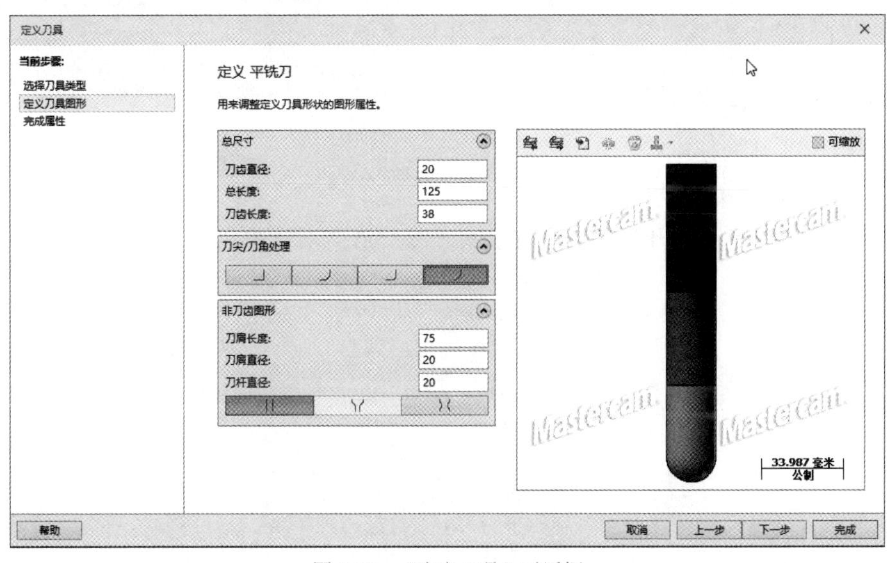

图 5-10　“定义刀具”对话框

Mastercam共为用户提供了19种固定外形的刀具，同时也允许用户在“选择刀具类型”选项卡中自行定义刀具类型，如图5-11所示。其中的“定义刀具”选项用于自定义类型。当然，不同的刀具对应不同的尺寸参数，都会引起刀具尺寸参数形式的变化。

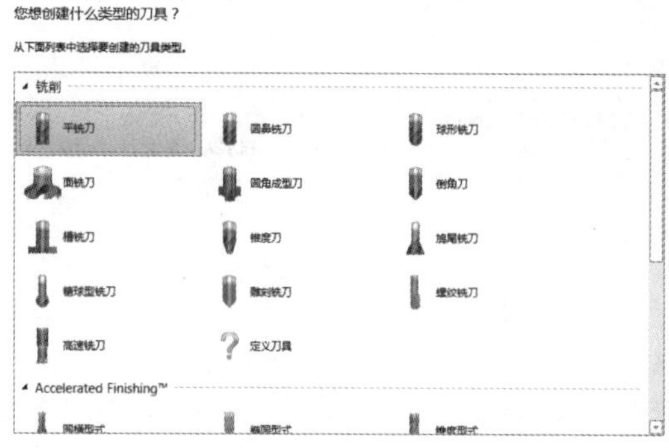

图 5-11　“选择刀具类型”选项卡

“完成属性”选项卡如图5-12(a)所示，单击显示更多操作按钮，可以看到全部的操作，如图5-12(b)所示。该选项卡主要用于设置刀具加工中的各种参数，如主轴转速、进刀量和冷却方式等。Mastercam提供了一套经验公式，用户无须指定所有的参数，只需设置部分信息，然后单击“点击重新计算进给速率和主轴转速”按钮，系统将自动计算出合适的其他参数。自带的一套经验公式很多时候不符合实际情况，此时则需要用户自行确定。

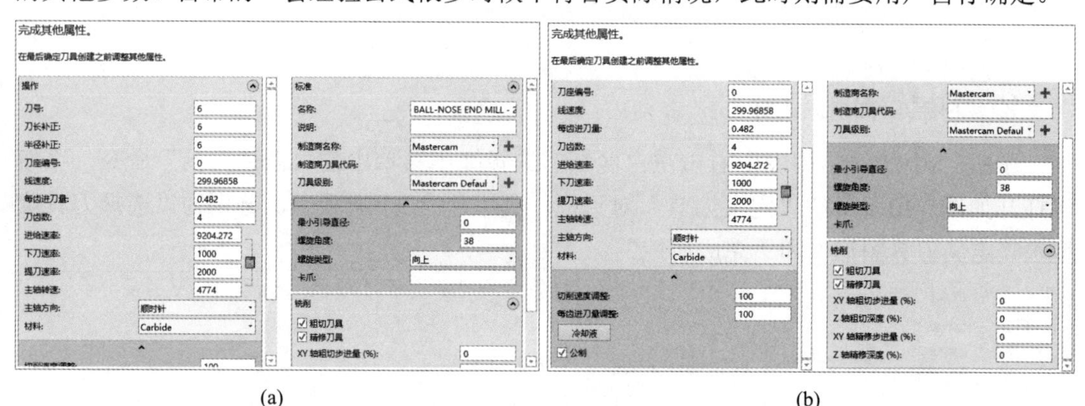

图 5-12　“完成属性”选项卡

单击 冷却液 按钮，打开如图5-13所示的“冷却液”对话框。

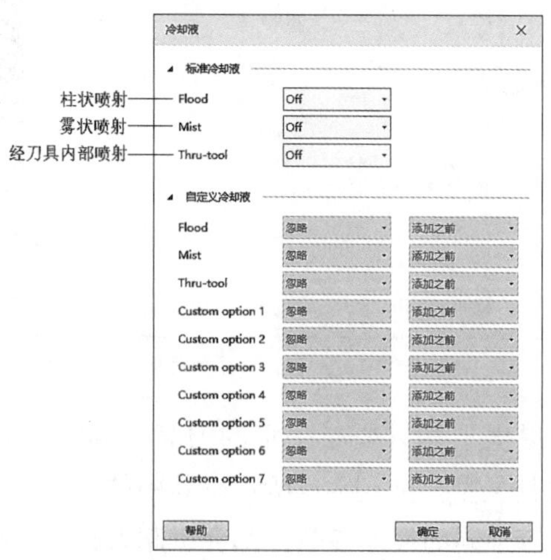

图 5-13　“冷却液”对话框

同时，在图5-5所示的外形铣削设置对话框的刀具参数设置选项卡中也可以进行一些设置，具体内容如图5-14所示。

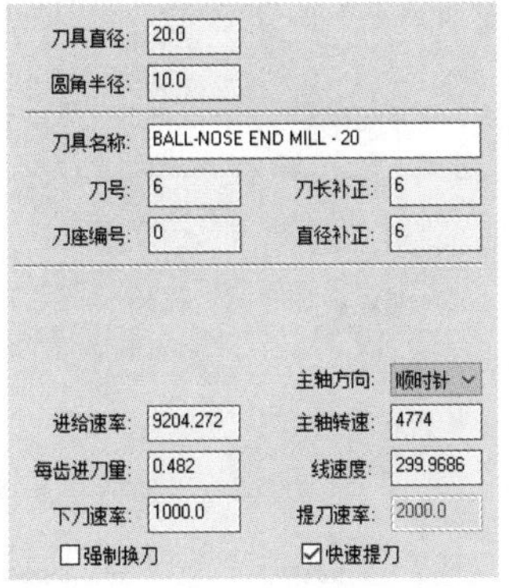

图 5-14 “刀具”选项卡中的编辑框

对图5-4所示的外形铣削设置对话框中的各选项介绍分别如下。

- 选择“杂项变量”选项，打开如图5-15所示的后处理相关设置对话框，用于指定一些与后置处理有关的命令，这些选项将出现在每个操作的开始位置。例如，是使用增量方式还是绝对方式进行处理，一共有10个整数项和10个变数项。

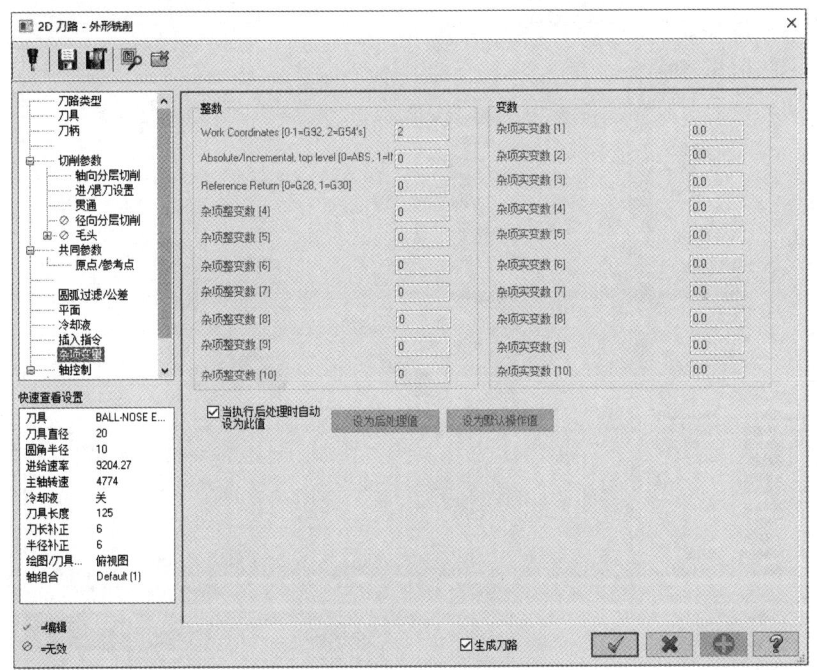

图 5-15 后处理相关设置对话框

- 选择“原点/参考点”选项，打开如图5-16所示的零点位置及参考点指定对话框。
- 选择“旋转轴控制”选项，打开如图5-17所示的工件旋转设置对话框，其中共有4种旋转方式，这里介绍其中的3种。“定位旋转轴”指工件绕指定轴旋转，而刀具与该轴垂直；“3轴”即工件绕指定轴旋转，而刀具与该轴平行；“替换轴”指工件在指定轴定义的平面内不动，而刀具移动。

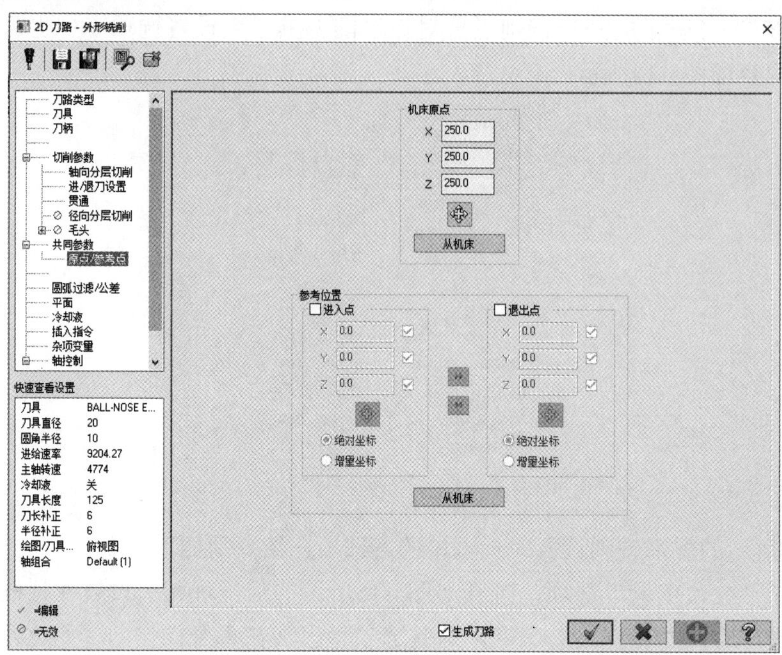

图 5-16　零点位置及参考点指定对话框

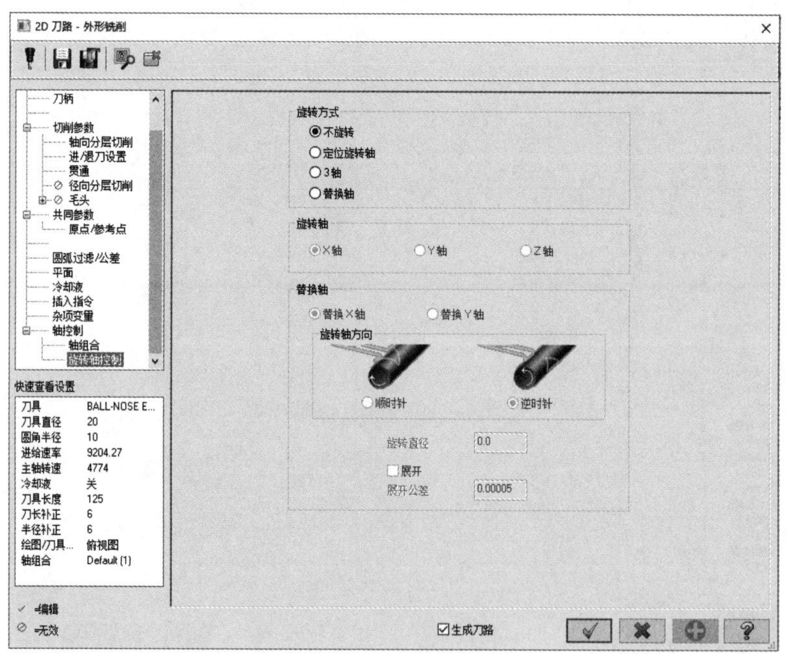

图 5-17　工件旋转设置对话框

- 选择“平面”选项，打开如图5-18所示的平面设置对话框，用于指定工件平面。数控加工中有3个重要的平面：上平面、前平面和侧平面。在该对话框中，单击按钮，对话框将发生变化，系统允许用户在工作坐标系、刀具平面和绘图平面中进行相互复制。单击按钮，打开如图5-19所示的“选择平面”对话框，用于选择平面。

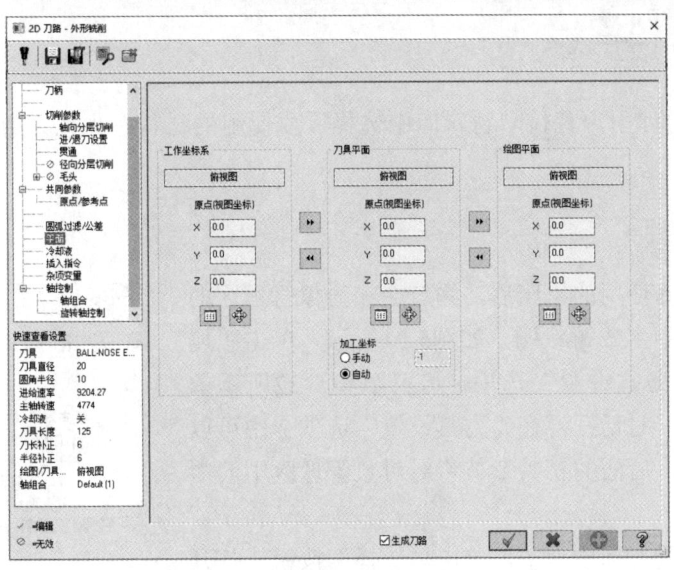

图 5-18　平面设置对话框

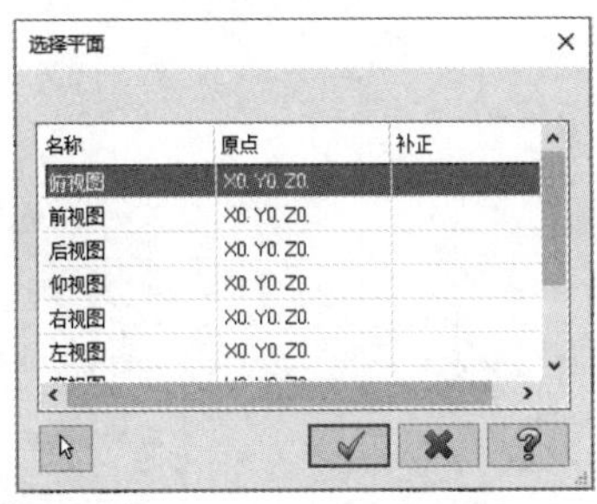

图 5-19　“选择平面”对话框

- 选择“插入指令”选项，打开如图5-20所示的修改指令对话框，用于编辑一些加工中的变量，初学者只需了解即可。

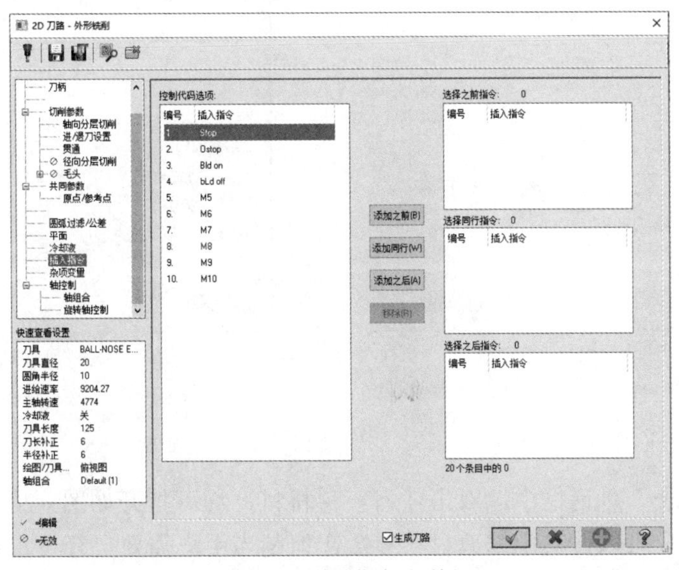

图 5-20　修改指令对话框

5.4 材料设置

Mastercam允许用户直接从材料库中选择需要使用的材料，也允许用户根据需要自行设置。

5.4.1 选择材料

用户在选择好使用的机床后，系统会在对象管理区的“刀路”选项卡中生成树状图，如图5-21所示，单击“属性”列表中的“刀具设置”选项，打开如图5-22所示的“机床群组属性”对话框，在“刀具设置”选项卡中可以选择需要的材料。后面的相关章节将对对象管理区中的内容进行介绍。

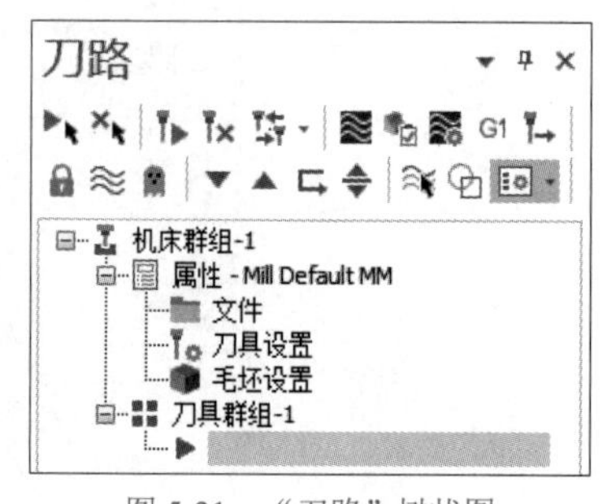

图 5-21 “刀路”树状图

在“刀具设置”选项卡中，单击“选择”按钮，打开如图5-23所示的“材料列表”对话框，用户可以从当前机床材料或系统材料库中进行选择。

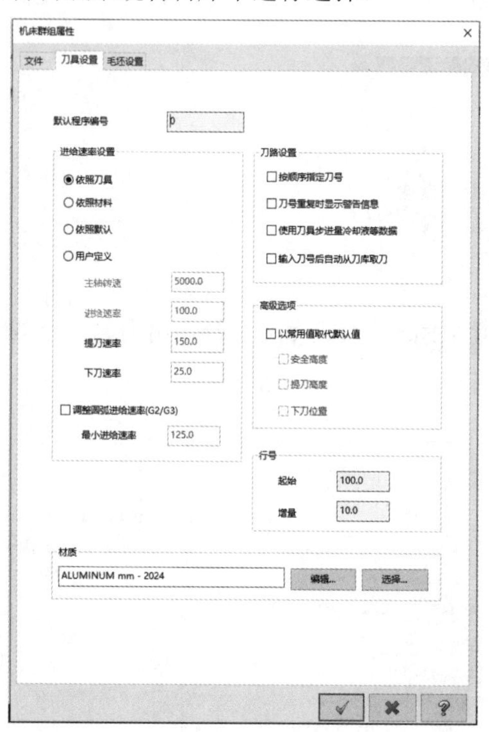

图 5-22 “机床群组属性”对话框

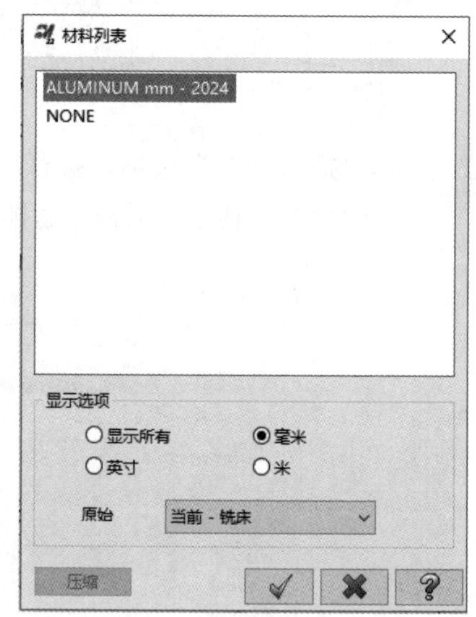

图 5-23 “材料列表”对话框

5.4.2 材料参数

在“材料列表”对话框中，双击任何一种材料，均可打开如图5-24所示的“材料定义”对话框，用户可以在其中修改材料参数。但是当用户需要自行设置材料时，可以在“材料列表”对话框的材料列表中单击鼠标右键，在弹出的快捷菜单中选择“新建”命

令，同样可以打开如图5-24所示的“材料定义”对话框，在此用户可根据需要自行设置材料参数。

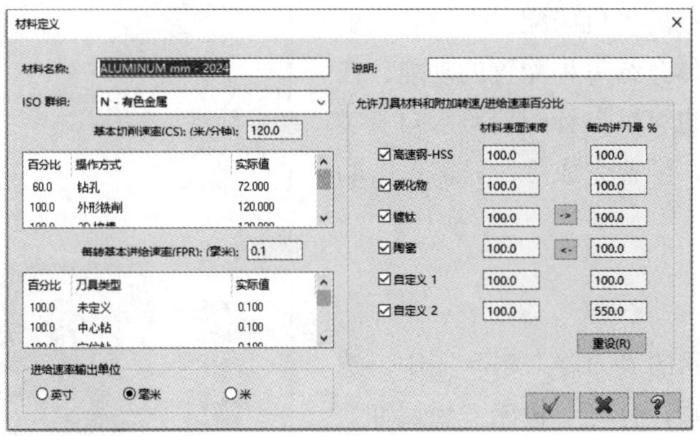

图 5-24　“材料定义”对话框

5.5 工作设置

工作设置是对选用的机床和毛坯等相关工作环境内容进行设置。前面介绍的刀具和材料选择也是工作设置的一部分。

5.5.1 机床设置

用户可以在选择某种机床后，通过单击“机床”选项卡的“机床设置”面板上的“机床定义”按钮查看或修改所选择机床的相应配置。选择该命令后，系统会提示用户是否确定需要执行该功能。因为相应的机床已经被选择使用，如果用户不慎进行了不当的改动，可能会造成生成的刀具路径错误等不可预计的后果。确定后，打开如图5-25所示的“机床定义管理”对话框。

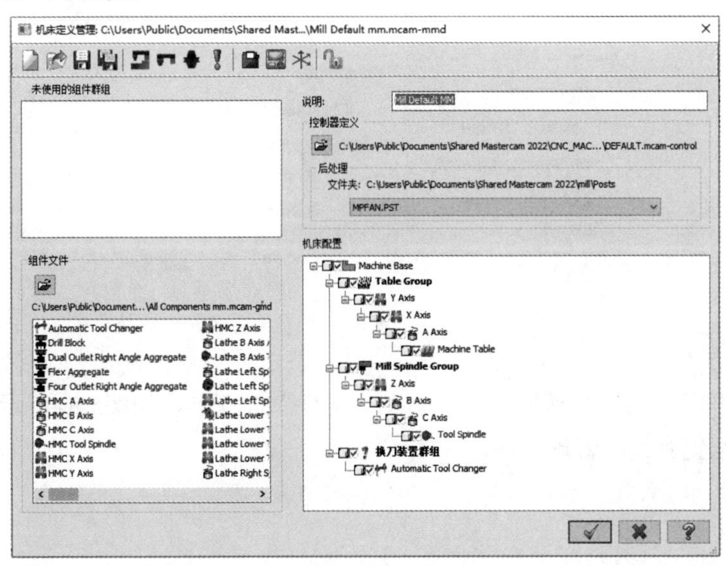

图 5-25　“机床定义管理”对话框

如果用户需要为机床增加某种配置或功能，可以将“组件文件”列表框中的各种功能用鼠标直接拖到右边的“机床配置”中相应的位置。这里不再具体介绍每种配置的功能。在这个界面中，用户也可以自行配置符合自身实际情况的各种机床，配置完成后，只需单击按钮即可。

5.5.2 毛坯设置

在如图5-21所示的“刀路”树状图中，选择“毛坯设置”选项，打开“机床群组属性”对话框，在其中的“毛坯设置”选项卡中，可以设置毛坯参数，如图5-26所示。

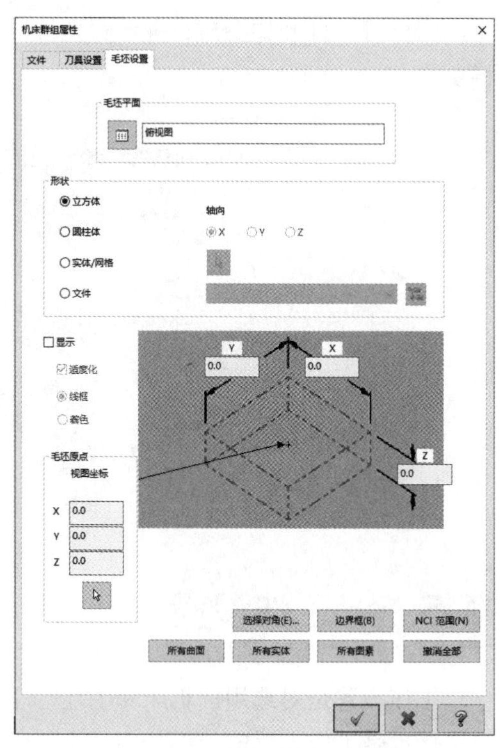

图 5-26 “毛坯设置”选项卡

5.5.3 加工参数设置

在如图5-21所示的“刀路”树状图中，选择“刀具设置”选项，打开如图5-22所示的“机床群组属性”对话框。在“刀具设置”选项卡中，可以设置加工的各种相关参数。除了前面介绍的材料选择，其他的参数如图5-27～图5-30所示。

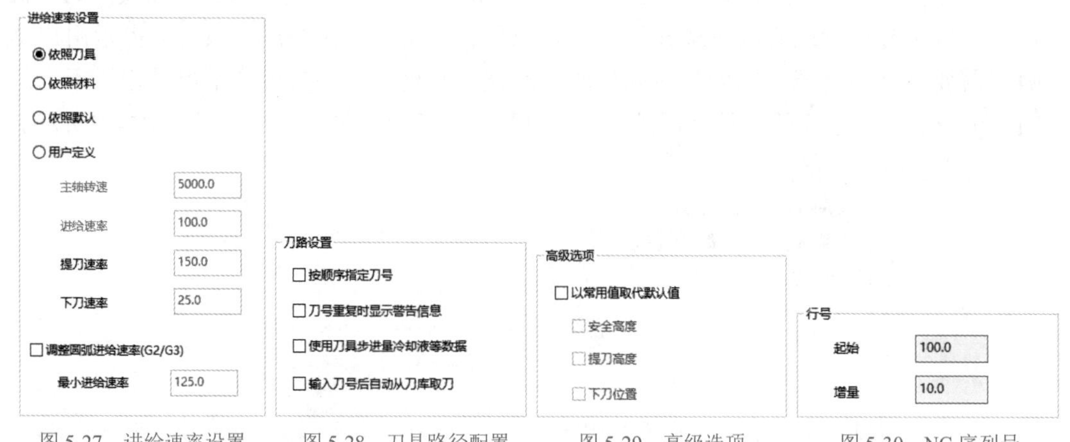

图 5-27 进给速率设置　图 5-28 刀具路径配置　图 5-29 高级选项　图 5-30 NC 序列号

5.5.4 文件管理

在“机床群组属性”对话框中包含一个“文件”选项卡，如图5-31所示，主要用于进行一些与机床配置有关的管理工作。

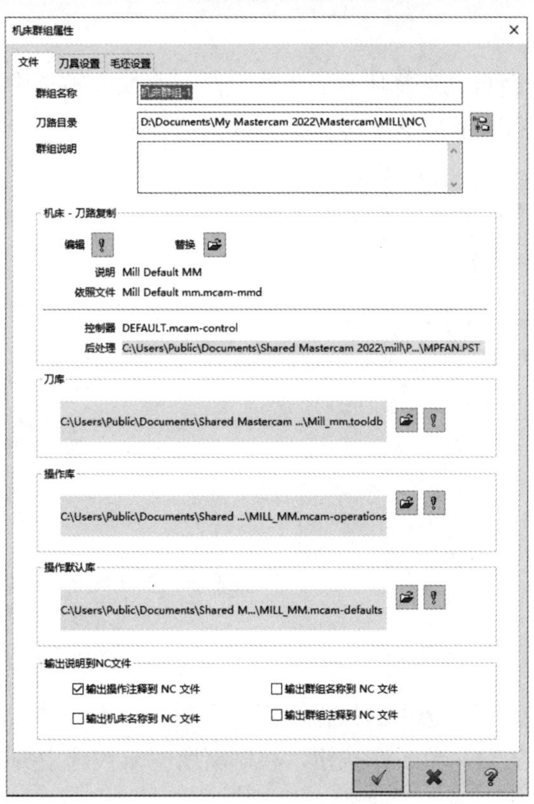

图 5-31　“文件”选项卡

5.6　操作管理

Mastercam的CAM模块提供了非常便捷的操作方式，在如图5-21所示的“刀路”树状图中，用户可以方便地对刀具路径的相关内容进行操作管理。从用户选择机床开始，在“刀路”树状图中就列出了用户操作的相关信息。本节将以一个已经设置好刀具路径的零件为例，对操作管理的内容进行介绍。该实例为一个铣槽的刀具路径设置，如图5-32所示。

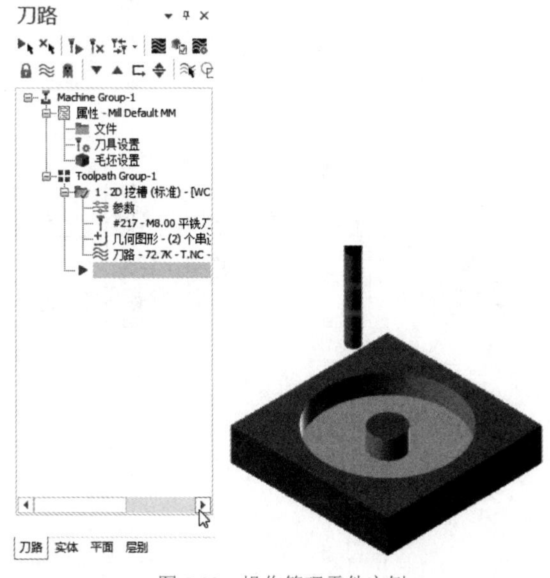

图 5-32　操作管理零件实例

5.6.1　按钮功能

首先介绍“操作管理”任务面板的“刀路”选项卡中各按钮的功能，如图5-33所示。

1. 选择和刷新轨迹

单击按钮，系统会自动选择所有的操作。当一个操作被选中时，系统会在相应位置出现一个标记，如图5-34所示。单击按钮将取消选择。

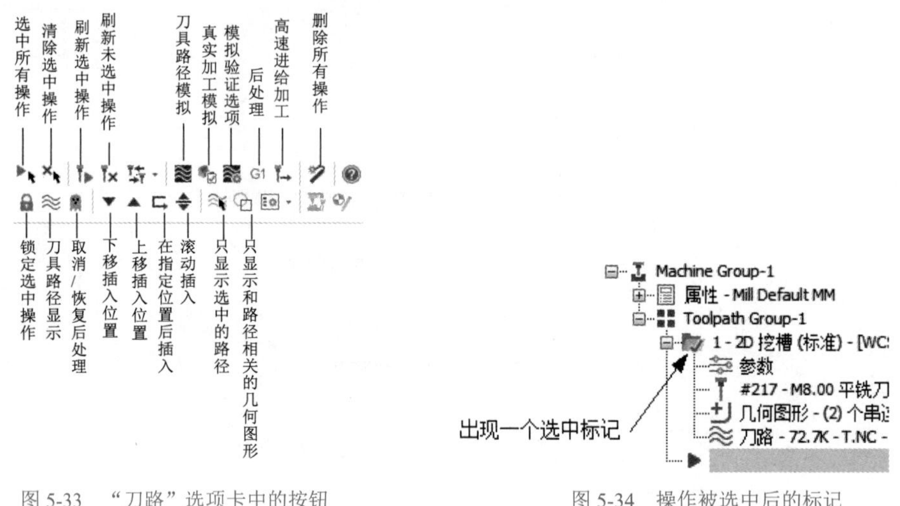

图 5-33 “刀路”选项卡中的按钮

图 5-34 操作被选中后的标记

单击按钮，将刷新所有选中的操作。用户在对一个操作的相关参数进行修改后，必须进行刷新才能使修改生效。单击按钮，将刷新所有未被选中的操作。

2. 刀具路径和加工模拟

单击按钮，打开如图5-35所示的“路径模拟”对话框，并显示如图5-36所示的刀具路径模拟工具栏，可以对选中的操作进行模拟。

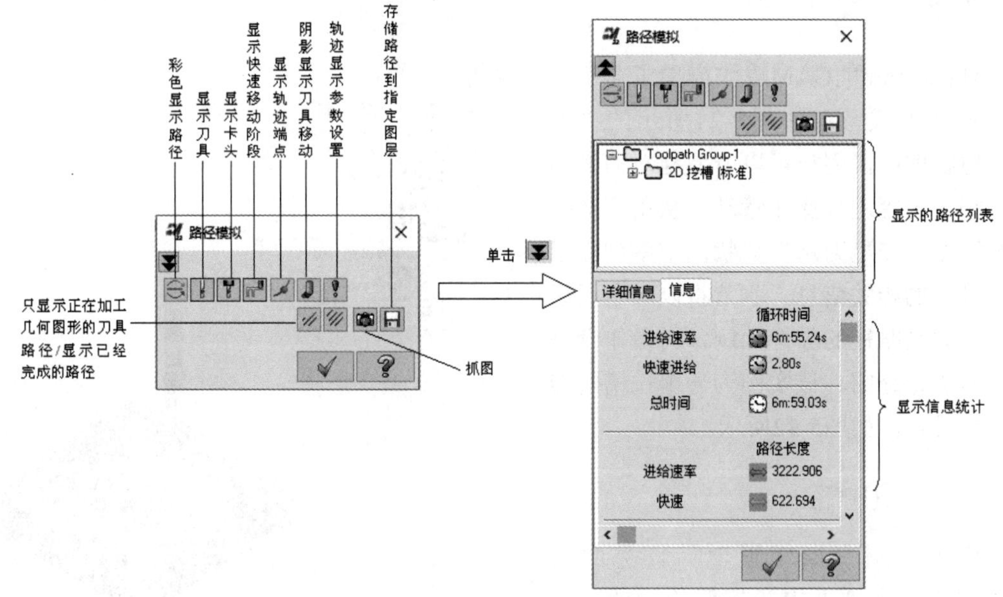

图 5-35 “路径模拟”对话框

实例如图5-37所示。

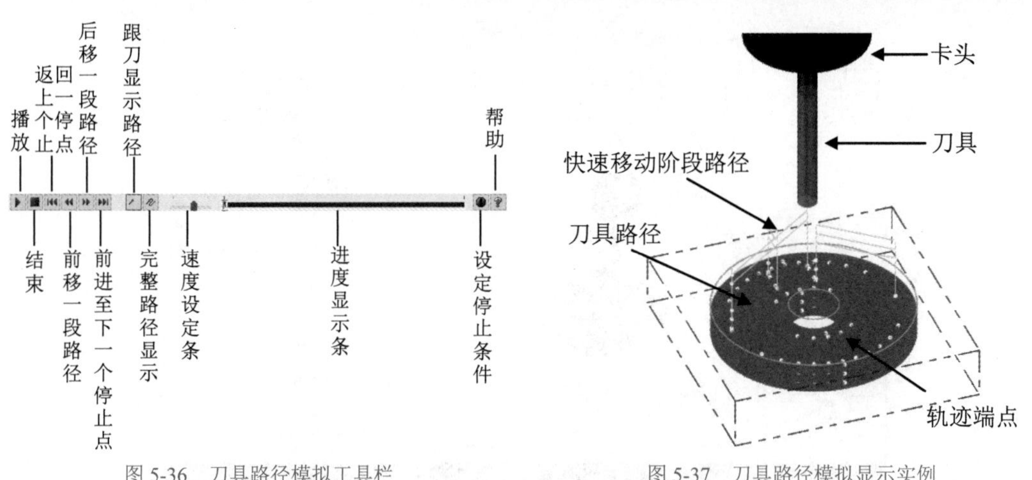

图 5-36　刀具路径模拟工具栏　　　　图 5-37　刀具路径模拟显示实例

在“路径模拟”对话框和相应的工具栏中，单击按钮和按钮，将打开如图5-38所示的“刀路模拟选项”对话框和如图5-39所示的“暂停设定”对话框。

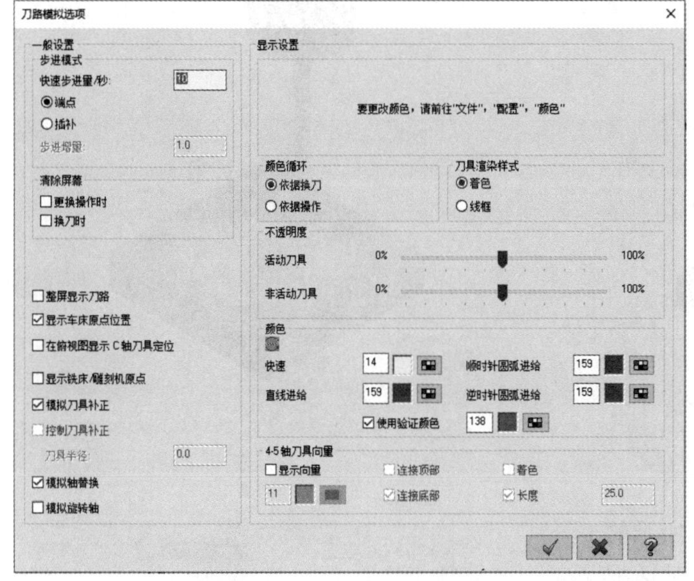

图 5-38　“刀路模拟选项”对话框

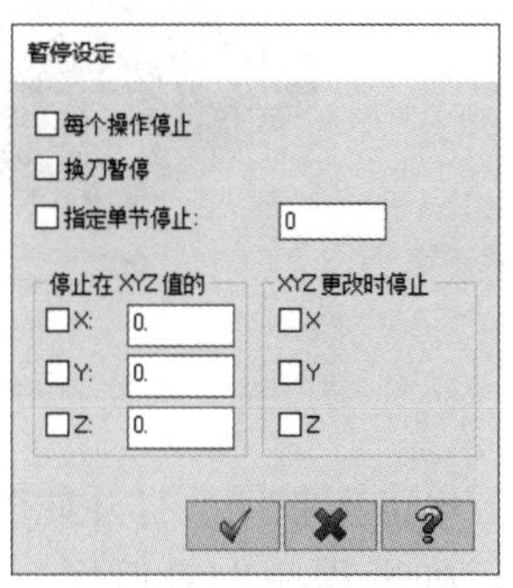

图 5-39　“暂停设定”对话框

除刀具轨迹显示外，Mastercam还提供了一种更为真实的模拟方式，该方式可以直接从毛坯上切除材料。在如图5-33所示的“刀路”选项卡中单击按钮，打开如图5-40所示的“Mastercam模拟器”界面，同时，零件将按照毛坯样式进行显示，如图5-41所示。模拟效果如图5-42所示。

对于初学者来说，模拟显示中的一些内容不易理解，通过后面的学习以及不断地实践将能够帮助初学者掌握这些内容，此处不进行逐一详细说明。下面继续介绍图5-33所示的“刀路”选项卡中的其他按钮。

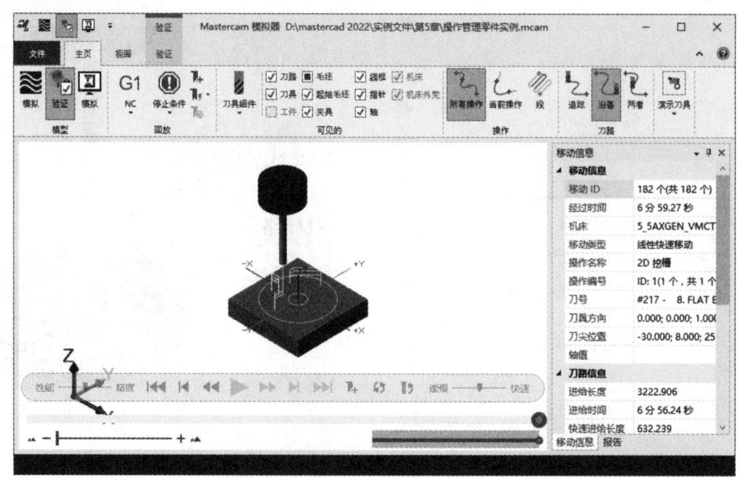

图 5-40 “Mastercam 模拟器”界面

图 5-41 零件以毛坯样式显示

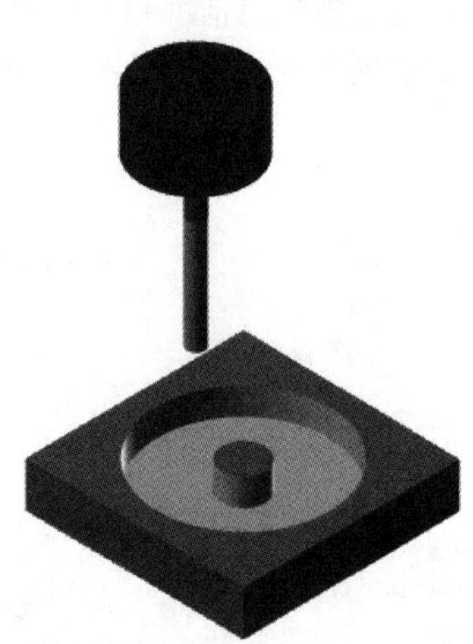

图 5-42 模拟加工效果

3. 后置处理

单击G1按钮，打开如图5-43所示的“后处理程序”对话框。在此对话框中，单击“属性”和“传输”按钮，将分别打开如图5-44和图5-45所示的“图形属性”对话框和“传输”对话框。后置处理指根据用户设置的图形和刀具路径等信息来生成数控程序的处理过程。为机床配置不同的后置处理程序，生成的数控程序也会不同。这样，Mastercam就能够自动地生成NC程序，极大地减少了加工辅助时间。

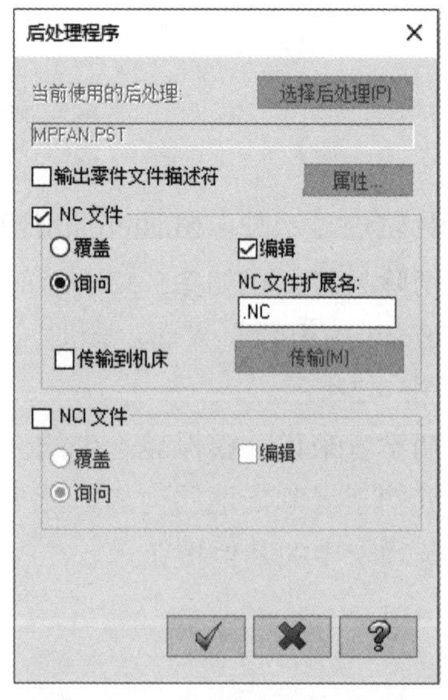

图 5-43 “后处理程序”对话框

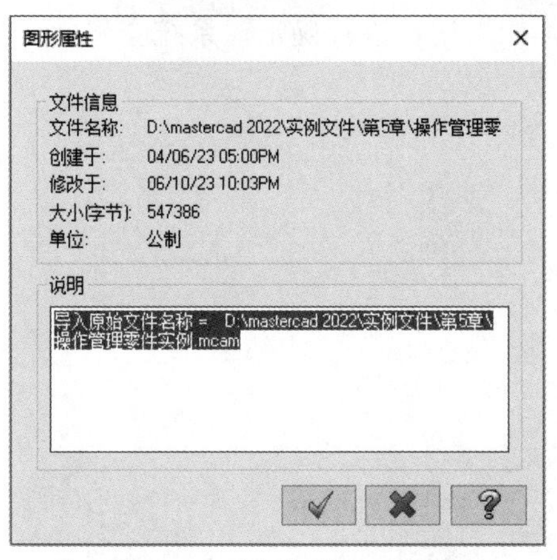

图 5-44　“图形属性”对话框

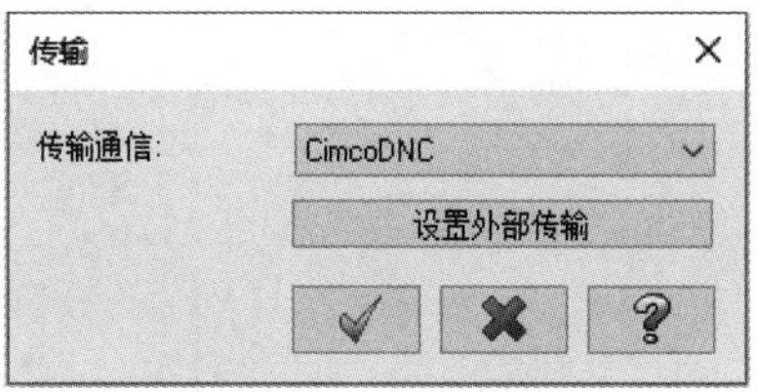

图 5-45　“传输”对话框

NCI文件是一种过渡性质的文件，而传递给机床的文件是前面提到的数控文件，即NC文件。通信参数设置包括通信的格式、使用的端口、波特率、奇偶效验和停止位等设置，可参照相关的通信标准，根据实际情况进行选择。

4. 快速进给

快速进给又称高速进给，可以对加工路径进行优化。在进行粗加工时，可在切除材料少的地方加大进给量，而在多的地方减少进给量；在进行精加工时，对圆弧和拐角处调整进给速率，以获得较好的精度效果。

单击按钮，打开“省时高效率加工”对话框，其中包括“最佳化参数”选项卡和“毛坯设置”选项卡，分别如图5-46和图5-47所示。

图 5-46　“最佳化参数”选项卡

图 5-47　“毛坯设置”选项卡

设置完成后，单击“确定”按钮，弹出“省时高效加工”对话框，如图5-48所示，单击或按钮，系统便会按要求重新计算轨迹参数，并将优化后的效果进行汇报。注意：如果参数设置不合理，反而会出现优化后时间增加的情况，弹出如图5-49所示的提示框，并且快速进给只对G0~G03的功能代码段起作用。如果用户进行确定，系统会将优化后的刀具路径进行锁定，如图5-50所示。

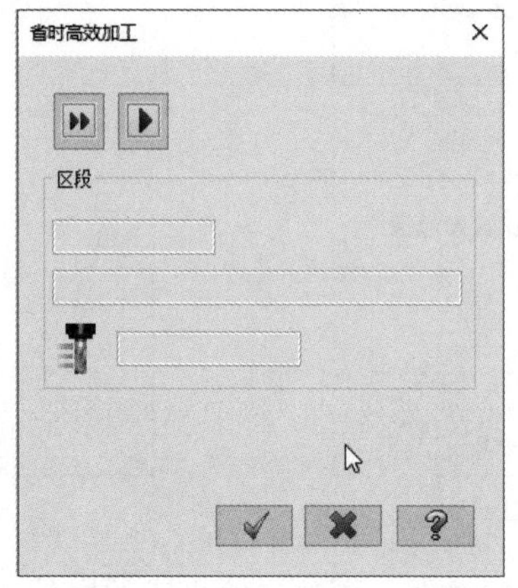

图 5-48 “省时高效加工”对话框

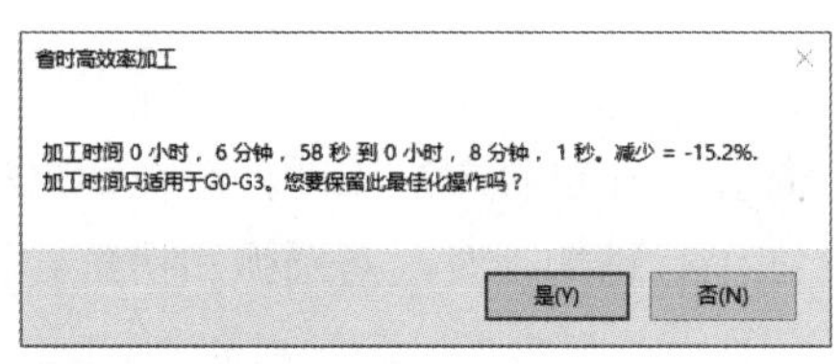

图 5-49 快速进给结果报告

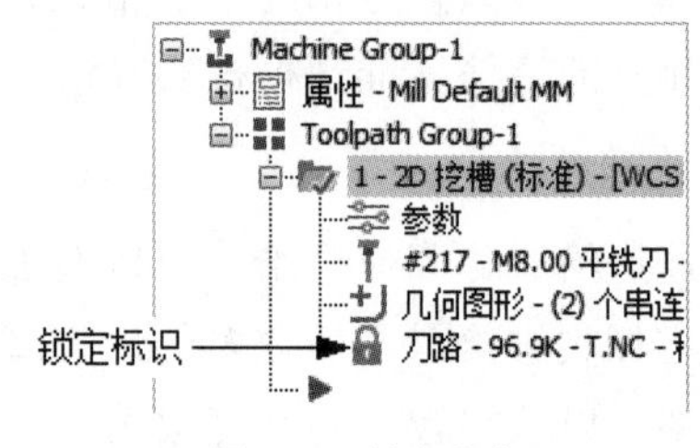

图 5-50 锁定状态

至于图5-33中的其他按钮，其功能较为简单，从图中的文字说明即可理解，这里不再进行介绍。

5.6.2 树状图功能

在树状图区显示了机床组以及刀具路径的树状关系。选择其中的任何一个选项都会打开相应的对话框，以方便用户进行各种操作。同时，在每一项上或空白区域右击，也会弹出相应的快捷菜单供用户选择。下面以如图5-51所示的树状图为例进行介绍。

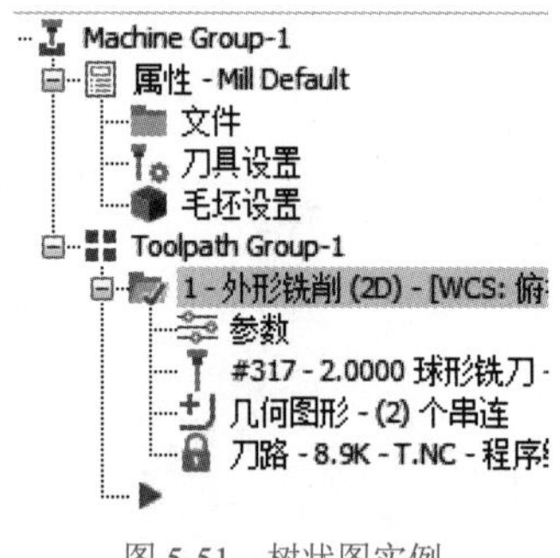

图 5-51 树状图实例

1. 单击项目管理

在这个实例中仅使用了一台机床，因此只有一个机床组。其中，单击“属性”选项下面的3个子选项，可以进行相应的工作设置，这在前面已经介绍。下面介绍Toolpath Group-1中的内容。一个刀具路径组中可以包含许多段刀具路径，每个刀具路径下面有4条信息项目。

选择“参数”选项，将打开如图5-52所示的刀具路径参数设置对话框，用于指定本刀具路径的各种参数。

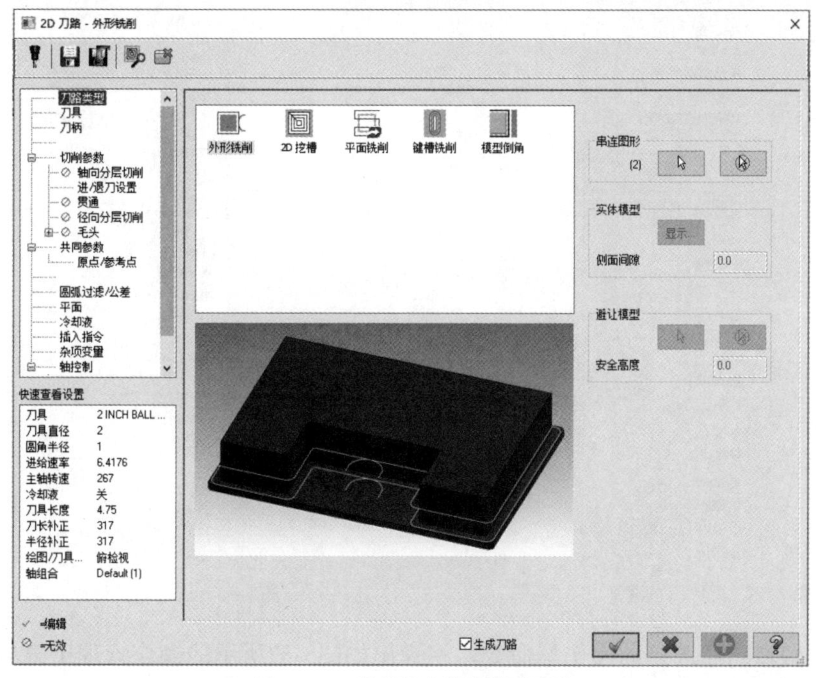

图 5-52　刀具路径参数设置对话框

选择“几何图形-(2)个串连”选项，打开如图5-53所示的“串连管理”对话框，该对话框用于管理刀具路径所基于的几何要素。用户可以通过单击 按钮来重新选择该轨迹的基本几何要素；也可以通过旁边的4个红色按钮来重新安排各链排列的顺序。

选择“刀路”选项，进入刀具路径显示功能，打开如图5-54所示的“路径模拟”对话框。

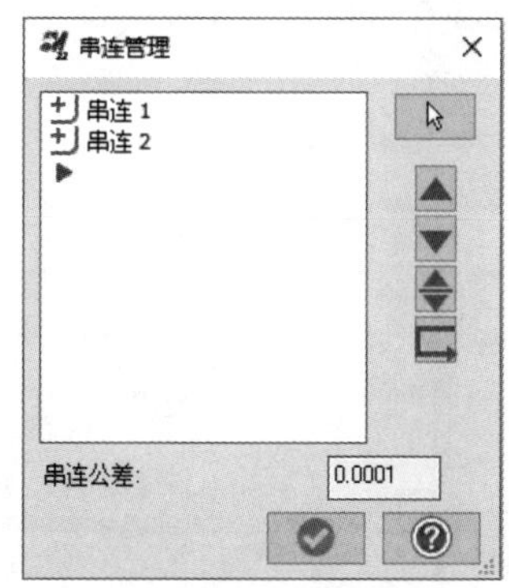

图 5-53　“串连管理”对话框

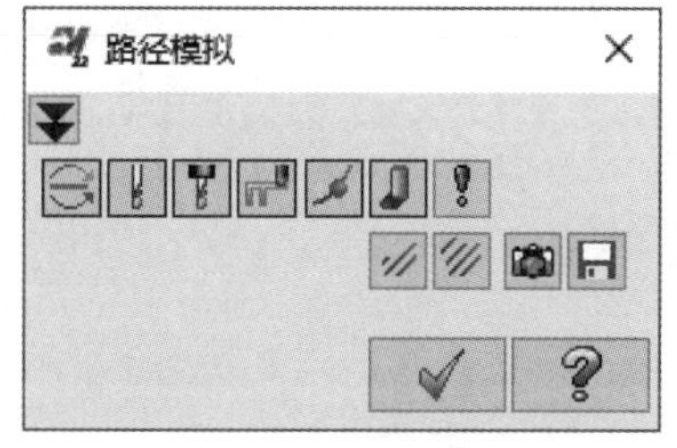

图 5-54　“路径模拟”对话框

2. 右键管理

1) 树状图右键管理菜单

在树状区除“刀路”以外的每一选项或空白处右击，都会弹出一个快捷菜单，但所获得的功能可能不同，如图5-55所示。

选择“铣床刀路”命令，将弹出如图5-56所示的铣削刀具路径子菜单，用户可以根据需要进行选择。如果是在车床或刨削模块下，将展开车削或刨削路径子菜单。

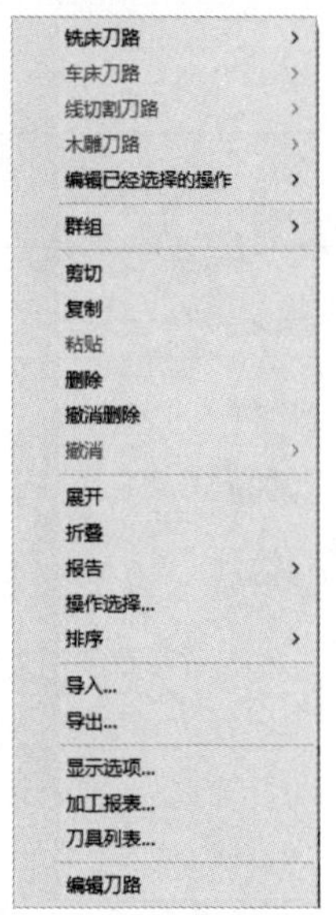

图 5-55　树状图右键管理菜单

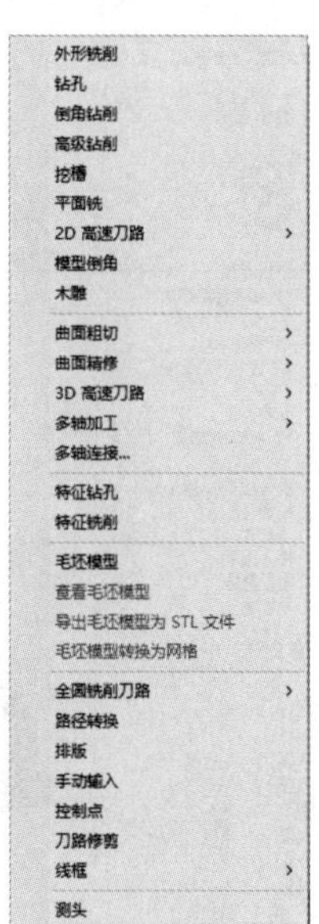

图 5-56　铣削刀具路径子菜单

选择“编辑已经选择的操作”命令，将弹出如图5-57所示的操作管理子菜单。

在操作管理子菜单中，选择“编辑共同参数”命令，打开如图5-58所示的编辑共同参数对话框，其中，各参数的内容在前面都已进行介绍。选择“更改 NC文件名”命令，打开如图5-59所示的“输入新NC名称”对话框；选择“刀具重编号”命令，打开如图5-60所示的“刀具重新编号”对话框；选择“加工坐标重新编号”命令，打开如图5-61所示的“加工坐标系重新编号”对话框；选择“更改路径方向”命令，系统将把刀具路径头尾反过来；选择“重新计算转速及进给速率”命令，将重新计算进给量和进给速度。

在树状图右键管理菜单中选择“群组”命令，将弹出如图5-62所示的群组管理子菜单。

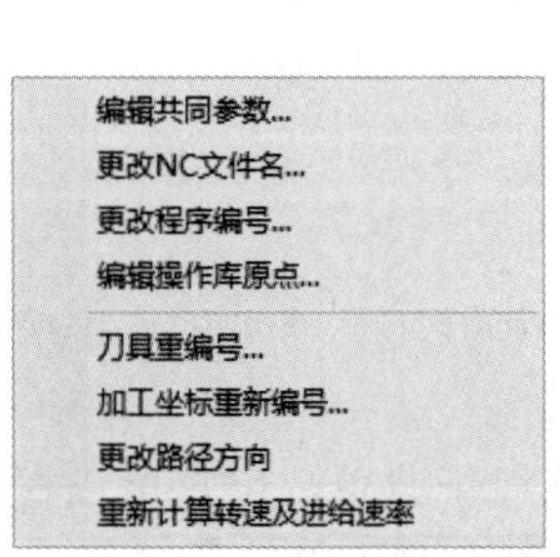

图 5-57　操作管理子菜单

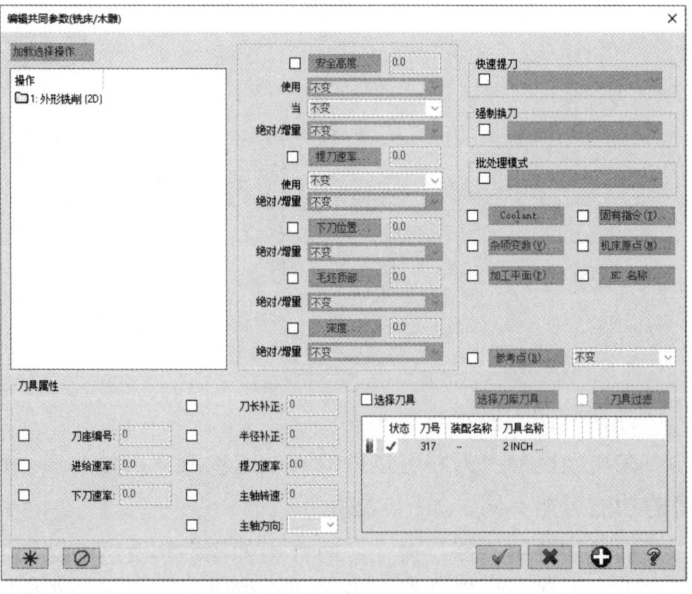

图 5-58　编辑共同参数对话框

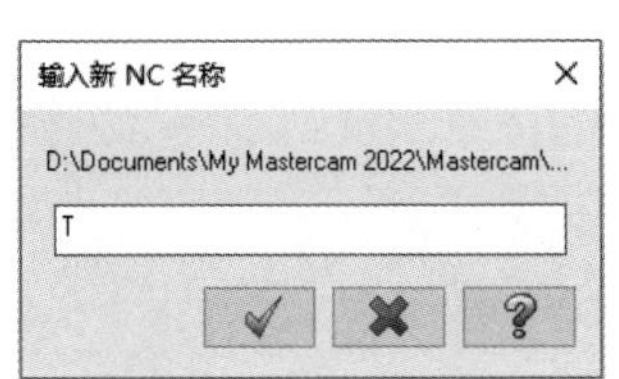

图 5-59　“输入新 NC 名称”对话框

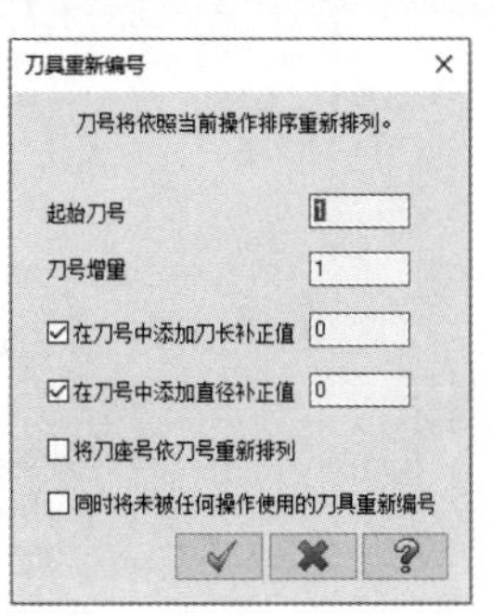

图 5-60　“刀具重新编号”对话框

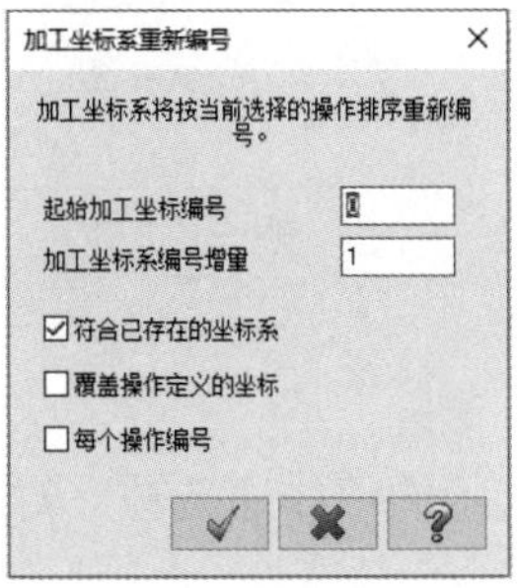

图 5-61　“加工坐标系重新编号”对话框

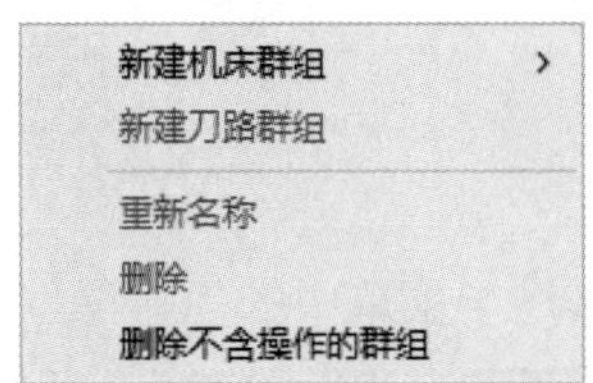

图 5-62　群组管理子菜单

选择“报告”命令，将弹出如图5-63所示的提供报告的子菜单。选择“操作列表”→“已选择”命令后，系统将打开“操作管理.txt-Mastercam 2022 Code Expert”页面，允许用户将所选择操作的相关信息内容保存为一个文本文件，文件内容如图5-64所示。

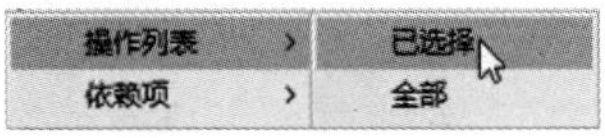

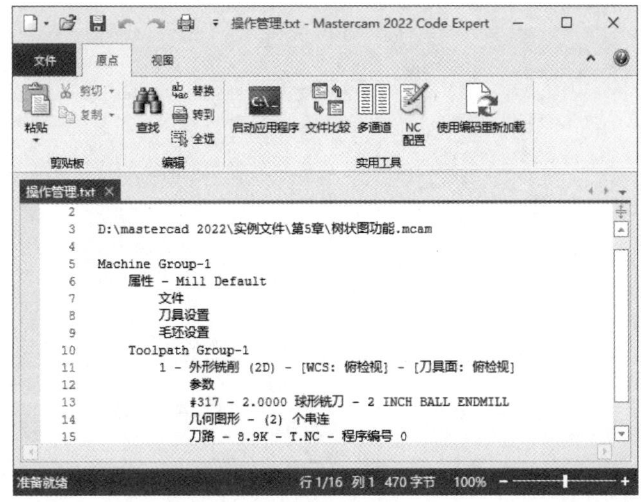

图 5-63　“报告”子菜单

图 5-64　操作信息文本文件

选择“操作选择”命令，打开如图5-65所示的“操作选择”对话框。通过在该对话框中设置一些有关刀具路径的参数，系统会自动选中符合要求的所有刀具路径。用户可以通过下拉列表进行选择，也可单击按钮手动选择。

选择“排序”命令，系统弹出如图5-66所示的排序子菜单。

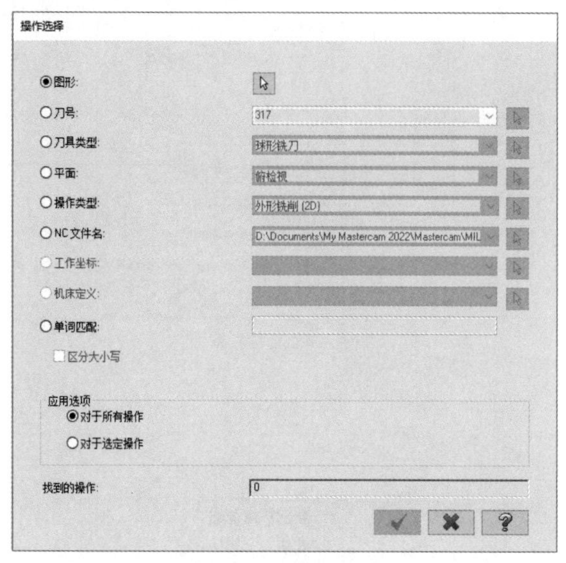

图 5-65 “操作选择”对话框

图 5-66 排序子菜单

选择排序子菜单中的“排序”命令，打开如图5-67所示的“排序选项”对话框，用于指定操作排序的方式。单击▲按钮将改变排序的方向。

选择“导入”命令，打开如图5-68所示的“导入刀路操作”对话框。用户可以通过该对话框导入已有库文件中的操作。

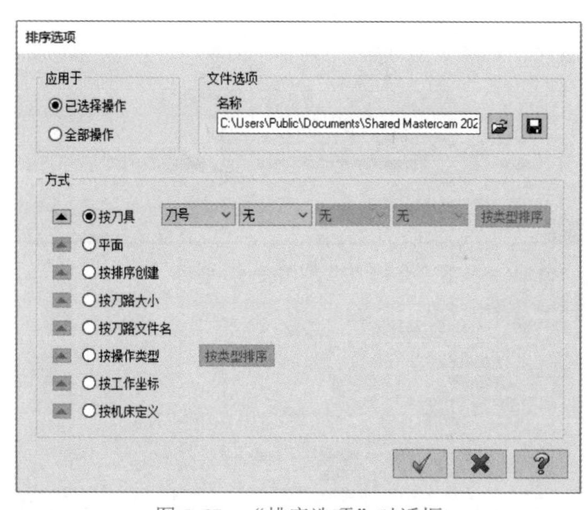

图 5-67 “排序选项”对话框

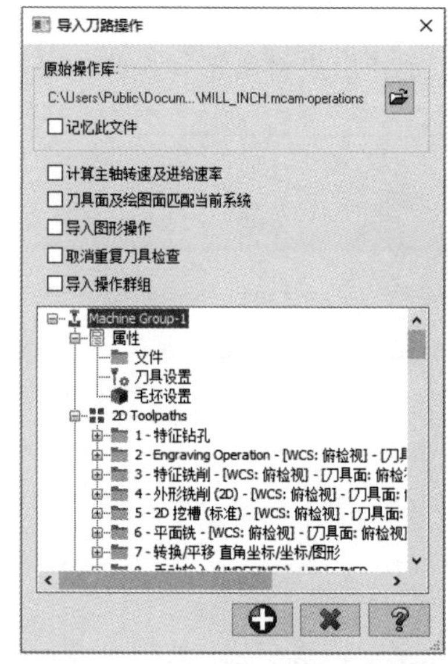

图 5-68 “导入刀路操作”对话框

选择“导出”命令，打开如图5-69所示的“导出刀路操作”对话框，可将本文件中的刀具路径导出为OPERATIONS文件，并且可以选择是否同时导出基础几何要素。

选择“显示选项”命令，系统打开如图5-70所示的刀具路径管理树状图“显示选项”对话框，用于设置树状图中的显示方式。

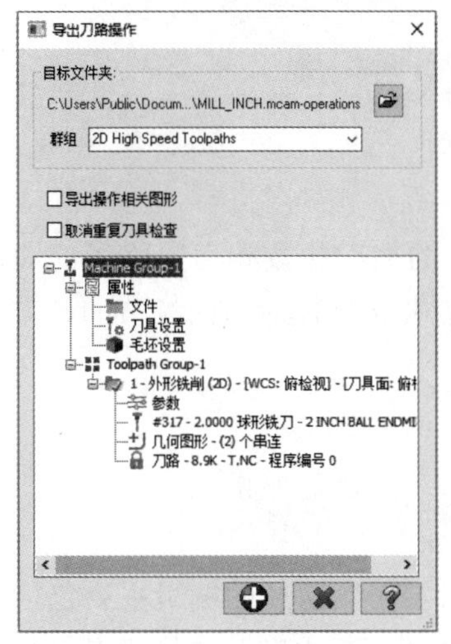

图 5-69　“导出刀路操作”对话框

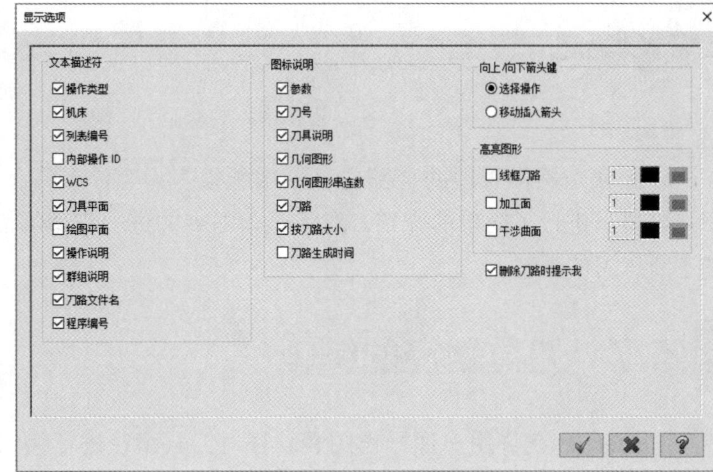

图 5-70　“显示选项”对话框

选择“加工报表”命令，系统打开“加工报表”对话框，如图5-71所示，用户可以在其中对生成的表单文件进行设置。

选择“编辑刀路”命令，系统将打开如图5-72所示的“编辑刀路”对话框，用于刀具路径的编辑。

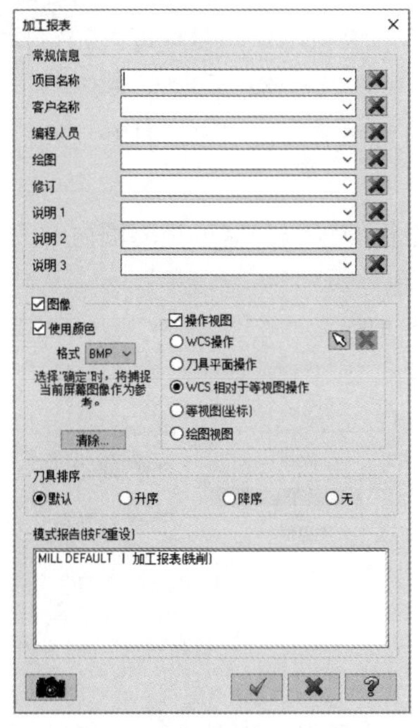

图 5-71　“加工报表”对话框

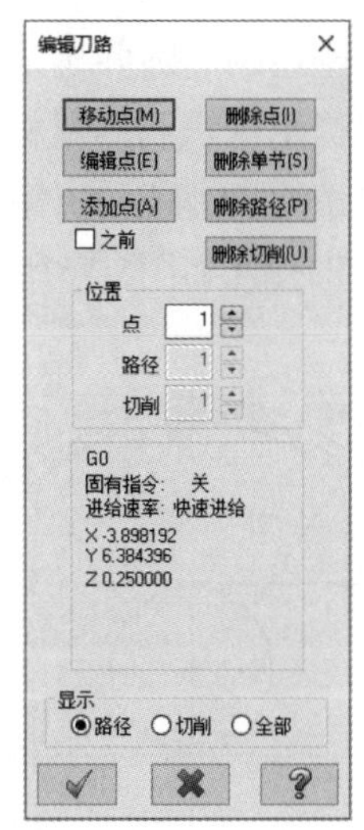

图 5-72　“编辑刀路”对话框

2) 刀具路径检查

在树状图的“刀路”选项上右击，直接启动刀具路径检查功能，打开如图5-40所示的“Mastercam模拟器”界面，功能区的“验证”选项卡如图5-73所示。

图 5-73 “验证”选项卡

以上就是操作管理的全部内容，由于很多内容涉及具体的加工参数和刀具路径的知识，这里只进行了简单的介绍。对于具体内容的进一步理解需要建立在对后面章节的学习和不断练习的基础上。

5.7 刀具路径的编辑

Mastercam允许用户像操作图素一样对刀具路径进行编辑。刀具路径的编辑主要包括两个方面：修剪和转换。通过修剪可以删除刀具路径中不需要的部分内容。转换可对刀具路径进行平移、镜像和旋转，以生成新的刀具路径。

5.7.1 刀具路径的修剪

刀具路径的修剪功能允许用户对已经生成的刀具路径进行修剪，可以使刀具路径避开一些空间。对刀具路径进行修剪的边界必须是封闭的。

首先绘制需要修剪的边界。边界图形可以是任何形状和尺寸，并且可以和刀具路径不在同一个平面上，如图5-74所示，为了观察方便，这里将刀具路径隐藏起来。

在“刀路”选项卡的“工具”面板上，单击“刀路修剪”按钮，打开“线框串连”对话框，选择刚绘制的圆并确定。

此时系统提示用户利用鼠标选择需要保留刀具路径的区域。这里是将圆内的刀具路径删除，因此单击边界外任一点即可。

接着系统将打开如图5-75所示的“修剪刀路”对话框。

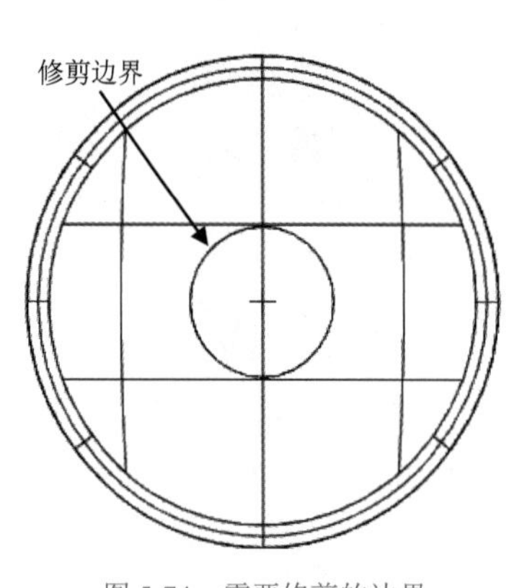

图 5-74 需要修剪的边界

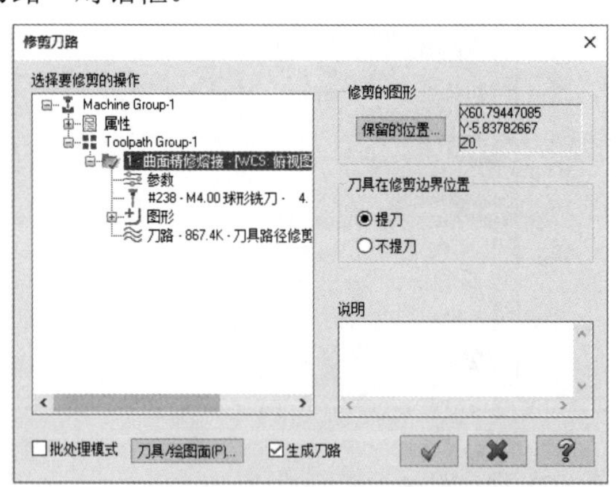

图 5-75 “修剪刀路”对话框

确定后，刀具路径修剪后的变化如图5-76所示。同时，在刀具路径管理区中也显示了新的操作，如图5-77所示。

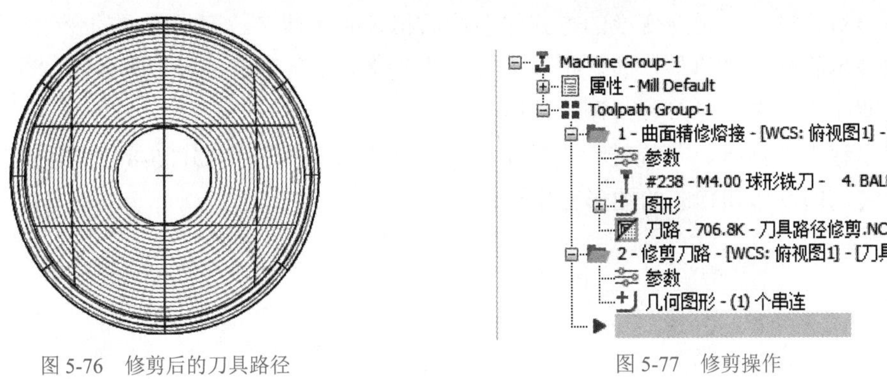

图 5-76　修剪后的刀具路径　　　　图 5-77　修剪操作

单击按钮，本例中的加工实例在修剪后的效果如图5-78所示。

图 5-78　模拟加工效果

5.7.2　刀具路径的变换

刀具路径的变换指对已有的刀具路径进行平移、镜像和旋转，从而生成新的刀具路径。在有重复刀具路径的时候，该功能可以简化操作的过程。

在“刀路”选项卡的“工具”面板上，单击“刀路转换”按钮，打开如图5-79所示的“转换操作参数”对话框。

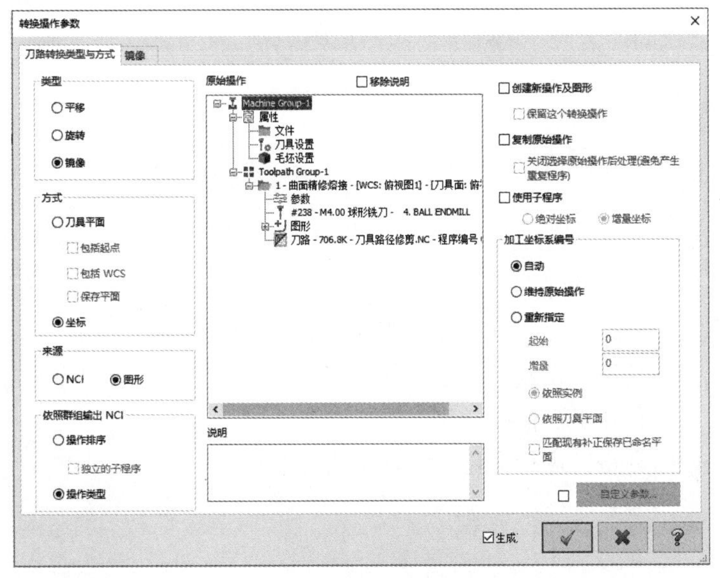

图 5-79　“转换操作参数”对话框

在该对话框中，选择变换的方式将会激活相应的选项卡。刀具路径的变化和图形的变化形式基本相同。“刀具平面”指以刀具面的变化来实现刀具路径的转换；“坐标”指以坐标的变化方式来实现刀具路径的转换。

“平移”选项卡、“旋转”选项卡和“镜像”选项卡分别如图5-80、图5-81和图5-82所示。它们的操作和相应的图形变化类似。

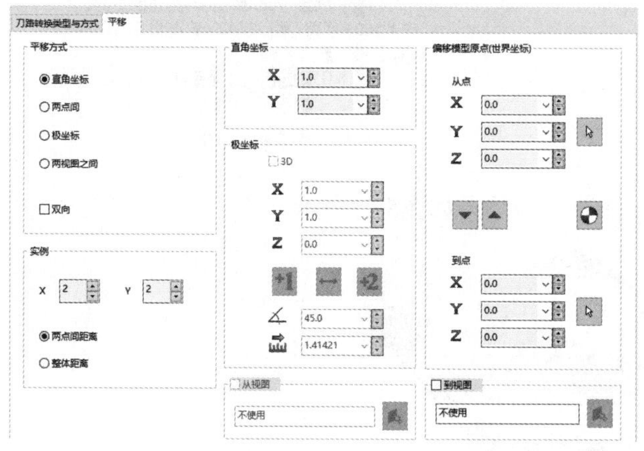

图 5-80 “平移”选项卡

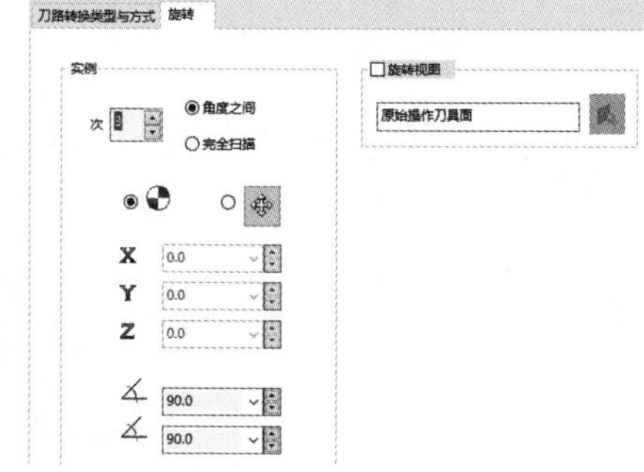

图 5-81 “旋转”选项卡

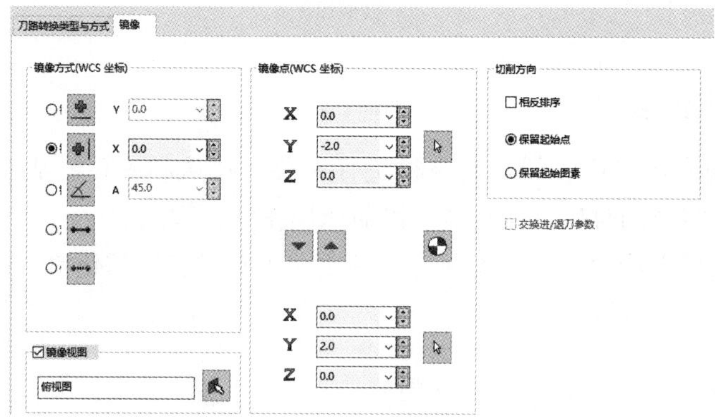

图 5-82 “镜像”选项卡

5.8 习题

1. 如何修改刀具参数并保存？
2. 如何选择一个刀具路径的材料并修改其参数？
3. 如何为一个刀具路径设置一个毛坯件？
4. 如何进行导入和导出操作？
5. 如何对一段刀具路径进行优化，实现快速进给？

第6章

二维加工

二维加工是生产实践中使用最多的一种加工方式。二维加工所产生的刀具路径在切削深度方向上不变。在铣削加工中，在进入下一层加工时Z轴才单独进行动作，实际加工是靠X、Y两轴联动实现的。

本章的学习目标：

- 掌握刀具路径生成的基本步骤
- 掌握外形铣削的基本方法
- 掌握挖槽加工的基本方法
- 掌握平面铣削的基本方法
- 掌握钻孔加工的基本方法
- 能独立完成简单的二维零件加工

6.1 外形铣削

外形铣削指刀具按照指定的轮廓进行加工。本节首先介绍外形铣削的基本步骤，然后通过一个实例来说明外形铣削的基本方法。

6.1.1 外形铣削的基本步骤

外形铣削的基本步骤可以分为以下8步。

(1) 创建基本图形。

(2) 选择需要的机床，设置工作参数。

(3) 新建一个外形铣削刀具路径，根据系统提示选择基本图形。

(4) 选择刀具并设置刀具参数。

(5) 设置外形铣削的加工参数。

(6) 校验刀具路径。

(7) 真实加工模拟。

(8) 根据后置处理程序，创建NCI文件和NC文件，并将其传送至数控机床。

其他加工方法的操作步骤与以上步骤基本类似。其中最关键的内容是如何设置合理的加工参数。

6.1.2 外形铣削实例

1. 创建基本图形

绘制一个如图6-1所示的外形铣削加工零件，图中标注即为加工后需要保证的尺寸。在绘制时，以原点为矩形100mm×80mm的中心，这样将便于设置毛坯。

2. 选择机床

首先需要挑选一台实现加工的机床，直接选择“机床”|“铣床”|“默认”命令即可，即选择系统默认的铣床来进行加工。接下来进行工作设置。本阶段最重要的是为零件设计合适的毛坯。

本例图素的最大尺寸为100mm×80mm的一个矩形，因此采用104mm×84mm的矩形毛坯，每边留出2mm的余量，并将毛坯厚度设计为20mm，材料选择为铝材。

在对象管理区中，单击“毛坯设置”选项，打开如图6-2所示的“机床群组属性”对话框的“毛坯设置”选项卡，并按照如图6-2所示进行设置。

由于已将图素矩形中心设置在原点处，因此需要将毛坯中心也放置到原点。材料的选择按第5章介绍的方法进行选择即可。

对于工作设置中的其他操作内容，也需要认真设置。在真正的生产实践中，用户需要特别注意后置处理程序的选择和设置。但由于本例相对简单，只需对照第5章的相关内容进行检查即可。

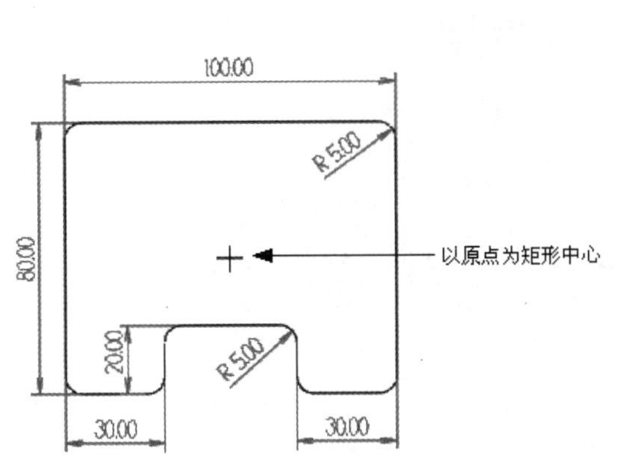

图 6-1 外形铣削加工零件

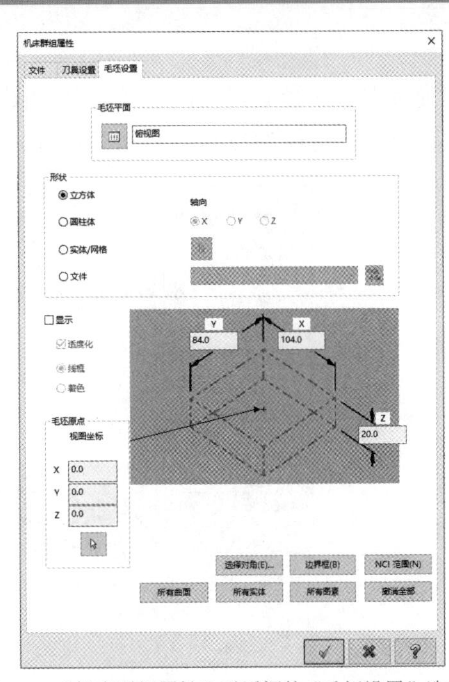

图 6-2 “机床群组属性”对话框的“毛坯设置”选项卡

3. 新建刀具路径

用户可以通过两种方式新建刀具路径：在“刀路”选项卡的2D面板上，单击“外形”按钮，或在对象管理区中单击鼠标右键，在弹出的快捷菜单中选择“铣床刀路”|“外形铣削”命令，打开如图6-3所示的“输入新NC名称”对话框。用户输入NC名称并确定后，系统打开“线框串连”对话框，用于提示用户选择刀具路径的基本几何要素。选择好图形后，需注意串连的选择方向，它涉及刀具路径设计的相关问题。方向选择如图6-4所示。

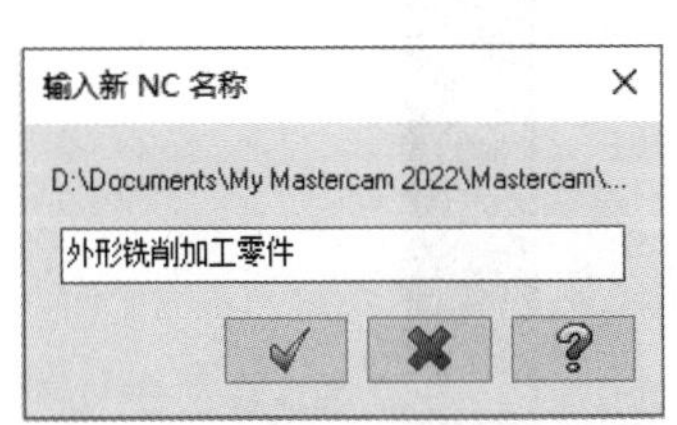

图 6-3 “输入新 NC 名称”对话框

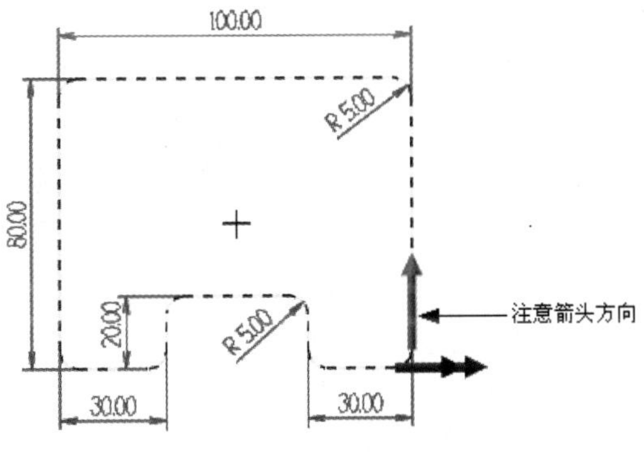

图 6-4 实例几何要素的方向选择

❖ 提示：

在新建刀具路径前，用户应先进行系统配制。执行“文件”|“配制”命令，打开“系统配制”对话框，选择“刀路管理”选项卡，在“NC文件”的“名称”列表中选择“提示选择”，选择“第一个操作”单选按钮。

4. 选择刀具

确定刀具路径后，系统自动打开如图5-4所示的外形铣削设置对话框，按照第5章的内容需选择一把直径为22mm的平底刀。选择后，刀具将在相应的位置显示，如图6-5所示。

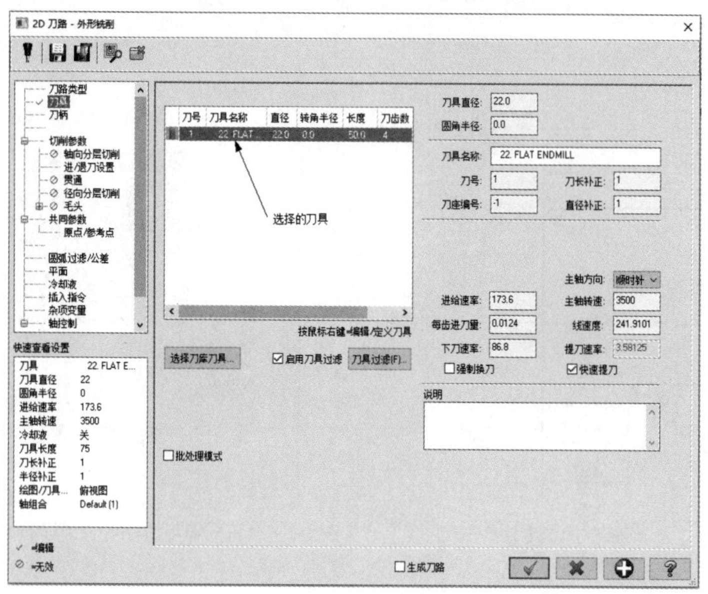

图 6-5　选择刀具

刀具参数的各种含义请参见前面章节的相关介绍。注意，这里的刀具编号等参数都是使用刀具在库中的原始数据，用户往往需要对其进行相应的修改，以方便管理。而刀具尺寸等参数是Mastercam的默认参数，在实际应用时，需要对照真实的刀具进行修改。在本例中只需修改其刀具编号即可。双击已经列出的刀具，打开刀具尺寸设置对话框，参照如图6-6所示进行设置。

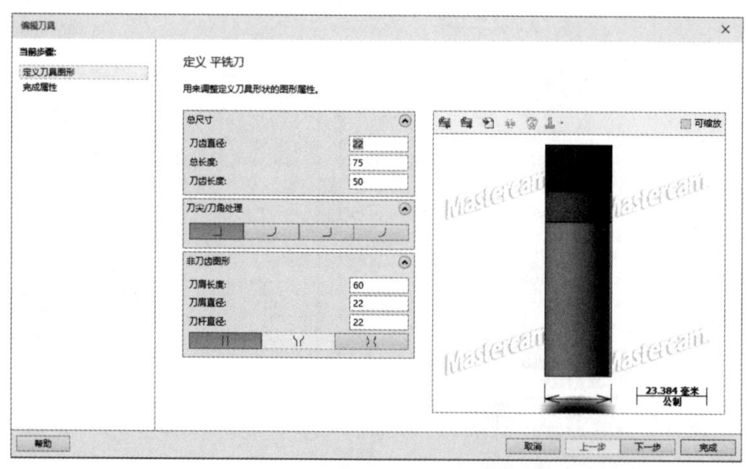

图 6-6　刀具尺寸参数的设置

切换到“完成属性”选项卡，对刀具的各种加工参数进行设置。对于主轴转速和进给速率参数，用户可以自行输入，也可以单击“重新计算进给速率和主轴转速”按钮▦由系统进行计算。刀具加工参数的设置如图6-7所示。

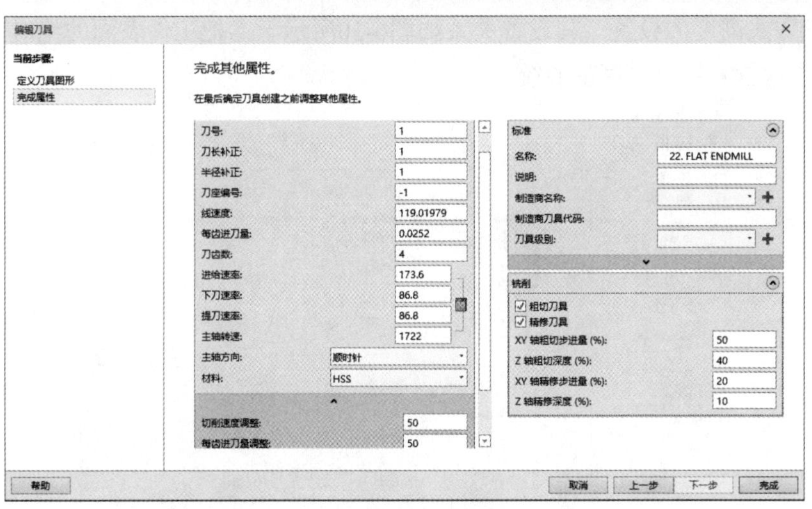

图 6-7　刀具加工参数的设置

确定后即可完成刀具的选择和参数的设置。返回外形铣削设置对话框，切换到“切削参数”选项卡，在其中设置加工参数。

5. 设置加工参数

外形铣削的加工参数和加工高度设置选项如图6-8和图6-9所示。

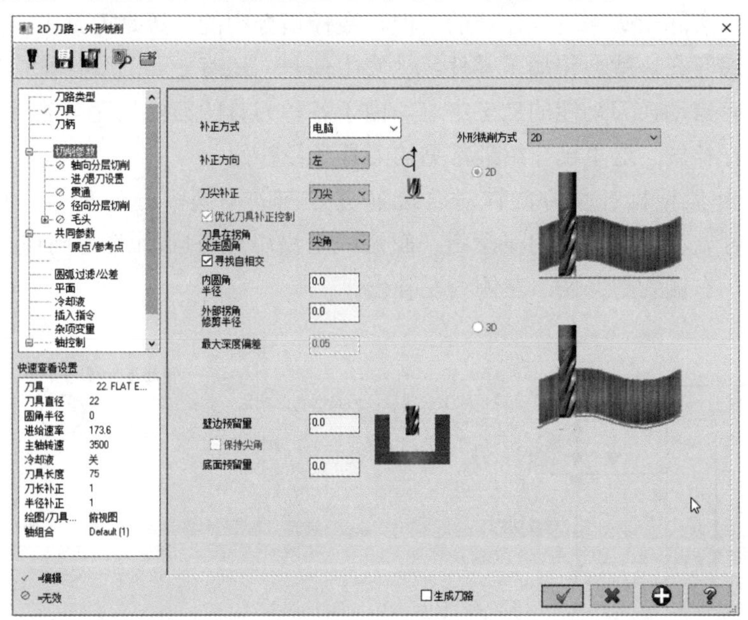

图 6-8　加工参数设置选项

除了可以手动在文本框中输入数值，也可以单击相应按钮，并利用鼠标在图形上进行单击来直接获得相应的数值。参数的增量方式是以工件顶面为基准计算的；而绝对方式则是在工作坐标系下进行计算得到；两者的关系可以通过指定工件顶面数据来进行换算。本例的毛坯和工件的创建，关系明确，而且都以坐标系原点为中心，因此直接根据几何关系输入数值即可。具体参数设置如图6-9所示，请读者认真思考这几个尺寸的相互关系以及绝对和增量方式高度的设置。其设置关系如图6-10所示。当把工件表面的绝对高度设置为0时，实现了增量和绝对高度量的统一。

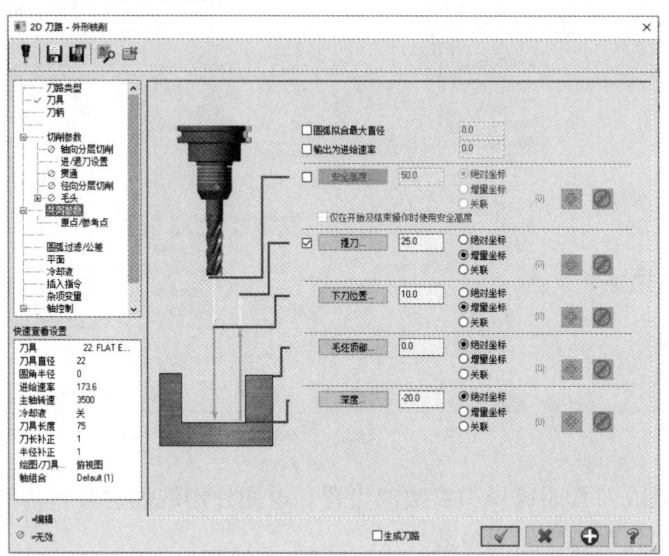

图 6-9　加工高度参数设置

接下来设置刀具补偿参数。刀具补偿是数控加工中的一个重要概念，在零件设计阶段是按照零件的实际轮廓来进行设计的，但在数控指令中的轨迹是刀具中心点的轨迹，由于刀具半径能够存在，就会使加工零件尺寸发生偏差。还有一种刀具补偿是在长度方向上的，主要针对有自动换刀功能的加工中心。由于各种刀具的刀柄长度可能不同，在高度方向上就需要进行补偿。这里仅介绍最常见的刀具半径补偿。

刀具半径补偿根据补偿方向针对轨迹前进方向的不同，分为左补偿和右补偿，如图6-11所示。可见左、右补偿的概念指在轨迹线上沿串连方向(加工方向)看去，刀具在轨迹线的哪一侧，右侧为右补偿，左侧为左补偿。

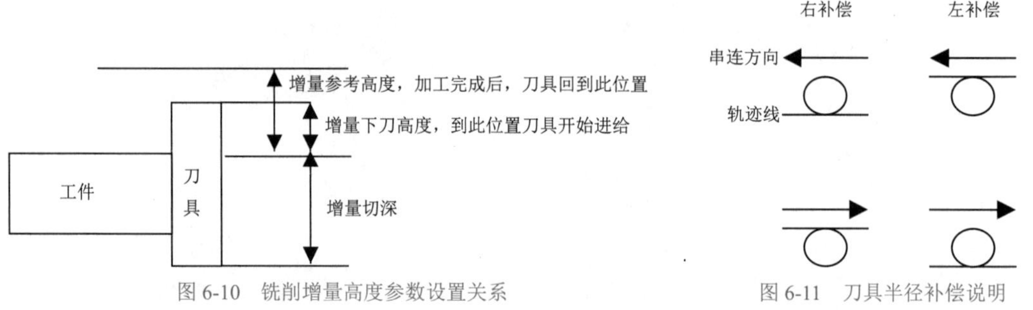

图 6-10　铣削增量高度参数设置关系

图 6-11　刀具半径补偿说明

具体实现补偿的方式有两种：电脑补偿和控制器补偿。电脑补偿指直接按照刀具中心轨迹进行编程，此时无须进行左、右补偿，程序中无刀具补偿指令G41或G42。控制器补偿指按照零件轨迹进行编程，在需要的位置加入刀具补偿指令及补偿号码，机床执行该程序时，根据补偿指令自行计算刀具中心轨迹线。

但在实际加工中，随着刀具的磨损，补偿半径也会发生变化，因此，在补偿方式中增加了磨损补偿和反向磨损补偿，用一个专用的寄存器来存储刀具的磨损值。Mastercam也向用户提供了该功能。

刀具补偿的相关设置如图6-12所示。

接下来进行加工误差的相关设置，如图6-13所示。

图 6-12 刀具补偿参数设置

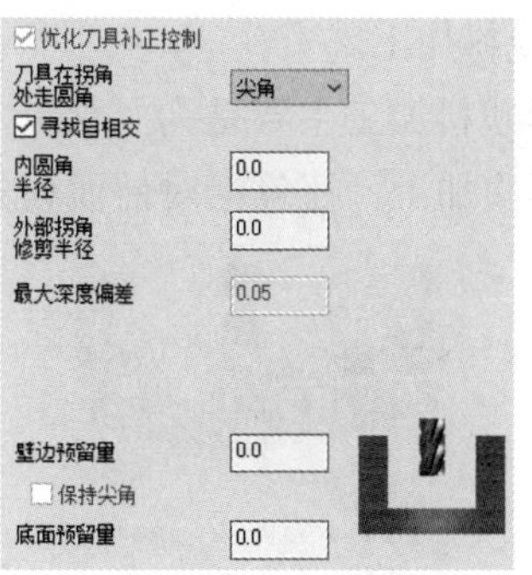

图 6-13 加工误差相关设置

刀具在周转角时，机床的运动方向会发生突变，切削力会发生很大的变化，对刀具不利，因此要求尽可能在转角处进行圆弧过渡。

寻找相关性指系统会在刀具路径中寻找路径的相交情况，以避免在后面的加工中破坏已经切削的表面。

线性公差仅用于三维圆弧、二维或三维Spline曲线。

最大深度偏差仅用于三维外形刀具路径操作。

在粗铣轮廓时，一般不能一次直接切到需要的尺寸，这样无法保证加工面的质量，往往要求留有一定的加工余量。因此，Mastercam提供了两个方向的预留量参数设置。

外形铣削中一共提供了5种外形铣削方式，分别是“2D”(二维外形加工)、“2D倒角”(二维倒角加工)、“斜插”(斜坡加工)、“残料”(残料加工)和“摆线式”(振动加工)，如图6-14所示。

(1) 二维外形加工使用平底刀沿平面加工出外形。

(2) 二维倒角加工。

倒角加工需要通过倒角铣刀来实现，在该对话框中只能设置倒角的加工宽度，角度是由刀具参数决定的，如图6-15所示。

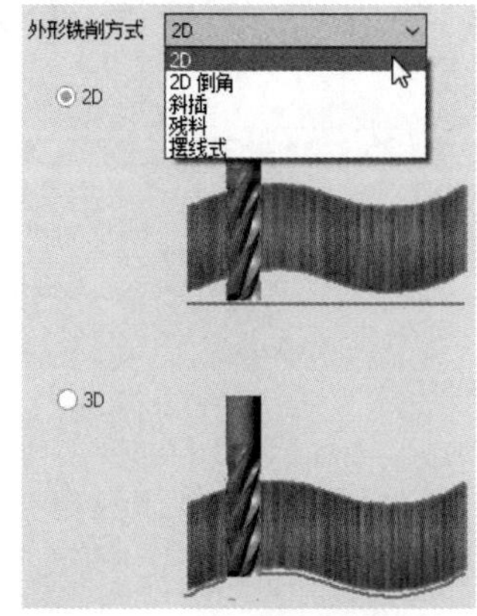

图 6-14 外形铣削加工方式

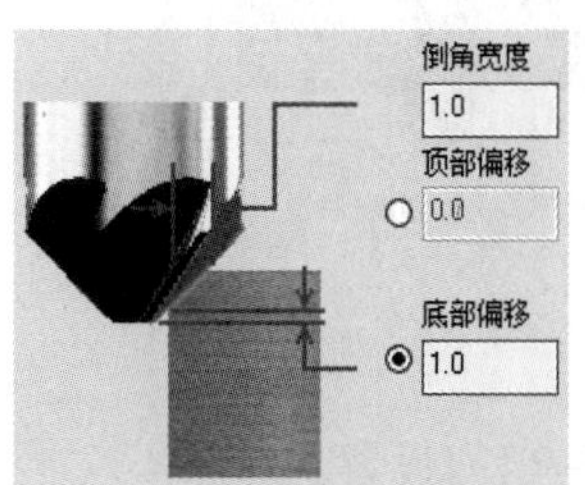

图 6-15 倒角加工参数设置

(3) 斜坡(斜插)加工。

斜坡加工指在XY方向走刀时，Z轴方向也按照一定的方式进行进给，从而加工出一段斜坡面，斜坡加工参数设置如图6-16所示。

(4) 残料加工。

外形残料加工主要是为了保证加工的要求，对粗加工时的大直径刀具加工所遗留的材料进行再次加工，还包括对前面设置的3个方向的预留量进行加工，如图6-17所示。

图 6-16　斜坡加工参数设置

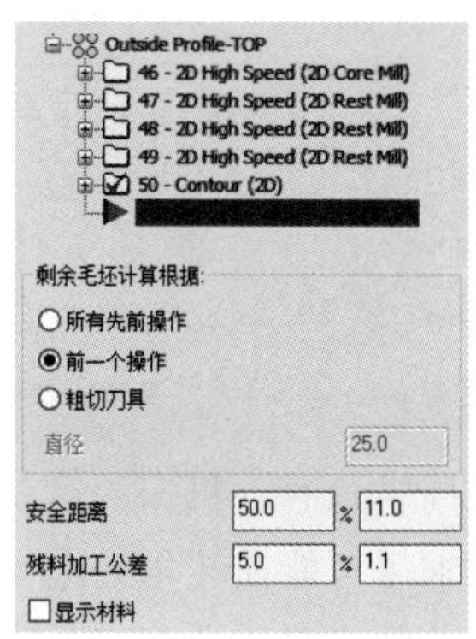

图 6-17　残料加工参数设置

(5) 振动(摆线式)加工。

振动加工参数设置如图6-18所示。

在图6-8所示的加工参数选项中还有5个子选项，下面分别进行介绍。

○　分层切削(径向分层切削)。

当毛坯材料过厚时，所需要的切削量过大，刀具无法将材料一次加工到指定尺寸。有时即便可以加工完成，也会由于切削量大而使切削性能变差，进而影响加工表面的质量。因此，需要进行多次切削，每次加工一定的量，直到最后成形，参数设置如图6-19所示。

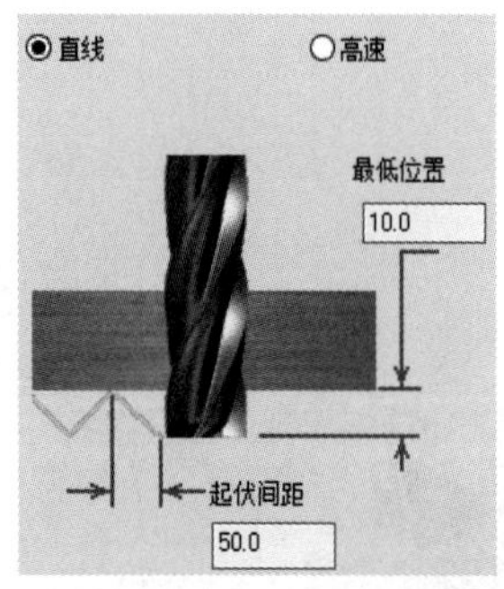

图 6-18　振动加工参数设置

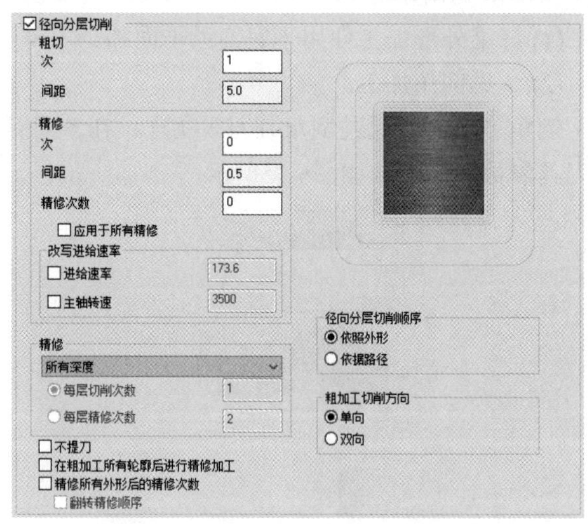

图 6-19　分层切削 (径向分层切削) 设置

○　进/退刀设置。

刀具切入和切出材料时，由于切削力突然变化，将会因产生振动而留下刀痕。因此，

在进刀和退刀时，Mastercam可以自动添加一段隐线和圆弧，使之与轮廓光滑过渡，从而避免振动，提高加工质量。而且在实际加工中，往往把刀具路径的两端进行一定的延长，这样能获得很好的加工效果，参数设置如图6-20所示。

○ 深度切削(轴向分层切削)。

当毛坯尺寸过深时，也无法一次加工完成，需要在深度方向上分成若干次加工，以便获得良好的加工性能。图6-21所示为深度切削设置。

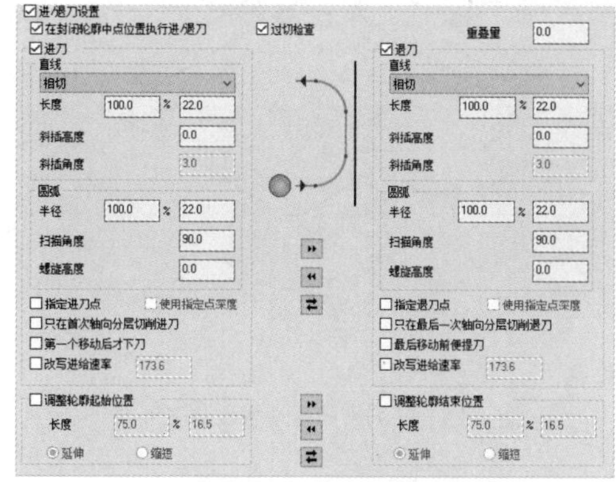

图 6-20 进 / 退刀参数设置

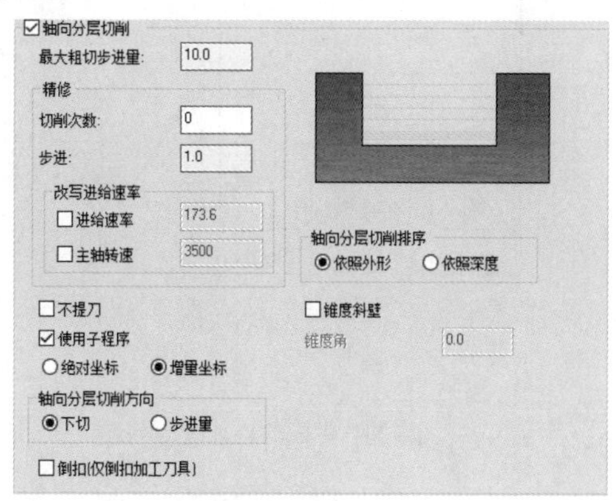

图 6-21 深度切削 (轴向分层切削) 设置

依照外形方式指先在一个外形边界上加工到指定的深度，再进行下一个边界的加工。依照深度方式指在一个深度上加工所有的边界外形，再进行下一个深度的加工。在一般的加工中，优先选择依照外形方式。

○ 贯通。

贯通设置用来指定刀具完全穿过工件后的伸出长度，这有利于清除加工的余量。系统会自动在进给深度上加入这一伸出长度。贯通设置如图6-22所示。

○ 毛头。

在加工时，可以指定刀具在一定阶段脱离加工面一段距离，以形成一个“台阶”，有些时候这是非常有用的一种功能，比如在加工路径中间有一段凸台需要跨过。在加工中，该操作称为“毛头”。毛头设置如图6-23所示。当整个加工面都需要加高时，可以选中“全部”单选按钮；当需要间断性抬高时，则可以选中“局部避让”单选按钮。

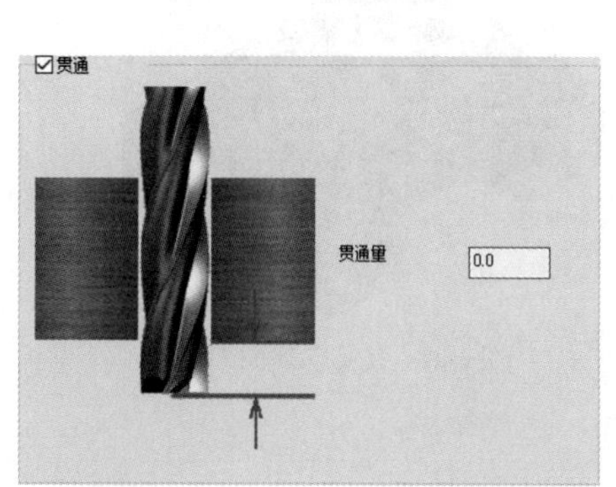

图 6-22 贯通设置

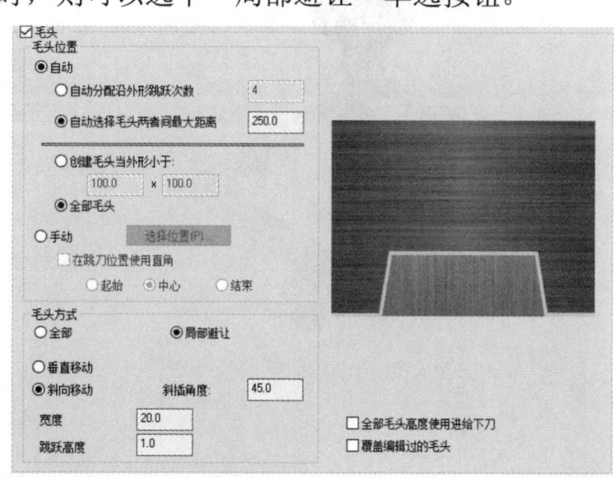

图 6-23 毛头设置

上面就是所有关于外形铣削的各种参数设置，其他加工方法的参数设置也基本相同。确定后，系统将生成一个刀具路径，并显示在对象管理区中。在需要时用户也可对这些参数再次进行设置。这时在图形区就出现了一条轨迹线，如图6-24所示。在轴测方向观察，效果如图6-25所示。

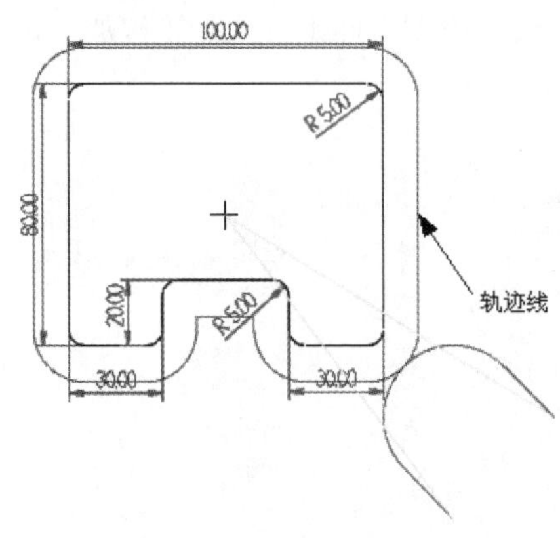

图 6-24　生成的轨迹线

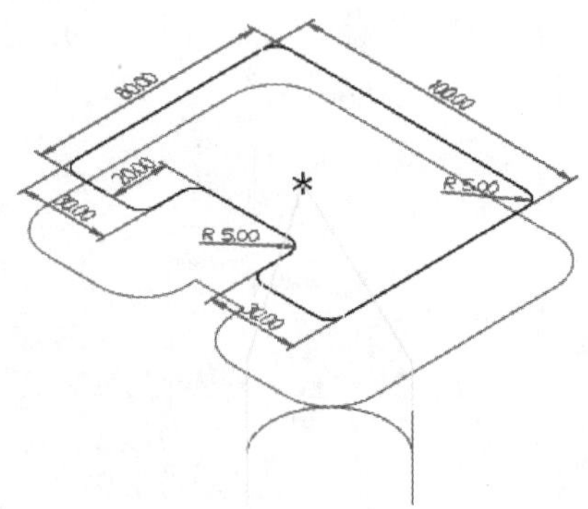

图 6-25　轴测方向观察生成的轨迹线

6. 校验刀具路径

若已经完成外形铣削刀具路径的设置，可以通过刀具路径模拟来观察刀具路径是否符合设置要求。

在对象管理区中单击按钮即可进行刀具路径的校验，并通过仿真对刀具路线进行观察。观察时可以选择单步和连续的方式分别进行，单步方式用于检查切削流程，连续方式用于检查切削效果，这样观察得更为清晰和准确。校验效果如图6-26所示。

7. 真实加工模拟

在确定刀具路径的正确性后，还需要通过真实加工模拟来观察是否存在错误。比如在这个例子中，如果刀具半径过小，在铣凹处时，将会出现一段悬空的毛坯没有被加工到，用户可以自行进行设置与观察。正确的显示效果如图6-27所示。

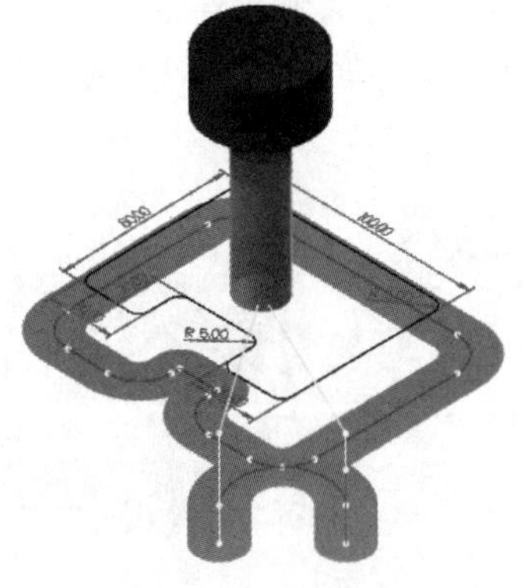

图 6-26　校验效果

图 6-27　真实加工模拟

8. 后置处理

在确认刀具路径正确后，即可生成NC加工程序。单击对象管理区中的G1按钮，将打开后置处理操作设置对话框。确定后，系统提示用户选择NC文件保存的路径和名称。保存后，生成本刀具路径的加工程序，如图6-28所示。

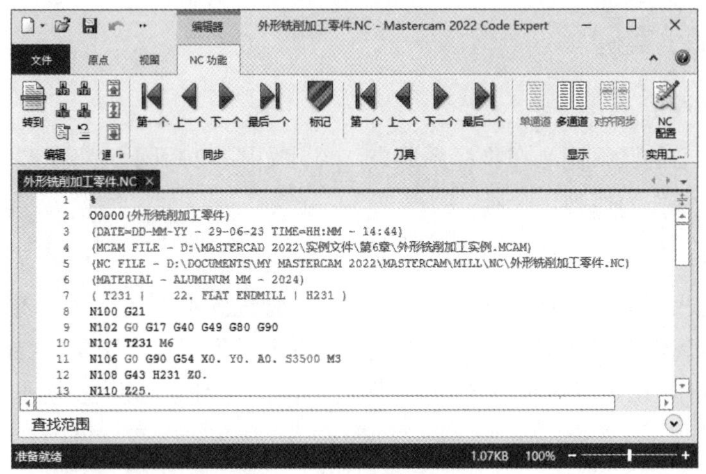

图 6-28 生成的 NC 程序

如果直接用于生产，就可以通过通信模块将该程序发送给机床进行加工了。

通过这个例子可以发现，使用Mastercam自动生成NC程序的效率要远远高于人工编程，而且可以通过仿真的手段来检查程序的正确性，更符合日益发展的生产要求，符合现代化工厂的要求。

以上通过一个外形铣削展现了整个CAM模块的基本流程，用户需要在自己设计的零件上进行各种各样的尝试，以提高对软件的熟练程度，掌握生成刀具路径设置的关键要点，避免各种错误。要设计出合理的加工参数，需要大量的实践经验，不熟悉的用户可以参阅各种加工手册。

6.2 挖槽加工

6.2.1 槽的基本加工方法

零件上的槽和岛屿都是通过将工件上指定区域内的材料挖去而形成的。一般使用平底刀(EndMill)进行加工。

一般来说，槽的轮廓都是封闭的，如果选择了开放轮廓，就只能使用开放轮廓的挖槽加工来进行。

挖槽刀具路径生成的一般步骤和外形铣削基本相同，主要参数有：刀具参数、挖槽加工参数和粗精铣参数。

在铣槽时，可按照刀具的进给方向分为顺铣和逆铣两种方式。顺铣有利于获得较好的加工性能和表面加工质量。

有时在槽内往往还包含一个被称为“岛屿”的区域。在分层铣削加工过程中，可以特别补充一段路径加工岛屿顶面。

在挖槽加工时，可以附加一个精加工操作，一次完成两个刀具路径规划。

在下面的介绍中，将通过一个实例来生成一个段槽的加工刀具路径。

6.2.2 挖槽加工实例

1. 创建基本图形

创建两个同心的圆，圆心在坐标系原点，尺寸如图6-29所示，将两圆之间的部分作为一段槽，而将小圆作为孤岛。

2. 选择机床

与外形铣削相同，选择默认铣床。然后在对象管理区中，选择“毛坯设置”选项，切换到“机床分组属性”对话框的“毛坯设置”选项卡，根据基本图素的要求，选择毛坯为100mm×100mm的一个矩形材料，将高度设置为20mm，毛坯中心设在原点，如图6-30所示。

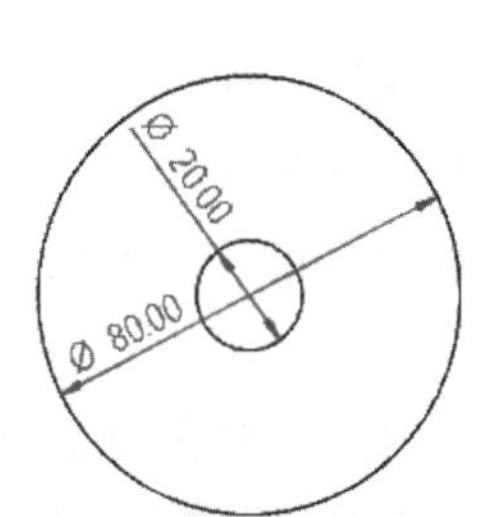

图 6-29　挖槽加工基本图素

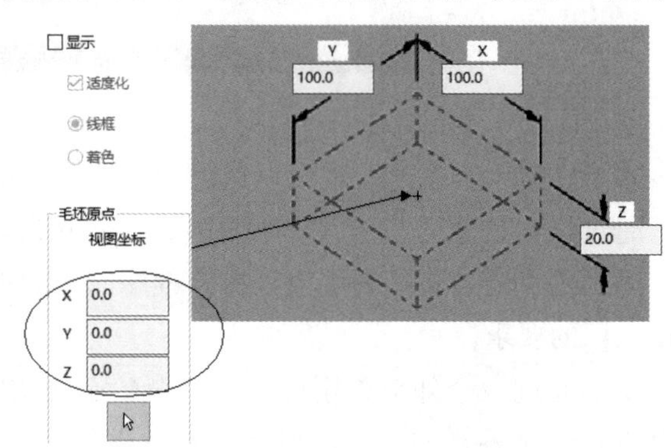

图 6-30　挖槽加工毛坯设置

3. 新建刀具路径和选择刀具

在“刀路”选项卡的2D面板上，单击“挖槽”按钮，或在对象管理区中右击，在弹出的快捷菜单中选择“铣床刀路”|“挖槽”命令，在打开的NC代码名称对话框中输入名称后，系统打开“线框串连”对话框，提示用户选择挖槽刀具路径的基本几何要素。单击按钮进行区域选择，选中大、小圆中间的圆环部分即可。

确定后，系统打开挖槽加工参数设置对话框，首先在刀具参数选项下选择一把直径为8mm的平底刀，并设置刀具的加工参数，如图6-31所示。

4. 设置加工参数

在挖槽加工参数设置对话框中，切换到“切削参数”选项卡，在其中进行挖槽参数的设置，如图6-32所示。

Mastercam一共提供了5种挖槽加工的方法，分别为：“标准”，标准挖槽模式；“平面铣”，面铣削模式；“使用岛屿深度”，岛屿模式；“残料”，残料模式；“开放式挖槽”，轮廓开放模式。其中轮廓开放模式将会把未封闭的区间自动封闭起来。用户通过

“挖槽加工方式”下拉列表进行选择即可。本实例选择“使用岛屿深度”模式。

图 6-31　刀具参数选项设置

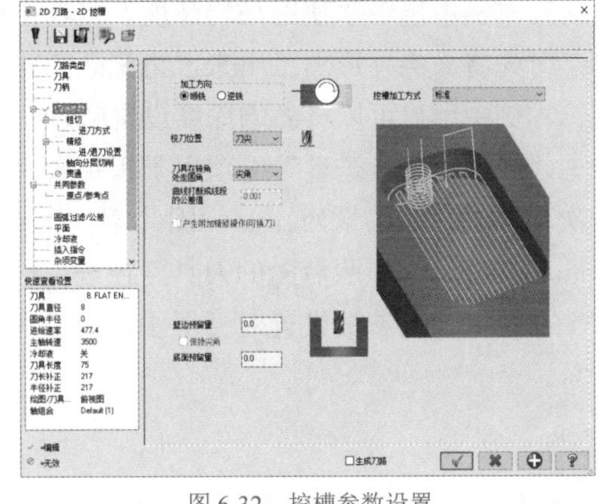

图 6-32　挖槽参数设置

选择相应的模式将会激活不同的设置选项。选择“使用岛屿深度”模式显示参数设置内容，本例参数设置如图6-33所示。

在这里设置岛屿上方高度为-2mm，即相对于毛坯表面的距离为2mm，那么在设置槽深为10mm的情况下，在槽内就会出现一个高度为8mm的圆柱，且表面经过加工。

在其他模式下将会激活如图6-34所示的残料加工参数设置内容和如图6-35所示的开放轮廓挖槽加工参数设置内容。

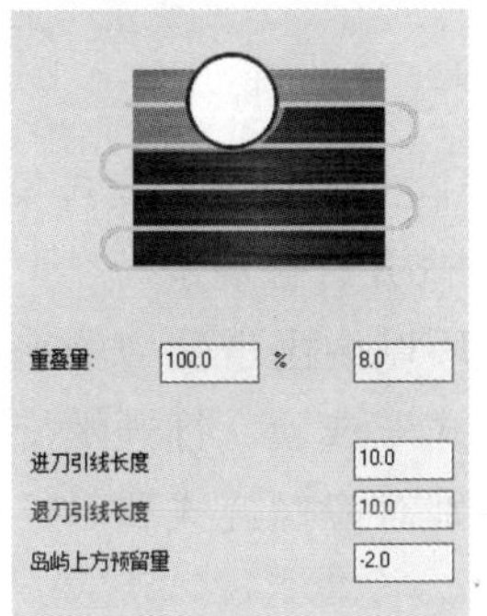

图 6-33　“使用岛屿深度”参数设置

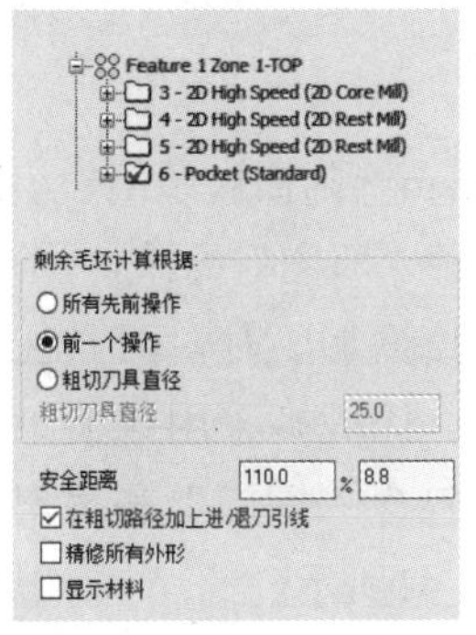

图 6-34　残料加工参数设置

在设置挖槽参数时，还需要指定刀具铣削的方式，如图6-36所示，选择顺铣。

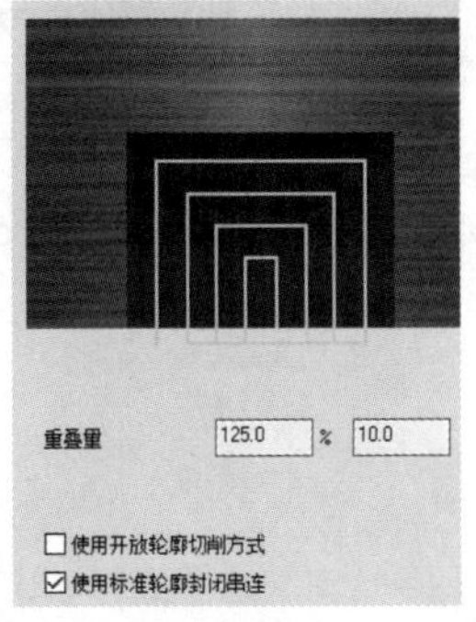

图 6-35　开放轮廓挖槽加工参数设置

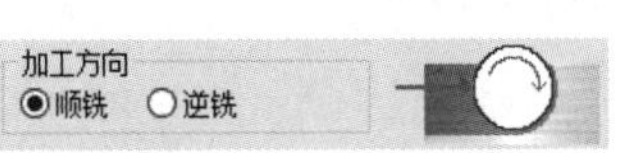

图 6-36　刀具铣削方式

在“轴向分层切削”选项中，将显示分层铣参数设置内容，如图6-37所示。

在本例中选中“使用岛屿深度”复选框即可，即当挖槽深度低于该岛屿的深度时，在加工时先将岛屿外形加工出来，再深入挖槽。取消选中该复选框时，加工的顺序会有所不同。本例中用户可以将岛屿深度设置超过-10mm，然后比较本选项的作用。

“最大粗切步进量”选项用于指定最大的粗加工深度，本例设置为5mm，而且设置了一次精加工，加工量为1mm，因此本例在槽上一共要进行3次进刀，进刀量分别为4mm、5mm和1mm，请参照后面的刀具路径进行检查。其他参数与外形铣削时的含义相同。

在挖槽加工参数设置对话框中还有“粗切”和“精修”两个选项，如图6-38和图6-39所示。

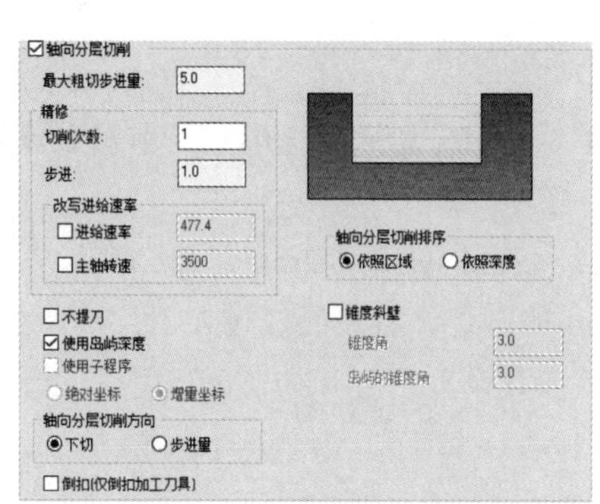

图 6-37 分层铣参数设置

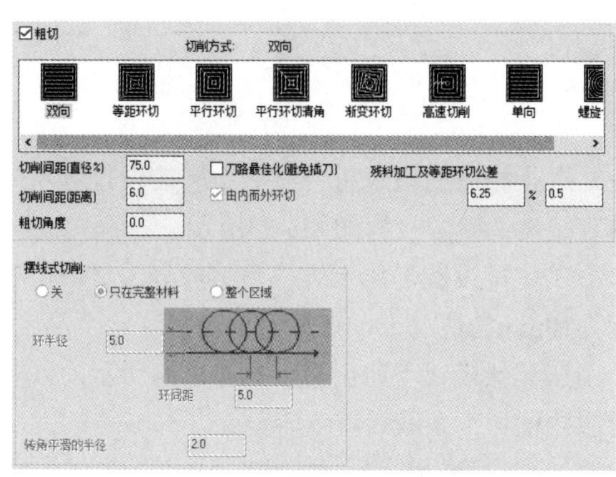

图 6-38 “粗切”选项

Mastercam一共提供了8种切削方式，它们分别对应不同的刀具路径安排策略。在本例中选用第一种“双向”方式，用户可以分别选择不同的方式并进行观察。

由于在挖槽加工时，刀具往往是直接插入工件的，所以会由于受力的突然变化，影响切削性能，因此多采用螺旋下刀方式。选择“进刀方式”选项，打开螺旋式下刀参数设置，其中包含“螺旋”和“斜插”两个单选按钮，分别对应螺旋式和斜插式下刀，如图6-40和图6-41所示。

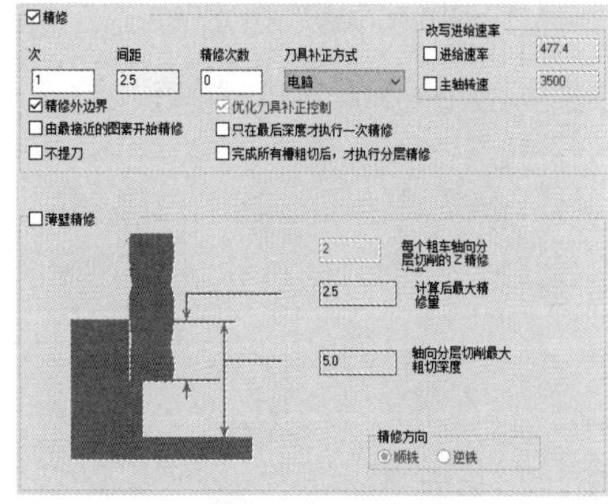

图 6-39 “精修”选项

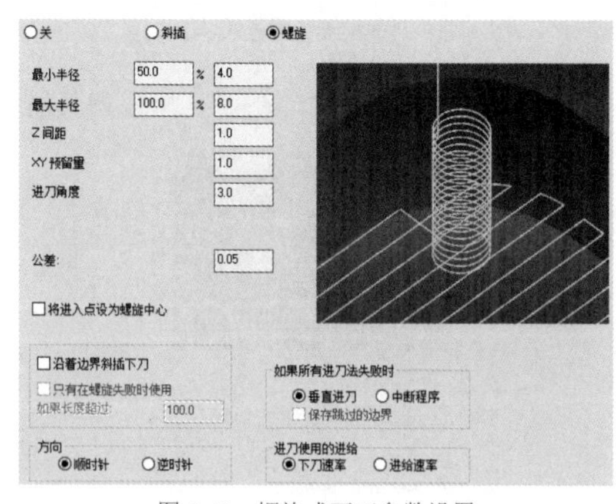

图 6-40 螺旋式下刀参数设置

至此已经完成所有的挖槽参数设置。单击“确定”按钮◙后，生成如图6-42所示的刀具路径。

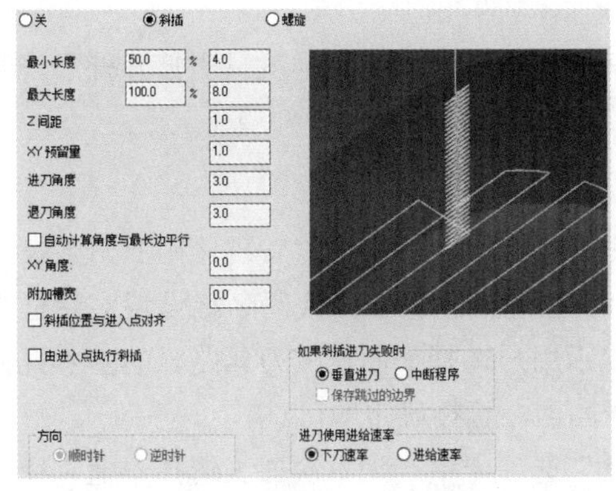

图 6-41　斜插式下刀参数设置

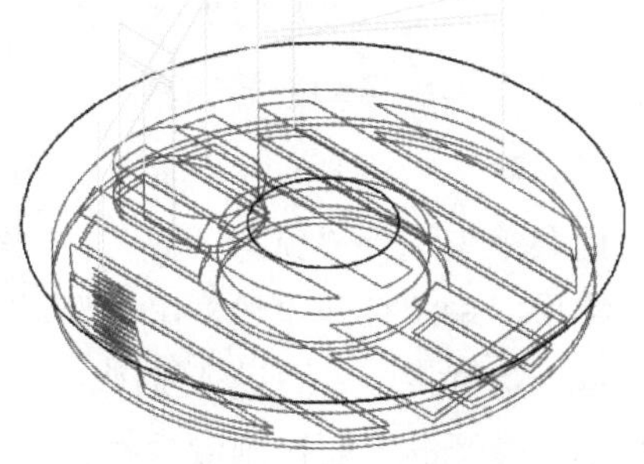

图 6-42　挖槽刀具路径实例图

5. 模拟及后置处理

生成刀具路径后，便可以进行刀具路径仿真和实际加工仿真，进行验证，如图6-43所示。确认后，生成NC文件，如图6-44所示。

图 6-43　实际加工仿真

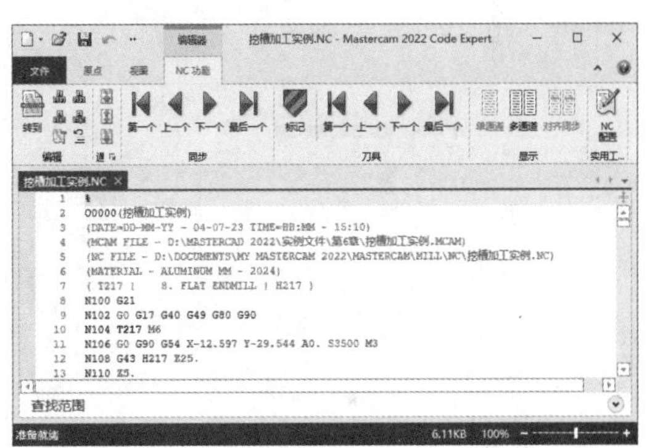

图 6-44　NC 文件

6.3　平面铣削

6.3.1　平面的基本加工方法

平面铣削是将工件表面铣去指定的深度，由用户指定需要进行加工的平面区域。平面铣削最主要的工作是指定铣削路径的方式，如单向和双向切削。单向切削是指刀具始终固定从路径的一端到另一端进行加工，走完一遍后，直接回到起始端，再进行加工；双向切削是指当刀具加工到路径的尾端时，沿刀具路径返回起始端，返回途中也进行一次加工。由此可见双向加工效率较高。如果刀具直径大于零件表面尺寸，可以一次切削完成。同样，平面铣削也有顺铣和逆铣之分。总之，在平面加工中有各种各样的方法和技巧，读者需要通过不断地实践和学习才能掌握这些方法和技巧，并安排出最合理的加工方案。

6.3.2　平面铣削实例

1. 创建基本图形

本例使用外形铣削后的零件作为实例，将其表面铣去2mm。这样就只需打开外形铣削的文件，直接在已选择好的机床下添加刀具路径即可。

2. 新建刀具路径和选择刀具

在“刀路”选项卡的2D面板上，单击“面铣”按钮，或在对象管理区中右击，在弹出的快捷菜单中选择“铣床刀路”|“平面铣”命令，在打开的NC代码名称设置对话框中输入名称后，系统打开“线框串连”对话框，提示用户选择平面铣削刀具路径的基本几何要素。由于是对整个表面进行铣削，不需要选择图素，直接确定即可。

在系统打开的平面铣削参数对话框的“刀具”选项卡中，为本次加工选择一把直径为20的平铣刀，其他参数的设置可参照前面相关内容的叙述。参数设置如图6-45所示。

3. 设置加工参数

在平面铣削参数对话框中，将“共同参数”和“切削参数”选项卡分别设置为如图6-46和图6-47所示。

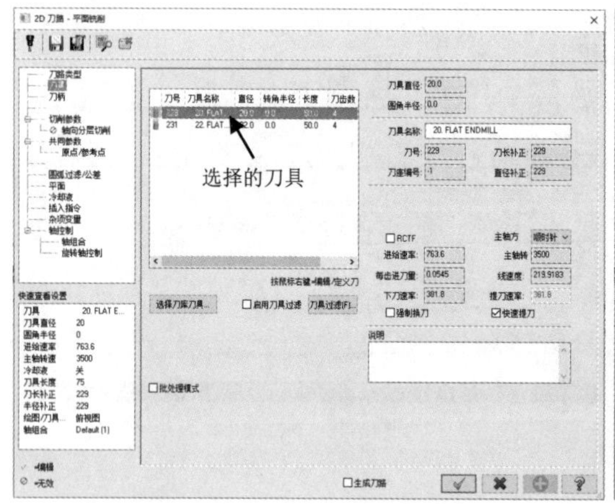

图 6-45　设置“刀具”选项卡

图 6-46　设置“共同参数”选项卡

Mastercam提供了4种面铣削方式，主要有：“单向”，单向加工、顺铣；“双向”，双向加工；“一刀式”，当刀具直径大于加工面时，只加工一次；“动态”，单向加工、逆铣。

切削间距指刀具路径每两行之间的距离。当间距大于刀具直径时，将出现加工不到的地方，这一点需要读者特别注意。

跨行方式指加工完一行后，进入下一行加工的方式，在“两切削间移动方式”下拉列表中进行选择，包括：“高速回圈”，走圆弧快速移动到下一行；“线性”，走直线进入下一行；“快速进给”，走直线快速进入下一行。

设置完所有的参数后，单击“确定”按钮，系统生成如图6-48所示的刀具路径，这里已将外形铣削的路径隐藏。同时，在对象管理区中，在原有外形铣削路径下显示了一个新的面铣削刀具路径选项，如图6-49所示。

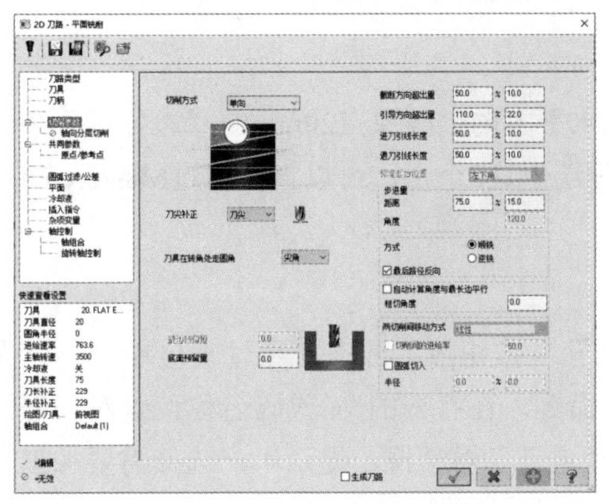

图 6-47 设置“切削参数”选项卡

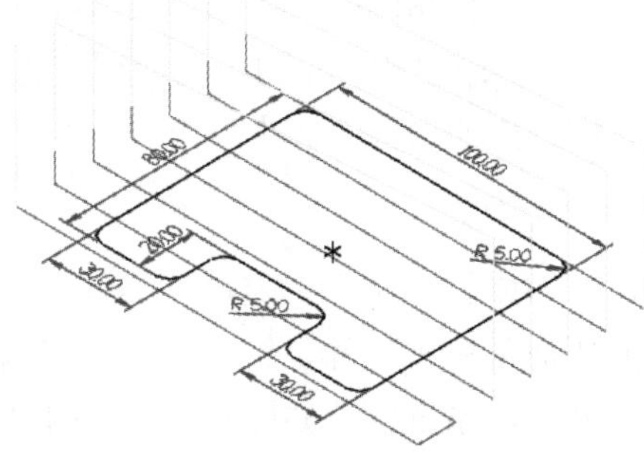

图 6-48 面铣削刀具路径实例

4. 模拟及后置处理

在模拟过程中，可以将两段刀具路径放在一起进行观察，也可单独进行观察。对于第二段路径的真实加工模拟如图6-50所示。

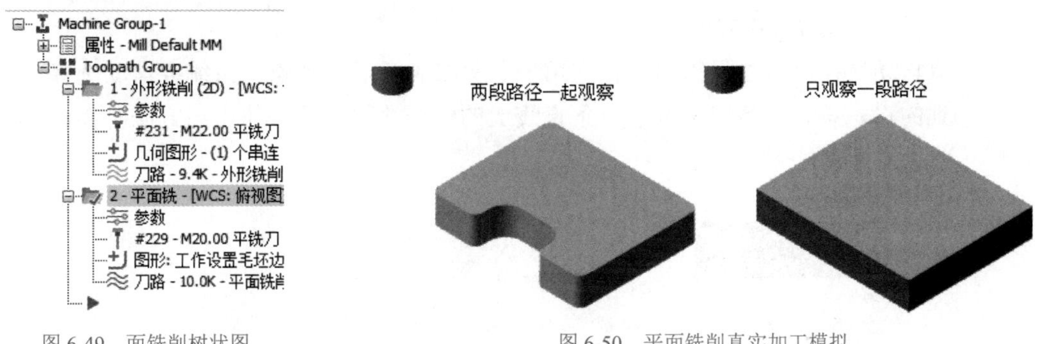

图 6-49 面铣削树状图

图 6-50 平面铣削真实加工模拟

6.4 钻孔加工

6.4.1 孔的基本加工方法

Mastercam提供了丰富的钻孔方式，而且可以自动输出对应的钻孔固定循环加指令，如钻孔、铰孔、镗孔和攻丝等加工方式。Mastercam提供了7种孔加工的各种标准固定循环方式，而且允许用户自定义符合自身要求的循环方式。

由于孔加工的大小是由刀具直接决定的，因此用户只需指定需要钻孔的位置即可，做图时无须将孔画出。对于孔圆心点的位置，除了可以由用户自行绘制，系统还提供了一些高效的选择方式，在孔数量庞大时，可缩短设计时间。

孔加工的刀具应该选择钻头等专用孔加工刀具。

6.4.2 钻孔实例

1. 创建基本图形

这里继续使用6.3节的例子，计划在原点和水平方向上距原点20mm的两边各钻一个直径为3mm、深度为10mm的小孔。用户无须实际绘出这3个点，可以直接通过Mastercam提供的孔中心点的选择方式来指定。

2. 新建刀具路径

在“刀路”选项卡的2D面板上，单击“钻孔”按钮，或在对象管理区中右击，在弹出的快捷菜单中选择“铣床刀路”|“钻孔”命令，在打开的NC代码名称设置对话框中输入名称后，系统打开如图6-51所示的“刀路孔定义”对话框，提示用户选择需要加工孔的中心。

Mastercam提供了7种选择加工孔中心的方式。分别介绍如下。

- 手动输入选择：这是对话框默认的选择方式，该方式要求用户通过光标手动输入孔的位置。本例将通过该方式进行输入。首先利用鼠标选择原点，然后单击选择工具栏中的“输入坐标点”按钮，在坐标框中分别输入(-20,0,0)和(20,0,0)。选中后，效果如图6-52所示。
- “自动”：该方法只需用户指定第一、第二和最后一个点，系统会自动选择一系列的点。该方式多用于位于一条直线上的多个孔的情况。使用该方法时需注意孔是否有遗漏。

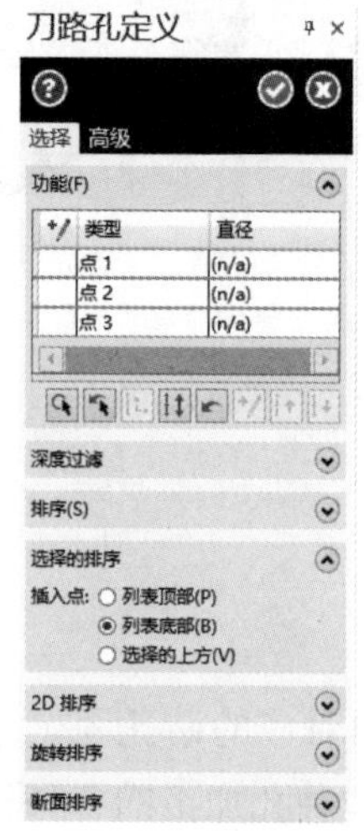

图 6-51 “刀路孔定义”对话框

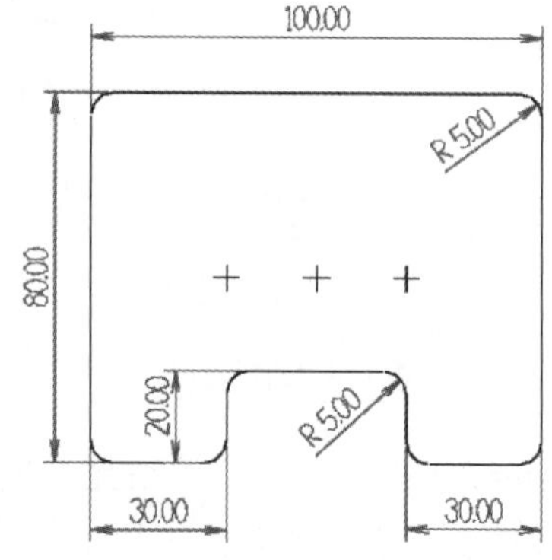

图 6-52 选中的孔加工位置

- “选取图素”：该方法利用选择图素来定位孔，如直线的端点、圆的中心等。
- “窗选”：该方法利用鼠标拖动围成一个窗口，在窗口内的一系列点均被选中。
- “限定半径”：在图形上用一个指定的半径来选择圆弧的中心点。当图中有大量的半径相同的圆或弧的中心需要钻孔时，使用此方法最为简便。
- “选择上次”：依然选择上一次的钻孔路径中孔的位置。

- “排序”：根据系统提供的样式进行孔的有规律排列，可以是矩形或环形方式。一共有3种主要方式，分别是“2D排序”“旋转排序”和“断面排序”。单击“排序”按钮后，打开如图6-53所示的“选择的排序”下拉列表框。

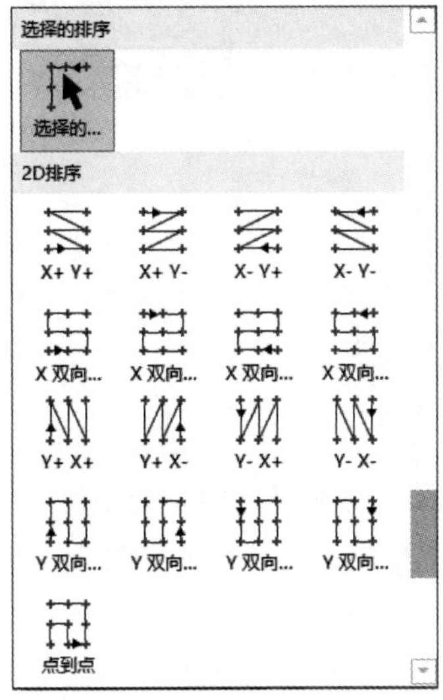

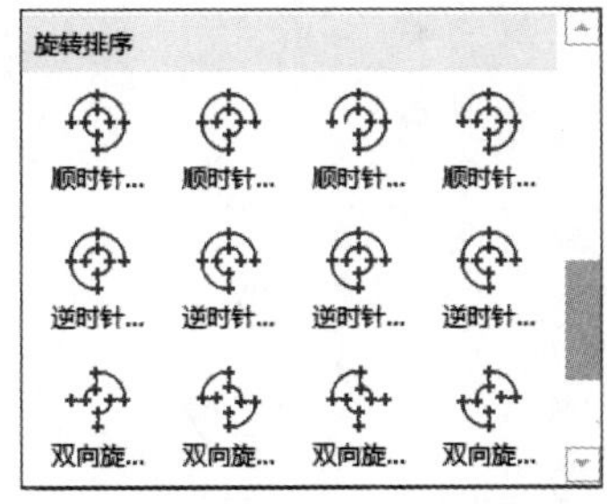

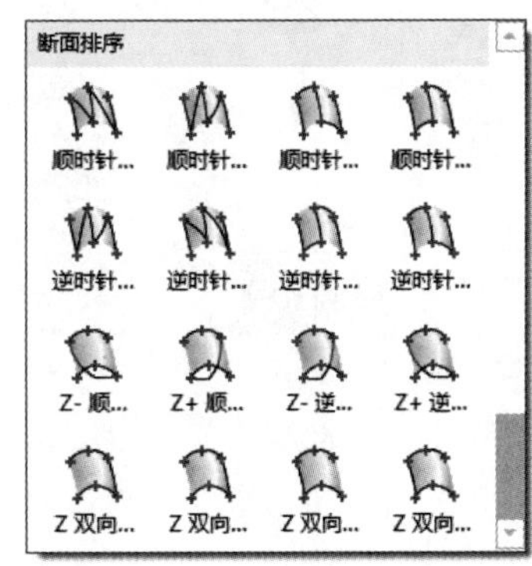

图 6-53 “选择的排序”下拉列表框

3. 选择刀具和设置加工参数

选好加工点后，打开如图6-54所示的钻孔参数设置对话框，在“刀具”选项卡中，选择一把直径为3的钻头作为本次加工的刀具。此时在刀具列表中已经列出了3把刀，分别对应一段刀具路径。

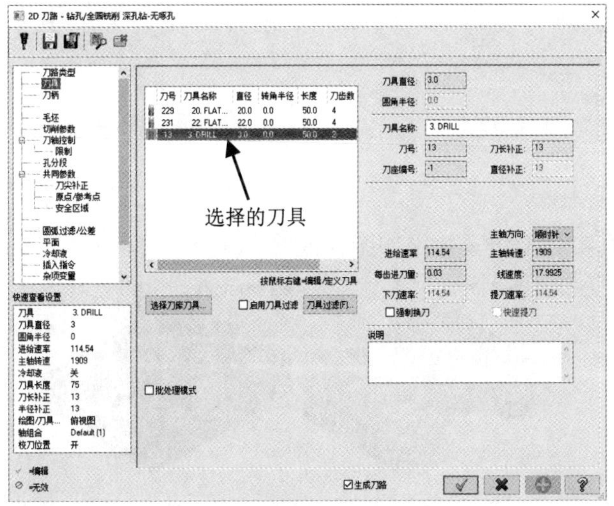

图 6-54 设置“刀具”选项卡

在该对话框中，分别切换到“共同参数”和“切削参数”选项卡，参照图6-55和图6-56所示进行设置。

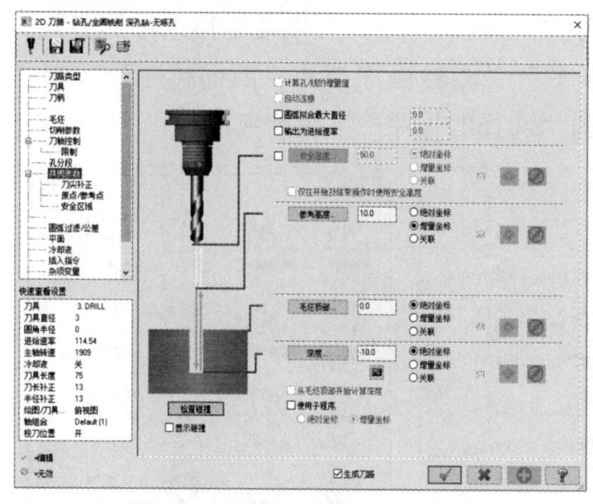

图 6-55　设置“共同参数”选项卡

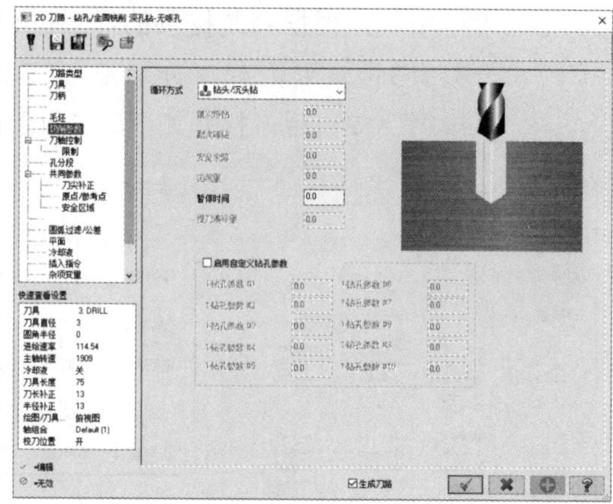

图 6-56　设置“切削参数”选项卡

钻孔循环方式主要有以下几种：“钻头/沉头钻”“深孔啄钻”“断屑式”“攻牙”“Bore#1”(镗孔方式1)、“Bore#2”(镗孔方式2)和其他方式。镗孔的两种方式分别是使用进给速度进刀和退刀、退刀时主轴停止快速退刀。

打开“刀尖补正”选项卡，刀尖补偿设置如图6-57所示。刀尖补偿的主要作用是保证将孔钻透和保证孔深。

设置好参数后，系统生成的钻孔刀具路径如图6-58所示。

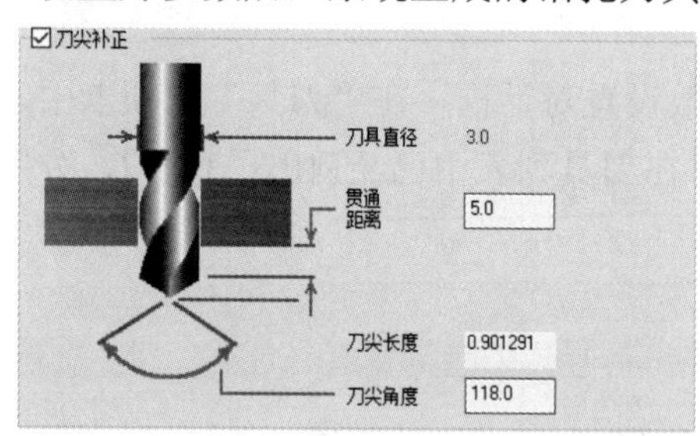

图 6-57　刀尖补偿设置

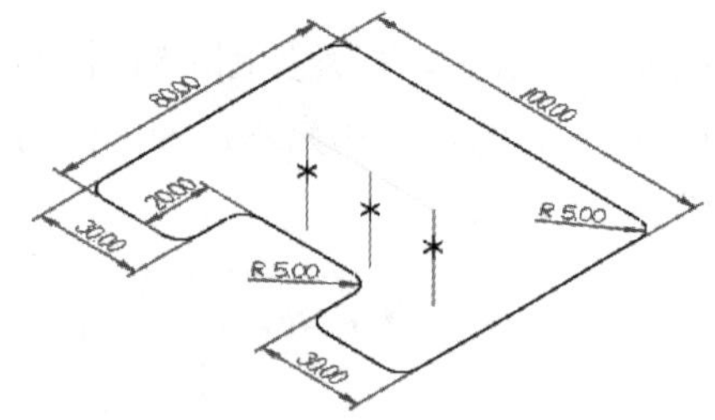

图 6-58　钻孔刀具路径

4. 模拟及后置处理

生成路径后，真实加工仿真效果如图6-59所示。

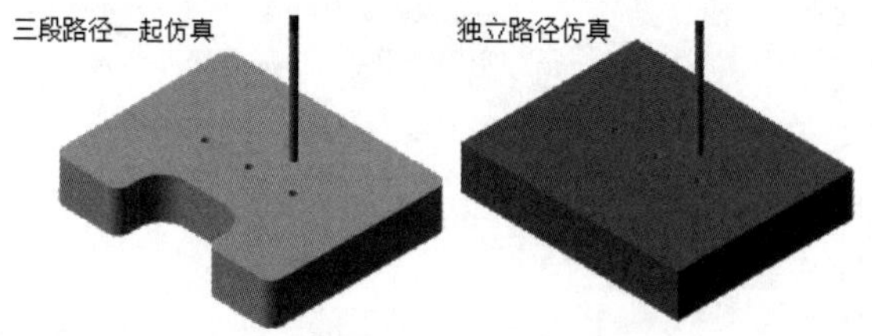

图 6-59　钻孔真实加工仿真效果

以上介绍了4种主要的二维铣削加工方式。二维加工方法还有很多，但掌握了这4种方法的基本流程和关键参数的设置，其他二维加工方法的基本模式也就掌握了，通过不断地练习真正做到举一反三。

6.5　二维加工实例

本节通过一个实例，利用外形、平面和挖槽加工方法，对本章学习的内容进行巩固；并讲述同样的零件设计，为其设计加工模具的方法。加工对象如图6-60所示。

6.5.1　加工设置

首先指定出加工的毛坯。

设计步骤：

01 打开“二维加工实例.mcam”，如图6-60所示。

02 单击和按钮，将构图平面和视图平面均改为俯视图，如图6-61所示。

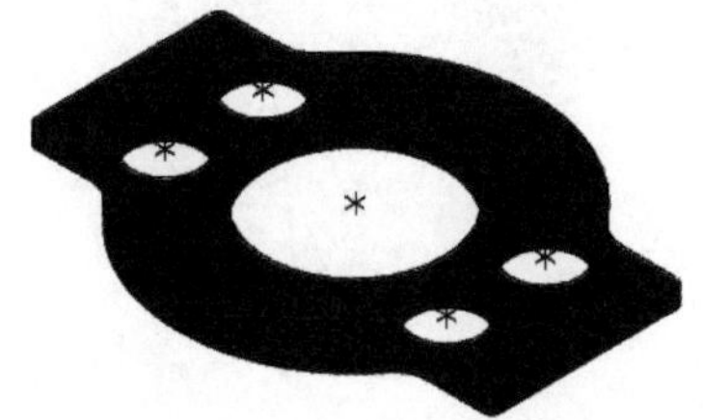

图 6-60　二维加工对象

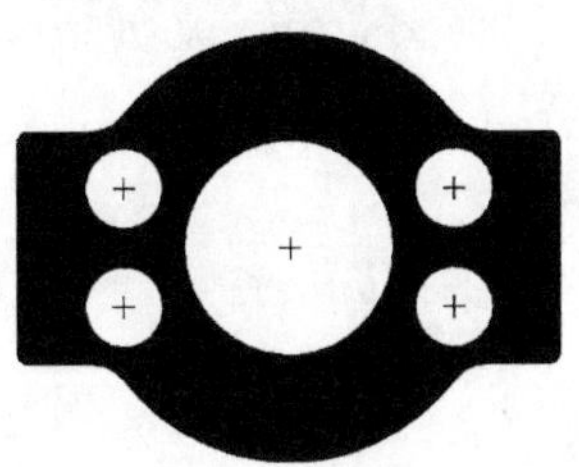

图 6-61　零件俯视图

03 绘制一个矩形，作为加工的边界。根据零件尺寸的大小，首先在坐标输入框中指定矩形的一个顶点(140,130,0)。确定后，在坐标输入框中指定矩形的另一个顶点(-140,-130,0)。完成后的矩形如图6-62所示。

04 选择“机床”|“铣床”|“默认”命令，选择默认机床作为本次加工使用的机床。此时，在标题栏显示“铣床”。同时，操作管理器中的“刀路”选项卡如图6-63所示。

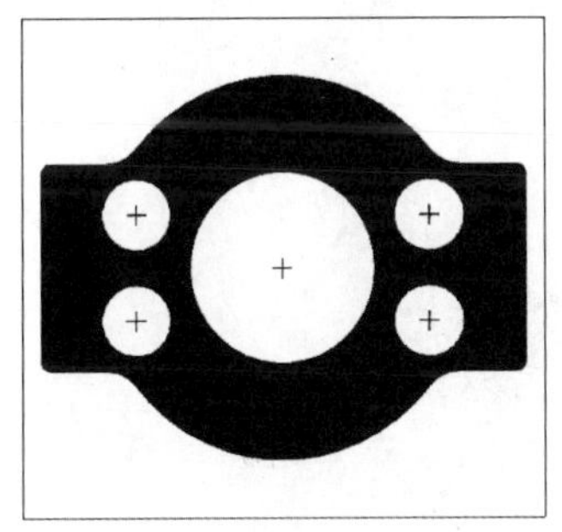

图 6-62　矩形加工边界

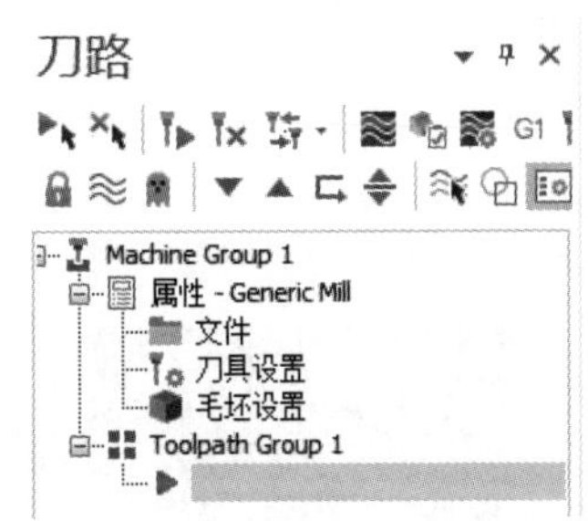

图 6-63　“刀路”选择卡(刀具路径管理器)

05 双击选项卡中的“毛坯设置”选项，打开如图6-64所示的“机床群组属性”对话框的“毛坯设置”选项卡。

06 单击该选项卡中的“边界框”按钮，打开“边界框”对话框。选择上边绘制的矩形，确定后在该对话框中设置Z轴的扩展量为2mm，作为平面加工的余量，如图6-65所示。

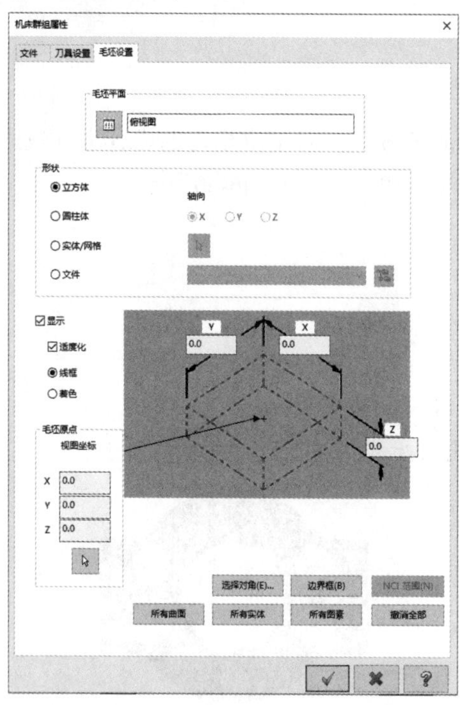

图 6-64 “毛坯设置”选项卡

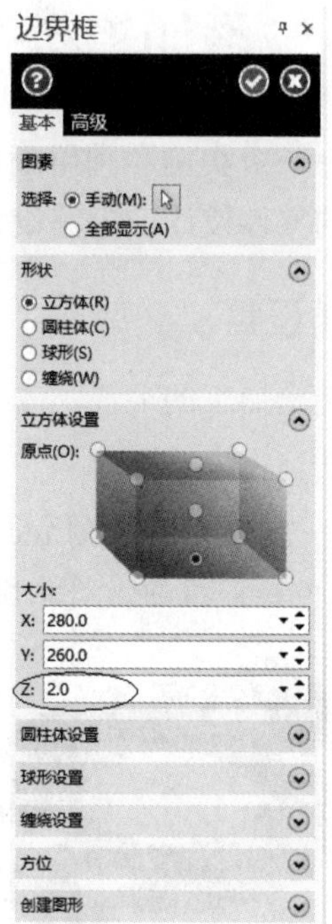

图 6-65 “边界框”对话框

07 单击“确定”按钮后，返回“毛坯设置”选项卡，设置Z(毛坯的厚度)为14mm，如图6-66所示。图中显示了毛坯外形尺寸的大小。

08 单击“确定”按钮后，完成零件的毛坯设计，效果如图6-67所示。

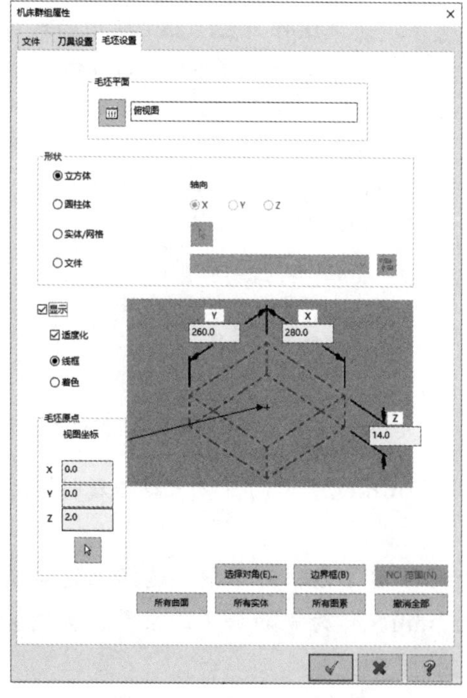

图 6-66 设置好的毛坯尺寸

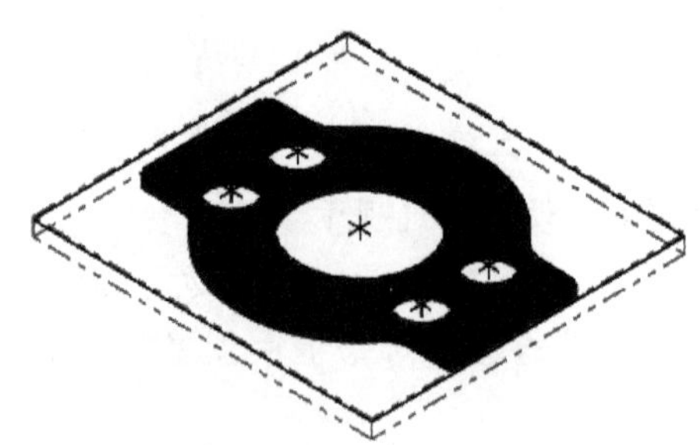

图 6-67 零件边界盒作为毛坯外形

6.5.2 外形加工

选择外形加工方法，加工出零件的外形。

设计步骤：

01 在“刀路”选项卡的2D面板上，单击“外形”按钮，在打开的“输入新NC名称”对话框中输入如图6-68所示的名称。

02 确定后，系统打开“线框串连”对话框，用于选择外形加工的几何图形。利用鼠标在图形对象上选择图形的外面边界，如图6-69所示，其中的箭头代表串连的方向。

图 6-68 输入 NC 代码名称

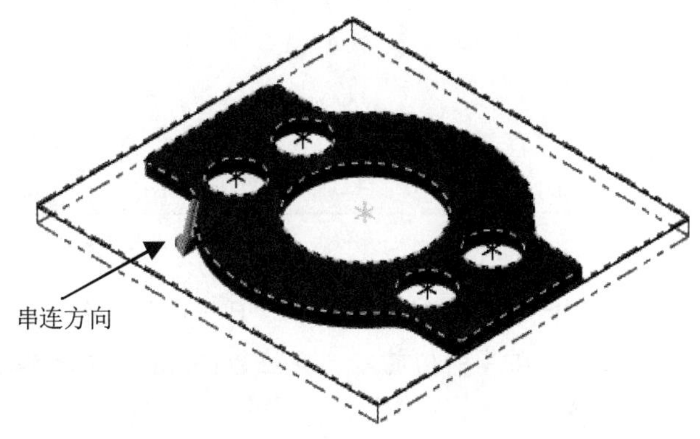

图 6-69 选择外形加工几何图形

03 确定后，系统打开如图6-70所示的外形铣削设置对话框。选择“刀具”选项，并在刀具列表栏右击，在弹出的快捷菜单中选择“创建刀具”命令，打开如图6-71所示的“定义刀具”对话框的“选择刀具类型”选项卡。

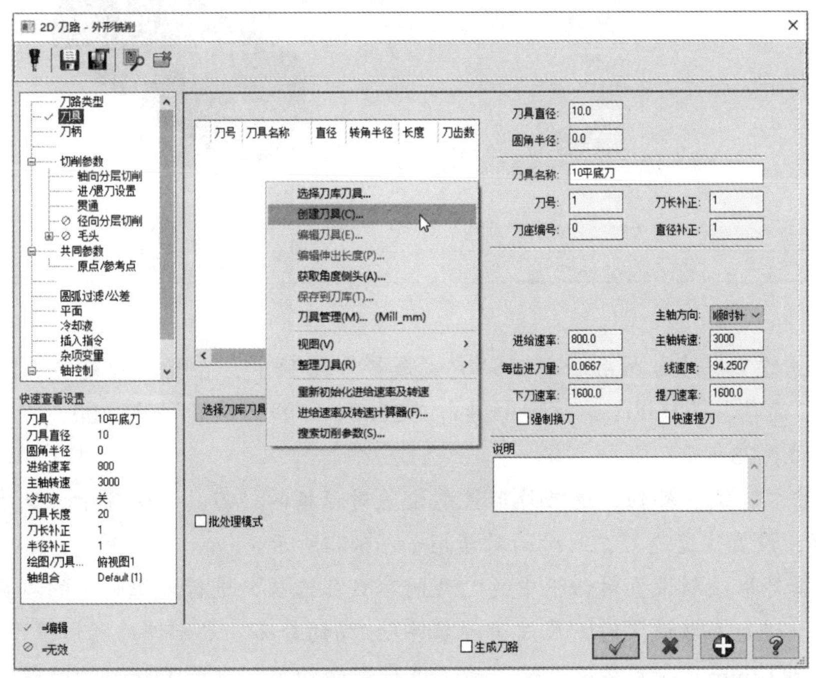

图 6-70 外形铣削设置对话框

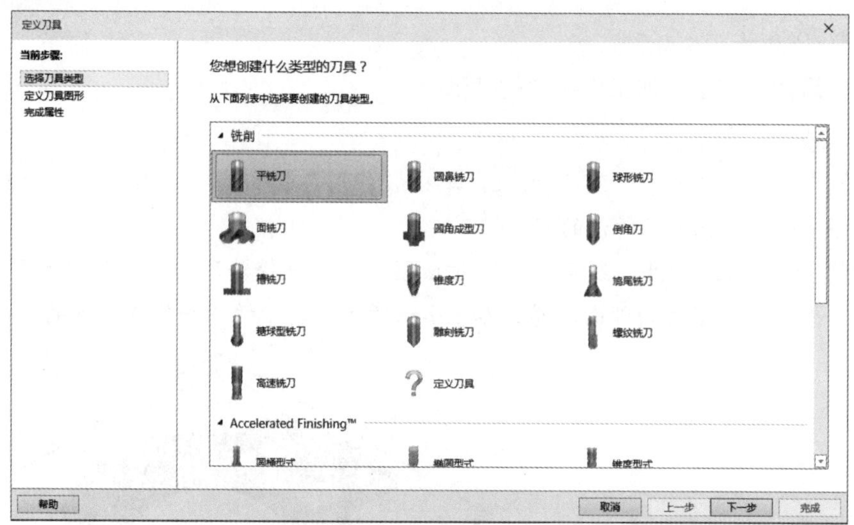

图 6-71 “选择刀具类型”选项卡

04 选择“平铣刀”并单击“下一步”按钮，系统打开如图6-72所示的“定义刀具图形”选项卡。在其中指定刀具直径为10mm，其他参数如图6-72所示。

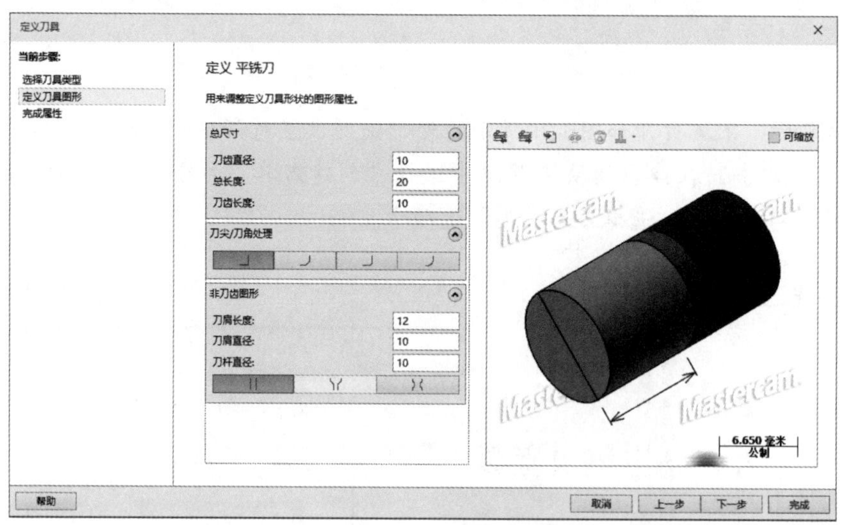

图 6-72 “定义刀具图形”选项卡

05 单击“下一步”按钮，打开“完成属性”选项卡，在其中指定“进给速率”为800、“下刀速率”为1600、“主轴转速”为3000、“提刀速率”为1600，以及粗精加工的步距，如图6-73所示。

06 单击“完成”按钮，返回外形铣削设置对话框的“刀具”选项卡，选中“快速提刀”复选框，设置快速退刀，此时的对话框如图6-74所示。

07 选择外形铣削设置对话框中的“共同参数”选项，进行外形加工的参数设置，如图6-75所示。进行参数设置时，应该了解零件Z方向的分布。本零件的图形位于Z轴零点的下方，深度为12mm。在毛坯设置时，为了进行表面加工，设计了2mm的余量，该部分位于Z轴零点的上方。其中各项详细说明如下。

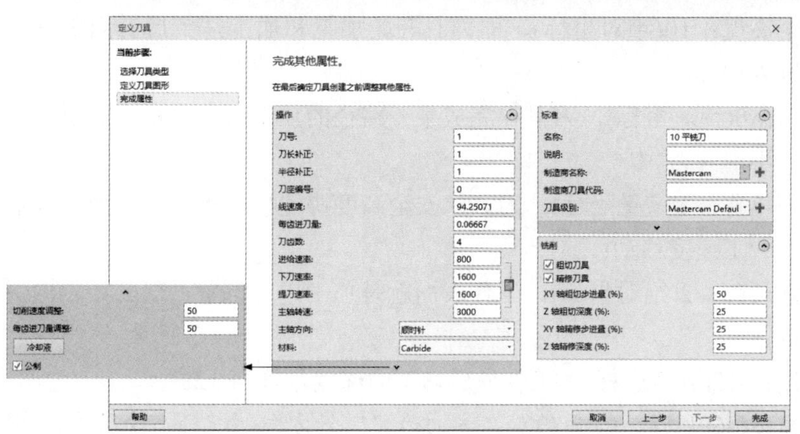

图 6-73 “完成属性”选项卡

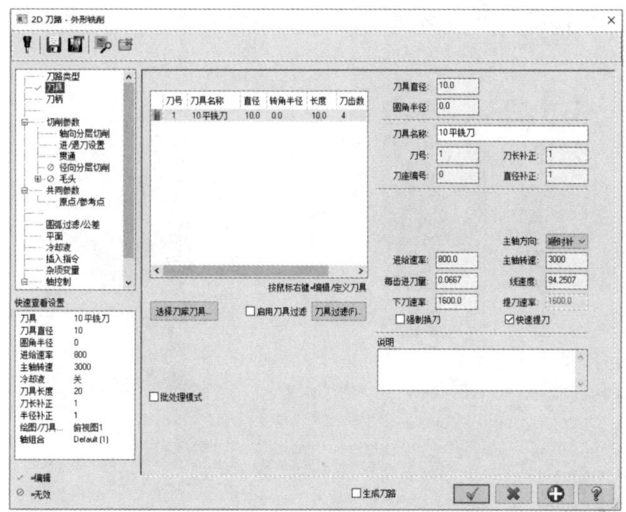

图 6-74 设定好的“刀具”选项卡

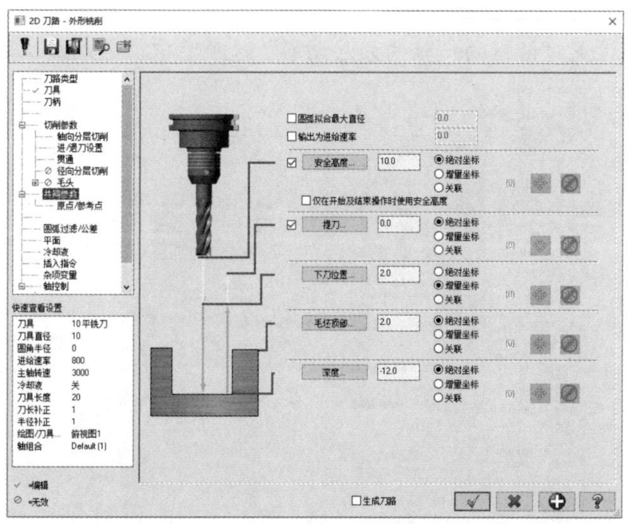

图 6-75 “共同参数”选项卡

- 安全高度：10(绝对坐标)，即刀具开始加工和加工结束后返回机械原点前停留的高度为10mm。
- 提刀：0(绝对坐标)，刀具在完成某一路径的加工后，直接进刀进行下一阶段的加工，不用回刀。
- 下刀位置：2(增量坐标)，刀具从安全高度快速移动到距加工面2mm后，开始以设置的加工速度移动。
- 毛坯顶部：2(绝对坐标)，工件表面就是加工进刀位置，即开始轴向进刀的高度为2mm。
- 深度：-12(绝对坐标)，工件最后切削的深度位置为-12。

08 根据图6-69所示，选择的加工方向为顺时针方向(由Z轴正向下看)，因此在外形铣削设置对话框的“切削参数”选项卡中，选择右旋式刀具补偿，如图6-76所示。如果选择左旋式刀具补偿，则刀具路径的部分会“陷入”零件内部，并且加工尺寸无法保证，从而无法达到加工要求。

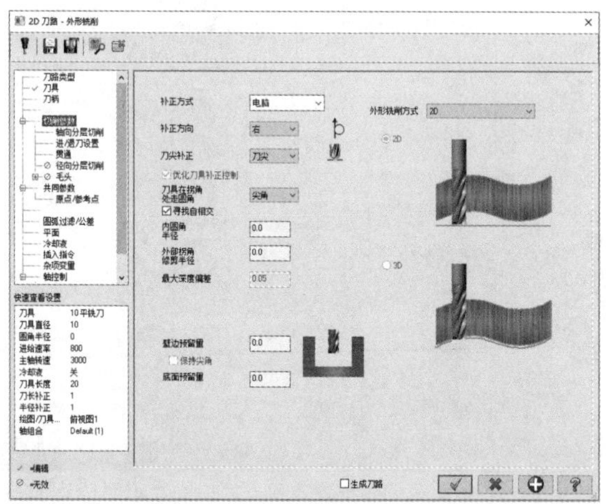

图 6-76　刀具补偿方式设置

09 在外形铣削设置对话框的“轴向分层切削”选项卡中，分层加工设置如图6-77所示。

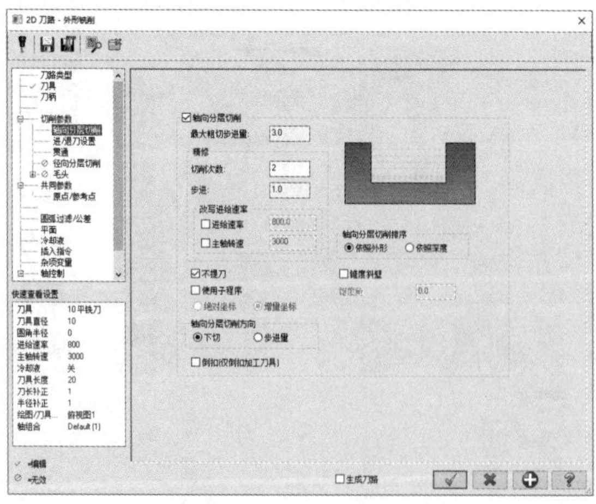

图 6-77　分层加工设置

进行分层铣削可以保护刀具，同时可以得到更好的加工效果。由于要加工的零件厚度为14mm，因此设计粗加工4次，每次加工厚度为3mm；精加工2次，每次加工厚度为1mm。

10 为避免残料的存在，设置刀具伸出零件后，再进行加工。在外形铣削设置对话框的“贯通”选项卡中设置伸出距离为0.5mm，如图6-78所示。

11 单击“确定”按钮✓，完成外形加工的参数设置。系统自动形成刀具路径，如图6-79所示。

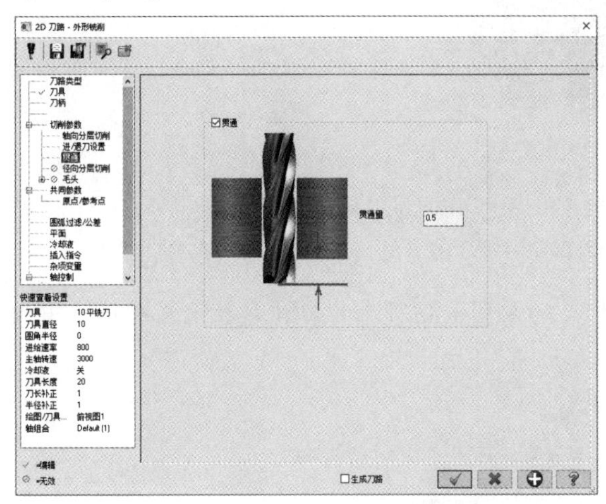

图 6-78　刀具伸出零件进行加工的设置

图 6-79　生成的刀具路径

12 单击刀具路径管理器中的按钮，进行加工仿真，效果如图6-80所示。

至此，完成该零件的外形加工。

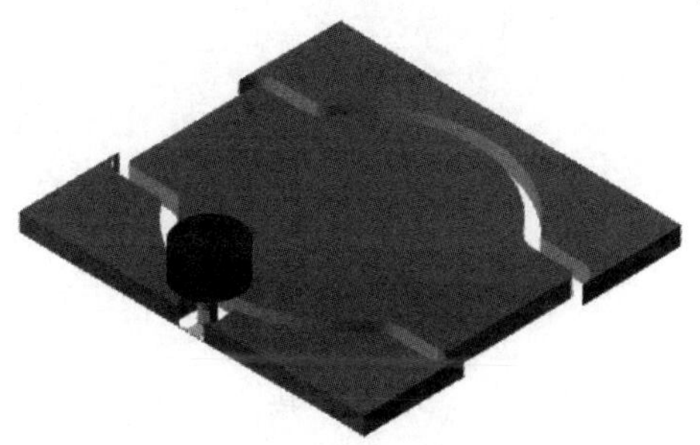
图 6-80　加工仿真

6.5.3　平面加工

最后利用平面加工方法，加工出零件的表面。

设计步骤：

01 在“刀路”选项卡的2D面板上，单击“面铣”按钮，系统打开“线框串连”对话框。选择与外形加工同样的图素，即选择零件的外形图素为对象，如图6-81所示。

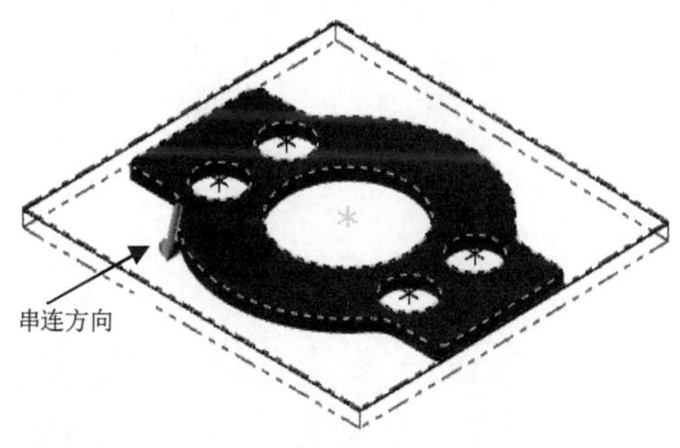

图 6-81　平面加工图素

02 单击“确定”按钮✓，系统打开如图6-82所示的平面铣削参数对话框。

03 同样为平面加工创建一把专门的刀具，在图6-71所示的刀具外形选择对话框中，选择“面铣刀”选项，它比一般的铣刀切削面积大、加工效率高。

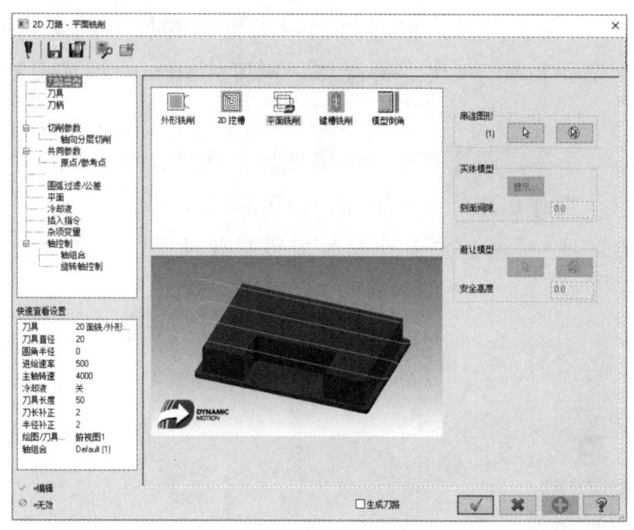

图 6-82　平面铣削参数对话框

04 单击“下一步”按钮后，在系统打开的如图6-83所示的刀具参数设置对话框中设置刀具直径为20mm。

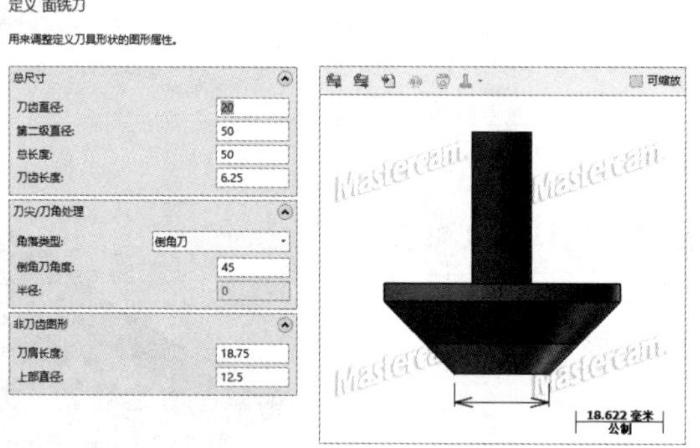

图 6-83　刀具参数设置对话框

05 切换到“定义刀具”对话框的“完成属性”选项卡，在其中指定“进给速率”为500、“下刀速率”为1000、“提刀速率”为1000、“主轴转速”为4000，以及粗精加工的步距，如图6-84所示。

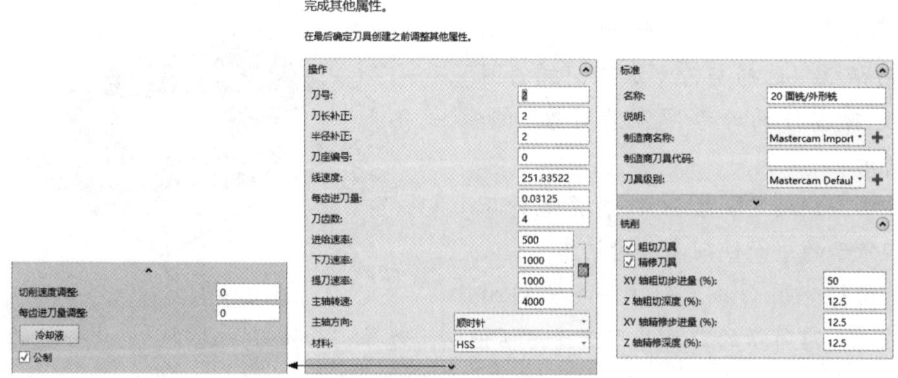

图 6-84　“完成属性”选项卡

06 确定后，返回平面铣削参数对话框，选中新增的刀具作为平面加工的刀具，如图6-85所示。

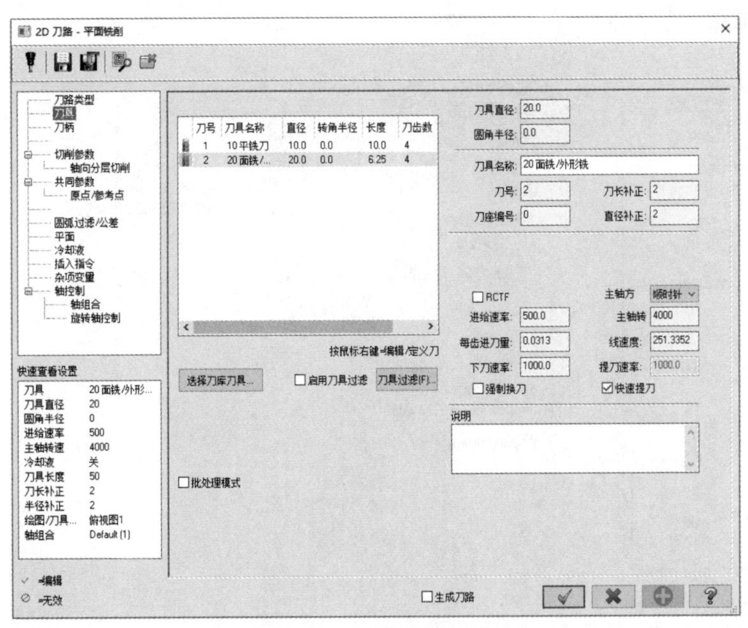

图 6-85 选择新增的刀具

07 打开“共同参数”选项卡，首先在其中进行高度设置，如图6-86所示。与外形加工的设置类似，只是加工深度的绝对位置为0，即加工厚度为2mm。

08 打开“轴向分层切削”选项卡，如图6-87所示，在此进行分层加工设置。由于要加工的零件厚度为2mm，因此设置粗加工1次，每次加工厚度为1.5mm；精加工1次，每次加工厚度为0.5mm。加工中不提刀。

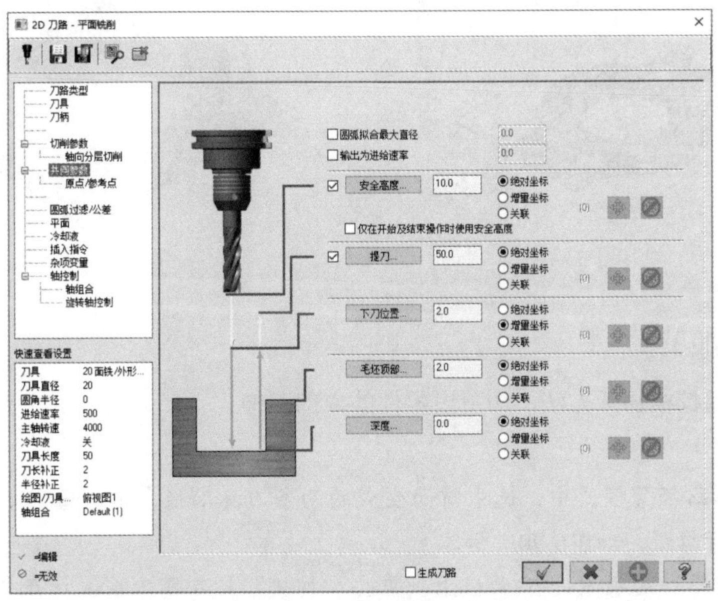

图 6-86 “共同参数”选项卡

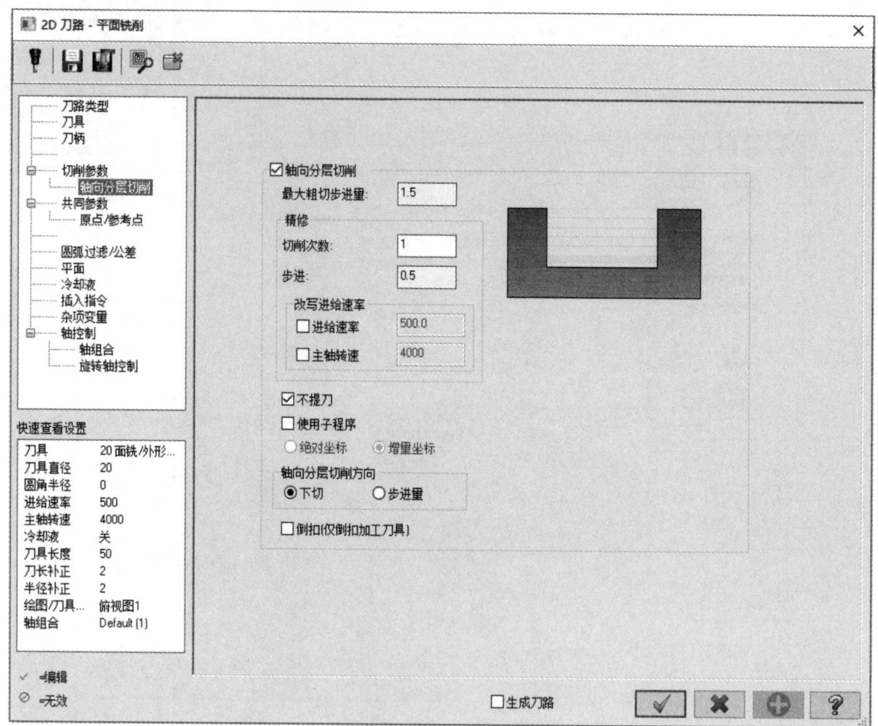

图 6-87　分层加工设置

09 单击“确定”按钮，完成平面加工的参数设置。系统自动完成刀具路径的生成，如图6-88所示。

10 按住Ctrl键，在刀具路径管理器中同时选中外形和平面两个刀具路径，单击按钮进行加工仿真，效果如图6-89所示。

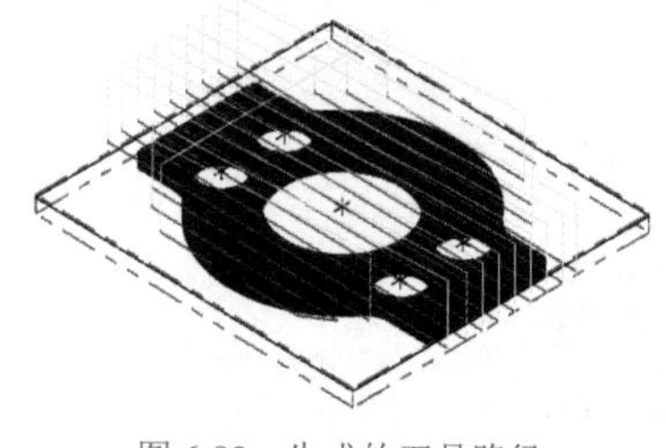

图 6-88　生成的刀具路径

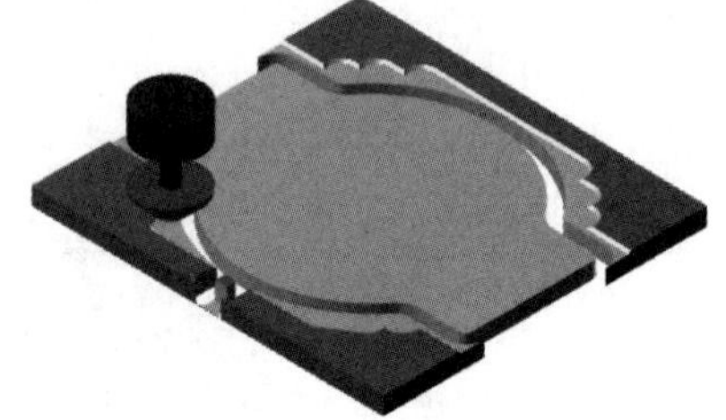

图 6-89　加工仿真

6.5.4　挖槽加工

接下来利用挖槽加工方法，加工出零件的内部凹槽。

设计步骤：

01 在刀具路径管理器中，选中前面生成的两条刀具路径，单击≋按钮，将生成的两条刀具路径进行隐藏，如图6-90所示。

02 在“刀路”选项卡的2D面板上，单击“挖槽”按钮，系统打开“线框串连”对话框。选择需要加工的5个圆为图素，如图6-91所示。

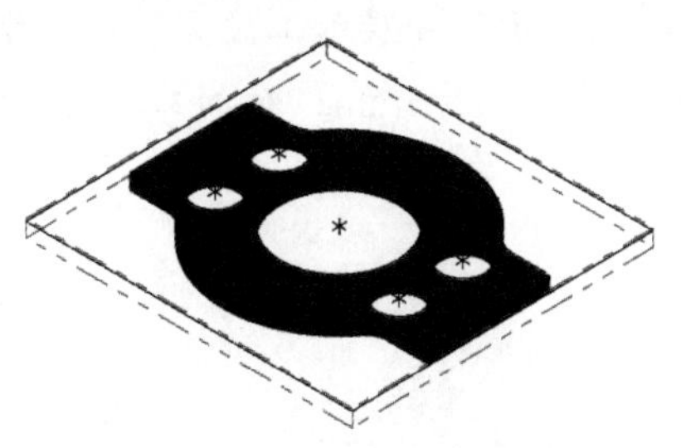

图 6-90 隐藏生成的两条刀具路径

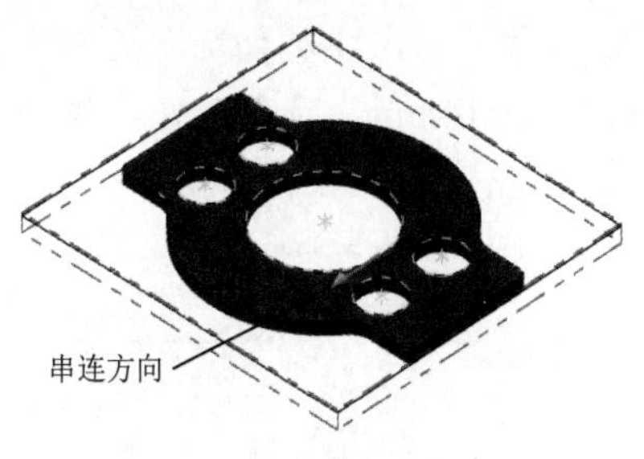

图 6-91 挖槽加工图素

03 单击“确定”按钮 ✓，系统打开如图6-92所示的2D挖槽参数对话框。选择直径为10mm的平铣刀作为槽加工的刀具。

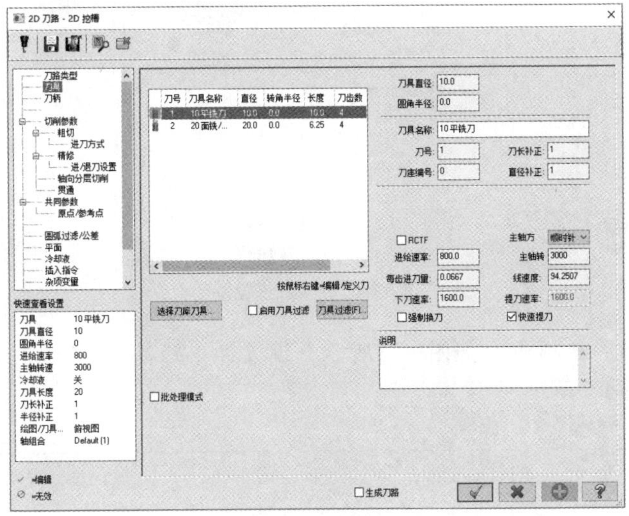

图 6-92 2D 挖槽参数对话框

04 打开“共同参数”选项卡，在此进行高度设置，如图6-93所示。挖槽加工的高度设置与外形加工的设置相同。

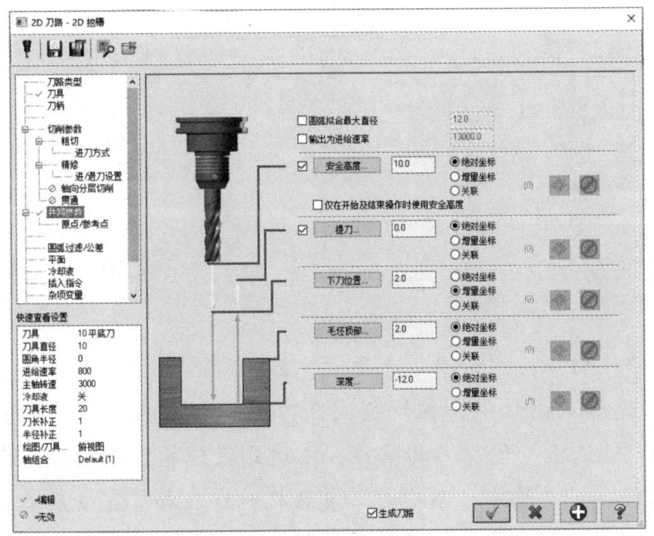

图 6-93 设置“共同参数”选项卡

05 打开“轴向分层切削”选项卡，进行如图6-94所示的分层加工设置。由于要加工的零件厚度为14mm，因此设置：粗加工4次，每次加工厚度为3mm；精加工2次，每次加工厚度为1mm。加工中不提刀。

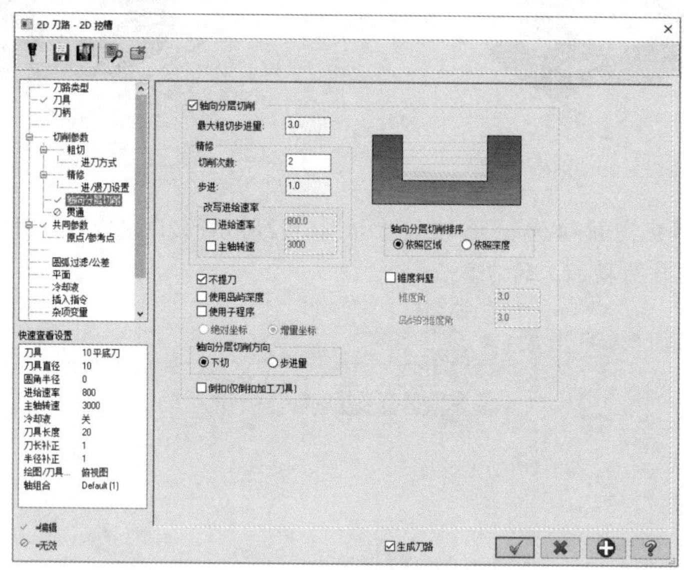

图 6-94　分层加工设置

06 打开“贯通”选项卡，如图6-95所示，设置伸出距离为0.5mm。

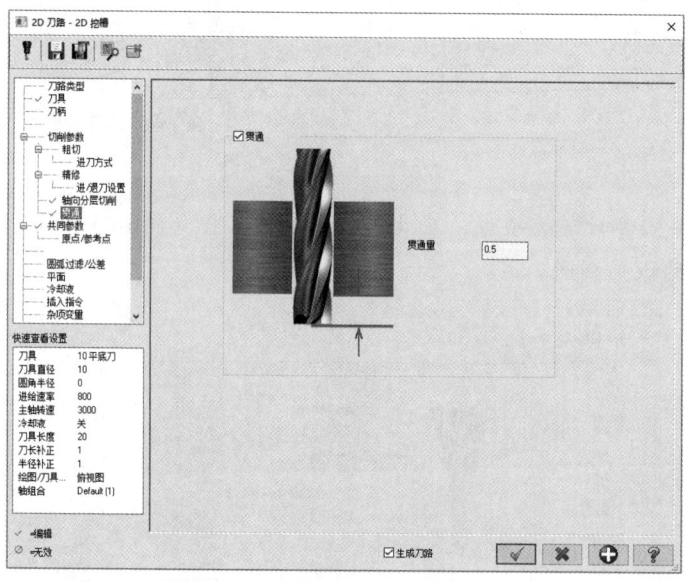

图 6-95　刀具伸出零件进行加工的设置

07 分别打开“粗切”与“精修”选项卡，如图6-96所示，进行粗/精加工参数设置。在粗加工方式中，选择双向切削，粗切削间距为刀具直径的60%，即6mm。选中“刀路最佳化(避免插刀)”复选框，优化刀具路径，以达到最佳的铣削顺序。在精加工参数设置中，设定进行一次精加工。选中“不提刀”复选框，在粗加工完成后直接进行精加工而不提刀。选中“进给速率”和“主轴转速”复选框，将“进给速率”和“主轴转速”分别设置为400和6000，以获得更好的精加工效果。整个粗/精加工参数设置如图6-96所示。

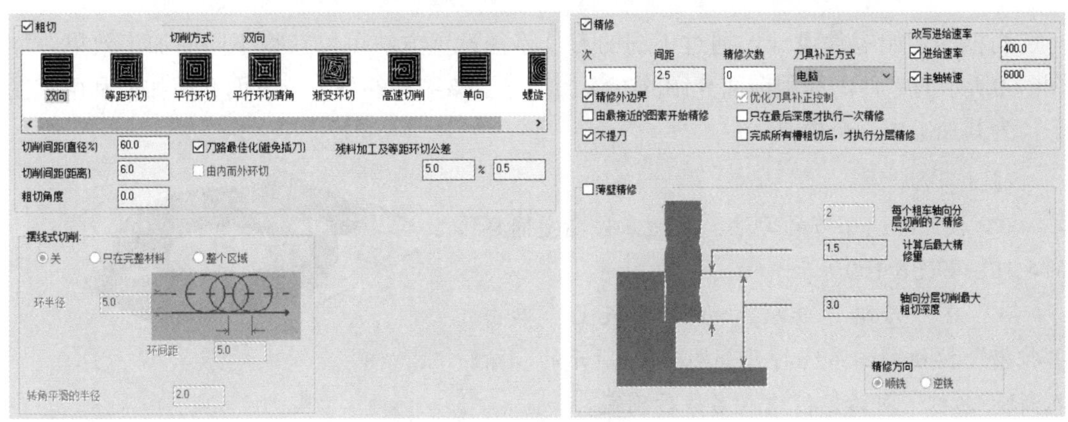

图 6-96 粗 / 精加工参数设置

08 打开“进刀方式”选项卡，在此进行螺旋下刀方式的设置，如图6-97所示。

09 单击“确定”按钮，完成挖槽加工的参数设置。系统自动完成刀具路径的生成，如图6-98所示。

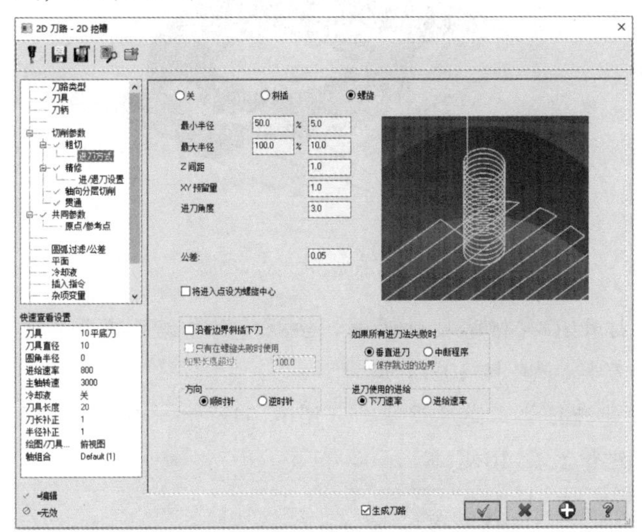

图 6-97 螺旋下刀参数设置

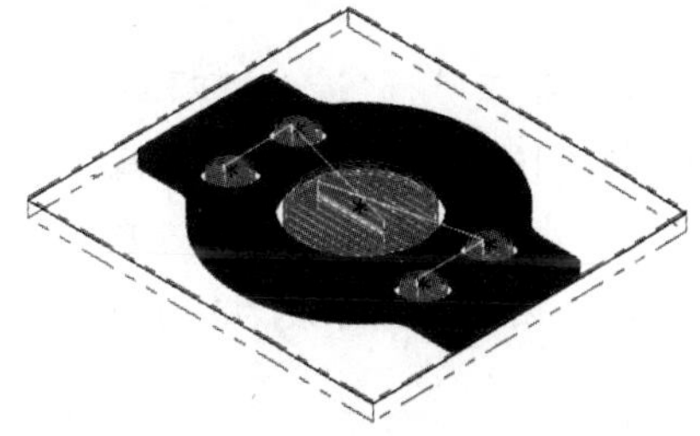

图 6-98 生成的刀具路径

10 按住Ctrl键，在刀具路径管理器中同时选中外形、平面和挖槽3个刀具路径，单击按钮进行加工仿真，效果如图6-99所示。

图 6-99 加工仿真

6.5.5 相同零件的模具加工

同样的初始零件设计，通过不同的刀具路径设置方法可以获得不同的加工效果。如图6-60所示的零件，利用前面介绍的方法加工出了该零件的外形，下面介绍如何利用该图形，为其加工出一个模具。

设计步骤：

01 按照6.5.1小节的方法，为该零件指定同样的毛坯，如图6-100所示。

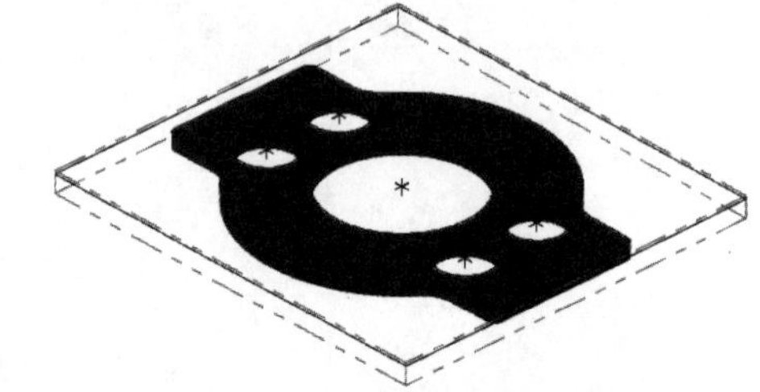

图 6-100 指定毛坯

02 在“刀路”选项卡的2D面板上，单击“挖槽”按钮，系统打开如图6-101所示的“输入新NC名称”对话框，输入名称后确定。

03 系统打开“线框串连”对话框。选择图中的所有图素，指定串连方向为逆时针，如图6-102所示。

图 6-101 输入 NC 名称

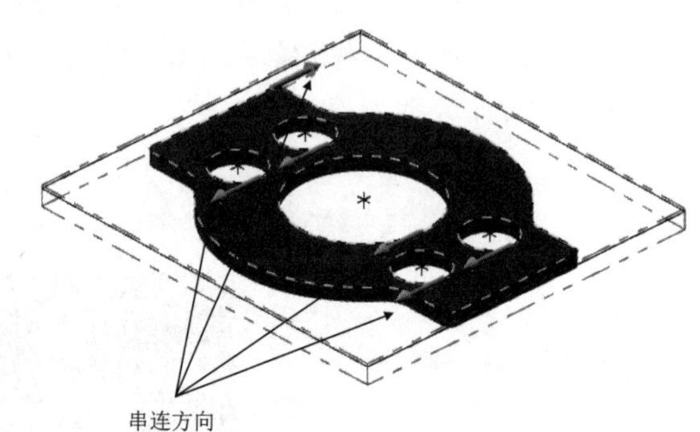

图 6-102 选择图素

04 单击“确定”按钮，系统打开2D挖槽参数对话框。按照前面介绍的方法，选择直径为10mm的平铣刀作为槽加工的刀具，如图6-103所示。

05 打开“共同参数”选项卡，在此进行加工高度设置，如图6-104所示。由于加工的是模具，因此加工深度为12mm，即绝对位置在-10处。

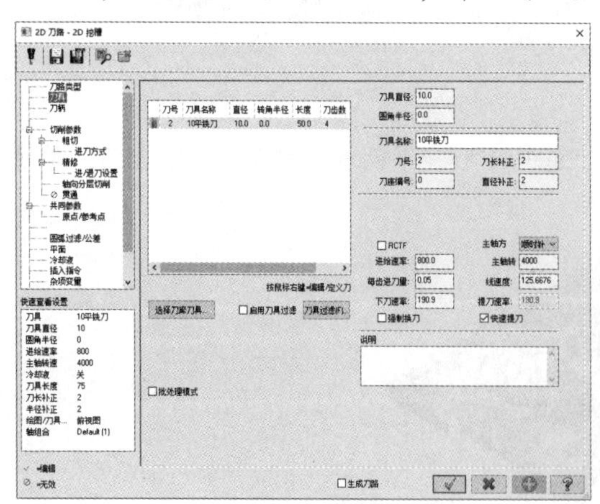

图 6-103 2D 挖槽参数对话框

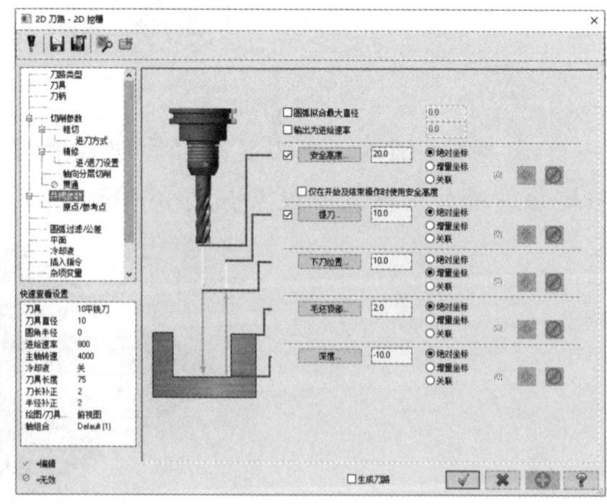

图 6-104 “共同参数”选项卡

06 打开“轴向分层切削”选项卡，在此进行如图6-105所示的分层加工设置。由于要加工的零件厚度为12mm，因此设置：粗加工4次，每次加工厚度为2.5mm；精加工2次，每次加工厚度为1mm。加工中不提刀。

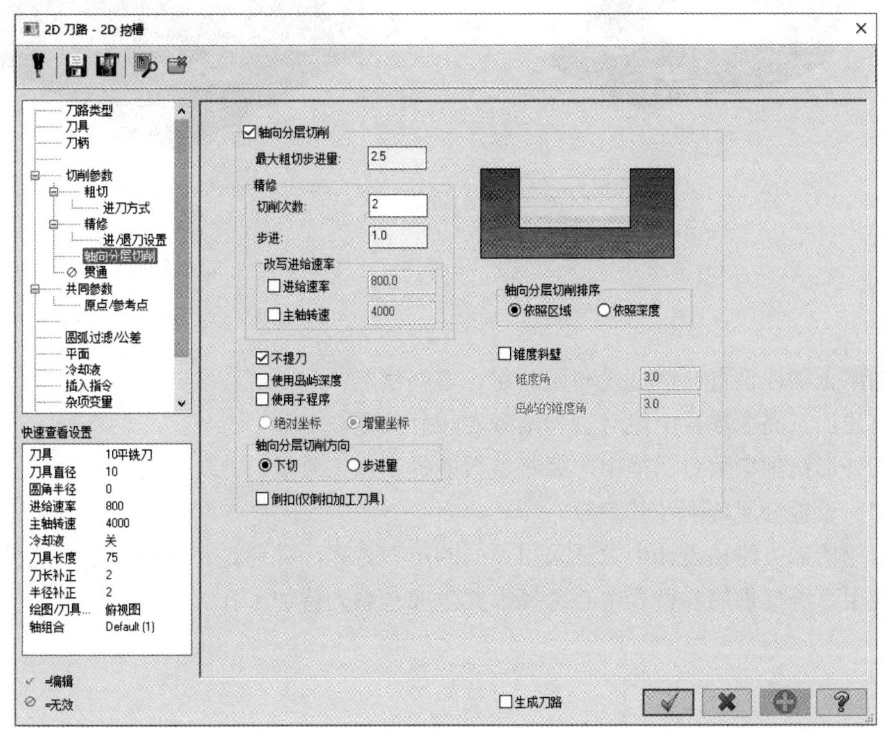

图 6-105 分层加工设置

07 分别打开“粗切”与“精修”选项卡，这两个选项卡的设置和前面的相同，只是选择了“平行环切”走刀方式，粗/精加工参数设置如图6-106所示。

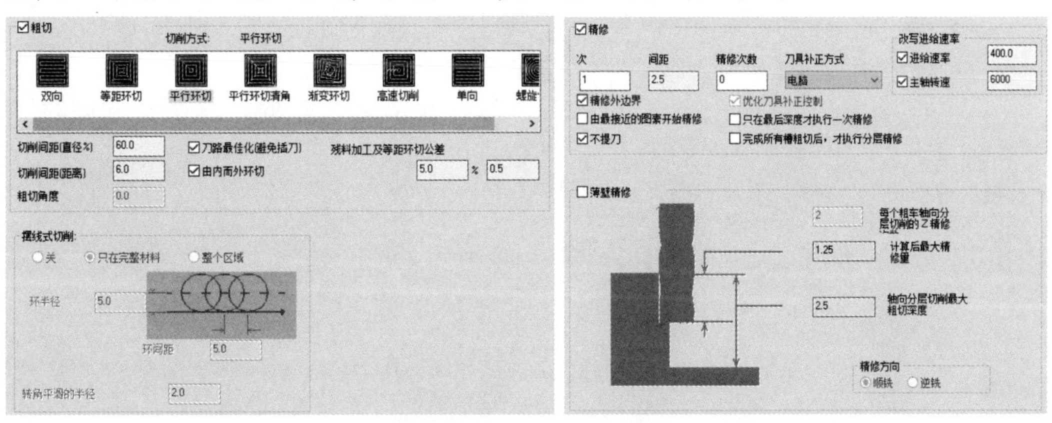

图 6-106 粗 / 精加工参数设置

08 单击“确定”按钮，完成挖槽加工的参数设置。系统自动完成刀具路径的生成，如图6-107所示。

09 在刀具路径管理器中，单击按钮进行加工仿真，效果如图6-108所示。

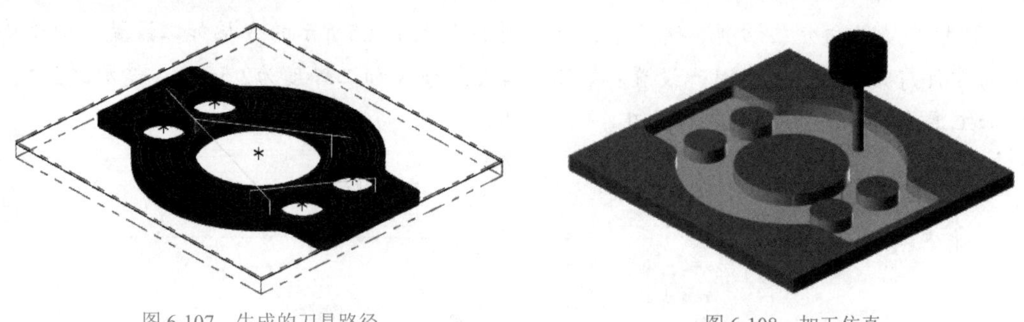

图 6-107　生成的刀具路径　　图 6-108　加工仿真

6.6　习题

1. 如何正确地设置补偿方式和判断左、右补偿？
2. 简述加工高度参数中绝对量和增量的相互关系。
3. 在外形铣削参数对话框中，哪些参数能提高加工质量？
4. 如何设置分层铣削及其参数？
5. 在挖槽加工路径设计中尝试采用不同的走刀方式，并通过仿真观察不同之处。
6. 使用系统提供的各种孔中心选择方式生成一系列待加工孔。

第7章

三维加工

三维加工又称曲面加工，主要是指加工曲面或实体表面等复杂的成型面。它和二维加工的最大区别在于：Z向不是一种间歇式的运动，而是与XY方向一起运动，从而形成三维的刀具路径。本章主要介绍三维加工的参数设置和刀具路径的生成。

本章的学习目标：

- 掌握三维刀具路径生成的基本步骤
- 理解三维加工各主要参数的含义
- 掌握三维粗加工中的平行加工、挖槽加工和放射状加工的方法
- 了解三维粗加工的其他方法和三维精加工的各种方法
- 能独立完成简单的三维曲面加工

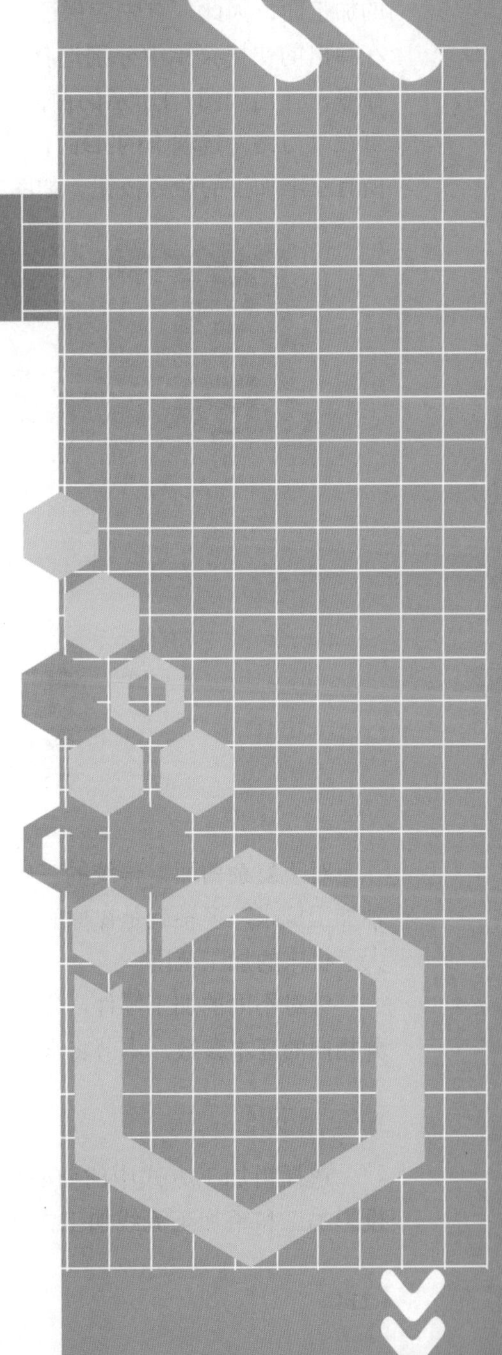

7.1 公用加工参数设置

在传统的数控编程中，都是采用手工方式对复杂曲面进行编程的，这不但效率低，而且往往会出现错误。使用Mastercam的三维加工功能能够轻松地生成符合要求的NC代码，大大提高了工作效率和代码准确性。

在实际加工中，大多数零件都需要通过粗加工和精加工阶段才能最终成形。Mastercam一共提供了8种粗加工方法和11种精加工方法。最大限度地切除毛坯上的多余材料是粗加工的主要目的，因此应优先考虑加工效率的问题。精加工的主要目的是获得最终的加工面，因此，首先应保证曲面的尺寸和形状精度的要求。在刀具路径管理器中右击，在弹出的快捷菜单中分别选择“铣床刀路”|“曲面粗切”和“铣床刀路”|“曲面精修”命令，弹出如图7-1所示的曲面粗加工方法菜单和如图7-2所示的曲面精加工方法菜单；也可在“刀路”选项卡的3D面板上，单击“展开刀路列表”按钮，在弹出的面板中显示了所有三维加工的命令按钮，如图7-3所示。

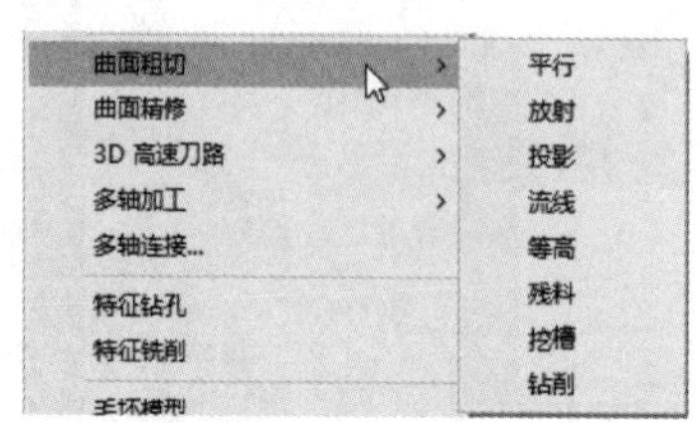

图 7-1　曲面粗加工方法

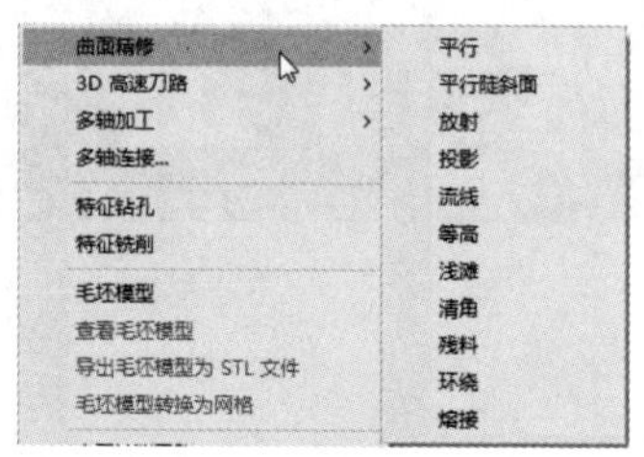

图 7-2　曲面精加工方法

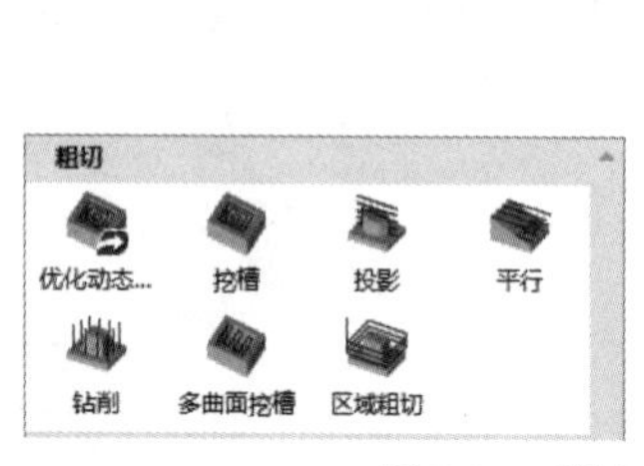

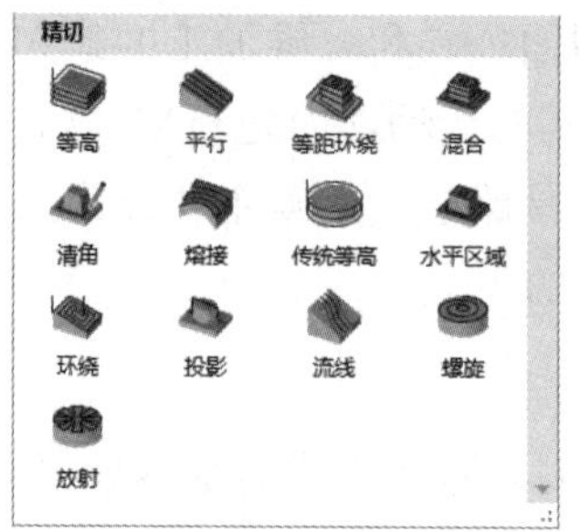

图 7-3　三维加工的命令按钮

对于复杂曲面，传统的三轴机床往往不能够满足所有的加工要求，这时就需要使用多轴加工机床。多轴就是在原有的X、Y、Z三轴的基础上增加刀具的偏转和摆动，这样便增大了机床的加工范围。

针对不同的加工零件，需要选择不同的三维加工方式，但在各种加工方法中，有一部分相同的基本参数，本节将介绍这些公共参数的含义和设置。

7.1.1 曲面类型

选择粗加工方式中的前4种，即粗加工平行铣削加工、粗加工放射状加工、粗加工投影加工和粗加工流线加工方式，系统将打开如图7-4所示的“选择工件形状”对话框。

Mastercam提供了3种曲面类型供选择："凸""凹"和"未定义"。这3种曲面所对应的加工方式也有所区别。凸曲面不允许刀具在Z轴做负向移动时进行切削，凹曲面则无此限制。而"未定义"则指采用默认参数，一般为上一次加工设置的参数。

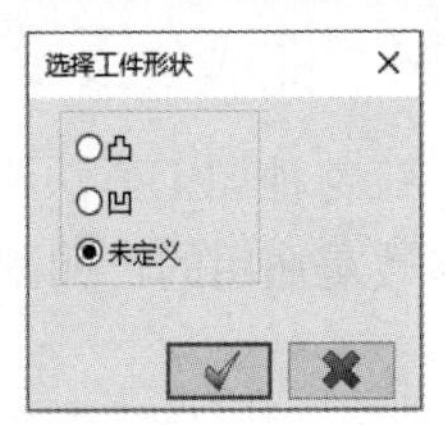

图 7-4　"选择工件形状"对话框

7.1.2　加工面的选择

在指定曲面加工面时，除了选择加工曲面，往往还需要指定一些相关的图形要素作为加工的参考，如干涉曲面和切削边界。干涉曲面指在加工过程中，应避免切削的平面；切削边界用于限制刀具移动的范围。用户需在如图7-5所示的"刀路曲面选择"对话框中进行相关图形要素的指定。

如果选择了刀具路径起始点，则会激活相关加工参数对话框中的相关选项。

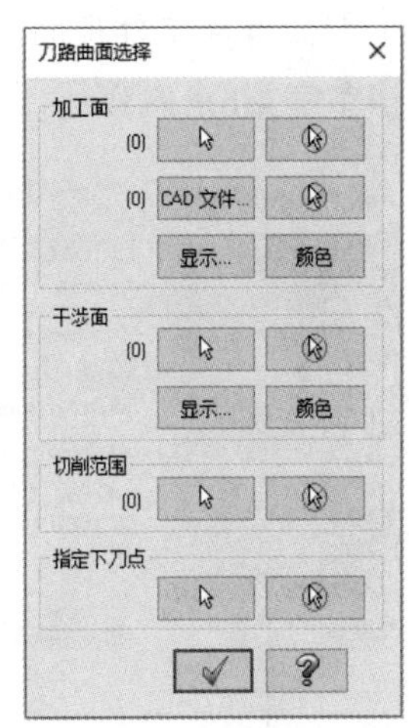

图 7-5　"刀路曲面选择"对话框

7.1.3　刀具参数设置

确定加工表面后，系统会打开如图7-6所示的加工参数设置对话框。在各种加工方法设置对话框的"刀具参数"选项卡中，首先根据需要选择一把合适的刀具，然后设置刀具号、刀具类型、刀具直径、刀具长度、进给速率、主轴转速及冷却方式等，如图7-6所示。

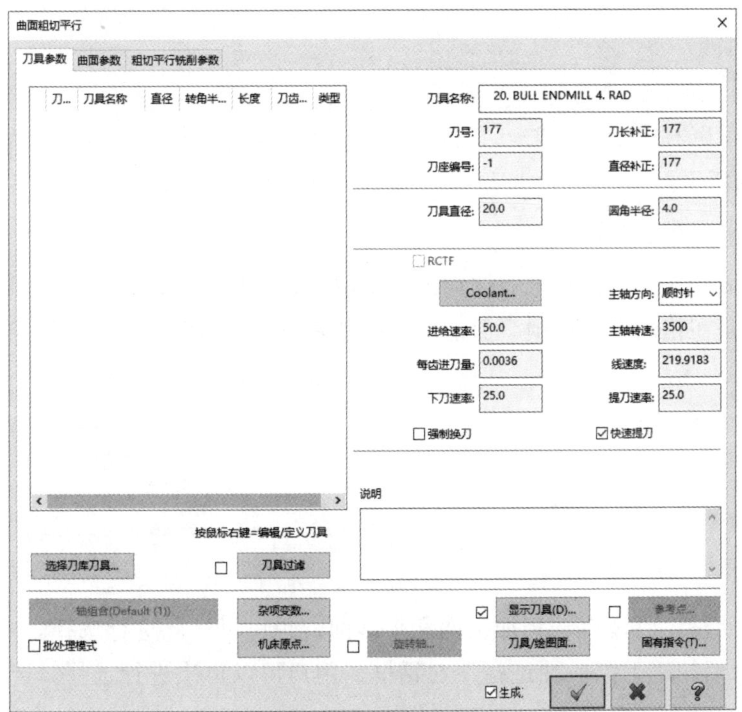

图 7-6　加工参数设置对话框中的刀具参数设置

7.1.4 曲面参数设置

在各种加工方法设置对话框的第二个选项卡(即“曲面参数”选项卡)中，有一部分加工参数是通用的，如图7-7所示。

1. 加工高度

三维加工中的加工高度参数与二维加工的基本相同，也是由安全高度、返回高度、进给下刀高度和工件顶面高度组成，只是缺少了“切削深度”选项，如图7-8所示，具体描述请参考第6章内容。

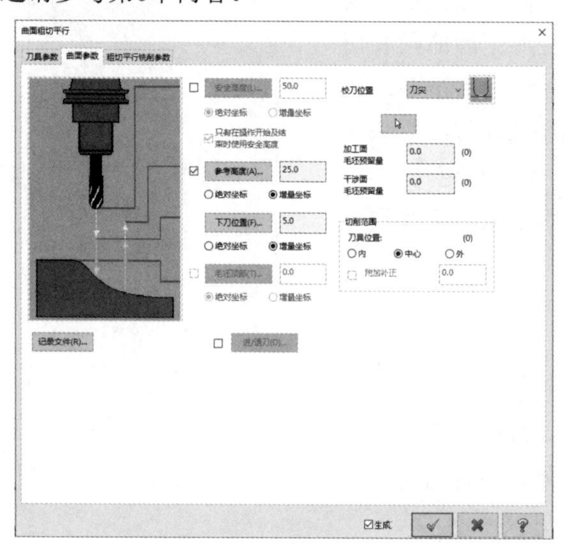

图 7-7 通用曲面参数设置

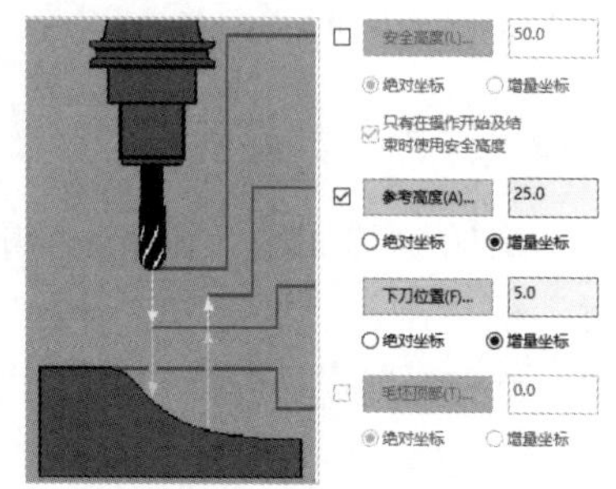

图 7-8 加工高度设置

2. 刀具补偿位置

刀具补偿位置有“中心”和“刀尖”两个选项，分别表示补偿到刀具端头中心和刀具尖角，如图7-9所示。

3. 加工面和干涉面预留量

在加工曲面和实体时，加工面往往需要预留一定的加工量，以便进行精加工；对于干涉面的预留也是在粗加工过程中，保证加工区域和干涉区域间有一定的距离，以免破坏干涉面，如图7-10所示。

图 7-9 刀具补偿位置

图 7-10 加工面和干涉面预留量设置

如果在开始加工时没有选择加工面和干涉面，也可以在此进行选择。单击按钮，打开如图7-5所示的“刀路曲面选择”对话框，用户可以再次进行选择。选择完成后，用户便可在相应的对话框中指定一定的预留量。

加工面毛坯预留量和干涉面毛坯预留量文本框右侧的数字分别表示已经选择的加工面

和干涉面的数量。

4. 刀具切削边界补偿

在加工曲面时，用户可以用边界来限制加工的范围，这样安排出来的刀具路径就不会超出用户指定的范围。边界必须是封闭的，它可以和曲面不在同一高度上。

边界对于刀具来说，有3种不同的方式："内"，包含刀具在内；"中心"，刀具中心在线上；"外"，刀具在外。选择不同的方式，加工出来的曲面的大小有所不同，如图7-11所示。

从图7-11中可以看出，如果使用"内"方式，在边界四角将会出现一个加工不到的区域，在设计刀具路径时需要特别注意这些区域。

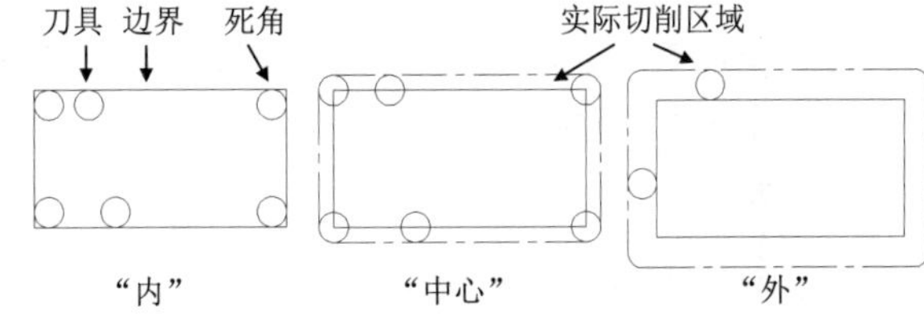

图 7-11　刀具切削边界补偿

5. 其他参数

"曲面参数"选项卡中还有两个按钮：记录文件(R)...按钮和进/退刀(D)...按钮。单击记录文件(R)...按钮，打开如图7-12所示的"打开"对话框，用于自动保存曲面加工刀具路径的记录文件。由于曲面刀具路径的规划和设计有时耗时过长，采用该方法可以加快刀具路径的刷新速度，便于对刀具路径的修改。

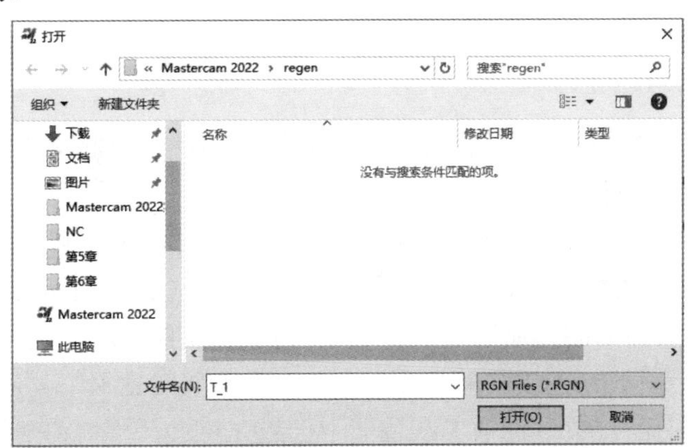

图 7-12　"打开"对话框

单击进/退刀(D)...按钮，系统将打开如图7-13所示的"方向"对话框。在该对话框中，单击向量(V)...按钮，系统将打开如图7-14所示的"向量"对话框，用于指定进退刀的向量。单击参考线(I)...按钮，可直接在图形窗口中利用鼠标选择参考线。

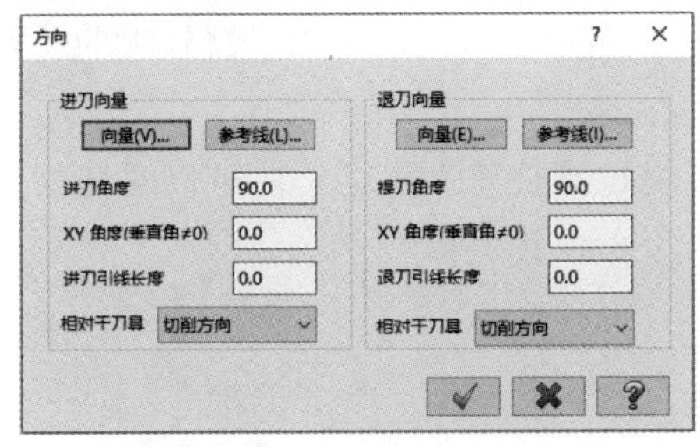

图 7-13　"方向"对话框

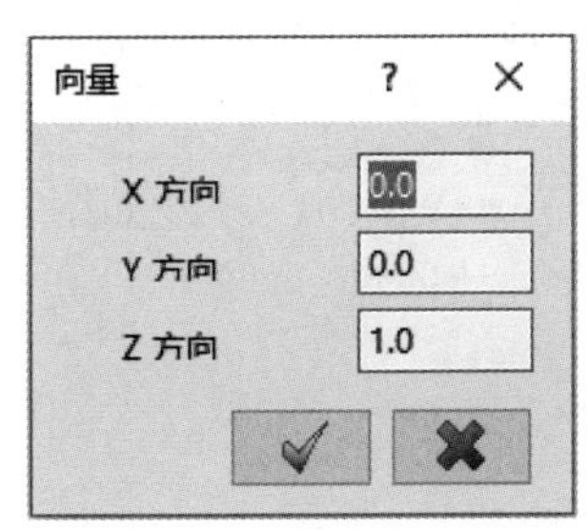

图 7-14　"向量"对话框

7.2　曲面粗加工

Mastercam提供了8种曲面粗加工的方法。用户可以在“刀路”选项卡的3D面板上，单击“展开刀路列表”按钮，在弹出的面板中选择曲面粗加工的命令按钮。或在刀具路径管理器中右击，在弹出的快捷菜单中选择“铣床刀路”|“曲面粗切”菜单中的命令。加工方法的说明如下。

- 粗加工平行铣削加工：生成的刀具路径相互平行。
- 粗加工放射状加工：生成放射状的刀具路径。
- 粗加工投影加工：将已有的刀具路径或几何图形投影到某一曲面，生成刀具路径。
- 粗加工流线加工：生成沿曲面流线方向的刀具路径。
- 粗加工等高外形加工：生成沿曲面等高线方向的刀具路径。
- 粗加工残料加工：生成清除前一刀具路径剩余材料的刀具路径。
- 粗加工挖槽加工：生成沿槽边界的曲面挖槽刀具路径。
- 粗加工钻削式加工：在Z方向下降生成刀具路径。

本节主要以平行铣削粗加工和挖槽粗加工为例进行详细介绍，其他的加工方法仅做简要介绍。

7.2.1　平行铣削粗加工

平行铣削粗加工是一种最通用、简单和有效的加工方法。刀具沿指定的进给方向进行切削，生成的刀具路径相互平行。

选择曲面类型并在“刀路”选项卡的3D面板上单击“平行”按钮，系统将打开如图7-4所示的“选择工件形状”对话框，用于提示用户首先指定曲面类型，用户指定后打开如图7-5所示的“刀路曲面选择”对话框，用于选择加工曲面。

接下来打开如图7-15所示的平行铣削粗加工参数设置对话框，其中包括3个选项卡，“刀具参数”和“曲面参数”选项卡在曲面中已经介绍过，“粗切平行铣削参数”选项卡是平行铣削粗加工专有的参数设置，主要包括切削误差、切削方式和进刀方式等参数设置。

1. 切削误差

“整体公差”按钮右侧的文本框用于设置刀具路径的精度误差。公差值越小，加工得到的曲面就越接近真实曲面，加工时间也就越长。在粗加工阶段，可以设置较大的公差值以提高加工效率。

单击整体公差(T)...按钮，打开如图7-16所示的“圆弧过滤公差”对话框，可以对切削公差进行更为详细的设置。

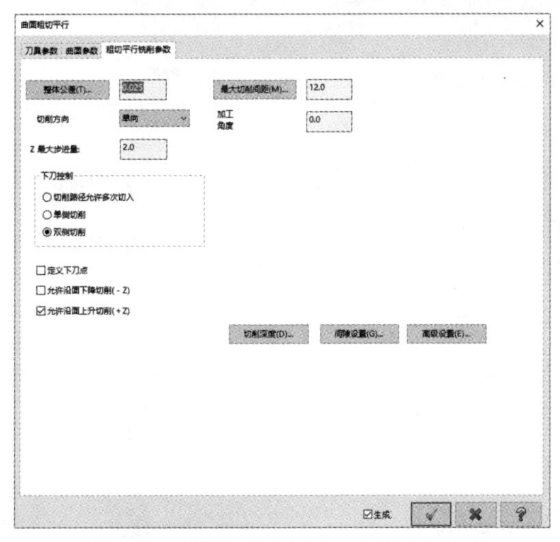

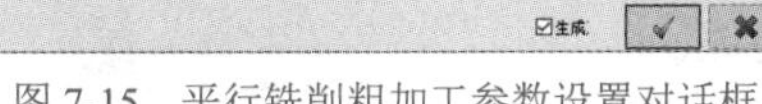

图 7-15　平行铣削粗加工参数设置对话框

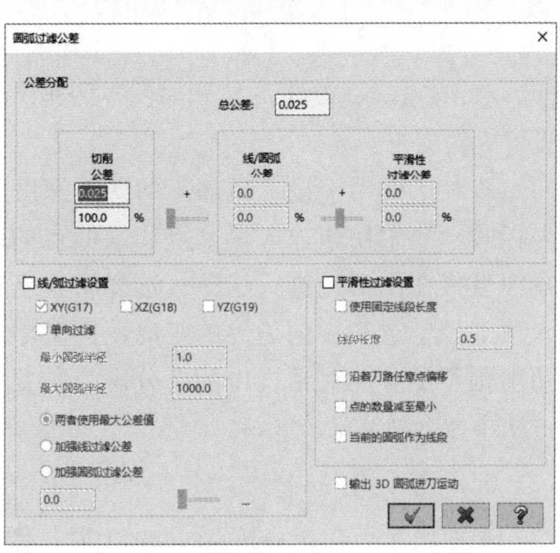

图 7-16　“圆弧过滤公差”对话框

2. 切削方式

在“切削方向”下拉列表中，有“双向”和“单向”两种方式。“双向”：双向切削，刀具在完成一行切削后随即转向下一行进行切削。“单向”：单向切削，加工时刀具仅沿一个方向进给，完成一行后，需要抬刀返回起始点再进行下一行的加工。

双向切削有利于缩短加工时间，而单向切削可以保证一直采用顺铣或逆铣方式，以获得良好的加工质量。

3. 下刀方式

下刀方式决定了刀具在下刀和退刀时在Z方向的运动方式。

将曲面简化成一个有左、右两个坡的“山峰”。允许连续下刀和提刀是指在加工曲面时，刀具将在两边连续地下刀和提刀；从一侧切削，只能对一个坡进行加工，则另一侧无法同时一起连续加工；从两侧切削，可以在加工完一侧的坡后，立刻连续加工另一个坡，如图7-17所示。

4. 切削间距

在“最大切削间距”文本框中可以设置同一层相邻两条刀具路径之间的最大距离。该值必须小于刀具直径，否则加工时，两条路径之间会有一部分材料加工不到。但粗加工时，为了获得较高的加工效率，可以把该值在刀具性能允许的情况下，设置得尽可能大一些。

单击最大切削间距(M)...按钮，打开如图7-18所示的“最大切削间距”对话框，用于设置更为详细的间距参数。

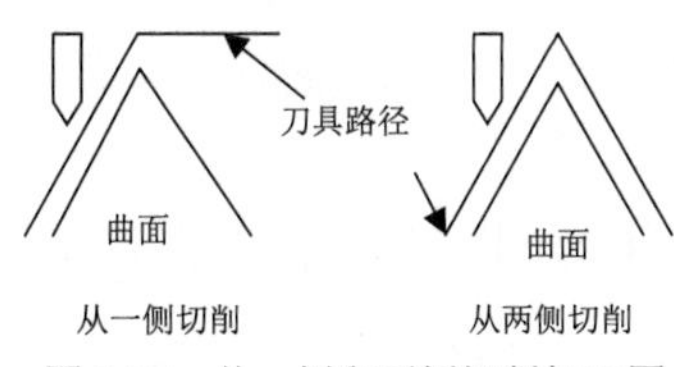

图 7-17　从一侧和两侧切削加工图

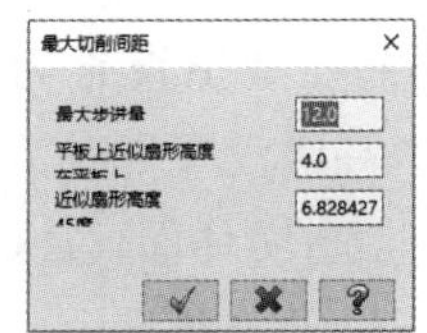

图 7-18　“最大切削间距”对话框

5. 切削深度

单击切削深度(D)...按钮，打开如图7-19所示的“切削深度设置”对话框。

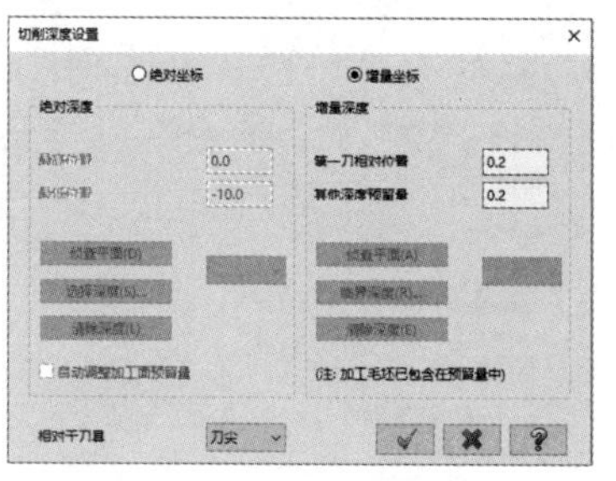

图 7-19 “切削深度设置”对话框

该对话框用于设置粗加工的切削深度。当选择绝对坐标时，要求用户输入最高点和最低点的位置，或利用鼠标直接在图形上进行选择。选择增量坐标时，需要输入顶部预留量和切削边界的距离，同时输入其他部分的切削预留量。此对话框中的部分内容需要在特定的加工方法中才会被激活。

6. 间隙设置

当曲面上存在一些断点(如缺口)时，便会产生间隙。在需要时，用户可以对刀具路径如何跨越这些间隙进行设置。单击间隙设置(G)...按钮，打开如图7-20所示的“刀路间隙设置”对话框。

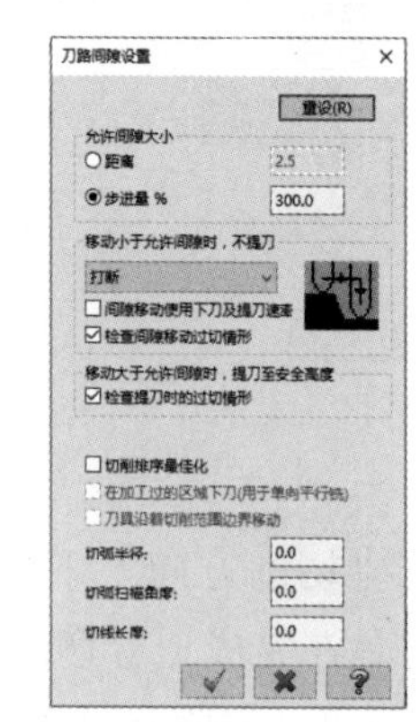

图 7-20 “刀路间隙设置”对话框

允许间隙有两种指定方式，除了可以直接指定允许间距的大小，另一种更常用的方式是按与步进量的百分比来给出。

刀具的移动距离，一段刀具路径的终点到另一端的起点的距离小于允许距离时，可以不进行提刀而直接跨越间隙。Mastercam提供了以下4种跨越方式。

- “不提刀”：刀具从间隙一边的刀具路径的终点，以直线的方式移到间隙另一边的刀具路径的起点。
- “打断”：将移动距离分成Z方向和XY方向两部分来移动。首先完成刀具的上下移动，再移到间隙的另一边。
- “平滑”：刀具路径以平滑的方式越过间隙，常用于高速加工。
- “沿着曲面”：刀具根据曲面的外形变化趋势，在间隙两侧的刀具路径间移动。

当移动量大于允许间隙时，可以提刀到指定的高度后，再进行移动跨越间隙，下刀到指定的位置继续切削，同时可以对提刀和下刀进行过切检查。

选择优化切削顺序，刀具路径将会被分成若干区域，在完成一个区域的加工后，才对另一个区域进行加工。

在对曲面的边界加工时，可以引入一段圆弧，使进刀和退刀的过程更加平稳，以便获得更好的加工效果。

7. 高级设置

高级设置主要是指设置刀具在曲面边界的运动方式。单击高级设置(E)...按钮，打开如图7-21所示的“高级设置”对话框。

“刀具在曲面(实体面)边缘走圆角”方式可以采用自动计算模式，即在加工切削范围之内将所有的边缘都走圆角。

“尖角公差”用于指定出现边缘尖角时的刀具路径精度。

隐藏面指一些刀具无法加工到的曲面，在生成刀具路径时，可以将它们隐藏起来，以便获得较快的速度。

内部尖角很容易产生过切，在遇到此类情况时，系统会提醒用户并进行调整。

8. 其他设置

选中“定义下刀点”复选框，用户可以自行指定刀具路径的起始点。选中后，在退出参数设置对话框时，系统会提示用户进行下刀点的指定，并以距指定点最近的角点作为刀具路径的起始点。

“允许沿面下降切削”和“允许沿面上升切削”复选框，用于指定刀具是在上升还是在下降时进行切削。

以上就是平行铣削粗加工的专有参数设置。下面是一个平行铣削粗加工刀具路径的实例，真实仿真如图7-22所示。

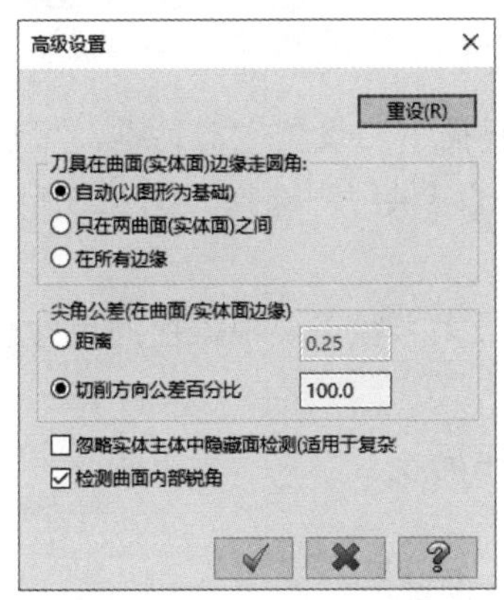

图 7-21 “高级设置”对话框

图 7-22 平行铣削粗加工刀具路径实例

7.2.2 挖槽粗加工

挖槽粗加工的特点是加工时按高度来将路径分层，即在同一个高度完成了所有加工之后，再进行下一个高度的加工。由于挖槽加工是在实际中应用极为广泛的一种加工方式，因此，下面以一个如图7-23所示的图形为例来详细介绍挖槽粗加工。

在“刀路”选项卡的3D面板上单击“挖槽”按钮，系统将提示用户选择加工曲面。选择并确定后，打开如图7-5所示的“刀路曲面选择”对话框，用于帮助用户指定加工曲面和曲面边界等。

1. 普通粗加工参数

选择与加工有关的曲面以及边界后，打开如图7-24所示的“曲面粗切挖槽”对话框，其中包含4个选项卡。前两个选项卡与前面介绍的相同，分别用于指定刀具参数和曲面参数。在第三个选项卡“粗切参数”中指定普通粗加工参数，它和平行粗加工中的加工参数基本相同。

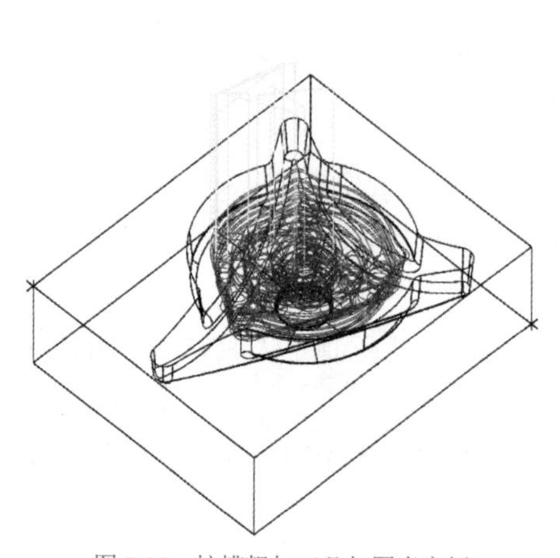

图 7-23　挖槽粗加工几何图素实例

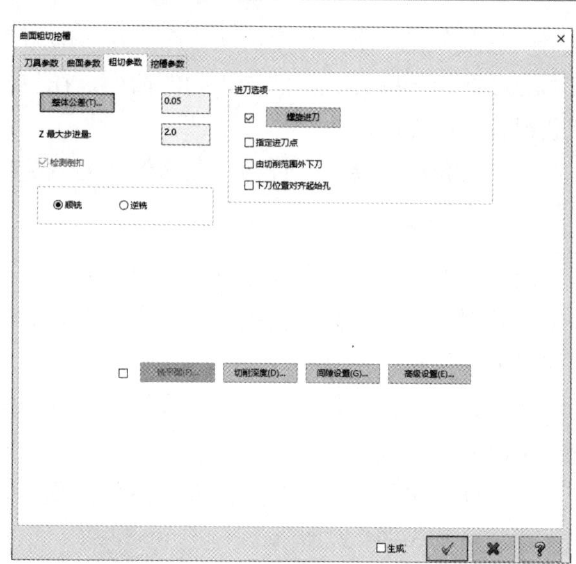

图 7-24　“曲面粗切挖槽”对话框

单击 螺旋进刀 按钮，打开如图7-25所示的“螺旋/斜插下刀设置”对话框，可以在其中指定刀具的下刀方式，有螺旋进刀和斜插进刀两种方式可供用户选择。图7-25所示为螺旋进刀参数设置。

最小和最大半径分别指螺旋的最小和最大半径。最大半径需要根据槽的尺寸来进行确定，半径越大，进刀的时间也就越长。

Z向和XY向间隙指螺旋线距工件表面以及槽壁的距离。

进刀角度指螺旋线的升角，它决定螺旋线的圈数。

斜插进刀参数可以在如图7-26所示的选项卡中进行设置。

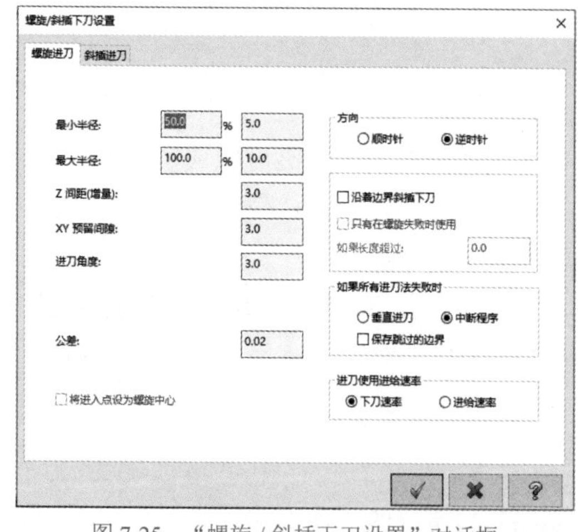

图 7-25　“螺旋 / 斜插下刀设置”对话框

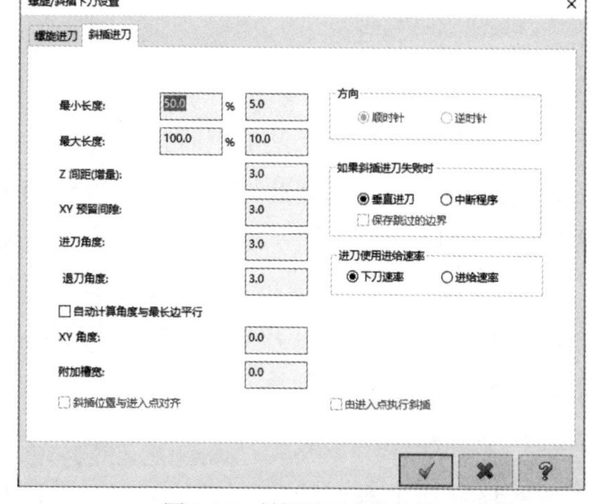

图 7-26　斜插进刀参数设置

“斜插进刀”选项卡中的进刀角度指切入工件时刀具轴线与工件表面的夹角；退刀角度则是指退出工件时二者的夹角。

系统可以自动计算进刀中心线与XY之间的角度，用户也可以自行指定。

在图7-24所示的“粗切参数”选项卡中，激活 铣平面(F)... 按钮，可以设置表面加工参数。单击该按钮后，打开如图7-27所示的“平面铣削加工参数”对话框。

如果槽的边界是开放的，可以指定在刀具路径中对槽表面进行扩展，这有利于获得较好的加工表面。

用户可以指定在槽的深度和槽壁上为后续加工预留一定的加工量。

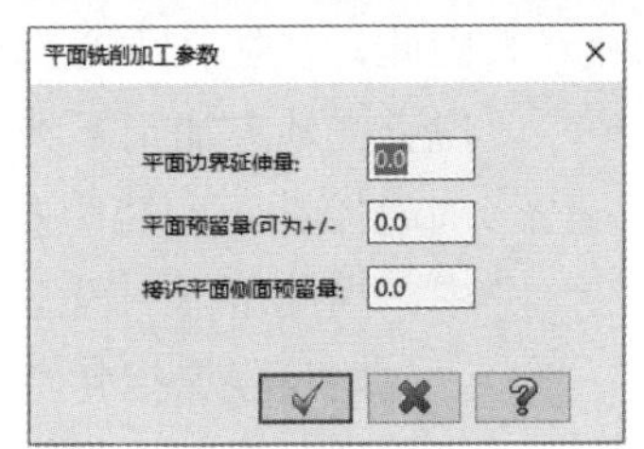

图 7-27 “平面铣削加工参数”对话框

2. 挖槽粗加工参数

在“曲面粗切挖槽”对话框中，有一个专用的挖槽粗加工参数选项卡，即“挖槽参数”选项卡，如图7-28所示。

单击“高速切削”按钮，打开如图7-29所示的“高速切削参数”对话框。

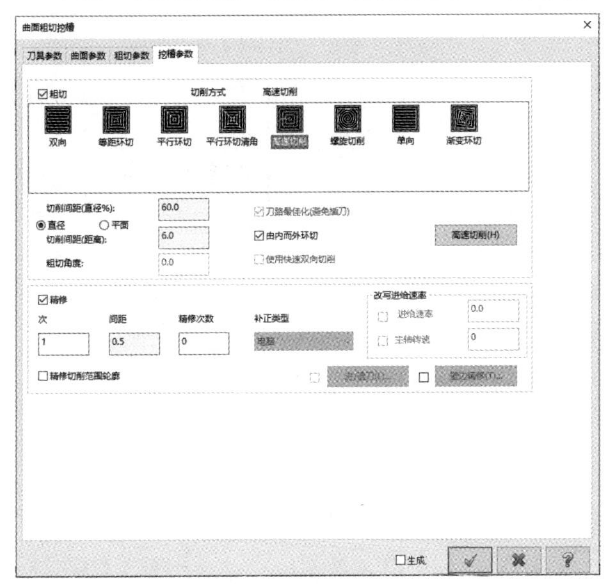

图 7-28 “挖槽参数”选项卡

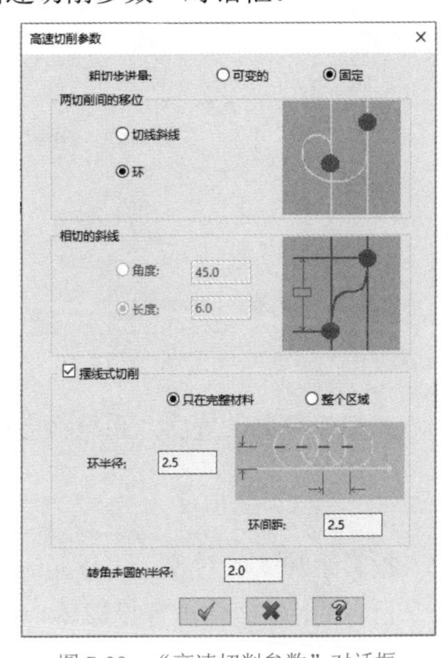

图 7-29 “高速切削参数”对话框

对于本实例，用户可以尝试利用不同的参数设置来观察各种参数对刀具路径的影响。最后生成的刀具路径仿真效果如图7-30所示。

图 7-30 挖槽粗加工实例刀具路径仿真

7.2.3 放射状粗加工

在如图7-31所示的放射状粗加工参数设置对话框中设置放射状粗加工参数时，前两个选项卡的内容和其他加工方式的内容相同，第三个选项卡为本加工方法专用的参数设置选项卡。部分内容与前面介绍的相似。

放射状刀具路径是一个以某一点为中心向外发散的一种刀具路径，它适用于回转表面的加工。针对放射状加工的专用参数主要有以下4个。

- “最大角度增量”指相邻两条刀具路径之间的距离。由于刀具路径是放射状的，因此，往往在中心部分刀具路径过密，在外围则比较分散。为了避免在加工中出现有些地方加工不到的现象，因此刀具路径的最大角度增量应该妥当设置。

- “起始补正距离”指刀具路径开始点距中心的距离。由于中心部分刀具路径集中，因此留下一段距离不进行加工，可以防止中心部分刀痕过密。
- “起始角度”指起始刀具路径的角度，以与X方向的角度为准。
- “扫描角度”指起始刀具路径和终止刀具路径之间的角度。

以上各参数的具体描述如图7-32所示。

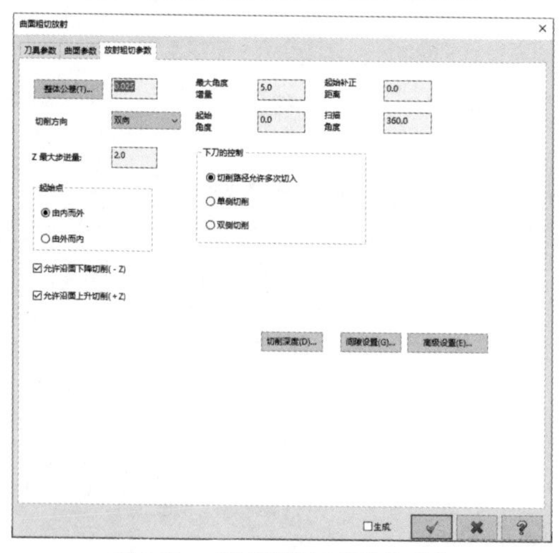

图 7-31 “放射粗切参数”选项卡

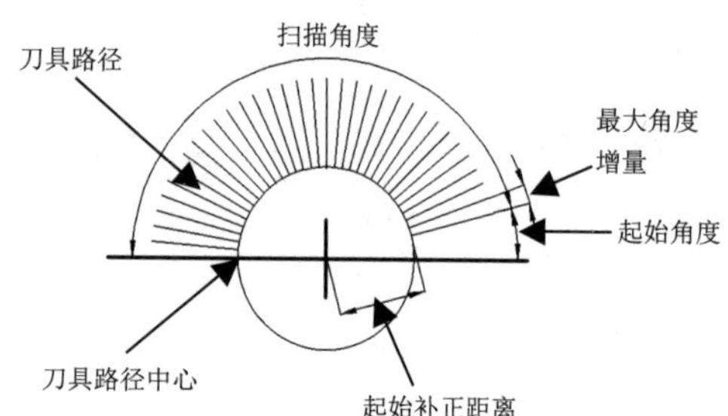

图 7-32 放射状刀具路径示意图

在完成参数设置后，系统将会提示用户利用鼠标选择中心点。

7.2.4 投影粗加工

投影粗加工的对象，可以是一些几何图素，也可以是由点组成的点集，甚至可以是将一个已有的NCI文件进行投影。

投影粗加工参数设置对话框中的专用参数选项卡如图7-33所示。

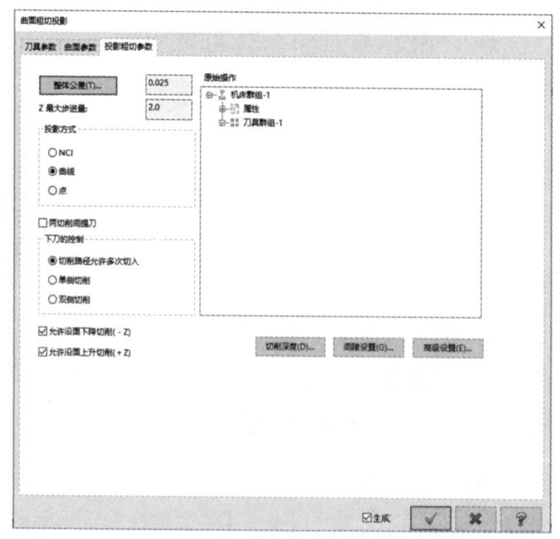

图 7-33 “投影粗切参数”选项卡

7.2.5 曲面流线粗加工

在该加工方法中，刀具路径将沿曲面的流线方向生成。以如图7-34所示的曲面为例，它生成的刀具路径模拟加工后，效果如图7-35所示。

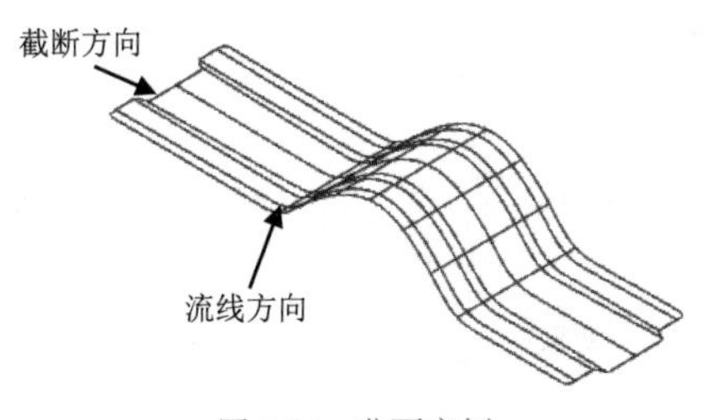

图 7-34 曲面实例

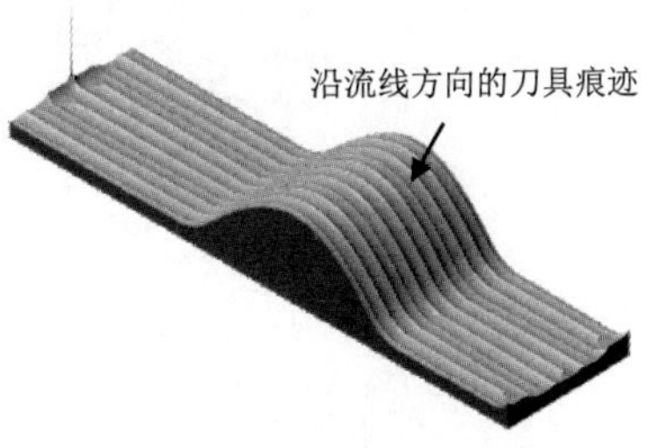

图 7-35 曲面流线粗加工模拟效果

曲面流线粗加工参数设置对话框中的专用参数选项卡如图7-36所示。

图 7-36 “曲面流线粗切参数”选项卡

刀具在流线方向上切削的进刀量有两种设置方式：一种是直接指定距离；另一种是按照要求的总公差来进行计算。

选中“执行过切检查”复选框，系统将检查可能出现的过切现象，并自动进行调整。

截断方向控制指刀具在垂直于流线的方向上的运动方式，与切削控制一样有两种方式。“残脊高度”指由于刀头的形状而在两行刀具路径之间留下的未加工量。残脊高度是影响曲面流线加工精度的主要原因。

曲面流线粗加工共有3种切削方式可供用户选择，分别是：“双向”“单向”和“螺旋”。

7.2.6 等高外形粗加工

等高外形粗加工是将毛坯一层一层地切去，将一层外形铣至要求的形状后，再进行Z方向的进给，加工下一层，直到最后加工完成。

等高外形粗加工参数设置对话框中的专用参数选项卡如图7-37所示。

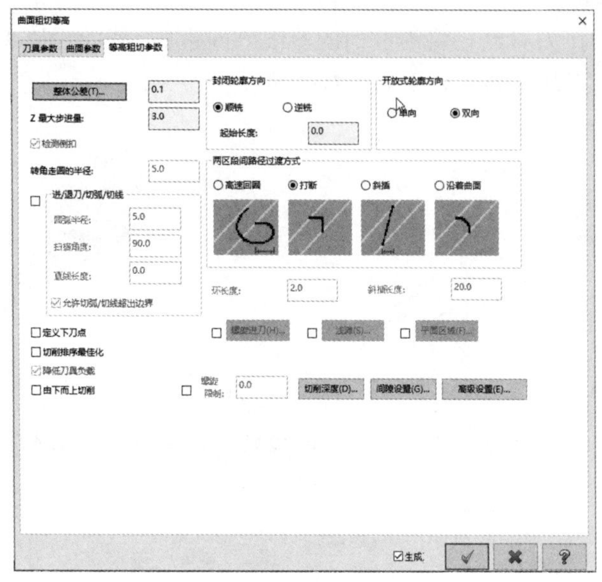

图 7-37 “等高粗切参数”选项卡

“转角走圆的半径”指在加工拐角时，安排刀具走圆角而不是直线，以使刀具获得较好的切削性能。

对于开放式轮廓，在加工到边界时刀具需要转向，因此可以选择刀具是按单向或双向方式来进行加工。“单向”指在完成一段刀具路径后，刀具提刀回到下一段路径的另一端开始继续加工；“双向”指刀具立刻进入下一段刀具路径的加工。双向加工可正反两个方向加工，以提高加工效率。

当两段加工区间的距离小于设定的间隙时，刀具可以选择4种方式进入下一段区域加工。4种方式都有图形加以说明，并可激活相应的参数文本框，以便进行设置。

在此选项卡中，单击间隙设置(G)...按钮，打开如图7-38所示的“刀路间隙设置”对话框，它与其他加工方法的间隙设置有所不同。

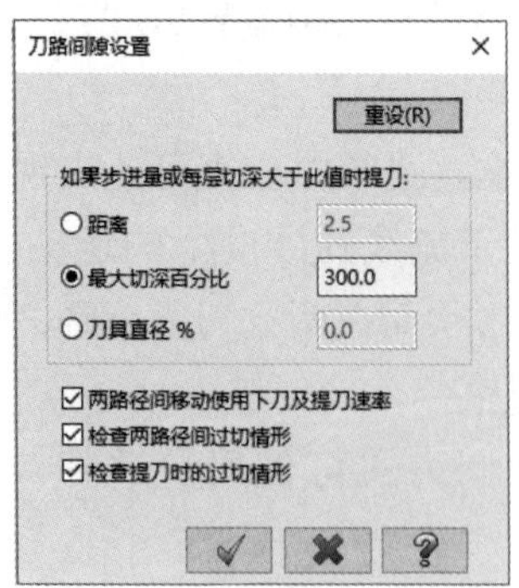

图 7-38 “刀路间隙设置”对话框

单击螺旋进刀(H)...按钮，打开如图7-39所示的“螺旋进刀设置”对话框，在其中进行螺旋进刀设置。

单击 浅滩(S)... 按钮，打开如图7-40所示的“浅滩加工”对话框。

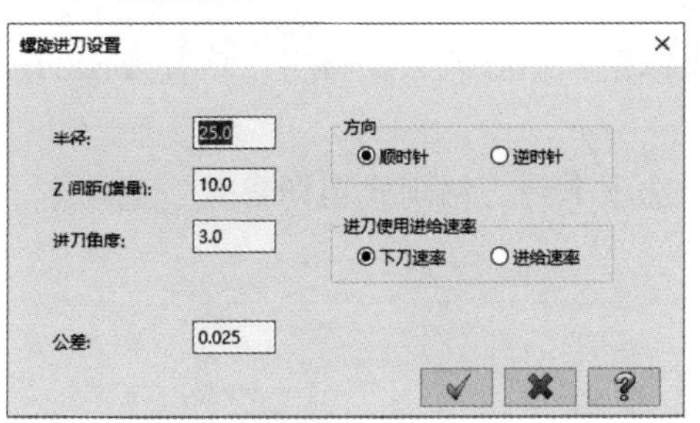

图 7-39 “螺旋进刀设置”对话框

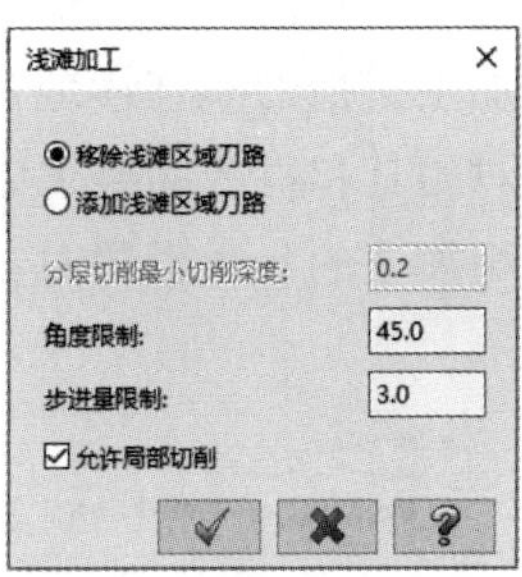

图 7-40 “浅滩加工”对话框

单击 平面区域(F)... 按钮，打开如图7-41所示的“平面区域加工设置”对话框。

设置平面区域加工参数后，系统会在相应的平面区域增加一段刀具路径，并对其进行加工。Mastercam的帮助文件提供了一个实例进行说明，如图7-42所示。

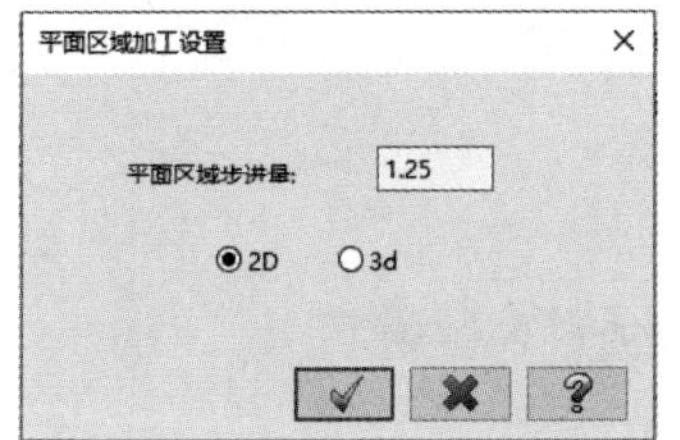

图 7-41 “平面区域加工设置”对话框

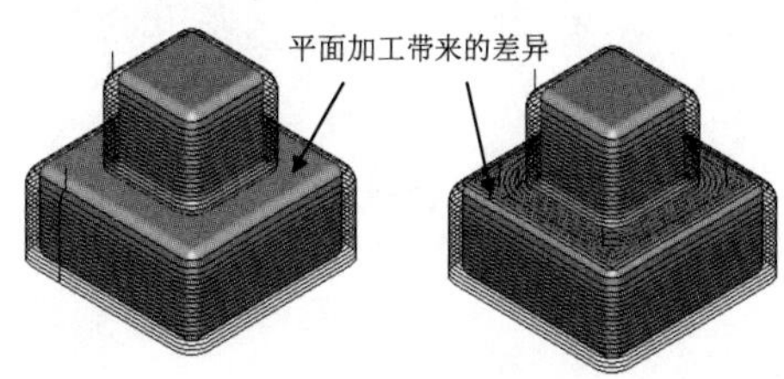

图 7-42 平面区域加工实例

7.2.7 残料粗加工

一般在粗加工后，往往会留下一些没有加工到的区域，对这些位置的加工被称为残料加工。

残料粗加工的参数设置对话框中的第三个选项卡为“残料加工参数”选项卡，如图7-43所示。第四个选项卡是“剩余毛坯参数”选项卡，如图7-44所示。

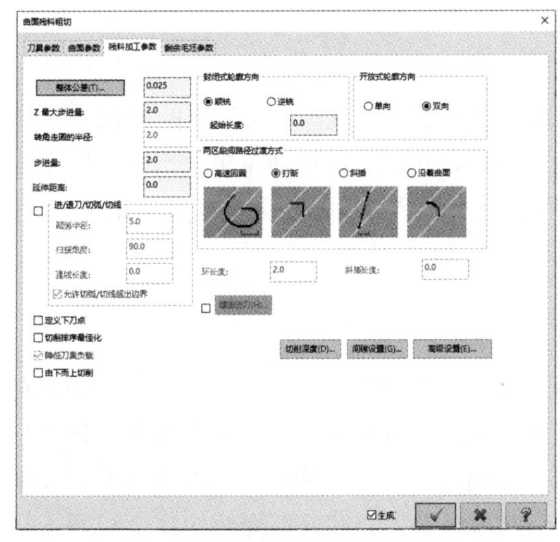

图 7-43 “残料加工参数”选项卡

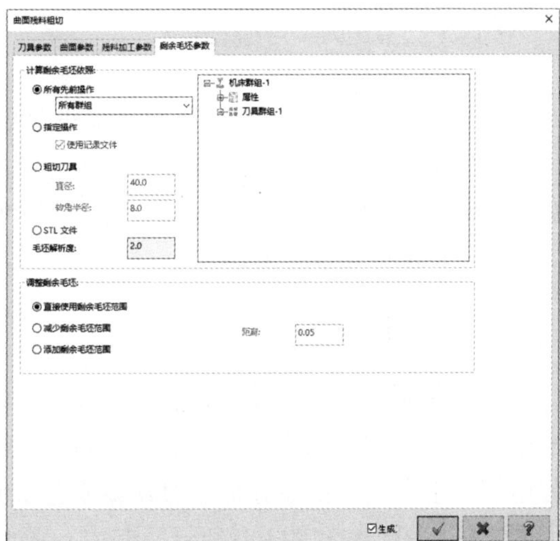

图 7-44 “剩余毛坯参数”选项卡

7.2.8　钻削式粗加工

钻削式加工是指刀具连续地在毛坯上采用类似钻孔的方式去除材料。这种方法的加工速度快，但对刀具和机床的要求比较高。

钻削式粗加工的参数设置对话框中的第三个选项卡是“钻削式粗切参数”选项卡，如图7-45所示。

图 7-45　“钻削式粗切参数”选项卡

7.3　曲面精加工

在“刀路”选项卡的3D面板上单击“展开刀路列表”按钮，在弹出的面板中选择“精切”下的命令按钮；或在刀具路径管理器中右击，在弹出的快捷菜单上选择“铣床刀路”|“曲面精修”命令，系统将打开如图7-2所示的曲面精加工方法菜单，Mastercam一共提供了11种曲面精加工方法。

7.3.1　平行铣削精加工

对于曲面精加工来说，其参数设置的内容大部分和曲面粗加工的内容相同。例如，对于平行铣削精加工而言，其参数对话框中的3个选项卡“刀具参数”“曲面参数”和“平行精修铣削参数”依然分别是刀具参数选项卡、曲面参数选项卡和加工参数选项卡，分别如图7-46、图7-47和图7-48所示。其中，前两个选项卡的内容和前面介绍的完全相同，只是在“平行精修铣削参数”选项卡中有所不同。

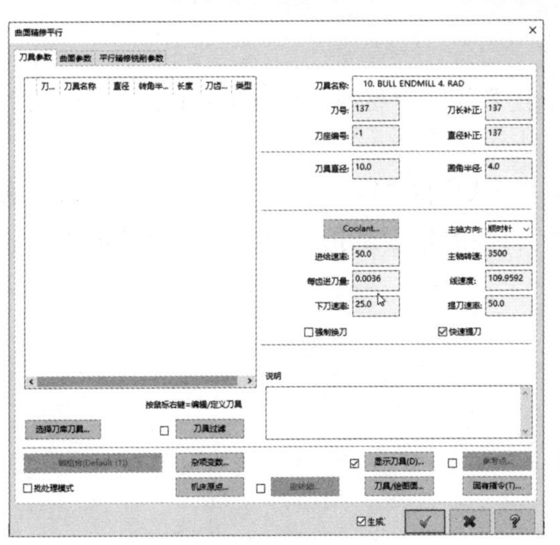

图 7-46 “刀具参数”选项卡

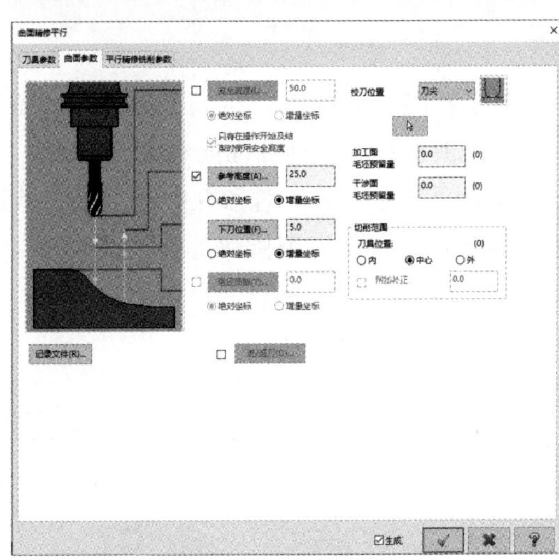

图 7-47 “曲面参数”选项卡

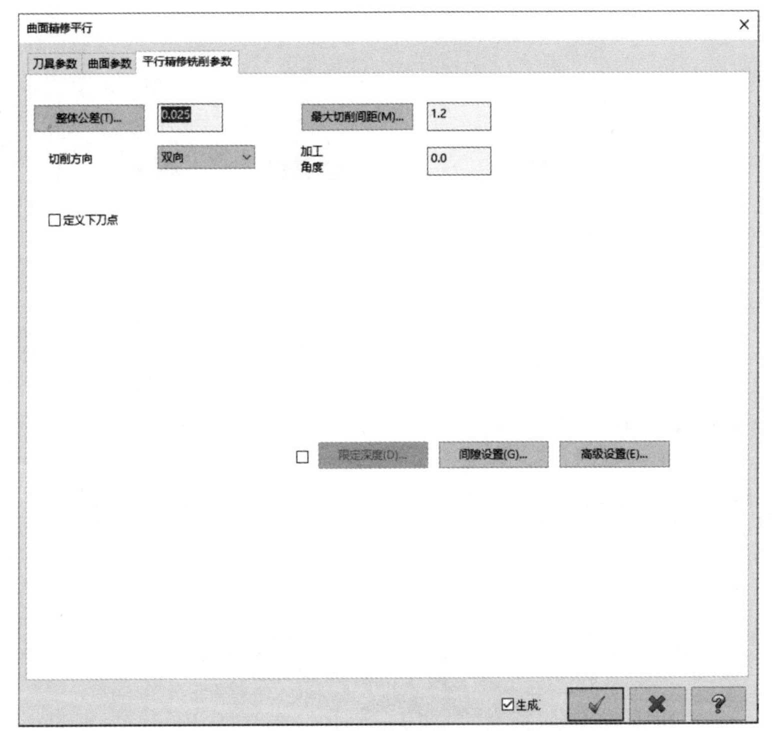

图 7-48 “平行精修铣削参数”选项卡

在精加工阶段，往往需要把公差值设置得更低，并采用能获得更好加工效果的切削方式。在加工角度的选择上，可以与粗加工时的角度不同，如互相垂直，这样可以减少粗加工的刀痕，以获得更好的加工表面质量。

单击限定深度(D)...按钮，打开如图7-49所示的“限定深度”对话框，用于设置加工范围。

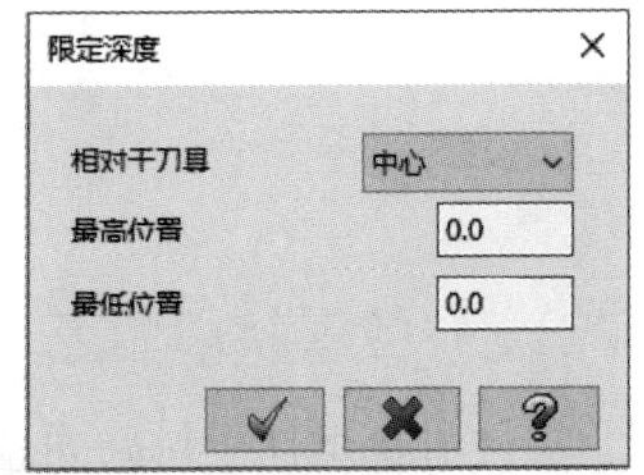

图 7-49 “限定深度”对话框

7.3.2 陡斜面精加工

对于较陡的曲面，在粗加工时往往会留下较多的残留材料，因此Mastercam在精加工中专门提供了针对这种曲面的精加工方式。

陡斜面精加工参数对话框中的加工参数选项卡如图7-50所示。在该选项卡中，可以通过指定陡斜面的角度范围来指定加工范围。陡斜面的角度是指斜面法线与刀具轴线间的夹角。

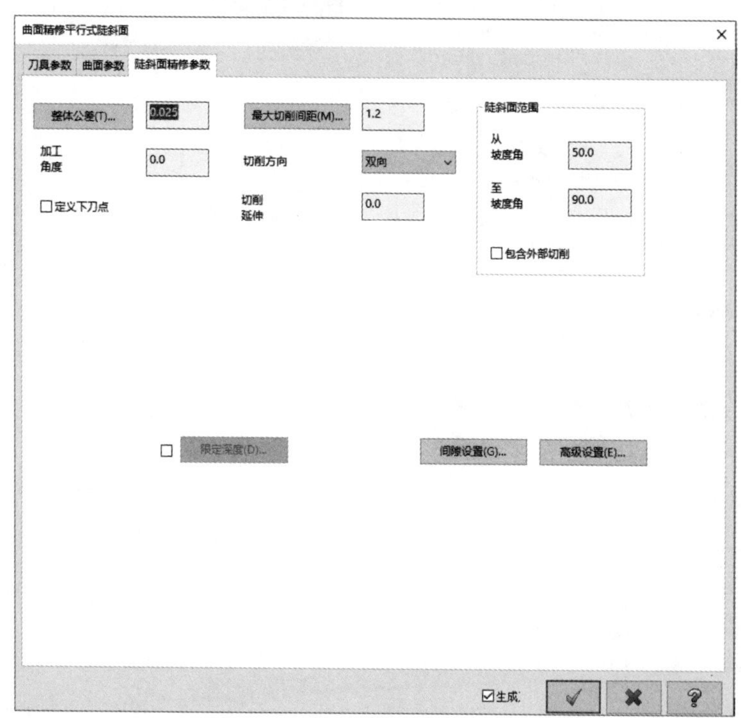

图 7-50 “陡斜面精修参数”选项卡

Mastercam提供了一个陡斜面精加工实例，其加工范围为70° ～90° ，生成的刀具路径如图7-51所示。

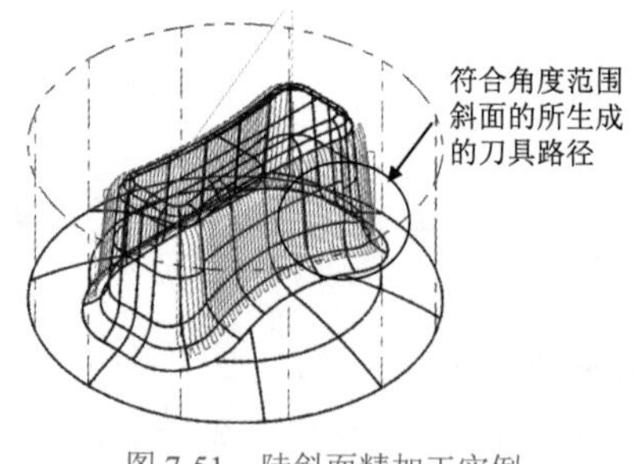

图 7-51 陡斜面精加工实例

7.3.3 放射状精加工

放射状精加工参数对话框中的加工参数选项卡如图7-52所示。它与放射状粗加工参数对话框中的内容基本相同。

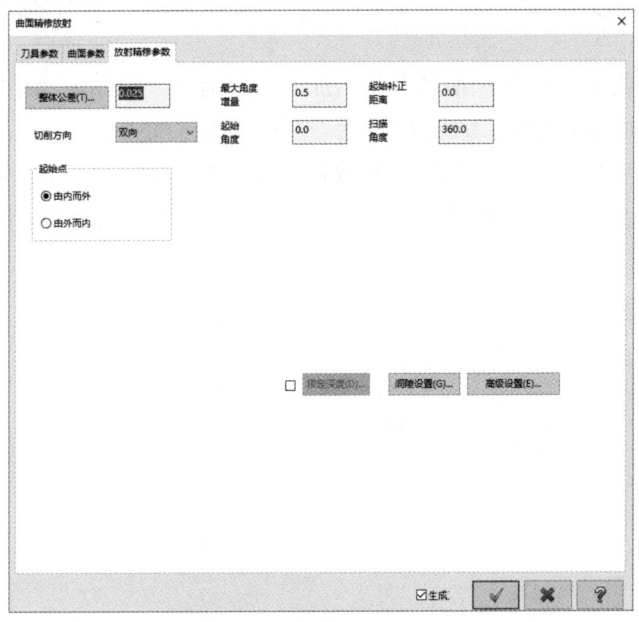

图 7-52 “放射精修参数”选项卡

7.3.4 投影精加工

投影精加工指将已有的刀具路径或几何图形投影到要加工的曲面上，以生成刀具路径来进行切削。

与投影粗加工参数对话框相比，投影精加工参数对话框中的加工参数选项卡少了部分内容，如图7-53所示。

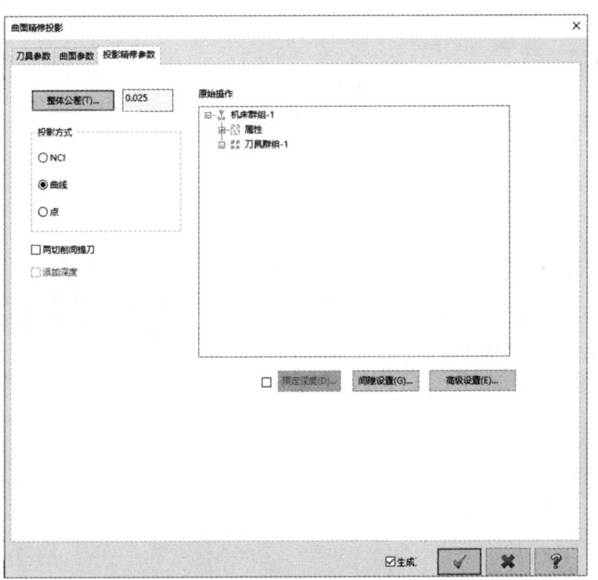

图 7-53 “投影精修参数”选项卡

“添加深度”指将NCI文件中的Z轴深度作为新刀具路径的深度，即在刀具路径的下刀高度中加上这一距离。

7.3.5 流线精加工

流线精加工和粗加工一样，都是刀具沿曲面流线运动。曲面流线精加工往往能获得很好的加工效果。当曲面较陡时，加工质量优于一般的平行加工。

流线精加工的参数对话框中的加工参数选项卡如图7-54所示。其中各个参数的含义和流线粗加工中的含义相同，区别仅仅在于精度值较高。同样，在流线精加工中也要注意残留高度。

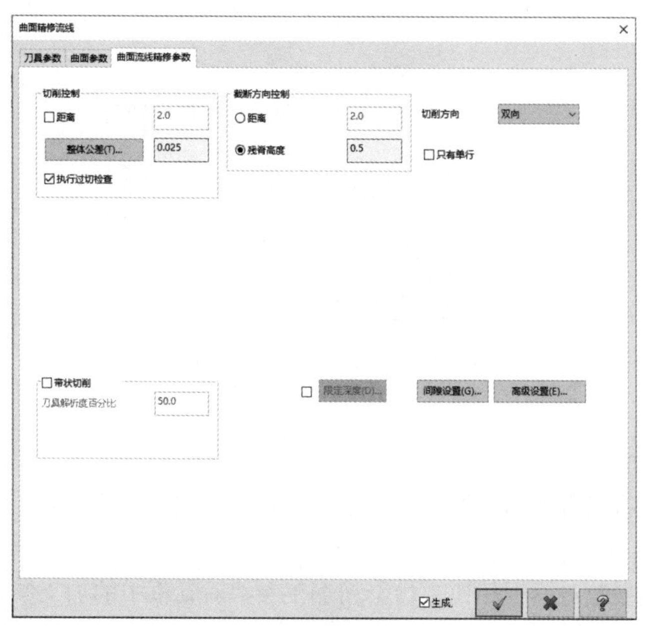

图 7-54 “曲面流线精修参数”选项卡

7.3.6 等高外形精加工

等高外形精加工的刀具是首先完成一个高度面上的所有加工后，再进行下一个高度的加工的。等高外形精加工参数对话框中的加工参数选项卡如图7-55所示，它和等高外形粗加工参数对话框中的内容完全相同。

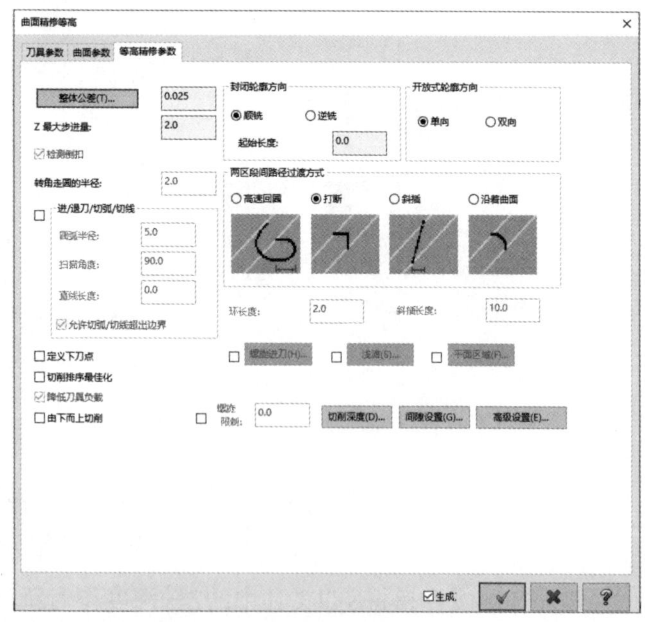

图 7-55 “等高精修参数”选项卡

7.3.7 浅平面(浅滩)精加工

与陡平面精加工正好相反，浅平面(浅滩)精加工主要用于加工一些比较平坦的曲面。在大多数的精加工中，往往会对平坦部分加工得不够，因此需要在后面使用浅平面(浅滩)精加工来保证加工质量。

浅平面(浅滩)精加工参数对话框中的加工参数选项卡如图7-56所示。浅平面坡度最小值和最大值决定了系统认为是浅平面的范围，即生成刀具路径的曲面范围。

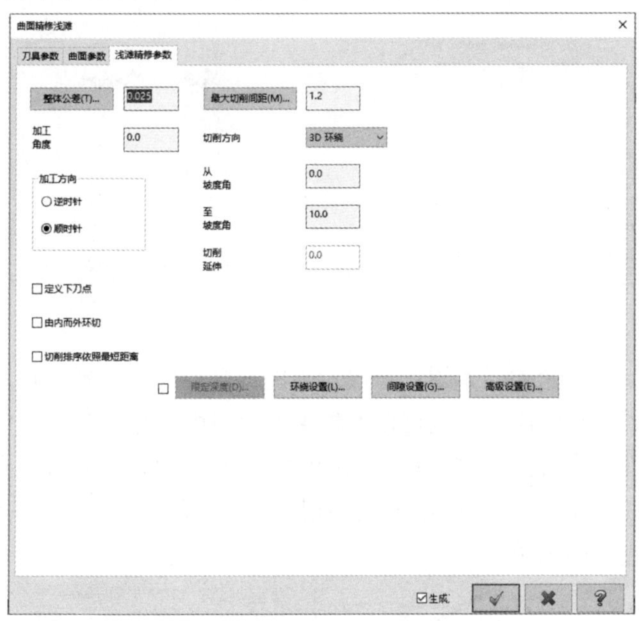

图 7-56 “浅滩精修参数”选项卡

在浅平面加工中，除了一般的双向加工和单向加工，系统还提供了“3D 环绕”加工方式。这种加工方式首先环绕浅平面边界进行切削，然后逐层向内部进刀，直到该区域被加工完成。

单击“环绕设置”按钮，打开如图7-57所示的“环绕设置”对话框。

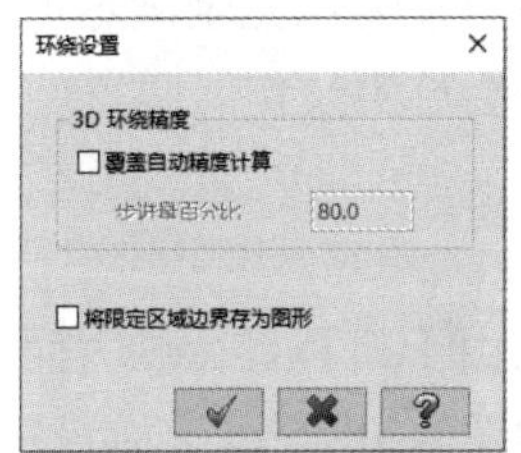

图 7-57 “环绕设置”对话框

7.3.8 交线清角精加工

交线清角精加工用于清除曲面间交角处的残余材料。它相当于在曲面间增加了一个倒圆面。

交线清角精加工参数对话框中的加工参数选项卡如图7-58所示。

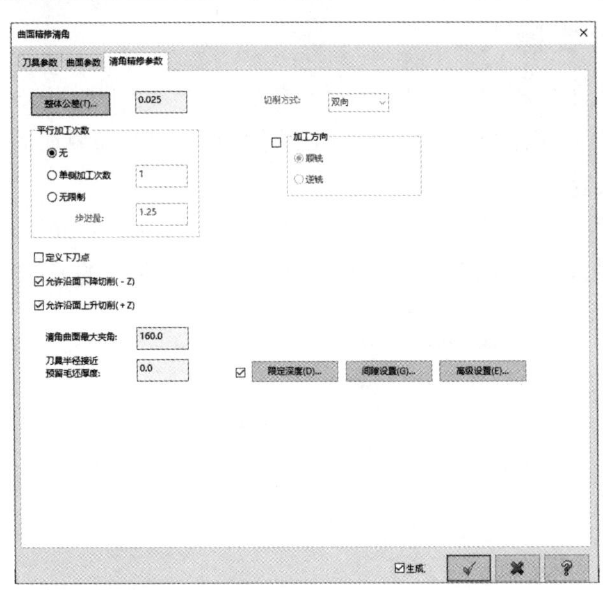

图 7-58　“清角精修参数”选项卡

平行路径指沿清角路径偏置了一段距离的刀具路径，偏置值可以由用户设置。用户还可以指定走偏置路径的次数，也可以不指定次数而由系统计算。

“清角曲面最大夹角”文本框用来指定面夹角参数，该参数定义了用户需要进行加工的交线清角加工的面之间的夹角范围，如图7-59所示。一般情况下将夹角设置为165°，这样可以获得最好的结果。

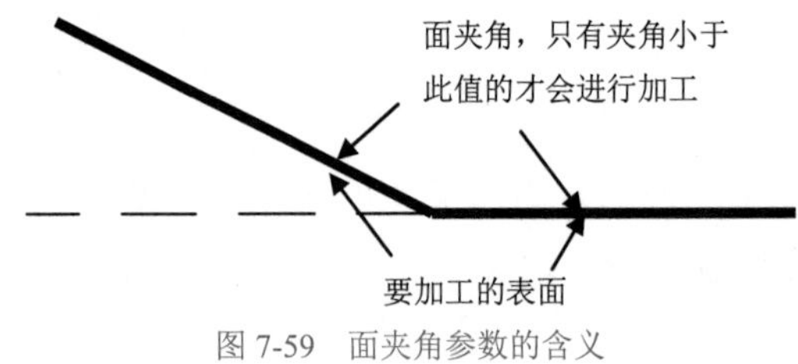

图 7-59　面夹角参数的含义

在一些特殊情况下，刀具直径可能无法完全满足加工的要求，可以在原有路径的基础上添加一定的厚度，以保证加工不会产生过切。

7.3.9　残料精加工

残料精加工用于清除先前加工由于刀具直径过大而遗留下来的切削材料。残料精加工参数对话框中的加工参数选项卡如图7-60所示。

这里提供了一种新的混合式加工方式，它是2D和3D加工方式的结合。当大于转折角度时采用2D加工，小于转折角度时采用3D加工。

此处的2D加工指切削时刀具高度不发生变化，刀具做平面运动，类似于等高加工。而3D加工指刀具高度也会同时发生变化，刀具做空间运动。

除了加工参数选项卡，残料精加工对话框中还有一个“残料清角材料参数”选项卡，如图7-61所示。

图 7-60 “残料清角精修参数”选项卡

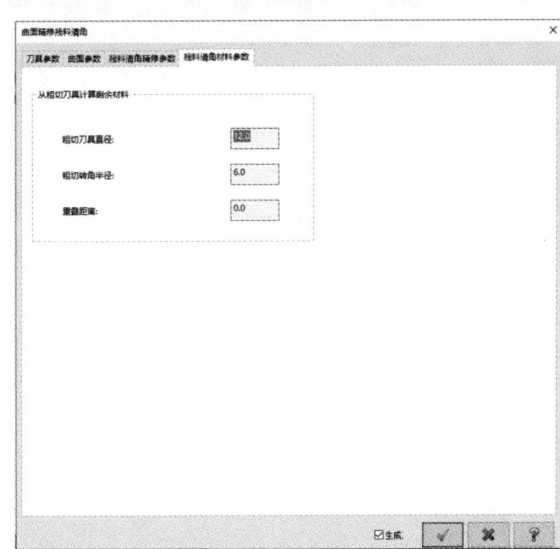

图 7-61 “残料清角材料参数”选项卡

加工区域所使用刀具的直径为“粗切刀具直径”值加上“重叠距离”值。

残料清除精加工的实例，如图7-62所示。

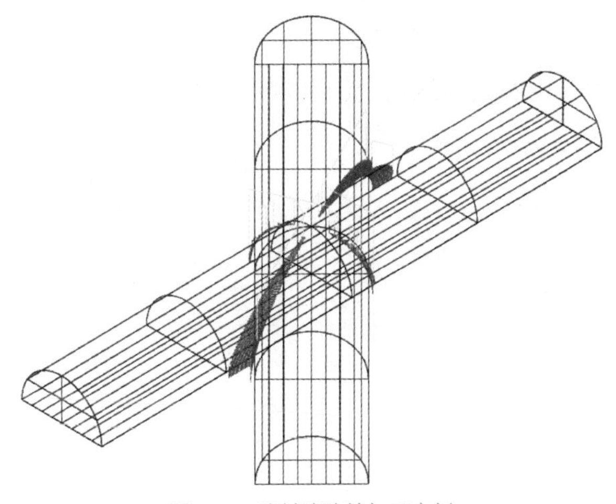

图 7-62 残料清除精加工实例

7.3.10 环绕等距精加工

环绕等距精加工指刀具在加工多个曲面零件时，刀具路径沿曲面环绕并且相互等距，即残留高度固定。它适用于曲面变化较大的零件，多用于当毛坯已经很接近零件时的加工。

环绕等距精加工参数对话框中的加工参数选项卡如图7-63所示。实例如图7-64所示。

“切削排序依照最短距离”加工作为一种路径优化的手段，主要目标是减少刀具的抬刀距离。

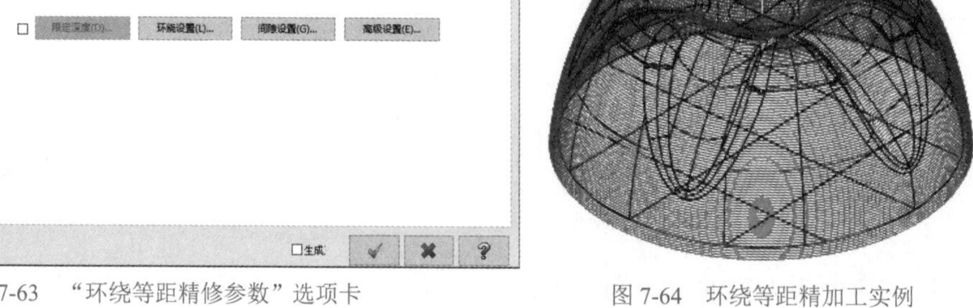

图 7-63 “环绕等距精修参数”选项卡

图 7-64 环绕等距精加工实例

7.3.11 熔接精加工

熔接精加工主要针对由两条曲线决定的区域进行切削。熔接精加工参数对话框中的加工参数选项卡如图7-65所示。

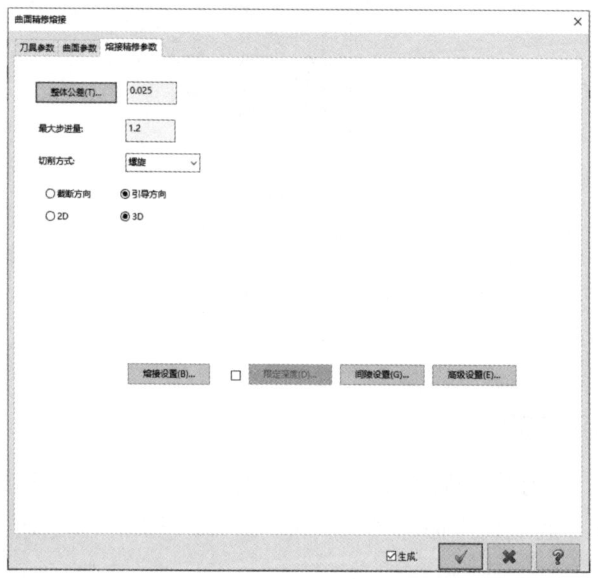

图 7-65 “熔接精修参数”选项卡

熔接精加工提供了一种“螺旋”加工方式，将生成螺旋式的刀具路径。它要求两条曲线中至少有一条是封闭的。

“截断方向”是一种二维切削方式，其刀具路径是直线形式的，但不一定与所选的曲线平行，非常适用于腔体的加工。这种方式的计算速度快，但不适用于陡面的加工。

“引导方向”可以选择为2D或3D加工方式，刀具路径由一条曲线延伸到另一条曲线。它适用于流线加工。

Mastercam向用户提供了一个混合精加工的实例，如图7-66所示，加工方式设置如图7-65所示。

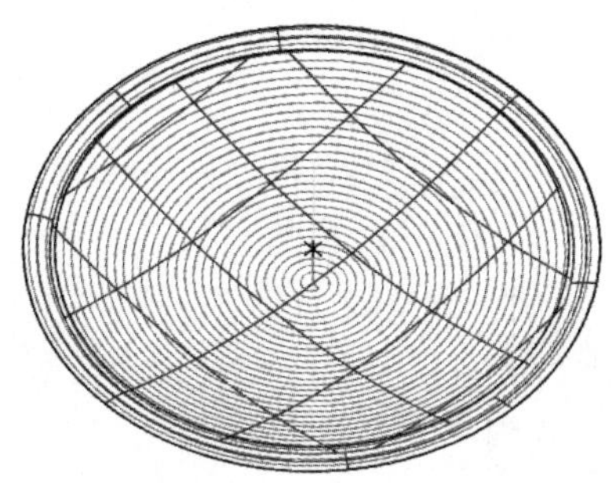

图 7-66　加工实例

以上就是Mastercam提供的11种曲面精加工方法。

7.4　三维加工实例

本节通过一个平行粗加工实例和一个流线粗加工实例巩固本章学习的三维加工方法。

7.4.1　平行粗加工实例

平行粗加工的对象零件如图7-67所示。

设计步骤：

01 打开“平行粗加工零件.mcam”。

02 选择“机床”|“铣床”|“默认”命令，选择默认机床作为本次加工使用的机床。此时，Mastercam自动切换到Mill模块，在功能区打开“刀路”选项卡，同时在操作管理区也弹出“刀路”选项卡即刀具路径管理器。

03 在刀具路径管理器中右击，在弹出的快捷菜单中选择“铣床刀路”|“曲面粗切”|“平行”命令，添加平行粗加工刀具路径。

04 系统打开如图7-68所示的“选择工件形状”对话框，选中“未定义”单选按钮。

图 7-67　平行粗加工对象

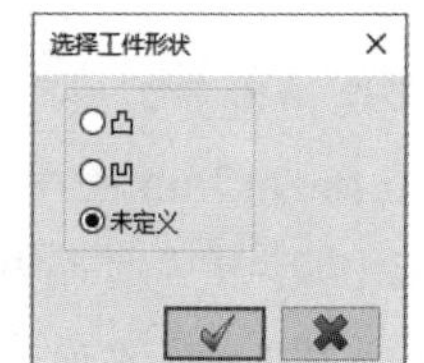

图 7-68　“选择工件形状”对话框

05 确定后，系统打开如图7-69所示的“输入新NC名称”对话框，输入名称“平行粗加工零件”。

06 确定后，系统提示用户选择驱动曲面，即要加工的曲面，选择图中所有的曲面即可，共183个。选择后，系统打开如图7-70所示的"刀路曲面选择"对话框。

图 7-69 "输入新 NC 名称"对话框

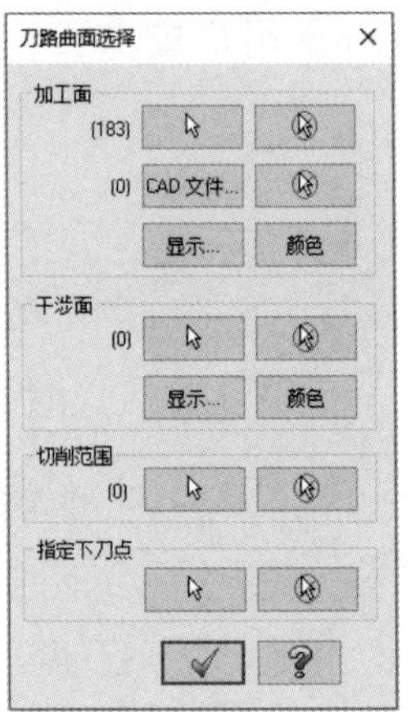

图 7-70 "刀路曲面选择"对话框

07 确定后，系统打开如图7-71所示的"曲面粗切平行"对话框。

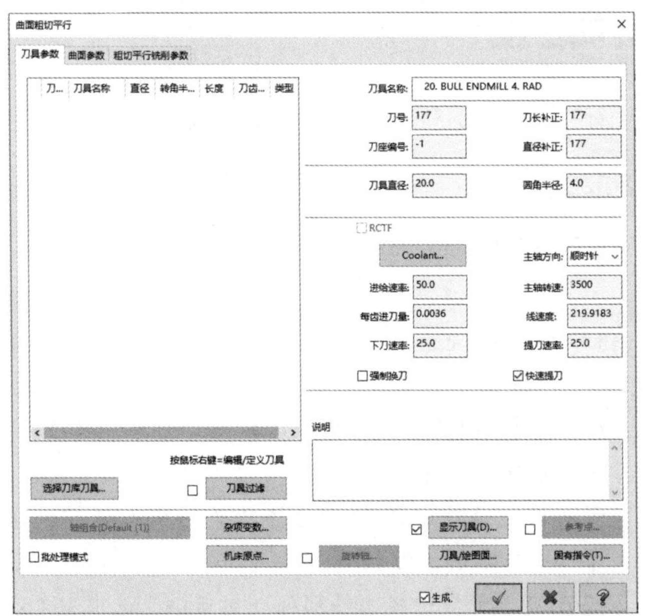

图 7-71 "曲面粗切平行"对话框

08 单击"选择刀库刀具"按钮，系统打开如图7-72所示的刀具库，进行刀具选择。此处选择刀具直径为12mm的平铣刀，刀具名称为FLAT END MILL-12。

09 确定后，返回"曲面粗切平行"对话框。修改刀具加工参数如下：进给速率为530、下刀速率为300、提刀速率为1000，以及主轴转速为2600，并选中"快速提刀"复选框，设置快速退刀，如图7-73所示。

10 打开"曲面粗切平行"对话框中的"曲面参数"选项卡，并做如图7-74所示的设置。

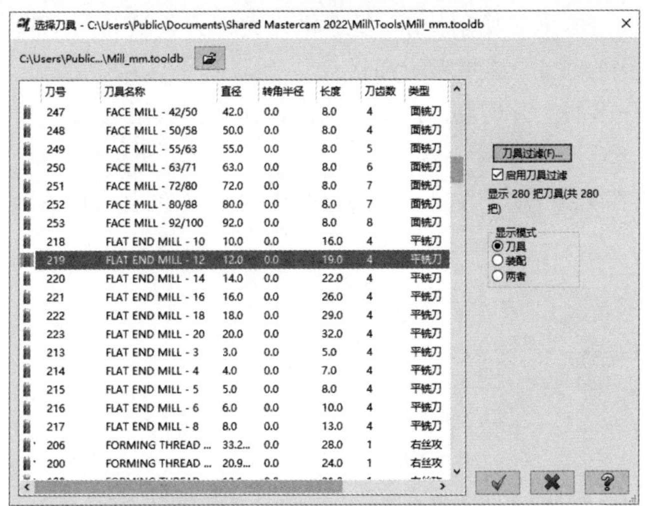

图 7-72 选择刀具

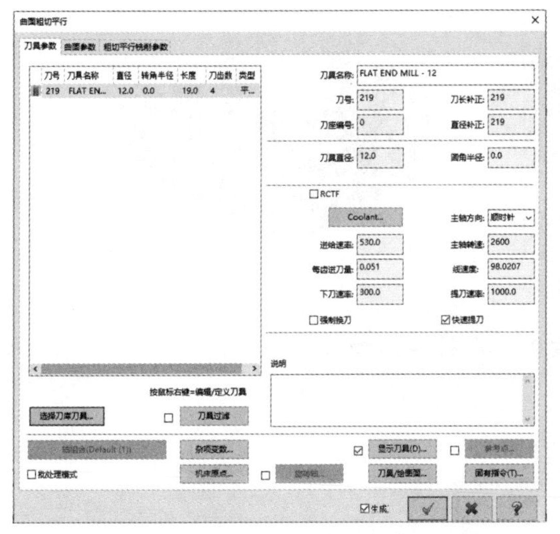

图 7-73 设置刀具加工参数

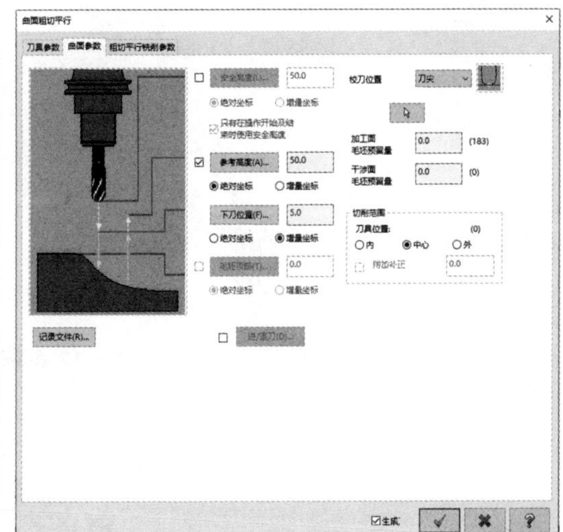

图 7-74 “曲面参数”选项卡

11 打开“曲面粗切平行”对话框中的“粗切平行铣削参数”选项卡，并设置平行粗加工参数如图7-75所示。

其中部分参数设置如下。

- 在“整体公差”按钮右侧的文本框输入0.025，即平行粗加工误差为0.025。
- 在“切削方向”下拉列表中选择“单向”选项，即采用单向切削方式，刀具只从一个方向切削工件。
- 在“Z最大步进量”文本框中输入2，即最大Z轴方向的下刀量为2mm。
- 最大切削间距(M)... 5.0 XY方向相邻的两条刀具路径之间的距离为5。一般为刀具直径的50%~70%。选择较小的距离可以获得更加平滑的加工曲面。
- 在“加工角度”文本框中输入0，表示刀具路径的切削角度为0。
- “切削路径允许多次切入”单选按钮：选中该按钮，允许刀具沿曲面连续下刀和提刀，有利于凹凸曲面的加工。

- 选中“允许沿面下降切削(-z)”复选框，允许刀具沿曲面下降，这样切削效果更加光滑，否则切削的结果为阶梯状。
- 选中“允许沿面上升切削(+z)”复选框，允许刀具沿曲面上升，这样切削效果更加光滑。

12 单击“确定”按钮✓，完成加工参数的设置，系统自动计算后，生成的刀具路径如图7-76所示。

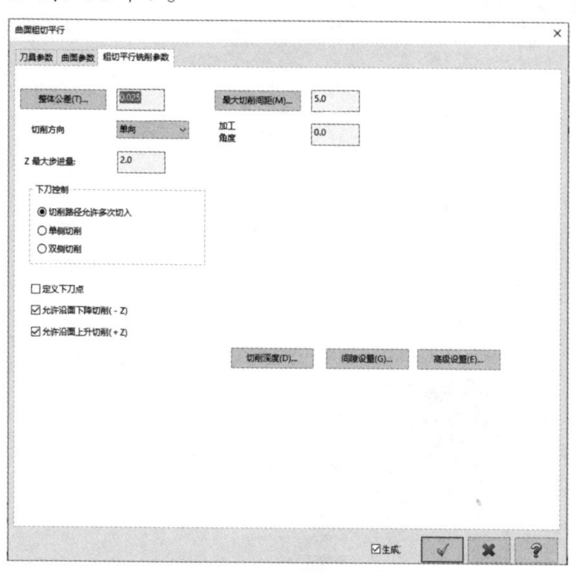

图 7-75 “粗切平行铣削参数”选项卡

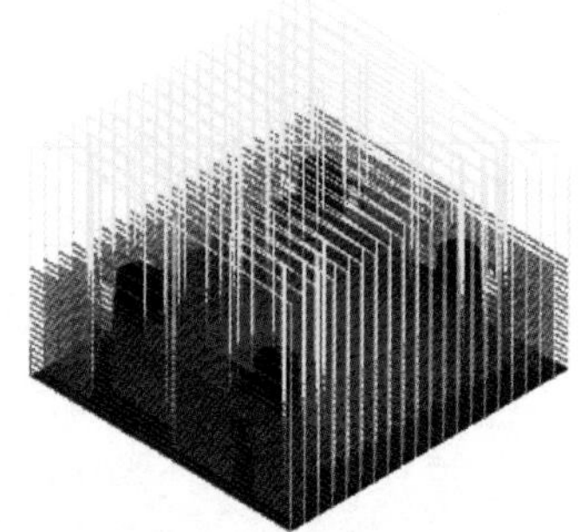

图 7-76 生成的刀具路径

13 单击刀具路径管理器中的加工仿真按钮，进行实体加工仿真。加工仿真完成后的效果如图7-77所示。

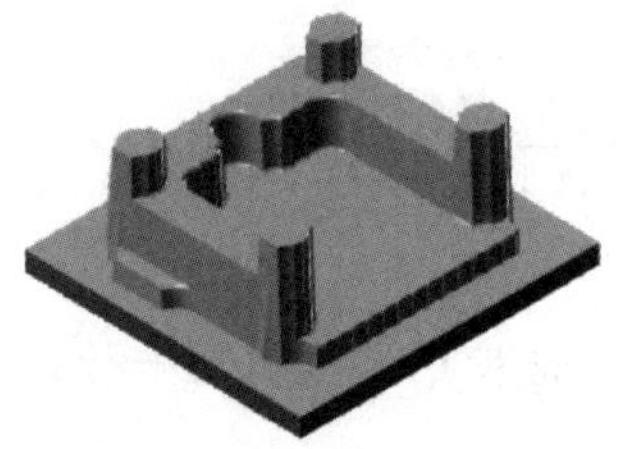

图 7-77 实体加工仿真

7.4.2 流线粗加工实例

流线粗加工的对象零件如图7-78所示。

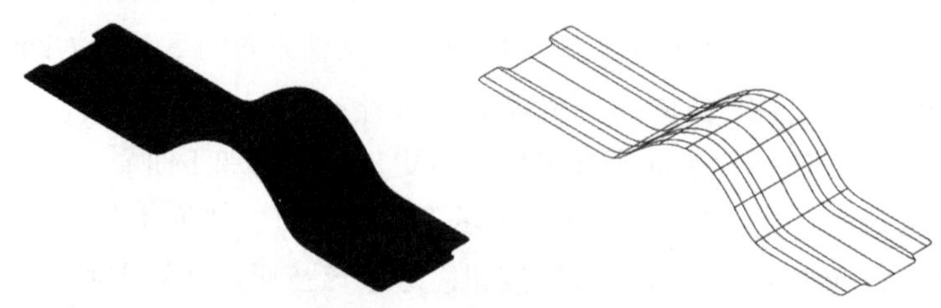

图 7-78 流线粗加工对象

设计步骤：

01 打开“流线粗加工零件.mcam”。

02 选择“机床”|“铣床”|“默认”命令，选择默认机床作为本次加工使用的机床。此时，Mastercam自动切换到Mill模块，在功能区打开“刀路”选项卡，同时在操作管理区也弹出“刀路”选项卡即刀具路径管理器。

03 在刀具路径管理器中右击，在弹出的快捷菜单上选择“铣床刀路”|“曲面粗切”|“流线”命令，添加流线粗加工刀具路径。

04 系统打开如图7-79所示的“选择工件形状”对话框，选中“未定义”单选按钮。

05 确定后，系统打开如图7-80所示的“输入新NC名称”对话框，输入名称“流线粗加工零件”。

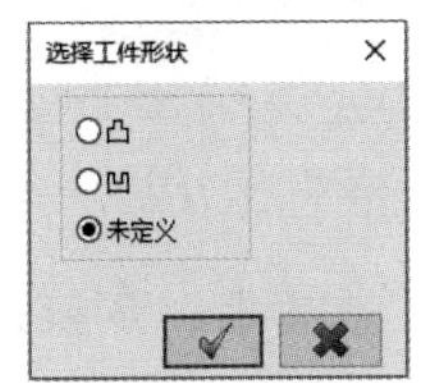

图 7-79 “选择工件形状”对话框

图 7-80 “输入新 NC 名称”对话框

06 确定后，系统提示用户选择驱动曲面，即需要加工的曲面，选择图中的曲面即可，系统将打开如图7-81所示的“刀路曲面选择”对话框。

07 单击该对话框中的按钮，系统打开如图7-82所示的“曲面流线设置”对话框，在此可进行流线的选择和设置。利用鼠标选择加工起点，如图7-83所示。

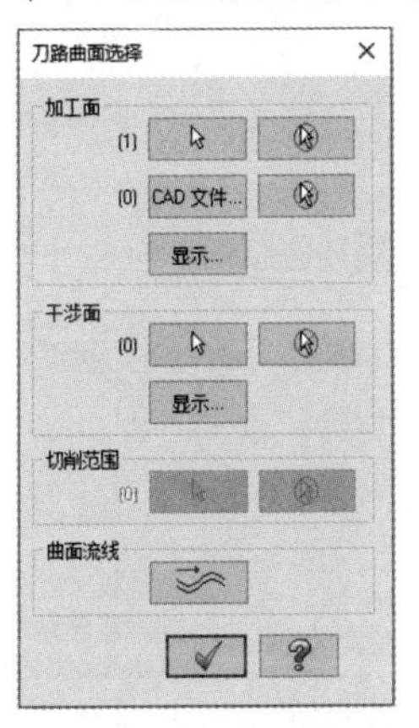

图 7-81 “刀路曲面选择”对话框

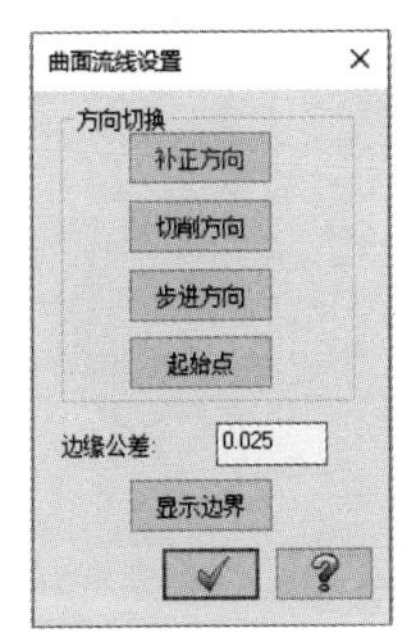

图 7-82 “曲面流线设置”对话框

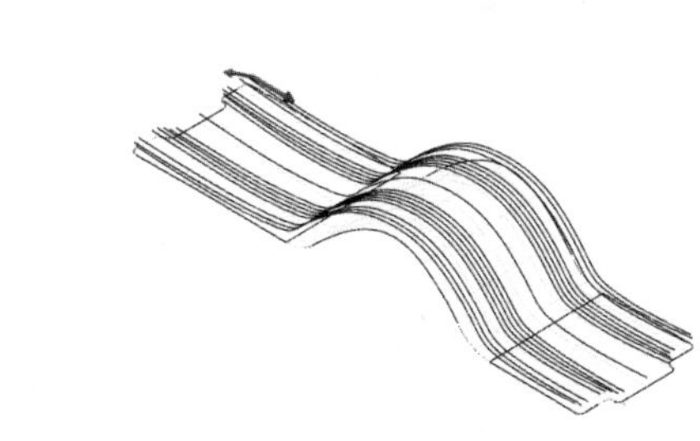

图 7-83 利用鼠标选择加工起点

08 确定后，系统打开如图7-84所示的“曲面粗切流线”对话框。

09 同样为其选择一把直径为12mm的平铣刀。修改刀具加工参数如下：进给速率为1200、下刀速率为500、提刀速率为1000，以及主轴转速为4000，并选中“快速提刀”复选框以设置快速退刀，如图7-85所示。

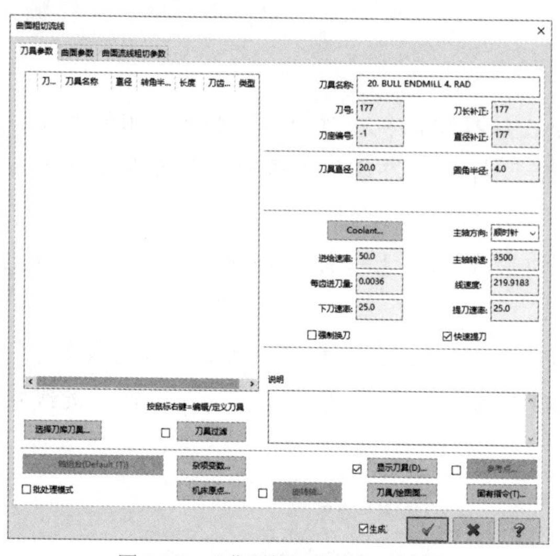

图 7-84 “曲面粗切流线”对话框

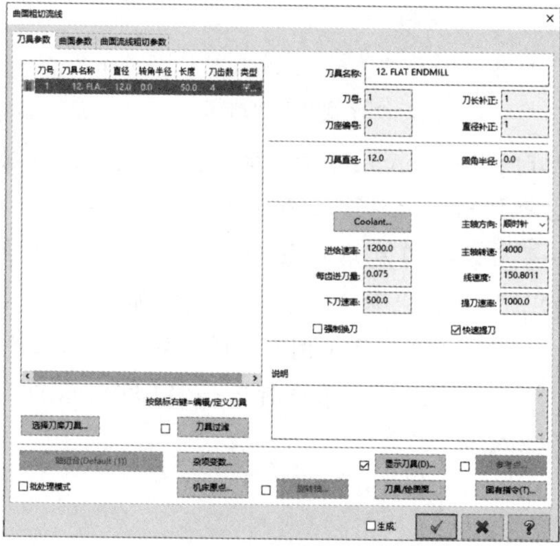

图 7-85 设置刀具加工参数

10 选择“曲面粗切流线”对话框中的“曲面参数”选项卡，参数设置如图7-86所示。

11 选择“曲面粗切流线”对话框中的“曲面流线粗切参数”选项卡，并设置流线粗加工参数，如图7-87所示。

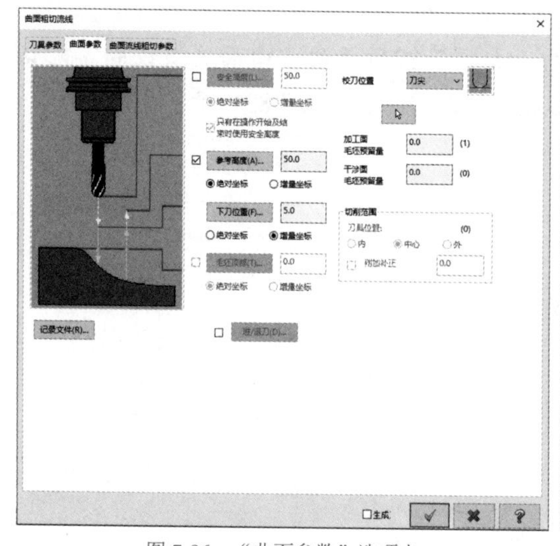

图 7-86 “曲面参数”选项卡

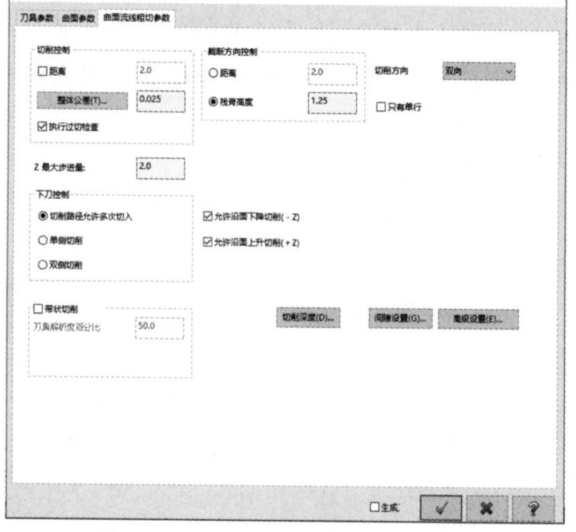

图 7-87 “曲面流线粗切参数”选项卡

其中特有的参数设置如下。

- 选中“执行过切检查”复选框，为避免过切而调整刀具在流线方向的运动。
- 在“残脊高度”文本框中输入1.25，该值越小，截断的步进量越小。
- 在“切削方向”下拉列表中选择“双向”选项，选择双向切削方式。

12 单击“确定”按钮，完成加工参数的设置，系统计算完成后，生成的刀具路径如图7-88所示。

13 单击刀具路径管理器中的加工仿真按钮，进行实体加工仿真。加工仿真完成后的效果如图7-89所示。

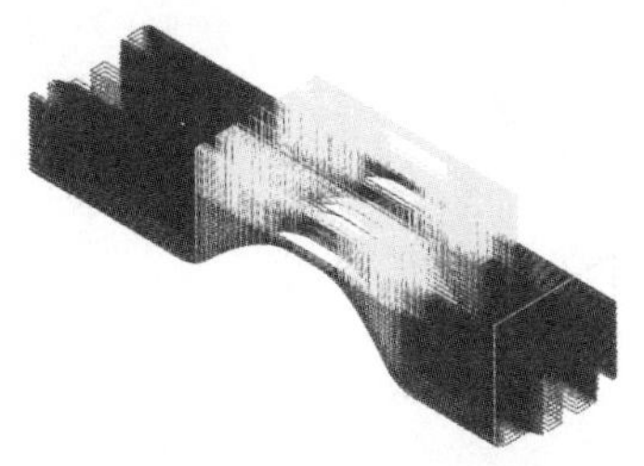
图 7-88 生成的刀具路径

图 7-89 实体加工仿真

7.5 习题

1. 在使用刀具切削边界补偿功能时，应该注意哪些问题？
2. Mastercam提供了几种曲面粗加工方法，分别如何使用？
3. Mastercam提供了几种曲面精加工方法，分别如何使用？
4. 简述放射状粗加工参数中各种角度之间的关系和含义。
5. 在陡斜面精加工中如何指定加工面的范围？
6. 什么是残脊高度？如何减少该误差？

第8章 多轴加工

Mastercam的多轴加工模块可以输出四轴和五轴两种格式的刀具路径。本章主要介绍多轴加工方法和多轴钻孔加工方法。在Mastercam多轴加工中，系统具有强大的刀轴方向控制能力，提供了多种控制刀具切入与切出的方法，还控制刀具在走刀进程中的前仰角度、后仰角度和左右侧倾斜角度，以改变刀具的受力状况，提高加工的表面质量，并可避免刀具、刀杆与工件不必要的碰撞等。

本章的学习目标：

- 理解多轴加工中各主要参数的含义
- 掌握旋转四轴加工方法
- 掌握曲线五轴加工方法
- 掌握沿边五轴加工方法
- 掌握流线五轴加工方法
- 掌握多曲面五轴加工方法
- 掌握钻孔五轴加工方法
- 了解多轴加工的其他方法
- 能独立完成简单的多轴加工

8.1 Mastercam多轴加工方法

Mastercam系统的多轴加工方法与三维加工方法相同，除了共同刀具参数，还包括共同多轴参数和各多轴加工方法相对应的特有参数。

8.1.1 多轴加工方法简述

对于三轴加工机械，刀具只在X、Y和Z方向动作。如果需要加工一些奇特、复杂的曲线和曲面，三轴加工机械可能达不到所需要的精度要求或根本无法加工，而采用多轴加工方法可以解决这方面的问题。四轴加工机械除了可以在X、Y和Z方向平移，还可以绕其中某一基本轴进行旋转，加工具有回转轴的零件或需沿某一个轴四周加工的零件。五轴加工机械的刀具可以在任意方向上旋转，从原理上来讲，五轴加工同时使五轴连续独立运动，可以加工特殊五面体和任意形状的曲面。五轴加工的加工范围比三轴加工的加工范围要大许多，同时五轴加工也提高了加工效率和加工精度，并且能够很好地解决三轴加工对某些特殊面无法正确加工的问题。

Mastercam系统为用户提供了功能强大的多轴加工功能，主要包括两组多轴加工方法，分别为“基本模型”和“扩展应用”，如图8-1所示。主要的加工方法如下所示。

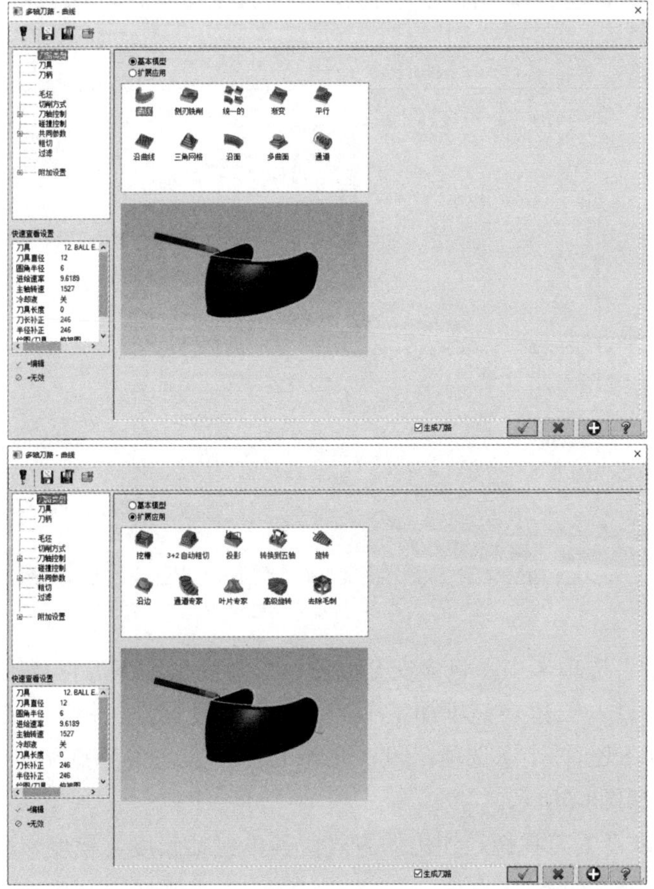

图 8-1 “多轴刀路 - 曲线”对话框

- “曲线”：用于对2D、3D曲线或曲面边界产生五轴加工刀具路径，可以加工出非常漂亮的图案、文字和各种曲线，其刀具位置的控制设置更灵活。
- “沿边”：利用刀具的侧刃顺着工件侧壁进行切削，即可以设置沿着曲面边界进行加工。
- “沿面”：生成流线加工刀具路径，用铣刀的底面对空间曲面进行加工。
- “多曲面”：用于在一系列3D曲面或实体上产生多轴粗加工和精加工刀具路径，特别适用于复杂、高质量和高精度要求的加工场合。
- “通道”：根据选择的模型曲面，生成管道加工刀具路径，清除管道壁上的材料。主要用于加工特殊造型和一些拐弯形接口的零件。
- “旋转”：生成旋转四轴加工刀具路径，适用于加工回转体类的零件。
- “钻孔”：用于在曲面上不同的方向进行钻孔加工。多用于空间位置比较特殊的场合，如圆锥面上的孔或工件上孔的轴线变化的孔。多轴钻孔功能与2D钻孔整合在一起，位于2D面板中。

8.1.2　多轴加工共同参数设置

“刀具”和“刀柄”选项用于设置刀具和刀柄，该设置界面与三维加工中的设置界面基本相同，在此不再赘述。以“曲线”为例，其刀具设置界面如图8-2所示。

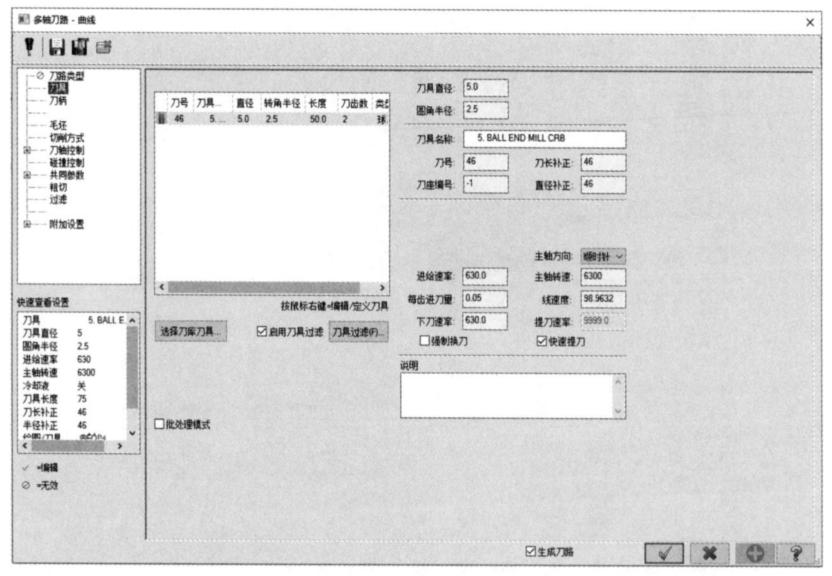

图 8-2　刀具设置

在“共同参数”选项卡中，包含安全高度、参考高度和下刀位置等，如图8-3所示。大部分参数设置方法与二维、三维加工中相应的参数设置方法相同，在此不再赘述。在“共同参数”选项下还有3个子选项，即“进/退刀”“原点/参考点”和“安全区域”，分别如图8-4、图8-5和图8-6所示。

在图8-4中可以设置刀具切入切出的方式，其中包括长度、厚度、高度及中心轴角度等。各参数的含义分别如下。

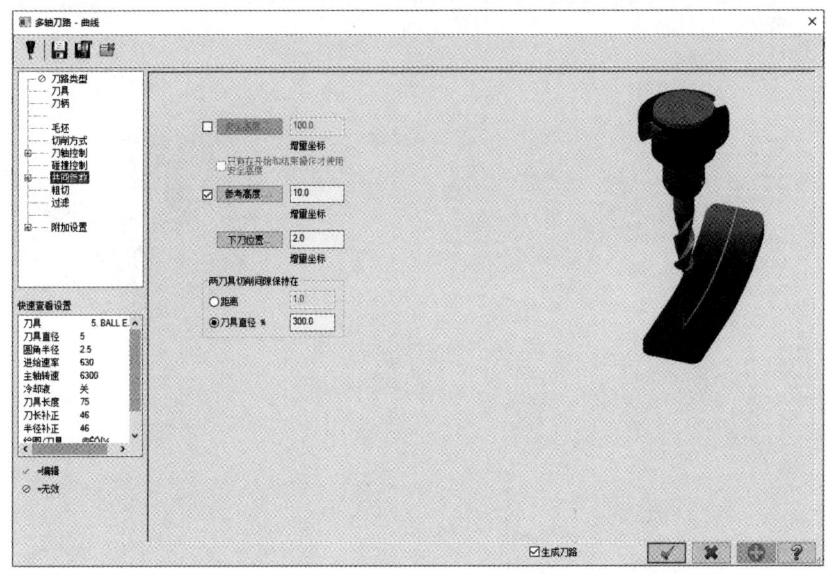

图 8-3　“共同参数”选项卡

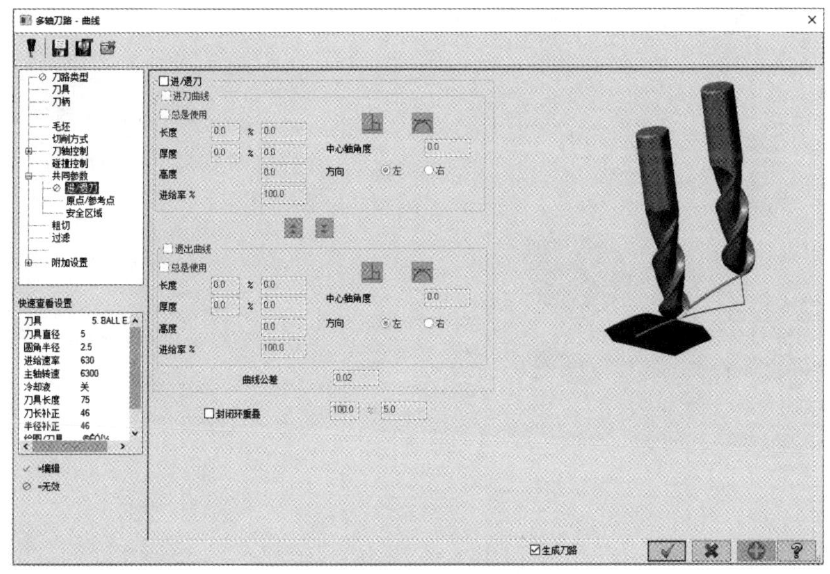

图 8-4　“进 / 退刀”选项卡

- “长度”：该选项用于设置沿刀具移动方向曲线路径的长度。
- “厚度”：该选项用于设置刀具路径与曲线路径端点间的距离。
- “高度”：该选项用于设置刀具路径上面和曲线路径的距离。
- “方向”：该选项用于设置相对于刀具移动方向的进刀/退刀方向，可选择“左”或“右”。
- “中心轴角度”：该选项用于设置曲线路径与刀具路径的起点和终点的位置。

在图8-5中，可以设置“进入点”“退出点”和“机床原点”。通过这些参数的设置，可以使刀具路径的加工更加精确。

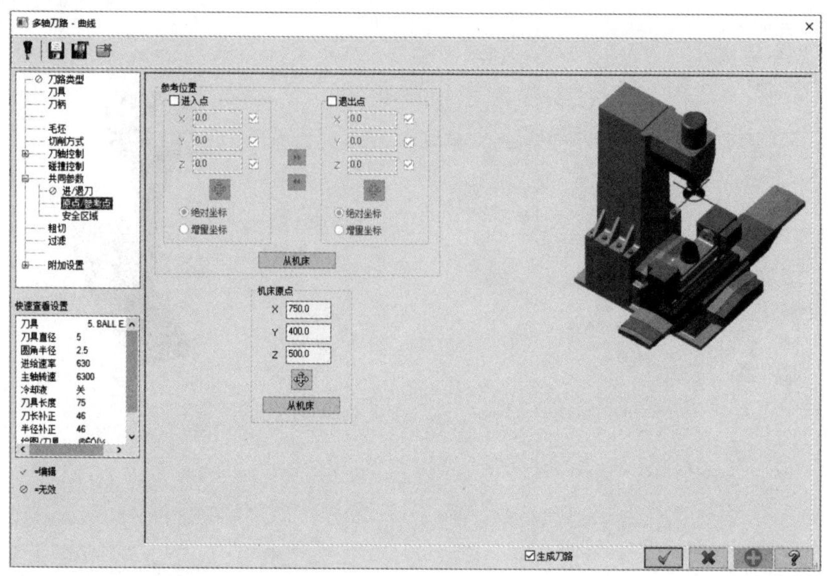

图 8-5 “原点 / 参考点”选项卡

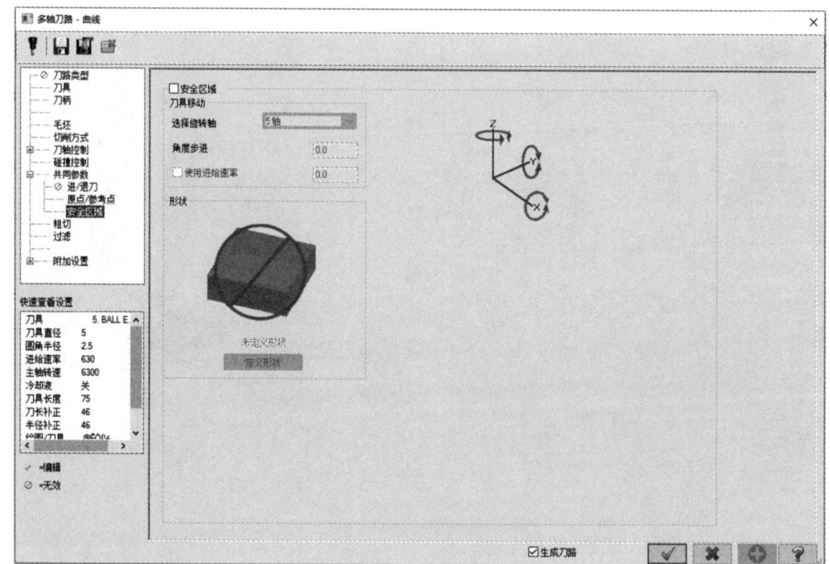

图 8-6 “安全区域”选项卡

8.2 旋转加工

旋转加工生成旋转四轴加工刀具路径。四轴加工是在三轴的基础上加上一个回转轴，因此，四轴加工可以加工具有回转轴的零件或沿某一轴四周需要加工的零件。CNC机床中的第四轴可以是绕X、Y或Z轴旋转的任意一个轴，具体的轴要根据机床的配置来定。

8.2.1 旋转加工的相关参数

在“刀路”选项卡的“多轴加工”面板上单击“展开刀路列表”按钮，在“扩展应用”中单击“旋转”按钮，打开如图8-7所示的“输入新NC名称”对话框，输入名称并单击“确定”按钮后，打开如图8-8所示的“多轴刀路-旋转”对话框，进入旋转加工设置。在该对话框中可以设置“刀具”“刀柄”“切削方式”“刀轴控制”“碰撞控制”“共同参数”“粗切”“过滤”和“附加设置”。下面对其中各主要选项分别进行介绍。

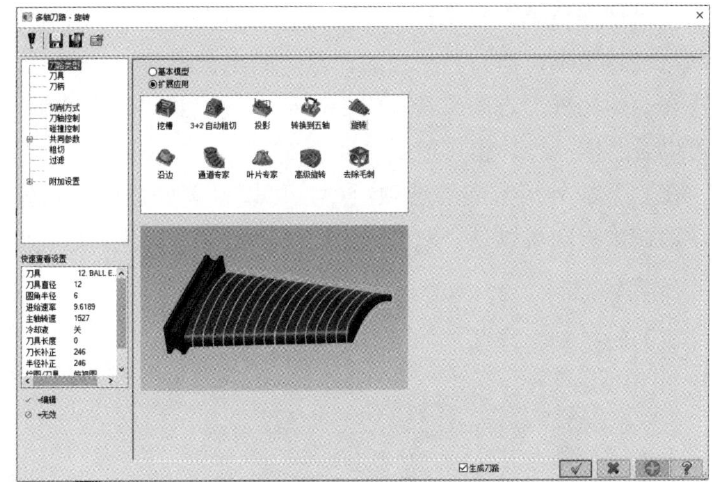

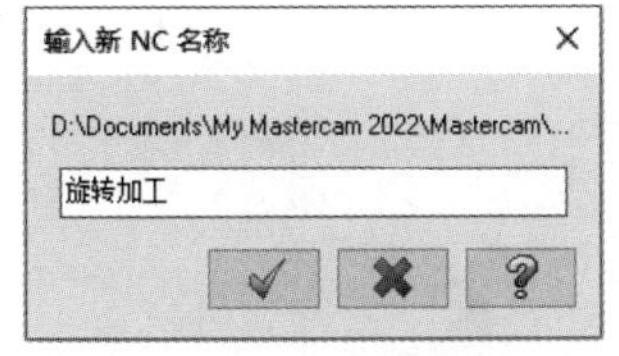

图 8-7 “输入新 NC 名称”对话框

图 8-8 “多轴刀路 - 旋转”对话框

1. 切削方式

“切削方式”选项卡如图8-9所示，在该界面可以设置“曲面”“切削控制”“封闭外形方向”和“开放外形方向”。

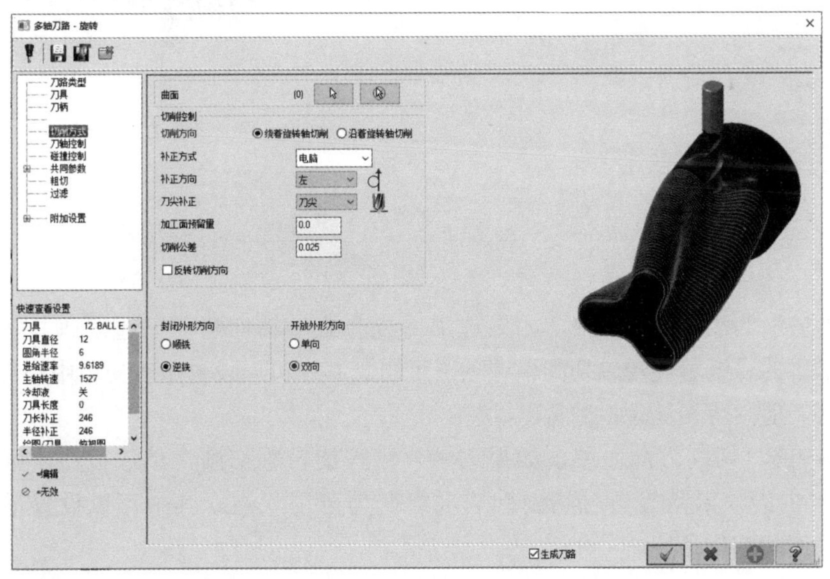

图 8-9 “切削方式”选项卡

图8-9中“曲面”选项右侧的第一个箭头按钮为“选择曲面”按钮，单击此按钮，将进入曲面选择功能，系统提示“选择实体面或曲面”，选择后按Enter键，返回“切削方

式”选项卡，以进行其他选项的设置。

在“切削控制”选项组中，“切削方向”有两种：“绕着旋转轴切削”和“沿着旋转轴切削”。在“补正方式”下拉列表中，可以选择“电脑”“控制器”“磨损”“反向磨损”和“关”补正类型。在“补正方向”下拉列表中，可以选择“左”或“右”。在“刀尖补正”下拉列表中，可以选择“刀尖”或“中心”。

在“切削公差”文本框中可以设置刀具在切削方向上的误差。切削公差越小，产生的刀具路径越精确，但刀具路径的计算时间也会增多。

在“封闭外形方向”选项组中，可以设置封闭外形的旋转刀具路径的切削方向，该方向可以是“顺铣”，也可以是“逆铣”。

在“开放外形方向”选项组中，可以设置开放式外形轮廓的旋转刀具路径的切削方向，该切削方向可以是“双向”，也可以是“单向”。

2. 刀轴控制

“刀轴控制”选项卡如图8-10所示。

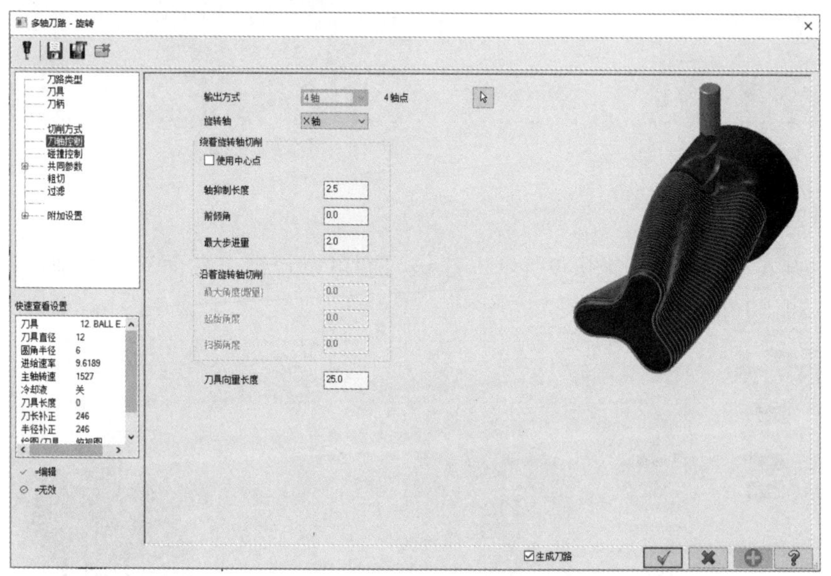

图 8-10 “刀轴控制”选项卡

在图8-9的“切削方向”中，如果选中“绕着旋转轴切削”单选按钮，则“刀轴控制”选项卡中的“绕着旋转轴切削”选项组可用。其中可以设置是否使用中心点，并输入轴抑制长度、前倾角和最大步进量。

在图8-9的“切削方向”中，如果选中“沿着旋转轴切削”单选按钮，则“刀轴控制”选项卡中的“沿着旋转轴切削”选项组变为可用状态。其中可以设置最大角度增量、起始角度和扫描角度。

8.2.2 旋转加工实例

下面介绍旋转四轴加工的一个实例，该实例要完成的多轴加工刀具路径和相应的加工模拟效果如图8-11所示。该实例的具体操作步骤如下。

01 打开“旋转加工.mcam”文件，该文件中用于加工的原始曲面如图8-12所示。

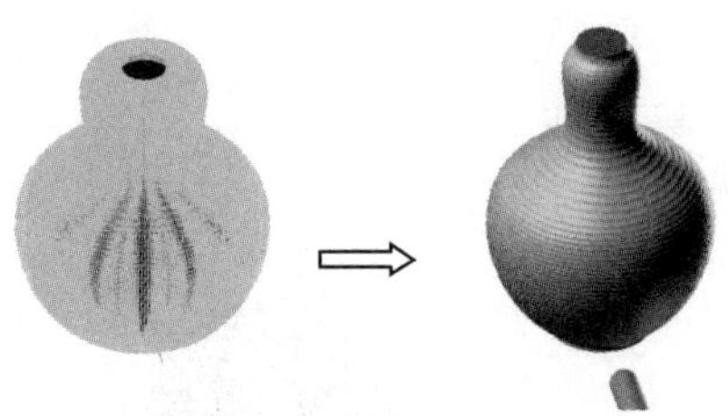

图 8-11　旋转加工模拟效果

图 8-12　原始曲面

02 选择“机床”|“铣床”|“默认”命令，选择默认机床作为本次加工使用的机床。此时，Mastercam自动切换到Mill模块。

03 在“刀路”选项卡的“多轴加工”面板上单击“展开刀路列表”按钮，在“扩展应用”中单击“旋转”按钮，打开如图8-13所示的“输入新NC名称”对话框，输入名称“旋转加工”，单击“确定”按钮，打开“多轴刀路-旋转”对话框，进入旋转加工设置，如图8-14所示。

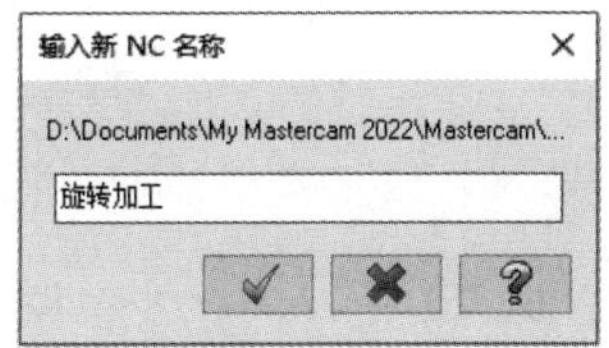

图 8-13　“输入新 NC 名称”对话框

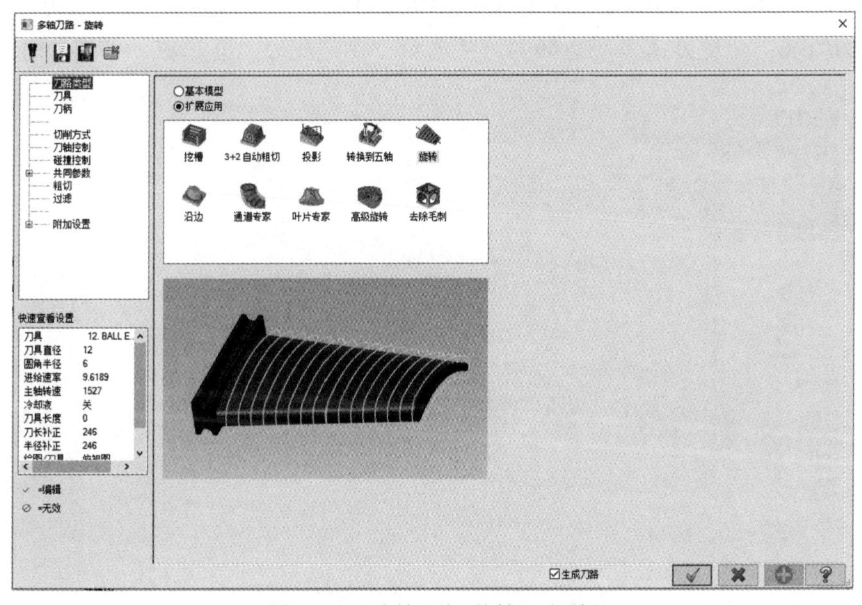

图 8-14　“多轴刀路 - 旋转”对话框

04 在“切削方式”选项卡中进行设置。单击“曲面”选项右侧的第一个箭头按钮，选择如图8-12所示的加工曲面，按Enter键，返回“切削方式”选项卡。设置“切削方向”为“绕着旋转轴切削”、“补正方式”为“电脑”、“补正方向”为“左”、“刀尖补正”为“刀尖”、“切削公差”为0.025、“封闭外形方向”为“顺铣”、“开放外形方向”为“双向”，如图8-15所示。

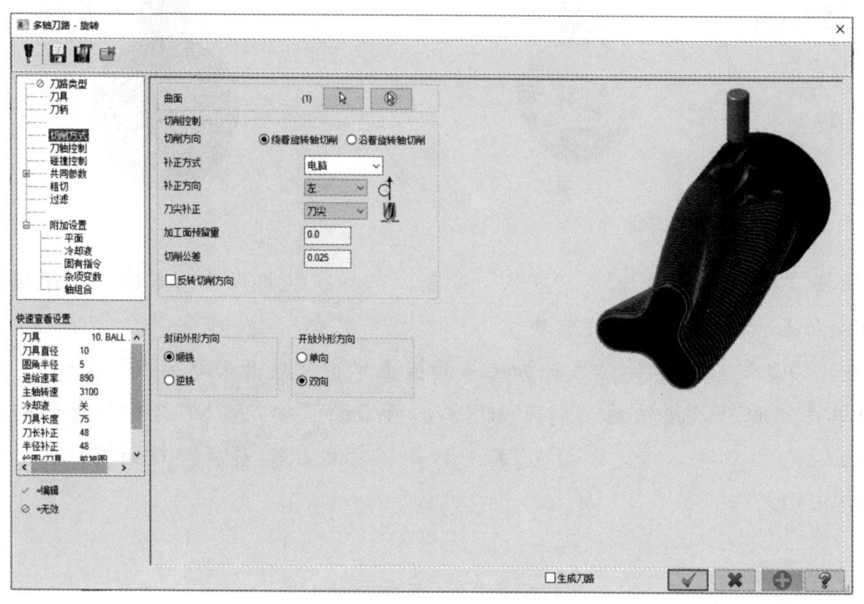

图 8-15 “切削方式”选项卡

05 在“刀具”选项卡中，单击“选择刀库刀具”按钮，打开“选择刀具”对话框，从刀具资料库中选择直径为10mm的球形铣刀，然后单击“确定”按钮 返回“刀具”选项卡，设置“进给速率”为890、“下刀速率”为500、“主轴方向”为“顺时针”、“主轴转速”为3100、“提刀速率”为9999，并选中“快速提刀”复选框，如图8-16所示。

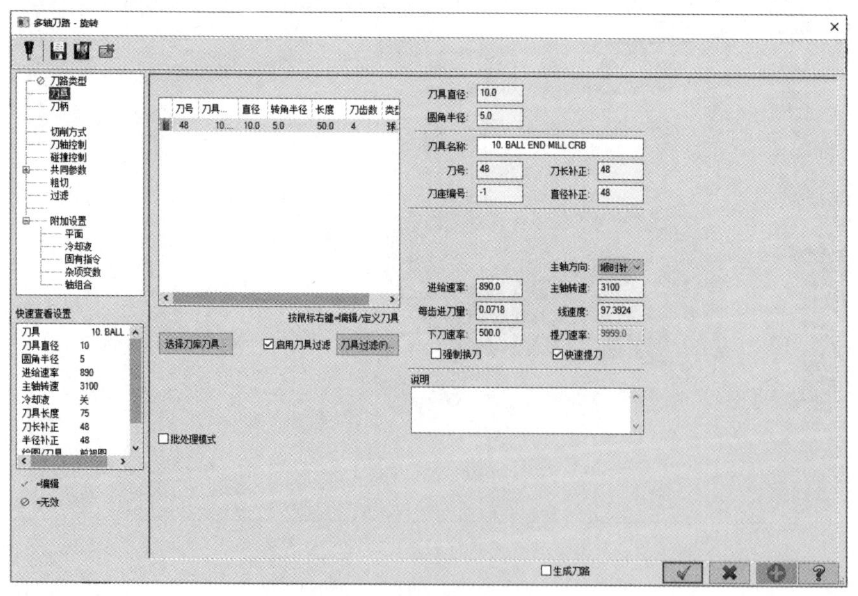

图 8-16 “刀具”选项卡

06 在如图8-17所示的“刀轴控制”选项卡中，设置“旋转轴”为“Z轴”、“轴抑制长度”为2.5、“前倾角”为0、“最大步进量”为2、“刀具向量长度”为15。

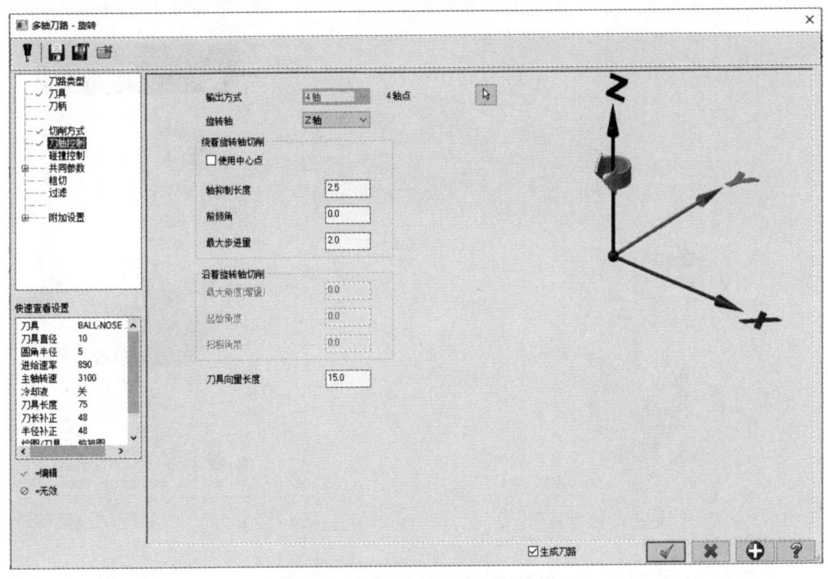

图 8-17 “刀轴控制”选项卡

07 在如图8-18所示的“共同参数”选项卡中，设置“参考高度”为15、“下刀位置”为5。

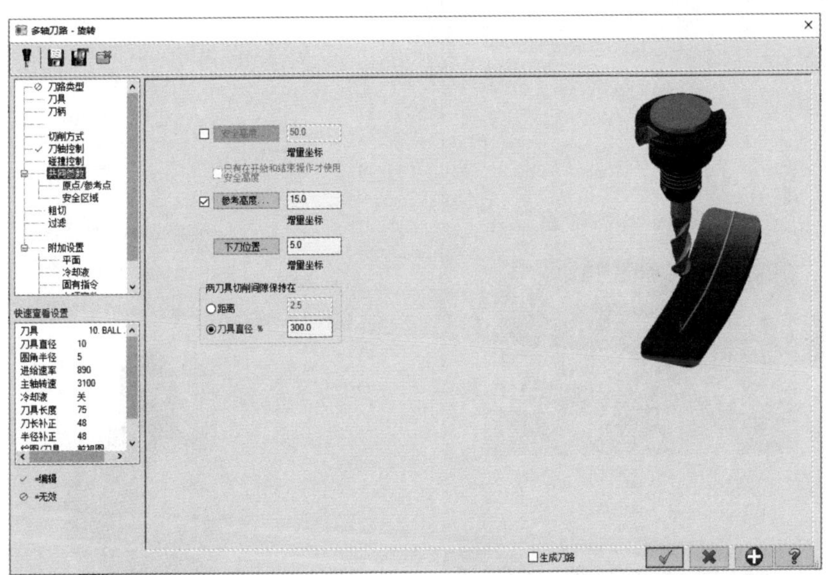

图 8-18 “共同参数”选项卡

08 在旋转加工设置界面单击“确定”按钮，系统根据设置生成旋转刀具路径，如图8-19所示。

09 在刀具路径管理器中单击“属性”节点下的“毛坯设置”选项，系统打开“机床群组属性”对话框，在“毛坯设置”选项卡中单击“边界框”按钮，打开“边界框”对话框，按如图8-20所示进行设置。单击“边界框”对话框中的“确定”按钮，选择如图8-21所示的“机床群组属性”对话框的“毛坯设置”选项卡，选中“显示”复选框，并选中“线框”单选按钮，其他采用默认设置，然后单击“确定”按钮 关闭对话框。

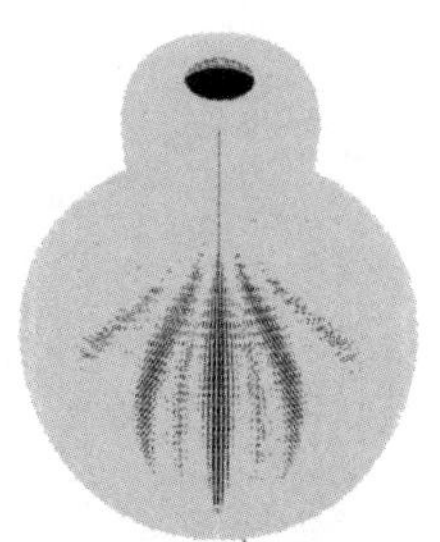

图 8-19　生成的旋转刀具路径

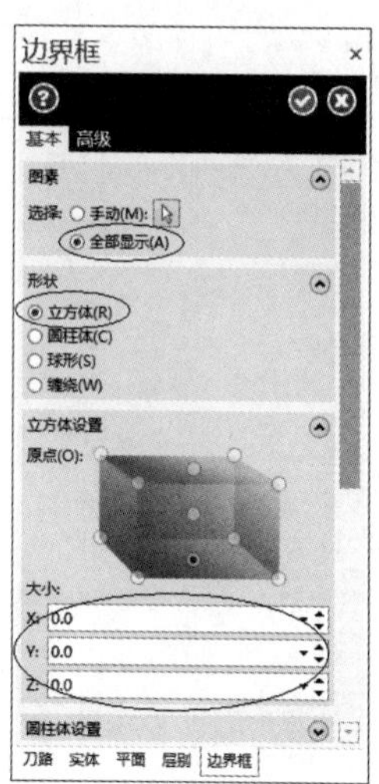

图 8-20　“边界框”对话框

10 单击刀具路径管理器中的(验证已选择的操作)按钮，对该旋转加工的刀具路径进行加工模拟，其模拟最后效果如图8-22所示。

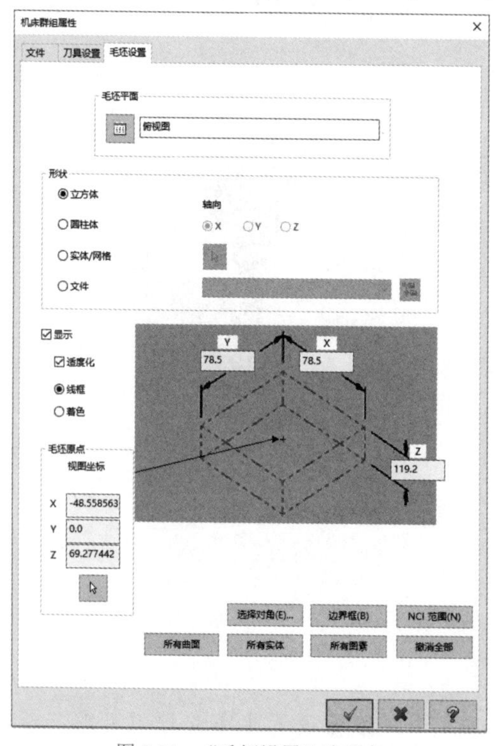

图 8-21　“毛坯设置”选项卡

图 8-22　旋转加工模拟效果

8.3　曲线五轴加工

使用“曲线五轴加工”功能，可以参照2D、3D曲线或曲面边界来生成相应的加工刀具路径，注意刀具轴的控制对刀具路径的影响。通常可使用该方法在模型曲面上加工出各种图案、文字和各种曲线样式的结构。

8.3.1 曲线五轴加工的相关参数

在“刀路”选项卡的“多轴加工”面板上单击“曲线”按钮，打开“输入新NC名称”对话框，输入名称并单击“确定”按钮后，打开如图8-23所示的“多轴刀路-曲线”对话框，进入曲线加工设置。在该对话框中可以设置“刀具”“刀柄”“毛坯”“切削方式”“刀轴控制”“碰撞控制”“共同参数”“粗切”“过滤”和“附加设置”。

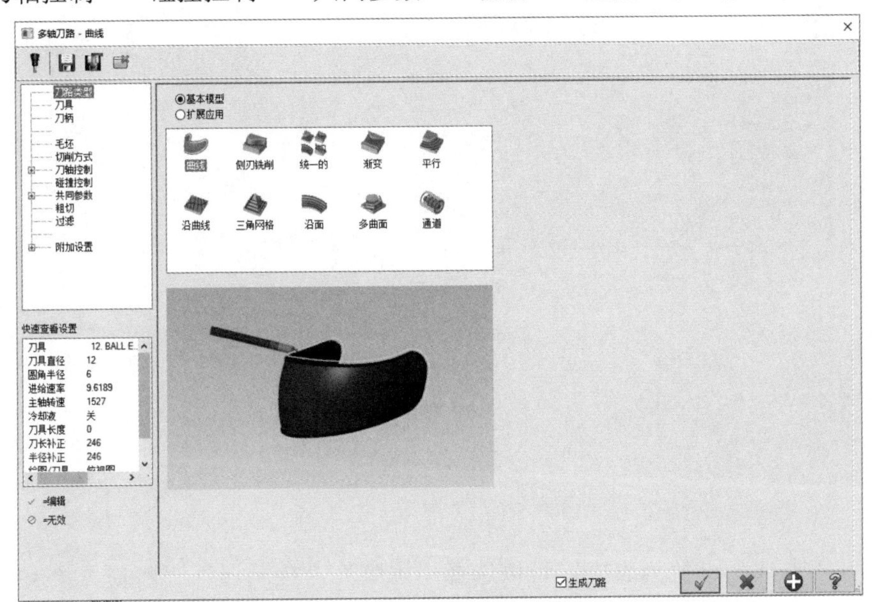

图 8-23 “多轴刀路 - 曲线”对话框

1. 切削方式

“切削方式”选项卡如图8-24所示。

在“曲线类型”下拉列表中，共有3种类型可供选择：“3D曲线”“所有曲面边缘”和“单个曲面边缘”。选择“3D曲线”类型时，单击图8-24中的按钮，系统打开“线框串连”对话框，并提示“选择一个或多个加工串连1”。用户可以选择已有的3D曲线作为加工曲线，选择完成后，单击“线框串连”对话框中的“确定”按钮，返回“切削方式”选项卡继续进行其他设置。选择“所有曲面边缘”或“单个曲面边缘”时，单击图8-24中的按钮，系统提示“选择一个或多个刀轴曲面”，用户可以选择曲面的全部或单一边界线作为加工曲线，选择完成后按Enter键，系统提示“请将光标移到起始加工边缘”，选择后打开如图8-25所示的“设置边界方向”对话框，以设置边界方向，确定后，返回“切削方式”选项卡继续进行其他设置。

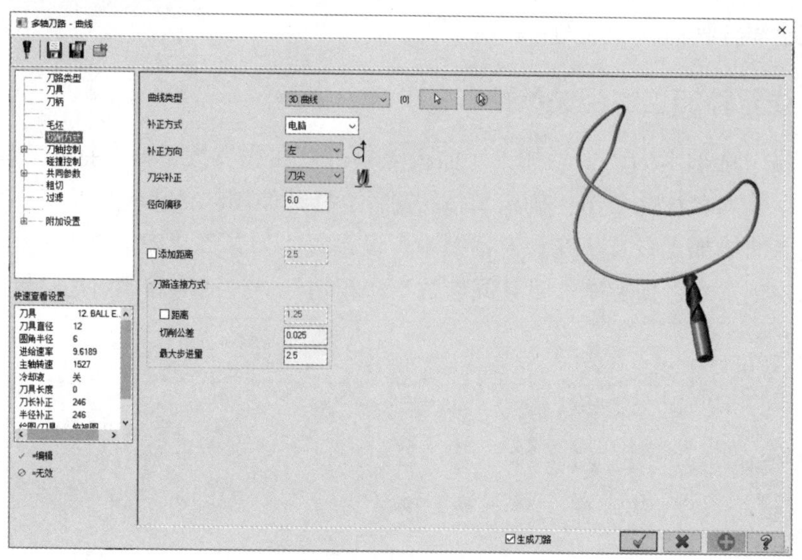

图 8-24 “切削方式”选项卡

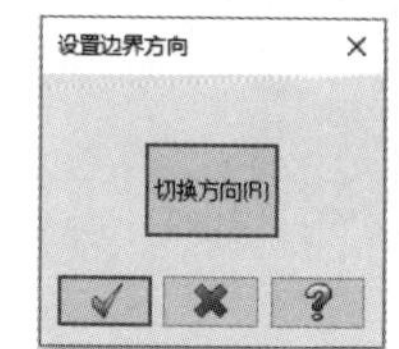

图 8-25 “设置边界方向”对话框

在“补正方式”下拉列表中，可以选择“电脑”“控制器”“磨损”“反向磨损”和“关”补正类型。在“补正方向”下拉列表中，可以选择“左”或“右”。在“刀尖补正”下拉列表中，可以选择“刀尖”或“中心”。“径向偏移”文本框用于设置径向补正距离。

在“刀路连接方式”选项组中，通过“切削公差”文本框可以设置刀具在切削方向上的误差。切削公差越小，则产生的刀具路径越精确，但刀具路径的计算时间也会随之增加。“最大步进量”文本框用于设置刀具移动的最大步进量。

2. 刀轴控制

“刀轴控制”选项卡如图8-26所示。

1) “刀轴控制”选项卡中的主要选项

“刀轴控制”下拉列表用于设置刀具轴向的控制方式，一共有以下6种：“直线”用于选择一条线段来控制刀具的轴线；“曲面”用于选择某个曲面来控制刀具的轴线，刀具轴线垂直于选定的曲面；“平面”用于选择某个平面来控制刀具的轴线，刀具轴线垂直于选定的平面；“从点”用于选择一点作为刀具轴线的起点；“到点”用于选择一点作为刀具轴线的终点；“曲线”用于选择已有的线段、圆弧、曲线或任何串连的几何图素来控制刀具的轴线。

“输出方式”下拉列表用于设置输出的格式，其中包含3个选项：“3轴”“4轴”和“5轴”。在“轴旋转于”下拉列表中可以选择“X轴”“Y轴”或“Z轴”。

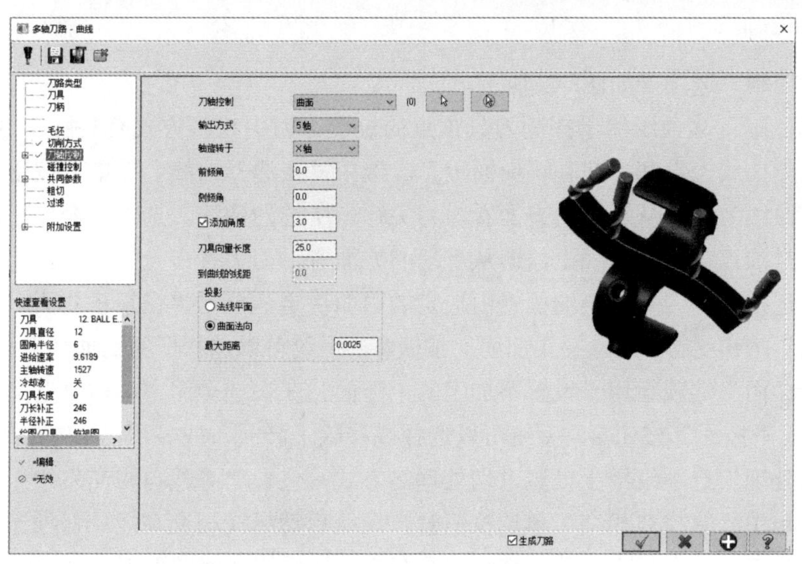

图 8-26 “刀轴控制”选项卡

“前倾角”文本框用于设置刀具前倾或后倾的角度，“侧倾角”文本框用于设置侧倾角度。

“刀具向量长度”文本框用于输入在屏幕上显示的刀具路径长度。

在“投影”选项组中有两种投影方式：“法线平面”和“曲面法向”。“法线平面”投影方式，投影垂直于平面。“曲面法向”投影方式，投影垂直于曲面。“最大距离”文本框用于设置最大的投影距离。

2)“限制”选项

“刀轴控制”选项下包含子选项“限制”，其设置界面如图8-27所示。在该选项卡中可以为X轴、Y轴和Z轴设置是否使用角度限制，还可以设置关于轴极限的限定动作，如删除超过限制的运动，修改超过限制的运动。

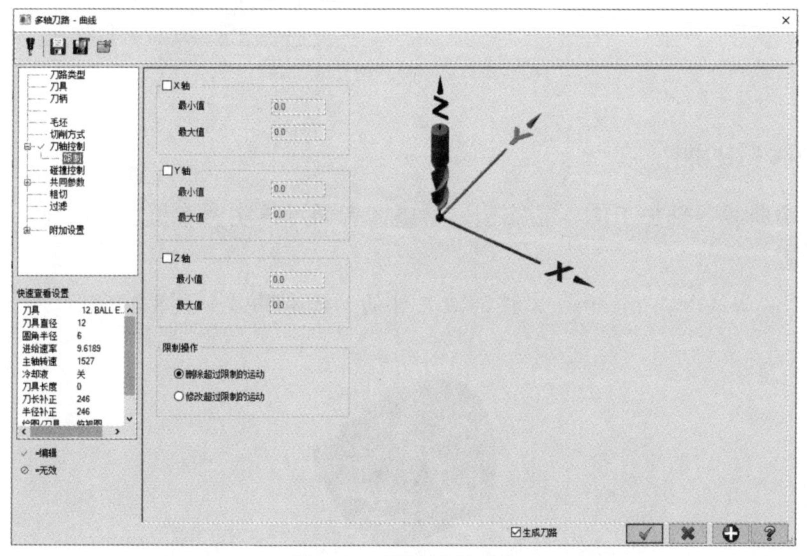

图 8-27 “限制”选项卡

3. 碰撞控制

“碰撞控制”选项卡如图8-28所示。

“刀尖控制”选项组用于控制刀具顶点的位置。刀尖控制方式有3种：“在选择曲线上”“在投影曲线上”和“在补正曲面上”。选中“在选择曲线上”单选按钮，刀具顶点位于选择的曲线上，即从运动的方面看，刀尖行走所选的曲线。选中“在投影曲线上”单选按钮，刀具顶点在投影曲线上，即从运动的方面看，刀尖行走投影曲线。选中“在补正曲面上”单选按钮，刀尖所走的位置由选定的曲面决定。单击“在补正曲面上”后的“选择补正曲面”按钮或“清除补正曲面”按钮，系统可以选择所需的曲面或移除曲面。

“干涉曲面”选项组用于设置不加工的干涉面。在该选项组中单击“选择干涉面”按钮或“清除干涉面”按钮，系统可以选择或移除干涉面，或显示已定义的干涉面等。

“过切处理”选项组用于设置过切处理的方式，包含“寻找自相交”和“过滤点数”两种方式。选中“寻找自相交”单选按钮时，系统启动寻找相交功能，在创建切削路径前检测几何图形自身是否相交，若相交，那么在交点之后的几何图形不产生切削路径。

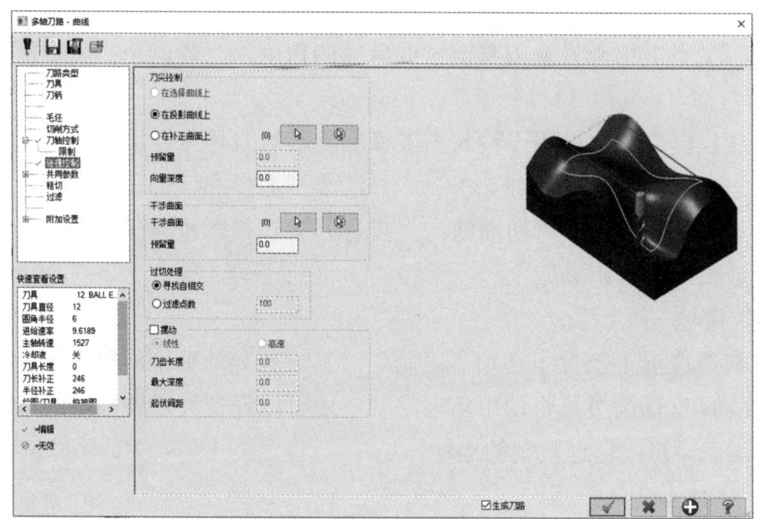

图 8-28　“碰撞控制”选项卡

8.3.2　曲线五轴加工实例

下面介绍曲线五轴加工的一个实例，希望读者通过该实例掌握曲线五轴加工的基本方法及操作步骤。

01 打开“曲线加工.mcam”文件，该文件的曲面和曲线如图8-29所示。

图 8-29　原始图素

02 选择“机床”|“铣床”|“默认”命令，选择默认机床作为本次加工使用的机床。此时，Mastercam自动切换到Mill模块。

03 在“刀路”选项卡的“多轴加工”面板上单击“曲线”按钮，打开如图8-30所示的“输入新NC名称”对话框，输入名称“曲线五轴加工”，单击“确定”按钮，打开“多轴刀路-曲线”对话框，进入曲线五轴加工设置，如图8-31所示。

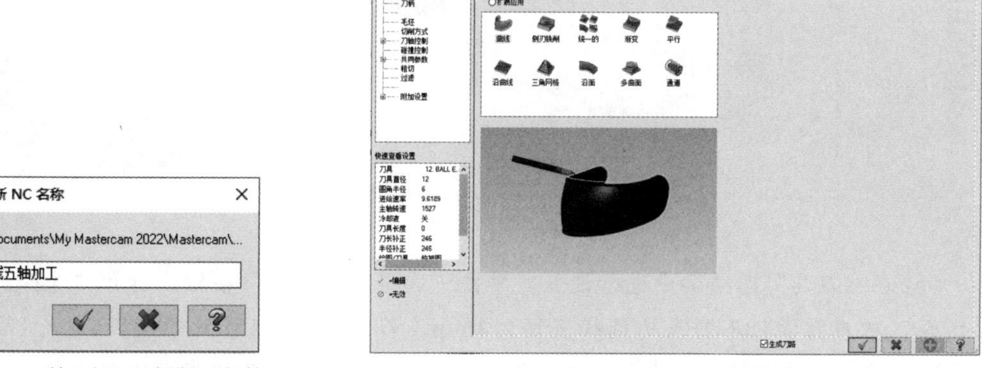

图 8-30 “输入新 NC 名称”对话框　　图 8-31 曲线五轴加工设置

04 在如图8-32所示的“切削方式”选项卡中进行设置。选择“曲线类型”为“3D曲线”，单击按钮，使用鼠标选择如图8-33所示的串连曲线，并按Enter键确定。设置“补正方式”为“关”、“补正方向”为“左”、“刀尖补正”为“刀尖”、“最大步进量”为2。

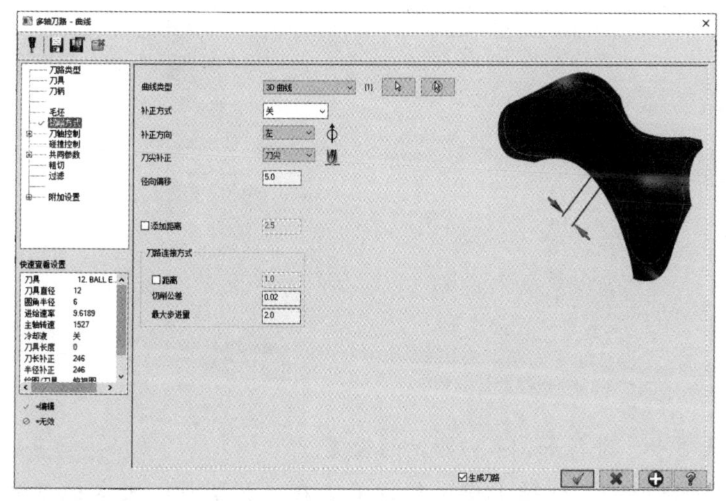

图 8-32 “切削方式”选项卡

图 8-33 选择加工的串连曲线

05 在如图8-34所示的“刀轴控制”选项卡中进行设置。设置“输出方式”为“5轴”。在“刀轴控制”中选择“曲面”选项，然后单击其后的第一个箭头按钮，使用鼠标指定两点以框选如图8-35所示的所有曲面作为刀具轴曲面，然后按Enter键确定。系统返回“刀轴控制”选项卡，设置“刀具向量长度”为12、“投影”方式为“法线平面”。

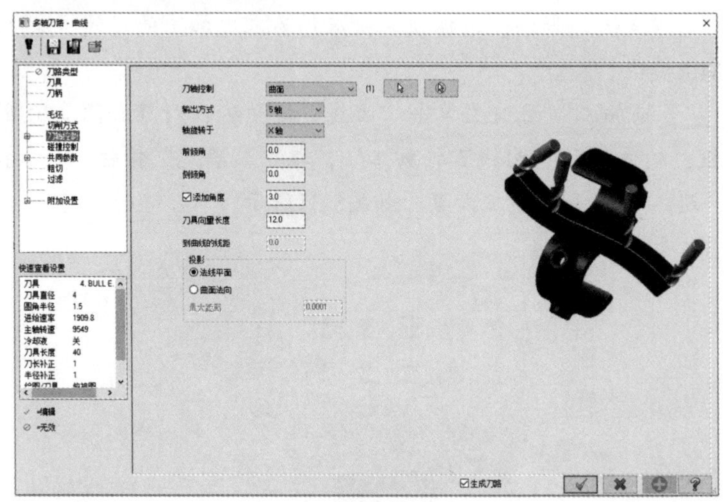

图 8-34　“刀轴控制”选项卡

图 8-35　选择刀具轴曲面

06 在“刀具”选项卡中进行设置。单击“选择刀库刀具”按钮，打开“选择刀具”对话框，从刀具资料库列表中选择直径为4mm、刀刃长度为15mm的圆鼻刀，然后单击“确定”按钮，结束刀具的选择。为该刀具设置进给速率、下刀速率、提刀速率和主轴转速等，如图8-36所示。

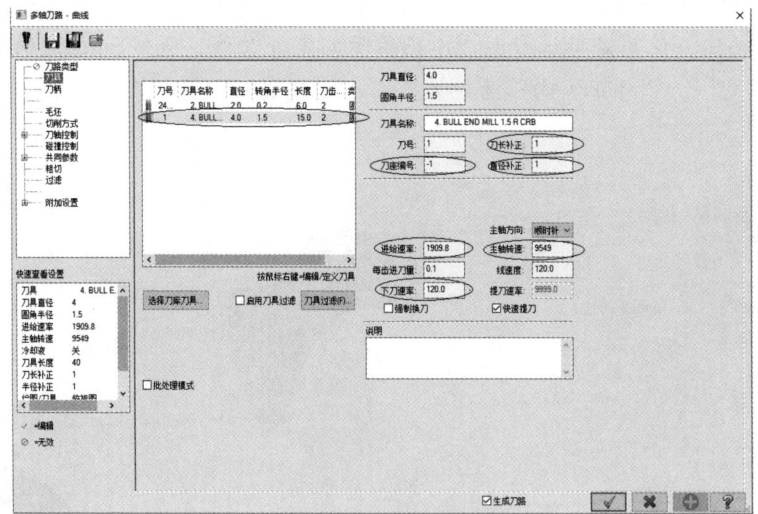

图 8-36　修改刀具参数

07 切换到“共同参数”选项卡，进行如图8-37所示的设置。

08 在如图8-38所示的“碰撞控制”选项卡中进行设置。在“预留量”文本框中输入-0.5。

09 单击“确定”按钮 ✓，完成设置。本例生成的刀具路径如图8-39所示。

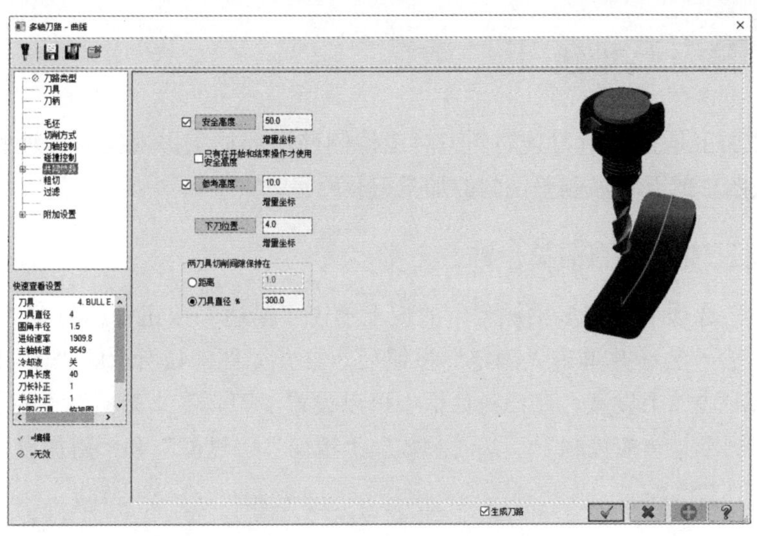

图 8-37　“共同参数”选项卡

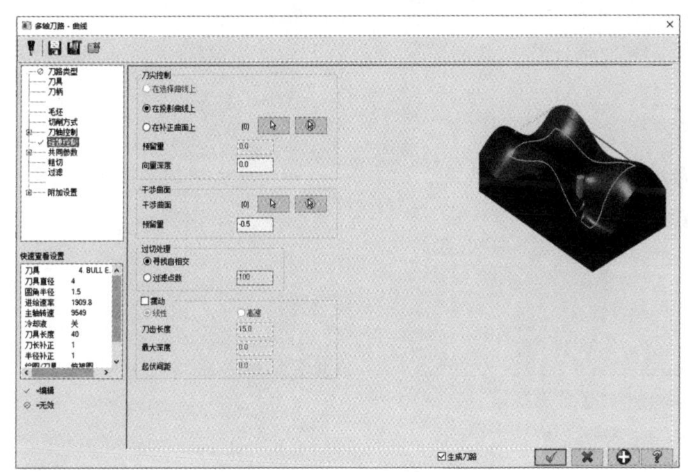

图 8-38　“碰撞控制”选项卡

图 8-39　生成的刀具路径

10 在刀具路径管理器中单击(模拟已选择的操作)按钮，打开如图8-40所示的“路径模拟”对话框。在“路径模拟”对话框中设置完相关选项，以及在相应的操作栏中设置相关参数后，单击播放栏中的(开始)按钮，系统开始刀路模拟。图8-41所示为刀路模拟过程中的一个截图。

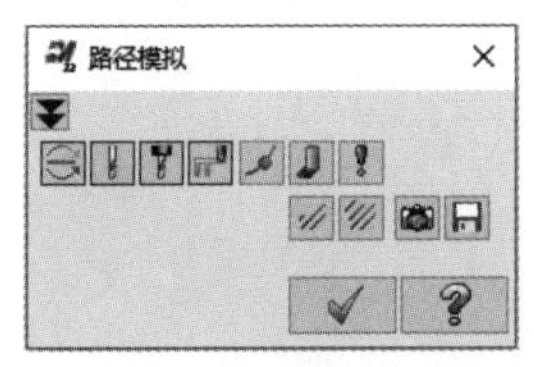

图 8-40　“路径模拟”对话框

图 8-41　刀路模拟

8.4 沿边五轴加工

沿边五轴加工是指利用刀具的侧刃对工件侧壁进行加工，根据刀具轴的不同控制方式，可以生成四轴或五轴沿侧壁铣削的加工刀具路径。

8.4.1 沿边五轴加工的相关参数

在“刀路”选项卡的“多轴加工”面板上单击“沿边”按钮，打开“输入新NC名称”对话框，输入名称并单击“确定”按钮后，打开如图8-42所示的“多轴刀路-沿边”对话框，进入沿边加工设置。在该对话框中可以设置“刀具”“刀柄”“毛坯”“切削方式”“刀轴控制”“碰撞控制”“共同参数”“粗切”“过滤”和“附加设置”。

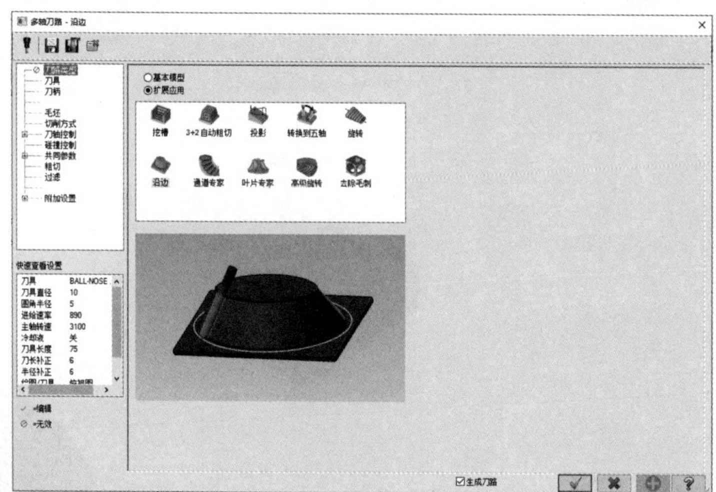

图 8-42 “多轴刀路 - 沿边”对话框

1. 切削方式

“切削方式”选项卡如图8-43所示。

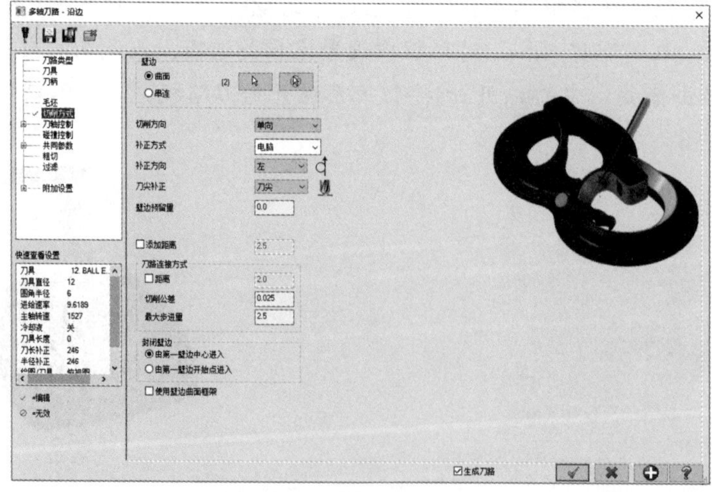

图 8-43 “切削方式”选项卡

“壁边”选项组提供了定义侧壁铣削面的两种方式，即“曲面”和“串连”。选中“曲面”单选按钮，单击其右侧的按钮，系统提示“选择实体面或曲面”。选择壁边曲面后按Enter键，系统提示“选择第一曲面”。选择第一曲面后，系统接着提示“选择第一个较低的轨迹”，这时可以直接按Enter键返回“切削方式”选项卡或选择轨迹方向后，在打开的如图8-44所示的“设置边界方向”对话框中进行设置后回到“切削方式”选项卡。如果选中“串连”单选按钮，单击其右侧的按钮，系统打开“线框串连”对话框。选择两个曲线串连来定义侧壁铣削面，即首先选择作为侧壁下沿的曲线串连，然后选择作为侧壁上沿的曲线串连，单击“确定”按钮返回“切削方式”选项卡。

在“补正方式”下拉列表中，可以选择“电脑”“控制器”“磨损”“反向磨损”或“关”补正类型。在“补正方向”下拉列表中，可以选择“左”或“右”。在“刀尖补正”下拉列表中，可以选择“刀尖”或“中心”。

在“刀路连接方式”选项组中，通过“切削公差”文本框可以设置刀具在切削方向上的误差。切削公差越小，产生的刀具路径越精确，但刀具路径的计算时间也会随之增加。“最大步进量”文本框用于设置刀具移动的最大步进量。

在“封闭壁边”选项组中可以选择“由第一壁边中心进入”或“由第一壁边开始点进入”两种方式中的任意一种。

2. 刀轴控制

“刀轴控制”选项卡如图8-45所示。

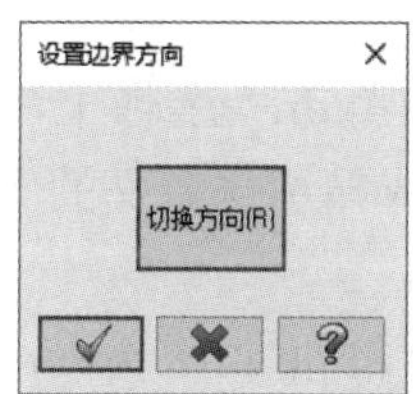

图 8-44 “设置边界方向”对话框

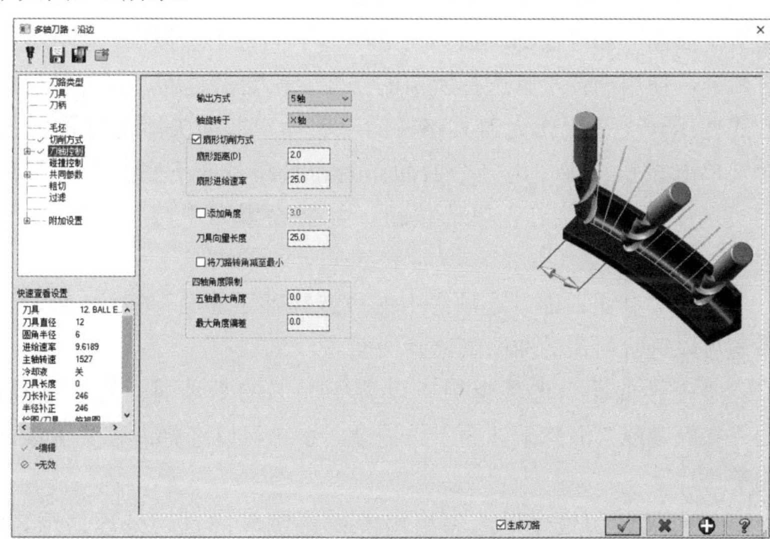

图 8-45 “刀轴控制”选项卡

在“输出方式”下拉列表中，可以根据对象的形状选择“5轴”或“4轴”输出方式。当选择“5轴”选项时，可定义第五轴，系统将生成五轴铣削刀具路径；当选择“4轴”选项时，系统将生成四轴铣削刀具路径。

在“轴旋转于”下拉列表中可以选择“X轴”“Y轴”或“Z轴”。

选中“扇形切削方式”复选框时，需要设置“扇形距离”，使每一个侧壁的终点处按该扇形距离展开。

“刀具向量长度”用于输入在屏幕上显示的刀具路径长度。

3. 碰撞控制

“碰撞控制”选项卡如图8-46所示。

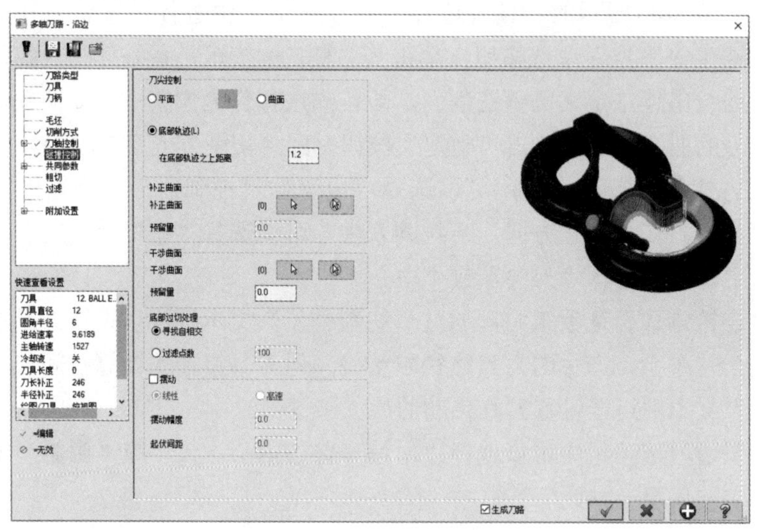

图 8-46 “碰撞控制”选项卡

“刀尖控制”选项组用于设置沿边加工的刀尖位置，一共有3种控制方式：“平面”“曲面”和“底部轨迹”。选中“平面”单选按钮，单击按钮，打开“选择平面”对话框，使用选择工具选择所需的平面，确定后返回“碰撞控制”选项卡。“平面”控制方式使用一个平面作为刀具路径的下底面，即刀尖所走位置由所选平面决定。选中“曲面”单选按钮，则使用一个曲面作为刀具路径的下底面，即刀尖所走位置由所选曲面决定。选中“底部轨迹”单选按钮，需要设置刀中心与轨迹的距离，从而确定刀尖所走位置。

单击“补正曲面”选项组中的“选择补正曲面”按钮或“清除补正曲面”按钮，系统可以选择所需的曲面或移除曲面。

“干涉曲面”选项组用于设置不加工的干涉面。在该选项组中单击“选择干涉曲面”按钮或“清除干涉面”按钮，系统可以选择或移除干涉面，或显示已定义的干涉面等。

“底部过切处理”选项组用于设置底部的过切处理情形，系统提供了“寻找自相交”和“过滤点数”两种选择。

8.4.2 沿边五轴加工实例

下面介绍沿边五轴加工的一个实例，该实例的具体操作步骤如下。

01 打开“沿边加工.mcam”文件，该文件的原始曲面如图8-47所示。

02 选择“机床”|“铣床”|“默认”命令，选择默认机床作为本次加工使用的机床。此时，Mastercam自动切换到Mill模块。

03 在“刀路”选项卡的“多轴加工”面板上单击“沿边”按钮，打开如图8-48所示的“输入新NC名称”对话框，输入名称“沿边五轴加工”，单击“确定”按钮，打开“多轴刀路-沿边”对话框，进入沿边五轴加工设置，如图8-49所示。

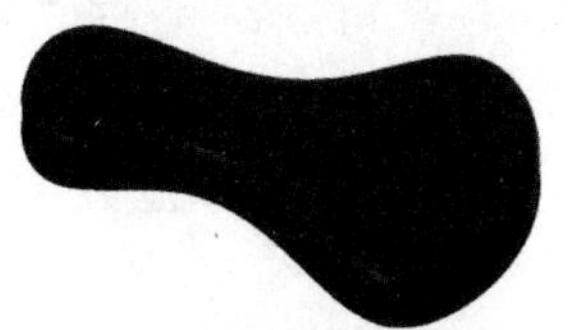

图 8-47　原始曲面

图 8-48　“输入新 NC 名称”对话框

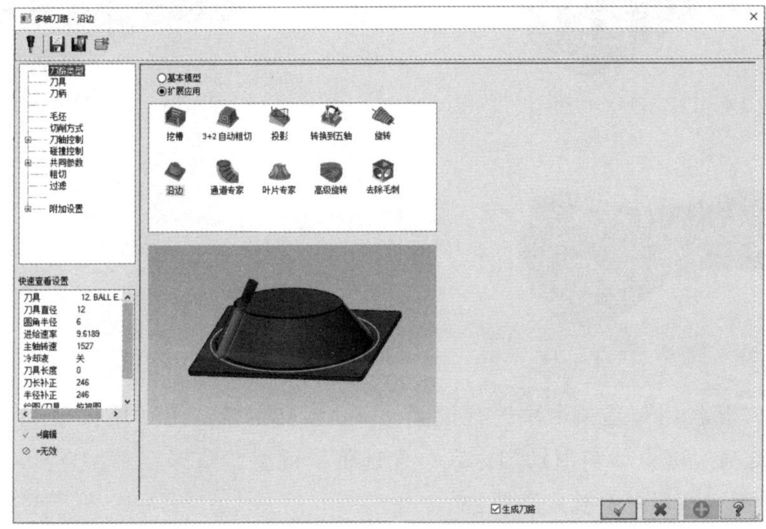

图 8-49　沿边五轴加工设置

04 在“切削方式”选项卡中进行设置，如图8-50所示。

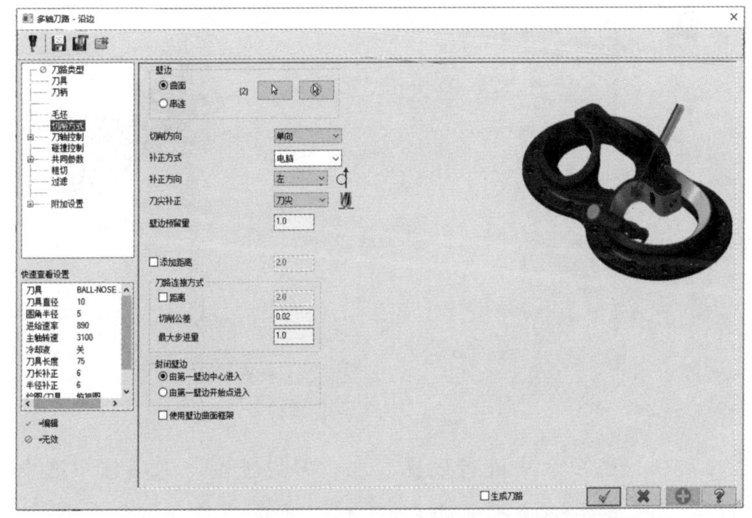

图 8-50　“切削方式”选项卡

在“壁边”选项组中选中“曲面”单选按钮，单击其右侧的第一个箭头按钮，系统提示“选择实体面或曲面”，选择如图8-51所示的所有壁边曲面作为加工曲面，并按Enter键确认。系统提示“选择第一曲面”，选择如图8-52所示的曲面(鼠标光标所指的)作为第一曲面。系统接着提示“选择第一个较低的轨迹”，选择如图8-53所示的侧壁下沿。系统打开如图8-54所示的“设置边界方向”对话框，单击“确定”按钮✓，返回“切削方式”选项卡。在“补正方式”下拉列表中选择“电脑”选项。在“补正方向”下拉列表中选择“左”选项。在“刀尖补正”下拉列表中选择“刀尖”选项。在“封闭壁边”选项组中选中“由第一壁边中心进入”单选按钮。

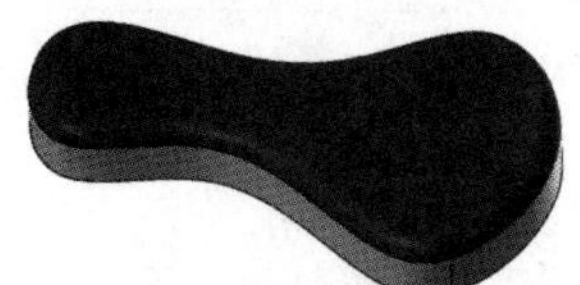

图 8-51　选择壁边曲面

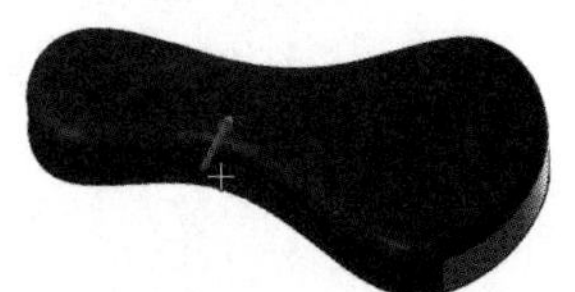

图 8-52　选择第一曲面

图 8-53　选择第一个较低的轨迹

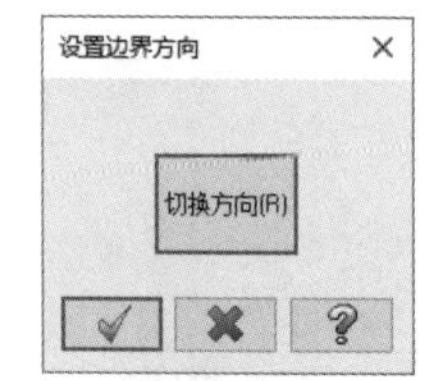

图 8-54　“设置边界方向”对话框

05 在“刀轴控制”选项卡中进行设置，如图8-55所示。在“输出方式”下拉列表中选择“5轴”选项。选中“扇形切削方式”复选框，设置“扇形距离”为2、“扇形进给速率”为25。设置“刀具向量长度”为25。

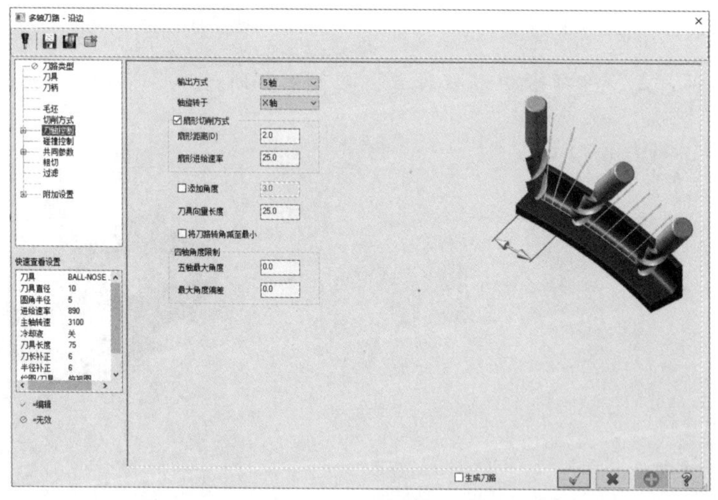

图 8-55　“刀轴控制”选项卡

06 在“碰撞控制”选项卡中进行设置。在“刀尖控制”选项组中选中“底部轨迹”单选按钮，并设置“在底部轨迹之上距离”为1.2，在“底部过切处理”选项组中选中“寻找自相交”单选按钮，如图8-56所示。

07 在“刀具”选项卡中进行设置。单击“选择刀库刀具”按钮，在弹出的如图8-57

所示的“选择刀具”对话框中选择直径为10mm的球刀，单击“确定”按钮，返回“刀具”选项卡，设置刀具的进给速率、下刀速率、提刀速率和主轴转速，如图8-58所示。

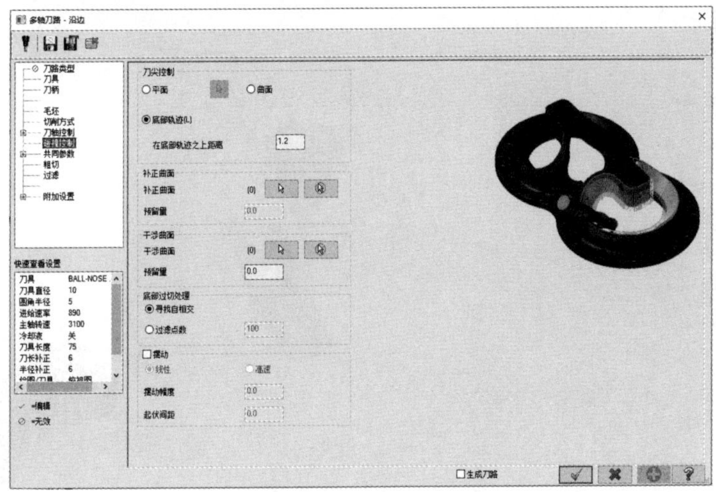

图 8-56 “碰撞控制”选项卡

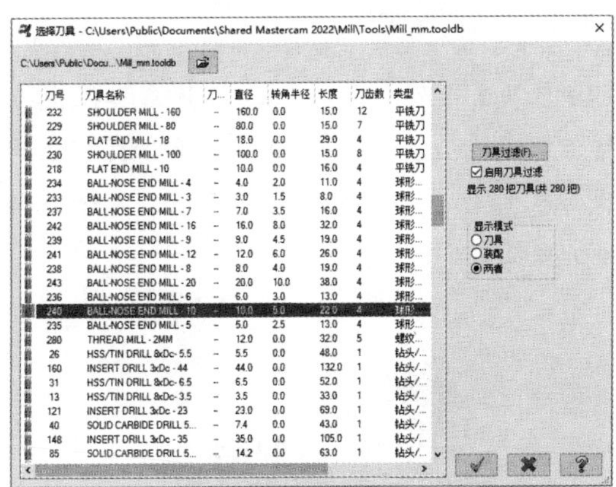

图 8-57 “选择刀具”对话框

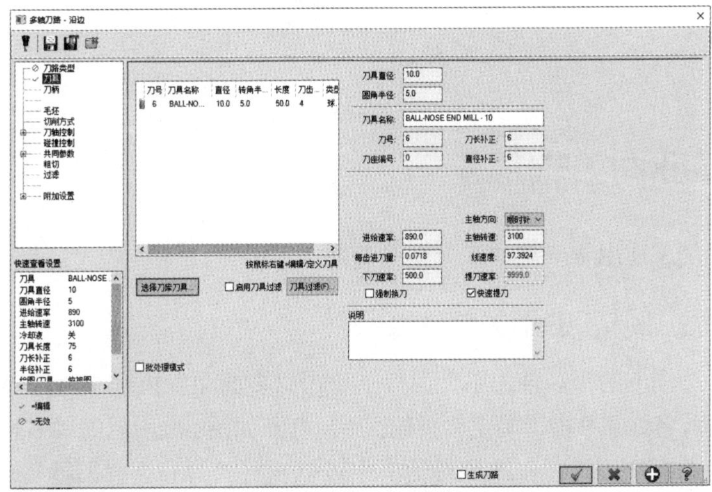

图 8-58 “刀具”选项卡

08 在“共同参数”选项卡中进行如图8-59所示的设置。

09 在“多轴刀路-沿边”对话框中单击“确定”按钮✔，系统生成的沿边加工刀具路径如图8-60所示。

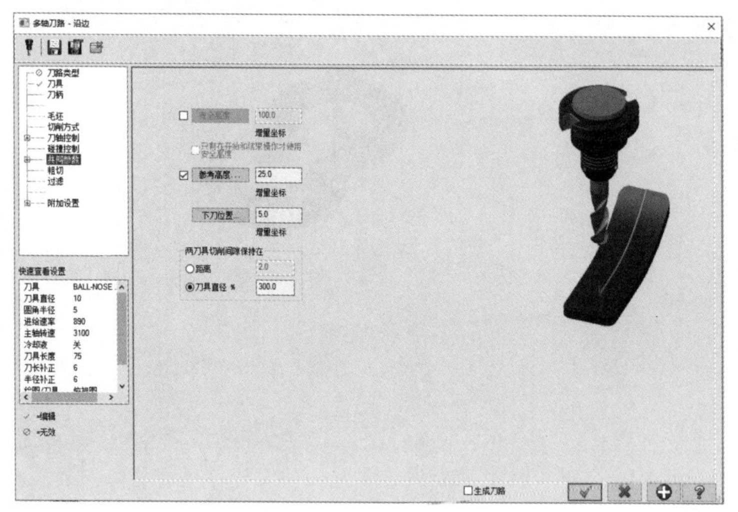

图 8-59 “共同参数”选项卡

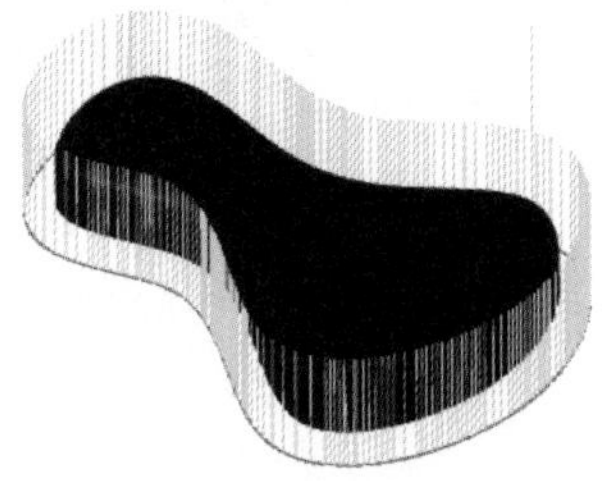
图 8-60 生成的沿边加工刀具路径

10 在刀具路径管理器中单击“刀路”按钮，打开“路径模拟”对话框和刀具模拟操作栏。在“路径模拟”对话框中设置完相关选项，以及在其相应的刀路模拟操作栏中设置相关参数后，单击刀路模拟操作栏中的“开始”按钮▶，系统开始刀路模拟，图8-61所示即为刀路模拟过程中的一个截图。

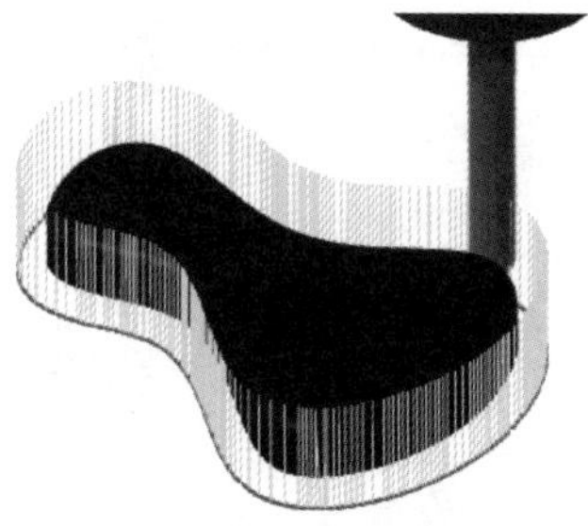
图 8-61 刀路模拟

8.5 多曲面五轴加工

多曲面五轴加工适用于一次加工一系列曲面。

8.5.1 多曲面五轴加工的相关参数

在“刀路”选项卡的“多轴加工”面板上单击“多曲面”按钮，打开“输入新NC名称”对话框，输入名称并单击“确定”按钮后，打开如图8-62所示的“多轴刀路-多曲面”对话框，进入多曲面加工设置。在该对话框中可以设置“刀具”“刀柄”“毛坯”“切削方式”“刀轴控制”“碰撞控制”“共同参数”“粗切”“过滤”和“附加设置”。

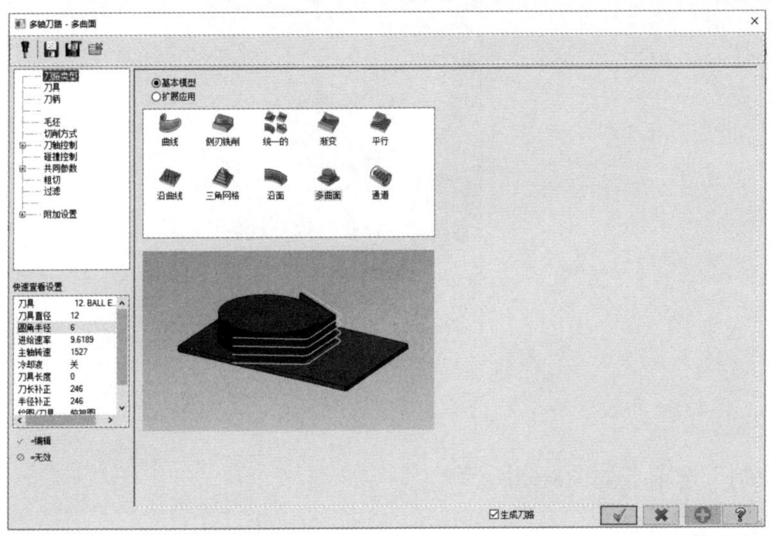

图 8-62 “多轴刀路 - 多曲面”对话框

1. 切削方式

“切削方式”选项卡如图8-63所示。

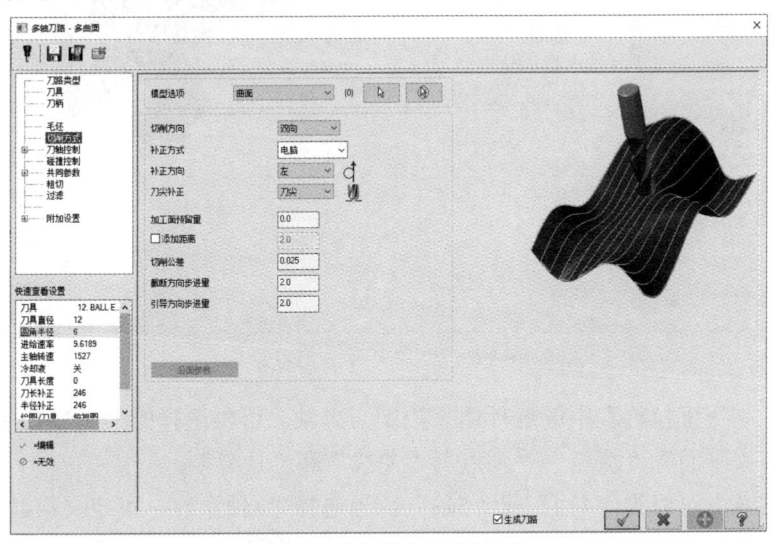

图 8-63 “切削方式”选项卡

在该选项卡中可以对补正方式、补正方向、切削公差、截断方向步进量和沿面参数等进行设置。

“模型选项”用于选择多曲面加工的切削样板，可供选择的切削样板包括“曲面”“圆柱”“球形”和“立方体”。“曲面”，表示选择已有的曲面作为铣削曲面；“圆柱”，表示选择一个圆柱体定义铣削对象；“球形”，表示选择一个圆球定义铣削对象；“立方体”，表示选择一个立方体定义铣削对象。

单击“沿面参数”按钮，系统将打开如图8-64所示的“曲面流线设置”对话框，从中可以对补正方向、切削方向、步进方向和起始点进行切换，并可设置边界公差。

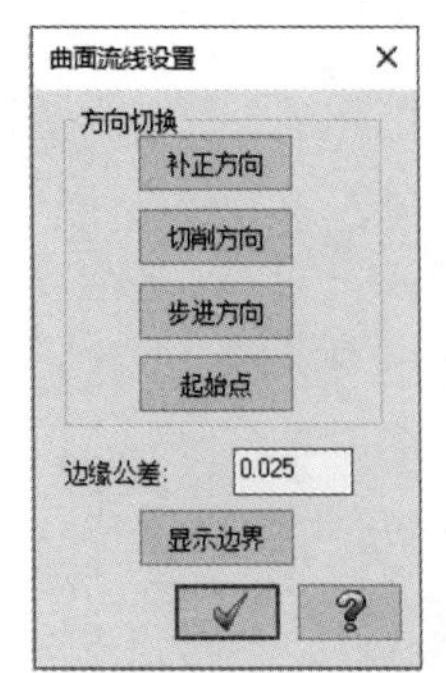

图 8-64　“曲面流线设置”对话框

2. 刀轴控制

“刀轴控制”选项卡如图8-65所示。

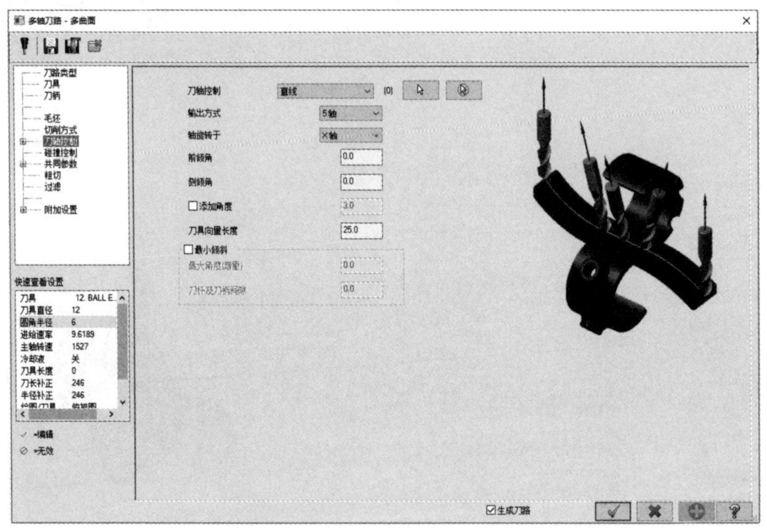

图 8-65　“刀轴控制”选项卡

“刀轴控制”下拉列表中的选项用于控制刀具轴。可供选择的刀具轴控制方式有“直线”“曲面”“平面”“从点”“到点”“曲线”和“边界”。

“输出方式”可以为“4轴”或“5轴”。当选择“4轴”时，可定义第4轴，系统将生成四轴铣削刀具路径；当选择“5轴”时，系统将生成五轴铣削刀具路径。

“前倾角”是指在刀具路径进/退刀方向刀具倾斜的角度；“侧倾角”是指刀具在移动方向倾斜一个角度，也就是曲面法线与刀具轴线之间的角度。

在“刀具向量长度”文本框中可以输入一个有效数值来控制刀具路径的显示。

3. 碰撞控制

“碰撞控制”选项卡如图8-66所示。

在“补正曲面”选项组中可以选中“忽略曲面法线”单选按钮或“沿着切入方向”单选按钮。

“干涉曲面”选项组用于指定干涉面。

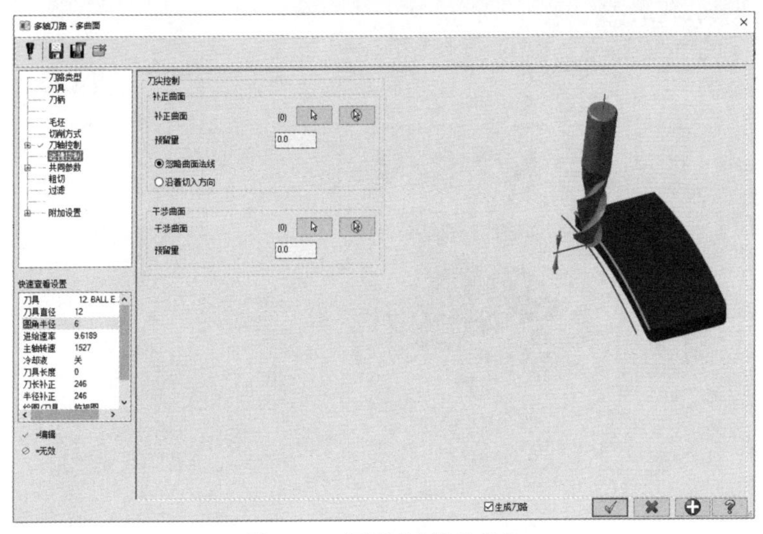

图 8-66 “碰撞控制”选项卡

8.5.2 多曲面五轴加工实例

下面介绍多曲面五轴加工的一个实例，该实例的具体操作步骤如下。

01 打开“多曲面加工. mcam”文件，该文件的原始曲面如图8-67所示。

02 选择“机床类型”|“铣床”|“默认”命令，选择默认机床作为本次加工使用的机床。此时，Mastercam自动切换到Mill模块。

03 在“刀路”选项卡的“多轴加工”面板上单击“多曲面”按钮，打开如图8-68所示的“输入新NC名称”对话框，输入名称“多曲面五轴加工”，单击“确定”按钮，打开“多轴刀路-多曲面”对话框，进入多曲面五轴加工设置，如图8-69所示。

图 8-67 原始曲面

图 8-68 “输入新 NC 名称”对话框

04 在“切削方式”选项卡中进行设置，如图8-70所示。选择“模型选项”为“曲面”，单击按钮，采用窗口的方式框选所有曲面，按Enter键确认。打开“曲面流线设置”对话框，设置曲面流线方向，如图8-71所示，完成后按Enter键确认。如果需要，可以设置沿面参数。

05 系统返回“多轴刀路-多曲面”对话框，在“刀轴控制”选项卡中进行设置，如图8-72所示。在“刀轴控制”下拉列表中选择“曲面”选项。在“输出方式”下拉列表中选择“5轴”选项。

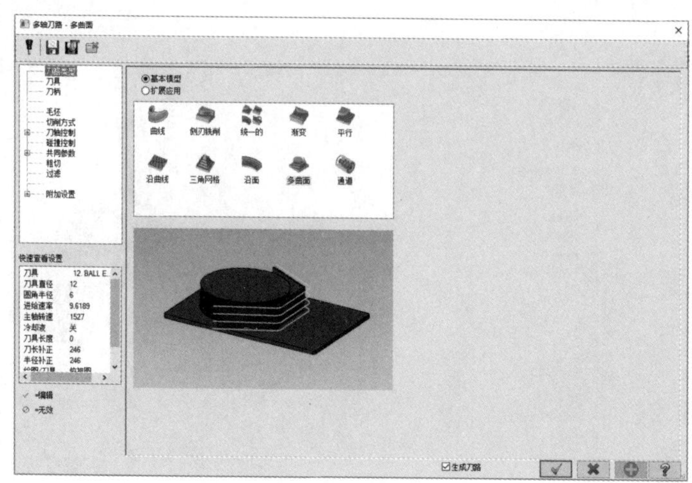

图 8-69　多曲面五轴加工设置

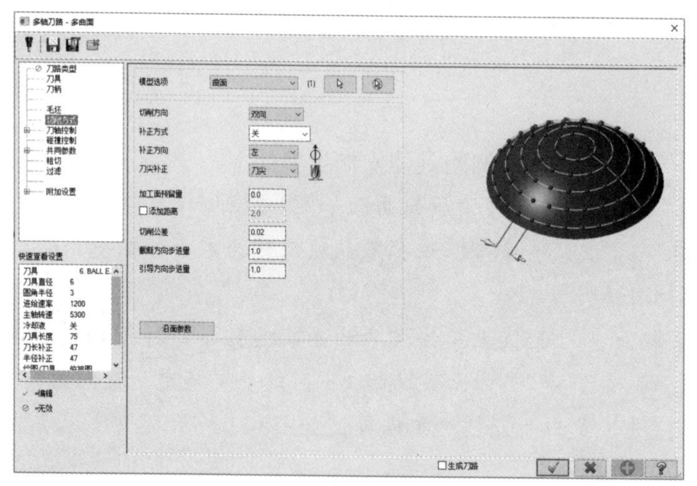

图 8-70　“切削方式”选项卡

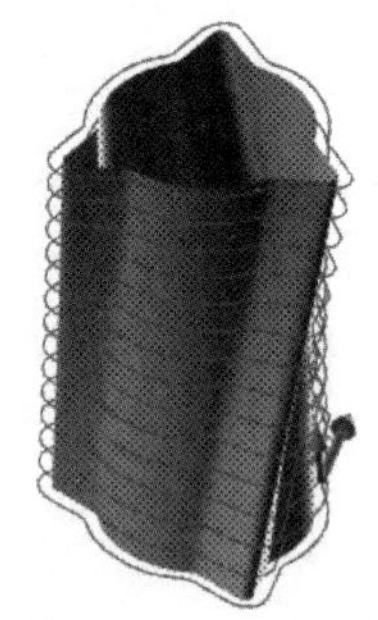

图 8-71　选择刀具模式曲面

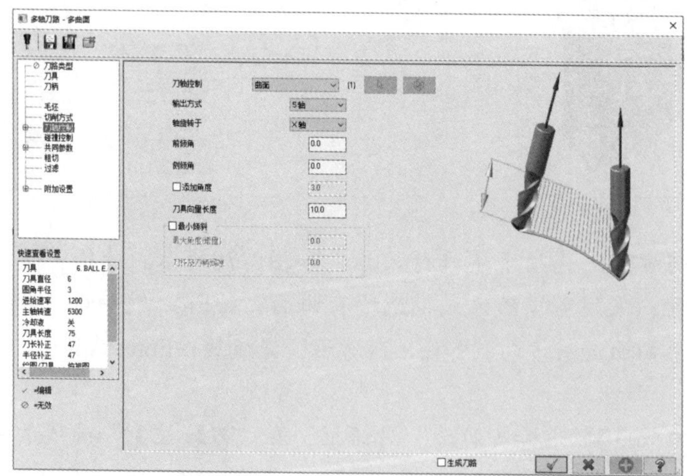

图 8-72　“刀轴控制”选项卡

06 单击“刀具”标签，打开“刀具”选项卡，单击“选择刀库刀具”按钮，打开如

图8-73所示的“选择刀具”对话框，从刀具资料库中选择直径为6mm的球刀，然后单击“确定”按钮✔。返回“刀具”选项卡并进行设置，如图8-74所示。

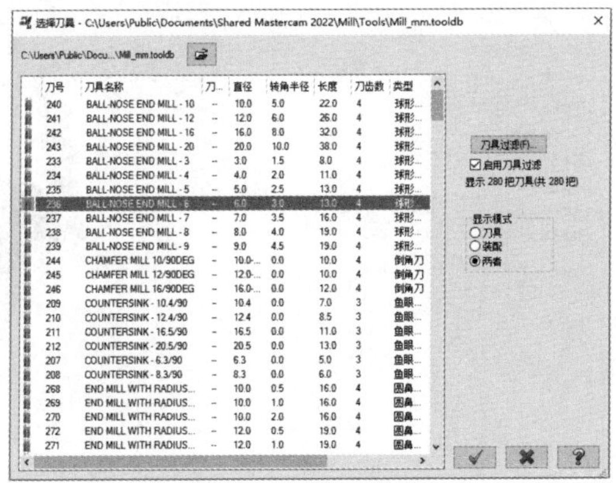

图 8-73 “选择刀具”对话框

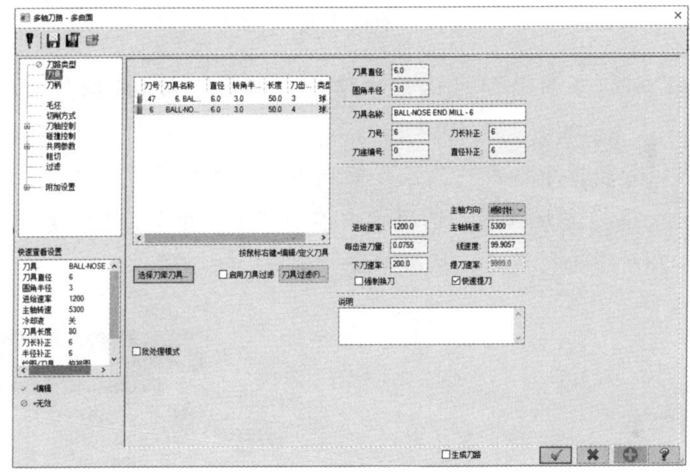

图 8-74 “刀具”选项卡

07 打开“共同参数”选项卡，进行如图8-75所示的设置。

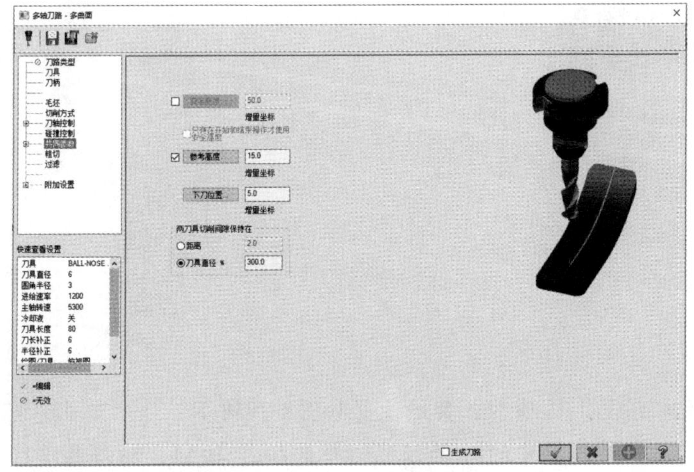

图 8-75 “共同参数”选项卡

08 在“碰撞控制”选项卡中进行如图8-76所示的设置。

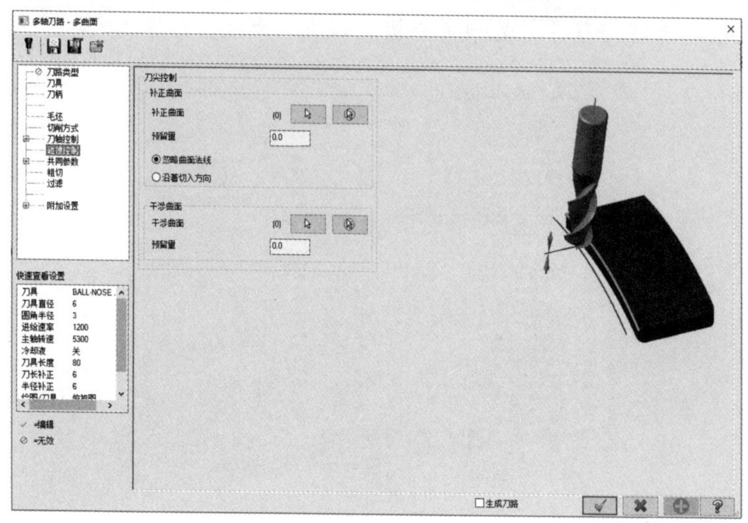

图 8-76 “碰撞控制”选项卡

09 在“多轴刀路-多曲面”对话框中单击“确定”按钮，生成的刀具路径如图8-77所示。

10 在刀具路径管理器中单击“属性”节点下的“毛坯设置”选项，系统打开“机床群组属性”对话框，在“毛坯设置”选项卡中单击“边界框”按钮，系统打开“边界框”对话框，按如图8-78所示进行设置，然后单击“确定”按钮。

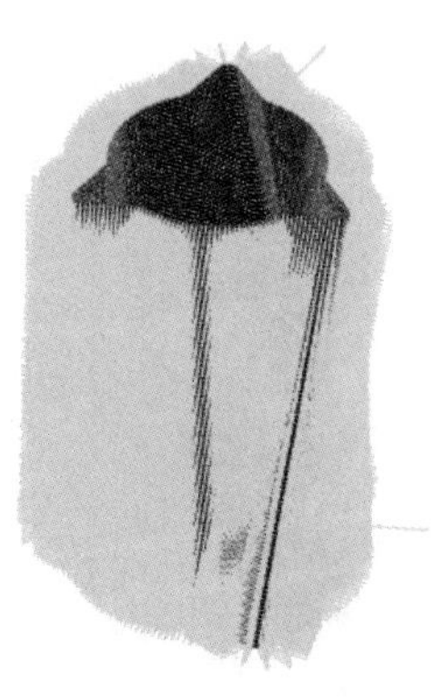

图 8-77 生成的刀具路径

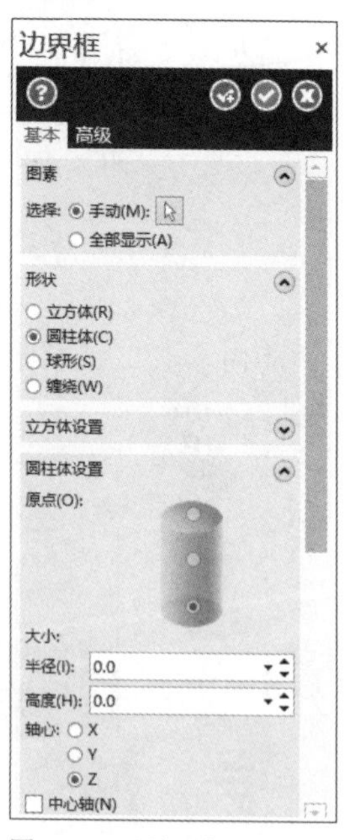

图 8-78 “边界框”对话框

11 返回“毛坯设置”选项卡，其他设置如图8-79所示，然后单击“确定”按钮。

12 单击刀具路径管理器中的(验证已选择的操作)按钮，对刀具路径进行加工模拟，其模拟效果如图8-80所示。

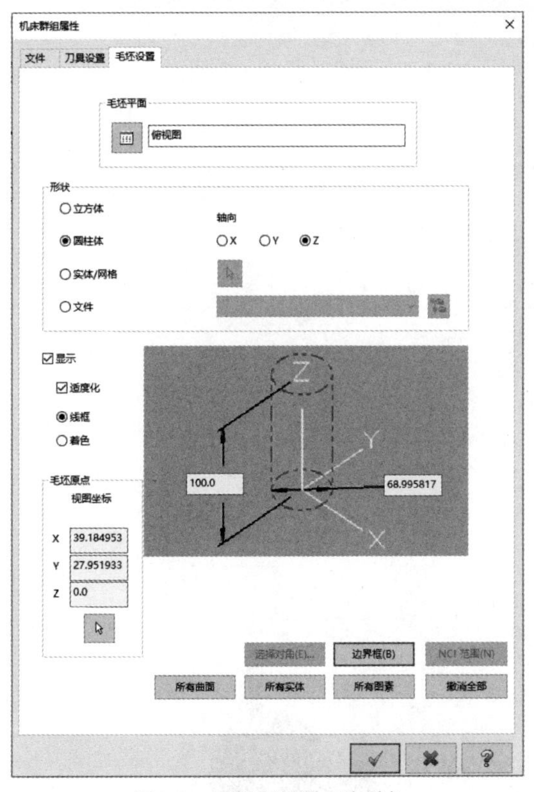

图 8-79 “毛坯设置”选项卡

图 8-80 模拟效果

8.6 流线五轴加工

流线五轴加工，也称为沿面五轴加工。使用该加工功能能够沿着曲面产生五轴加工刀具路径对曲面进行加工，其加工出来的曲面质量较好，故在多轴加工中应用较多。在沿面五轴加工中，其刀具轴线方向可以控制，可通过调整刀具实际加工角度(包括切削前角、后角等)来改善切削条件。

8.6.1 流线五轴加工的相关参数

在“刀路”选项卡的“多轴加工”面板上单击“沿面”按钮，打开“输入新NC名称”对话框，输入名称并单击“确定”按钮后，打开如图8-81所示的“多轴刀路-沿面”对话框，进入流线五轴加工设置。其设置方式大多与前面介绍的“多轴刀路-多曲面”对话框的设置方式基本相同，在这里不再赘述，只对“切削方式”选项卡进行讲解。

“切削方式”选项卡如图8-82所示。

在“曲面”选项组中单击按钮，系统提示“选择实体面或曲面”，选择完成后按Enter键，系统打开如图8-83所示的“曲面流线设置”对话框，完成设置并确定后，回到“切削方式”选项卡以继续进行其他设置。

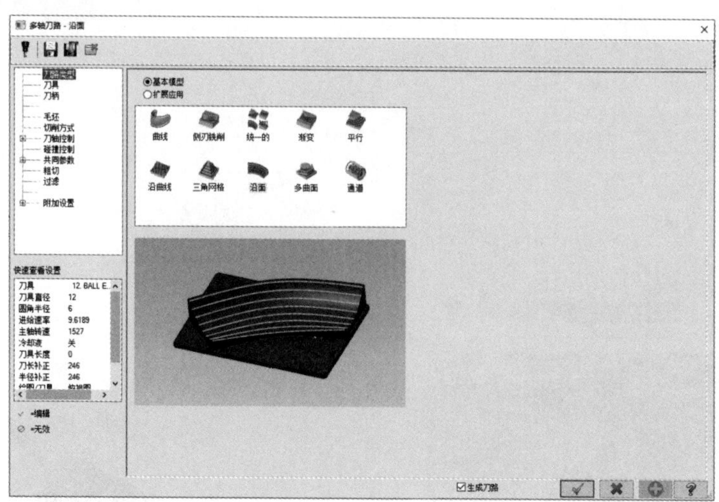

图 8-81 “多轴刀路 - 沿面”对话框

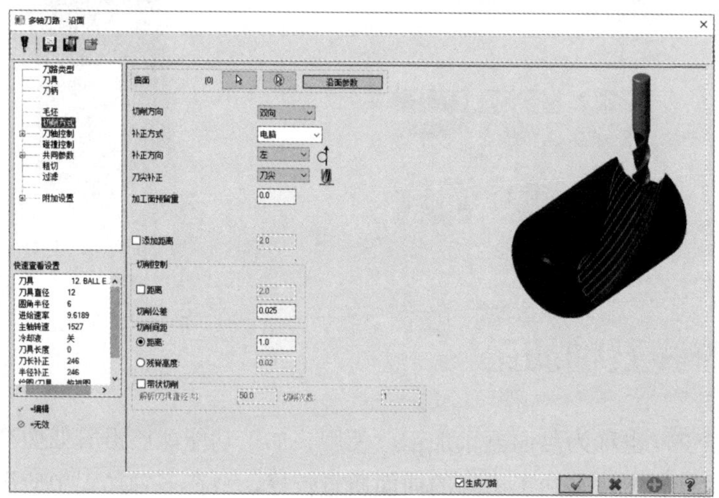

图 8-82 “切削方式”选项卡

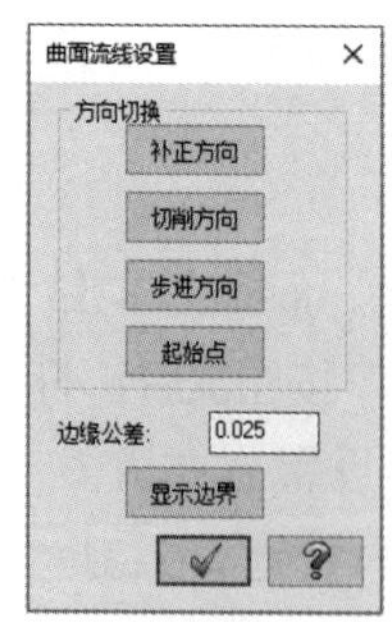

图 8-83 “曲面流线设置”对话框

在“切削方式”选项卡中还可以设置“切削方向”“补正方式”“补正方向”以及“刀尖补正”等选项。

在“切削控制”选项组中，可以设置“切削公差”进行切削控制。

在“切削间距”选项组中可以选择“距离”或“残脊高度”方式对截断方向进行控制。

8.6.2 流线五轴加工实例

下面介绍流线五轴加工的一个实例，其具体操作步骤如下。

01 打开“流线加工.mcam”文件，该文件的曲面和曲线如图8-84所示。

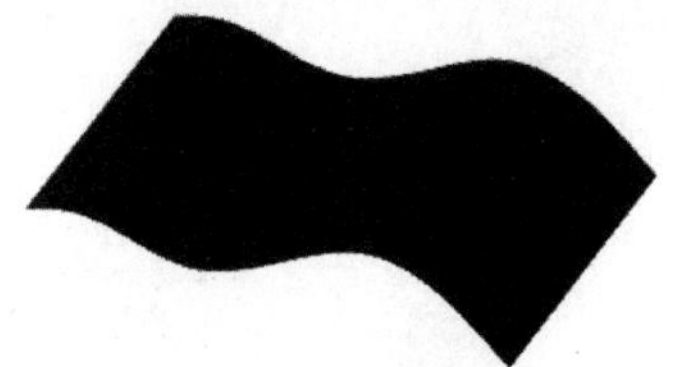

图 8-84 原始图素

02 选择“机床类型”|“铣床”|“默认”命令，选择默认机床作为本次加工使用的机床。此时，Mastercam自动切换到Mill模块。

03 在“刀路”选项卡的“多轴加工”面板上单击“沿面”按钮，打开如图8-85所示的“输入新NC名称”对话框，输入名称“五轴流线加工”，单击“确定”按钮，打开“多轴刀路-沿面”对话框，进入流线五轴加工设置，如图8-86所示。

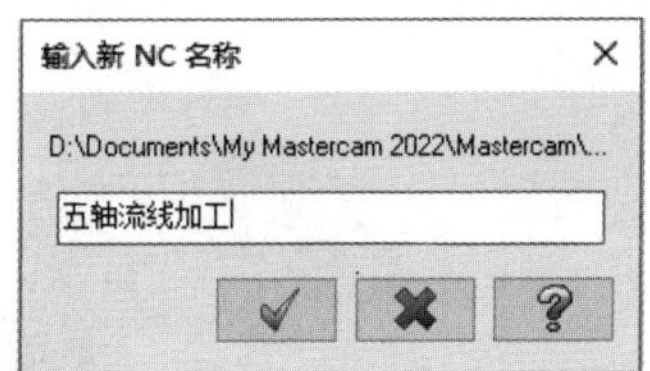

图 8-85 “输入新 NC 名称”对话框

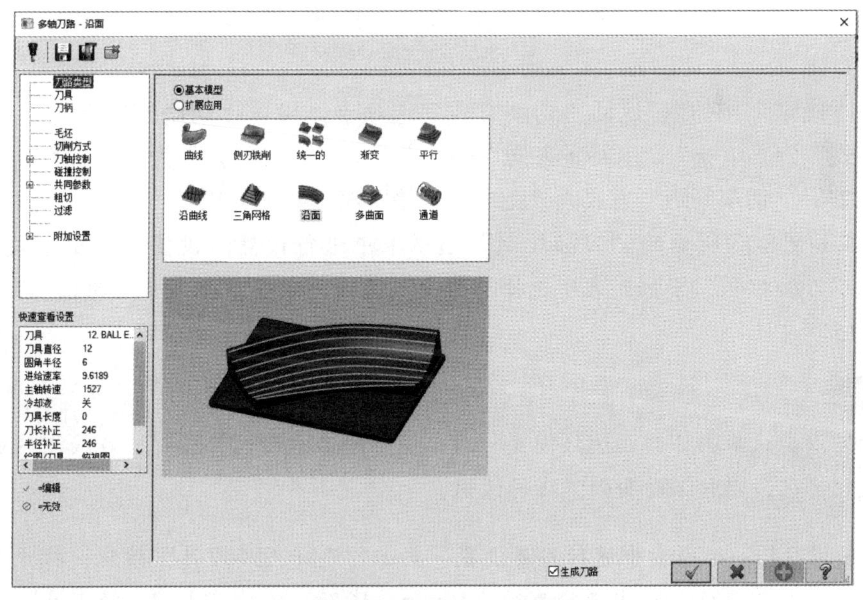

图 8-86 流线五轴加工设置

04 在“切削方式”选项卡中进行设置，如图8-87所示。单击按钮，在绘图区单击曲面，并按Enter键确认，系统打开如图8-88(a)所示的“曲面流线设置”对话框，设置补正方向、切削方向、步进方向和起始点，效果如图8-88(b)所示。

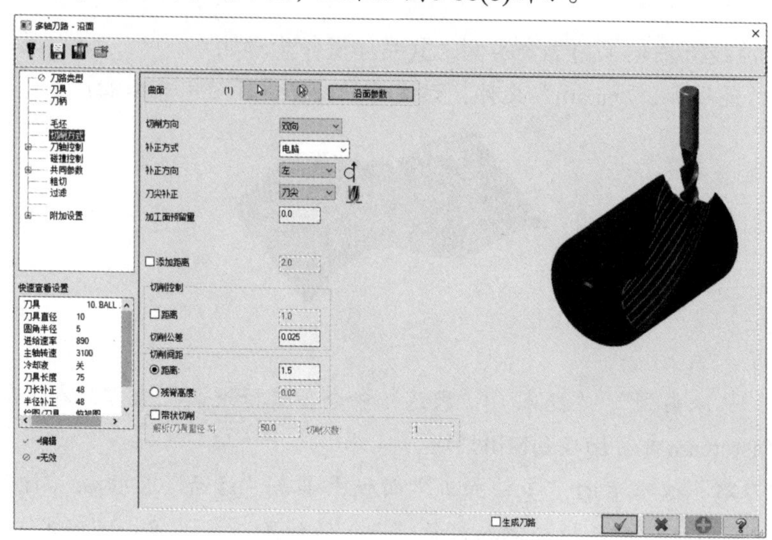

图 8-87　“切削方式”选项卡

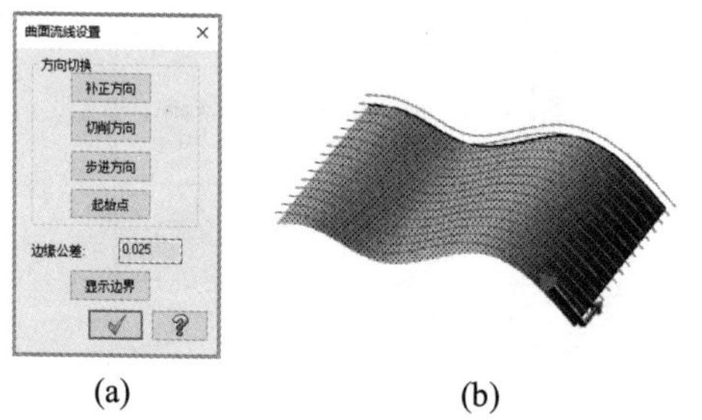

(a)　　(b)

图 8-88　设置曲面流线

单击“确定”按钮✓返回“切削方式”选项卡，设置“切削方向”为“双向”、“补正方式”为“电脑”、“补正方向”为“左”、“刀尖补正”为“刀尖”、“切削公差”为0.025、“切削间距”方式为“距离”、“距离”数值为1.5。

05 在如图8-89所示的“刀轴控制”选项卡中进行设置。设置“输出方式”为“5轴”。在“刀轴控制”下拉列表中选择“曲面”选项，设置“侧倾角”为1、“刀具向量长度”为15。

❖ 提示：

读者可以尝试单击“曲面流线设置”对话框中的各方向切换按钮，在绘图区观察曲面流线的变化情况，以加深对曲面流线的认识。

06 在“刀具”选项卡中进行刀具设置。单击“选择刀库刀具”按钮，打开“选择刀具”对话框，从刀具资料库中选择直径为10mm的球刀，然后单击“选择刀具”对话框中的“确定”按钮✓。返回“刀具”选项卡并进行如图8-90所示的设置。

07 在“共同参数”选项卡中进行如图8-91所示的设置。

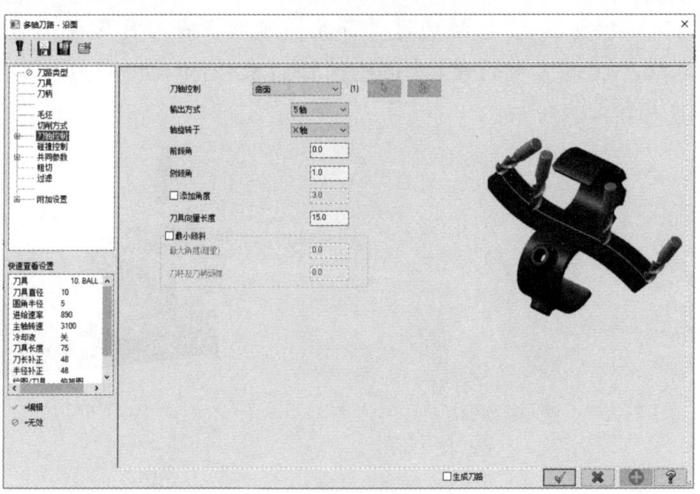

图 8-89 “刀轴控制”选项卡

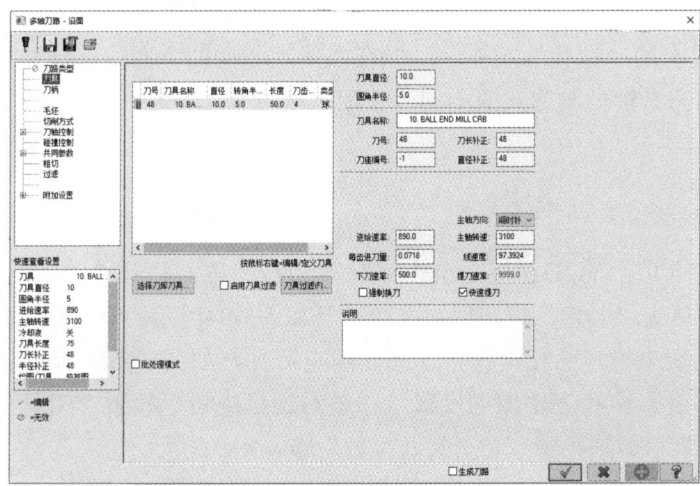

图 8-90 “刀具”选项卡

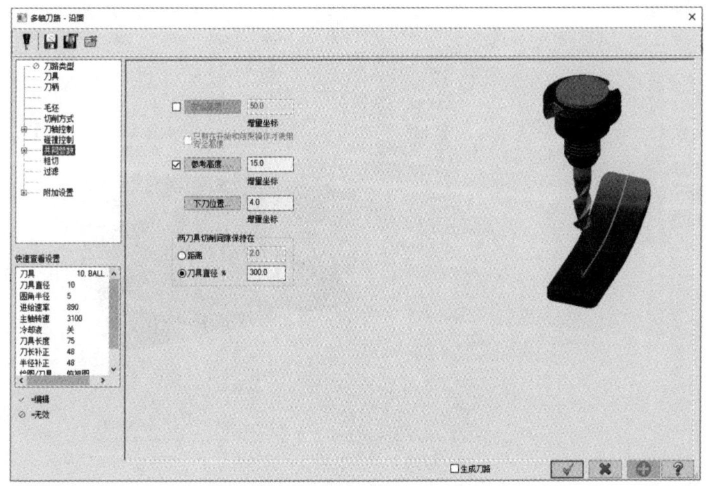

图 8-91 “共同参数”选项卡

08 单击“确定”按钮 ，系统通过计算生成流线五轴刀具路径，如图8-92所示。

09 单击刀具路径管理器中的 (验证已选择的操作)按钮，对刀具路径进行实体加工模拟，其模拟效果如图8-93所示。

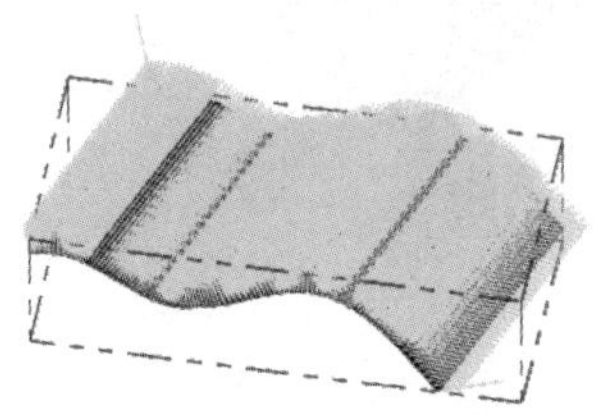

图 8-92　生成的流线五轴刀具路径

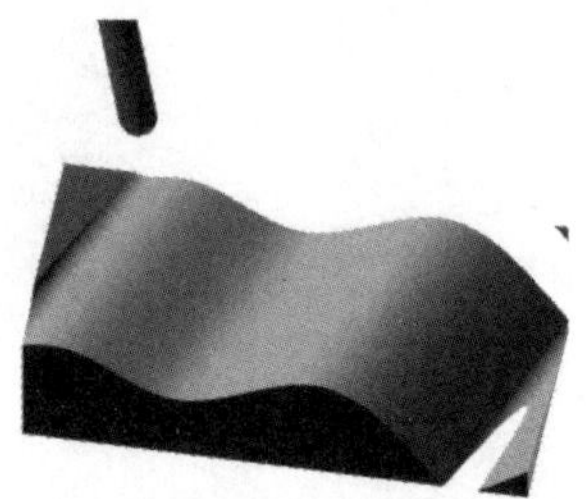

图 8-93　流线五轴加工模拟效果

8.7　钻孔五轴加工

使用2D面板上的“钻孔”功能，可以在曲面上不同的方向处进行钻孔加工，获得不同的斜孔。根据刀具轴控制方式的不同，使用该多轴加工方法可以产生3轴、4轴或5轴的钻孔刀具路径。

8.7.1　钻孔五轴加工的相关参数

在“刀路”选项卡的2D面板上单击“钻孔”按钮 ，打开“输入新NC名称”对话框，输入名称并单击“确定”按钮后，系统打开如图8-94所示的“刀路孔定义”对话框，可使用已有的图素来指定钻孔位置。选择并确定后打开如图8-95所示的钻孔/全圆铣削加工设置对话框，进入钻孔五轴加工设置。在该对话框中可以设置“刀具”“刀柄”“毛坯”“切削参数”“刀轴控制”和“共同参数”等。

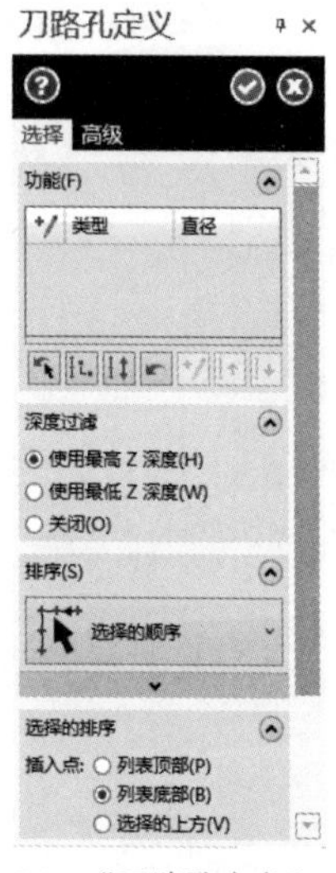

图 8-94　“刀路孔定义”对话框

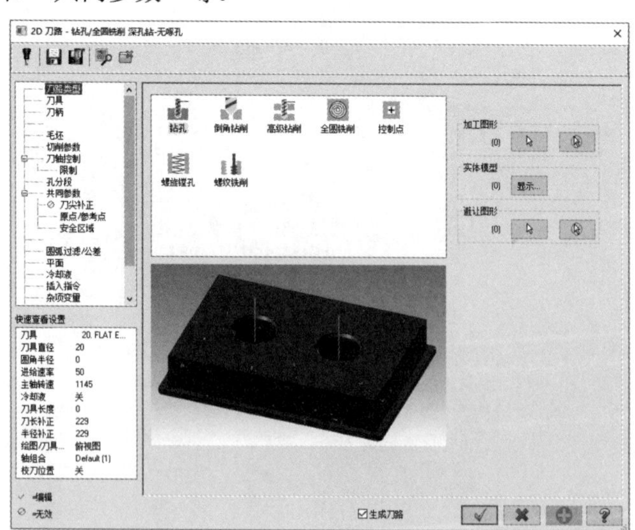

图 8-95　钻孔 / 全圆铣削加工设置

在如图8-95所示的“刀路类型”选项卡中，可以通过图形类型设置钻孔点的类型，

系统提供的图素类型有“点图形”和“圆弧图形”。单击后面的第一个箭头按钮，系统打开如图8-94所示的“刀路孔定义”对话框，可使用已有的点图素或圆弧图素来指定钻孔位置。

1. 切削方式

“切削参数”选项卡如图8-96所示。其中“循环方式”包括“钻头/沉头钻”“深孔琢钻”“断屑式”和“攻牙”等。

2. 刀轴控制

“刀轴控制”选项卡如图8-97所示。

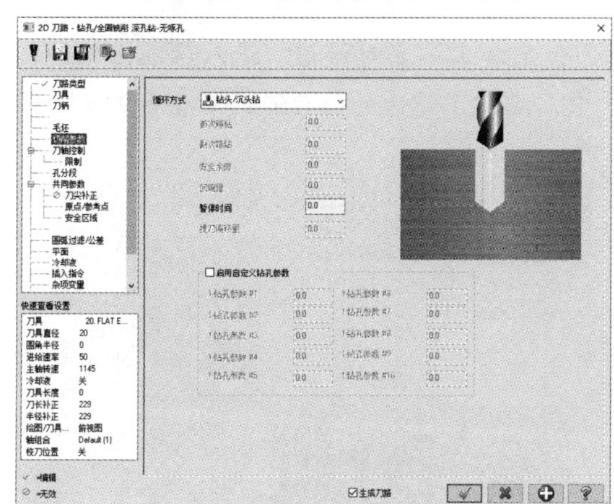

图 8-96 “切削参数”选项卡

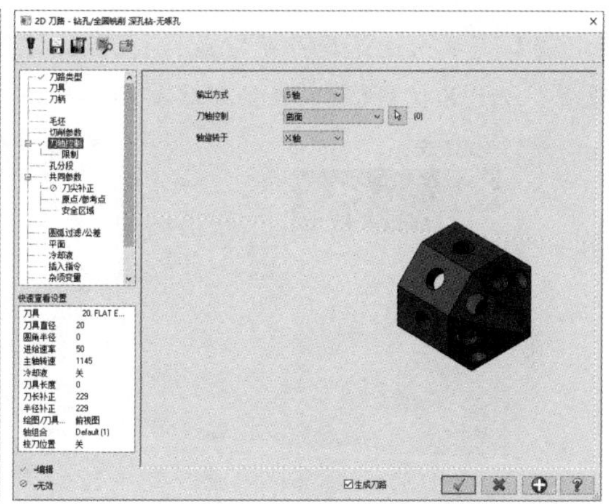

图 8-97 “刀轴控制”选项卡

“刀轴控制”下拉列表用于设置刀具轴的控制方式，包括3种控制方式，分别为“直线”“曲面”和“平面”。“直线”选项用于将刀具轴设置为与选择的直线平行；“曲面”选项用于将选择的曲面方向作为刀具轴方向；“平面”选项用于选择平面，以使刀具轴的方向垂直于该平面。选中“曲面”选项时，通过后面的按钮或按钮，系统可以选择所需的曲面或移除曲面。

“输出方式”下拉列表用于设置输出的格式，其中有3个选项：“3轴”“4轴”和“5轴”。

在“轴旋转于”下拉列表中可以选择“X轴”“Y轴”或“Z轴”。

8.7.2 钻孔五轴加工实例

下面介绍钻孔五轴加工的一个实例，该加工实例具体的操作步骤如下。

01 打开“钻孔加工.mcam”文件，该文件中的图素如图8-98所示。

02 选择“机床类型”|“铣床”|“默认”命令，选择默认机床作为本次加工使用的机床。此时，Mastercam自动切换到Mill模块。

03 在“刀路”选项卡的2D面板上单击“钻孔”按钮，打开如图8-99所示的“输入新NC名称”对话框，输入名称“钻孔五轴加工”，单击“确定”按钮，系统打开如图8-100所示的“刀路孔定义”对话框，在选择工具栏中单击“窗选”按钮，使用鼠标在绘图区窗选所需的钻孔点，同时在“刀路孔定义”对话框的“功能”列表框中显示了这些点。

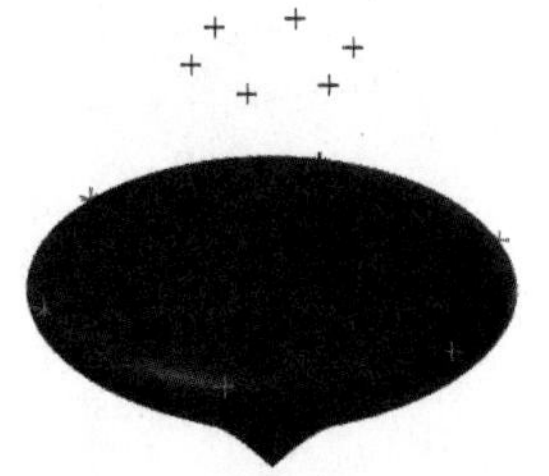

图 8-98　文件中已有的内容

图 8-99　“输入新 NC 名称”对话框

04 完成上述选择并确定后，打开钻孔/全圆铣削加工设置对话框，进入钻孔五轴加工设置，如图8-101所示。在“刀路类型”选项卡中，显示了窗选的钻孔点的类型和数量。

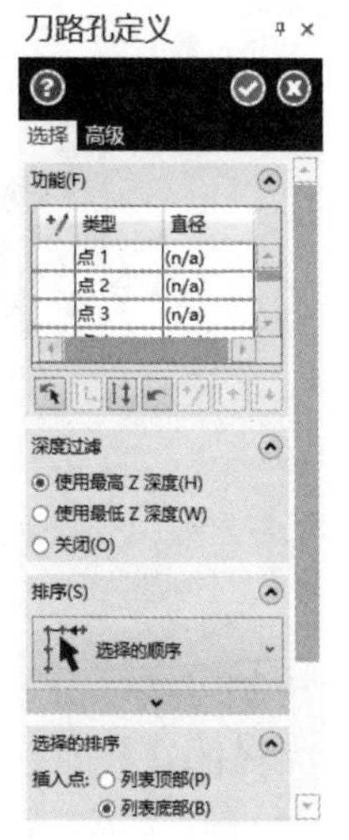

图 8-100　“刀路孔定义”对话框

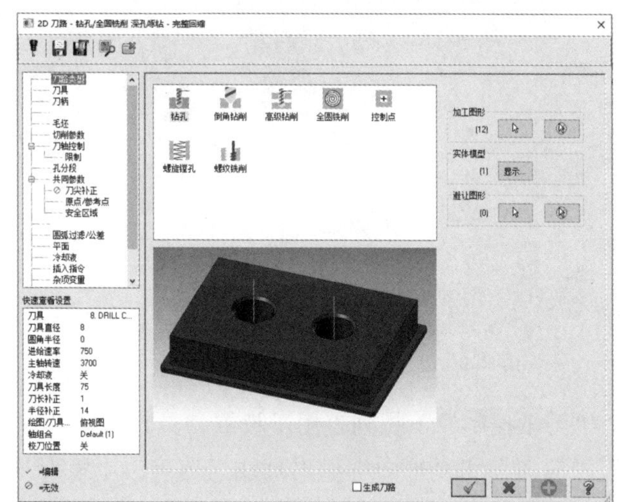

图 8-101　钻孔五轴加工设置

❖ 提示:

如果系统默认的钻孔点排序不符合要求，那么可以在“刀路孔定义”对话框中单击“选择的顺序”按钮，从打开的对话框中选择所需的排序方式。在本例中采用默认的排序方式。

05 打开“刀具”选项卡，在刀具列表中右击空白区域，从弹出的快捷菜单中选择“刀具管理”命令，如图8-102所示，打开“刀具管理”对话框，如图8-103所示。从刀具资料库中选择直径为8mm的钻孔刀，单击⬆(复制选择的资料库刀具至机器群组)按钮，然后单击“刀具管理”对话框中的“确定”按钮，返回“刀具”选项卡。设置“进给速率”为750、“主轴转速”为3700、“主轴方向”为“顺时针”，并将“刀号”和“刀长补正”均设置为1，如图8-104所示。

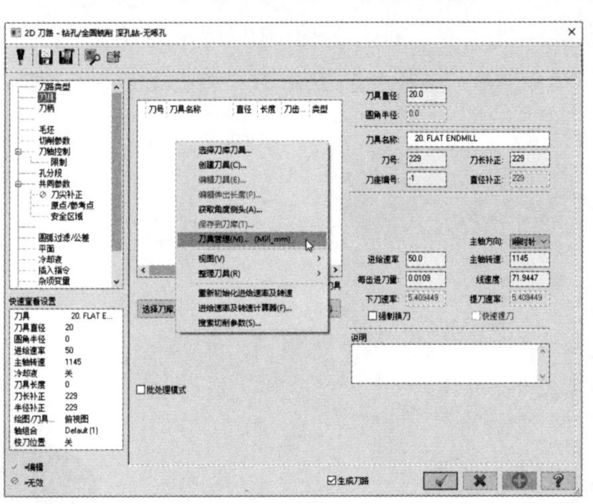

图 8-102 选择“刀具管理”命令

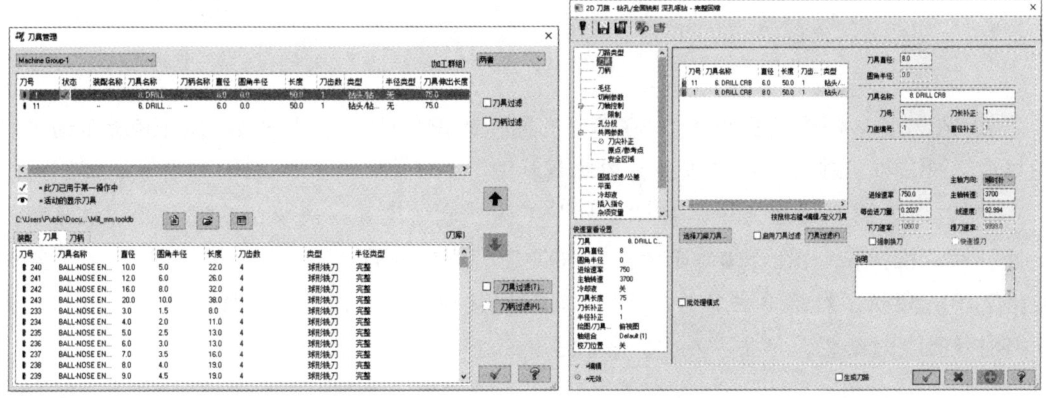

图 8-103 “刀具管理”对话框　　图 8-104 “刀具”选项卡

06 在“切削参数”选项卡中进行设置，如图8-105所示。在“循环方式”下拉列表中选择“深孔啄钻”方式。

07 打开如图8-106所示的“刀轴控制”选项卡，设置“输出方式”为“5轴”，在“刀轴控制”下拉列表中选择“曲面”选项，在模型中单击实体表面并按Enter键确认。

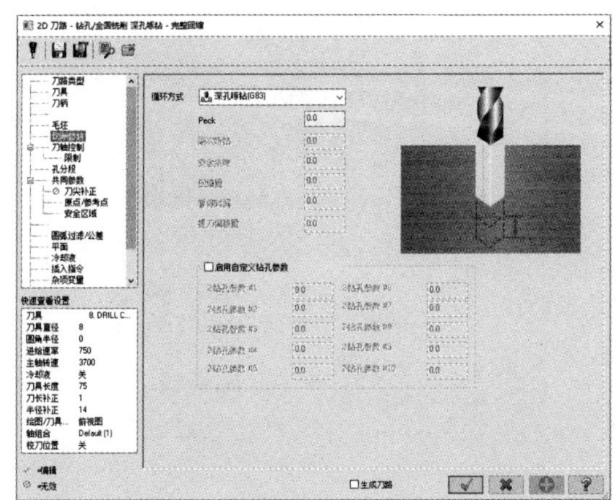

图 8-105 “切削参数”选项卡

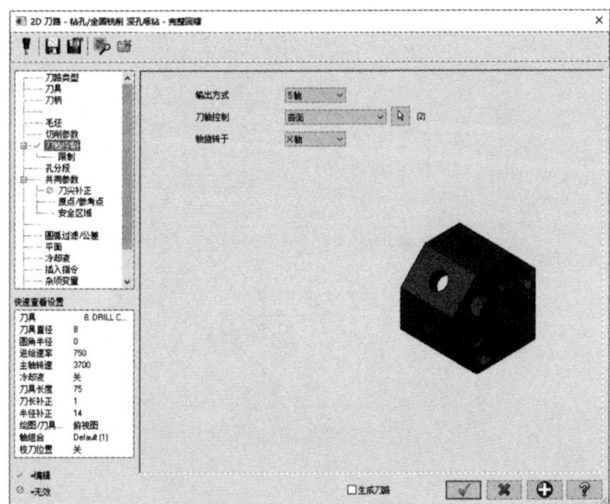

图 8-106 “刀轴控制”选项卡

08 打开“共同参数”选项卡，进行如图8-107所示的设置。

09 单击“确定”按钮✓，生成钻孔五轴加工刀具路径，如图8-108所示。

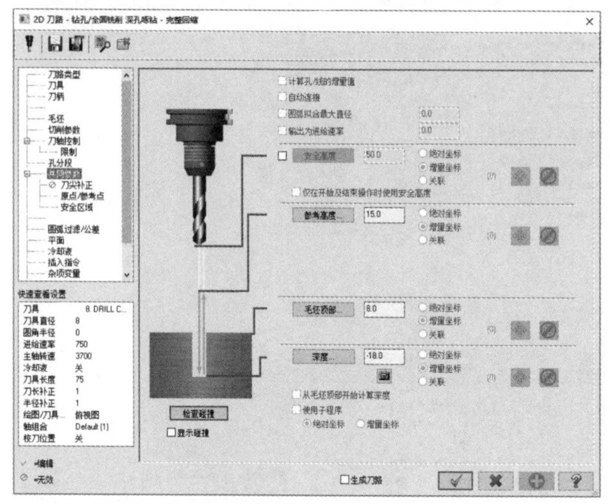

图 8-107　“共同参数”选项卡

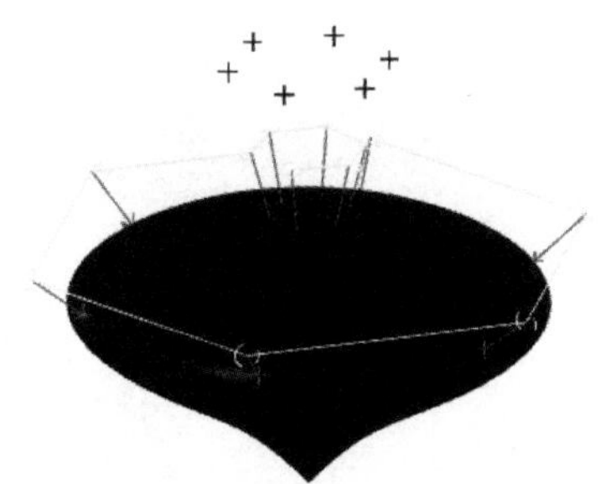

图 8-108　生成的刀具路径

10 在刀具路径管理器中单击(模拟已选择的操作)按钮，打开如图8-109所示的“路径模拟”对话框，利用该对话框进行刀路模拟。

11 在刀具路径管理器中单击“属性”下的“毛坯设置”选项，系统打开“机床群组属性”对话框，在如图8-110所示的“毛坯设置”选项卡的“形状”选项组中选中“实体/网格”单选按钮，然后单击其后的(选择实体)按钮，在绘图区单击实体模型，返回“机床群组属性”对话框，单击“确定”按钮✓。

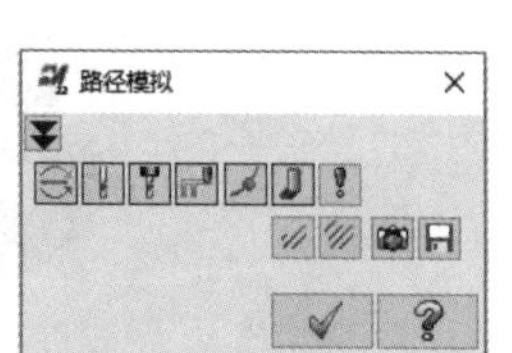

图 8-109　“路径模拟”对话框

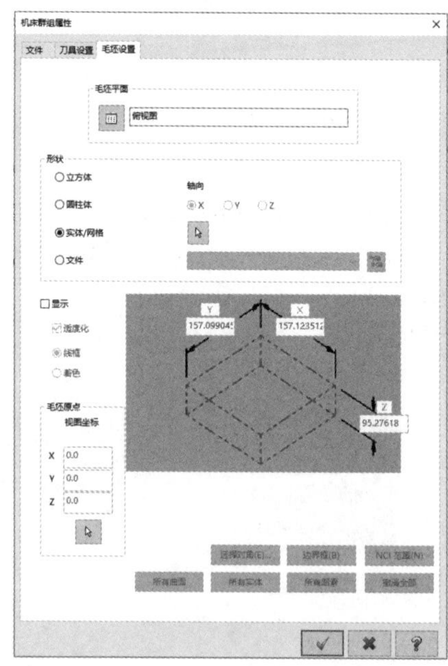

图 8-110　“毛坯设置”选项卡

12 单击刀具路径管理器中的 (验证已选择的操作)按钮，最后得到的加工模拟效果如图8-111所示。

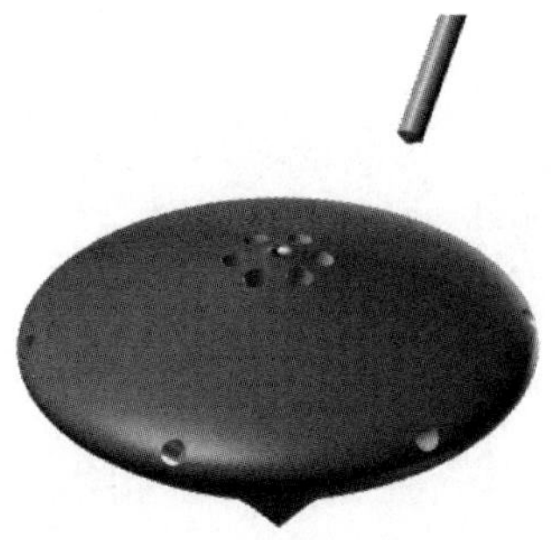

图 8-111 钻孔五轴加工模拟效果

8.8 管道五轴加工

管道五轴加工生成五轴管道刀具路径，主要是对管道的零件进行精加工，可在管道壁上生成刀具路径。

管道五轴加工的步骤与前面介绍的其他多轴加工步骤相同，加工参数也相似，在此不再赘述。生成的管道五轴加工刀具路径如图8-112所示。

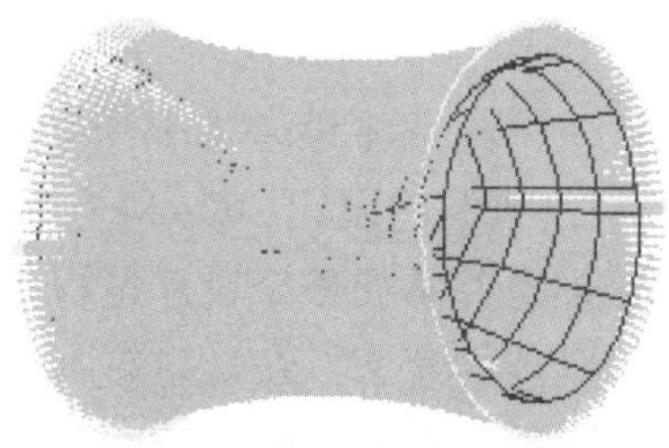

图 8-112 生成的管道五轴加工刀具路径

8.9 多轴加工实例

本章的实例见8.2节~8.8节的加工实例。

8.10 习题

1. 多轴加工有哪些优点？各种多轴加工方法分别适用于哪些情况？
2. 简述多轴加工中五个轴的含义。

第9章 Mastercam综合实例

本章将综合本书所讲述的有关Mastercam 2022的CAD零件设计和CAM刀具路径设计的功能，带领读者熟悉并掌握整个设计过程，加深对Mastercam 2022各种功能的理解，在学习完本书的所有内容后能够灵活使用功能强大的Mastercam 2022。

本章的学习目标：

- 综合利用Mastercam 2022的功能进行完整的CAD和CAM设计

9.1　吹风机

本节将带领读者设计一个简单的吹风机模型，并设计相应的刀具路径。读者可以打开本实例对应的文件“吹风机CAD.mcam”，实例如图9-1所示。

CAD 设计

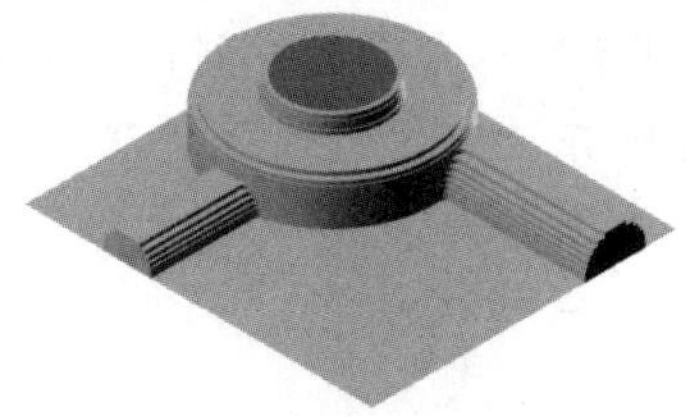

CAM 设计

图 9-1　吹风机实例

下面将详细介绍本实例的设计过程。

9.1.1　吹风机零件模型设计

本次设计主要使用到的命令包括直线的绘制、倒角、旋转和扫掠曲面的生成，以及曲面的修剪等，读者可在进行实例操作前复习各命令的内容。

操作步骤：

01 启动Mastercam 2022软件。

02 选择“文件”|“新建”命令，新建一个“.mcam”文件。

03 单击按钮，将绘图平面对齐到屏幕视图平面。

04 单击按钮，将屏幕视图调整到前视图(主视图)。

05 在“线框”|“绘线”面板上单击“线端点”按钮，在出现的“线端点”对话框中选择“连续线”按钮，准备绘制一段首尾相连的直线。

06 系统提示用户[指定第一个端点]，选择直线的起点。直接在坐标输入栏中指定坐标系的原点作为直线的起点，即[0, 0, 0]。

07 系统提示用户[指定第二个端点]，选择直线的第二点。在“线端点”对话框中设置直线的长度为50、角度为0(长度(L): 50.0　角度(A) 0.0)。确定第二点后的直线如图9-2所示。

08 系统继续提示用户指定下一条直线的端点，使用同样的方法，在“线端点”对话框中指定以下5条直线的长度和角度，依次为20和90°、25和180°、10和90°、25和180°，以及30和270°。绘制完成后的效果如图9-3所示，最终绘制完成一个封闭的图形。

图 9-2　第一条直线

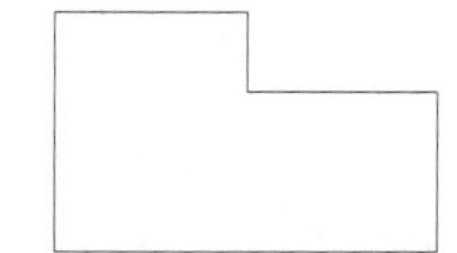

图 9-3　线段首尾相连为封闭图形

09 在“线框”|“修剪”面板上单击“图素倒圆角”按钮，进行倒圆角操作。在出现的“图素倒圆角”对话框中，设定圆弧的半径为4，设置倒圆角的操作方式为“圆角”。

10 系统提示用户倒圆角:选择图素，选择进行倒圆角的实体。利用鼠标依次选择相应的直线，倒圆角后的效果如图9-4所示。

11 在“曲面”选项卡的“创建”面板上单击“旋转”按钮，绘制旋转曲面。

12 系统打开“线框串连”对话框，同时提示用户选择轮廓曲线 1，选择旋转曲面的母线。单击封闭图形上的一点，注意不要将长度为50的水平直线选入，如图9-5所示。

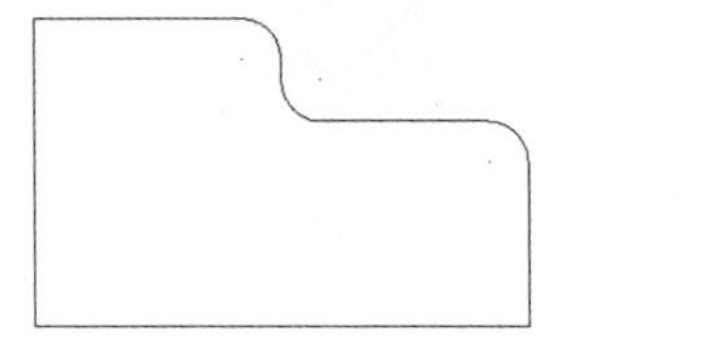

图 9-4　倒圆角

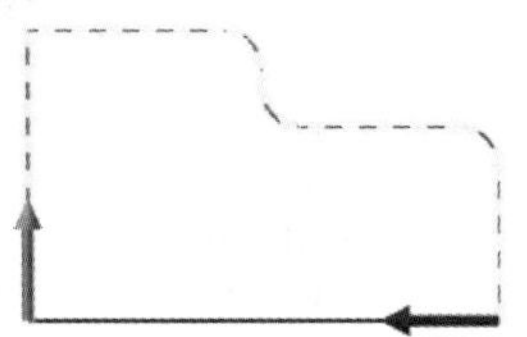

图 9-5　选择母线

13 确定后，系统提示用户选择旋转轴，选择旋转轴线。首先在“旋转曲面”对话框中设置旋转的角度为0~360°(起始(S): 0.0　结束(E): 360.0)。选择长度为30的垂直直线作为旋转轴线。

14 确定后，系统将自动生成旋转曲面，单击按钮，在等视图中进行观察，如图9-6所示。

15 单击和按钮，将绘图平面和屏幕视图均改为俯视图。

16 单击按钮，绘制两条直线。其中一条直线的起点为(0,0,0)，终点为(0,-100,0)；另一条直线的起点为(0,20,0)，终点为(120,20,0)。绘制时根据系统提示直接在坐标输入栏中输入指定的坐标点即可0, 0, 0。绘制完成后的效果如图9-7所示。这两条直线将作为轨迹线，用于生成扫描曲面。

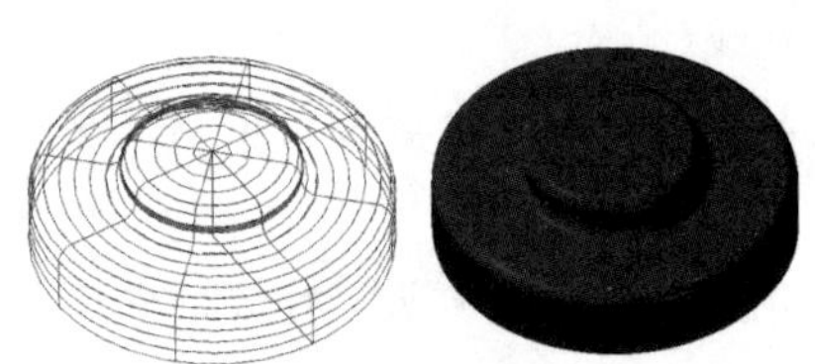

图 9-6　旋转曲面

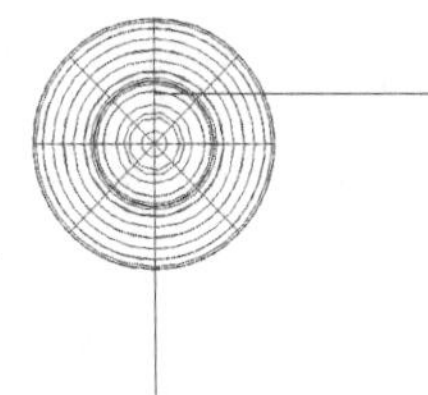

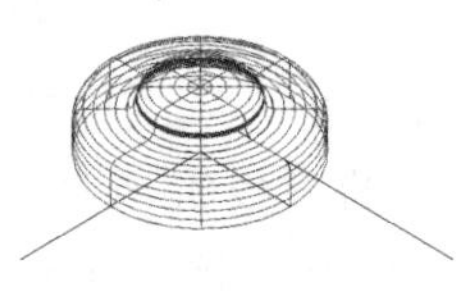

图 9-7　扫掠曲面轨迹线

17 分别单击和按钮，将绘图平面和屏幕视图均改为主视图。

18 单击按钮，进行圆弧的绘制。系统提示用户请输入圆心点，指定圆弧的圆心。直接在坐标输入栏中输入0, 0, 100，即刚才绘制长度为100的直线的端点。注意，这时由于坐标系的变换，在Z轴方向的坐标为100，而与俯视图中的坐标不同。

19 确定圆心后，系统提示用户输入起始角度，指定圆弧的起点。在“极坐标画弧”对话框中输入圆弧半径为12，起始角度为0(半径(U): 12.0　起始(S): 0.0)。

20 系统提示用户指出结束角度的位置，指定圆弧的终点。在“极坐标画弧”对话框中输入终点角度为180°。如果此时绘制的圆弧为下半部分，可单击“反转圆弧”按钮改为上半部分。绘制完成的圆弧如图9-8所示。该圆弧作为扫掠曲面的截面线。

21 单击和按钮，将绘图平面和屏幕视图均改为右视图。

22 利用同样的方法绘制另一条截面线。该截面线的圆心为(20,0,120)，半径为15，起始和终止角度分别为0和180°。绘制完成后的效果如图9-9所示。

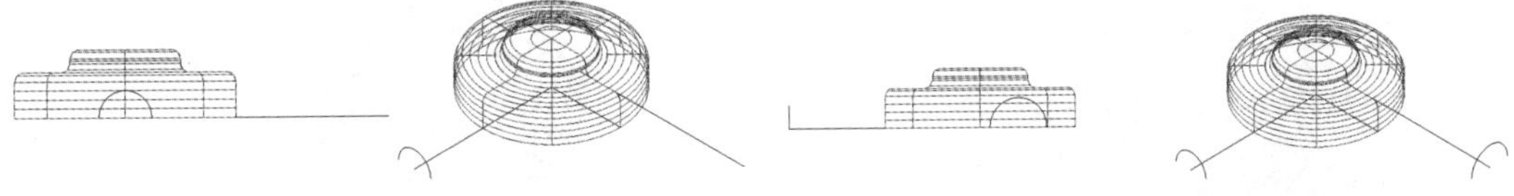

图 9-8 绘制好的截面线一

图 9-9 绘制好的截面线二

23 在“曲面”选项卡的“创建”面板上单击“扫描”按钮，绘制扫描曲面。

24 系统打开“线框串连”对话框，并提示用户“扫描曲面:定义 截面外形”，选择截面线。利用鼠标选择截面线一，如图9-10所示。

25 确定后，系统提示用户“扫描曲面:定义 引导方向的外形”，选择轨迹线。利用鼠标选择后的结果如图9-11所示。

图 9-10 选择截面线一

图 9-11 选择轨迹线

26 确定后，系统自动生成如图9-12所示的扫描曲面。

27 利用同样的方法绘制另一个扫描曲面，如图9-13所示。

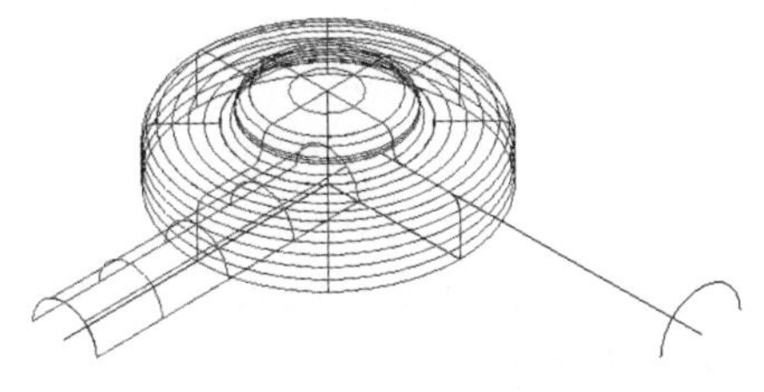

图 9-12 扫描曲面一

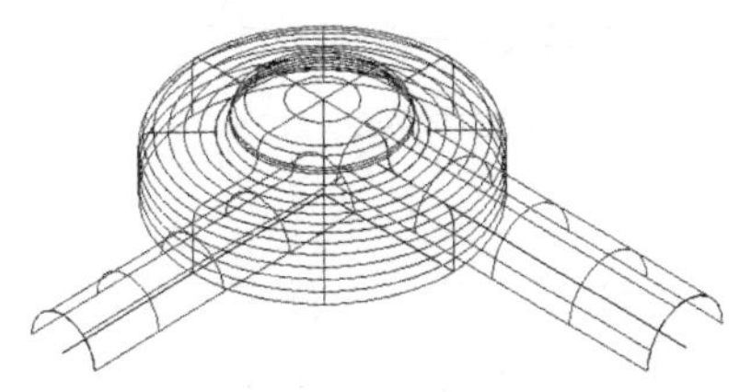

图 9-13 扫描曲面二

28 下面对扫描曲面多余的部分进行修剪。在“曲面”选项卡的“修剪”面板上，单击“修剪到曲线”下拉菜单中的“修剪到曲面”按钮。

29 系统提示用户“选择第一个曲面集，然后按 [Enter] 继续”，选择需要修剪的曲面。利用鼠标选择扫描曲面一。

30 确定后，系统提示用户“选择第二个曲面集，然后按 [Enter] 继续”，选择另一个曲面作为修剪的参考曲面。利用鼠标选择和扫描曲面相交的旋转曲面。

31 在“修剪到曲面”对话框中分别单击“保留多个区域”和“修剪第一组”按钮，将不需要的曲面部分删除并只对一个曲面进行修剪。

32 系统提示用户选择曲面需要保留的部分。单击需要进行修剪的曲面，并将出现的箭头移到需要保留的曲面部分，如图9-14所示。

33 确定后，系统对曲面自动进行修剪。修剪后的结果如图9-15所示。

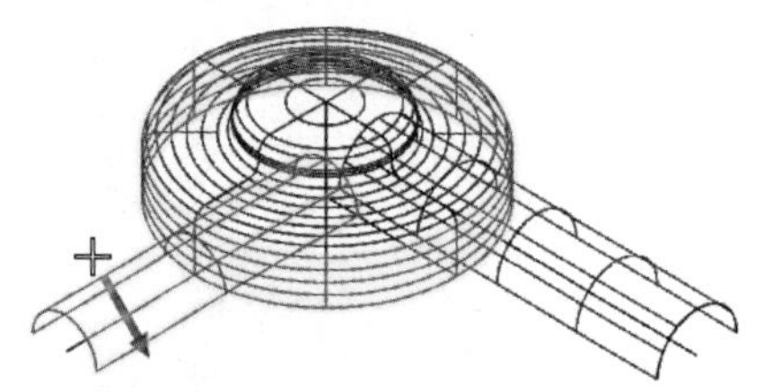

图 9-14 选择曲面的保留部分

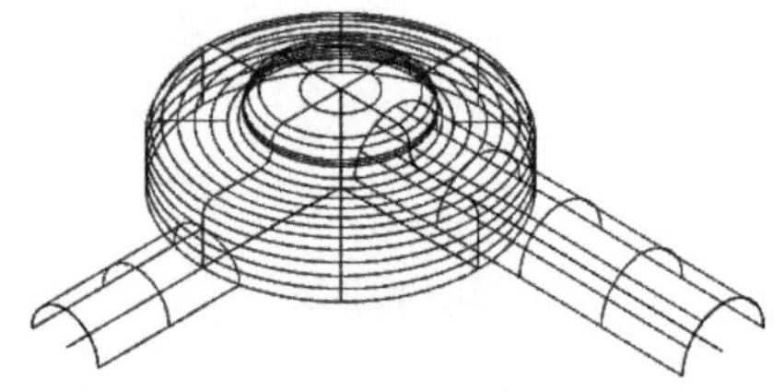

图 9-15 修剪扫描曲面一的结果

34 利用同一方法对扫描曲面二进行修剪，结果如图9-16所示。

35 最后将绘制过程中的各种辅助图线删除，得到本零件的CAD设计结果，如图9-17所示。

36 选择“文件”|“另存为”命令，将生成的图形以“吹风机CAD.mcam”为名进行保存。

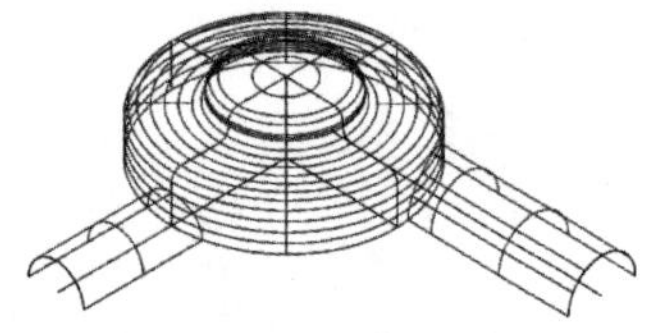

图 9-16 修剪扫描曲面二的结果

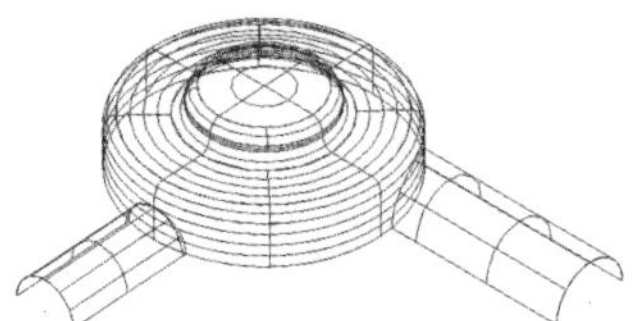

图 9-17 CAD 设计结果

9.1.2 吹风机零件刀具路径设计

在本次刀具路径设计中主要使用曲面粗加工的挖槽粗加工，读者可在进行操作前复习该刀具路径的基本内容。

操作步骤：

01 选择“文件”|“打开”命令，打开9.1.1节生成的“吹风机CAD.mcam”文件。

02 选择“机床”|“铣床”|“默认”命令，选择默认机床作为本次加工使用的机床。此时，Mastercam自动切换到Mill模块。同时，刀具路径管理器如图9-18所示。

03 单击刀具路径管理器中“属性”下的“毛坯设置”选项，打开如图9-19所示的“机床群组属性”对话框。

04 单击“毛坯设置”选项卡中的“边界框”按钮，打开“边界框”对话框，按图9-20所示设定尺寸，单击“确定”按钮。

05 返回“毛坯设置”选项卡，如图9-21所示。图中显示了材料外形尺寸的大小。

06 单击“确定”按钮，完成零件材料的设计。

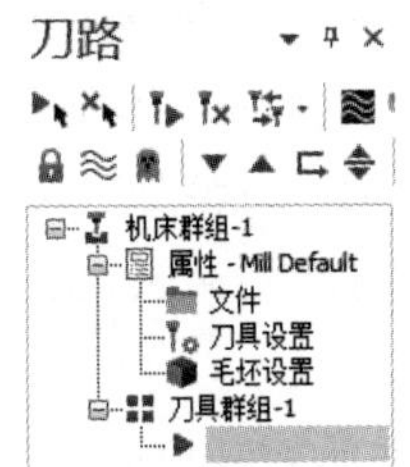

图 9-18 刀具路径管理器

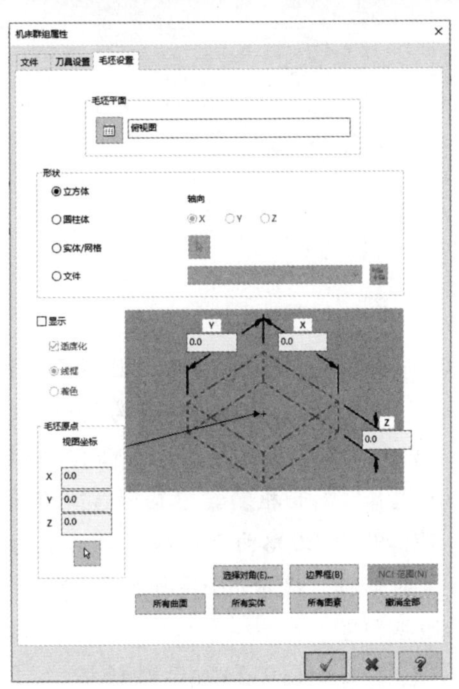

图 9-19 “机床群组属性”对话框

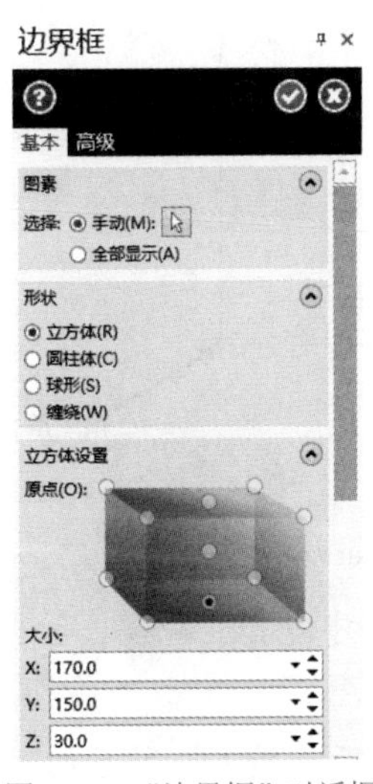

图 9-20 “边界框”对话框

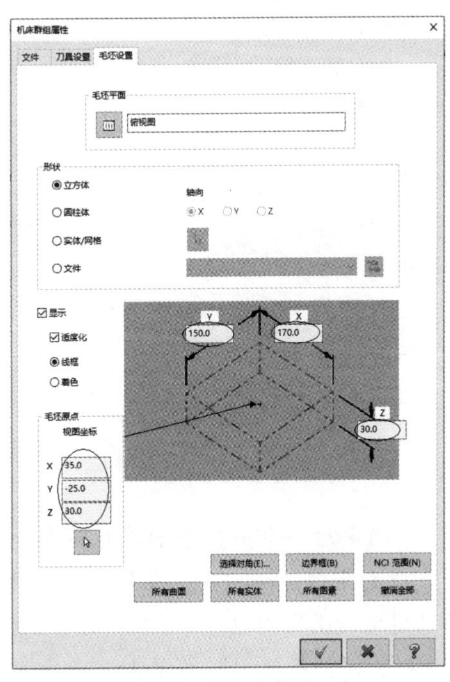

图 9-21 设置好的材料尺寸

07 单击按钮，将视图改为俯视图，并绘制一个矩形将整个零件“包住”即可，如图9-22所示。

08 在“刀路”选项卡的3D面板上单击“挖槽”按钮，在打开的如图9-23所示的“输入新NC名称”对话框中输入“吹风机CAM”。

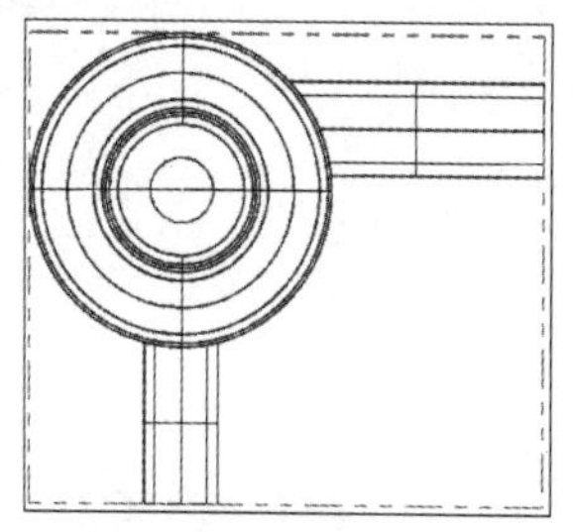

图 9-22　零件边界框作为毛坯外形

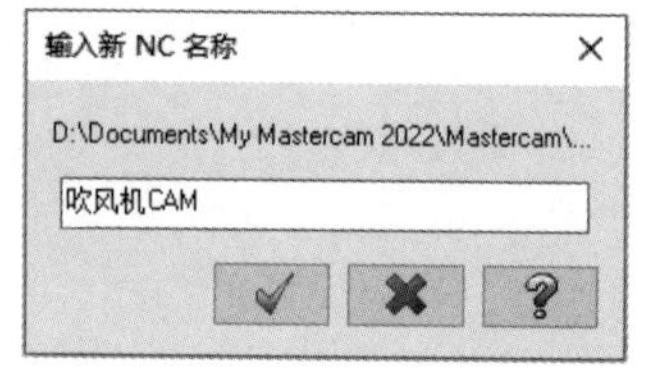

图 9-23　“输入新 NC 名称”对话框

09 确定后，系统提示用户选择需要进行加工的曲面。

10 单击按钮，将视图改为俯视图。

11 利用鼠标框选所有的曲面作为加工曲面。确定后，系统打开如图9-24所示的“刀路曲面选择”对话框。其中显示选择的加工曲面为9个，即设计的所有曲面。

12 单击“刀路曲面选择”对话框的“切削范围”栏中的按钮，系统打开“线框串连”对话框，提示用户串连 2D 切削范围编号 1，选择切削范围。利用鼠标选择刚才绘制的矩形图框即可。

13 单击如图9-24所示对话框的“指定进刀点”栏中的按钮，系统提示用户选择进入点，选择刀具路径的起点。

14 利用鼠标指定如图9-25所示的位置为刀具路径的起点。

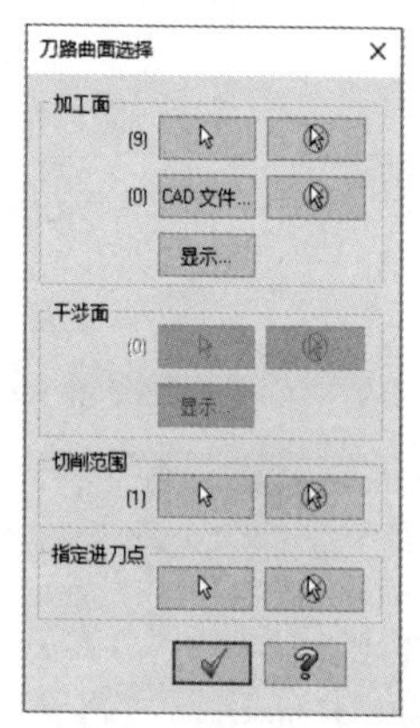

图 9-24　“刀路曲面选择”对话框

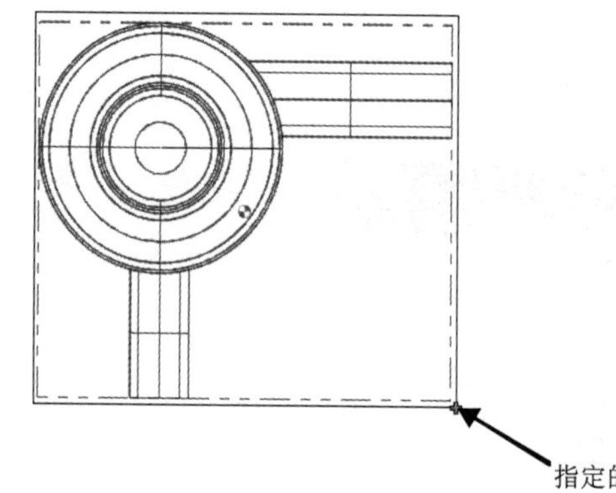

图 9-25　指定刀具路径的起点

15 确定后，系统打开如图9-26所示的加工参数对话框的“刀具参数”选项卡。在刀具列表框的空白区域右击，在弹出的快捷菜单中选择“创建刀具”命令，打开如图9-27所示的“定义刀具”对话框。

16 选择“平铣刀”并单击“下一步”按钮，系统打开如图9-28所示的“定义刀具图形”选项卡。在其中指定刀具直径为5mm。由于零件的深度为30，因此将刀柄露出夹头的长度修改为35mm，以防止干涉，其他参数也做相应的修改，如图9-28所示。

17 在“定义刀具”对话框中，选择“完成属性”选项卡，在其中指定“进给速率”为500，“下刀速率”为500、“主轴转速”为1000、“提刀速率”为500，以及粗精加工的步距，如图9-29所示。

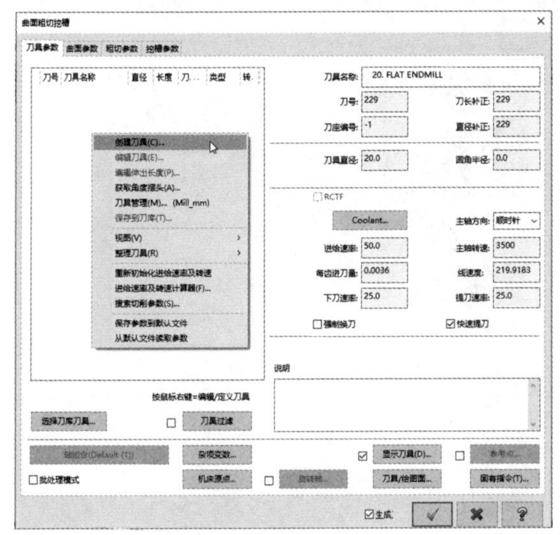

图 9-26 “刀具参数”选项卡

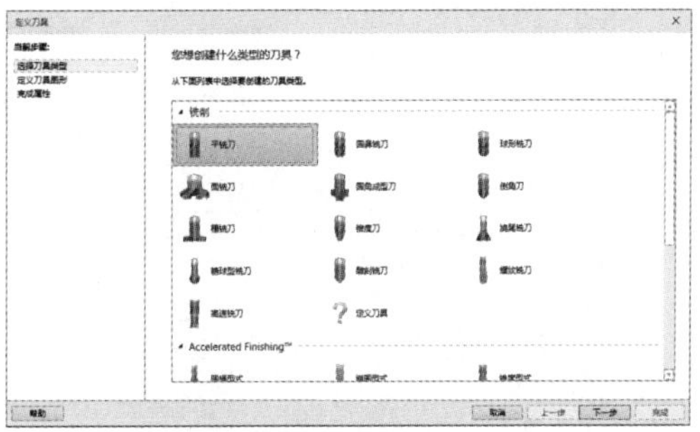

图 9-27 “定义刀具”对话框

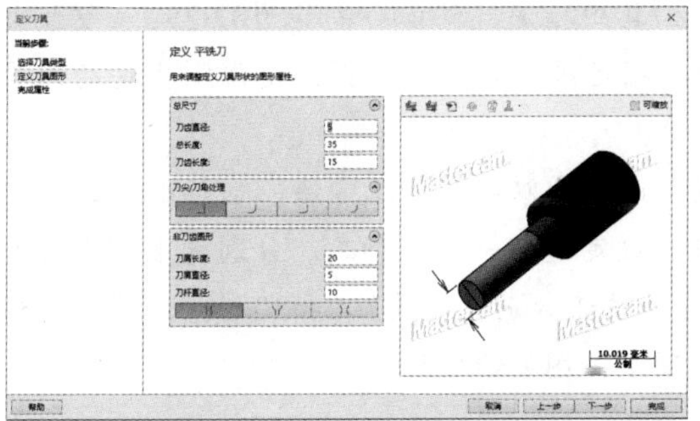

图 9-28 “定义刀具图形”选项卡

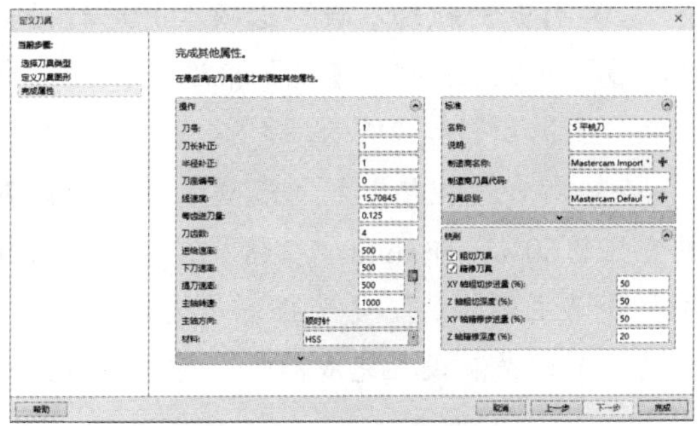

图 9-29 “完成属性”选项卡

18 单击“完成”按钮，返回“刀具参数”选项卡，选中“快速提刀”复选框设置快速退刀，此时“刀具参数”选项卡如图9-30所示。

19 打开加工参数对话框中的“曲面参数”选项卡，进行加工的参数设置，如图9-31所示。进行参数设置时，应该了解零件Z方向的分布。本零件的图形位于Z轴零点的上方，高度为30。因此，在进行加工高度设置时可以按如图9-31所示的参数进行。其中各项参数详细说明如下。

- 安全高度，35(绝对坐标)，即刀具开始加工和结束加工后返回机械原点前停留的高度为35。
- 参考高度，6(增量坐标)，刀具在完成某一路径的加工后，Z方向抬刀6mm，再进行下一阶段的加工。
- 下刀位置，1(增量坐标)，刀具从安全高度快速移到距加工面1mm后，开始以设置的加工速度移动。

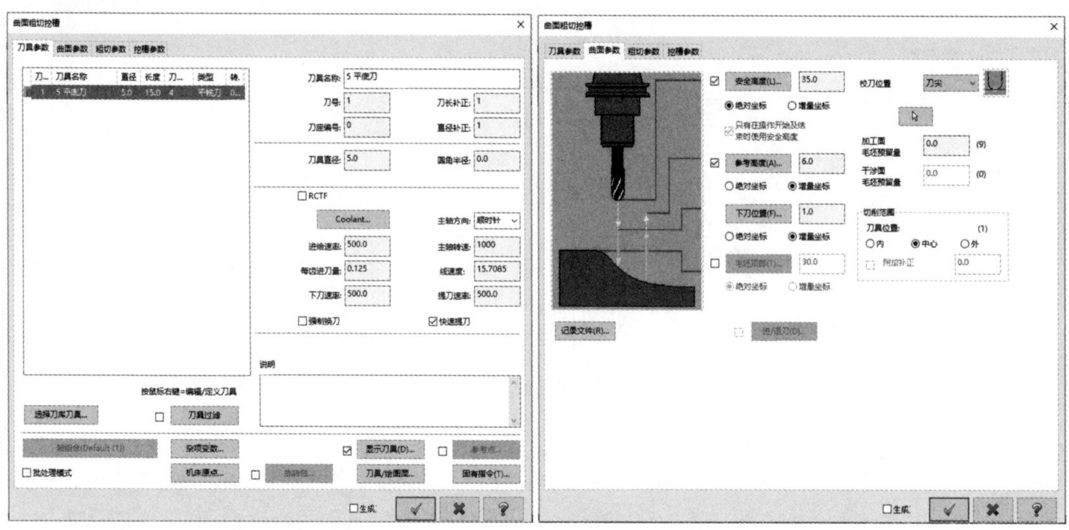

图 9-30　设定好的“刀具参数”选项卡　　　　图 9-31　“曲面参数”选项卡

20 打开“粗切参数”选项卡并进行设置，其中指定“整体公差”为0.025、“Z最大步进量”为2，选中“顺铣”单选按钮，选中“指定进刀点”复选框，使用刚指定的刀具路径起点，如图9-32所示。

21 打开“挖槽参数”选项卡并进行设置，选择“双向”加工方法，粗切削间距为刀具直径的60%，即3mm。在精加工参数设置中，设定进行一次精加工。分别选中“进给速率”和“主轴转速”复选框，将进给速率和主轴转速分别设置为300和3000，以获得更好的精加工效果。设置完成后，“挖槽参数”选项卡如图9-33所示。

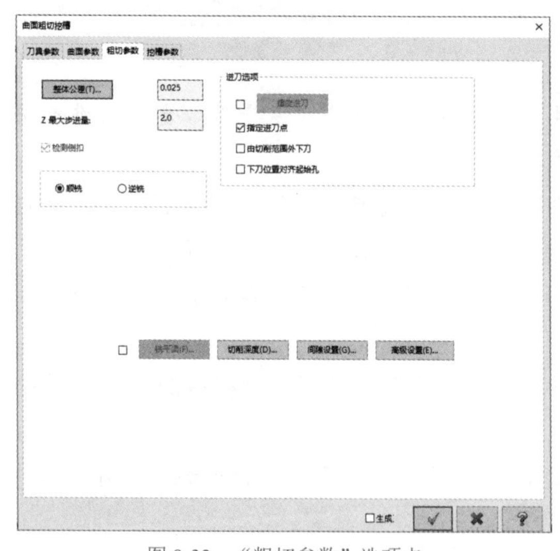

图 9-32　“粗切参数”选项卡　　　　图 9-33　“挖槽参数”选项卡

22 完成所有的设置后，单击“确定”按钮。

23 系统自动生成符合要求的刀具路径。生成刀具路径的时间和大小由用户设置的各种参数决定。系统自动生成的刀具路径如图9-34所示。

24 单击刀具路径管理器中的按钮进行加工仿真，加工仿真结束后的效果如图9-35

所示。

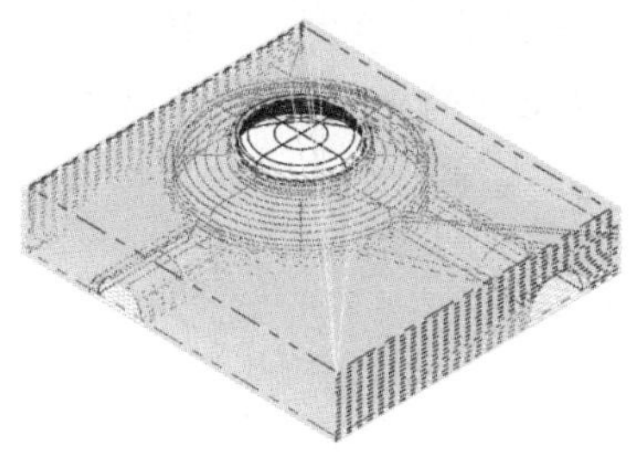

图 9-34　生成的刀具路径

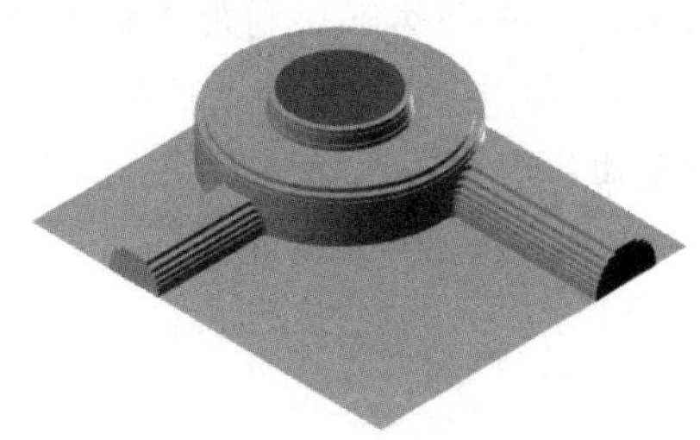

图 9-35　加工仿真

25 选择“文件”|“另存为”命令，将生成的刀具路径以“吹风机CAM.mcam”为名进行保存。

9.2　遥控器

本节以一个遥控器零件为例，介绍其CAD设计，利用二维CAD设计的结果生成零件外形刀具路径，并进行后处理。

设计完成的效果如图9-36所示。

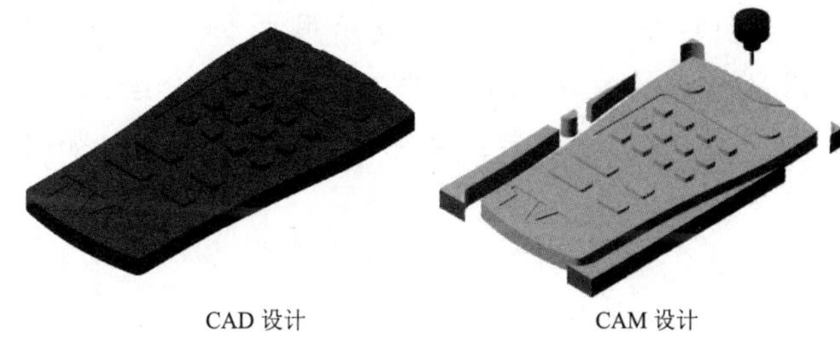

CAD 设计　　CAM 设计

图 9-36　遥控器实例

9.2.1　遥控器外形模型设计

遥控器二维CAD设计主要使用的命令包括点、直线、圆弧、曲线和文字的各种绘制命令，以及平移、镜像、旋转、剪切、拉伸实体、实体倒角和布尔运算等操作命令。在进行具体的设计之前，读者可以先复习这些内容。

1. 二维 CAD 设计

操作步骤：

01 启动Mastercam 2022软件。

02 选择“文件”|“新建”命令，新建一个.mcam文件。

03 单击+按钮，绘制遥控器外形的4个顶点。系统提示用户[绘制点位置]，指定点的位置。

04 直接在坐标输入栏[40, 0, 0]中，依次指定4个点的坐标值为(40,0,0)、(-40,0,0)、(50,180,0)和(-50,180,0)。完成后的效果如图9-37所示。

05 下面绘制遥控器的外形曲线。单击+按钮，使用同样的方法分别绘制坐标值为(0,-5,0)和(0,185,0)的两个点，如图9-38所示。

+　　+

+　　+

图 9-37　顶点

06 单击按钮，利用端点画弧法绘制上下两边的外形曲线。系统提示[请输入第一点]，指定圆弧的第一个端点。利用鼠标选择左上的外形顶点，然后确定。系统依次提示用户[请输入第二点]和[请输入第三点]，然后分别选择右上的外形顶点和上部的点(0,185,0)，即可绘制出上边的外形曲线。利用同样的方法绘制出下边的外形曲线，完成后的效果如图9-39所示。

图 9-38　上下外形曲线上的点

图 9-39　上下边的外形曲线

07 单击按钮，利用鼠标捕捉顶点，将左右两边的顶点分别连接起来，如图9-40所示。

08 单击按钮，系统提示用户[沿一图形画点:请选择图素]，选择需要绘制等分点的直线。利用鼠标选择左边的直线即可。在“等分绘点”对话框中，输入均匀分段点数为6，[6]。确定后，系统自动绘制分段点，如图9-41所示。

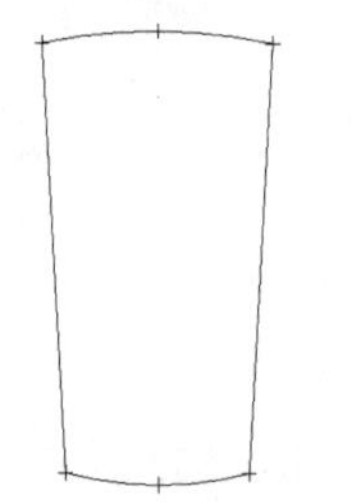

图 9-40　连接左右顶点

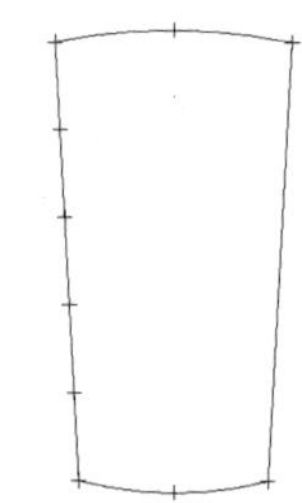

图 9-41　绘制分段点

09 单击按钮，绘制左边外形线的三条垂直线。系统提示用户[选择线、圆弧、曲线或边缘]，利用鼠标选择左边的直线后，系统提示用户选择垂线通过的点，利用鼠标捕捉相应的点，并注意垂线的方向，其中通过最上面捕捉点的垂线偏向左侧，通过下面两点的垂线偏向右侧，如图9-42所示。

10 单击按钮，动态绘制三条垂直线上的点。系统提示用户[选择线、圆弧、样条曲线、曲面、网格或实体面]，利用鼠标分别选择三条垂直线即可。在“动态绘点”对话框中，输入点沿图形相对于相对零点的距离为2，并单击按钮进行锁定，即[沿(A): 2.0]。利用鼠标在曲线中捕捉相应的点，注意点的偏置方向，其中最上面的捕捉点左偏置，下面的两点右偏置。确定后，系统自动绘制出相应的点，如图9-43(a)所示。删除三条垂直线，绘制的点如图9-43(b)所示。

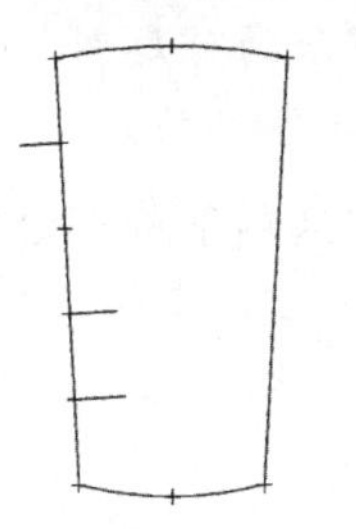

图 9-42 左边外形线的三条垂直线

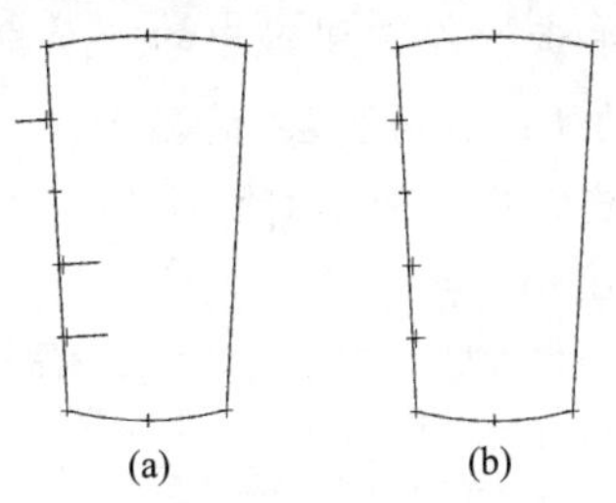

图 9-43 三条垂直线上的点

11 单击按钮，绘制左边的外形曲线。系统提示用户依次选择曲线经过的点，利用鼠标从上到下依次选择上顶点、第一个偏置点、等分点、第二个偏置点、第三个偏置点以及下顶点，然后确定即可。系统自动绘制出如图9-44所示的曲线。

12 删除左边的直线。

13 利用步骤08～12的方法，绘制出右边外形曲线，完成外形曲线的绘制，效果如图9-45所示。

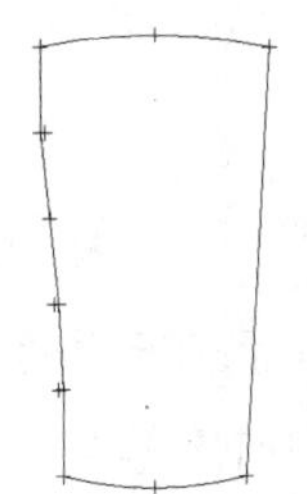

图 9-44 左边外形曲线

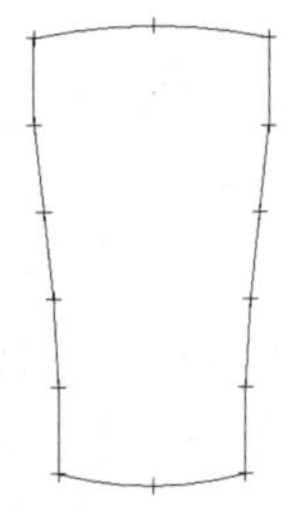

图 9-45 外形曲线

14 单击按钮，进行倒圆角。系统打开“图素倒圆角”对话框，同时提示用户倒圆角: 选择图素。在“图素倒圆角”对话框中指定倒圆角半径为5(5.0)；倒角方式为圆角(方式: ◉ 圆角(O))；对倒角处进行修剪(☑ 修剪图素(T))。利用鼠标分别选择左、右和下部曲线外形，确定后，系统自动对曲线外形的下部进行倒角，效果如图9-46所示。

15 选中所有的外形曲线，在“主页”选项卡的“属性”面板中单击“设置全部”按钮，系统打开“属性”对话框，单击“选择”按钮，在打开的“选择层别”对话框中选择图层“2”，单击“确定”按钮，返回“属性”对话框，选中“选择”按钮前面的复选框，如图9-47所示。

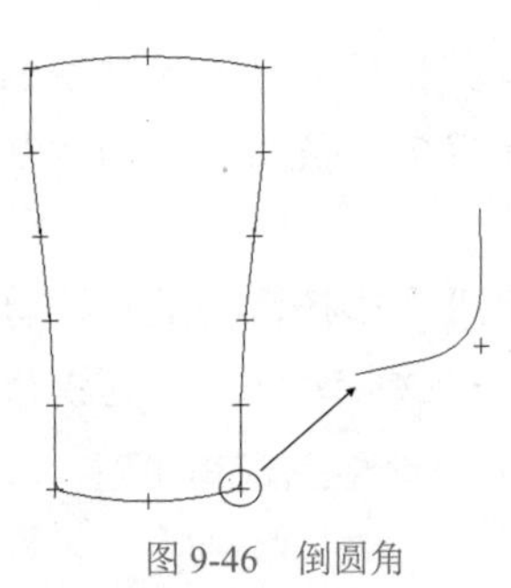

图 9-46 倒圆角

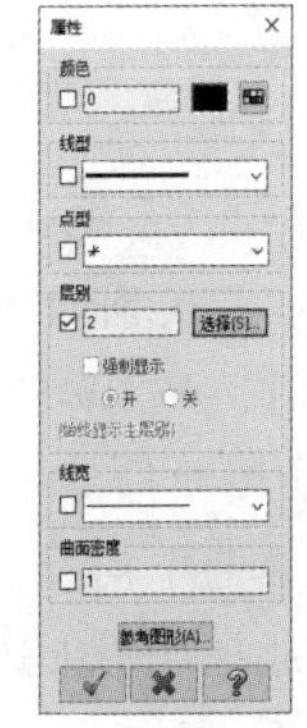

图 9-47 “属性”对话框

16 单击操作管理器中的“层别”处，打开如图9-48所示的“层别”对话框。单击图层2后面的X，取消图层2的显示。

17 确定后，图形对象中的所有外形曲线都没有显示，只剩下所有绘制过程中的辅助点，如图9-49所示。

图 9-48 “层别”对话框

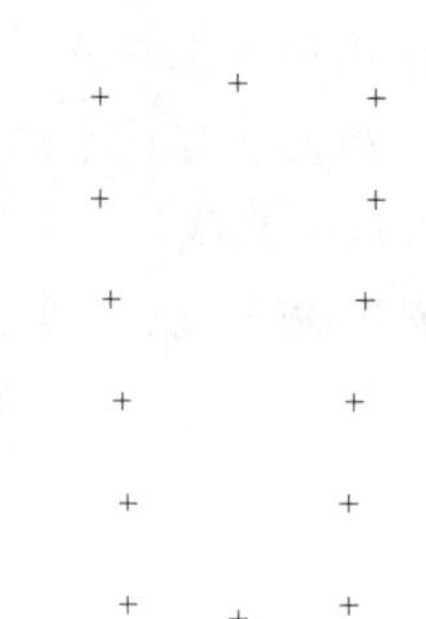

图 9-49 关闭图层 2 的显示

18 选中所有的点，按Delete键，将它们删除。单击操作管理器中的“层别”处，在打开的“层别”对话框中，将图层2改为可见。确定后，图形对象显示如图9-50所示。再使用步骤15的方法将外形曲线设置为属于图层1。

19 单击按钮，在坐标输入框中输入0, 0, 0，即选择坐标原点作为直线的起点。在“线端点”对话框中指定直线的长度为200、角度为90(长度(L): 200.0 角度(A) 90.0)。确定后，绘制直线，如图9-51所示。

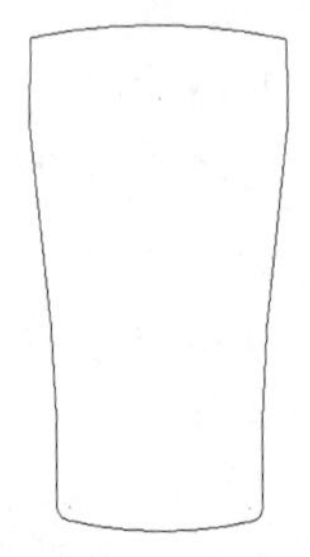

图 9-50 删除所有的辅助点后的效果

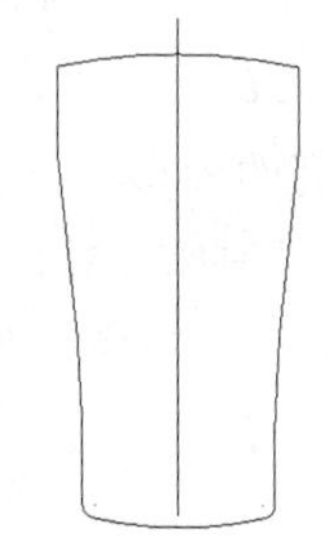

图 9-51 绘制直线

20 单击按钮，系统提示用户请输入圆心点，选择圆心。利用鼠标选择刚绘制的直线的上端点作为圆心。指定圆的半径为25(半径(U): 25.0)，然后确定。使用同样的方法绘制一个半径为30的同心圆，如图9-52所示。

21 单击“多图素修剪”按钮进行修剪。系统提示用户选择需要进行修剪的图形。利用鼠标依次选择两个同心圆，然后确定。系统提示用户选择要修剪的曲线，选择修剪的目标图形。利用鼠标选择外形上边曲线并确定。系统提示用户指定修剪曲线要保留的位置，选择需要保留的部分。选择并确定后，得到的结果如图9-53所示。

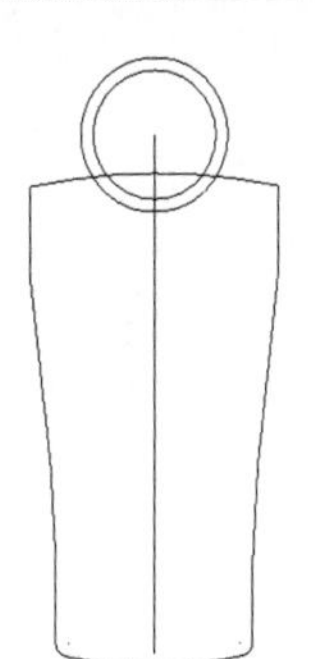

图 9-52　绘制同心圆

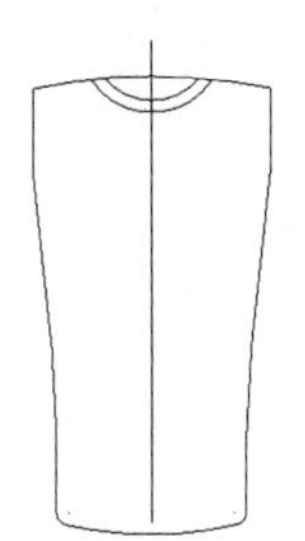

图 9-53　修剪同心圆

22 单击按钮，绘制圆形按钮。系统提示用户[请输入圆心点]，选择圆心。在坐标输入框中输入[-30, 160, 0]，即选择坐标为(-30,160,0)的点作为圆心。指定圆半径为7.5(半径(U): 7.5)。确定后，系统绘制的圆如图9-54所示。

23 单击按钮，系统提示用户[镜像:选择要镜像的图素]，选择需要进行镜像的图形。利用鼠标选择刚绘制的圆形按钮。确定后，系统打开如图9-55所示的“镜像”对话框。选中该对话框中的“向量”单选按钮，系统提示用户选择一条直线作为镜像的对称轴，利用鼠标选择步骤**19**中绘制的直线。确定后，系统绘制一个镜像的圆形按钮，如图9-56所示。

24 单击按钮，绘制带圆角的矩形。系统打开“矩形形状”对话框，按照图9-57所示进行设置。

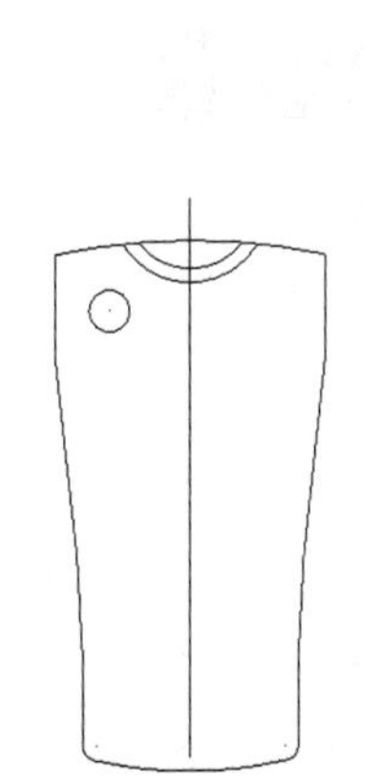

图 9-54　圆形按钮

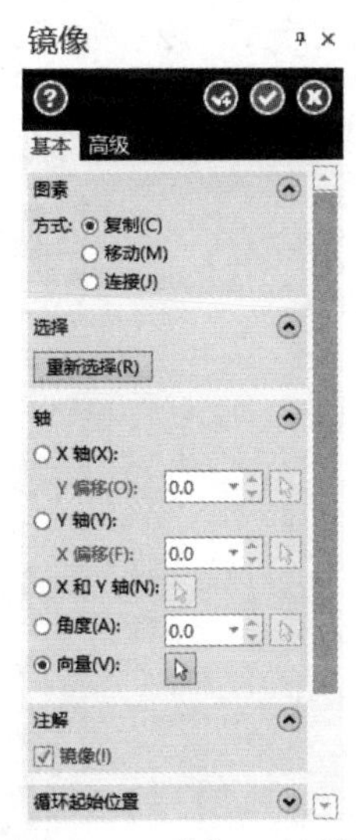

图 9-55　“镜像”对话框

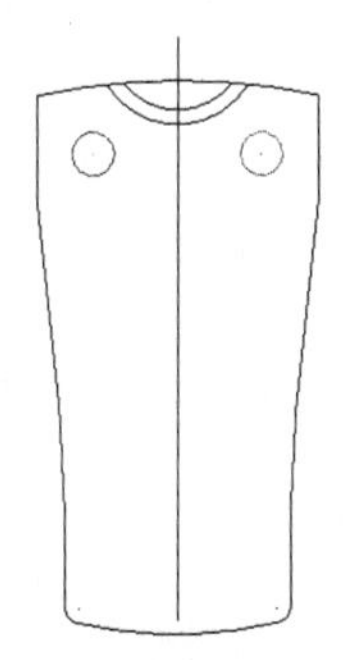

图 9-56　镜像圆形按钮

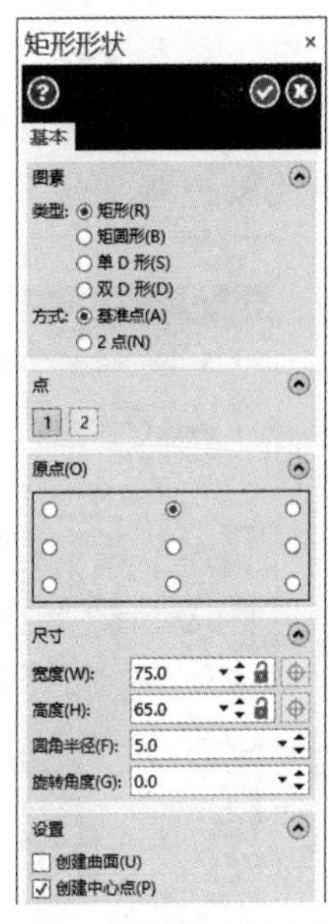

图 9-57　“矩形形状”对话框

25 同时系统提示用户[选择基准点。]，选择矩形上边线的中点。在坐标输入框中输入[0, 145, 0]，即指定点(0,145,0)作为上边线的中点。确定后，系统绘制带圆角的矩形，如图9-58所示。

26 将中心的直线删除。单击按钮，绘制矩形按钮。系统打开“矩形形状”对话框，按照图9-59所示进行设置。指定(-25.5,132,0)作为矩形的中心，绘制出的矩形按钮如

图9-60所示。

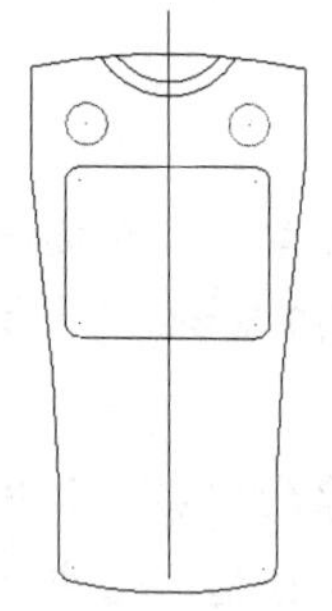

图 9-58　带圆角的矩形

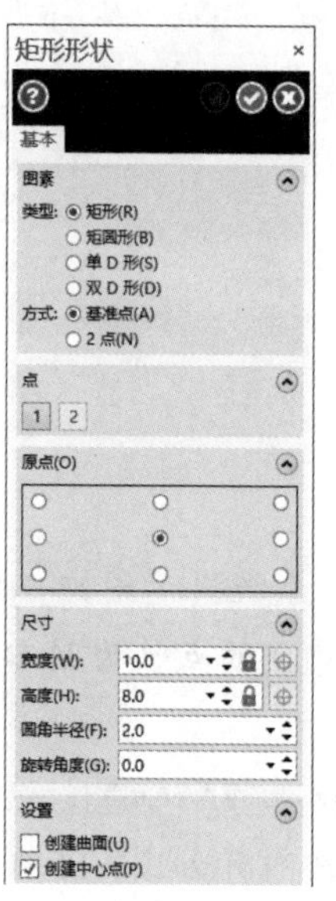

图 9-59　“矩形形状”对话框

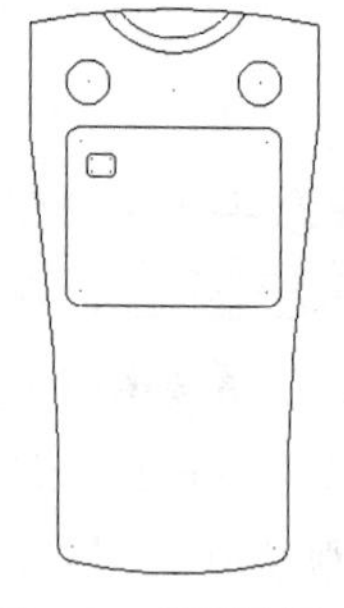

图 9-60　矩形按钮

27 单击按钮，对按钮进行平移处理。系统提示用户选择需要进行平移的图素。利用鼠标选中矩形按钮后，确定。系统打开如图9-61所示的“平移”对话框，在其中指定数目为3、平移距离为水平17。确定后，系统自动进行平移，结果如图9-62所示。

28 单击按钮，继续对按钮进行平移处理。利用鼠标选中4个矩形按钮，然后确定。在打开的如图9-63所示的“平移”对话框中指定数目为2、垂直距离为-17。确定后，系统自动进行平移，结果如图9-64所示。

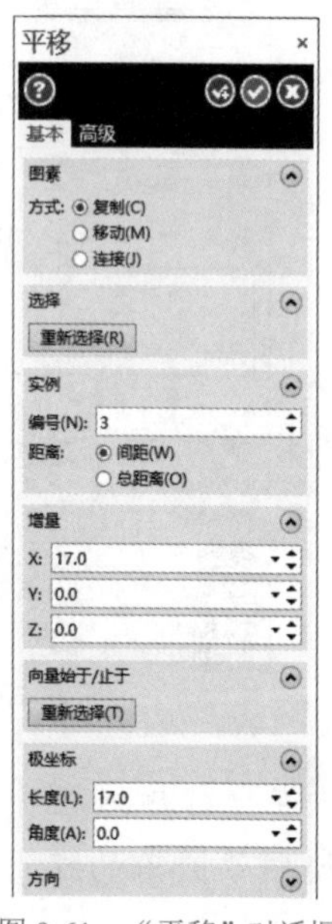

图 9-61　“平移”对话框

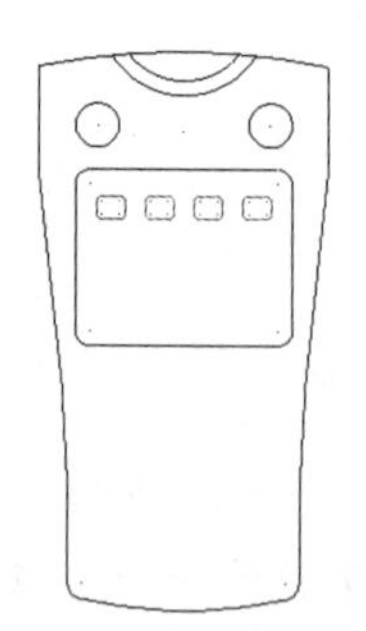

图 9-62　水平平移矩形按钮

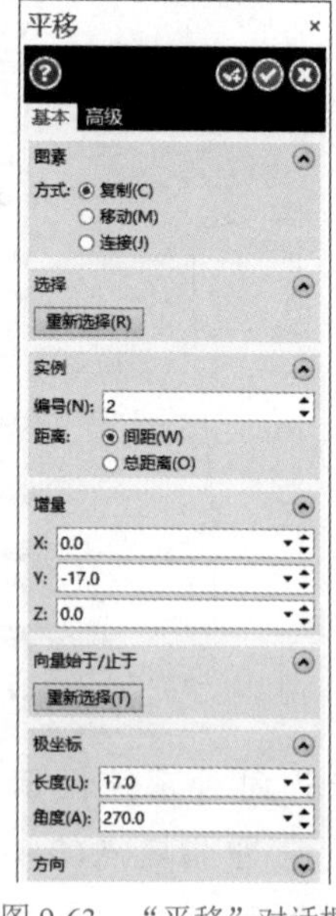

图 9-63　“平移”对话框

29 单击□按钮，绘制长矩形按钮。系统打开“矩形形状”对话框，按照图9-65所示进行设置。指定(-17,70,0)作为矩形的中心，绘制出的长矩形按钮如图9-66所示。

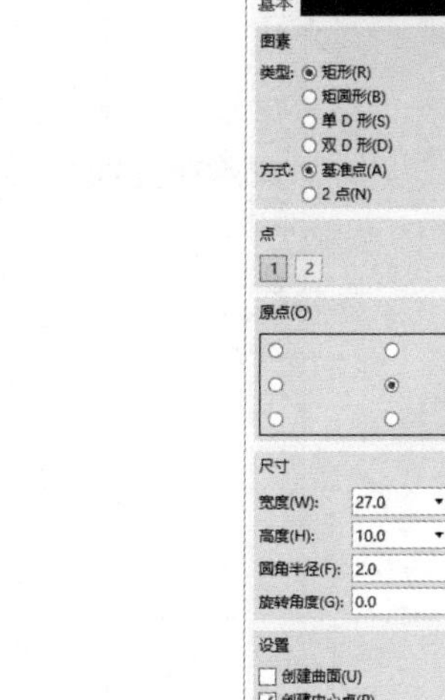

图 9-64　垂直平移矩形按钮

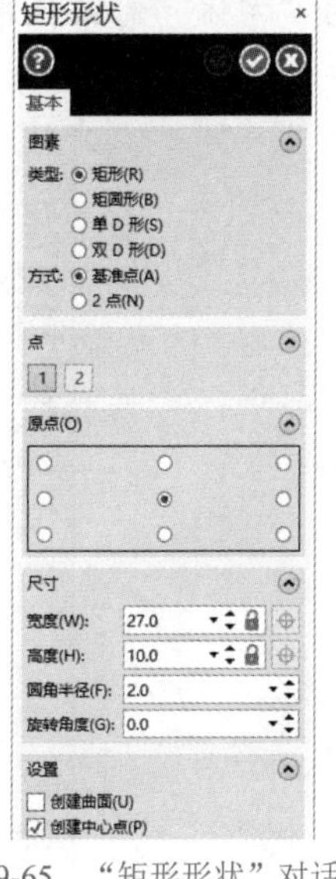

图 9-65　“矩形形状”对话框

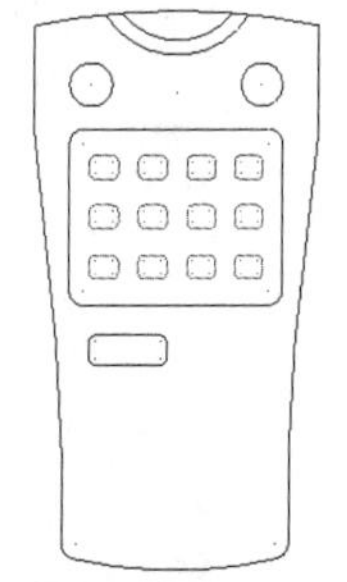

图 9-66　长矩形按钮

30 单击□按钮，绘制矩形按钮。系统打开“矩形形状”对话框，按照图9-67所示进行设置。指定(17,70,0)作为矩形的中心，绘制出的矩形按钮如图9-68所示。

31 单击按钮，继续对按钮进行平移处理。利用鼠标选中两个新绘制的矩形按钮后确定。在打开的如图9-69所示的“平移”对话框中指定数目为1、垂直距离为-20。确定后，系统自动进行平移，结果如图9-70所示。

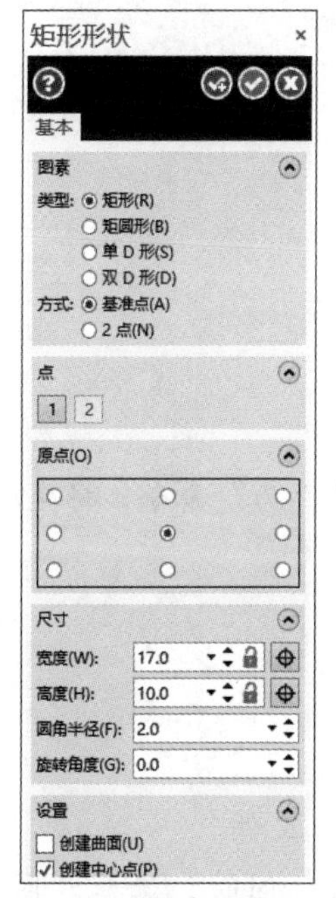

图 9-67　“矩形形状”对话框

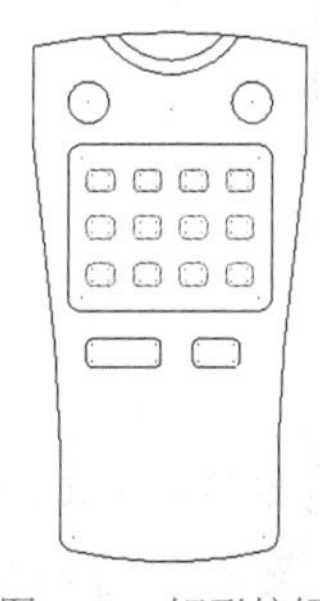

图 9-68　矩形按钮

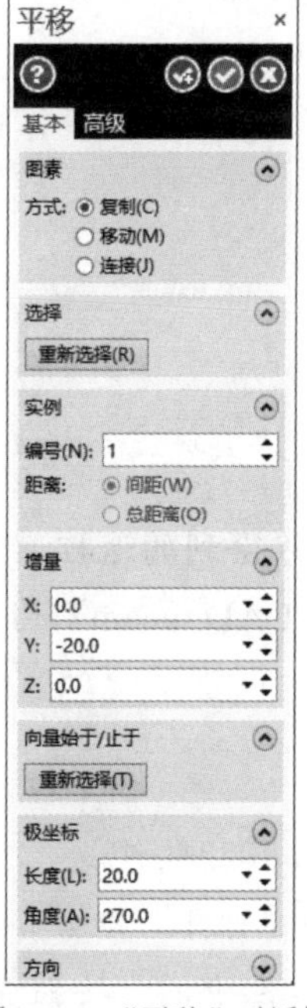

图 9-69　“平移”对话框

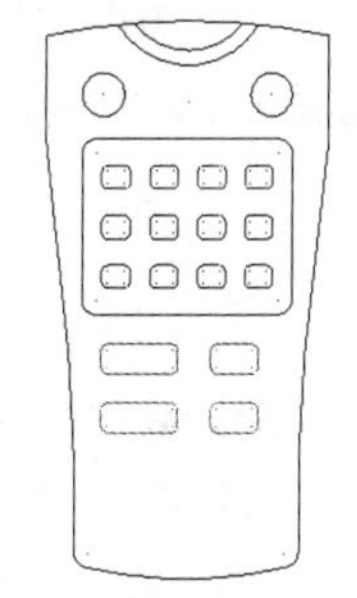

图 9-70　平移矩形按钮

32 在“线框”选项卡的“形状”面板上单击“文字”按钮A，系统打开如图9-71所示的“创建文字”对话框。在其中输入需要显示的文字为TV、字高为20、字距为0.8。单击按钮，在打开的如图9-72所示的“字体”对话框中，选择字体为Arial，选择字形为黑体。确定后，返回“创建文字”对话框。

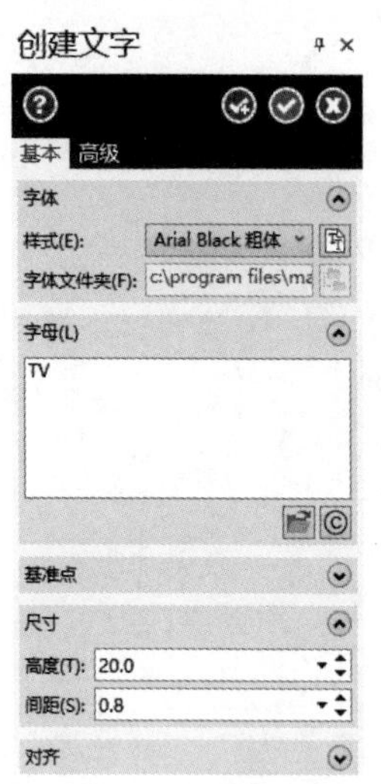

图 9-71 “创建文字”对话框

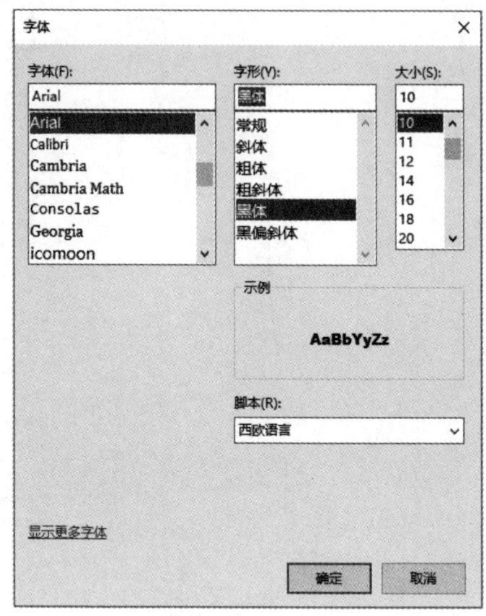

图 9-72 “字体”对话框

33 确定后，系统提示用户选择文字参考位置点，即左下角的点。利用鼠标选择外形曲线左下角所倒圆角的圆心作为位置参考点。确定后，系统自动插入文字，如图9-73所示。

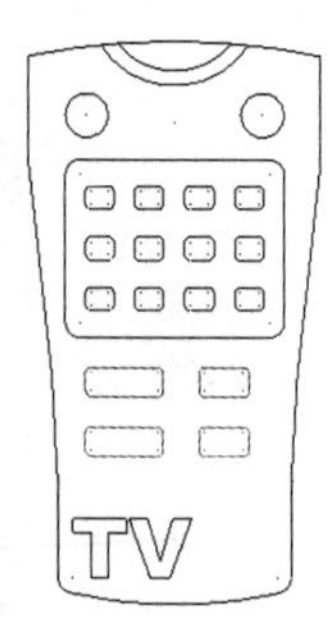

图 9-73 遥控器二维 CAD

34 图9-73即为最终得到的遥控器二维图形。选择“文件”|“另存为”命令，将生成的图形以“遥控器二维CAD.mcam”为名进行保存。

2. 三维 CAD 设计

操作步骤：

01 启动Mastercam 2022软件。

02 选择“文件”|“打开”命令，打开“遥控器二维CAD.mcam”文件。

03 单击选择工具栏中的按钮旁的下拉菜单，选择窗选方式。同时，选择“内+相交”方式。框选图形对象中除了左右两边和下边的外形曲线外的所有图素，如图9-74所示。

04 单击按钮，系统打开如图9-75所示的“平移”对话框，选择“复制”方式，指定数目为1，在Z方向移动10。确定后，系统自动进行平移。

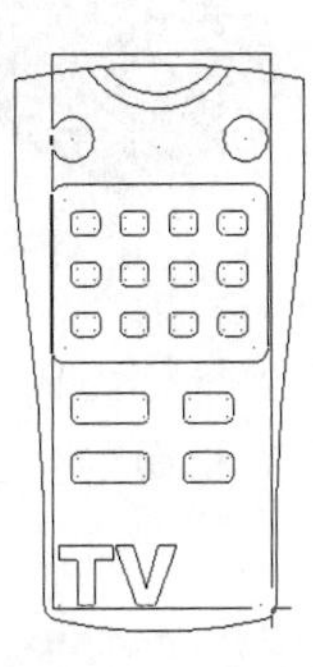

图 9-74　窗选图素

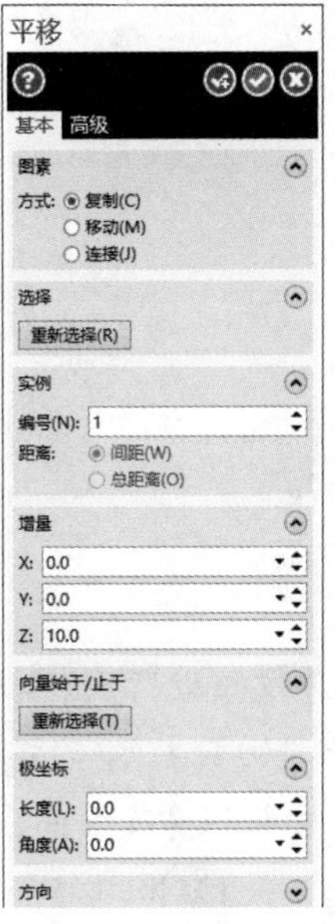

图 9-75　“平移”对话框

05 单击和按钮，分别在右视图和等视图中观察的平移结果如图9-76所示。

06 在等视图下，将顶部放大，如图9-77所示。图中的标号代表准备进行修剪操作的对象部分。

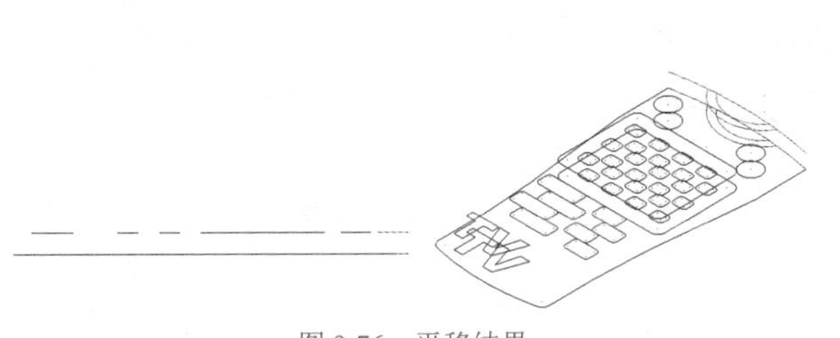

图 9-76　平移结果

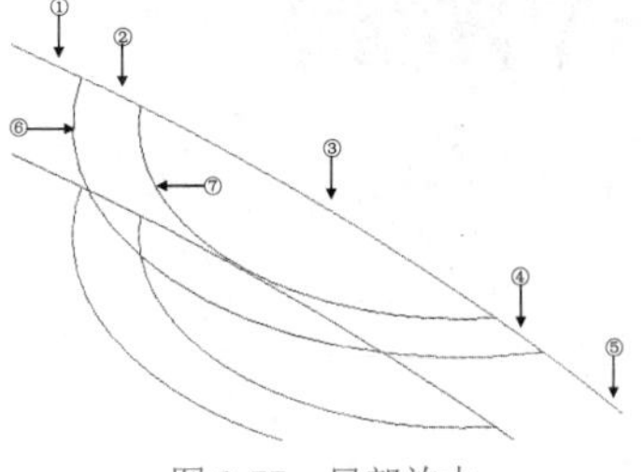

图 9-77　局部放大

07 单击按钮，对平移后的上部曲线进行修剪。在“修剪到图素”对话框中，选择“修剪单一物体”和“打断”修剪方式。利用鼠标按顺序依次单击选择①、⑥、②、⑦、③、⑦、④、⑥部分。确定后，系统自动进行修剪。将多余部分删去，仅保留需要的部分，如图9-78所示。

08 单击按钮，进行实体拉伸。系统打开“线框串连”对话框，并提示用户选择要拉伸的串连 1，选择需要进行拉伸的图素。利用鼠标选择外形曲线即可。确定后，系统打开如图9-79所示的“实体拉伸”对话框，输入拉伸长度为10，然后确定。系统自动生成拉伸实体，如图9-80所示。

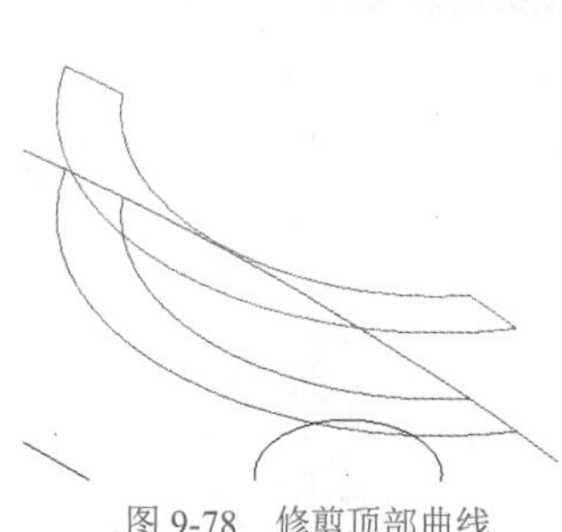
图 9-78　修剪顶部曲线

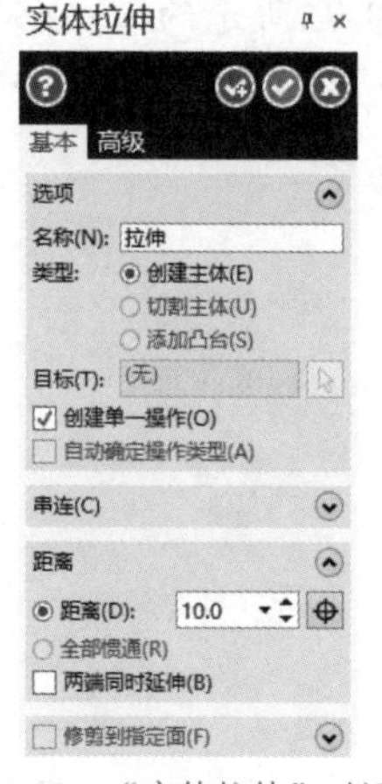

图 9-79　“实体拉伸”对话框

图 9-80　拉伸实体

09 单击按钮进行实体拉伸。选择字母T的曲线作为拉伸曲线，在“实体拉伸”对话框中，选择“切割主体”方式，拉伸长度为1。如果指示箭头指向实体上方则需要单击“全部反向”按钮更改方向，如图9-81所示。

10 同样对字母V和顶部平移曲线进行实体拉伸操作，方法同步骤**09**。拉伸完成后的效果如图9-82所示。

11 使用同样的方法，利用“切割主体”方式对平移的按钮外框进行实体拉伸，拉伸厚度为1，结果如图9-83所示。

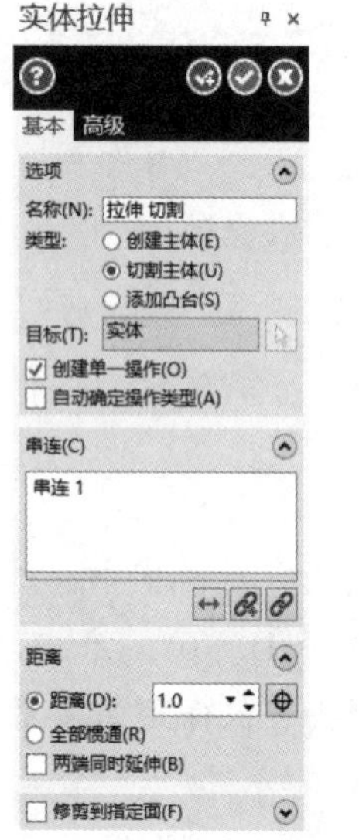

图 9-81　“实体拉伸”对话框

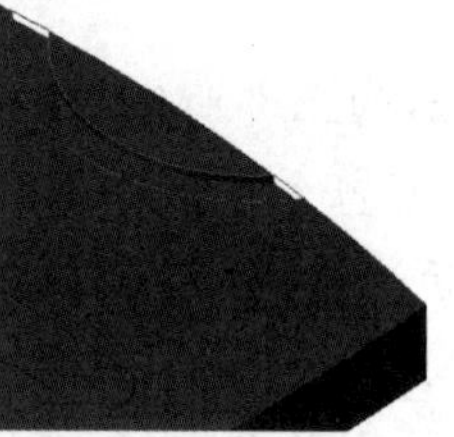
图 9-82　“切割主体”后的效果

图 9-83　按钮外框“切割主体”后的效果

12 单击按钮进行实体拉伸。选择没有平移过的所有按钮曲线作为拉伸曲线，在“实体拉伸”对话框中，选择“创建主体”方式，拉伸长度为12。可单击拉伸方向指示箭头，将所有的拉伸方向指向上方，如图9-84所示。

13 确定后，拉伸效果如图9-85所示。

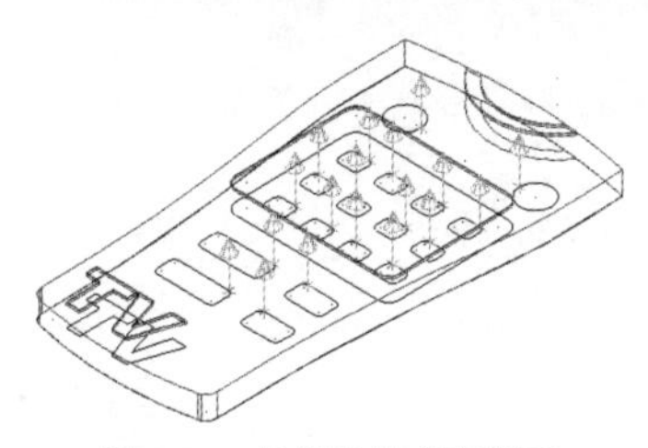

图 9-84　按钮拉伸方向指示

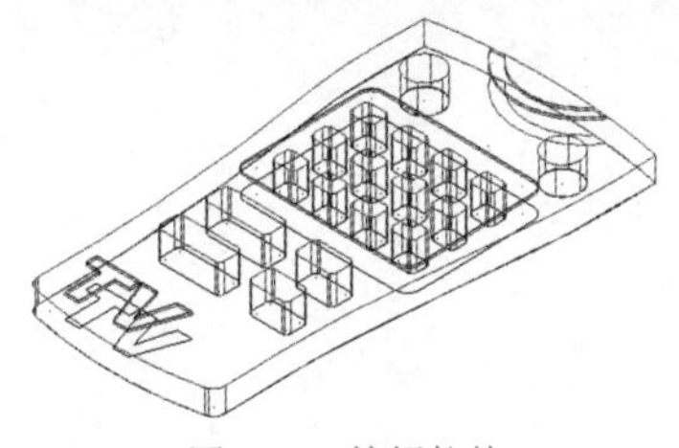

图 9-85　按钮拉伸

14 单击按钮进行布尔运算操作，将所有的实体合并为同一个实体。利用鼠标依次选择实体，进行确认即可。合并后的效果如图9-86所示。

15 将绘制的各种辅助图素全部删除后，得到需要的遥控器三维CAD设计结果，如图9-87所示。

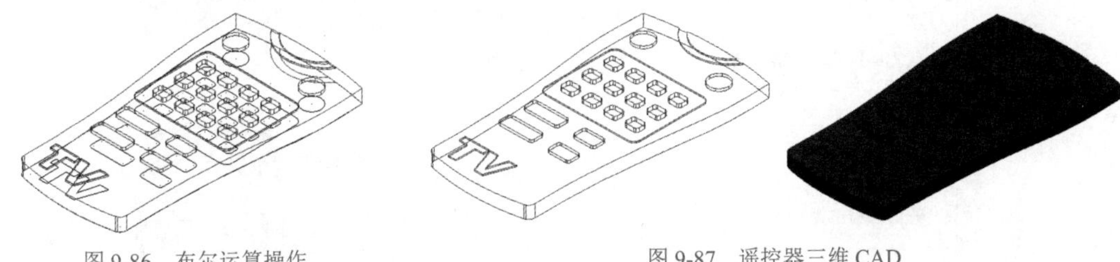

图 9-86　布尔运算操作

图 9-87　遥控器三维 CAD

16 选择“文件”|“另存为”命令，将生成的图形以“遥控器三维CAD.mcam”为名进行保存。

9.2.2　遥控器外形刀具路径设计

遥控器外形刀具路径的设计采用遥控器二维CAD设计的结果作为基础，主要使用外形加工、平面加工和挖槽加工。

1. 加工设置

首先指定加工的毛坯。

设计步骤：

01 启动Mastercam 2022软件。

02 选择“文件”|“打开”命令，打开9.2.1节生成的“遥控器二维CAD.mcam”文件。

03 选择“转换”|“原点”命令，将绘图区的图形中心移至原点。

04 选择“机床”|“铣床”|“默认”命令，选择默认机床作为本次加工使用的机床。此时，Mastercam 2022自动切换到Mill模块。同时，刀具路径管理器如图9-88所示。

05 双击刀具路径管理器中的“毛坯设置”选项，打开“机床群组属性”对话框的“毛坯设置”选项卡。在其中根据零件设计的要求，设定材料的尺寸为200mm×120mm×14mm，如图9-89所示。

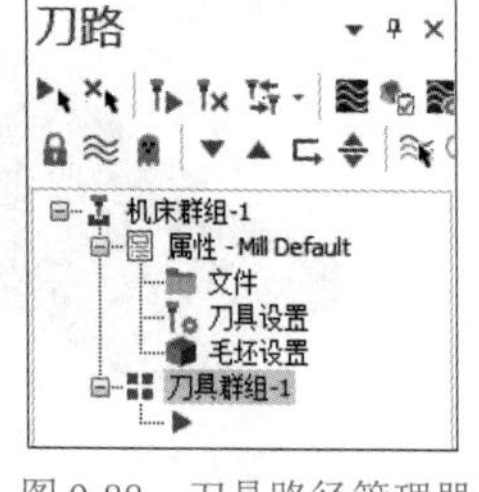

图 9-88　刀具路径管理器

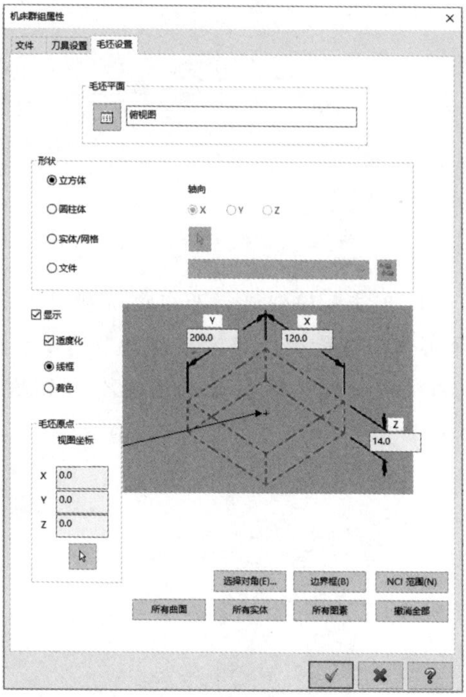

图 9-89　“毛坯设置”选项卡

06 单击“确定”按钮 ，完成零件毛坯的设计，如图9-90所示。

2. 外形加工

选择外形加工方法，加工出零件的外形。

设计步骤：

01 在“刀路”选项卡的2D面板上单击“外形”按钮 ，在打开的“输入新NC名称”对话框中输入如图9-91所示的名称。

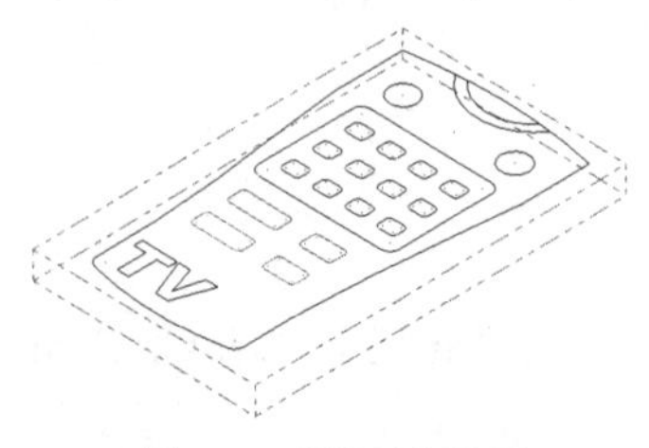

图 9-90　零件毛坯设置

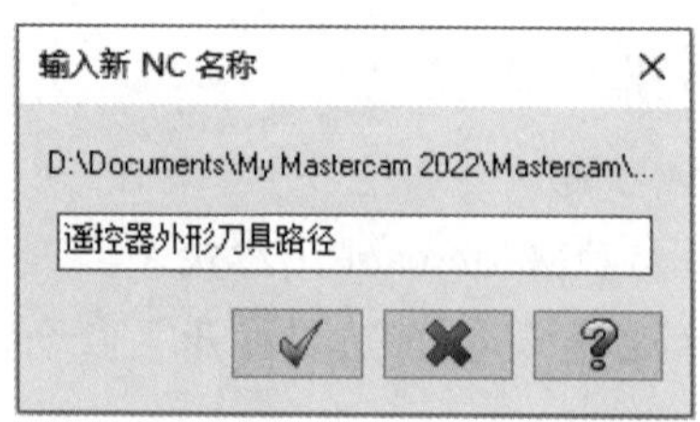

图 9-91　“输入新 NC 名称”对话框

02 确定后，系统打开“线框串连”对话框，用于在其中选择外形加工的几何图形。利用鼠标在图形对象上选择图形的外边界，如图9-92所示，其中的箭头代表了串连的方向。

03 确定后，系统打开如图9-93所示的加工参数对话框。打开“刀具”选项卡，在刀具列表中右击空白区域，在弹出的快捷菜单中选择“创建刀具”命令，打开如图9-94所示的“定义刀具”对话框的“选择刀具类型”选项卡。

04 选择“平铣刀”并单击“下一步”按钮，系统打开“定义刀具图形”选项卡，在其中指定刀具直径为10mm并设置其他参数，如图9-95所示。

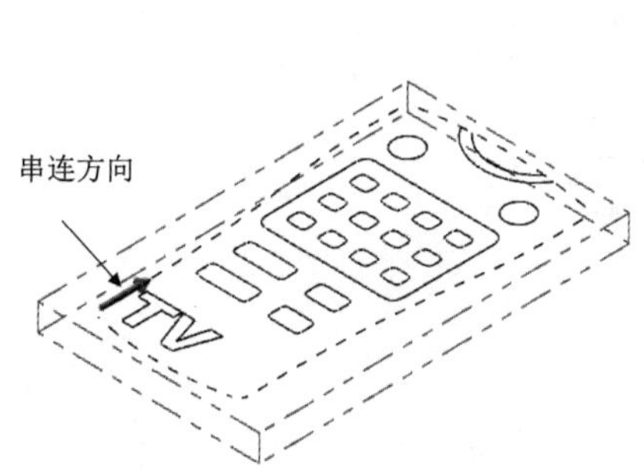

图 9-92　选择外形加工几何图形

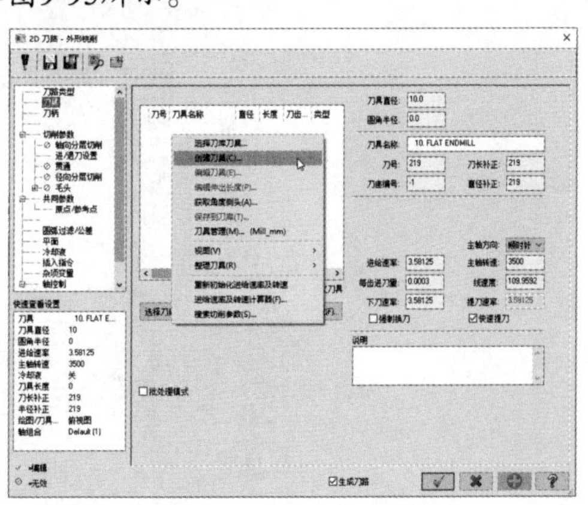

图 9-93　加工参数对话框

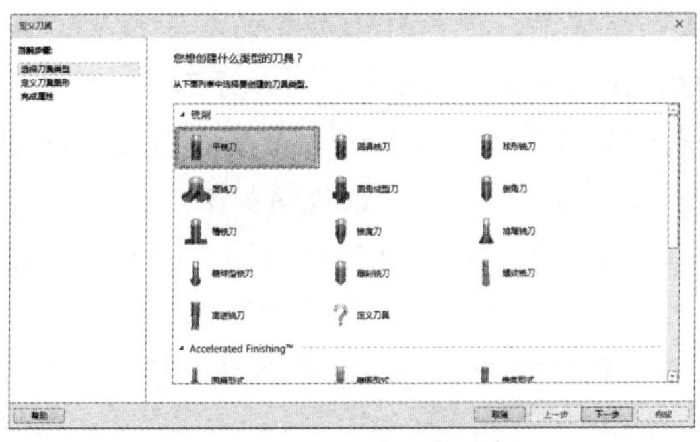

图 9-94　“选择刀具类型”选项卡

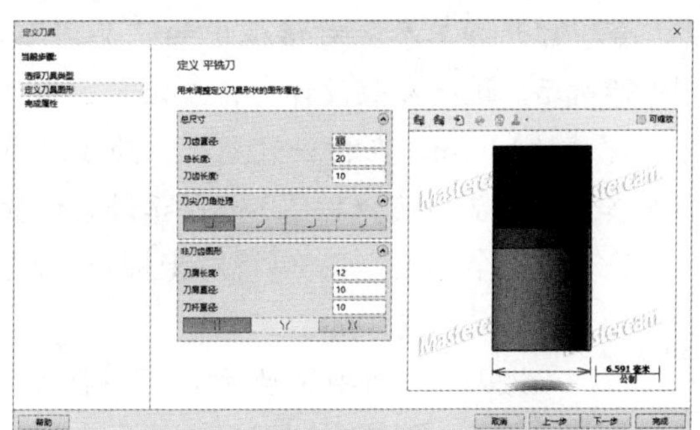

图 9-95　“定义刀具图形”选项卡

05 在“定义刀具”对话框中打开“完成属性”选项卡，在其中指定“进给速率”为500、“下刀速率”为1000、“主轴转速”为3000、“提刀速率”为1000，以及粗精加工的步距，如图9-96所示。

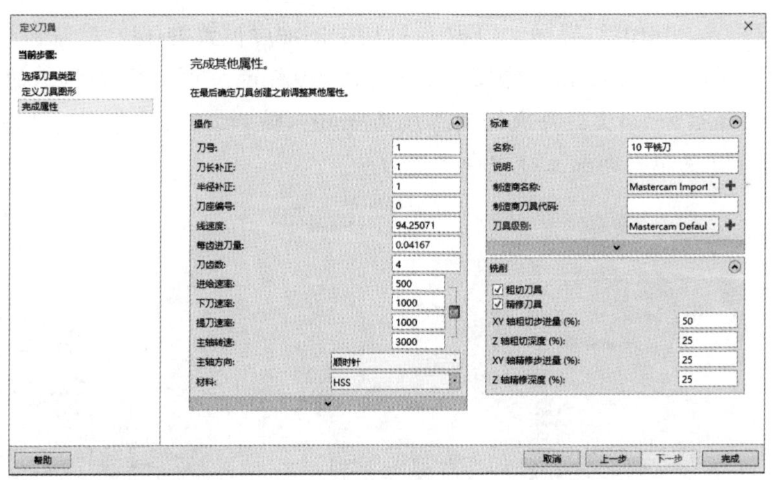

图 9-96　“完成属性”选项卡

06 确定后，返回“刀具”选项卡，选中“快速提刀”复选框以设置快速退刀，此时的对话框如图9-97所示。

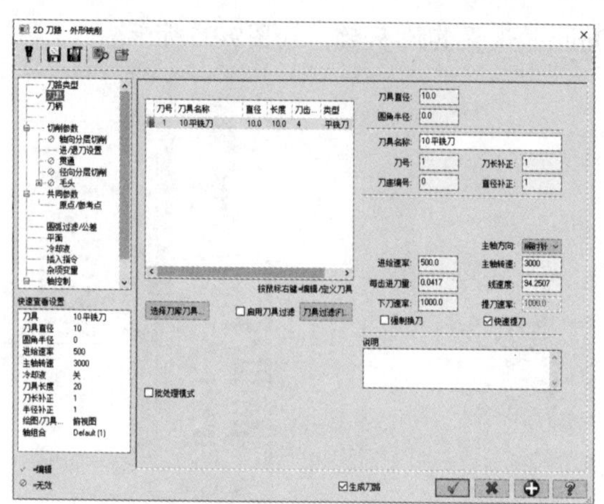

图 9-97　设置完成的“刀具”选项卡

07 打开加工参数对话框中的“共同参数”选项卡，进行外形加工的参数设置，如图9-98所示。进行参数设计时，应该了解零件Z方向的分布。本零件材料位于Z轴零点的下方，深度为14mm。在材料设置时，为了进行表面加工，设计了2mm的余量。因此，在进行加工高度设置时可以按图9-98所示进行设置。其中各项参数的详细说明如下。

- “安全高度”，50(绝对坐标)，即刀具开始加工和结束加工后返回机械原点前停留的高度为50mm。
- “提刀”，0(绝对坐标)，刀具在完成某一路径的加工后，直接进刀进行下一阶段的加工，而不用回刀。
- “下刀位置”，5(增量坐标)，刀具从安全高度快速移到距加工面2mm后，开始以设置的加工速度移动。
- “毛坯顶部”位置，0(绝对坐标)，毛坯顶部就是加工进刀位置，即开始轴向进刀的高度。
- “深度”，-14(绝对坐标)，工件最后切削的深度位置为-14。

08 打开“轴向分层切削”选项卡，如图9-99所示。由于需要加工的零件厚度为14mm，因此设计粗加工4次，每次切削厚度为3mm；精加工2次，每次切削厚度为1mm。选中“不提刀”复选框，即加工过程中不提刀。

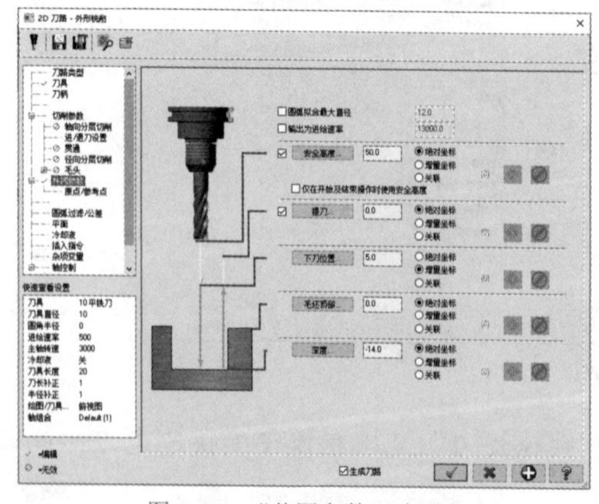

图 9-98　“共同参数”选项卡

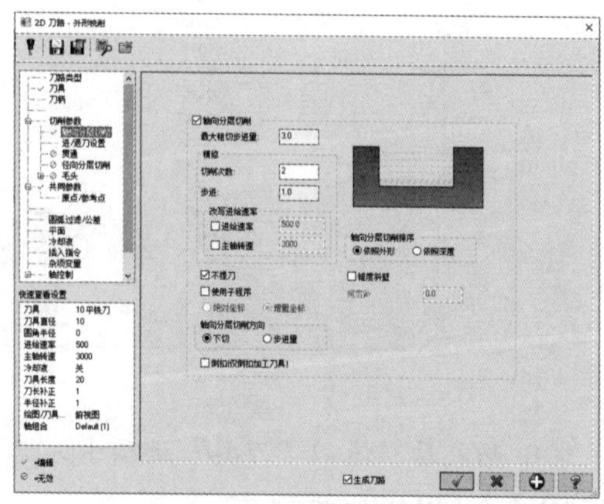

图 9-99　“轴向分层切削”选项卡

09 为避免残料的存在，因此设置刀具伸出零件后再进行加工。选择“贯通”选项卡，设置伸出距离为0.5mm，如图9-100所示。

10 单击“确定”按钮✔，完成加工的参数设置，系统自动生成刀具路径，如图9-101所示。

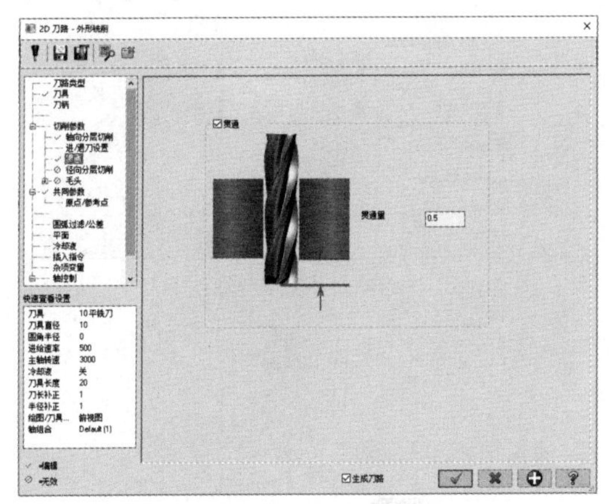

图 9-100 “贯通”选项卡

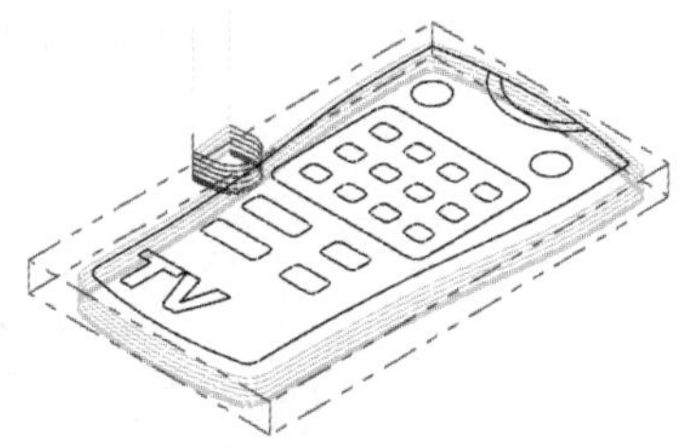

图 9-101 生成的刀具路径

11 单击刀具路径管理器中的按钮，进行加工仿真，加工仿真结束后的效果如图9-102所示。

图 9-102 加工仿真

至此，完成该零件的外形加工。

3. 表面加工

下面利用平面加工方法，加工出零件的表面。

设计步骤：

01 在“刀路”选项卡的2D面板上单击“面铣”按钮，系统打开“线框串连”对话框。选择与外形加工相同的图素，即以零件的外形图素为对象，如图9-103所示。

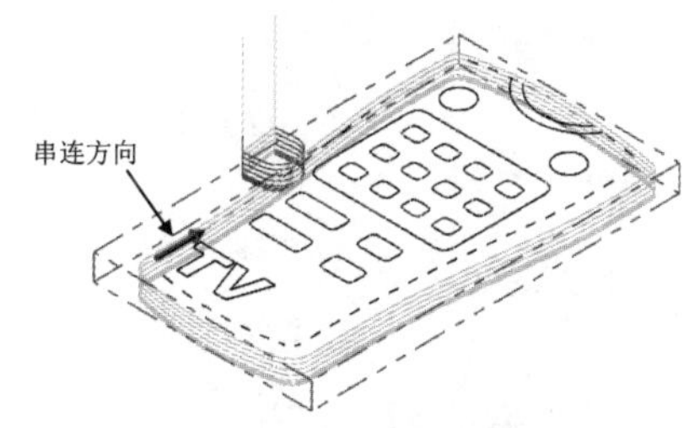

图 9-103 外形加工图素

02 单击“确定”按钮，系统打开如图9-104所示的平面加工参数对话框。

03 同样为平面加工创建一把专门的刀具，在图9-105所示的“选择刀具类型”选项卡中选择“面铣刀”，它比一般的铣刀切削面积更大，加工效率更高。

04 单击“下一步”按钮后，在打开的如图9-106所示的“定义刀具图形”选项卡中设置刀具直径为20mm。

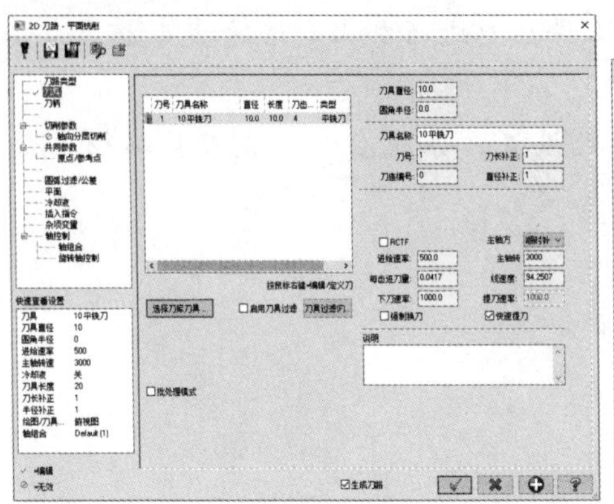

图 9-104　平面加工参数对话框

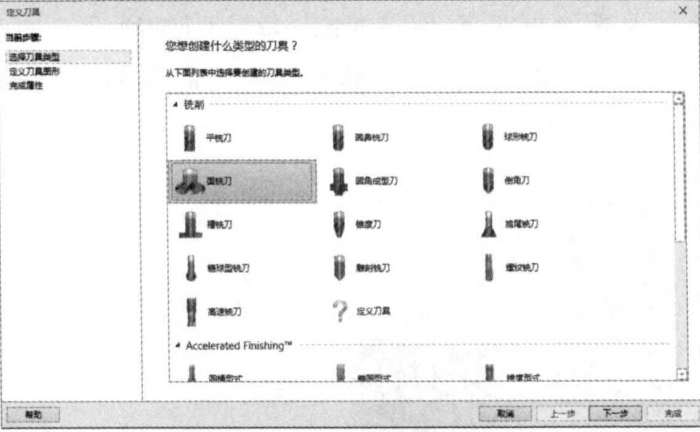

图 9-105　“选择刀具类型”选项卡

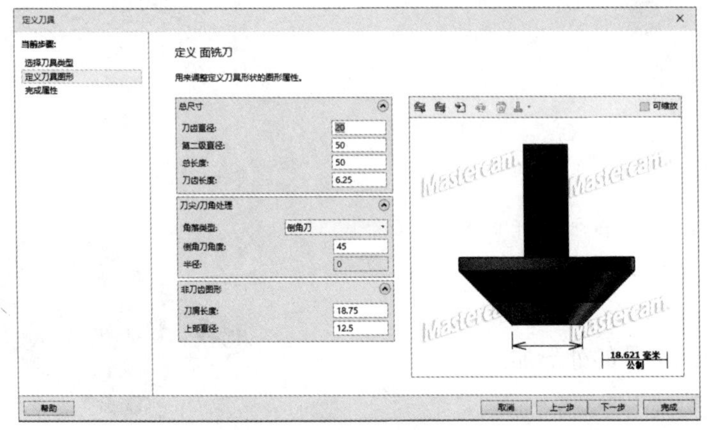

图 9-106　“定义刀具图形”选项卡

05 在“定义刀具”对话框中，打开“完成属性”选项卡，在其中指定“进给速率”为500、“下刀速率”为1000、“主轴转速”为3000、“提刀速率”为1000，以及粗精加工的步距，如图9-107所示。

06 单击“完成”按钮，返回平面加工参数对话框，选中新增的刀具作为平面加工的刀具，如图9-108所示。

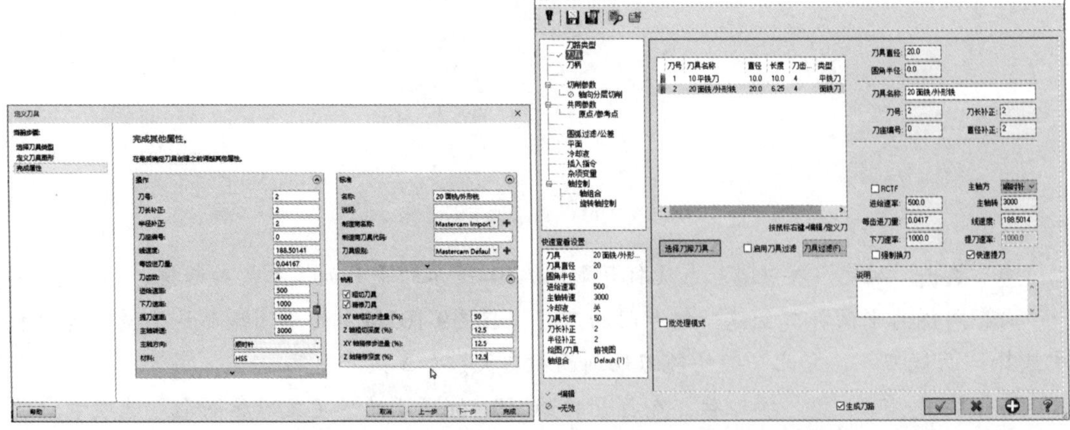

图 9-107　“完成属性”选项卡　　图 9-108　选择新增的刀具

07 打开“共同参数”选项卡，进行加工参数的设置，如图9-109所示。高度设置与外形加工的设置基本相同，只是加工深度的绝对位置为-2，即加工厚度为2mm。

08 打开“轴向分层切削”选项卡，如图9-110所示，设置粗加工1次，每次切削厚度为1.5mm；精加工1次，每次切削厚度为0.5mm。加工中不提刀。

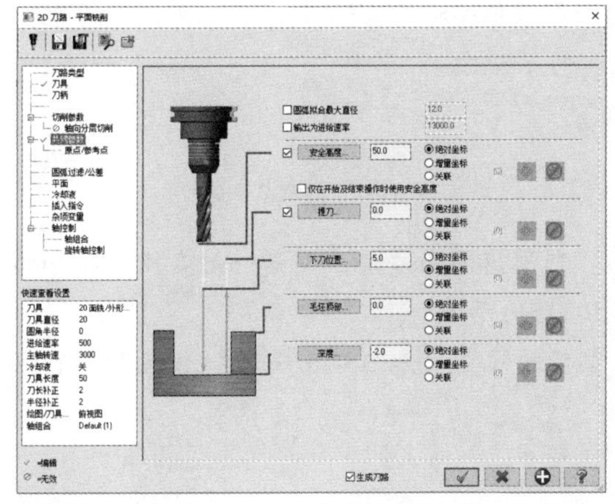

图 9-109　“共同参数”选项卡

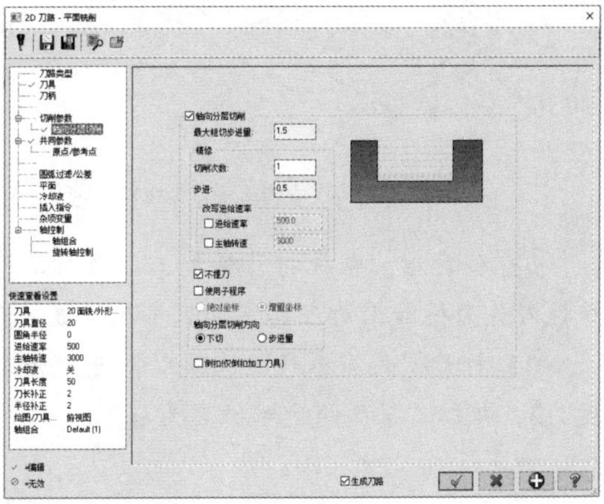

图 9-110　“轴向分层切削”选项卡

09 单击“确定”按钮，完成平面加工参数的设置。系统自动完成刀具路径的生成，如图9-111所示。

10 按住Ctrl键，在刀具路径管理器中同时选中外形和平面两个刀具路径，单击按钮进行加工仿真，加工仿真结束后的效果如图9-112所示。

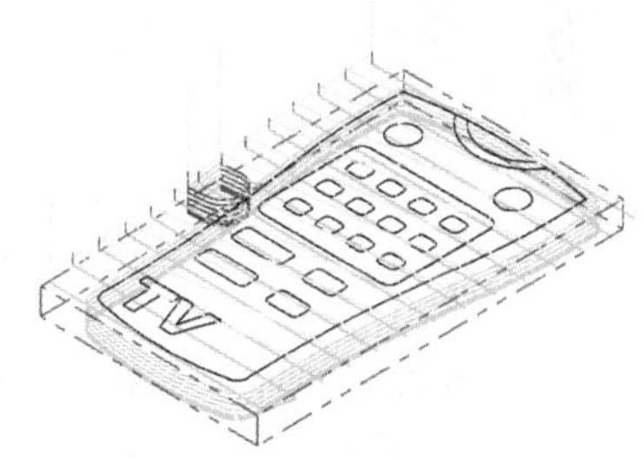

图 9-111　生成的刀具路径

图 9-112　加工仿真

4. 挖槽加工(一)

设计步骤：

01 在刀具路径管理器中，选中前面生成的两条刀具路径，单击≋按钮，将生成的两条刀具路径进行隐藏，如图9-113所示。

02 在“刀路”选项卡的2D面板上单击“挖槽”按钮，系统打开“线框串连”对话框。选择需要加工的图素，包括所有的按钮和外形曲线，并将所有的方向都指定为顺时针方向，如图9-114所示。

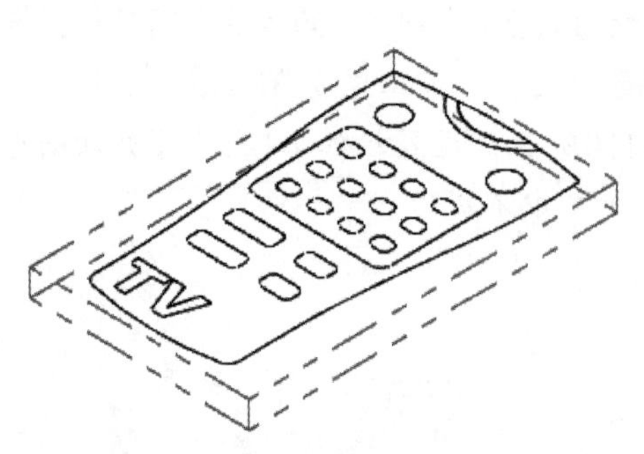

图 9-113　隐藏生成的两条刀具路径

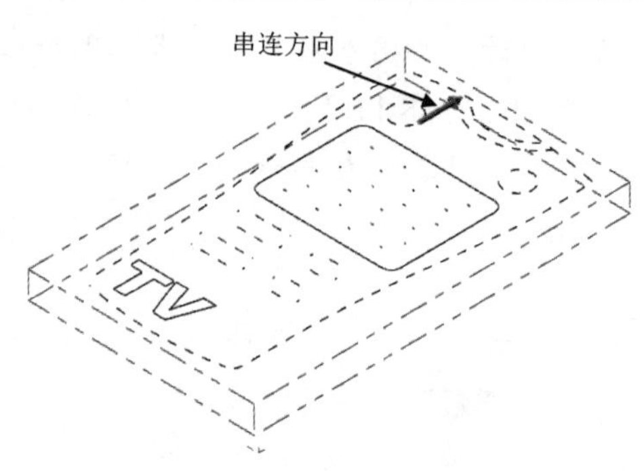

图 9-114　挖槽加工图素

03 确定后，系统打开槽加工参数对话框。利用前面的方法，创建一把直径为2mm的平铣刀作为槽加工的刀具，加工参数设置如图9-115所示。

04 打开“共同参数”选项卡，进行加工参数的设置，如图9-116所示。设置加工的深度为2，即加工深度的绝对位置为-4。

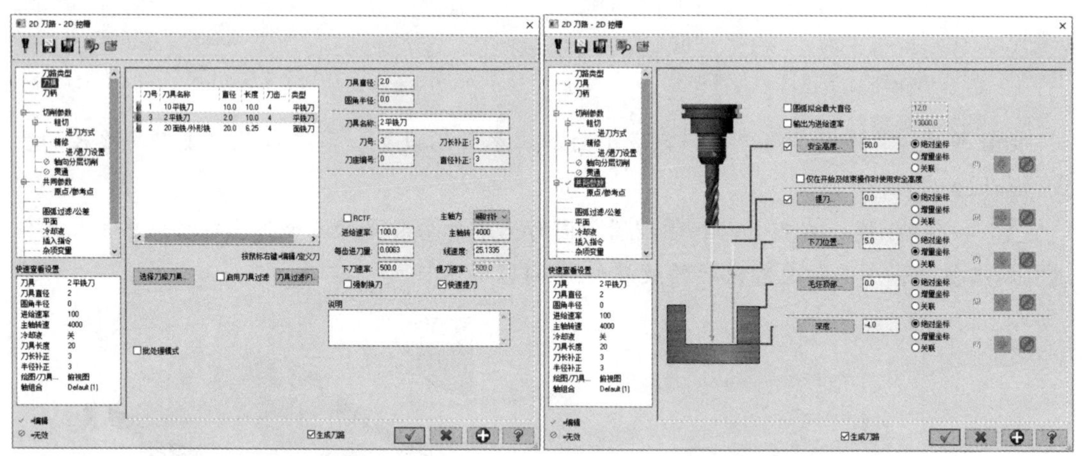

图 9-115　“刀具”选项卡　　　　图 9-116　“共同参数”选项卡

05 打开“轴向分层切削”选项卡，如图9-117所示。由于要加工的零件厚度为4mm，因此设置粗加工2次，每次1.5mm；不进行精加工，并且加工中不提刀。

06 打开“切削参数”选项卡，设置壁边和底面预留量均为0。

07 打开“粗切”选项卡，如图9-118所示，进行粗加工参数的设置。在粗加工方式中选择“双向”切削，粗切削间距为刀具直径的60%，即1.2mm。选中“刀路最佳化(避免插刀)”复选框，优化刀具路径，以达到最佳的铣削顺序。

08 打开“进刀方式”选项卡，进行螺旋形下刀方式的设置，如图9-119所示，无须修改参数。

09 打开“精修”选项卡，取消“精修”选项。

10 单击“确定”按钮 ✔，完成槽加工参数的设置。系统自动完成刀具路径的生成，如图9-120所示。

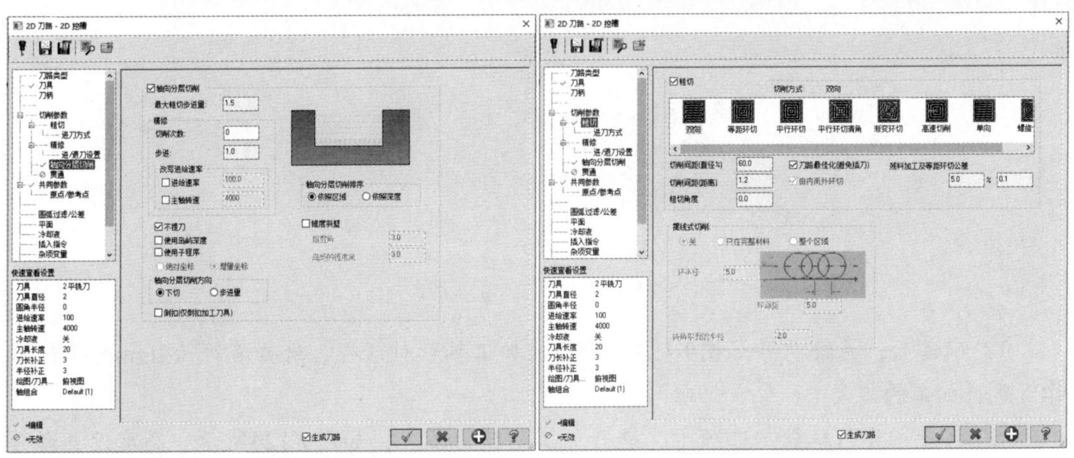

图 9-117 “轴向分层切削”选项卡　　　　图 9-118 “粗切”选项卡

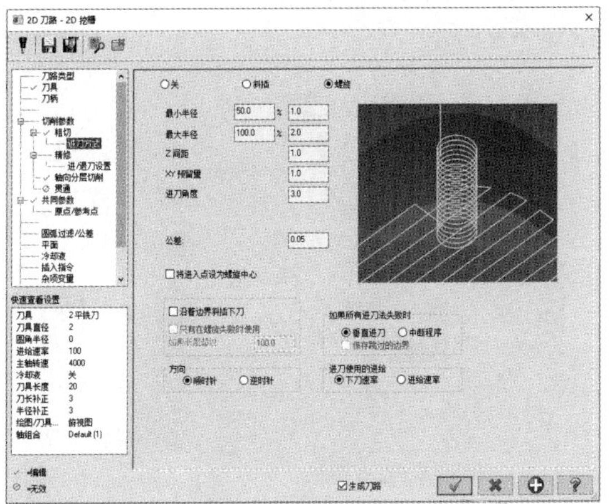

图 9-119 “进刀方式”选项卡

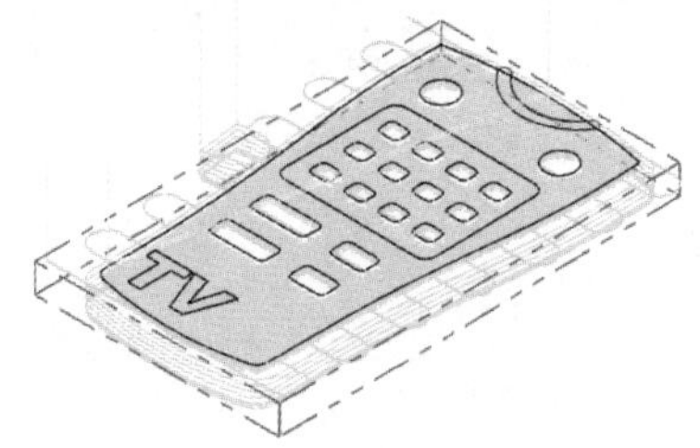

图 9-120 生成的刀具路径

11 按住Ctrl键，在刀具路径管理器中同时选中外形、平面和槽3个刀具路径，单击按钮进行加工仿真，加工仿真完成后的效果如图9-121所示。

图 9-121 加工仿真

5. 去除残料

从图9-121中可以看到，在零件的外形处，残留了很多“毛刺”。下面设计的刀具路径将去除这些残料。

设计步骤：

01 在“刀路”选项卡的2D面板上单击“挖槽”按钮，系统打开“线框串连”对话框。选择零件外形曲线为图素，如图9-122所示。

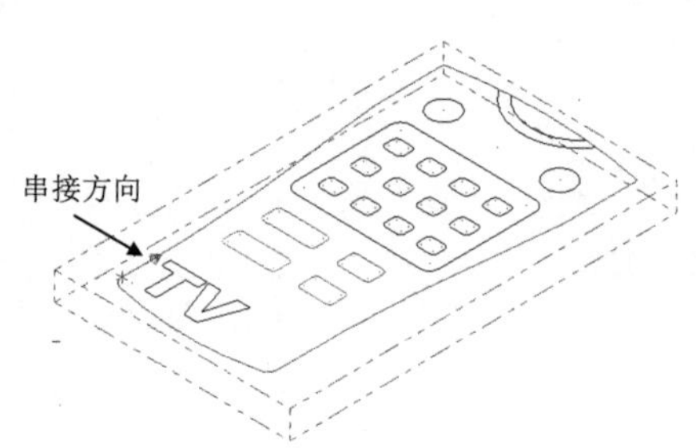

图 9-122　去除残料加工图素

02 确定后，系统打开如图9-123所示的槽加工参数对话框，选择直径为2mm的平铣刀作为残料加工的刀具。

03 打开“共同参数”选项卡，进行加工参数的设置，如图9-124所示。高度设置和分层切削设置与挖槽加工(一)的设置相同。

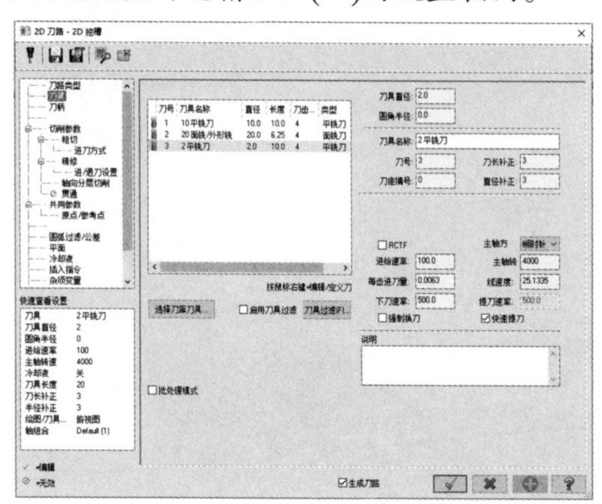

图 9-123　选择刀具

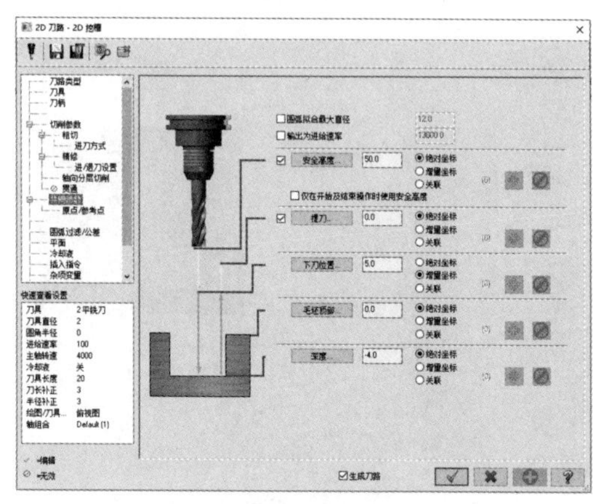

图 9-124　“共同参数”选项卡

04 打开“切削参数”选项卡，如图9-125所示，设置XY方向的切削增加量为–2，即设置XY“壁边预留量”为–2。

05 打开“粗切”选项卡，如图9-126所示，在此选项卡中进行粗加工参数的设置。

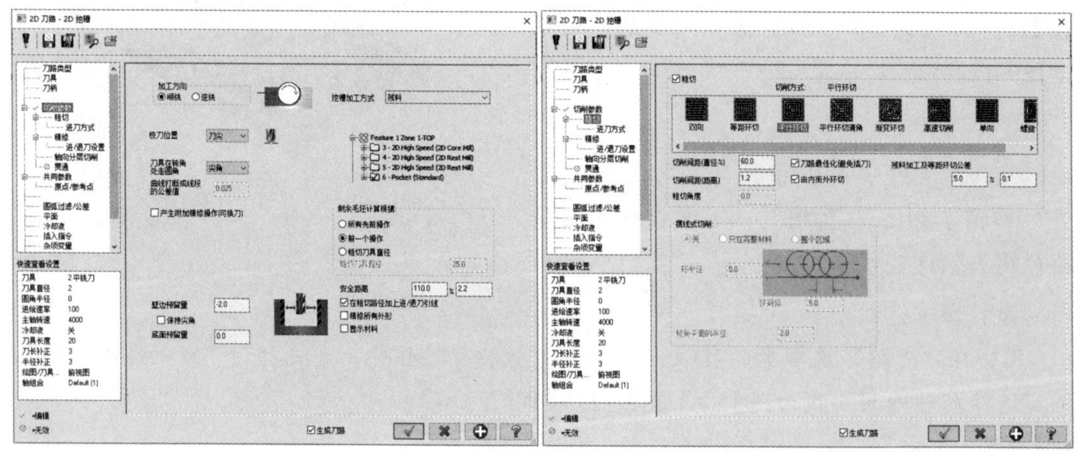

图 9-125　“切削参数”选项卡

图 9-126　“粗切”选项卡

06 单击“确定”按钮，完成去除残料加工参数的设置。系统自动生成刀具路径，如图9-127所示。

07 按住Ctrl键，在刀具路径管理器中同时选中外形、平面、挖槽加工(一)和去除残料4个刀具路径，单击按钮进行加工仿真，加工仿真结束后的效果如图9-128所示。

从图9-128中可以看出残料被很好地去除了。

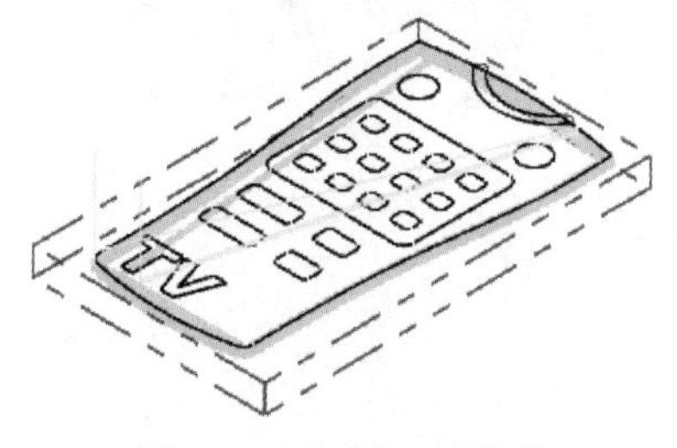

图 9-127 生成的刀具路径

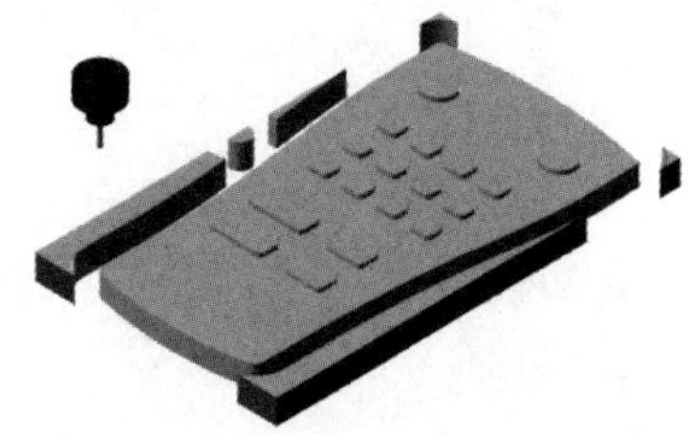
图 9-128 加工仿真

6. 挖槽加工(二)

下面继续利用挖槽加工方法进行零件的加工。

设计步骤：

01 在刀具路径管理器中，选中前面生成的4条刀具路径，单击按钮，将生成的4条刀具路径进行隐藏。

02 为了保证顶部圆弧槽能够顺利完成加工，这里需要绘制一个辅助的圆弧，使其形成一个首尾相连的封闭图素。否则，在进行挖槽加工时得不到一个封闭的区域，无法进行加工。因此，单击按钮，进行三点画弧，绘制一个圆弧，并对其进行镜像，如图9-129所示。

03 在“刀路”选项卡的2D面板上单击“挖槽”按钮，系统打开“线框串连”对话框。选择需要加工的图素，包括所有的顶部圆弧槽和字母TV槽，并且将所有的方向都指定为顺时针方向，如图9-130所示。

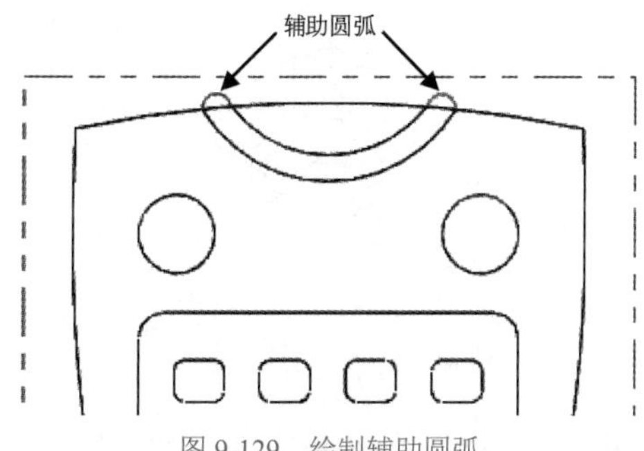

图 9-129 绘制辅助圆弧

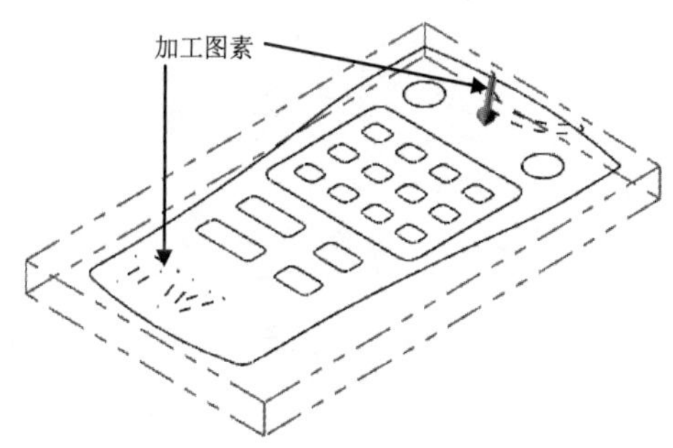

图 9-130 挖槽加工(二)加工图素

04 单击“确定”按钮，系统打开槽加工参数对话框。选择前面创建的直径为2mm的平铣刀作为槽加工的刀具。

05 打开“共同参数”选项卡，进行加工参数的设置，如图9-131所示。设置加工的深度为1，即加工深度的绝对位置为–5；毛坯顶部高度为–4。

06 打开“轴向分层切削”选项卡，如图9-132所示。由于要加工的零件厚度为1mm，因此设置粗加工1次，每次加工1mm；不进行精加工，并且加工中不提刀。

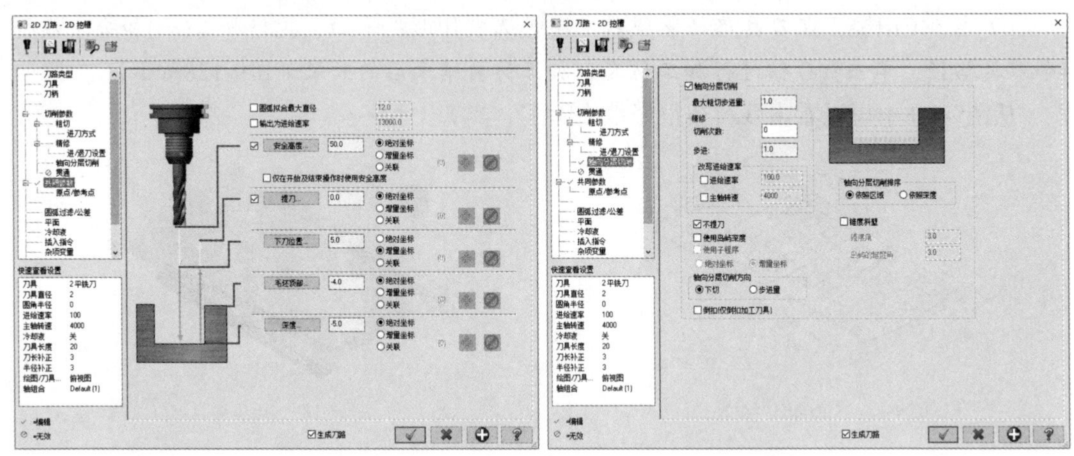

图 9-131 “共同参数”选项卡　　图 9-132 “轴向分层切削”选项卡

07 打开“粗切”选项卡，如图9-133所示，进行粗加工参数的设置。在粗加工方式中选择“双向”切削，粗切削间距为刀具直径的60%，即1.2mm。选中“刀路最佳化(避免插刀)”复选框，优化刀具路径，以达到最佳的铣削顺序。

08 打开“进刀方式”选项卡，进行螺旋形下刀方式的设置。

09 单击“确定”按钮，完成槽加工参数的设置。系统自动完成刀具路径的生成，如图9-134所示。

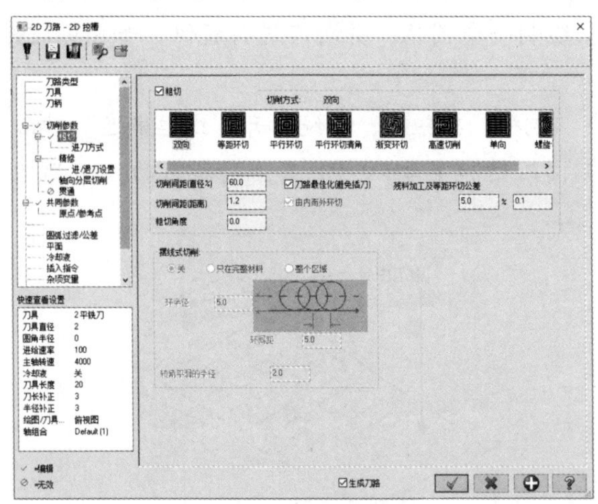

图 9-133 “粗切”选项卡

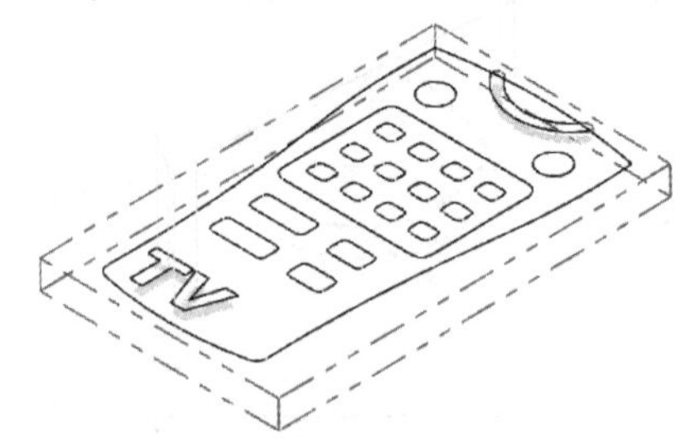

图 9-134 生成的刀具路径

10 按住Ctrl键，在刀具路径管理器中同时选中已生成的5个刀具路径，单击按钮，进行加工仿真，加工仿真结束后的效果如图9-135所示。

图 9-135　加工仿真

7. 挖槽加工 (三)

下面继续利用挖槽加工方法进行零件最后的加工。

设计步骤：

01 在刀具路径管理器中，选中前面生成的5条刀具路径，单击≋按钮，将生成的5条刀具路径进行隐藏。

02 在“刀路”选项卡的2D面板上单击“挖槽”按钮，系统打开“线框串连”对话框。选择需要加工的图素，包括按钮框和其中的所有按钮，并且将所有的方向都指定为顺时针方向。

03 按照挖槽加工(二)的参数进行设置。

04 完成槽加工参数设置后，系统自动完成刀具路径的生成，如图9-136所示。

05 按住Ctrl键，在刀具路径管理器中同时选中所有的刀具路径，单击按钮进行加工仿真，挖槽加工结束后的效果如图9-137所示。

至此，完成所有刀具路径的设计。

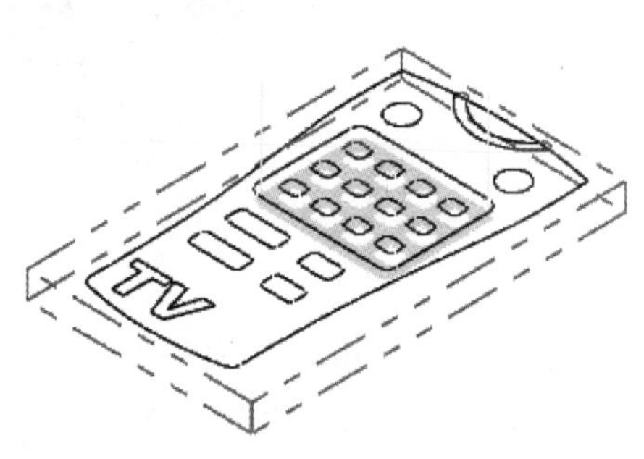

图 9-136　生成的刀具路径

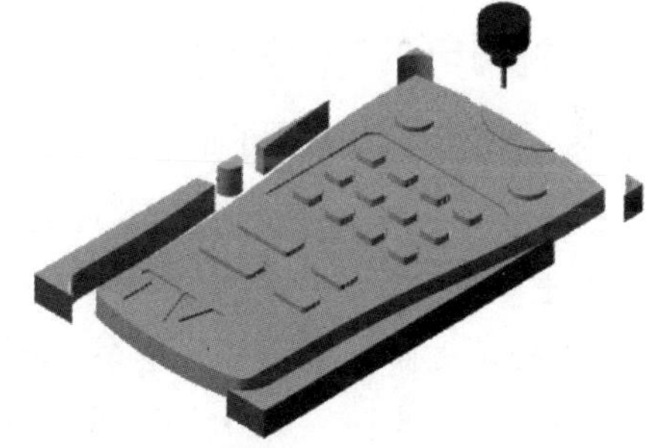

图 9-137　加工仿真

8. 生成后处理程序

01 在确认刀具路径正确后，即可生成NC加工程序。单击对象管理区中的G1按钮，将打开如图9-138所示的“后处理程序”对话框。

02 确定后，系统提示用户选择NC文件保存的路径和名称。保存后，就生成了本刀具路径的加工程序，如图9-139所示。

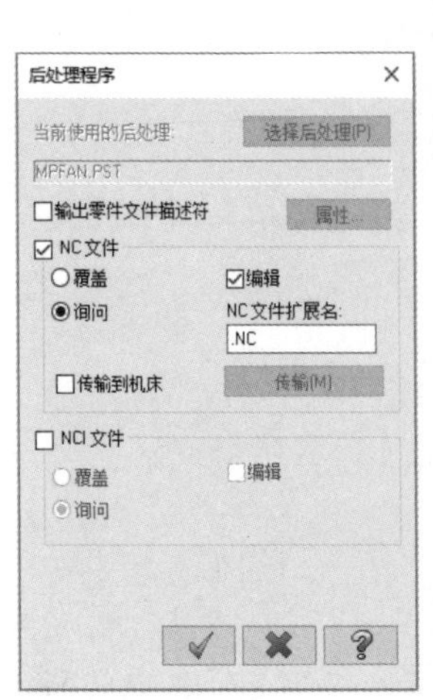

图 9-138　“后处理程序”对话框

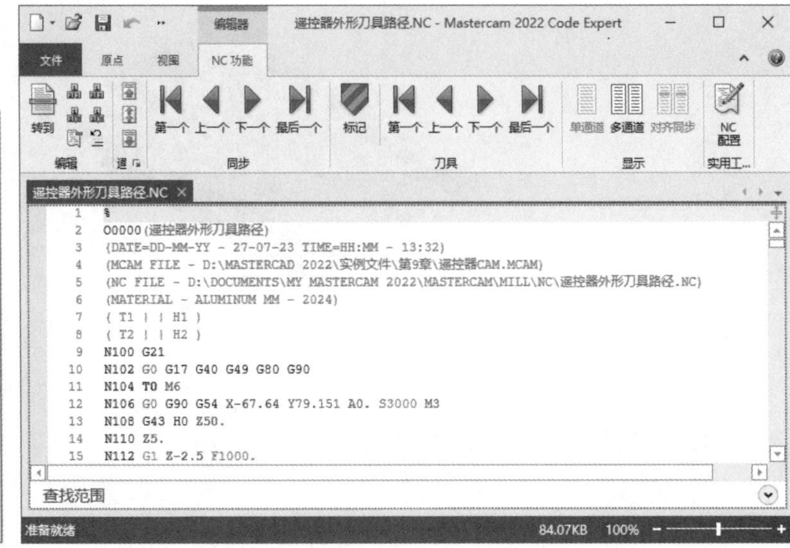

图 9-139　生成的 NC 程序

9.3　素材模式(毛坯模型)功能使用实例

Mastercam可以支持毛坯，即素材模型功能。

本节将带领读者通过一个简单的模型，设计相应的刀具路径，了解Mastercam功能中的素材模式。读者可以打开本实例对应的文件“素材模式实例CAD.mcam”，实例如图9-140所示。

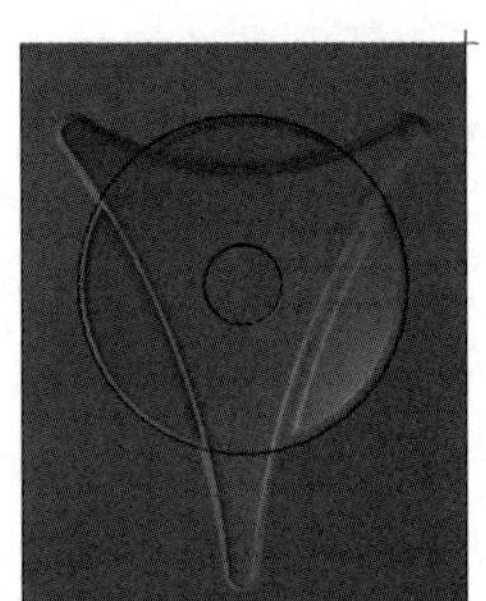

图 9-140　素材模式实例

下面将详细介绍本实例的设计过程。

9.3.1　曲面粗加工挖槽刀具路径设计

在本小节的刀具路径设计中主要使用曲面粗加工的挖槽粗加工，读者可在进行操作前复习该刀具路径的基本内容。

操作步骤：

01 选择“文件”|“打开”命令，打开“素材模式实例CAD.mcam”文件。

02 选择“机床”|“铣床”|“默认”命令，选择默认机床作为本次加工使用的机床。此时，Mastercam自动切换到Mill模块。同时，刀具路径管理器如图9-141所示。

03 单击刀具路径管理器中的“毛坯设置”选项，打开如图9-142所示的“机床群组属性”对话框。

04 单击该对话框的“毛坯设置”选项卡中的“边界框”按钮，打开“边界框”对话框，按图9-143所示设定尺寸后单击“确定”按钮。

05 返回“毛坯设置”选项卡，如图9-144所示。图中显示了材料外形尺寸的大小。

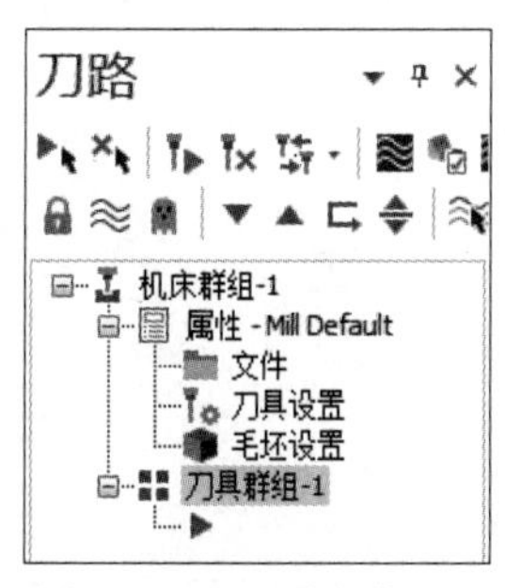

图 9-141　刀具路径管理器

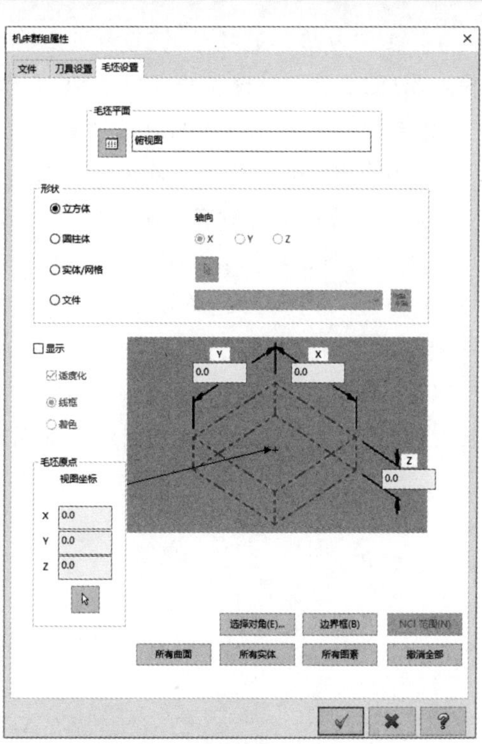

图 9-142　“机床群组属性”对话框

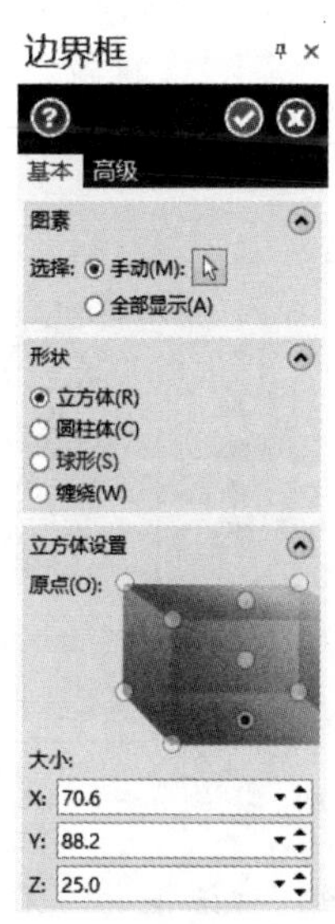

图 9-143　“边界框”对话框

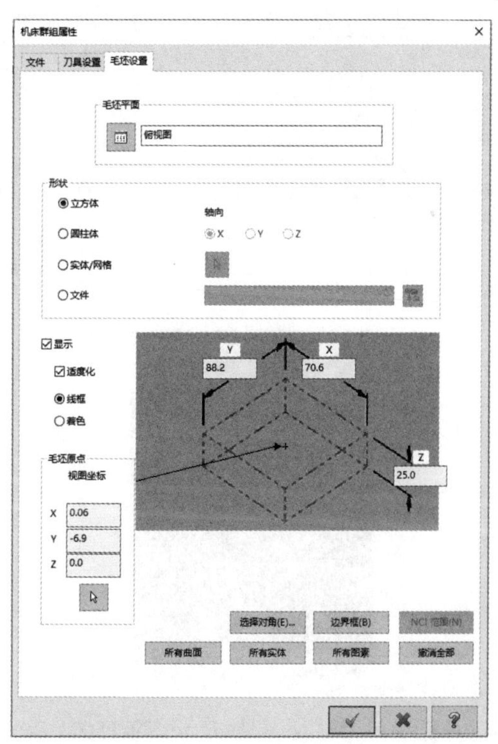

图 9-144　设置好的毛坯尺寸

06 单击“确定”按钮 ✔ 后，完成零件材料的设计。

07 在“刀路”选项卡的3D面板上单击“挖槽”按钮，在打开的如图9-145所示的“输入新NC名称”对话框中，输入NC名称“素材模式实例”。

08 确定后，系统提示用户选择需要进行加工的曲面。

09 单击按钮，将视图改为俯视图。

10 利用鼠标框选所有的曲面作为加工曲面。确定后，系统打开如图9-146所示的“刀路曲面选择”对话框。其中显示选择的加工曲面为47个，包括了设计的所有曲面。

11 在“刀路曲面选择”对话框中单击“切削范围”栏中的按钮，系统打开“线框串连”对话框，如图9-147(a)所示。单击按钮，打开“实体串连”对话框，如图9-147(b)所示，提示用户选择端面、边缘和/或环:，选择切削范围。利用鼠标选择实体的边缘，如图9-148所示，选取的边界范围结果如图9-149所示。

图 9-145 “输入新 NC 名称”对话框

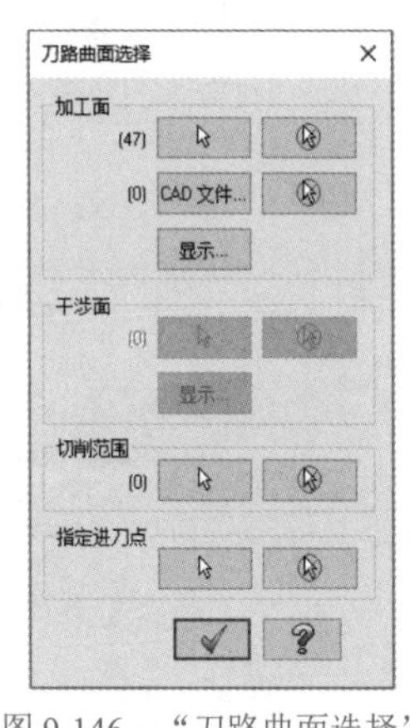

图 9-146 “刀路曲面选择”对话框

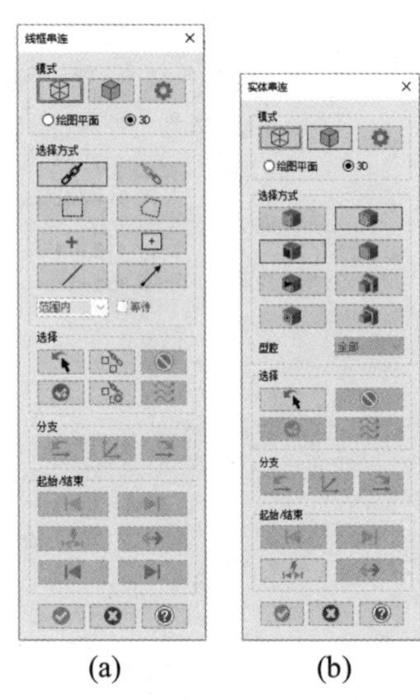

图 9-147 “线框串连”对话框和“实体串连”对话框

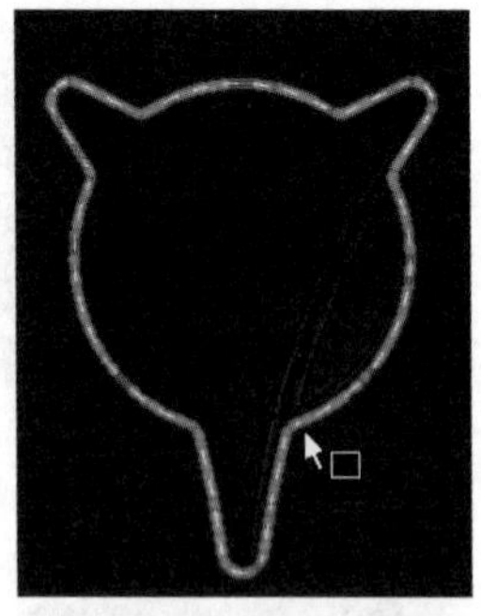
图 9-148 选择实体的边缘

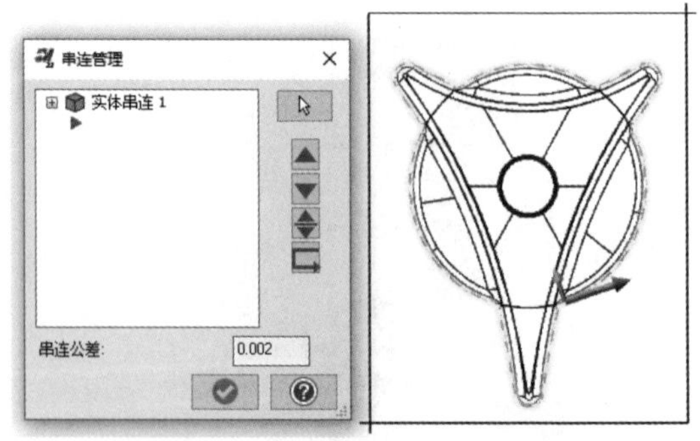

图 9-149 “切削范围”的选取结果

12 确定后，系统打开如图9-150所示的“曲面粗切挖槽”对话框的“刀具参数”选项卡。在刀具列表栏的空白区域右击，在弹出的快捷菜单中选择“创建刀具”命令，打开如图9-151所示的“定义刀具”对话框。

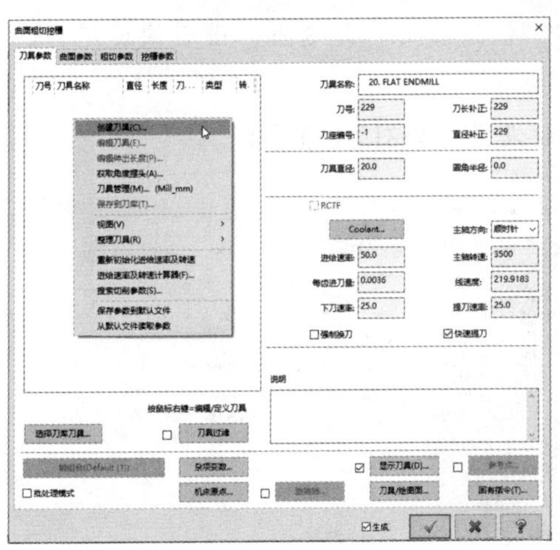
图 9-150 “曲面粗切挖槽”对话框

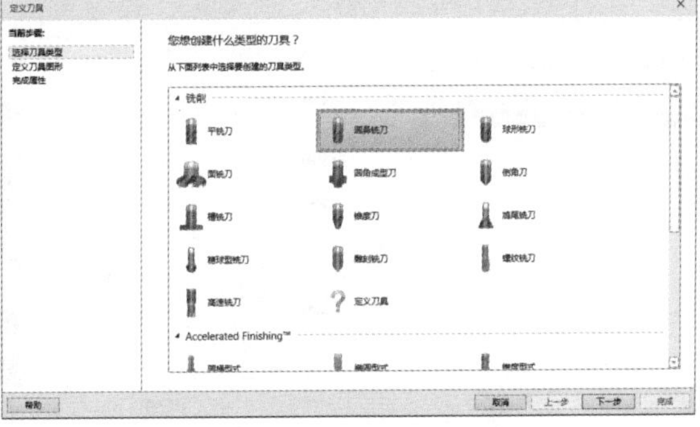
图 9-151 “定义刀具”对话框

13 选择“圆鼻铣刀”，单击“下一步”按钮，系统打开如图9-152所示的“定义刀具图形”选项卡。在其中指定刀具直径为10mm，刀长为75mm。

图 9-152 “定义刀具图形”选项卡

14 在“定义刀具”对话框中选择“完成属性”选项卡，在其中指定粗/精加工的步距，如图9-153所示。单击“重新计算进给速率和主轴转速”按钮自动计算刀具转速和进给速率。

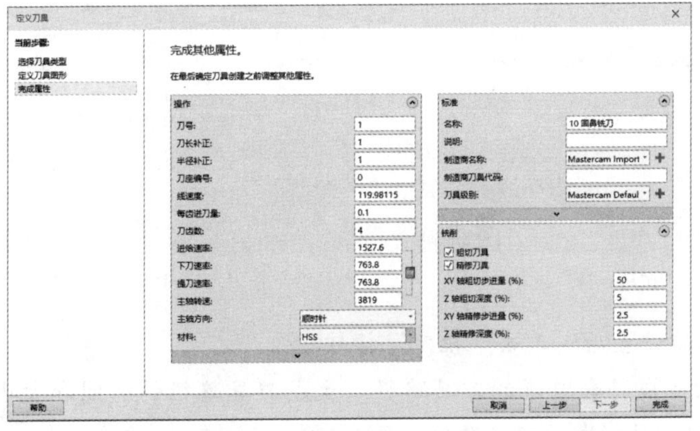
图 9-153 “完成属性”选项卡

15 确定后，返回“刀具参数”选项卡，选中“快速提刀”复选框，设置快速退刀，此时的“刀具参数”选项卡如图9-154所示。

16 打开“曲面参数”选项卡，进行加工的参数设置，如图9-155所示。

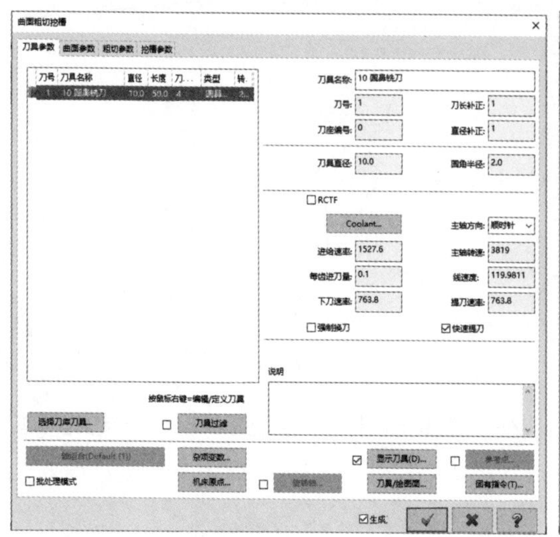

图 9-154　设定好加工参数的“刀具参数”选项卡

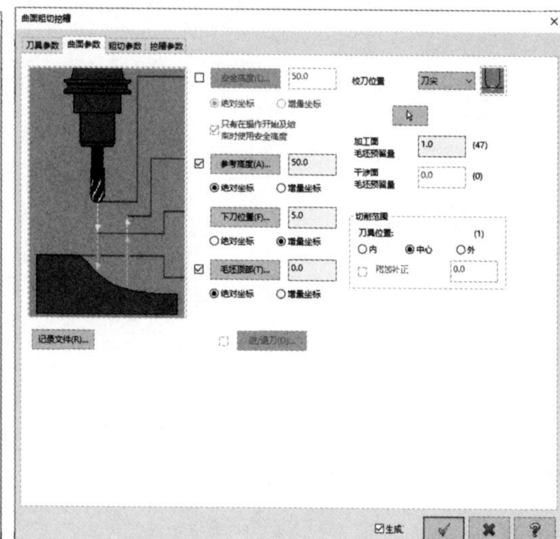

图 9-155　“曲面参数”选项卡

17 打开“粗切参数”选项卡进行设置，其中指定加工误差为0.05，最大Z方向的下刀量为2，选中“顺铣”单选按钮，如图9-156所示。

18 打开“挖槽参数”选项卡进行设置，选择“高速切削”加工方法，粗切削间距为刀具直径的60%，即6mm。在精加工参数设置中，设定进行一次精加工，如图9-157所示。

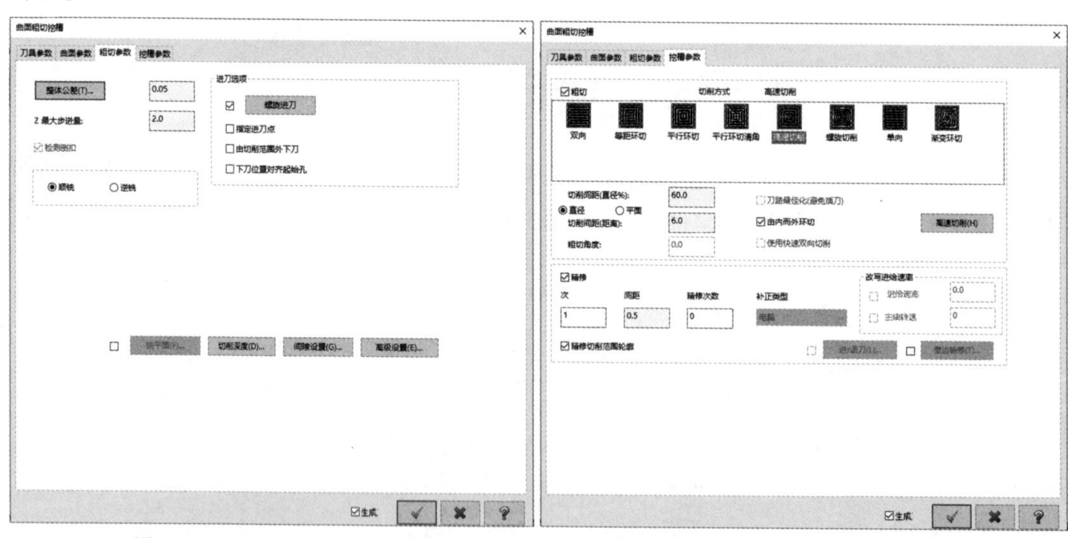

图 9-156　“粗切参数”选项卡

图 9-157　“挖槽参数”选项卡

19 完成所有的设置后，单击“确定”按钮✓。

20 系统自动生成符合要求的刀具路径。生成刀具路径的时间和大小由用户设置的各种参数决定。系统自动形成的刀具路径如图9-158所示。

21 单击刀具路径管理器中的按钮进行加工仿真，加工仿真结束后的效果如图9-159所示。

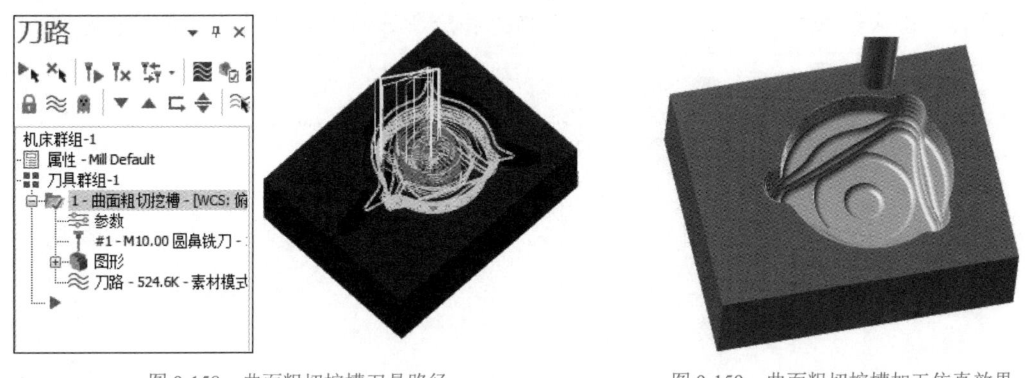

图 9-158　曲面粗切挖槽刀具路径　　　　图 9-159　曲面粗切挖槽加工仿真效果

22 选择“文件”|“另存为”命令，将生成的刀具路径以“素材模式实例.mcam”为名进行保存。

9.3.2 素材模式设计

在本小节设计中主要使用Mastercam素材模型的创建和功能。

操作步骤：

01 首先定义素材用于操作。

02 在“刀路”选项卡的“毛坯”面板上单击“毛坯模型”按钮，打开如图9-160所示的“毛坯模型”对话框。打开“毛坯定义”选项卡，输入“名称”进行毛坯的定义。

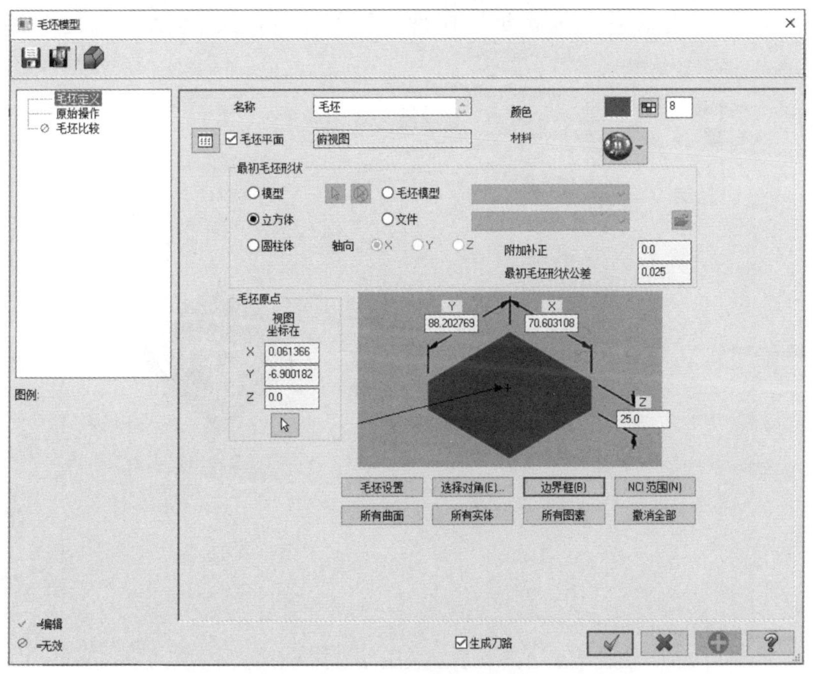

图 9-160　“毛坯模型”对话框

03 下面选择现有的原始操作为计算素材。

04 打开“原始操作”选项卡，如图9-161所示。在右侧的刀具路径树结构中选择前面已创建的“曲面粗切挖槽”刀具路径，在毛坯上去除所选的刀具路径，计算剩余毛坯。

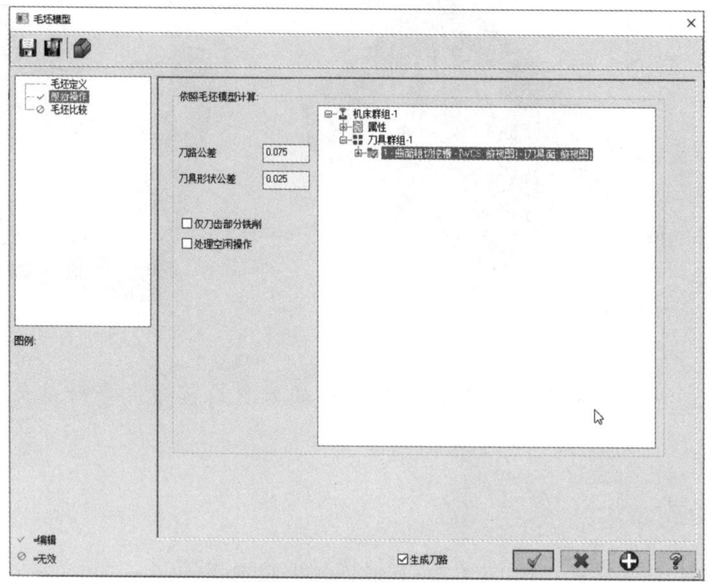

图 9-161 “原始操作”选项卡

05 激活毛坯进行比较(可选)，其中包括组件模式对比和其显示比较时的配置。

06 打开“毛坯比较”选项卡，如图9-162所示。选中“毛坯比较”复选框，单击“零件模型”旁的按钮，系统提示用户选择组件模式曲面，利用鼠标选择所有曲面，确定后返回“毛坯比较”选项卡，设置粗切挖槽的预留量为0.5，单击“确定”按钮计算毛坯。

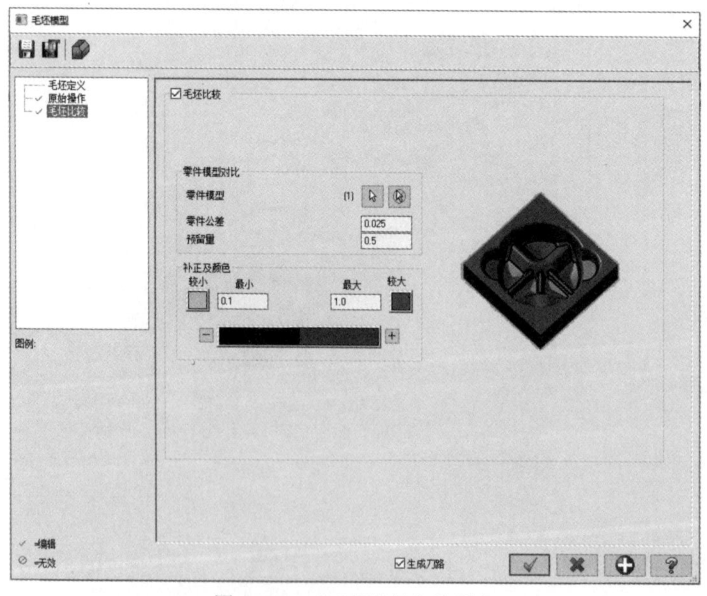

图 9-162 “毛坯比较”选项卡

07 毛坯计算完成后，直接显示剩余的毛坯模型，此时完成一个毛坯模型的创建，如图9-163所示。如果不需要显示毛坯，可以单击≋按钮隐藏刀具路径来隐藏毛坯。这就是毛坯模型的可视化功能。

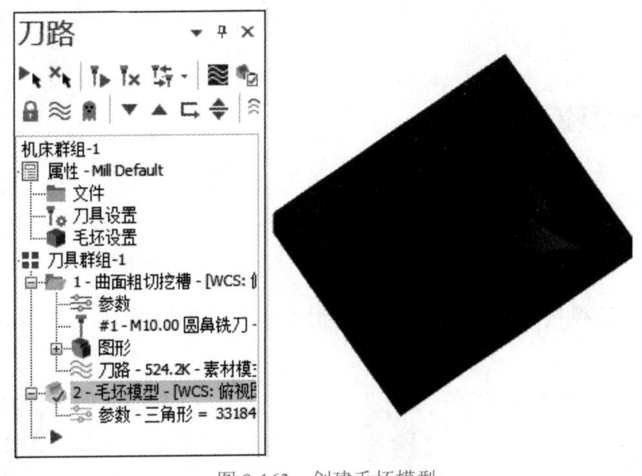

图 9-163 创建毛坯模型

08 下面对生成的毛坯模型进行比较。

毛坯模型创建后，可以使用毛坯对比菜单，进行毛坯与模型的对比(不用模拟完刀路进行对比测试了)。

09 在“刀路”树状区的“毛坯模型”选项上右击，弹出一个快捷菜单，选择“铣床刀路”命令，将弹出铣削刀具路径子菜单，选择“查看毛坯模型”命令，如图9-164所示。

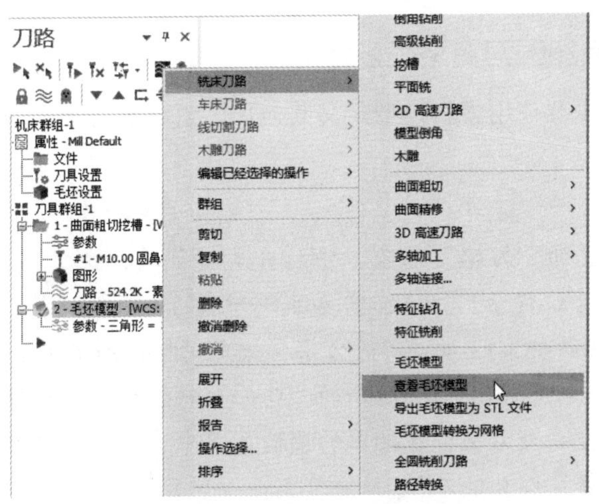

图 9-164 选择“查看毛坯模型”命令

10 系统打开如图9-165所示的“毛坯模型视图”对话框。

11 同时，系统自动计算并生成如图9-166所示的毛坯模型对比图。

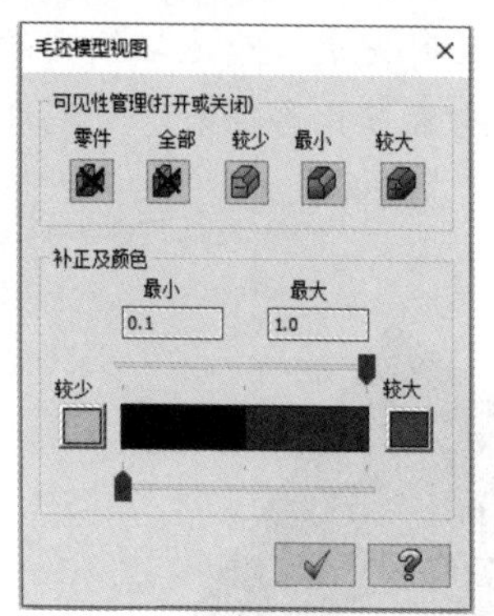

图 9-165 “毛坯模型视图”对话框

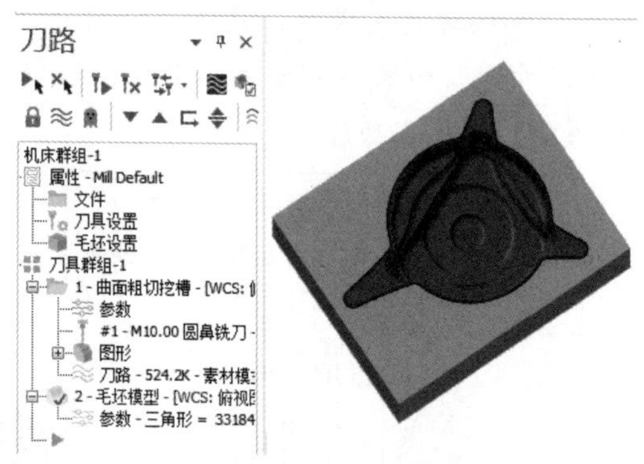

图 9-166 毛坯模型对比图

12 在“毛坯模型视图”对话框中通过对比调节以及细节设置，可以很直观地观察剩余量，如图9-167所示。

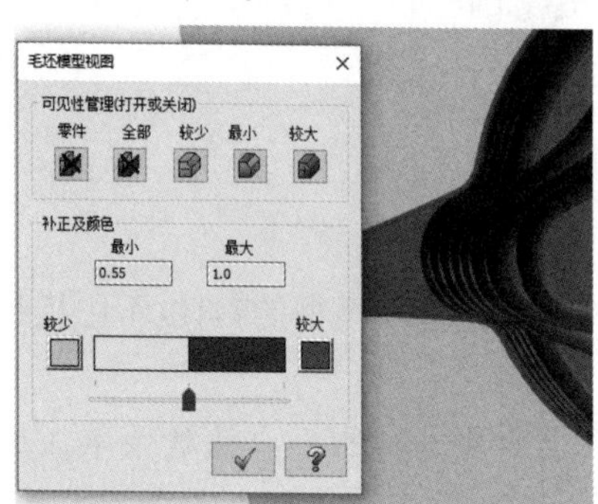

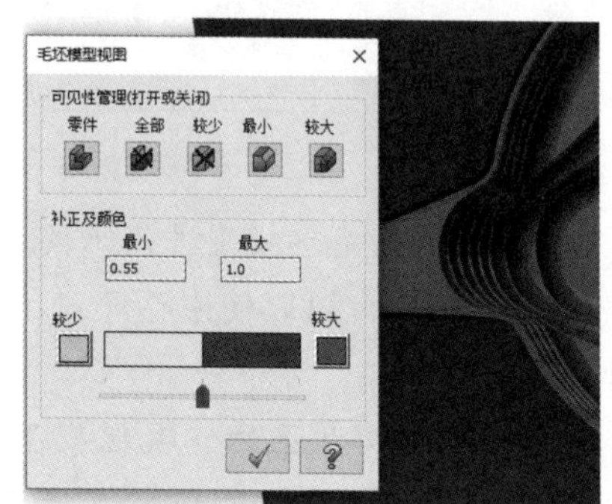

图 9-167 对比调节以及细节设置效果

9.3.3 曲面残料粗加工刀具路径设计

在本小节设计中主要使用素材模型定义其他加工素材的功能，创建一个曲面残料粗加工刀具路径。

操作步骤：

01 在操作管理区的“刀路”选项卡中打开右键菜单，选择“铣床刀路”|“曲面粗切”|“残料”命令，系统提示用户选择需要进行加工的曲面。

02 按照9.3.1节中第08~11步相同的方法，选定同样的加工曲面和边界范围。

03 确定后，系统打开如图9-168所示的“曲面残料粗切”对话框的“刀具参数”选项卡。在刀具列表栏的空白处右击，在弹出的快捷菜单中选择“创建刀具”命令，打开“定义刀具”对话框，选择“圆鼻铣刀”。

04 单击“下一步”按钮，系统打开如图9-169所示的“定义刀具图形”选项卡。在其中指定刀具直径为4mm，刀长为75mm。

05 在“定义刀具”对话框中选择“完成属性”选项卡，在其中指定粗/精加工的步距，单击“重新计算进给速率和主轴转速”按钮自动计算进给速率和刀具转速，如图9-170所示。

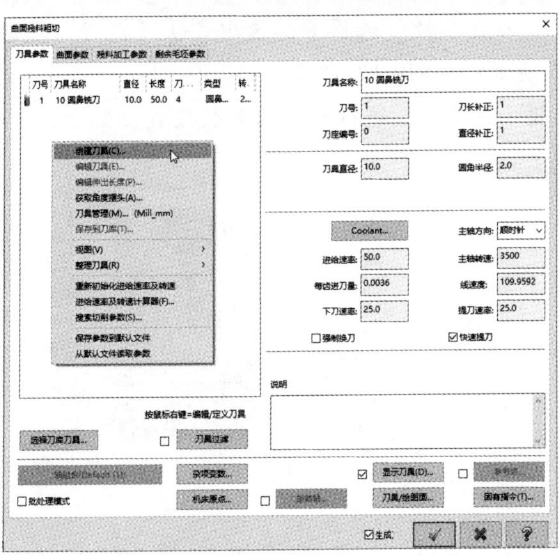

图 9-168　“曲面残料粗切”对话框

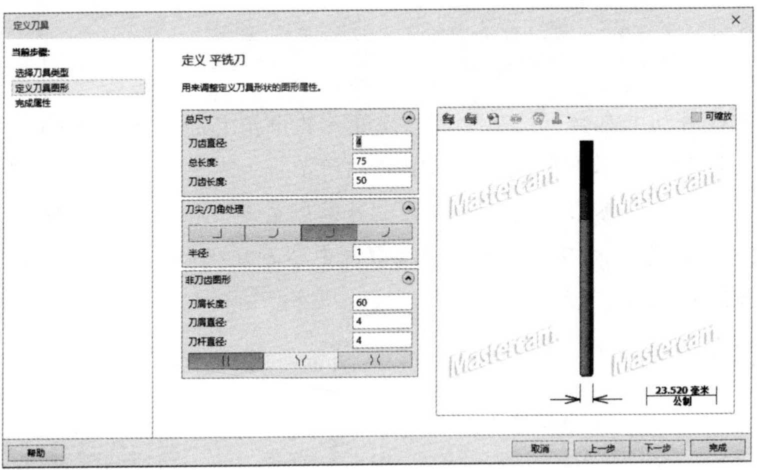

图 9-169　“定义刀具图形”选项卡

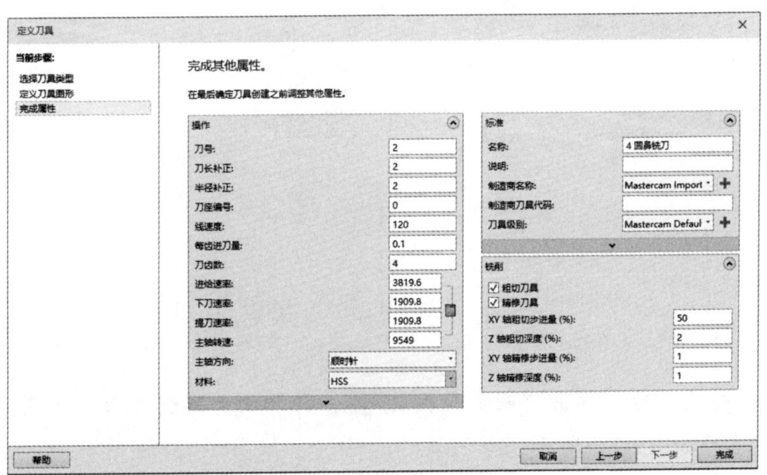

图 9-170　“完成属性”选项卡

06 确定后，返回“刀具参数”选项卡，选中“快速提刀”复选框以设置快速退刀，此时的“刀具参数”选项卡，如图9-171所示。

07 打开“曲面参数”选项卡，进行加工的参数设置，如图9-172所示。

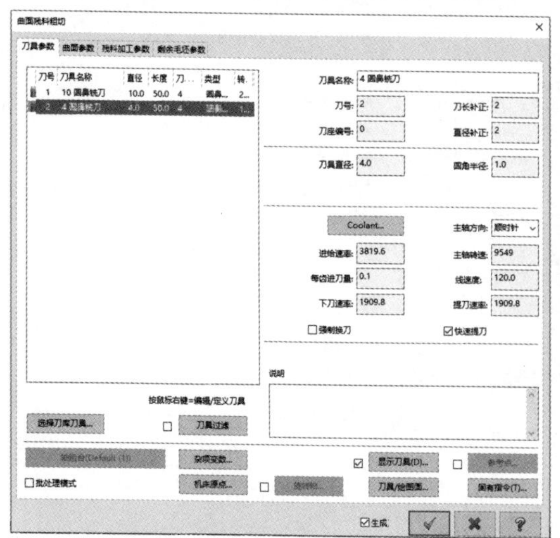

图 9-171 设定好加工参数的“刀具参数”选项卡

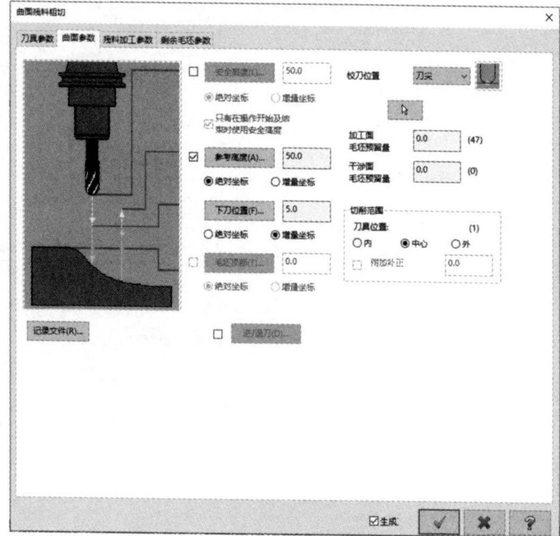

图 9-172 “曲面参数”选项卡

08 打开“残料加工参数”选项卡进行设置，其中指定加工公差为0.05，最大Z方向的下刀量为2，选中“顺铣”单选按钮，如图9-173所示。

09 选择“剩余毛坯参数”选项卡。在“计算剩余毛坯依照：”选项组中选中“指定操作”单选按钮，在右侧的刀具路径树结构中选中“毛坯模型”，直接选取毛坯模型已计算出的剩余毛坯，如图9-174所示。

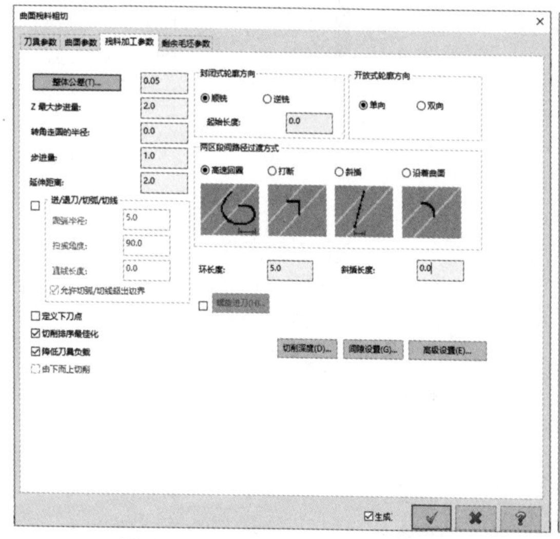

图 9-173 “残料加工参数”选项卡

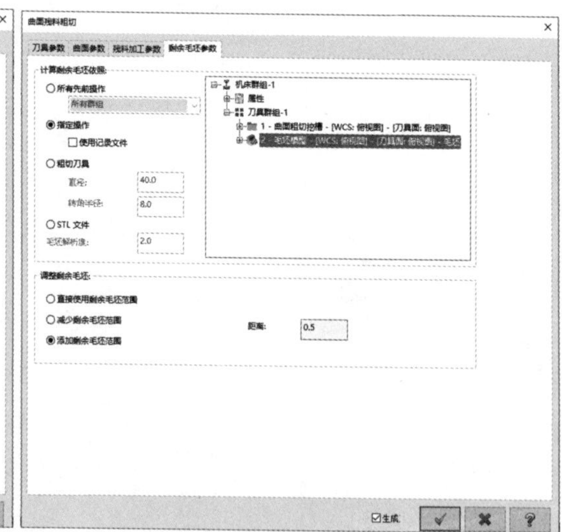

图 9-174 “剩余毛坯参数”选项卡

10 完成所有设置后，单击“确定”按钮 ✔，计算曲面残料粗加工刀具路径。系统自动生成的刀具路径如图9-175所示。

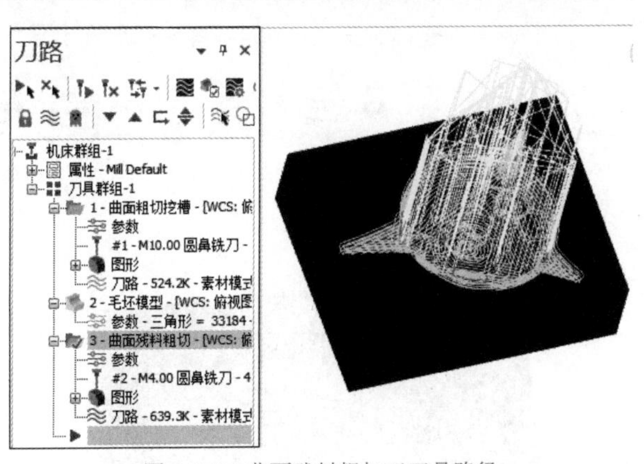

图 9-175 曲面残料粗加工刀具路径

11 计算完毕后，可以通过毛坯模型的剩余毛坯去除最初创建的曲面粗加工挖槽刀具路径，直接显示模拟曲面残料粗加工刀具路径。

12 单击刀具路径管理器中的按钮进行模拟器选项的设置，打开如图9-176所示的“模拟器选项”对话框。

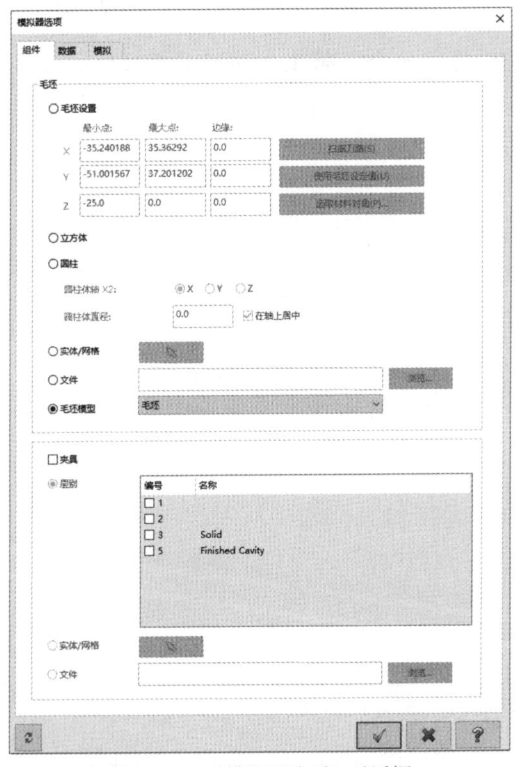

图 9-176 “模拟器选项”对话框

13 在“组件”选项卡的“毛坯”选项组中，选中“毛坯模型”单选按钮，选择所需的毛坯模型名称，确认后返回刀具路径管理器。单击按钮进行加工仿真，系统弹出“Mastercam模拟器”界面，其“验证”选项卡如图9-177所示。确认模拟，加工仿真结束后的效果如图9-178所示。

图 9-177 “验证”选项卡

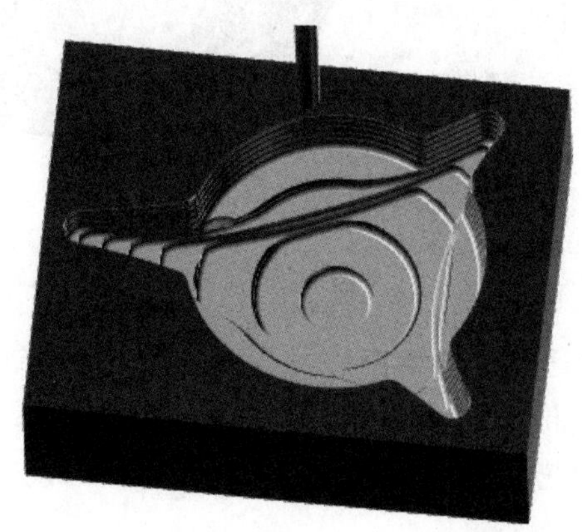

图 9-178 曲面残料粗加工的加工仿真效果

14 选择“文件”|“保存”命令，将生成的刀具路径进行保存。

参考文献

[1] 胡如夫，等. Mastercam V9.0中文版教程[M]. 北京：人民邮电出版社，2004.

[2] 李杰臣，金湖庭. Mastercam入门指导[M]. 北京：机械工业出版社，2005.

[3] 吴长德. Mastercam 9.0系统学习与实训[M]. 北京：机械工业出版社，2003.

[4] 康亚鹏. 数控编程与加工——Mastercam X基础教程[M]. 北京：人民邮电出版社，2006.

[5] 刘平安，谢龙汉. Mastercam X2模具加工实例图解[M]. 北京：清华大学出版社，2008.

[6] 钟日铭，李俊华. Mastercam X3基础教程[M]. 北京：清华大学出版社，2009.

[7] 刘胜建，李国辉，许朝山. Mastercam X3基础培训标准教程[M]. 北京：北京航空航天大学出版社，2010.

[8] 刘文. Mastercam X3中文版数控加工技术宝典[M]. 北京：清华大学出版社，2010.

[9] 薛山，杨珏，金纯. Mastercam X6基础教程[M]. 北京：清华大学出版社，2013.

[10] 薛山. Mastercam X6实用教程[M]. 北京：清华大学出版社，2014.

[11] 薛山. Mastercam 2020实例教程(微课版)[M]. 北京：清华大学出版社，2021.